"十二五"普通高等教育本科国家级规划教材

普通高等教育"十一五"国家级规划教材

中国石油和化学工业优秀教材一等奖

江苏省高等学校精品教材

化 工 原 理

第四版

管国锋　赵汝溥　主编

化学工业出版社

·北京·

本书介绍化工及其相近工业生产中常见"单元操作"的原理、设备和工艺计算方法，以及必需的流体流动、传热和传质学基础知识。全书共 12 章，包括流体流动、流体输送机械、颗粒流体力学基础与机械分离、传热及换热器、蒸发、气体吸收、液体蒸馏、塔设备、液液萃取、固体干燥、吸附及膜分离技术。本书重视物理概念，强调方法论，注重教学法，注意对学生工程观点和分析、解决问题能力的培养。

本书可作为高等院校化工类及相关专业的本科教材及企业培训教材，也可供相关部门的生产、设计、研究人员参考。

图书在版编目（CIP）数据

化工原理/管国锋，赵汝溥主编. —4 版. —北京：化学工业出版社，2015.8（2024.8 重印）

"十二五"普通高等教育本科国家级规划教材　普通高等教育"十一五"国家级规划教材

ISBN 978-7-122-24030-9

Ⅰ.①化…　Ⅱ.①管…②赵…　Ⅲ.①化工原理-高等学校-教材　Ⅳ.①TQ02

中国版本图书馆 CIP 数据核字（2015）第 106268 号

责任编辑：徐雅妮　杜进祥　　　　　　　　文字编辑：丁建华
责任校对：宋　玮　　　　　　　　　　　　装帧设计：关　飞

出版发行：化学工业出版社（北京市东城区青年湖南街 13 号　邮政编码 100011）
印　　装：北京科印技术咨询服务有限公司数码印刷分部
787mm×1092mm　1/16　印张 33　字数 864 千字　2024 年 8 月北京第 4 版第 10 次印刷

购书咨询：010-64518888　　　　　　　　售后服务：010-64518899
网　　址：http://www.cip.com.cn
凡购买本书，如有缺损质量问题，本社销售中心负责调换。

定　　价：79.00 元　　　　　　　　　　　　版权所有　违者必究

前言

　　自本教材第三版出版以来，广大读者和同行给予了许多关注、鼓励和支持，并对书中的不足之处提出了宝贵的修改意见，编者结合教学实践过程中的反馈情况进行了本次修订。在保持原教材的总体结构和特色风格的基础上，对部分内容进行了删减、调整和补充。主要修订内容如下：

　　增加了反映化工学科现状及新进展的内容，并更换了部分例题与习题。为了配合教与学，将提供与本书配套的课后复习思考题答案，以方便学生和教师使用。为适应高等教育国际化的必然趋势，本次改版增加了专业词汇中英文对照，为阅读英文资料打下基础，适应学生日后工作和继续深造的需要。在第四版教材使用过程中，我们还加强了优质资源开发，并于本书重印时增加了微课视频、动画演示、教学课件、创新案例、拓展阅读、学科前沿等数字资源，读者可通过扫描封底二维码获取，以更好地辅助化工原理课程的学习。

　　在修订过程中，更加强调体现化工原理课程的工程特色，注重学生分析问题能力和自学能力的培养。本次修订工作除由各章、节的原执笔者完成之外，王磊博士、万辉副教授参与了部分修订工作，同时也感谢南京工业大学化工原理教研室的同事在本书修订再版过程中给予的帮助。书中二维码链接的主要设备及原理素材资源由北京欧倍尔软件技术开发有限公司提供技术支持，在此一并感谢。

　　鉴于笔者学识有限，书中难免有不妥之处，恳请读者批评指正。

管国锋

第一版前言

　　《化工原理》是以单元操作为背景的一门课程，是化工及其相近专业的一门主课。学习此课程对单元操作设备设计、设备运转情况分析、工艺评价乃至新工艺、新设备的开发都有重要作用。

　　单元操作种类很多，每种单元操作都有十分丰富的内容。要在此课程的有限学时内介绍单元操作，只能是少而精，加强理论基础并重视方法论，即通过对若干典型单元操作的介绍，阐明针对不同性质的问题如何选用有效地分析问题的方法。此外，根据此课程特点，还应重视设备与运行以及工程运算能力的训练。

　　当时国内已有多种版本的《化工原理》教材，而且各具特色。本书力求在汲取各家之长的基础上，融入自己的教学心得，写出自己的风格。但是，不仅由于编者学识水平限制，而且也因付稿仓促，书中肯定有错误疏漏之处。编者恳请专家、读者予以赐正，以便再版时订正。

　　本书由赵汝溥主编。书中第四、八、九章由管国锋执笔，第十章由徐南平执笔，第五章由赵汝溥、管国锋共同完成，其余均由赵汝溥执笔。

　　编者对本书编写过程中给予热情帮助的南京化工大学姚虎卿、徐南平、董谊英、刘天琳、杨培怡、朱辉、武文良、夏毅和许诚洁等同志表示衷心感谢。化学工业出版社张红兵、徐世峰、徐力生同志对本书出版给予了大力协助，在此一并致以深切的谢意。

编者

1995 年 6 月

第二版前言

自本书第一版问世以来，受到了许多兄弟院校同行、读者的支持和鼓励。这次再版重新编写了第1章、第2章、第3章的内容，改写了部分章节，增加了各章的习题答案，为了拓宽教材的应用领域，补充了蒸发、萃取单元操作的基本知识。此次再版既增加了教材的可读性，又补充了最新科技成果。

本书具有篇幅小、语言简练、内容少而精的特点，并且注重物理概念，注重方法论，强调在工程计算中给学生以引导。本教材应用面较广，不仅可作为化工类及相关专业（化工、石油、制药、生物工程、材料、环保、食品、机械等）的教材，而且也可供有关部门的科研、设计、过程开发及生产单位科技人员参考。

本书由（南京工业大学）管国锋、赵汝溥主编。参加编写工作的有赵汝溥（绪论、流体流动、流体输送机械、颗粒流体力学基础与机械分离、塔设备）、管国锋（传热及换热器、固体干燥、吸附、附录）、李新（南京林业大学）（蒸发）、居沈贵（南京工业大学）（气体吸收）、武文良（南京工业大学）（液体蒸馏）、顾正桂、林军（南京师范大学）（液-液萃取）、徐南平、邢卫红（南京工业大学）（膜分离技术）。

本书的编写得到了中科院资深院士时钧教授的亲切关怀和大力支持，编者在此对时先生表示深切的谢意。同时感谢南京工业大学化工原理教研室的同事在本书修订再版工作中给予的帮助。

由于水平有限，加以时间仓促，书中遗漏之处难免，还请读者不吝赐教，以使教材日臻完善。

编者
2003 年 3 月

第三版前言

本教材是南京工业大学化工原理教研室结合国家精品课程建设，总结《化工原理》（第二版）教材使用五年来教学实践的基础上修订再版的。这次再版编者向同行及学生征询意见，认为第二版教材满足教学要求，故第三版教材在内容上保留了第二版教材的特点，只对少量文字或公式表达作了修订。为了指导学生复习，在大纲规定的各章内容介绍后，添加了"复习思考题"。

在内容已定的前提下，教材编写过程中，一方面注重优化学生的知识、能力和素质，另一方面注重如何指导学生学习好本课程。在过去很长的时间里，教师往往把重点放在提高学生的计算能力上，无论是布置作业、考试或通过习题课作解题分析，大体都是围绕着解题方法开展，有忽视基本概念的倾向，当时有一种说法，"概念寓于计算题中"。这说法对不对呢？编者在许多年前做过一次试验。期中考试试卷计算题占50%，是非题占25%，简答题占25%。考试结果令人惊讶，计算题正确率高达85%，是非题正确率只达到50%，简答题往往未答中要点。此外，在一次研究生的面试中，教师请考生把管流的 $\lambda \sim \varepsilon/d \sim Re$ 图画出定性示意图，结果学生在黑板上乱画一通。由此使编者想起了时钧院士常讲的一句话："教化工原理，既要注重基本概念，又要注重计算方法。"并感到，只强调计算方法是不全面的，还应加强对概念的理解。

当前的全国工科化工原理试题库已经在均衡概念与计算两方面跨出了一步。试题库中设置了选择题、填空题、简答题等非计算类型的题型，就是加强对基本概念的考核。为了指导学生对概念的理解与掌握，编者在第三版教材中增加了"复习思考题"。有的思考题只问一个概念，不必计算，但有的思考题须经计算才能给出定量结果。这也可谓"寓计算于思考题中"，复习思考题与计算题是互补的。这些复习思考题并非各章知识点的罗列，也没有全面覆盖各章的内容，只是点出各章的重点，提醒学生注意基本概念并重视计算与分析方法。

本书由（南京工业大学）管国锋、赵汝溥主编。各章编写人员有赵汝溥——绪论、流体流动、流体输送机械、颗粒流体力学基础与机械分离、塔设备，管国锋——传热及换热器、固体干燥、吸附、附录，李新（南京林业大学）——蒸发，居沈贵（南京工业大学）——气体吸收，武文良（南京工业大学）——液体蒸馏，顾正桂、林军（南京师范大学）——液液萃取，徐南平、邢卫红（南京工业大学）——膜分离技术。同时感谢南京工业大学化工原理教研室的同事在本书修订再版工作中给予的帮助。

前言之末，令人想起几句老话："编者智浅才疏，书中谬误之处难免，还望读者不吝赐教。"此言因常见，不免有客套之嫌，但却恰恰表达了编者的心意，故沿用之，因编者认识到，读者的宝贵意见永远是教材建设的推动力。

本书另配有习题解，有需要者可与编者联系：guangf@njtech.edu.cn。

编者

2008 年 3 月于南京工业大学

目　录

第4章 传热及换热器 / 145

第10章 固体干燥 / 394

第11章 吸附 / 434

第12章 膜分离技术 / 451

附 录 / 476

专业词汇中英文对照 /507

参考文献 /514

绪　论

化工原理课程

化工原理这一课程名称是从美国麻省理工学院的 3 位教授 W. H. Walker，W. K. Lewis 和 W. H. McAdams 于 1913 年合著的 "Principles of Chemical Engineering" 的书名直译过来的，该书是世界上第 1 本化工原理教材。

麻省理工学院开设这门课程的原意是让化学系学生在学习完化学课程后能在学校学习到一些化工生产实际知识，以便就业后能较快地胜任工作。实践证明，设置这门课程的效果是良好的，课程讨论的内容是符合客观需要的。之后，不仅在美国而且在世界各地的许多大学都相继开出了这门课程。

中国约在 1940 年也引入了这门课程，至今，我国自编的化工原理教材已有二三十种。这门课程不仅是当前我国化工类各专业的主干课程，也是与化工相关的许多专业的必修课程。

此课程究竟阐述的是哪些内容呢？在回答这问题之前，不妨先了解如下 3 个化工术语的涵义。

1. 化工生产过程

广义地说，凡工业生产的关键环节是改变物质的组成，或者说是化学反应，这类生产便归属化工生产范畴。属于化工范畴的行业是很多的，这些行业通常被划分成多种组合。有按原料路线或产品用途的不同划分的，亦有按加工性质的差异划分的。各化工行业大体被分为以"三酸两碱"为代表的基础化工、石油化工、煤化工、生物化工、制药工业、硅酸盐工业、林业化工、涂料化工、肥料化工、精细化工及塑料工业等。虽然为便于管理及相近行业的技术交流，很多行业已从化工中划分出去，但它们仍属"化工大家族"中的一员，而且彼此间在许多技术问题上仍是密切关联的。

2. 化工生产工艺学

凡研究某一特定化工产品生产全过程的学科称为该产品的生产工艺学。例如，研究合成氨生产过程的学科称为合成氨生产工艺学，研究硫酸生产的就叫硫酸生产工艺学等。

3. 单元操作与化学工程

对于任何一个化工生产过程，不难发现，虽然化学反应是核心，反应器是"心脏"，然而这部分只是生产全过程中的一个环节，在生产线的其余许多环节却往往都是物理加工过程。这些物理加工过程主要用于反应前对物料的前处理或反应后对物料（产品）的后处理。像这样的物理过程很多，如流体的输送、物料的加热或冷却、过滤、沉降、蒸发、结晶、气体的吸收、液体的蒸馏、萃取、干燥和吸附等。

早年人们对不同的化工产品的生产技术是分别研究的，没有考虑到其间相互的联系。到 19 世纪 80 年代，Davis 开始注意到了不同的化工产品生产过程中用到的物理过程之间是有联系的。1888 年，Norton 讲授机械工程与工业化学相互渗透的课程，在工业化学部分谈到物理过程时已带有超越行业、阐明共性的观念。到 20 世纪初，一个称为"单元操作"的概念已逐渐酝酿成熟。一方面，一种单元操作指的是一种物理加工过程；另一方面，单元操作含有超越行业界限，把各行业生产中同类的物理过程集中起来研究，找出共性规律，改进或创新设备，再把共性的研究成果应用到具体的生产上去的含义。单元操作概念的提出与实践，实现了"个别→一般→个别"的认识论上的一次飞跃。虽然 A. D. Little 博士在 1915 年对单元操作做出了明确的定义，阐述了单元操作的基本原则与范畴，但 Walker 等人在 1913 年合著的化工原理教材中已应用了单元操作的概念。

20 世纪 50 年代后期，R. B. Bird 教授将各单元操作归纳为质量、热量和动量的传递过程，使单元操作在理论上得到进一步发展和深化，成为联系各单元操作的一条主线。同时，化学反应工程学也得到系统的发展，正式形成了"三传一反"的概念。化学工程成为研究化学工业及其他诸多过程工程生产中所包含的化学过程及物理过程共同规律的一门工程技术学科，解决从实验室的基础研究到工业化应用整个过程的关键科学问题。近年来，化工学科与能源、环境、生物、材料、计算机等学科的交叉越来越广泛，使其成为促进众多行业工业化发展的应用基础科学。随着"碳中和、碳达峰"目标的提出，化学工程正向着更加高效、清洁、节能、安全、经济、智能的方向发展，化工原理课程的研究内容也不断拓展。

物料衡算

物料衡算是对质量守恒原理的具体运用而列出的计算式及其运算，其要点如下。

① 根据需要，人为地划定一个体积固定的封闭空间作为考察对象，即为"控制体"（control volume）。控制体一经选定，其形状和位置相对于坐标系统就不再改变。控制体就是要进行物料衡算的空间范围。控制体所围空间区域的边界面称为"控制面"（control surface），控制面必须是封闭的。

② 确定衡算的基准。可取一定的时间间隔为衡算基准，如取 1s 或 1h 为时间基准等，亦可取一定量的某股进料或出料为基准。

③ 对总的物料质量来说，在对应于基准时间范围内，对于控制体存在着下述关系：

$$输入物料质量 - 输出物料质量 = 积累物料质量$$

即
$$\sum m_i - \sum m_o = m_a$$

式中，下标"i"表示输入；下标"o"表示输出；下标"a"表示积累。

④ 在没有化学反应条件下，可对每一种组分（分子）作物料衡算；当有化学反应时，可按每种元素（原子）作物料衡算。

⑤ 若进、出控制体的物料均为连续流股，各流股的质量流量均恒定，满足 $\sum m_i - \sum m_o = 0$ 的关系，且在控制体内任一位置物料的各参量——如温度、压强、组成、流速等都不随时间而变，则该控制体内物料处于定态过程。对于定态过程，对控制体作物料衡算时可不必考虑控制体内的过程细节，只须考虑穿越控制面的各个流股。

使用控制体除了作物料衡算外，还常用作能量衡算和动量衡算等，但物料衡算是基础。物料衡算的原则与方法同样可推广应用于其他衡算。除上述三大衡算外，在单元操作计算和分析中，经常会用到平衡关系、速率关系和技术经济分析等基本概念及观点，以上内容将在有关章节中多次出现，在学习过程中应熟练掌握并灵活应用。

【例 0-1】 有一内直径 D 为 2m 的水槽，其下部有一内直径 d 为 20mm 的排水管。现以排水管的中心线所在水平面作为衡量水槽内水位高度的基准面。简况如图 0-1 所示。已知排水时排水管内水的流速 u 与水位高度 H 间的关系式为：$u = 0.60\sqrt{2gH}$ （m/s）

（式中：g 为重力加速度，9.81m/s^2，H 的单位是 m）。试问：当水位由 $H_1 = 4\text{m}$ 下降到 $H_2 = 2\text{m}$ 需多长时间（水温 $20℃$）。

解 取控制体如图 0-1 中的虚线所示。由于过程非定态，须取时间 dt 为基准。

对水作物料衡算。由于水的密度为常量，为简化计，水的质量衡算式可换成体积衡算式。令 V 表示水的体积，则

$$V_i - V_o = V_a$$

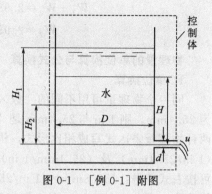

图 0-1 ［例 0-1］附图

因 $V_i = 0$，$V_o = 0.60\sqrt{2gH}\,\dfrac{\pi}{4}d^2\,dt$，$V_a = \dfrac{\pi}{4}D^2\,dH$

则 $$0 - 0.60\sqrt{2gH}\,\frac{\pi}{4}d^2\,dt = \frac{\pi}{4}D^2\,dH$$

$$\frac{0.60\sqrt{2g}\,d^2}{D^2}\int_0^{t_1}dt = -\int_{H_1}^{H_2}\frac{dH}{\sqrt{H}}$$

$$\frac{0.60\sqrt{2g}\,d^2 t_1}{D^2} = 2(\sqrt{H_1} - \sqrt{H_2})$$

代入数据解得 $$0.60\sqrt{2\times9.81}\times\frac{0.020^2 t_1}{2^2} = 2(\sqrt{4} - \sqrt{2})$$

$$t_1 = 4.408\times10^3\text{s} = 1.225\text{h}$$

【例 0-2】 浓缩 NaOH 水溶液的流程如图 0-2 所示，F、G、E 皆为 NaOH 水溶液的质量流量，x 表示溶液中含 NaOH 的质量分数，W 表示各蒸发器产生水蒸气的质量流量。试根据图示的各已知量，计算 W_1、W_2、G、E 之值。

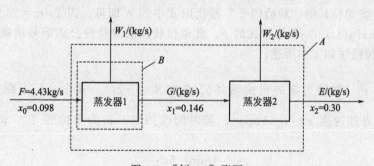

图 0-2 ［例 0-2］附图

解 作控制体 A，以 1s 为基准作物料衡算。

NaOH $$Fx_0 = Ex_2$$

即 $$4.43\times0.098 = E\times0.30 \qquad E = 1.447\text{kg/s}$$

总的物料 $$W_1 + W_2 = F - E = 4.43 - 1.447 = 2.983\text{kg/s}$$

作控制体 B，以 1s 为基准作物料衡算。

NaOH $$Fx_0 = Gx_1$$

即 $4.43 \times 0.098 = G \times 0.146$ $G = 2.974 \text{kg/s}$

总的物料 $W_1 = F - G = 4.43 - 2.974 = 1.456 \text{kg/s}$

$$W_1 + W_2 = 2.983 \text{kg/s}$$

$$W_2 = 2.983 - W_1 = 2.983 - 1.456 = 1.527 \text{kg/s}$$

物理量的单位换算与公式换算

1. 单位换算

同一个物理量可用不同的"数×单位"方式表达。例如某直线的长度为 1 in，亦可表示为 25.4mm，则 1 in 与 25.4mm 是"等价"的。对于除温度以外的物理量，可把"等价"的两种物理量表达式写成相比形式，构成"转换因子"。"转换因子"可用作单位换算。例如，(1 in/25.4mm) 及 (25.4mm/1 in) 均为"转换因子"，当欲知 158.8mm 相当于多少 in，可按右式算得：$158.8 \text{mm} \times (1 \text{ in}/25.4\text{mm}) = 6.25 \text{in}$；又若欲知 2.05in 相当于多少 mm，计算式为 $2.05 \text{in} \times (25.4\text{mm}/1 \text{ in}) = 52.1 \text{mm}$。计算时"转换因子"的写法要能消去原单位并取得新单位。

"转换因子"概念可引申到从一种物理量对应得到另一种物理量。例如，某汽车的行车速度由实测知，38.5min 走了 34.8km 路程，按此平均速度行车，欲知 329km 路程需行车多少小时，计算式为 $329 \text{km} \times (38.5\text{min}/34.8\text{km}) = 364 \text{min} = 6.07 \text{h}$。

对于温度的单位换算不能采用"转换因子"方法，须遵循其特殊规律。若原来温度 T 的单位是℉，拟采用以 K 为单位的 T'，则 T 与 T' 的换算关系是 $T = 1.8T' - 459.67$。

2. 公式的物理量单位换算

无论是物理公式还是经验公式，式中所有物理量均有规定的单位。在使用公式时如感到原规定的单位使用不方便，可改用其他单位，但公式的系数、常量一般须作相应的改变。这称为公式的物理量单位换算。

公式变换方法：若原式中有温度以外的一项物理量压强 p，规定使用以 mmHg（即毫米汞柱）为单位的数，现欲使用单位为 atm（即物理大气压）的数 p' 替代 p，只须用 p' 乘以（规定单位/新单位）的"转换因子"替代原式中的 p 即可。因 1atm＝760mmHg，故须以 $p' \times (760\text{mmHg}/1\text{atm})$ 替代原式的 p。此单位转换法对经验公式等号两侧都适用。经验公式中温度的转换法如 1 中所述。

【例 0-3】 初速为零的自由落体公式为 $S = \frac{1}{2}gt^2$。式中，S 为距离，m；t 为时间，s；重力加速度 $g = 9.81\text{m/s}^2$。若时间改用以 min 为单位的 T'，试对上式予以公式变换。

解 $1\text{min} = 60\text{s}$

则 $$S = \frac{1}{2}g[T' \times (60/1)]^2$$

$$= 1800gT'^2$$

【例 0-4】 实验测得空气垂直流过管子外侧时，管壁给热系数计算式为

$$\alpha = 0.37G^{0.37}   [\text{Btu}/(\text{ft}^2 \cdot \text{h} \cdot ℉)]$$

式中，G 为空气质量流速，$\text{lb}/(\text{ft}^2 \cdot \text{h})$。试把空气质量流速的单位改为 $\text{kg}/(\text{m}^2 \cdot \text{s})$，给热系数的单位改为 $\text{J}/(\text{m}^2 \cdot \text{s} \cdot ℃)$，写出相应的计算式。

解 $\qquad 1\text{lb}/(\text{ft}^2 \cdot \text{h}) = 0.4536\ \text{kg}/(0.3048^2\ \text{m}^2 \cdot 3600\text{s})$

$$= 1.356 \times 10^{-3}\ \text{kg}/(\text{m}^2 \cdot \text{s})$$

$$1\text{Btu}/(\text{ft}^2 \cdot \text{h} \cdot \text{℉}) = 1.055 \times 10^3\ \text{J}/\left(0.3048^2\ \text{m}^2 \cdot 3600\text{s} \cdot \frac{1}{1.8}\text{℃}\right)$$

$$= 5.678\ \text{J}/(\text{m}^2 \cdot \text{s} \cdot \text{℃})$$

则 $\qquad \alpha'(1/5.678) = 0.37\{G'[1/(1.356 \times 10^{-3})]\}^{0.37}$

整理得 $\qquad \alpha' = 24.18(G')^{0.37}[\text{J}/(\text{m}^2 \cdot \text{s} \cdot \text{℃})]$

式中，G' 的单位是 $\text{kg}/(\text{m}^2 \cdot \text{s})$。

公式在单位转换后应以具体数据进行核算。如设 $G' = 18.75\text{kg}/(\text{m}^2 \cdot \text{s})$，换成原英制单位，则对应的 $G = 1.383 \times 10^4\text{lb}/(\text{ft}^2 \cdot \text{h})$。现分别用两式计算，得 $\alpha' = 71.53\text{J}/(\text{m}^2 \cdot \text{s} \cdot \text{℃})$ 及 $\alpha = 12.60\text{Btu}/(\text{ft}^2 \cdot \text{h} \cdot \text{℉})$。再代入 $1\text{Btu}/(\text{ft}^2 \cdot \text{h} \cdot \text{℉}) = 5.678\text{J}/(\text{m}^2 \cdot \text{s} \cdot \text{℃})$ 的关系，可知此 α' 与 α 值是等价的。这说明该公式转换结果是正确的。

必须注意，计算式中对各物理量（符号）赋值时，式中不应写单位。上文及例题中在使用"转换因子"时写上单位仅是为了向初学者显示复杂的单位换算方法。

<<<<< 习 题 >>>>>

0-1 含水分 52% 的木材共 120kg，经日光照射，木材含水分降至 25%，问：共失去水分多少千克？以上含水分均指质量分数。

[43.2kg]

0-2 以两个串联的蒸发器对 NaOH 水溶液予以浓缩，流程及各符号意义与［例 0-2］的相同。若 $F = 6.2\text{kg/s}, x_0 = 0.105, x_2 = 0.30$，$W_1 : W_2 = 1 : 1.15$，问：$W_1, W_2, E, x_1$ 各为多少？

[1.87kg/s; 2.16kg/s; 2.17kg/s; 0.15]

0-3 某连续操作的精馏塔分离苯与甲苯（如习题 0-3 附图所示）。原料液含苯 0.45（摩尔分数，下同），塔顶产物含苯 0.94。已知塔顶产品含苯量占原料液中含苯量的 95%。问：塔底产品中苯的含量是多少？按摩尔分数计。

[0.0413]

0-4 热导率的 SI 单位是 $\text{W}/(\text{m} \cdot \text{℃})$，工程制单位是 $\text{kcal}/(\text{m} \cdot \text{h} \cdot \text{℃})$。试问：$1\text{kcal}/(\text{m} \cdot \text{h} \cdot \text{℃})$ 相当于多少 $\text{W}/(\text{m} \cdot \text{℃})$？并写出其量纲式。

$$\left[1.163;\ \frac{\text{M}(\text{L}/\tau^2)\text{L}}{\text{L}\tau\text{T}} = \text{ML}\tau^{-3}\text{T}^{-1}\right]$$

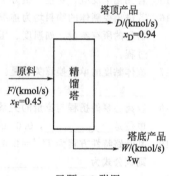

原料 $\xrightarrow{F/(\text{kmol/s})}$
$x_F = 0.45$

精馏塔

塔顶产品
$\xrightarrow{\quad} D/(\text{kmol/s})$
$x_D = 0.94$

塔底产品
$\xrightarrow{\quad} W/(\text{kmol/s})$
x_W

习题 0-3 附图

0-5 已知理想气体通用常数 $R = 0.08205\text{atm} \cdot \text{L}/(\text{mol} \cdot \text{K})$，试问采用 $\text{J}/(\text{kmol} \cdot \text{K})$ 时 R 的数值。

[8314J/(kmol·K)]

0-6 水蒸气在空气中的扩散系数可用如下经验公式计算：

$$D = \frac{1.46 \times 10^{-4}}{p} \times \frac{T^{2.5}}{T + 441}$$

式中，D 为扩散系数，ft^2/h；p 为压强，atm；T 为列氏温度，°R，$1\text{℃} = 1.8\text{°R}$。试将上式改换成采用 SI 单位的形式。各物理量采用的单位是：D 为 m^2/s，p 为 Pa，T 为 K。

$$\left[D' = \frac{9.218 \times 10^{-4}}{p'} \times \frac{(T')^{2.5}}{T' + 245}\right]$$

0-7 在冷凝器中蒸汽与冷却水间换热，当管子是洁净的，计算总传热系数的经验式为

$$\frac{1}{K} = 0.00040 + \frac{1}{268u^{0.8}}$$

式中，K 为总传热系数，Btu/(ft$^2 \cdot$ h $\cdot$ °F)；u 为水流速，ft/s。试将上式改换成采用 SI 单位的形式。各物理量采用的单位是：K 为 W/(m$^2 \cdot$ ℃)，u 为 m/s。

$$\left[\frac{1}{K'} = 7.045 \times 10^{-5} + \frac{1}{3937(u')^{0.8}}\right]$$

<<<<<< 复习思考题 >>>>>

0-1 广义地说，凡工业生产的关键环节是_____，这类生产便归属化工生产范畴。

0-2 为了便于管理及技术交流，很多行业从化工中划分出去，但它们仍属"化工大家族"中的一员。这些行业有_____等。

0-3 生产工艺学是_____。

0-4 化学工程是_____。

0-5 化工生产中虽然化学反应是核心，但反应前后对物料的处理大都为物理加工过程。这些对物料的物理加工过程称为_____。

0-6 介绍主要单元操作的原理、方法及设备的课程叫_____。

0-7 物理量 = _____ × _____。

0-8 基本单位：长度_____，质量_____，时间_____。

0-9 导出单位：力_____，功或能_____，功率_____，压强_____。

0-10 有的单位前面有"字首"，这些字首的意思是：k_____，c_____，m_____，μ_____。

0-11 查得 30℃水的黏度 $\mu \times 10^5$/Pa$\cdot$s 为 80.12，表明 $\mu =$_____。

0-12 量纲是_____。如长度单位有 m、cm、mm、km 等，其量纲为_____。

0-13 物料衡算是对_____、_____而言的。

0-14 总的物料衡算式为_____。

0-15 若无化学反应，对任一组分 j，物料衡算式为_____。

0-16 若进出控制体的物料均为连续流股，各流股的质量流量均恒定，$\sum M_i = \sum M_0$，控制体内任一位置物料的所有参量，如温度、压强、组成、流速等都不随时间而改变，则该控制体处于_____过程。

0-17 流体黏度的单位换算关系是：cP（厘泊）= 0.001Pa$\cdot$s，则 3.5cP =_____ Pa$\cdot$s，0.005Pa$\cdot$s =_____ cP。

0-18 以离心泵的扬程与流量的关系为例，若 $H_e = 36 - 0.02V^2$（单位 H_e—m，V—m^3/h），则式中 36 的单位是_____，0.02 的单位是_____。

0-19 某管路特性方程为 $H_e' = 8.0 + 8.07 \times 10^5 V^2$（式中 H_e'—m，V—m^3/s），当以 V'(m^3/h) 替代 V，则该公式为_____。

0-20 圆球固体颗粒在流体中作自由重力沉降，在 Stokes 区的沉降速度计算式为 $u_t = \dfrac{gd_p^2(\rho_s - \rho)}{18\mu}$。式中 u_t 为沉降速度，m/s；g 为重力加速度，$g = 9.81$m/s^2；d_p 为颗粒直径，m；ρ_s 为颗粒密度，kg/m^3，ρ 为流体密度；μ 为流体黏度，Pa$\cdot$s。当以 u_t'(cm/s)、μ'(cP) 分别替代 u_t 与 μ，则该公式为_____。

第1章
流体流动

 学习指导

    流体流动是单元操作的基础，流体流动规律对于传热、传质也非常重要。本章重点学习流体静力学方程、流体流动过程的物料衡算与机械能衡算方程，以及流体阻力计算方法，在此基础上进行管路系统的设计型和校核型计算。学习过程中，首先应注意流体运动与固体质点运动的不同，其次要将流体力学基本理论与工程实际紧密结合，建立起必要的工程观点，最后要掌握量纲分析的工程研究方法。

1.1　概述

1.1.1　流体及其特征

    固态物质的分子或离子是有固定晶格位置的，当固体（刚体）运动时，其内部分子或离子间的相对位置不变。然而，气体与液体却不同，运动时内部分子间会发生相对运动。人们把运动时物质内部各部分会发生相对运动的特性称为流动性，并把气体与液体统称为流体。

    流体有一个不同于固体的明显的特征，即静止流体不能承受剪应力。

    由固体力学可知，固体在剪切力作用下会发生形变。若形变在弹性形变范围内，由弹性形变产生的弹性恢复力与外加的剪力相抗衡，而且，一旦外力消失，物体可恢复原状。这就是说，静止固体可承受剪应力。然而，流体却不同，只要有剪应力存在，流体就会形变，并且无恢复原状的能力。流体连续不断的形变就形成流动，可见，静止流体没有承受剪应力的能力。

    此外，静止流体亦不能承受张力，只能承受压力。

    流体流动问题在化工过程中占有极重要的地位，这不仅因为所处理的物料大多数是流体，而且由于流体有便于输送、处理、控制及连续操作的优点，所以，即使所处理的物料是固体，亦往往把固体物料制成溶液，或把固体破碎成小颗粒悬浮在流体中呈"流化"态进行操作，或将固体物料转化成另一流体物质参与反应。由块煤制成煤气供燃烧用比直接烧块煤所体现的优越性足以说明这问题。正由于流体流动现象的普遍性，对流体流动规律的研究便成为对各单元操作探讨的基础。

1.1.2　连续介质模型

    流体由分子组成，分子的体积很小，即使是少量物质往往包含的分子数仍相当多。例如

1g 水包含的水分子数高达 $3.35×10^{22}$ 个，而且，每个分子都在作永不休止、无规则的热运动。如果把流体受力及其宏观运动规律的研究建立在对个别流体分子行为研究的基础上，将会遇到无法逾越的困难。但是，人们早已发现，流体有许多能被仪器测出甚至能被人们感觉到的性质，如流体的温度、流速、压强等。这些物理量是大量分子微观运动的统计平均的宏观性质，而且，恰恰是这些宏观性质才是生产、科研所需要的。

为了把对流体的研究建立在对大量分子行为宏观表现研究的基础上，人们提出了流体为连续介质的假设。此假设的基本点是，流体由无数流体质点（微团）连续组成，流体质点与分子自由程相比充分地大，包含有大量流体分子，体现出流体的宏观性质，同时，流体质点对所考虑工程问题的尺度来说，又是充分地小，体现出"点"位置流体的性质。引入这假设后，不仅使对流体的研究可建立在实验的基础上，而且可运用连续函数等数学工具对流体进行数理分析，使对流体的研究得到迅速发展。把流体作为连续介质一般来说是适用的，只是在高度真空时，流体分子的平均自由程大到可与所研究空间的尺度相比拟，这项假设就不成立了。

1.1.3　流体力学与流体流动

流体力学是研究流体在相对静止与运动时所遵循的宏观基本规律并研究流体与固体相互作用的学科。流体力学有许多分支，如"水力学"及"空气动力学"等，此外还有更多的针对某个领域的细分，如对航空、航海、气象及水利方面的分支等。

"流体流动"是为《化工原理》课程需要而编写的流体力学最基础的内容，其介绍范围主要局限在流体静力学、流体在管道内流动的基本规律及流量测定等方面。

学习"流体流动"的目的如下。

① 掌握关于流体输送的基本知识，学会管路计算的方法，能为泵或风机的选型提出依据。

② 掌握流速、流量及压强的测定原理和方法，以便能对操作进行控制与调节。

③ 对于各单元操作设备内流体流动状况对过程的影响，具有进行初步分析的能力，为强化生产及合理设计设备奠定基础。

1.2　流体静力学

流体静力学主要研究静止流体内部静压强的分布规律。

1.2.1　流体静压强

静止流体中单位面积受到的内法向压力为流体的静压强，以符号 p 表示，单位是"帕斯卡"Pa。由于静止流体中各点位置的静压强值可能不同，故静压强是个"点"函数。

若欲测 B 点的静压强，则

$$p_B = \lim_{\Delta A \to 0}(\Delta F/\Delta A) \tag{1-1}$$

式中，p_B 为 B 点静压强，N/m^2；ΔA 为面积，m^2，欲测静压强值的 B 点在此面中；ΔF 为作用在 ΔA 面上的内法向力，N。$\Delta A \to 0$ 隐含着 ΔA 减小到 B 处的质点量级而非分子量级的涵义。

对于式(1-1)，有两点说明。

① 在静止流体内部的任一平面，所受到的力只可能是内法向的压力。若存在剪切力或张力，则流体不可能静止。

② 静止流体中任一点位置的静压强值与测定的方向无关。这一结论可以从实验测得，也可由理论推导得出。

流体静压强值有两种表达方法：

① 绝对压强 p——以绝对真空时的静压强值作为零而计量的静压强值；

② 表压强 p_g——以外界大气压的绝对压强 p_0 值作为零而计量的静压强值，即

$$p_g = p - p_0 \tag{1-2}$$

表压强为正值时，通常称为正压；为负值时则称为负压。负压的另一表示法是真空度 $p_{真}$。

$$p_{真} = p_0 - p \tag{1-3}$$

一般静压强为绝对压强时可不加说明或注脚，但为表压强或真空度时必须说明或加注脚。

流体静压强的单位有多种。各单位间的换算关系如下：

$$1[物理大气压] = 1\text{atm} = 1.013 \times 10^5 \text{Pa}$$
$$= 760\text{mmHg} = 10.33\text{mH}_2\text{O} = 1.033[工程大气压]$$
$$= 1.033\text{at} = 1.033\text{kgf/cm}^2$$
$$1[工程大气压] = 1\text{at} = 1\text{kgf/cm}^2$$
$$= 10\text{mH}_2\text{O} = 735.6\text{mmHg} = 9.81 \times 10^4 \text{Pa}$$

在此需说明，1kgf 指 1kg 物体在 $g = 9.81\text{m/s}^2$ 重力场中受到的重力，称为千克力。此单位属混合单位制，早已弃用；但以 1kgf/cm^2 作为压强单位还有时能在文献中见到，故予以介绍，$1\text{kgf} = 9.81\text{N}$。

【例 1-1】 已知外界大气压的绝对压强 p_0 为 750mmHg，某容器内气体的真空度 $p_{真}$ 为 0.86kgf/cm^2，试求该气体的绝对压强 p 及表压强 p_g。单位用 Pa。

解
$$p_0 = 750\text{mmHg} = 750 \times \frac{1.013 \times 10^5}{760} = 9.997 \times 10^4 \text{Pa}$$
$$p_{真} = 0.86\text{kgf/cm}^2 = 0.86 \times 9.81 \times 10^4 = 8.437 \times 10^4 \text{Pa}$$

所以
$$p = p_0 - p_{真} = (9.997 - 8.437) \times 10^4 = 1.56 \times 10^4 \text{Pa}$$
$$p_g = p - p_0 = -p_{真} = -8.437 \times 10^4 \text{Pa}$$

1.2.2　流体密度

流体的密度是单位体积流体具有的质量，以符号 ρ 表示，单位是 kg/m^3。流体密度同样是点函数。如，流体中 B 点的密度为

$$\rho_B = \lim_{\Delta V \to 0} (\Delta m / \Delta V) \tag{1-4}$$

式中，ρ_B 为流体中 B 点密度，kg/m^3；ΔV 为流体的体积，m^3，ΔV 中包含了质点 B；Δm 为对应于 ΔV 的流体质量，kg。$\Delta V \to 0$ 为隐含着 ΔV 减小到 B 处的质点量级，条件说明同式 (1-1) 所述。

流体密度是时间及空间位置的函数。根据流体密度在考虑的时空范围内相对变化量的大小，可把流体分为两种类型。

(1) 恒密度（习称不可压缩）流体　流体密度值为常量的流体。严格地说，不可压缩流体是不存在的。通常液体密度随压强、温度改变而发生的相对变化极小，例如 0℃的水，增加 1atm，其体积相对变化量为 -0.005% 左右，故通常认为液体是恒密度流体。而气体密度随压强、温度的改变有较明显的变化，但若在所考虑的问题中气体密度相对变化量很小时，

亦可对其密度取平均值且按恒密度流体处理。

（2）变密度（习称可压缩）流体　须考虑流体密度为变量的流体。通常只有气体，而且在所考虑的问题范围内密度有较大相对变化量时才被视为变密度流体。

流体密度均由实验测得。对于理想气体，密度值可按式(1-5)计算

因为
$$pV = nRT = \frac{G}{M}RT$$

所以
$$\rho = \frac{G}{V} = \frac{pM}{RT} \tag{1-5}$$

式中，p 为静压强，Pa，只能用绝对压强；M 为气体的摩尔质量，kg/kmol；R 为通用气体常数，$R = 8314 \text{J}/(\text{kmol} \cdot \text{K})$；$T$ 为气体的热力学温度，K。

1.2.3　流体静力学基本方程

（1）质量力与表面力　静止流体中任一流体元所受到的力只有质量力与表面力两种。质量力是作用于流体中各质点的力，如重力、惯性力等。表面力是作用于流体元外表面的力，如压力、剪切力等。

（2）流体静力学基本方程　在静止流体中任取一微元体，如图 1-1 所示，并对其作受力分析。

令 X、Y、Z 为单位质量流体的质量力分别在 x、y、z 轴向上的分力（N/kg），则 x 方向上的力的平衡式为

$$\left(p - \frac{1}{2}\frac{\partial p}{\partial x}dx\right)dydz + X\rho dxdydz = \left(p + \frac{1}{2}\frac{\partial p}{\partial x}dx\right)dydz$$

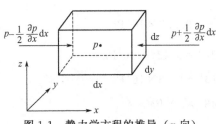

图 1-1　静力学方程的推导（x 向）

经化简，可得

$$\rho X - \partial p/\partial x = 0$$

对 y 及 z 方向作力的平衡，同理可得

$$\rho Y - \partial p/\partial y = 0 \quad 及 \quad \rho Z - \partial p/\partial z = 0$$

以 dx、dy、dz 分别乘以上 3 式，并相加，得

$$\frac{\partial p}{\partial x}dx + \frac{\partial p}{\partial y}dy + \frac{\partial p}{\partial z}dz = \rho(Xdx + Ydy + Zdz)$$

亦即
$$dp = \rho(Xdx + Ydy + Zdz) \tag{1-6}$$

式(1-6) 就是流体静力学方程，是一个微分式。此式表明：在静止、连通的流体中，若某一点位置 B 的流体静压强为 p，密度为 ρ，每千克流体的质量力的 3 个分量分别为 X、Y、Z（注意：这 5 个参量皆为点函数），则与 B 点相距 dx、dy、dz 的另一无限邻近的点的静压强与 B 点静压强的微量差值 dp 可按式(1-6)算得。

（3）重力场中的流体静力学方程　由于在大多数工程问题中，质量力只有重力，故拟着重讨论这种情况。有关质量力涉及离心力的问题将在下一章介绍离心泵时再予以介绍。

现取 z 轴为铅垂向，并以向上为正向，x、y 轴则取在同一水平面上。这样的坐标系取法，可使重力在 x、y 向的分量为零，即 $X = 0$，$Y = 0$。至于 Z 值，它是单位质量流体受到的重力，现以 M 表示流体质量，则其绝对值为 Mg/M，沿 Z 轴向下，故 $Z = -g$。

把 $X = 0$，$Y = 0$ 及 $Z = -g$ 关系代入式(1-6)，可得

$$\left.\begin{array}{l} dp = -\rho g dz \\[2mm] \dfrac{\partial p}{\partial x} = 0, \dfrac{\partial p}{\partial y} = 0 \end{array}\right\} \tag{1-7}$$

式(1-7) 就是重力场中的流体静力学方程。此式说明：在重力场中，静止流体的静压强只沿 z 轴方向变化，在 x、y 方向无变化。可见，对于静止、连通的同一种流体，等压面即水平面。式(1-7) 为微分式，既适用于恒密度流体，亦适用于变密度流体。

把流体密度作为变量处理的情况

【例 1-2】　关于大气层，在离海平面 0～11km 范围内叫对流层，11～25km 范围内叫同温层。对于对流层，国际公认，在规定的海平面处，气温 $T_0 = 288K$，静压强 $p_0 = 760mmHg$。气温随高度变化的规律是 $T = T_0 - \theta z$，式中 T 是高度为 z 处的气温，T 与 T_0 的单位是 K，$\theta = 0.0065K/m$，z 是高度（m）。若飞机舱内始终保持空气静压强为 1atm，试求飞机在海拔 8000m 处飞行时飞机内外的压差。

解　本题的问题属对流层。可列出下列方程组

$$dp = -\rho g \, dz \tag{a}$$

$$\rho = \frac{pM}{RT} \tag{b}$$

$$T = T_0 - \theta z \tag{c}$$

边界条件：当 $z = 0$ 时，$T_0 = 288K$，$p_0 = 760mmHg$。用到的常量为 $g = 9.81m/s^2$，$R = 8314J/(kmol \cdot K)$，$M = 29$，$\theta = 0.0065K/m$。

将式(b)、式(c) 代入式(a)，可得

$$dp = \frac{-pMg}{R(T_0 - \theta z)} dz \tag{d}$$

对式(d) 积分，得

$$\ln p = \frac{gM}{R\theta} \ln(T_0 - \theta z) + c$$

积分常数可根据边界条件求出，按 $z = 0$，$p = p_0$，代入上式，解出

$$c = \ln p_0 - \frac{gM}{R\theta} \ln T_0$$

即

$$\ln \frac{p}{p_0} = \frac{gM}{R\theta} \ln \frac{T_0 - \theta z}{T_0} \tag{e}$$

将各已知值代入式(e)，并令 $z = 8000m$，则对应的 p 值即为 8000m 高空处大气的静压强。式(e) 为文字式，其数字式为

$$\ln \frac{p}{760} = \frac{9.81 \times 29}{8314 \times 0.0065} \ln \frac{288 - 0.0065 \times 8000}{288}$$

解得

$$p = 266.4mmHg$$

所以

$$p_0 - p = 760 - 266.4 = 493.6mmHg$$

即在 8000m 高空，飞机内外压差为 493.6mmHg。

一般来说，在化工领域中须把流体密度作为变量的情况是很少的，流体密度往往可按常量处理，即使在气体输送中，在输送管的起端与终端气体密度存在差异，但因气体密度的相对变化量通常很小，还是允许取两端气体密度的均值按常量处理。[例 1-2] 讨论的是大气层，不仅涉及气体，而且高差、温差很大，才需把气体密度视为变量，这是较特别的例子。在以后的内容中，如无特别指明，所指的流体均为恒密度流体。

把流体密度作为常量处理的情况

若流体密度为常量，则式(1-7) 的积分式为

$$p_2 = p_1 + \rho g(z_1 - z_2) \tag{1-8a}$$

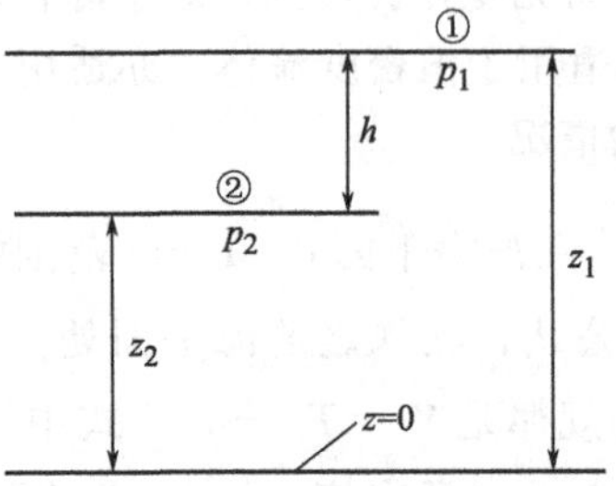

图 1-2 式(1-8a) 的参考图

令 $h = z_1 - z_2$，以 h 表示 1、2 两点铅垂向高度差，则

$$p_2 = p_1 + \rho g h \tag{1-8b}$$

当比较两点位置的静压强差时，可令位置高的点为 1 点，另一点为 2 点，h 恒为正值，则 $p_2 > p_1$。这说明由于地心引力，流体有质量，所以在静止流体中位置较低处的流体静压强值必大于位置高处流体的静压强值。图 1-2 为式(1-8a) 的参考图。图中除表明式(1-8a) 各参量的意义外，还说明了一个问题，即若要对各点位置的高度定值，必须确定一个水平面为基准面，在基准面处 $Z = 0$。基准面的选择是任意的，基准面的不同选择并不影响两点静压强差的计算结果。

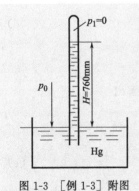

【例 1-3】 常用的测量大气压强的气压计结构如图 1-3 所示。铅垂玻璃管内水银面高于管外液面 760mm。玻璃管内水银液面上方静压强 $p_1 = 0$。已知水银密度为 $13.6 \times 10^3 \, \text{kg/m}^3$，试计算外界大气压 p_0。

解 $p_0 = p_1 + \rho_{\text{Hg}} g h = 0 + 13.6 \times 10^3 \times 9.81 \times 0.76$
$$= 1.01 \times 10^5 \, \text{Pa}$$

一般公认这时的大气压为 $1.013 \times 10^5 \, \text{Pa}$。

图 1-3 [例 1-3] 附图

式(1-8a) 还有另外的表达形式，即

$$p_1 + \rho g z_1 = p_2 + \rho g z_2$$

定义 修正压强 $\quad p_m = p + \rho g z \tag{1-8c}$

则 $\quad p_{m,1} = p_{m,2} \tag{1-9}$

式(1-8c) 表明静止、连通、恒密度流体在重力场中，不同位置的流体质点间有一个参量是不变量，这个不变量就是修正压强。

1.2.4 U 形压差计

U 形压差计是根据流体静力平衡原理测流体压强差的仪器。

参看图 1-4，在一弯成 U 形的玻璃管内装有密度为 ρ_i 的指示液，欲测压差的两侧流体分别与 U 形管左、右支管上端接通。指示液必须不溶解欲测压差的两侧流体，而且其密度大于任一侧流体。

若情况如图 1-4 所示，左侧流体密度为 ρ，指示液在右支管内的液面比其在左支管内的液面高，两液面高度差称为"读数"，用 R 表示，单位为 m。

现观察 p_3 与 p_4 之间的关系。因 p_3、p_4 是静止、连通且处于同一水平面的指示液在两支管内的压强，由水平面即等压面推论知，$p_3 = p_4$。

又根据流体静力学方程可知

$$p_3 = p_1 + \rho g R \qquad p_4 = p_2 + \rho_i g R$$

所以
$$p_1 - p_2 = (\rho_i - \rho) g R \qquad\qquad (1\text{-}10)$$

式(1-10)表明，若$(\rho_i - \rho)$为定值，则读数 R 愈大表示两侧流体压差 $(p_1 - p_2)$ 愈大。若压差 $(p_1 - p_2)$ 的数值变化范围已知，则选用适当的指示液，使 $(\rho_i - \rho)$ 值小一些，可取得较大的读数 R。

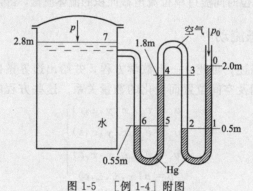

图 1-4　U 形压差计

常用的指示液有汞、乙醇水溶液、四氯化碳及矿物油等。

流体压差测定有时可用式(1-10)计算，有时须按流体静力学方程计算，要根据情况灵活掌握。

【例 1-4】　以复式 U 形压差计测容器内水面的静压强 p，有关数据如图 1-5 所示。已知 2～4 段内空气的密度为 1.405kg/m^3，试计算 p 值，按表压计。若测压装置改为单个 U 形压差计，指示液为汞，两支管内汞的上方均为水且测压时两水面等高，问读数 $R' = ?$（略去大气压强随高度的变化）

图 1-5　[例 1-4] 附图

解　（1）按复式 U 形压差计计算

$$p_1 = p_2 = p_0 + \rho_{Hg} g (z_0 - z_1)$$

$$p_3 = p_4 = p_2 - \rho_{空} g (z_3 - z_2)$$

$$p_5 = p_6 = p_4 + \rho_{Hg} g (z_4 - z_5), p = p_6 - \rho_{水} g (z_7 - z_6)$$

以上各式相加，可得

$$p - p_0 = \rho_{Hg} g (z_0 - z_1) - \rho_{空} g (z_3 - z_2) + \rho_{Hg} g (z_4 - z_5) - \rho_{水} g (z_7 - z_6)$$

$$= 13.6 \times 10^3 \times 9.81 \times (2.0 - 0.5) - 1.405 \times 9.81 \times (1.8 - 0.5) + 13.6 \times 10^3 \times$$

$$9.81 \times (1.8 - 0.55) - 1000 \times 9.81 \times (2.8 - 0.55)$$

$$= 3.448 \times 10^5 \text{Pa}$$

（2）按单个 U 形压差计计算

因为
$$p - p_0 = (\rho_{Hg} - \rho_{H_2O}) g R'$$

即
$$3.448 \times 10^5 = (13.6 - 1) \times 10^3 \times 9.81 R'$$

所以
$$R' = 2.79 \text{m}$$

由计算知，若用单个 U 形压差计测压差，压差计读数高达 2.79m。读数太大，不便于对指示液上、下两液面高度的测量，这时宜采用复式 U 形压差计。

1.3 流体流动的基本概念

1.3.1 流体在流道中的流量与流速

（1）**体积流量 V** 单位时间通过流道截面的流体体积，m^3/s。

（2）**点流速 v** 单位时间流体质点在流动方向流过的距离，m/s。考虑到与流速方向相垂直的同一流道截面上各点的点流速不一，则

$$V = \int_A v \mathrm{d}A$$

式中，A 为流道截面积，m^2。

（3）**平均流速 u** 体积流量与流道截面积之商，$u = V/A$，若不作说明，一般讲的流速即是平均流速。

（4）**质量流量 W** 单位时间流过流道截面的流体质量，kg/s，$W = \rho V$。

（5）**质量流速 G** 单位时间流过单位流道截面积的流体质量，$kg/(s \cdot m^2)$，$G = W/A = \rho u$。

1.3.2 定态与非定态流动

对流体运动状况的描述，可建立一组数学方程，并给出边界条件与初始条件，以表达流体质点各有关参量随时间及空间位置而变化的数量关系。这些方程的一般解如下式所示

$$\left. \begin{array}{ll} x \text{ 向分速} & v_x = v_x(x,y,z,t) \\ y \text{ 向分速} & v_y = v_y(x,y,z,t) \\ z \text{ 向分速} & v_z = v_z(x,y,z,t) \\ \text{压强} & p = p(x,y,z,t) \end{array} \right\} \tag{1-11}$$

在式(1-11) 中，以 v_x 为例，对任一时刻 t，v_x 值随空间坐标（x，y，z）值的不同而异；对某一固定的空间位置，v_x 值又随时间而变。这组方程是非定态流动的一般表达式。

若流动流体中任一固定点的流体所有参量均不随时间而变，亦即满足下列方程

$$\left. \begin{array}{l} \partial v_x/\partial t = 0, \partial v_y/\partial t = 0, \partial v_z/\partial t = 0, \partial p/\partial t = 0 \cdots \\ v_x = v_x(x,y,z), v_y = v_y(x,y,z), v_z = v_z(x,y,z) \\ p = p(x,y,z) \cdots \end{array} \right\} \tag{1-12}$$

这种流动状况称为定态流动。

以上用空间坐标及时刻描述流体运动的方法叫欧拉法，着眼于任一瞬时流体质点状态的空间分布及该分布随时间的变化规律。采用欧拉法可运用数学中场论的知识，是常用的方法。

此外，还有一种描述流体运动的方法，叫拉格朗日法，着眼于流体质点状态的变化，把各流体质点的状态都表达为时间的函数。任一流体质点随时间推移而走过的轨迹叫迹线。

1.3.3 流线

所谓流线，是描绘某一时刻各点速度方向的空间曲线，曲线上任一点的切线方向即为该点的速度方向。流线与电力线、磁力线相类似。由于任一时刻一点位置只有一个流速方向，

故流线不会相交。对于一束流线，在流线较密集处流速较高，在流线较稀疏处流速必较低。经一封闭曲线所作流线的集合即构成流管。

对于定态流动，通过流场某些固定点的流线是不随时间变化的，流线就是迹线。但非定态流动不同时刻的流线可能变化，流线与迹线可能不同。

生产上一般都是用管道输送流体的，为使提法更简单，可把单一相流体充满管内空间且在管内流动称为"管流"。狭义地说，管流的管道指圆截面、等径的直管。以下提到的管流，如无特殊说明，均指狭义的管流。由于生产上普遍遇到管流，以下就对管流的流线特点进行分析。

由于管流的流体是顺管轴线流动的，所以，其流线必为平行直线。前面提到过流体流动的"截面"，一般来说，"截面"是曲面，通过该面上所有的点的流线均在该点处与曲面垂直。对于管流，因流线平行，故管流的截面为平面。在平截面上各流体质点的静压强与其高度间有无关系呢？

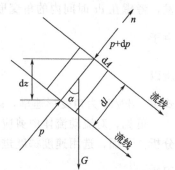

图 1-6　平截面上的流体
静力学规则推导

参看图 1-6，在垂直于流线方向上取微小流体柱，该流体柱的长度为 $\mathrm{d}l$，截面积为 $\mathrm{d}A$。如图取圆柱轴线的 n 向为正向。n 向流体柱的受力平衡式为

$$-(p+\mathrm{d}p)\mathrm{d}A+p\,\mathrm{d}A-\rho g\,\mathrm{d}A\,\mathrm{d}l\cos\alpha=0$$

又因
$$\mathrm{d}l\cos\alpha=\mathrm{d}z$$

化简得
$$-\mathrm{d}p=\rho g\,\mathrm{d}z\,(静力学方程)$$

这说明，在平行流线的平截面上，各点的流体修正压强为一定值。

1.3.4　流体黏度

1.3.4.1　牛顿黏性定律

设两块面积很大且相距很近的平行平板间充满某种流体。两板距离为 Y，上板面积为 A。令下板固定，以平行于板的持续力 F 推动上板做匀速 U 运动，情况如图 1-7 所示。紧邻壁面的流体因同壁面间的作用力而不作相对于该壁面的相对运动，这叫"无滑动现象"，因而，紧邻动板的流体层流速为 U，而紧邻固定板的流体层流速为零。为简化计，可假设平板是无质量的，且两板面积大到可略去对其边缘情况的考虑。

由实验测定知，对于多数流体，$F/A\propto U/Y$，且两板间流体点流速沿固定板外法向 y 轴方向由固定板处 $v=0$ 至动处 $v=U$ 呈直线规律变化。因作用力平行于板面，故可把 F/A 写成剪应力 τ，又由于 $U/Y=\mathrm{d}v/\mathrm{d}y$，则 $F/A\propto U/Y$ 式可写成

$$\tau\propto\frac{\mathrm{d}v}{\mathrm{d}y}$$

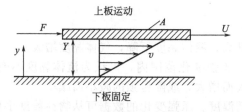

图 1-7　牛顿黏性试验原理

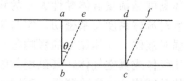

图 1-8　剪应力作用下流体的形变

接下去的分析方法是，撇开两板，把目光集中在流动流体上。参看图 1-8。最上层流体流速为 U 而最下层流体流速为零，对于侧面为矩形 $abcd$ 的流体元，在流体中会发生形变而成为如 $ebcf$ 所示的平行四边形。假如是固体，在其弹性变形范围内，剪应力与剪切变形量成正比，但流体则不然，即使是很小的剪应力亦会造成流体无止境的形变，所以，一般探讨的是剪应力与剪切变形速率间的关系。

设 $\angle abe$ 为角变形 θ。显然，θ 随时间 t 的延续而增大。现从 $t=0$ 时流体元为 $abcd$ 出发，考虑在 dt 时间内的角变形速率，可建立下式

由于

$$d\theta = \frac{U dt}{Y}$$

所以

$$\frac{d\theta}{dt} = \frac{U}{Y} = \frac{dv}{dy}$$

式中，$d\theta/dt$ 为角变形速率，s^{-1}；dv/dy 为速度梯度，s^{-1}。

可见，对流动流体中剪应力的讨论，既可采用速度梯度去分析，也可采用角变形速率去分析。下面，选用速度梯度进行分析。

因为

$$\tau \propto \frac{dv}{dy}$$

引入比例系数 μ，可得

$$\tau = \mu \frac{dv}{dy} \tag{1-13}$$

式中，μ 称为流体的黏度，或称"内摩擦系数"，单位是 $N \cdot s/m^2$ 或 $Pa \cdot s$ 或 $kg/(s \cdot m)$。

式(1-13)为牛顿黏性定理的数学表达式，此式不仅表明流体在流动过程中流体内部存在剪应力，亦是流体黏度的定义式，并提出了计算流体剪应力的方法。

下面，对式(1-13)做 3 点说明。

(1) 流体黏性的本质与黏度　流体有反抗在流动中发生速度差异的本性，这种本性叫做流体的黏性。流体具有黏性的原因有二：分子间有引力；分子作热运动。

设有相距 dy 的两层流体，流速差为 dv，如图 1-9 所示。由于流体分子间有引力，其作用是阻碍着快速层流体质点从慢速层流体质点旁超越过去，又由于分子热运动，快速层分子来到慢速层，推动慢速层质点加速，而慢速层分子来到快速层令快速层质点减速。分子运动的效果，亦起到反抗两相邻流速层存在流速差的作用。

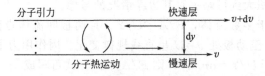

图 1-9　流体黏性产生的原因

液体与气体产生黏性的主要原因不同，液体黏性主要由分子引力引起，气体黏性主要由分子运动引起。

流体黏度是衡量流体黏性大小的物理量。

温度对流体黏度关系密切，实验说明，温度升高，液体黏度下降，气体黏度增大。

压强对液体、气体黏度的影响很小。在较大的压强变化范围内，可认为流体黏度不变。只有高压气体或真空气体，其黏度才随压强的增大而增大，或随压强的减小而减小。

流体黏度值均由实验测得。不同流体的黏度随温度、压强变化的数据可从物性数据手册中查得。

在"厘米·克·秒"单位制中，黏度的单位是 dyn·s/cm²，以符号 P 表示，称为[泊]。1P=100cP，cP 称为[厘泊]。[泊]与 N·s/m² 的换算关系为

$$1N·s/m^2 = 10^5/10^4 \, dyn·s/cm^2 = 10P = 1000cP$$

在此还应说明一点，黏度是只有在流体流动时才体现的一种流体性质。

（2）理想流体　工程计算中为简化对问题的分析，有时假设流体黏度为零，亦即假设这种流体在流动中不存在剪应力。黏度为零的流体称为理想流体。按理想流体计算取得的结果，须校正后才能用于实际流体。

（3）牛顿黏性定律的使用方法　牛顿黏性定律的表达式中出现了速度梯度 dv/dy，表明此式只使用于等速的流体层。由 μ 与 dv/dy 相乘得到的剪应力，也只使用于该等速层。以牛顿实验的情况为例，由任意平行于两平板的等速流层算出的 τ 值，可理解为该流速层上侧流体对该流速层下侧流体施加的推动流动的剪应力，也可理解为该流速层下侧流体对该流速层上侧流体施加的阻碍流动的剪应力。这两种剪应力大小相等、方向相反，二者成对出现。

在讨论 dv/dy 时涉及的 y 轴，只能与等流速面相垂直。由于 y 轴的正向可有两种取法，对于同一问题，dv/dy 值可正可负。习惯上是把剪应力作正值处理，故把式（1-13）改写成

$$\tau = \pm\mu\frac{dv}{dy} \tag{1-14}$$

式中"±"号用法如下：当 dv/dy 为正时，取正号；当 dv/dy 为负时则取负号，以保证 τ 值为正。因实际应用中剪应力是有方向的，所以，在对具体问题作力的分析时就需另考虑正负号了。

1.3.4.2　运动黏度

在化工计算中，经常遇到流体黏度与密度以 μ/ρ 的形式出现在计算式中。为计算方便，许多物性数据手册直接提供了 μ/ρ 的数据。

定义　运动黏度 $\qquad\qquad \nu = \mu/\rho \tag{1-15}$

为便于区分，黏度 μ 又称为"动力黏度"。运动黏度的单位为 m^2/s 或 cm^2/s，$1cm^2/s$ 亦称 1 泡。

1.3.4.3　牛顿型流体与非牛顿型流体

凡牛顿黏性定律适用的流体都叫牛顿型流体。水、各种水溶液及气体等属牛顿型流体，其特性如图 1-10 中的 A 线所示。有些流体，如泥浆、涂料、聚合物溶液（如聚丙烯酰胺）和阿拉伯树胶悬浮液等，其行为不符合牛顿黏性定律，称为非牛顿型流体。图 1-10 中曲线 B 为宾汉塑性流体，C 为拟塑性流体，D 为涨塑性流体，均为非牛顿型流体。

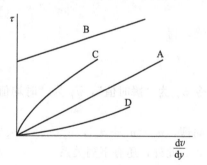

图 1-10　牛顿型流体与非牛顿型流体

研究非牛顿型流体是流体力学一个分支的课题。本书提到的流体都是牛顿型流体。

1.3.5　流动型态

流体流动存在不同型态的问题是雷诺（Reynolds）首先提出的。其实验装置如图 1-11(a) 所示，在有补充水及维持溢流的条件下，保持水箱水位稳定，使水流过透明观察管时过程定态。水流速的大小由观察管下游的阀门调节，为能观察到管内的流动型态，向观察管注入有色水。

试验表明，在水流速较低时，有色水流动呈直线状；当水流速增大到一定程度后，有色水起波动；在水流速更大时，有色水被冲散，并迅速同水混合，使整个管内的水皆染色。3种情况如图 1-11(b) 所示。

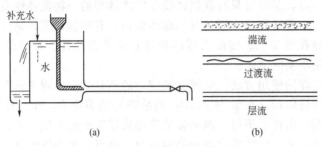

图 1-11 雷诺实验装置及观察到的实验现象

据此，雷诺把流动型态划分为两类：

（1）层流 流体作有秩序的、层次分明的流动，流速层间没有质点扩散现象发生，流体内部没有产生旋涡。有色水呈直线时即为层流。

（2）湍流 流体在流动过程中流体质点有不规则的运动（脉动），出现旋涡。有色水迅速散开即为湍流。

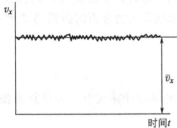

图 1-12 湍流的脉动

旋涡时生时灭，大小不一，转向不定。一般来说，大旋涡可分裂为小旋涡，并在分裂中逐渐将动能移交给较小的旋涡。黏性流体中的小旋涡运动好比阻尼运动，通过黏性，流体动能耗散为内能。

定态湍流时，对某一空间点作点速度的 x 向分量 v_x 的测定，结果如图 1-12 所示。v_x 值虽随时间而起伏，但始终围绕一稳定值作上下波动。在一段足够长的时间 T（要 T 长到下式中 $\overline{v_x}$ 与时间 t 无关）内求 v_x 的平均值，得

$$\overline{v_x} = \frac{1}{T} \int_0^T v_x \, \mathrm{d}t$$

令 v_x 为"瞬时值"，$\overline{v_x}$ 为"时均值"，二者之差 $v_x{}'$ 为"脉动值"，则

$$v_x = \overline{v_x} + v_x{}'$$

同理，$v_y = \overline{v}_y + v_y{}'$，$v_z = \overline{v}_z + v_z{}'$ …

此外，还有下列关系

$$\frac{1}{T} \int_0^T v_x{}' \mathrm{d}t = 0, \quad \frac{1}{T} \int_0^T v_y{}' \mathrm{d}t = 0 \cdots$$

亦即，各空间点的脉动值是随机的，可正可负，但在足够长的时间内各脉动值的时均值皆为零。还可推知，所谓定态湍流，只能是各空间点的各向分速度及压强等参量的时均值不随时间而变，但脉动现象总是存在的。

在这两种流型之间的是过渡状态，这时流体已有湍动，但还不充分。

雷诺曾改变液体种类及管径重复上述实验，结果发现，对流型有影响的因素不仅是流体流速 u，流体黏度 μ、密度 ρ 以及管子内径 d 都有影响。他归纳出一个重要结论：流型的判断取决于一个无量纲的综合指数 $(du\rho/\mu)$。为纪念雷诺做出的贡献，这综合指数被称为"雷诺数"（Reynolds number）。

实验结果表明，流型的转变有一临界雷诺数（Re_c），低于该值时，流动类型必为层流。这时，如有外界引入的强扰动，一旦扰动消除，流型还会自动变为层流。当高于该临界值时，如无外加扰动，流型可能仍保持层流，但一遇扰动，就发展为湍流。

对于流体在圆直管内流动（管流）的情况，$Re_c \approx 2000$（有些书中 Re_c 为 2300），$Re > 4000$ 时一般为湍流，在 Re 介于 $2000 \sim 4000$ 之间时，流型不能确定，称这时属过渡状态。

管流的雷诺数有下列几种表达形式：

$$Re = \frac{du\rho}{\mu} = \frac{dG}{\mu} = \frac{4V\rho}{\pi d\mu} = \frac{4W}{\pi d\mu} = \frac{du}{\nu} \tag{1-16}$$

对于其他流动情况，如流体在明渠内的流动，沿管束外的流动，绕过固体颗粒的流动或沿板壁面在重力作用下向下膜状流动等，其雷诺数中的线性长度 l（管流时 l 为管内径 d）有特定的定义，Re_c 值亦各异。

在此再补充说明一点，牛顿黏性定律只适用于牛顿型流体的层流。

1.3.6　流体在圆直管内流动的流速侧形与流动阻力

1.3.6.1　流体在圆直管内流动的流速侧形

在层流与湍流这两种不同的流型中，流体质点有不同的运动特征，势必对同一平的横截面的流体质点速度分布情况产生影响。图 1-13 是管流时实测的层流及湍流的流速侧形（velocity profile）的示意图。

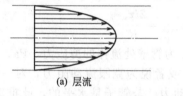　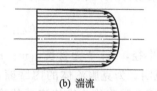

(a) 层流　　　　　　　　　　　(b) 湍流

图 1-13　实测的管流流速侧形

层流时，同一平截面上点速度沿直径方向呈抛物线规律变化。湍流时，速度分布曲线中心部分较平，只有在近管壁处才有较陡的降落。湍流的主流部分因有旋涡活动，有流体质点在不同流速的流层间穿插，故流速变化小。

可以把管内流动流体分割成许多很薄的等速圆筒层，一层套一层，且各层以不同的流速向前流动。虽然层流与湍流的流速分布规律不同，但二者间有个共同点，即二者从管壁沿半径方向到圆心，点流速都是从零渐增至最大值，任何相邻两流层间都存在着速度差。

1.3.6.2　流体的流动阻力

（1）管流的剪应力及其分布规律　已经知道，任何流体皆有黏性，因分子间有作用力，而且分子运动永不停息。上面谈到，管流的任何两相邻流层间必有速度差异，根据牛顿黏性定律即可判断，管流的流体内部存在着剪应力。那么，管流的剪应力是怎样分布的呢？

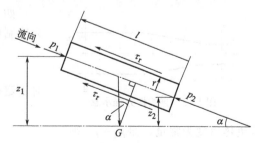

图 1-14　圆柱形流体的受力平衡

参看图 1-14。在管流条件下取一段圆柱形流体柱作受力及运动分析。该流体柱与管道共一轴心线。由于流体等速流动，加速度为零，故该流体柱必受力平衡，即

$$p_1 \pi r^2 + \pi r^2 l\rho g \sin\alpha = p_2 \pi r^2 + \tau_r 2\pi r l$$

因为
$$\sin\alpha = \frac{z_1 - z_2}{l}$$

所以
$$(p_1 + \rho g z_1) - (p_2 + \rho g z_2) = \frac{2\tau_r l}{r}$$

亦即
$$p_{m,1} - p_{m,2} = \frac{2\tau_r l}{r}$$

所以
$$\tau_r = \frac{(p_{m,1} - p_{m,2})r}{2l} \tag{1-17}$$

由实验测定知，当流体在圆、直、等径管内等速流动时，其修正压强降与流过的距离成正比，即 $\dfrac{p_{m,1} - p_{m,2}}{l}$ =常量，于是，由式(1-17)可知，剪应力与半径成正比，这一关系对层流或湍流都适用。

(2) 管流的内摩擦与修正压强降　由于任何相邻的两流速层间有速度差，其中流速大的流层从流速小的流层侧"滑"过，而且二流速层间有剪应力相互作用，可称这种情况为流层间发生了"内摩擦"。

当在水磨石地面上拖动一只纸箱时，要使纸箱恒速移动，必须施以恒力，以克服滑动摩擦力做功。流体流动也有类似情况。要克服流体内摩擦维持恒定的流动状态，就需有推动力。为了弄清此推动力的来源，可把式(1-17)重排。由于 $\tau_r/r = \tau_w/R$，可把式(1-17)写成

$$p_{m,1} - p_{m,2} = \frac{2l\tau_w}{R} \tag{1-18}$$

式中，R 为管子半径，m；l 为管长，m；τ_w 为管壁处流体的剪应力，Pa。

式(1-18)说明，为克服流体的内摩擦，或者说为克服流动阻力，对一定的管长，需要有相应的流体修正压强降作为维持流动的推动力。若管子是水平的，此推动力便是压强差，故流动阻力往往以压降表示。

1.4　流体流动过程的物料衡算与机械能衡算

1.4.1　连续性方程

流体通过通道的物料衡算式称为连续性方程，以下只讨论单通道的情况。

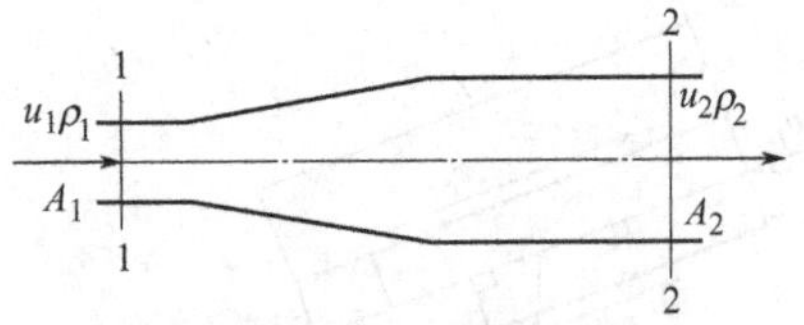

图 1-15　连续性方程示意

如图 1-15 所示，取管道或流管的 1、2 截面间管段为控制体。若控制体的体积为 τ，则其物料衡算式为

$$\rho_1 u_1 A_1 - \rho_2 u_2 A_2 = \frac{d}{dt}\int_\tau \rho d\tau \tag{1-19}$$

对于定态流动，上式可简化为

$$\rho_1 u_1 A_1 = \rho_2 u_2 A_2 \tag{1-20}$$

若流体密度为常量，即 $\rho_1 = \rho_2$ 则

$$u_1 A_1 = u_2 A_2 \tag{1-21}$$

在上述条件下，若管道截面为圆形，1、2 截面管内径分别为 d_1 及 d_2，则

$$u_1 d_1^2 = u_2 d_2^2 \tag{1-22}$$

式(1-22)表明，管径小处流速大，管径大处流速小。

1.4.2　理想流体流动的机械能守恒

在流体流动中单位质量流体的机械能守恒的概念,最先是由伯努利(英译名为 Bernoul-li)提出来的。他根据牛顿第二定律,对恒密度流体在重力场中的定态流动进行分析,在没有外加机械能及不发生流体机械能耗散为内能的条件下导出了流体机械能守恒方程,该方程就是被人们称为伯努利方程的著名式子。以后人们又根据热力学定律重新推导了机械能衡算式。下面只介绍伯努利的推导方法。

(1) 条件　重力场,恒密度流体,理想流体,定态流动,在流体流动过程中没有外加机械能。

(2) 沿流线推导机械能守恒式　在流动流体中任选一流线,在该流线上任选相距无穷小距离 dl 的两点,在已确定 x、y、z 轴的直角坐标系中,作对角线为 dl 且 3 边平行于 3 条轴线的立方体微元,该流体微元在 x、y、z 方向上的长度分别为 dx、dy、dz。现考察该流体微元的受力及其运动。

由牛顿第二定律可知,上述微元流体受到的力的合力必等于其质量与加速度之乘积。因所考虑的流体为理想流体,无黏性,该微元流体不受剪应力作用,只受到质量力与压力两种作用力,参看图 1-1。按 x 轴向对该微元流体写出牛顿第二定律表达式,可得

$$X(\rho\,dx\,dy\,dz)-\frac{\partial p}{\partial x}dx(dy\,dz)=\rho\,dx\,dy\,dz\,\frac{dv_x}{dt} \tag{a}$$

亦即

同理可得

$$\left.\begin{array}{l}X-\dfrac{1}{\rho}\dfrac{\partial p}{\partial x}=\dfrac{dv_x}{dt}\\[2mm]Y-\dfrac{1}{\rho}\dfrac{\partial p}{\partial y}=\dfrac{dv_y}{dt}\\[2mm]Z-\dfrac{1}{\rho}\dfrac{\partial p}{\partial z}=\dfrac{dv_z}{dt}\end{array}\right\} \tag{b}$$

以 dx、dy、dz 分别乘以上 3 式并相加,考虑到 $\dfrac{\partial p}{\partial x}dx+\dfrac{\partial p}{\partial y}dy+\dfrac{\partial p}{\partial z}dz=dp$,最后得

$$(X\,dx+Y\,dy+Z\,dz)-\frac{1}{\rho}dp=dv_x\frac{dx}{dt}+dv_y\frac{dy}{dt}+dv_z\frac{dz}{dt} \tag{c}$$

在定态流动条件下,流线即迹线。现可从迹线角度去考虑。前面讲过,在 dt 时间里,流体质点沿迹线移动了 dl 距离,dl 在 x、y、z 轴向的分量分别为 dx、dy、dz。于是,$v_x=\dfrac{dx}{dt}$,$v_y=\dfrac{dy}{dt}$,$v_z=\dfrac{dz}{dt}$。将此关系式代入式(c),得

$$(X\,dx+Y\,dy+Z\,dz)-\frac{1}{\rho}dp=\frac{d(v_x^2+v_y^2+v_z^2)}{2}=\frac{dv^2}{2} \tag{d}$$

在重力场中,当铅垂朝上方向定为 z 轴正向,x、y 轴均在同一水平面上,则 $X=0$,$Y=0$,$Z=-g$,上式可写成

$$-g\,dz-\frac{1}{\rho}dp=\frac{dv^2}{2}$$

或

$$g\,dz+\frac{dp}{\rho}+\frac{dv^2}{2}=0 \tag{1-23}$$

式(1-23)便是沿流线导出的伯努利方程的微分式。对式(1-23)积分,由同一流线的上游某点"1"点积到下游某点"2"点,可得

$$gz_1 + \frac{p_1}{\rho} + \frac{v_1^2}{2} = gz_2 + \frac{p_2}{\rho} + \frac{v_2^2}{2} = 常量 \tag{1-24}$$

式(1-24)为沿流线导出的伯努利方程的积分式。式中 gz 表示每千克质量流体具有的位能，$\frac{p}{\rho}$ 表示每千克质量流体具有的压能，$\frac{v^2}{2}$ 表示每千克流体具有的动能，单位均是 J/kg，3 种能均属流体的机械能。式(1-24)表明流体质点沿流线流动过程中，每千克流体具有的机械能的类型之间可相互转换，但机械能总值是守恒的。

（3）管流（狭义的管流）的机械能守恒式　为便于实际应用，需把按流线导出的伯努利方程推广到管流情况。

前面在介绍流线时曾讲过，在垂直于平行流线的平截面上，各流体质点遵循流体静力学规律，即单位质量流体具有的位能与压能之和为一恒量。通常把每千克质量流体的位能与压能之和称为每千克质量流体的"势能" $\frac{p_m}{\rho}$。在应用伯努利方程时，总是把上、下游截面取在平截面处，以便可用任一条流线的单位质量流体具有的势能代表该截面的单位质量流体的势能。

又由于理想流体在平截面上各点的点流速相同，因此，任一条流线上单位质量流体的动能 $\frac{v^2}{2}$ 可用按平均流速计的 $\frac{u^2}{2}$ 替代。于是，用于管流的伯努利方程为

$$\left.\begin{array}{c} gz_1 + \dfrac{p_1}{\rho} + \dfrac{u_1^2}{2} = gz_2 + \dfrac{p_2}{\rho} + \dfrac{u_2^2}{2} \\[2mm] \dfrac{p_{m,1}}{\rho} + \dfrac{u_1^2}{2} = \dfrac{p_{m,2}}{\rho} + \dfrac{u_2^2}{2} \end{array}\right\} \tag{1-25}$$

或

通常位能及静压能均取管轴心线上的值，静压能项中的静压强指绝对压强。若上、下游的 p 均用表压强也可以，但不能用真空度。

每千克流体具有的 3 项机械能之和可用符号 E 表示，并称 E 为"总机械能"（J/kg），即

$$E = gz + \frac{p}{\rho} + \frac{u^2}{2} \tag{1-26}$$

故伯努利方程可写成 $E_1 = E_2$。

一般上下游截面总是取在已知量较多或含有待测量的平截面处。

【例 1-5】　某重力射流情况如图 1-16 所示。水由容器下侧的小孔流出。为维持过程定态，需不断添加补充水并保持有水溢流，以使水面高度恒定。试推导水从小孔流出时的流速计算式。

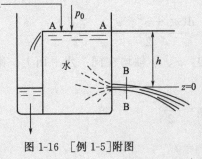

图 1-16　［例 1-5］附图

解　取排水短管轴心线的水平面为基准面。上游截面取在容器内的水面处，即图中"A—A"截面处（该平面处 $p_A = p_0$，$u_A \approx 0$，$z_A = h$，已知量多）。水从短管流出后有流股截面收缩现象，在截面收缩到最小后，又逐渐扩大。而截面最小处的流线近于平行，故下游截面可取在最小截面处，即图中"B—B"截面处（若下游截面取在短管内，压强是个未知量，故不适宜。现取"B—B"截面，$z_B = 0$，$p_B = p_0$，皆已知，这样选择有利）。

暂略去阻力，列出"A—B"间的伯努利方程

$$\frac{p_0}{\rho}+\frac{u_A^2}{2}+gz_A=\frac{p_0}{\rho}+\frac{u_B^2}{2}+gz_B$$

消去等号两侧的 p_0/ρ，又因 $u_A\approx0$，$z_B=0$，$z_A=h$，故上式可简化为

$$u_B=\sqrt{2gh}$$

考虑到阻力，且以短管横截面积为基准计算的流速 u 代替"B—B"截面处的流速 u_B，引入孔流系数 C_0，则

$$u_B=C_0\sqrt{2gh}$$

经实验测定，C_0 值约为 0.6。若短管的长度增加，C_0 值会下降。

【例 1-6】 设有一桶水，欲使水连续自动排出，可采用图 1-17 所示的办法解决。管子一端插入水桶内的水中，另一端置于桶外且位于比桶内水位更低之处，管子呈倒 U 形。当管内充满水，水就会自动由管内流出，这叫虹吸现象。试解释虹吸现象，并导出计算水从管内流出的流速计算式。设流动阻力不计。

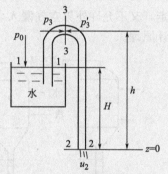

图 1-17　虹吸现象

解　(1) 解释虹吸现象，即说明水为何会自动流出？

因桶内的水与管内的水是连通的，设水不流出，参看图 1-17，必然 $p_{m,1}=p_{m,2}$。根据图示情况，$p_{m,1}=p_0+\rho_水 gH$，$p_{m,2}=p_0$，可见，$p_{m,1}>p_{m,2}$，则水静止的假设不成立，水必流动。

流向判断　假设在管内"3—3"截面处有一薄膜（此薄膜的位置可任意取），薄膜的存在使管内的水不流动。若薄膜两侧的静压强不等，薄膜就会弯曲，而且一旦抽掉薄膜，水必会从静压强高侧向低侧流动。用此法可确定实际水的流向。

计算如下　薄膜左侧 $p_{m,3}=p_{m,1}$，薄膜右侧 $p_{m,3}'=p_{m,2}$。由于 $p_{m,1}$ 大于 $p_{m,2}$，所以 $p_{m,3}$ 大于 $p_{m,3}'$。又因薄膜两侧处于同一高度，故 p_3 大于 p_3'。这说明实际水流向是由 3—3 截面的左侧流至右侧，即水由水桶流至管外。

(2) 水从管端流出的速度计算式

在不计阻力条件下，如图在 1、2 截面间排伯努利方程

$$gH+p_0/\rho+u_1^2/2=p_0/\rho+u_2^2/2$$

得

$$u_2=\sqrt{2gH}$$

虹吸时，液体从管端流出的问题是重力射流的一种特殊情况——虹吸需要有充满液体的倒 U 形管，而且液体流出的管端位置必须低于容器内的液面高度——应用较广，故虹吸问题总是单独提出来讨论。

【例 1-7】 试定性分析下列液封问题。

(1) 参看图 1-18。试解释为何室内的排水管道装有 U 形管而室外的往往没有？U 形管起什么作用？为何落水总管上端要敞口？

(2) 塔器在操作时，若塔底气体压强为 p，$p>p_0$，且 p 值会波动，要求在塔的底部能连续排液又不允许气体外漏，常见的"液封-排液"装置如图 1-19 所示。试解释此装置的设计原理。

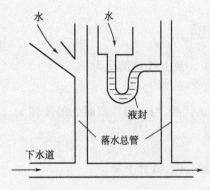

图 1-18 液封的隔气作用

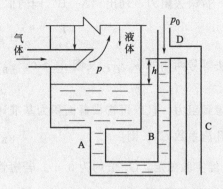

图 1-19 塔底的"液封-排液"装置

（3）某负压操作设备内气相压强为 p，$p < p_0$，操作中须将设备内的喷淋液体连续排走，又不允许外界空气漏入，常见的"液封-排液"装置如图 1-20(a) 所示。试解释其设计原理。

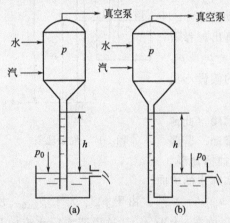

图 1-20 真空装置的"液封-排液"装置

解 （1）室外排水管不设 U 形管只为制作简便，缺点是倒水口与下水道气相相通。设置 U 形管并令 U 形管内有水存留可起隔离气体作用，故称为"液封"。落水总管上端敞口是为了维持落水总管内常压，避免一旦当落水总管下端因部分堵塞在大量排液时液位上升、管内气压升高引起冲破液封的现象发生。

（2）此装置的液封作用主要靠图 1-19 中的 A、B 管构成的 U 形管解决，"液封"将塔内气体与外界空气隔离。C 管是溢流管，操作时 B 管内液位始终维持在溢流口处，由于 $p > p_0$，塔内液面必低于溢流口。令二者高度差为 h，如按静力学方程粗略估计，$p - p_0 = \rho_{液} g h$。

可见，若 $p - p_0$ 值愈大，则 h 值愈大，塔内液位愈低。A、B 管在铅垂向的长度应保证在最大 p 值时塔内液面不至于低到 A 管下部水平连接管处，以免气体冲破液封。因正常操作时既液封又排液，故此装置为"液封-排液"装置。

B 管上端必须敞口，若 B 管上端封闭且排液量大，可能使 C 管内气体被排走而造成 C 管内充满液体，于是整个排液装置即形成虹吸管，塔内液体会很快流光而导致漏气。

（3）图 1-20(a)、(b) 装置原理完全相同，都是 U 形管，常用图 (a) 形式。因 $p < p_0$，可按静力学方程 $p_0 - p = \rho_{液} g h$ 估算所需的排液管高度。若设备内保持高度真空，液体是常温的水，p 为水的蒸气压，则排水管高度约为 10m。这种"液封-排液"装置一般称为"大气腿"。

综上所述，可见 U 形管有多种用途。当用作压差计或单纯的"液封"时，U 形管内液体是静止的；若用作"液封-排液"装置，管内液体是流动的。不过，如排液量小，液流阻力可略，则可按静力学方程估算所需的排液管高度。

1.4.3 真实流体流动的机械能守恒

1.4.3.1 真实流体流动的机械能守恒式

真实流体是有黏性的，由于有黏性，真实流体的流动比起理想流体的流动有两方面差异。第一，在平截面上点流速并非恒值；第二，有流动阻力。以下就从这两点对理想流体流动的机械能守恒予以修正。

(1) 对动能项的修正 由于平截面上各点的点流速有差异，截面上单位质量流体的动能应为该截面上各微小面积的单位质量流体动能的平均值，此平均值算法如下

$$\left(\frac{v^2}{2}\right)_{均} = \frac{\int_A \frac{v^2}{2}\rho v \, dA}{\rho u A} \tag{1-27}$$

式中，A 为截面面积，m^2；v 为截面上任一微小面积的点流速，m/s；u 为截面上平均流速，m/s。

令

$$\left(\frac{v^2}{2}\right)_{均} = \alpha \frac{u^2}{2} \tag{1-28}$$

式中，α 为 "动能校正系数"，无量纲，α 值取决于截面上流体点流速的分布情况。

在生产上常见的管流为湍流，可算出湍流时 $\alpha \approx 1$，在少数管流为层流时，$\alpha \approx 2$，但这时动能项的值很小，且等号两侧都有动能项，可部分抵消，故一般允许以 $\frac{u^2}{2}$ 表示平截面上单位质量流体的平均动能。

(2) 须引入阻力项 在流体流过圆、直和等（内）径管内且流体密度为常量的管流情况下，流体流过一段管子会产生修正压强降 $(p_{m,1} - p_{m,2})$ 用以克服这段管路的阻力，而 $(p_{m,1} - p_{m,2})/\rho$ 就是这段管路上、下游流体总机械能之差，所以，流体流动是以其总机械能的损耗为代价以克服流动阻力的。

令

$$\sum h_f = E_1 - E_2 \tag{1-29}$$

式中，$\sum h_f$ 为每千克质量流体为克服阻力或克服内摩擦而耗散为内能的量，称为摩擦损失或阻力损失，单位为 J/kg。$\sum h_f$ 永远是正值，规定写在伯努利方程下游侧。

于是，真实流体的机械能衡算式（也称伯努利方程）可写成

$$gz_1 + \frac{p_1}{\rho} + \frac{u_1^2}{2} = gz_2 + \frac{p_2}{\rho} + \frac{u_2^2}{2} + \sum h_f \tag{1-30}$$

若排伯努利方程的上、下游间串联有流体输送机械，如泵或风机，每千克质量流体通过流体输送机械得到 W_s J 的机械能，则伯努利方程应写成

$$gz_1 + \frac{p_1}{\rho} + \frac{u_1^2}{2} + W_s = gz_2 + \frac{p_2}{\rho} + \frac{u_2^2}{2} + \sum h_f \tag{1-31}$$

式中，W_s 为每千克流体得到的外加机械能，或称有效功，J/kg。

1.4.3.2 以 U 形压差计测流动流体在不同截面上的修正压强差

前面介绍过如何使用 U 形压差计测流体的压差。下面要介绍的是如何使用 U 形压差计测管流的不同截面间流体的修正压强差。这部分知识在应用伯努利方程时是很有用的。

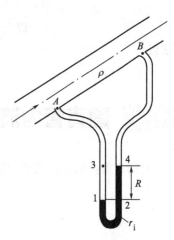

图 1-21 以 U 形压差计测修正压强差

图 1-21 所示为这类 U 形压差计装置的示意。这类装置的特点是指示液上方的两支管内及两连接管内都充满了与管道内相同的流体。为一般计，取管子倾斜向上。设管内流体密度为 ρ，指示液密度为 ρ_i，$\rho_i > \rho$。

试比较图中 1、2 两点的静压强。由于这两点处在同一水平面，且指示液连通，可知

$$p_1 = p_2$$

又

$$p_1 = p_3 + \rho g R, \quad p_2 = p_4 + \rho_i g R$$

所以

$$p_3 - p_4 = (\rho_i - \rho) g R$$

再考虑图中 A 点与 3 点的参量联系。由于管道内流体流线平行，在连接管及支管内的流体又是静止的，A 点与 3 点处于同一种恒密度流体中，而且连通，在重力场中，由静力学方程知 $p_{m,A} = p_{m,3}$。同理，$p_{m,B} = p_{m,4}$。同时，因 3、4 两点处于同一水平面，且计算 p_m 值时用到相同的 ρ 值，故 $p_{m,3} - p_{m,4} = p_3 - p_4$。

于是

$$p_{m,A} - p_{m,B} = p_{m,3} - p_{m,4} = p_3 - p_4$$

因此

$$p_{m,A} - p_{m,B} = (\rho_i - \rho) g R \tag{1-32}$$

【例 1-8】 参看图 1-22，已知：$R = 44\text{mm}$，$\sum h_{f,1-2} = 2.5 u_1^2 / 2$，$d_2 = \sqrt{2} d_1$，求 u_1。

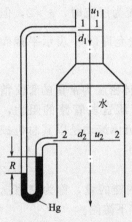

图 1-22　[例 1-8]附图

解 此题的解题思路如下。

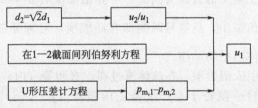

由连续性方程，得 $d_1^2 u_1 = d_2^2 u_2$，又因 $d_2 = \sqrt{2} d_1$

所以

$$u_2 = u_1 / 2$$

由 "1" 至 "2" 截面间列伯努利方程，得

$$p_{m,1} / 1000 + u_1^2 / 2 = p_{m,2} / 1000 + u_2^2 / 2 + 2.5 u_1^2 / 2$$

根据 U 形压差计计算式

$$p_{m,1} - p_{m,2} = (13.6 - 1) \times 10^3 \times 9.81 \times 0.044$$

以上 3 式联立，可得 $12.6 \times 9.81 \times 0.044 = (1.5 + 0.25) u_1^2 / 2$

所以

$$u_1 = 2.49 \text{m/s}$$

1.5　圆直管内流体层流时的流速分布与阻力计算

对圆直管内流体层流阻力问题的分析，可基于式(1-14)和式(1-17)这两个基本式

$$\tau_r = -\mu \frac{dv}{dr}$$

$$\tau_r = \frac{(p_{m,1} - p_{m,2}) r}{2l}$$

边界条件：$r = R$，$v = 0$。

由以上二式可消去 τ，又因该二式中含有点流速 v、半径 r，可导出 $v=f(r)$ 关系，故层流阻力问题是同层流速度侧形问题联系在一起的。

根据上述式(1-14)和式(1-17)，可得

$$dv = \frac{-(p_{m,1}-p_{m,2})r\,dr}{2l\mu}$$

式中 $(p_{m,1}-p_{m,2})/l$ 为常量。按积分限：$r=R$，$v=0$；$r=r$，$v=v$ 积分，可得

$$v = \frac{p_{m,1}-p_{m,2}}{4l\mu}(R^2-r^2) \tag{1-33}$$

式(1-33)表明了层流时同一截面上任一点的点流速随该点与轴心的距离 r 而变化的函数关系，此函数关系属抛物线型，可见理论推导的层流流速侧形与实测结果完全一致。

管轴心处，$r=0$

$$v_{max} = \frac{(p_{m,1}-p_{m,2})R^2}{4l\mu} \tag{1-34}$$

式(1-33)与式(1-34)相比，可知

$$v = v_{max}\left[1-\left(\frac{r}{R}\right)^2\right] \tag{1-35}$$

有了流速分布式，便可算出层流时的流量与平均流速。

流量 $$V = \int_0^R v(2\pi r)\,dr = v_{max}2\pi\int_0^R\left[1-\left(\frac{r}{R}\right)^2\right]r\,dr = \frac{\pi R^2 v_{max}}{2}$$

平均流速 $$u = \frac{V}{\pi R^2} = \frac{v_{max}}{2} \tag{1-36}$$

上式说明，层流时平均流速是最大流速之半。

有了式(1-36)的关系，式(1-34)可改写为

$$p_{m,1}-p_{m,2} = \frac{8u\mu l}{R^2} = \frac{32u\mu l}{d^2} \tag{1-37}$$

式中，R 为管子的内半径，m；d 为管子的内直径，m。

由此可得圆直管内层流的阻力计算式为

$$\sum h_f = \frac{p_{m,1}-p_{m,2}}{\rho} = \frac{32u\mu l}{\rho d^2} \tag{1-38}$$

式(1-38)称为哈根·泊稷叶（Hagen-Poiseuille）方程。此式的应用与管道安装的方位无关，即水平管、倾斜管、竖直管均可用。

【例 1-9】 如图 1-23 所示润滑油流过一内径 8mm，长度为 3m 的铅垂向管段。已知润滑油的运动黏度为 $1.5\text{cm}^2/\text{s}$，密度为 850kg/m^3。油由下向上流动。测得上、下游的油压差值为 $5\times10^4\text{Pa}$，试求油的流量。

解 已知条件：$d=0.008\text{m}$，$z_2-z_1=l=3\text{m}$，$\nu=1.5\text{cm}^2/\text{s}=1.5\times10^{-4}\text{m}^2/\text{s}$，$\rho=850\text{kg/m}^3$，$p_1-p_2=5\times10^4\text{Pa}$

排 1—2 截面间的伯努利方程

$$gz_1 + \frac{p_1}{\rho} = gz_2 + \frac{p_2}{\rho} + \sum h_f$$

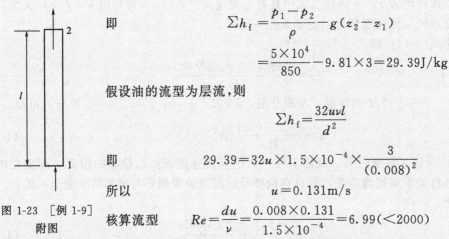

即
$$\sum h_f = \frac{p_1 - p_2}{\rho} - g(z_2 - z_1)$$

$$= \frac{5 \times 10^4}{850} - 9.81 \times 3 = 29.39 \text{J/kg}$$

假设油的流型为层流,则

$$\sum h_f = \frac{32uvl}{d^2}$$

即
$$29.39 = 32u \times 1.5 \times 10^{-4} \times \frac{3}{(0.008)^2}$$

图 1-23 [例 1-9]
附图

所以
$$u = 0.131 \text{m/s}$$

核算流型
$$Re = \frac{du}{\nu} = \frac{0.008 \times 0.131}{1.5 \times 10^{-4}} = 6.99 \ (<2000)$$

证实属层流,原设正确,计算有效(注意:题解中对原设进行校核是必须做的。若校核后发现原设不正确,须重作假设,重新计算,再次校核,直至原假设正确为止)。

故
$$V = u \times \frac{\pi}{4} d^2 = 0.131 \times \frac{\pi}{4} \times 0.008^2 = 6.58 \times 10^{-6} \text{m}^3/\text{s}$$

【例 1-10】 以 $\phi 159\text{mm} \times 4.5\text{mm}$ (外径×壁厚)钢管输送石油,实测得 100m 长水平管段的压降为 $1.50 \times 10^4 \text{Pa}$,试计算石油流速,并计算紧邻管壁处流体的剪应力 τ_w。已知石油密度为 800kg/m^3,黏度为 120cP。

若将石油的流速增加 50%,其他条件不变,试估计该管段的压降。

解 假设石油的流型为层流,哈根·泊稷叶公式适用,考虑到此管段为水平管,则

$$p_{m,1} - p_{m,2} = p_1 - p_2 = \frac{32u\mu l}{d^2}$$

代入数据
$$1.50 \times 10^4 = \frac{32u \times 120 \times 10^{-3} \times 100}{0.15^2} \qquad 得\ u = 0.879 \text{m/s}$$

核算
$$Re = \frac{du\rho}{\mu} = \frac{0.15 \times 0.879 \times 800}{120 \times 10^{-3}} = 879 \ (<2000)$$

原设层流正确,$u = 0.879\text{m/s}$。

层流时近管壁处流体剪应力 τ_w 的计算式推导如下

因为
$$\frac{\tau_w}{R} = \frac{p_{m,1} - p_{m,2}}{2l}$$

又
$$p_{m,1} - p_{m,2} = \frac{8u\mu l}{R^2}$$

可得
$$\tau_w = \frac{4u\mu}{R} = \frac{8u\mu}{d}$$

代入数据
$$\tau_w = \frac{8 \times 0.879 \times 120 \times 10^{-3}}{0.15} = 5.63 \text{N/m}^2$$

当流速增大 50%,即 $\frac{u'}{u} = 1.50$,在 d、μ、ρ 不变条件下,$\frac{Re'}{Re} = \frac{u'}{u} = 1.50$,所以

$$Re' = 1.50\,Re = 1.50 \times 879 = 1.32 \times 10^3 (<2000)$$

即提高流速后流型仍为层流，故哈根·泊稷叶公式仍适用。对比前后情况，则

$$-\Delta p' = \frac{u'}{u} \times (-\Delta p) = 1.50 \times 1.50 \times 10^4 = 2.25 \times 10^4 \, \text{Pa}$$

1.6　圆直管内湍流的流速分布与阻力计算

1.6.1　涡流黏度与圆直管内湍流的流速分布

1.6.1.1　涡流黏度

前面讲过，相邻的不同流速层间分子的扩散与分子引力是流体具有黏性的原因。由于流体有黏性，流动中存在着速度差，相邻流速层间便存在着剪应力。剪应力 τ 的单位是 N/m^2，亦即 $\text{kg} \cdot (\text{m/s})/(\text{m}^2 \cdot \text{s})$，表示单位时间通过单位面积的动量传递。在湍流时，由于有旋涡活动，流体质点在不同流速层之间的穿插频繁，使动量传递速率增加，因而剪应力更大。湍流时的剪应力仿照牛顿黏性定律可写成

$$\tau = \pm(\mu + \mu')\frac{\mathrm{d}v}{\mathrm{d}y}$$

式中，μ' 为"涡流黏度"，$\text{N} \cdot \text{s/m}^2$，反映旋涡活动的强烈程度，取决于流动状况；$\mu$ 为流体黏度，是流体物性，与流动状况无关。

层流中的剪应力是黏性应力，湍流核心中则主要是涡流应力，黏性应力所占比例很小。

1.6.1.2　圆管内湍流的流速分布规律

为导出流体在圆管内的流速分布规律，仿照层流时的推导方法，按以下二式求解

$$\tau = \frac{(p_{\text{m},1} - p_{\text{m},2})r}{2l} \tag{a}$$

及

$$\tau = \frac{-(\mu + \mu')\mathrm{d}v}{\mathrm{d}r} \tag{b}$$

但由于对涡流黏度的了解还不充分，$\mu'(r)$ 规律尚不清楚，故湍流流速分布尚难以从理论导出。现已有一些流速分布经验式，主要有普朗特的 1/7 次律和尼古拉的通用速度分布等。

普朗特（Prandtl）根据实测，提出圆管内湍流流速分布式为

$$v = v_{\text{max}}\left(1 - \frac{r}{R}\right)^n \tag{1-39}$$

式中，R 为管内半径，m；v_{max} 为管轴心处的点流速，m/s；r 为截面上某点与轴心的距离，m；v 为该点的点流速，m/s；n 为指数，其数值为：当 $4 \times 10^4 < Re < 1.1 \times 10^5$，$n = \frac{1}{6}$；当 $1.1 \times 10^5 < Re < 3.2 \times 10^6$，$n = \frac{1}{7}$；当 $Re > 3.2 \times 10^6$，$n = \frac{1}{10}$。

由于在最初测定的 Re 范围内 $n = \frac{1}{7}$，故这公式又称为 $\frac{1}{7}$ 次律。$\frac{1}{7}$ 次律是描述截面上从管轴心到管壁处点流速分布的式子，是纯经验公式。要把湍流主体部分与邻近管壁部分这两种具有明显不同规律的流速分布曲线用一个统一的数学式概括，必然带有误差，主要误差在靠近管壁处。例如，求壁面剪应力时对式(1-39)求导，在 $r = R$ 处，$(\mathrm{d}v/\mathrm{d}r)_{r=R} = -\infty$，这就是错误的结论，但式(1-39)能很好地反映流体主体部分的流速分布规律。考虑到近壁

处流速陡降的部分很薄，所以，在计算流量及平均流速时，该式是适用的。

1.6.2 流体沿壁流动的速度边界层

前面已介绍了管流为层流或湍流的流速分布规律，但仅有这些是不够的，还须补充边界层的知识。

1.6.2.1 边界层概念

设有流速为 u_0 的均匀平行流流过平行于流速方向的固体平板的一侧，紧邻壁面的流体质点流速为零。由于在壁旁流体内存在速度差异，且流体有黏性，故流速为零的流体质点对相邻流速层施以反流向的剪应力，令该层流体减速，该减速流层又对其紧邻流速较快的流层施以剪应力，使其减速。于是，随着流过平壁距离的增加，受剪应力影响而减速的壁旁流层厚度亦增加。情况如图1-24所示。

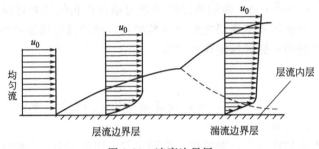

图1-24 速度边界层

在流体力学中通常约定，因受固体壁面影响而减速的 $v \leqslant 0.99u_0$ 的区域称为速度边界层。

在平板前沿，速度边界层较薄，层内流型为层流，属层流边界层。当流体沿板面流过一定距离后，层内流型发生变化，由层流边界层过渡为湍流边界层。在湍流边界层内，靠近壁面的部分仍为层流，称为"层流内层"，而离壁面较远的边界层内出现旋涡与脉动，这部分称为边界层的湍流核心。在层流内层与湍流核心之间有一较薄的缓冲层。随着流过距离的增加，湍流边界层中湍流核心部分逐渐增厚。

1.6.2.2 圆管内流体流动的速度边界层

流体流进圆管内，同样建立边界层。边界层沿整个内壁建立。随着流体流入管内距离的增加，边界层厚度增厚，并逐渐向轴心线靠拢。最后边界层合拢于轴心线，如图1-25所示。

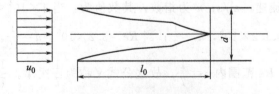

图1-25 管道内的边界层

从管口到边界层合拢处的长度为 l_0，这管段叫进口段。在进口段中各截面上流速分布侧形不同，尚未定型。在边界层合拢以后的管段属稳定段，其各截面的流速分布侧形不再变化。若在边界层合拢时边界层为层流边界层，则稳定段的流型为层流，若边界层合拢时已出现湍流边界层，则稳定段流型为湍流。对湍流来说，$l_0/d \approx 50$，层流时，l_0/d 为 50～100。前面谈到的流速分布规律式及阻力计算式只适用于稳定段，若管子较长，因进口段很短，可把进口段并入稳定段进行阻力计算。

管流时无论是层流或湍流，在临近管壁处必为层流这一事实，会使人产生一种联想：虽然湍流的机理复杂，涡流黏度问题并未解决，不能从理论上导出湍流的速度分布规律，但是，如果实测的普朗特 $\frac{1}{7}$ 次律足够准确，甚至仅在临近管壁处的流速分布规律足够准确，由此便可导出湍流的阻力计算式。因为湍流阻力 $\sum h_f$ 是同 $(p_{m,1} - p_{m,2})$ 相关联的，由式 (1-17) 知，$(p_{m,1} - p_{m,2})$ 是同管壁处流体剪应力 τ_w 相关联的，正因为湍流时在临近管壁处必为层流，τ_w 可由流体黏度 μ 及 $\left(\dfrac{\mathrm{d}v}{\mathrm{d}r}\right)_w$ 算得。遗憾的是，普朗特 $\frac{1}{7}$ 次律恰恰未能准确描绘临近管壁处的流速分布规律，所以，湍流阻力计算问题仍未能解决。

1.6.3 量纲分析方法

1.6.3.1 纯经验公式与半理论半经验公式

工程上有些问题是很复杂的。对于某些机理尚未弄清的问题，人们自然不能建立各有关物理量间关系的数学式，有时即使可建立微分方程组去表示某过程规律，但亦难于求解。在这种情况下，往往需通过实验来确定影响某过程的各有关物理量间简明的、积分式的数学表达式。

要用实验探索某过程的规律，首先要进行一些小试，通过观察与分析，确定与该过程有关的变量。例如，对湍流阻力 $\sum h_f$ 问题，可确定管径 d、管长 l、流体的密度 ρ、黏度 μ 及流速 u 都与 $\sum h_f$ 有关。

此外，管子内壁的粗糙程度也对 $\sum h_f$ 有影响。由于管子内壁粗糙度难以实测与量化，人们采用了一种方法，在光滑的管壁上粘上单层已知粒径且粒径一致的砂子。像这样的等径管子要准备许多根，每根管子有其特定的砂粒粒径，然后在相同实验条件（指管径、管长、流体流速、物性等相同）下对比待测管壁粗糙度的管子的阻力与粘砂管子系列的阻力。若粘砂管子中有一根管的阻力与待测管的相同，则此粘砂管的砂粒粒径 ε 便是待测管的管壁绝对粗糙度。工业上常用的不同材料的 ε 值可从手册上查到。

在确定影响 $\sum h_f$ 诸因素后，可写出此过程的一般不定函数式

$$\sum h_f = f(d, l, \varepsilon, \rho, \mu, u)$$

式中，$\sum h_f$ 是待求量；d，l，ε，ρ，μ，u 是自变量。

当要了解 u 对 $\sum h_f$ 的影响，就要对除 u 以外的自变量均赋以定值，并改变 u，测出相应的 $\sum h_f$。然后把许多套 $(u, \sum h_f)_i$ 数据描绘成图线作为分析的素材。照此办理，需分别对每个自变量进行观察，实验工作量很大，实验数据不易整理，而且由此取得的结论只能应用于实验所用的管子和流体种类范围，无法推广应用。这种没有实验方法指导的、结论只使用于实验条件范围的经验关联式称为纯经验公式。

为克服上述纯经验性实验的缺点，需要有一种指导实验的方法，"量纲分析方法"就是一种能满足要求的指导实验的方法。在一种指导实验的方法的指导下由实验取得的关系式叫半理论半经验公式（通过简化物理模型与数学推导，得出数学模型，再由实验确定模型参数，由此确定的过程规律式亦为半理论半经验公式）。

1.6.3.2 量纲分析法

采用量纲分析法，可将影响物理现象的各种变量组合成为量纲为一的数群（无量纲数群，也称为特征数）。由于组合后的数群数量小于原来的变量数，因此用量纲为一的数群代替原始变量可大大减少实验的工作量。

量纲分析法包含 2 条原则。

（1）量纲一致性原则，即任何由物理定律导出的方程，其各项的量纲是相同的，基于该原则，任何物理方程都能改写为由"无量纲数群"作为变量的方程。

现以层流的管流阻力计算式为例说明之。层流阻力计算式为

$$\sum h_{\mathrm{f}} = 32\,\frac{u\mu l}{\rho d^2} \tag{a}$$

以 u^2 除等号两侧，可整理得

$$\left(\frac{\sum h_{\mathrm{f}}}{u^2}\right) = 32\left(\frac{l}{d}\right)\left(\frac{\mu}{du\rho}\right) \tag{b}$$

式（b）中的 $\left(\dfrac{\sum h_{\mathrm{f}}}{u^2}\right)$、$\left(\dfrac{l}{d}\right)$ 和 $\left(\dfrac{du\rho}{\mu}\right)$ 都是没有量纲的、由各有关物理量组成的数群，故称为"无量纲数群"。

由式（a）至式（b）的演变说明，欲表达一个过程规律，既可用各个有关的物理量为变量去表达，也可用由有关物理量组成的无量纲数群为变量去表达，二者的精确程度是相同的。

采用无量纲数群作变量有如下优点。

① 减少变量，从而显著地减少实验次数。

② 减少实验所需的设备。仍以层流的阻力问题为例，假设管流为层流的阻力无法从理论上导出，只知 $\sum h_{\mathrm{f}} = f(d, l, \rho, \mu, u)$，若用纯经验法做实验，为观察管径 d 对阻力 $\sum h_{\mathrm{f}}$ 的影响，至少要备有 8～10 根不同管径的管子做实验。如果得知此过程可用 $\left(\dfrac{\sum h_{\mathrm{f}}}{u^2}\right) = \phi\left(\dfrac{l}{d}, \dfrac{du\rho}{\mu}\right)$ 表达其一般不定函数式，其中采用了 (l/d) 为变量，则只需选用一根管子，在管子不同地方开些测压孔便可取得改变 (l/d) 的效果，不必备用许多管子。

③ 减少实验所需的流体的种类。如按物理量间一般不定函数式去组织探索层流阻力规律的实验，为要观察流体黏度 μ 对阻力的影响，至少要准备 8～10 种不同的流体做实验。如采用无量纲数群的一般不定函数式组织实验，把 $\left(\dfrac{du\rho}{\mu}\right)$ 作为变量，便只需选定一种流体，一种管径，通过改变流速便可取得不同的该数群的值。

④ 由以上②、③两点可推断，在特定条件下做实验所得的由无量纲数群表示的关联式，可推广应用于其他设备条件和其他流体，有普适性，但条件是使用的设备与实验的设备必须几何相似，而且使用与实验时，流体的各项物性值须各自维持为常量。

（2）若某过程以物理量表示的一般不定函数式中包含了 m 个物理量，这些物理量中共含有 n 种基本量纲，则整理出的无量纲数群的数量由 π 定理确定。

π 定理："无量纲数群"数 = "物理量"数 − "基本量纲"数。

例如，$\sum h_{\mathrm{f}} = f(d, l, \varepsilon, \rho, \mu, u)$，$m = 7$（包括因变量），涉及的基本量纲有长度 L、质量 M、时间 τ，即 $n = 3$，可整理出 4 个无量纲数群。

以下具体例子说明。

【例 1-11】　已知计算湍流阻力的各物理量间的一般不定函数式为

$$\sum h_f = f(d,l,\varepsilon,\rho,\mu,u)$$

试整理出有关的无量纲数群。

解　前面已讲过，可得 4 个无量纲数群。把题给的物理量间的一般不定函数式写成幂函数形式，可得

$$\sum h_f = \alpha d^a l^b \varepsilon^c \rho^e \mu^f u^g \quad (\alpha \text{ 为无量纲系数})$$

各物理量的量纲式如下

$$\sum h_f \text{——} L^2\tau^{-2}, \quad d\text{——}L, \quad l\text{——}L, \quad \varepsilon\text{——}L, \quad \rho\text{——}ML^{-3}, \quad \mu\text{——}M\tau^{-1}L^{-1}, \quad u\text{——}L\tau^{-1}。$$

写出上述幂函数表达式的量纲恒等式

$$L^2\tau^{-2} = (L)^a (L)^b (L)^c (ML^{-3})^e (M\tau^{-1}L^{-1})^f (L\tau^{-1})^g$$
$$= (L)^{a+b+c-3e-f+g} (M)^{e+f} (\tau)^{-f-g}$$

下面比较等式两侧各量纲的指数

$$\text{L：} 2 = a+b+c-3e-f+g$$
$$\text{M：} 0 = e+f$$
$$\tau：-2 = -f-g$$

以上 3 个代数式解 6 个未知数不可能有解，为了求解，可任选 3 个未知数为"保留量"，便可由"保留量"表达其他的未知数。现选 b，c，f 为"保留量"，由上面代数式可解得

$$g = 2-f, \quad e = -f, \quad a = 2-b-c+3e+f-g = -b-c-f$$

代入幂函数式

$$\sum h_f = \alpha d^{-b-c-f} l^b \varepsilon^c \rho^{-f} \mu^f u^{2-f}$$

把指数相同的物理量归并，得 $\left(\dfrac{\sum h_f}{u^2}\right) = \alpha \left(\dfrac{l}{d}\right)^b \left(\dfrac{\varepsilon}{d}\right)^c \left(\dfrac{\mu}{du\rho}\right)^f$

一般不定函数式为

$$\frac{\sum h_f}{u^2} = \phi \left[\left(\frac{l}{d}\right), \left(\frac{\varepsilon}{d}\right), \left(\frac{du\rho}{\mu}\right) \right]$$

可见，所整理出的无量纲数群为 $\dfrac{\sum h_f}{u^2}$，$\dfrac{l}{d}$，$\dfrac{\varepsilon}{d}$ 及 $\dfrac{du\rho}{\mu}$。

1.6.3.3　使用量纲分析法须知

①　量纲分析法可应用于机理尚未弄清的过程。应用量纲分析法的前提是必须要有与过程有关的各物理量间的一般不定函数式。若该函数式把重要的因素遗漏，将不能导出重要的无量纲数群；若把影响很小的因素亦包括进去，势必导出无关紧要的无量纲数群，使问题繁琐。

②　无量纲数群亦称为"特征数"，其中，自变量组成的特征数称决定性特征数，包含因变量的特征数叫"非决定性特征数"。

③　特征数的倒数亦是特征数，特征数乘特征数还是特征数。由此，可把不常见的特征数转变成常见的特征数。

④　应用量纲分析法只能导出相关的特征数，各特征数之间的数量关系须由实验确定。

1.6.3.4 流体阻力问题常见特征数的意义与名称

$$\frac{\sum h_{f}}{u^{2}}=\frac{-\Delta p_{m}}{\rho u^{2}}=\frac{修正压差}{惯性力}=Eu \quad （欧拉数）$$

$$\frac{du\rho}{\mu}=\frac{惯性力}{黏性力}=Re \quad （雷诺数）$$

$$\frac{\varepsilon}{d}（管壁相对粗糙度），\frac{l}{d} \quad （管子的长径比）$$

根据定义，$\sum h_{f}=E_{1}-E_{2}$，表示流体流过一段管路每千克流体机械能的损耗。若流体流速不变或流速虽变但动能差项的值与其他项相比可略，则 $\sum h_{f}=\dfrac{p_{m,1}-p_{m,2}}{\rho}$。这种情况是较常见的，若再加上管道水平的条件，则 $\sum h_{f}=\dfrac{p_{1}-p_{2}}{\rho}$，因此，往往把流体流动阻力简称为压降。有的书上令 $\sum h_{f}=\dfrac{-\Delta p_{f}}{\rho}$，式中的 $-\Delta p_{f}$ 应理解为 $p_{m,1}-p_{m,2}$。

1.6.4 摩擦系数图

以下介绍在量纲分析法指导下由实验探讨管流为湍流的阻力计算关联式的基本步骤。

1.6.4.1 实验工作内容

① 选定工质。一般用水或空气为工质，因其安全、经济、物性数据全。试验中须测定温度与压强，以便查取物性数据。

② 明确试验的几何条件。如对于流体流过圆直管内情况，要确定管内径 d（一般内径指内直径，若为内半径，则应注明），测压降的管段长 l 及管壁绝对粗糙度 ε。

③ 试验装置。试验装置如图 1-26 所示。测压管段一般水平安装，由此测得的压差 $-\Delta p$ 即为 $-\Delta p_{m}$。压差测定可用 U 形压差计或其他测压仪器。为使测压的 1—2 截面间流线平行，不受干扰，调节阀及流量计均应安装在测压管段的下游。在测压管上游部位，应留有 $\dfrac{l_{0}}{d}>50$ 的进口段。

④ 实验测定及数据整理。在上述条件下，调节阀门，待稳定后测出流量 V 与相应的压降 $-\Delta p$，可测得多组 $(V，-\Delta p)_{i}$ 数据。再根据管径 d、流体密度 ρ 和黏度 μ，算得相应的一组组 $(Re，Eu)_{i}$ 数据。

实验时为减小测压降误差，一般 $\dfrac{l}{d}$ 值较大。实验表明，在一定的流动情况下，由阻力引起的修正压强差 $-\Delta p_{m}$ 正比于管长，一般表示为 $-\Delta p_{m}\propto\dfrac{l}{d}$。又因 $Eu=\dfrac{-\Delta p_{m}}{\rho u^{2}}$，故 $Eu\propto\dfrac{l}{d}$。为使数据有可比性，通常规定整理数据时采用 $\dfrac{l}{d}=2$ 时的欧拉数，并以符号 λ 表示之，λ 叫做摩擦系数，无量纲。于是，以实验测得的多组 $(Re、\lambda)_{i}$ 数据，可描出相对粗糙度 $\dfrac{\varepsilon}{d}$ 为某定值时的 "λ-Re" 曲线。

工业生产中所用管道的相对粗糙度会有较大的差异。人们通常把管子分为两大类，一类叫"粗糙管"，指钢管、铸铁管及水泥管等内壁面较粗糙的管子；另一类叫"光滑管"，指玻璃管、塑料管及黄铜管等内表面甚光滑的管子。为探讨相对粗糙度对流动阻力的影响，在阻力试验中，把 $\dfrac{\varepsilon}{d}$ 值作为另一参变量，即用改变管径、管材的办法，改变相对粗糙度，重复上述试验，可整理得不同 $\dfrac{\varepsilon}{d}$ 值时的 "$\lambda\text{-}Re$" 曲线族，这样的图叫摩擦系数图。

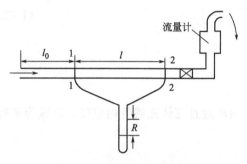

图 1-26 直管阻力试验装置

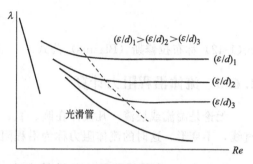

图 1-27 摩擦系数图（双对数坐标）

1.6.4.2 实测的 "$\lambda\text{-}\varepsilon/d\text{-}Re$" 曲线

图 1-27 是实测的 $(\lambda\text{-}Re)_i$ 数据在双对数坐标中描绘的摩擦系数图，称为莫狄（Moody）图，图中最重要的粗糙管湍流部分的图线是莫狄根据 Colebrook 方程描绘的。Colebrook 方程为

$$\frac{1}{\sqrt{\lambda}}=1.74-2.0\lg\left[2\,\frac{\varepsilon}{d}+\frac{18.7}{Re\sqrt{\lambda}}\right] \tag{1-40}$$

式(1-40) 至今被公认为是精确、可靠的，但由于其隐函数形式，需试差才能求出 λ 值，使用简单的迭代程序不难计算出 λ，方法如以下步骤所示。

令 $f(\lambda)=\dfrac{1}{\sqrt{\lambda}}-1.74+2\lg\left(2\,\dfrac{\varepsilon}{d}+\dfrac{18.7}{Re\sqrt{\lambda}}\right)$

设 $\lambda_1=0.001$，$\lambda_2=0.09$，设 $(\lambda_2-\lambda_1)<p$ 时 λ 值符合工程精度要求。

① 假设 $\lambda=(\lambda_1+\lambda_2)/2$，将之代入式(1-40)，计算出 $f(\lambda)$；
② 若 $f(\lambda)<0$，则说明假设的 λ 偏大，取 $\lambda_2=\lambda$，进入步骤④；
③ 若 $f(\lambda)>0$，则说明假设的 λ 偏小，取 $\lambda_1=\lambda$，进入步骤④；
④ 若 $(\lambda_2-\lambda_1)<p$，则 λ 即为所求，否则重复步骤①。
也可根据莫狄图获取 λ 值。对莫狄图说明如下。

① $Re<2000$，层流，$\lambda=\dfrac{64}{Re}$。实测知，层流时 "$\lambda\text{-}Re$" 关系与管子的相对粗糙度无关，即粗糙管、光滑管的规律一致。

② $Re=2000\sim4000$，过渡流，按湍流计算 λ 较安全。

③ $Re>4000$，湍流。对于粗糙管，若 Re 值相同，则 $\dfrac{\varepsilon}{d}$ 值愈大，λ 值亦愈高。若 $\dfrac{\varepsilon}{d}$ 值相同，则随着 Re 值的增大，λ 值先下降而后变为常数。图中虚线左侧对任一 $\dfrac{\varepsilon}{d}$ 值，λ 值均处在变化阶段，虚线右侧的 λ 值为常数。当 λ 为常数时，λ 仅是 $\dfrac{\varepsilon}{d}$ 的函数，与 Re 无关，这时

λ 值可用下式估算

$$\lambda = \left(1.74 - 2 \times \lg \frac{2\varepsilon}{d} \right)^{-2} \tag{1-41}$$

对于光滑管，$\frac{\varepsilon}{d}$ 值很小，不同（ε/d）实测得的"$\lambda\text{-}Re$"曲线汇成统一的曲线，如图 1-27 中最下边的一条曲线所示，其中，在 $Re = 3 \times 10^3 \sim 1 \times 10^5$ 范围内，由实验得

$$\lambda = \frac{0.3164}{Re^{0.25}} \tag{1-42}$$

式(1-42)称布拉修斯（Blasius）公式。

1.6.5　流体沿程阻力计算

无论是湍流或层流，凡流体在圆、直、等径管内流过且流体充满管内空间，流线为平行直线，不变形，这时的流体阻力称为沿程阻力。

1.6.5.1　直管沿程阻力的计算方法

① 明确使用条件：流体种类，操作温度、压强（以便查得流体的 μ 与 ρ 值），管内径 d，管长 l，相对粗糙度 $\frac{\varepsilon}{d}$，流量 V 或流速 u。

② 算出使用条件下的 Re 值，然后按 Re、$\frac{\varepsilon}{d}$ 值查图得 λ 值。

③ 由 λ 算出 Eu 值，并进而算得 $\sum h_f$。由于 λ 是 $\frac{l}{d} = 2$ 时的欧拉数，于是，当实际管子的长径比为 $\frac{l}{d}$ 时，欧拉数为 $Eu = \frac{\lambda \ (l/d)}{2}$

又

$$Eu = \frac{-\Delta p_m}{\rho u^2} = \frac{\sum h_f}{u^2}$$

所以

$$\sum h_f = \lambda \frac{l}{d} \times \frac{u^2}{2} \tag{1-43}$$

式(1-43)称为范宁（Fanning）公式，是使用很广的直管阻力计算式，既适用于湍流，也适用于层流。

1.6.5.2　阻力与流速的关系

（1）层流　$\lambda = 64/Re$，则

$$\sum h_f = \frac{64}{(du\rho/\mu)} \times \frac{l}{d} \times \frac{u^2}{2} = 32 \frac{u\mu l}{\rho d^2} \tag{1-44}$$

式(1-44)即为海根·泊稷叶公式，说明层流时，$\sum h_f \propto u$。

（2）湍流　粗糙管且 λ 为常数。由 $\sum h_f = \lambda \frac{l}{d} \times \frac{u^2}{2}$ 可知，$\sum h_f \propto u^2$。该区属高度湍流区，又称"阻力平方区"。

（3）湍流　光滑管。由 $\lambda = \frac{0.3164}{Re^{0.25}}$，可知 $\sum h_f \propto u^{1.75}$。

（4）湍流　粗糙管，λ 处在变化区，一般估计 $\sum h_f \propto u^{(1.75 \sim 1.8)}$。

1.6.6　局部阻力计算

局部阻力又称形体阻力（form drag）。当流体流过弯头、"三通"、"四通"、流量计、阀门时，或当流道突然扩大、突然缩小，流体绕过某障碍物以及两股流体在管道中汇合或在管道分叉处分流等，由此产生的湍流阻力都称为局部阻力。局部阻力总伴随有流线的改变及流体倒流的回旋流动发生。

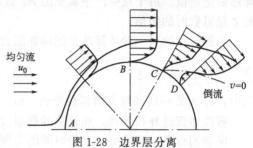

图 1-28　边界层分离

为说明局部阻力产生的原因，现以均匀流的流体绕过圆柱体为例进行分析。

参看图 1-28。A 点称为"驻点"，该处流速为零。在 A 点处流体质点的动能全部转为压能，故这点压强最高。停滞的压强高的流体迫使其他流体分开，绕圆柱流动。

由 A 至 B，流体沿圆柱表面流动，形成边界层。由于圆柱体占据了部分流道空间，流体在由 A 至 B 的过程中，流道变小，流速增大，流体修正压强减小。这时，在边界层外，任一截面上流体几乎等速流动，机械能损耗可略去不计，近似于理想流动；但在边界层内，因流体有黏性，有速度梯度，流体的流动必受到阻力而消耗机械能。在 A 至 B 的边界层内，流体是沿修正压强下降方向流动的。流体的修正压强因转化为动能和克服阻力随着流动而下降。但因边界层很薄，层内的修正压强与其外侧流体的修正压强一致，取决于边界层外流体的修正压强，所以，在这过程中层内流体质点不可能停滞下来。但是，流体由 B 至 C 的过程情况则不同，因流道扩大导致流速降低与压强增加，流体是从修正压强低处往修正压强高的方向流动，且边界层迅速增厚。在这过程的边界层内流体动能因为转化为压能和克服阻力而急剧下降，并终于在 C 点处停滞。停滞的流体质点被推到圆柱体后侧，并在逆压强推动下作倒流的回旋流动。图 1-28 的点划线为顺流和倒流两区的分离线（$v=0$），边界层遂形成在此点划线以外的区域。可见，自 C 点起往后的倒流区的出现造成了边界层与壁面的分离，故称其为"边界层分离"。

应指出一点，黏性流体绕圆柱体流动时，只有 Re 数大时边界层才会分离。

图 1-29 中的（a）表明在流动流体中置入障碍物后，其下游产生旋涡的情况。该旋涡区亦称为"尾流"。（b）表明流体流过弯头后发生旋涡的部位。在旋涡区，由于强烈的内摩擦，流体机械能较多地耗散为内能，从而会产生较大的压强降。为减小流体绕过障碍物的压降，可把障碍物做成如图 1-30 所示的形状，令可能产生尾流的部位被障碍物本身所"填塞"，这种物体形状称为"流线型"。

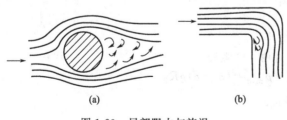

(a)　　　　　　　　(b)

图 1-29　局部阻力与旋涡

图 1-30　流线型

局部阻力可按下式计算

$$h_f = \zeta \frac{u^2}{2}$$

(1-45)

式中，h_f 为局部阻力，J/kg；ζ 为局部阻力系数，无量纲，由实验测得。

测定局部阻力系数的实验装置与图 1-26 所示的装置基本相同，只是在管道中安装欲测局部阻力系数的管件与阀门等。对于阀门，只能测其某一固定开启度时的 ζ 值。测定结果，可整理得 "ζ-Re" 曲线。从许多实测的 "ζ-Re" 曲线可见，随着 Re 的增大，ζ 值总是先下降然后呈定值。由于在生产中常见的 Re 数范围内 ζ 值多为常数，故手册中只列出不同部件的 ζ 呈常数时的数值。

局部阻力的另一种计算法是把局部阻力折算为当量的直管阻力来考虑。

令
$$\sum h_f = \lambda \frac{l_e}{d} \times \frac{u^2}{2} \tag{1-46}$$

式中，l_e 为某一局部阻力的当量管长，m。可从有关手册查得不同部件的 l_e 值。

若流体流过异径管件，在计算局部阻力时，流速 u 应当用流速大的值。

应特别指出，流体流过直管时的阻力同流体流动方向无关，但流体流过管件、阀门等发生局部阻力时，该局部阻力可能与流体流向有关。

【例 1-12】 水流过水平小管后，转入铅垂向大管向上流动，情况如图 1-31 所示。已知 $d_2 = 1.2d_1$，两 U 形压差计的指示液皆为汞，且读数 $R_1 = R_2$。大、小管都是光滑管，都能按布拉修斯公式计算沿程阻力，求 l_2/l_1。

解 "$a \sim b$" 段列伯努利方程，得
$$\frac{p_{m,a} - p_{m,b}}{\rho} = \sum h_{f,1}$$

"$c \sim d$" 段列伯努利方程，得
$$\frac{p_{m,c} - p_{m,d}}{\rho} = \sum h_{f,2}$$

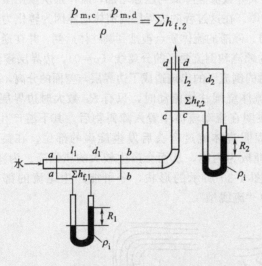

图 1-31　[例 1-12]附图

又　　　$p_{m,a} - p_{m,b} = (\rho_i - \rho)gR_1$，　$p_{m,c} - p_{m,d} = (\rho_i - \rho)gR_2$

因 $R_1 = R_2$，所以　$p_{m,a} - p_{m,b} = p_{m,c} - p_{m,d}$

于是　$\sum h_{f,1} = \sum h_{f,2}$

对于圆管，$\sum h_f = \lambda \dfrac{l}{d} \times \dfrac{u^2}{2} = \dfrac{8\lambda l V^2}{\pi^2 d^5}$　　$Re = \dfrac{du\rho}{\mu} = \dfrac{4V\rho}{\pi d \mu}$

又因两管为光滑管，可用布拉修斯公式，则

$$\lambda = \frac{0.3164}{\left(\frac{4V\rho}{\pi d\mu}\right)^{0.25}} \propto d^{0.25}$$

因为

$$\frac{8\lambda_1 l_1 V^2}{\pi^2 d_1^5} = \frac{8\lambda_2 l_2 V^2}{\pi^2 d_2^5}$$

故

$$\frac{l_2}{l_1} = \left(\frac{\lambda_1}{\lambda_2}\right)\left(\frac{d_2}{d_1}\right)^5 = \left(\frac{d_1}{d_2}\right)^{0.25}\left(\frac{d_2}{d_1}\right)^5 = \left(\frac{d_2}{d_1}\right)^{4.75}$$

代入数据，可得

$$\frac{l_2}{l_1} = \left(\frac{d_2}{d_1}\right)^{4.75} = 1.2^{4.75} = 2.38$$

1.6.7　流体流过非圆形截面管道的阻力计算

在化工生产中，虽管道多数是圆截面的，但也会遇到少数非圆形截面的情况，如流体流过套管换热器的环隙，流道截面为环形，又如流体流过螺旋板式换热器，流道截面为矩形等。对于这些非圆形截面，不能将由圆管实验所得的规律用于非圆截面管道的流动中去，而应当按不同的情况，具体实测其规律。但在缺乏实验条件时，工程上在一定范围内有一种粗略的计算法，即把用于圆直管内流体流动的阻力计算式近似用来计算非圆截面管道的流体流动阻力。

令　　　　　　　　水力半径 $r_H = \dfrac{\text{流道截面积 } A}{\text{润湿周边长 } S}$ 　　　　　　　(1-47)

润湿周边长即截面上流体与管壁面的接触周边长度。并且，

令　　　　　　　　当量直径 $d_e = 4r_H$ 　　　　　　　(1-48)

然后用当量直径替代圆管内径，直接代入圆管阻力计算式计算阻力。这时的 Re 也用 d_e 代替 d 计算。

实践说明，这种近似算法只适用于湍流，而且管道截面形状不能同圆偏离太大。层流时若以 d_e 替代 d 以范宁公式计算阻力，则在 $\lambda = \dfrac{C}{Re}$ 中的 C 值不再是 64。C 值依截面形状不同而异，其值如表 1-1 所示。

表 1-1　若干非圆截面管道的 C 值

截面形状	正方形	等边三角形	环形	长方形（长宽比为 2）	长方形（长宽比为 4）
C 值	57	53	96	62	73

【**例 1-13**】　试导出流道截面为圆形、矩形及环形的当量直径算式。已知：圆形直径为 d，矩形的长、宽为 a、b，环形的内、外直径为 d_1、d_2。

解　（1）圆形截面　截面积 $A = \dfrac{\pi}{4}d^2$，润湿周边长 $S = \pi d$

水力半径　　　　　　$r_H = \dfrac{A}{S} = \dfrac{\frac{\pi}{4}d^2}{\pi d} = \dfrac{d}{4}$

当量直径　　　　　　$d_e = 4r_H = 4\,\dfrac{d}{4} = d$

（2）矩形截面　　　　　　$A = ab, S = 2(a+b)$

$$r_H = \frac{A}{S} = \frac{ab}{2(a+b)}$$

$$d_e = 4r_H = \frac{4ab}{2(a+b)} = \frac{2ab}{a+b}$$

（3）环形截面　　　　　　$A = \frac{\pi}{4}(d_2^2 - d_1^2), S = \pi(d_1 + d_2)$

$$r_H = \frac{\frac{\pi}{4}(d_2^2 - d_1^2)}{\pi(d_1 + d_2)} = \frac{d_2 - d_1}{4}$$

$$d_e = \frac{4(d_2 - d_1)}{4} = d_2 - d_1$$

1.7　管路计算

1.7.1　管路的分类和管路计算图表

（1）管路的分类　管路可分为 3 类（如图 1-32 所示）。

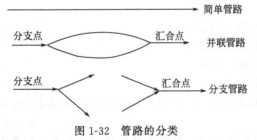

① 简单管路——没有分叉的管路。

② 并联管路——有共同分流点与共同汇合点的管路。

③ 分支管路——只有共同分流点或只有共同汇合点的管路。

图 1-32　管路的分类

（2）管路计算常用的图表

① 化工流体在管内的流速由介质性质、经济性和安全性来确定，常用的流体在管内流动的流速范围见表 1-2。

② 工业管道的绝对粗糙度见表 1-3。

③ 摩擦系数 λ 与 Re、ε/d 的关系见图 1-33。

④ 局部阻力的 ζ 值见表 1-4。

表 1-2　常用流体在管内流动的流速范围

流　　体	流速/(m/s)	流　　体	流速/(m/s)
水，一般流体	1～3	压强较高的气体	15～25
黏度大的液体	0.5～1	饱和水蒸气＜0.8MPa(8atm)	40～60
低压气体	8～15	＜0.3MPa(3atm)	20～40
易燃、易爆气体	＜8	过热水蒸气	30～50

表 1-3　工业管道的绝对粗糙度

种　　类	ε/mm	种　　类	ε/mm
无缝黄铜管、钢管、铅管	0.01～0.05	干净玻璃管	0.0015～0.01
新的无缝钢管、镀锌铁管	0.1～0.2	橡皮软管	0.01～0.03
新的铸铁管	0.3	石棉水泥管	0.03～0.8
轻度腐蚀的无缝钢管	0.2～0.3	陶土排水管	0.45～6.0
显著腐蚀的无缝钢管	＞0.5	平整的水泥管	0.33
旧的铸铁管	＞0.85		

表 1-4　管件和阀门等的局部阻力系数 ζ 值

管 件 和 阀 件 名 称	ζ 　 值							
标准弯头	45°,ζ=0.35				90°,ζ=0.75			
90°方形弯头	1.3							
180°回弯头	1.5							
活管接	0.4							

弯管	R/d　　　　　　　ϕ	30°	45°	60°	75°	90°	105°	120°
	1.5	0.08	0.11	0.14	0.16	0.175	0.19	0.20
	2.0	0.07	0.10	0.12	0.14	0.15	0.16	0.17

突然扩大	$\zeta=(1-\dfrac{A_1}{A_2})^2$　　$h_f=\zeta\dfrac{u_1^2}{2}$									
	$\dfrac{A_1}{A_2}$	0	0.1	0.2	0.3	0.4	0.5	0.6	0.7	0.8	0.9	1.0
	ζ	1	0.81	0.64	0.49	0.36	0.25	0.16	0.09	0.04	0.01	0

突然缩小	$\zeta=0.5(1-\dfrac{A_2}{A_1})$　　$h_f=\zeta\dfrac{u_2^2}{2}$									
	$\dfrac{A_2}{A_1}$	0	0.1	0.2	0.3	0.4	0.5	0.6	0.7	0.8	0.9	1.0
	ζ	0.5	0.45	0.40	0.35	0.30	0.25	0.20	0.15	0.10	0.05	0

流入大容器的出口	ζ=1(用管中流速)							
入管口(容器→管)	ζ=0.5							

水泵进口	没有底阀	2～3						
	有底阀　d/mm	40	50	75	100	150	200	250	300
	ζ	12	10	8.5	7.0	6.0	5.2	4.4	3.7

闸阀	全开		3/4 开		1/2 开		1/4 开	
	0.17		0.9		4.5		24	

标准截止阀(球心阀)	全开 ζ=6.4				1/2 开 ζ=9.5			

碟阀	α	5°	10°	20°	30°	40°	45°	50°	60°	70°
	ζ	0.24	0.52	1.54	3.91	10.8	18.7	30.6	118	751

旋阀	θ	5°	10°	20°	40°	60°
	ζ	0.05	0.29	1.56	17.3	206

角阀(90°)	5							
单向阀	摇板式 ζ=2				球形式 ζ=70			
水表(盘形)	7							

⑤ 局部阻力的当量长度共线图见图 1-34。

1.7.2　简单管路计算

(1) 计算工具

① 连续性方程　当流体密度为常量，

$$V_1=V_2=V,圆管,V=(\pi/4)d_1^2u_1=(\pi/4)d_2^2u_2 \tag{a}$$

② 伯努利方程　若 $W_s=0$ 且 $\rho=$ 常量，则

$$\left.\begin{aligned} gz_1+\frac{p_1}{\rho}+\frac{u_1^2}{2}&=gz_2+\frac{p_2}{\rho}+\frac{u_2^2}{2}+\sum h_f \\[2mm] 或\qquad\frac{p_{m,1}}{\rho}+\frac{u_1^2}{2}&=\frac{p_{m,2}}{\rho}+\frac{u_2^2}{2}+\sum h_f \end{aligned}\right\} \tag{b}$$

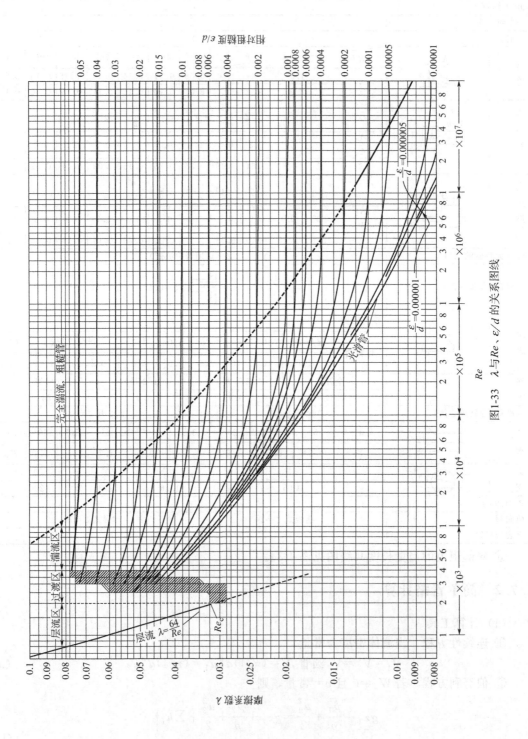

图1-33 λ 与 Re、ε/d 的关系图线

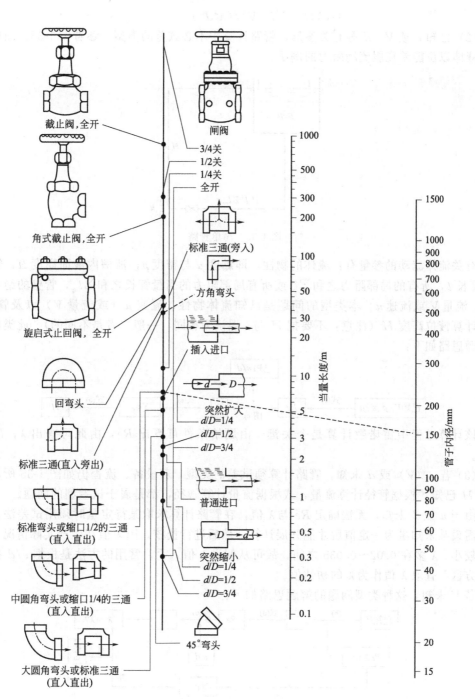

图 1-34 局部阻力的当量长度共线图

③ 直管沿程摩擦系数 $\lambda\text{-}Re\text{-}\varepsilon/d$ 图线 (c)

④ 雷诺数的定义 在圆管内

$$Re = du\rho/\mu = dG/\mu = 4V\rho/(\pi d\mu) = 4W/(\pi d\mu) \tag{d}$$

⑤ 流体流动阻力计算式 在圆管内

$$\sum h_{\mathrm{f}} = \lambda\big[(l+\sum l_{\mathrm{e}})/d\big]\frac{u^2}{2} = \big[\lambda(l/d)+\sum\zeta\big]\frac{u^2}{2}$$

$$=8\lambda(l+\sum l_{\mathrm{e}})V^2/(\pi^2 d^5) \qquad\qquad\qquad (\mathrm{e})$$

（2）已知 u 或 V，d 等有关参量，管路计算中不必试差的类型　参看图 1-35。图中所示为某液体以位能差克服流动阻力的例子。

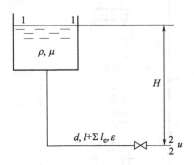

图 1-35　简单管路

有关流体流动的参量有：流体的物性，即黏度 μ 与密度 ρ，液槽内液面高度 H，管内径 d，管长 l，所有的局部阻力之和 $\sum\zeta$ 或所有局部阻力的当量管长之和 $\sum l_{\mathrm{e}}$，管壁的绝对粗糙度 ε，流量 V 或流速 u。本类型的问题是已知流体物性、流速 u（或流量 V）以及管径 d，要求计算液位高度 H（注意：不要把 H 与 l 误认为相同，一般二者是不同的）。此类型问题的解题思路如下：

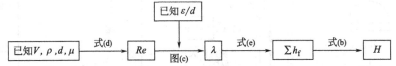

该计算过程中雷诺数计算是个关键。由题给条件可算出 Re，由此可查出 λ，故不必试算。

（3）若 u（V）或 d 未知，管路计算须试差的类型　若设备、流程仍如图 1-35 所示，液位高 H 已知，根据管径计算流量，或根据流量计算管径，都是属于试差型的问题。

由于 u 或 d 未知，无法确定 Re 与 λ 值，在管路计算求取某待定量时须用试差法。试差过程需设某未知量为一定值后才能开展计算，然后进行校核。因 λ 值在生产实际情况下波动范围较小，λ 多在 $0.02\sim0.035$ 之间，故可从假设 λ 值入手。常用的方法是根据 ε/d 按"阻力平方区"查取 λ 值作为 λ 的初估值。

若 V 未知，这种类型问题的解题思路如下：

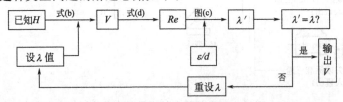

【例 1-14】　某水塔的排水流程如图 1-36 所示。已知排水管长 120m，排水管有标准 90°弯头 4 只，开启度为 1/2 的闸阀 1 只，全开截止阀 1 只。水温 20℃。塔内水位高 25m。管子为碳钢水煤气管，管子规格是 $\phi33.5\mathrm{mm}\times3.25\mathrm{mm}$。试计算流量。

解　管内径 $d=33.5-2\times3.25=27\mathrm{mm}$。查表 1-3 知管壁绝对粗糙度 $\varepsilon=0.1\sim$ 0.3mm，取 $\varepsilon=0.2\mathrm{mm}$，则 $\varepsilon/d=0.2/27=7.41\times10^{-3}$。在 "$\lambda$-$Re$" 图中按 "阻力平方区" 估计 λ 值，由 ε/d 值查得 $\lambda=0.035$。初设 $\lambda=0.035$。

局部阻力系数由表 1-4 查得：标准 90° 弯头，$\zeta=0.75$，开启度为 1/2 的闸阀，$\zeta=4.5$，全开截止阀，$\zeta=6.4$，突然缩小，按 $A_2/A_1=0$ 计，$\zeta=0.5$，故 $\sum\zeta=4\times0.75+4.5+6.4+0.5=14.4$

20℃水，查得 $\rho=1000\text{kg/m}^3$，$\mu=1\text{cP}=0.001\text{kg/(s}\cdot\text{m})$

因为　　　　　　　　　　$gH=[\lambda(l/d)+\sum\zeta+1]u^2/2$

即　　　　　　　　$9.81\times25=[0.035\times120/0.027+14.4+1]u^2/2$

所以　　　　　　　　　　　　$u=1.69\text{m/s}$

校核：　　$Re=du\rho/\mu=0.027\times1.69\times1000/0.001=4.56\times10^4$

查得　　　　　　　　　　　$\lambda'=0.036$

再设 $\lambda=0.036$，算得 $u=1.672\text{m/s}$，$Re=4.52\times10^4$，查得 $\lambda'=0.036$。可见，原设正确，计算有效。

$$V=(\pi/4)d^2u=(\pi/4)\times0.027^2\times1.672=9.57\times10^{-4}\text{m}^3/\text{s}$$

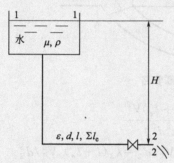

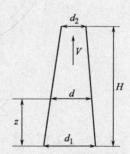

图 1-36　[例 1-14]附图　　　　　　　　图 1-37　[例 1-15]附图

【例 1-15】　某烟囱如图 1-37 所示，$d_1=2.3\text{m}$，$d_2=1.3\text{m}$，$H=60\text{m}$，烟气密度 $\rho=0.9\text{kg/m}^3$（常量），摩擦系数 $\lambda=0.04$，流量 $V=8.60\times10^4\text{m}^3/\text{h}$。求烟气流动阻力引起的压降 $-\Delta p_\text{f}$。

解　烟囱的横截面积随高度而变，但对任一微小高度的烟囱段来说，可视为等截面，于是，对微小的烟囱段，可写出阻力计算式如下：

$$-\text{d}p_\text{f}=8\lambda V^2\rho\text{d}z/(\pi^2d^5)$$

又　　　　　　　　$d=2.3-(2.3-1.3)z/60=2.3-z/60$

于是　　　　　　　$-\text{d}p_\text{f}=8\lambda V^2\rho\text{d}z/[\pi^2(2.3-z/60)^5]$

代入数据后积分

$$(p_1-p_2)_\text{f}=\frac{8\times0.04\times(8.60\times10^4)^2\times0.9}{\pi^2\times(3600)^2}\int_0^{60}\frac{\text{d}z}{(2.3-z/60)^5}$$

其中　　　$\displaystyle\int_0^{60}\frac{\text{d}z}{(2.3-z/60)^5}=60\times\int_{60}^0\frac{\text{d}(2.3-z/60)}{(2.3-z/60)^5}$

$$=-\frac{60}{4}\left[\left(\frac{1}{2.3}\right)^4-\left(\frac{1}{2.3-1}\right)^4\right]$$

代入原式，得 $(p_1-p_2)_\text{f}=78.53\text{Pa}$

本题中因阻力采用压降形式表示，故以 $\sum h_\text{f}\cdot\rho$ 表示。$\sum h_\text{f}\cdot\rho$ 的单位是 $(\text{J/kg})\cdot(\text{kg/m}^3)=\text{J/m}^3=\text{N/m}^2=\text{Pa}$。

1.7.3 并联管路计算

设并联管路情况如图 1-38 所示。流体流过 A—A 截面时流量为 V，然后分成 3 股，分别流过并联的 3 段支管，以后再汇聚成一股，流过 B—B 截面。若流体密度为常量，则 $V = V_1 + V_2 + V_3$。流体经分流点的局部阻力对长管一般不计，于是，流体在分流前 A 截面处的总机械能 E_A 与分流后刚进各支管时的总机械能 E_A'、E_A''、E_A''' 相等。同理，因流体经汇合点的局部阻力不计，则 E_B 与 E_B'、E_B''、E_B''' 相等。这说明，并联管路计算问题实际上就转化为各支管的简单管路计算问题了。因为 $E_A - E_B = \sum h_{f,1} = \sum h_{f,2} = \sum h_{f,3}$，故流体流经任一支管的阻力都相等。

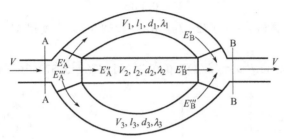

图 1-38 并联管路

因为
$$\sum h_f = \frac{8\lambda(l + l_e)V^2}{(\pi^2 d^5)}$$

所以
$$\lambda_1(l + l_e)_1 V_1^2 / d_1^5 = \lambda_2(l + l_e)_2 V_2^2 / d_2^5 = \lambda_3(l + l_e)_3 V_3^2 / d_3^5$$

则
$$V_1 : V_2 : V_3 = \sqrt{\frac{d_1^5}{\lambda_1(l + l_e)_1}} : \sqrt{\frac{d_2^5}{\lambda_2(l + l_e)_2}} : \sqrt{\frac{d_3^5}{\lambda_3(l + l_e)_3}} \tag{1-49}$$

要计算流体流过并联管路的阻力，首先要算出各支管中流量的分配比，算出各支管的流量，然后，只需任选一支管算出其流动阻力，该阻力就是流体流过并联管路的阻力（切不可将各支管的流动阻力相加，以其和作为并联管路的流动阻力）。

可按如下方法计算各支管的流量（下标 i 表示任一支管，仍采用简单管路计算中各计算式、图的编号）。

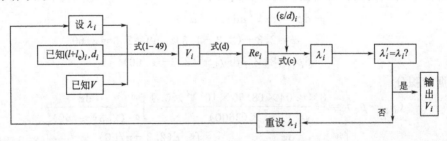

【例 1-16】 水由高位槽流至低位槽，如图 1-39 所示。两槽水面位差 22m。管子内径 $d_A = d_B = 0.050m$，$d_C = 0.025m$。$(l + l_e)_A = 100m$，$(l + l_e)_B = 120m$，$(l + l_e)_C = 95m$（包括突然缩小及突然扩大阻力）。设 $\lambda_C = \lambda_A = \lambda_B = 0.032$，且过程定态，分流点 1 处局部阻力不计，求 A 管流量 V_A。

解 B、C 两管为并联管路。所以

$$\frac{V_{\mathrm{B}}}{V_{\mathrm{C}}} = \frac{\sqrt{\dfrac{d_{\mathrm{B}}^5}{\lambda_{\mathrm{B}}(l+l_{\mathrm{e}})_{\mathrm{B}}}}}{\sqrt{\dfrac{d_{\mathrm{C}}^5}{\lambda_{\mathrm{C}}(l+l_{\mathrm{e}})_{\mathrm{C}}}}}$$

$$= \frac{\sqrt{\dfrac{0.050^5}{120}}}{\sqrt{\dfrac{0.025^5}{95}}} = 5.03$$

$$\frac{V_{\mathrm{B}}}{V_{\mathrm{A}}} = \frac{V_{\mathrm{B}}}{V_{\mathrm{B}}+V_{\mathrm{C}}} = \frac{5.03}{6.03} = 0.834$$

然后，按 0—2 截面间列伯努利方程。在不计分叉点处的局部阻力条件下，可沿任一条路线由 0 截面至 2 截面计算阻力。现选 A、B 两管路进行阻力计算，由伯努利方程得

$$gH = 8\lambda(l+l_{\mathrm{e}})_{\mathrm{A}}\frac{V_{\mathrm{A}}^2}{\pi^2 d_{\mathrm{A}}^5} + 8\lambda(l+l_{\mathrm{e}})_{\mathrm{B}}\frac{V_{\mathrm{B}}^2}{\pi^2 d_{\mathrm{B}}^5}$$

即　　$9.81 \times 22 = 8 \times 0.032 \times \dfrac{100 V_{\mathrm{A}}^2}{\pi^2 \times 0.050^5} + 8 \times 0.032 \times 120 \times \dfrac{(0.834 V_{\mathrm{A}})^2}{\pi^2 \times 0.050^5}$

所以　　　　　　　　　　　　$V_{\mathrm{A}} = 3.765 \times 10^{-3}\,\mathrm{m}^3/\mathrm{s}$

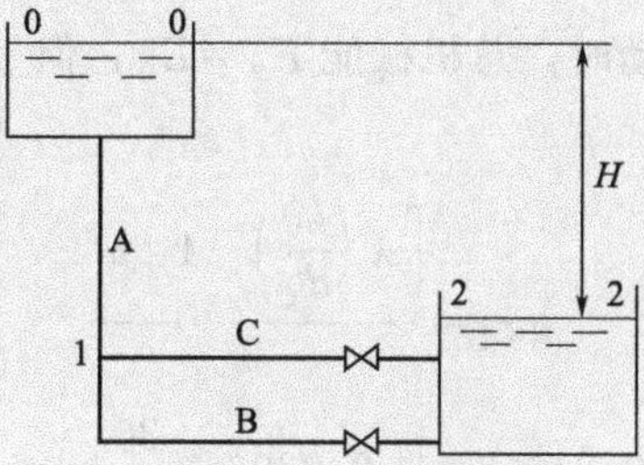

图 1-39　[例 1-16]附图

1.7.4 　分支管路计算

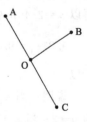

图 1-40 　分支管路

以图 1-40 为例。设 A、B、C 为 3 个终端，各个终端的流体总机械能 E 值已知，设分叉点 O 为"节点"。在计算各终点与节点间的流量时，首先遇到的是流向判断问题。若 $E_{\mathrm{A}} > E_{\mathrm{B}} > E_{\mathrm{C}}$，则流向为 A→O，O→C 是可以肯定的，但 O 与 B 之间究竟是 O→B 还是 B→O，预先不能判断，需通过计算确定。只有在各管段流向都确定后才能进行管路计算。在阻力计算中应注意到各管段流量的不同。

【例 1-17】　某输水管路系统如图 1-41 所示。已知 l_{A}、l_{B}、l_{C} 分别为 30m、20m、30m；d_{A}、d_{B}、d_{C} 分别为 50mm、25mm、50mm（管内径）；各管的 λ 值皆为 0.030。试定量分析最高位水槽内水面高度 z_1 值与 0~2 管段内水流向的关系。设过程定态。

解　本题的压强均按表压计。首先计算 0~2 管内的水呈静止态时的 z_1。设 0~2 段水不流动，这时，可列出以下 3 个方程：

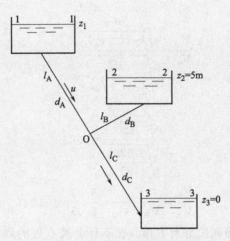

图 1-41 [例 1-17]附图

$$\frac{p_{m,0}}{\rho}=gz_2 \tag{1}$$

$$\frac{p_{m,0}}{\rho}+\frac{u^2}{2}=\lambda\left(\frac{l_C}{d_C}\right)\frac{u^2}{2} \tag{2}$$

$$gz_1=\frac{p_{m,0}}{\rho}+\frac{u^2}{2}+\lambda\left(\frac{l_A}{d_A}\right)\left(\frac{u^2}{2}\right) \tag{3}$$

说明：当 0～2 段水不流动时，总机械能 $E_2\neq E_0$，但 $p_{m,2}=p_{m,0}$。

将式(1) 代入式(2) 得

$$gz_2=\frac{\left[\lambda\left(\dfrac{l_C}{d_C}\right)-1\right]u^2}{2}$$

即

$$9.81\times5=\left[\left(0.030\times\frac{30}{0.050}\right)-1\right]\frac{u^2}{2}$$

得

$$u=2.40\text{m/s}$$

再以 $u=2.40\text{m/s}$ 代入式(3)，并代入数据，得

$$9.81z_1=9.81\times5+\frac{2.40^2}{2}+0.030\left(\frac{30}{0.050}\right)\left(\frac{2.40^2}{2}\right)$$

所以

$$z_1=10.58\text{m}$$

说明：当 $z_1=10.58\text{m}$ 时，0～2 管内的水静止。当 $z_1>10.58\text{m}$ 时，0～2 段水流向为 0→2；当 $z_1<10.58\text{m}$ 时，则水流向为 2→0。

1.7.5 变密度流体的简单管路计算

因气体在管路中流动属变密度流体流动，所以，对其流动规律的探讨，应从伯努利方程的微分式入手，并根据气体流动的过程特点——等温过程或绝热过程或多变过程，对微分式予以积分。

伯努利方程的微分式为

$$g\,\mathrm{d}z+\mathrm{d}\left(\frac{u^2}{2}\right)+\upsilon\,\mathrm{d}p+\lambda\,\frac{\mathrm{d}l}{d}\frac{u^2}{2}=0$$

式中，υ 是气体比体积，$\mathrm{m^3/kg}$。由于在气体流动问题中位能变化项的值比其他项的值小得多，故一般略去位能变化项。此外，气体流动中虽流速 u 是变量，但质量流速 G 是常量，为减少变量，可按 $u=G\upsilon$ 关系代入上述微分式，则上式可写为

$$\frac{G^2\,\mathrm{d}\upsilon^2}{2}+\upsilon\,\mathrm{d}p+\lambda\left(\frac{\mathrm{d}l}{d}\right)G^2\left(\frac{\upsilon^2}{2}\right)=0$$

以 υ^2 除上式，得

$$G^2\,\frac{\mathrm{d}\upsilon}{\upsilon}+\frac{\mathrm{d}p}{\upsilon}+\lambda\,\frac{\mathrm{d}l}{d}\frac{G^2}{2}=0 \tag{1-50}$$

式(1-50)是变密度流体流动的基本式，是个普遍适用的式子。对此式积分，应加上过程特点的附加条件。以下按等温、多变与绝热过程分别求其积分式。

（1）等温过程　过程特点为

$$p_1\upsilon_1=p\upsilon=p_2\upsilon_2$$

故式(1-50)的积分式为

$$G^2\ln\frac{p_1}{p_2}+\frac{p_2^2-p_1^2}{2p_1\upsilon_1}+\frac{\lambda lG^2}{2d}=0 \tag{1-51}$$

若已知管路长度 l、管内径 d、气体质量流速 G、上游气体压强 p_1 及比体积 υ_1，要求下游 p_2；或已知 l、d、G 及下游 p_2、υ_2，要求 p_1，都可由式(1-51)算得。式中的沿程摩擦阻力系数 λ 值可按常数处理，即取上游情况的 λ_1 与下游情况的 λ_2 的算术平均值。由于工程上遇到的气体输送问题气流多为湍流，λ 值变化很小或 λ 值为常数，故上述对 λ 的处理方法一般说是允许的。

（2）多变过程　过程特点为

$$p_1\upsilon_1^m=p\upsilon^m=p_2\upsilon_2^m$$

因为

$$G^2\int_{\upsilon_1}^{\upsilon_2}\frac{\mathrm{d}\upsilon}{\upsilon}=G^2\ln\left(\frac{\upsilon_2}{\upsilon_1}\right)=G^2\ln\left(\frac{p_1}{p_2}\right)^{1/m}=\left(\frac{G^2}{m}\right)\ln\left(\frac{p_1}{p_2}\right)$$

又

$$\int_{p_1}^{p_2}(\mathrm{d}p/\upsilon)=\int_{p_1}^{p_2}\frac{\mathrm{d}p}{\left(\frac{p_1\upsilon_1^m}{p}\right)^{1/m}}=\frac{1}{(p_1^{1/m}\upsilon_1)}\int_{p_1}^{p_2}p^{1/m}\,\mathrm{d}p$$

$$=\frac{1}{(p_1^{1/m}\upsilon_1)}\left(\frac{m}{1+m}\right)\left[p_2^{(m+1)/m}-p_1^{(m+1)/m}\right]$$

$$=\left(\frac{m}{1+m}\right)\left(\frac{p_1}{\upsilon_1}\right)\left[\left(\frac{p_2}{p_1}\right)^{(m+1)/m}-1\right]$$

故式(1-50)的积分式为

$$\frac{G^2}{m}\ln\frac{p_1}{p_2}+\left(\frac{m}{1+m}\right)\left(\frac{p_1}{\upsilon_1}\right)\left[\left(\frac{p_2}{p_1}\right)^{(m+1)/m}-1\right]+\lambda\,\frac{l}{d}\times\frac{G^2}{2}=0 \tag{1-52}$$

（3）绝热过程　过程特点为

$$p_1\upsilon_1^\gamma=p\upsilon^\gamma=p_2\upsilon_2^\gamma$$

在式(1-52)中以 γ 代替 m，便可得绝热过程的积分式，即

$$\frac{G^2}{\gamma}\ln\frac{p_1}{p_2}+\left(\frac{\gamma}{1+\gamma}\right)\left(\frac{p_1}{\upsilon_1}\right)\left[\left(\frac{p_2}{p_1}\right)^{(\gamma+1)/\gamma}-1\right]+\lambda\,\frac{l}{d}\times\frac{G^2}{2}=0 \tag{1-53}$$

γ 是比定压热容与比定容热容之比。双原子气体的 γ 约为 1.4，双原子以上气体的 γ 约

为 1.3。

在以上导出的气体流动的各类过程计算式中，最基本的是多变过程的计算式。在该式中令 $m=1$，便可得等温过程的计算式，令 $m=\gamma$ 便可得绝热过程计算式。

气体等温流动是一种假想的过程。这种流动过程要求管壁、管内气体及管外物质均有无限的热量传输能力，且管内、外物质温度相同，实际上是不能实现的。气体绝热流动要求管壁绝对隔热，也是不能实现的。实际的气体流动总是介于等温与绝热过程之间。要弄清真实的气体流动过程很困难，需同传热问题联系，但是，人们发现，以双原子气体为例，$1 \leqslant m \leqslant 1.4$，$m$ 值变化幅度不大。若管长在 1000m 以上，即使是绝热过程，用等温方程计算式由一端压强计算另一端压强，误差亦不超过 5%。所以，为简化计，往往气体输送问题允许按等温流动计算。

此外，对于长管路，可算知动能变化项比起其他各项要小得多。现以等温流动为例，动能项为 $G^2 \ln(p_1/p_2)$，阻力项为 $\lambda l G^2/(2d)$。若 $(p_1-p_2)/p_1=0.1$，$\lambda=0.03$，$l=1000\text{m}$，$d=0.050\text{m}$，则 $\ln(p_1/p_2)=\ln 1.1 \approx 0.1$，而 $\lambda l/(2d)=0.03 \times 1000/(2 \times 0.050)=300$，可判断动能变化项比起阻力及压差项要小得多，故可在计算中略去动能变化项，使计算更简化。

【例 1-18】 某厂需把成分为 CO 的煤气输送到气柜，管长 1.2km，管内径为 156mm，管壁绝对粗糙度 $\varepsilon=0.2\text{mm}$，煤气质量流量 $W=1200\text{kg/h}$。若管道终端煤气压强为 $1.11 \times 10^5 \text{Pa}$（绝压），问：按 30℃等温流动计，管道起始端煤气压强为多少帕？

解 由于管道末端的气体参量已知，可把式(1-51)改为

$$G^2 \ln \frac{p_1}{p_2} + \frac{p_2^2 - p_1^2}{2p_2 v_2} + \frac{\lambda l G^2}{2d} = 0$$

其中

$$G = \frac{W}{\dfrac{\pi d^2}{4}} = \frac{\dfrac{1200}{3600}}{\dfrac{\pi \times 0.156^2}{4}} = 17.44 \text{kg/(s} \cdot \text{m}^2\text{)}$$

$$v_2 = \frac{RT}{p_2 M} = 8314 \times \frac{273+30}{1.11 \times 10^5 \times 28} = 0.811 \text{kg/m}^3$$

查得

$$\mu = 0.017\text{cP}, \quad Re = \frac{dG}{\mu} = 0.156 \times \frac{17.44}{0.017 \times 10^{-3}} = 1.60 \times 10^5$$

$$\frac{\varepsilon}{d} = \frac{0.2}{156} = 1.28 \times 10^{-3}, \quad \text{查得} \lambda = 0.022$$

略去动能差项，代入数据的计算式为

$$\frac{(1.11 \times 10^5)^2 - p_1^2}{2 \times 1.11 \times 10^5 \times 0.811} + 0.022 \times \frac{1.2 \times 10^3 \times 17.44^2}{2 \times 0.156} = 0, \quad \text{得} \ p_1 = 1.30 \times 10^5 \text{Pa （绝压）}$$

若计及动能差项，可作粗略计算并比较如下：

动能差项

$$G^2 \ln\left(\frac{p_1}{p_2}\right) = G^2 \ln\left(\frac{1.30}{1.11}\right) = 0.158 G^2$$

阻力项

$$\frac{\lambda l G^2}{2d} = G^2 \times 0.022 \times \frac{1200}{2 \times 0.156} = 84.6 G^2$$

动能差/阻力 $=0.158/84.6=0.187\%$，不足千分之二，可见动能差项可略。

1.8　流速与流量测定

1.8.1　毕托管

毕托管是测点流速的仪器，其构造及操作情况可参看图 1-42。该仪器是同一轴线的双套管，内管口是敞口的，套管口则是封闭的，但套管侧面开有小孔。为测 A 点的点流速，把毕托管放在管道内，令双套管与流线平行，且内管口置于 A 点处，管口迎着来流。这时，由连接的 U 形压差计的读数，可算出 v_A 值。其测量原理如下。

参看图 1-43，设流体由 A 点流过很短距离至 B 点时突然停止，阻力不计，则

$$p_{m,A} + \frac{v_A^2}{2}\rho = p_{m,B}$$

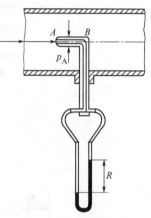

所以

$$v_A = \sqrt{\frac{2(p_{m,B} - p_{m,A})}{\rho}}$$

因毕托管内管流体的修正压强为 $p_{m,B}$，外管流体的修正压强为 $p_{m,A}$，用 U 形压差计测这二者修正压强差可算出

$$v_A = \sqrt{\frac{2gR(\rho_i - \rho)}{\rho}} \tag{1-54}$$

式中，R 为 U 形压差计读数，m；ρ_i 与 ρ 分别为指示液及工作流体的密度，kg/m^3。

图 1-42　毕托管

由式(1-54)算得的点流速不需引入校正系数。若要求用毕托管测点流速后确定平均流速，有两个方法。一种方法是将截面划分为若干区域（如圆截面常分为若干同心圆环），分别测出每一区域中某点流速，假定该区域内各点流速相等，算出每一区域的流量，然后把各区域的流量相加，即得

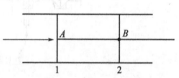

图 1-43　毕托管测压原理

到该截面的流量，流量除以截面积便得到平均流速。此法虽较麻烦，但却是根本的方法，适用于各种截面情况。另一方法是专用于圆截面的。由于圆的对称性，只需测出圆心处的点流速 v_{max}，按 $Re_{max} = \dfrac{d v_{max} \rho}{\mu}$ 算出 Re_{max}，再查图 1-44 得到平均流速与最大流速之比 $\dfrac{u}{v_{max}}$，即可算出 u。图 1-44 由实验得到。

1.8.2　文丘里流量计

文丘里流量计是一段截面先逐渐缩小然后逐渐扩大、还原的管子，将其串联在管道中，如图 1-45 所示。

设原来管内径为 d_1，最小截面处管内径为 d_2。流体流过文丘里时，于最小截面处流速最大，压强最低。在流体进入文丘里之前的 1 截面至文丘里中最小的 2 截面间排伯努利方程，暂不计阻力，可得

$$\frac{p_{m,1}}{\rho} + \frac{u_1^2}{2} = \frac{p_{m,2}}{\rho} + \frac{u_2^2}{2}$$

1、2 截面间的修正压强差可用 U 形压差计测定，即 $p_{m,1} - p_{m,2} = (\rho_i - \rho)gR$，又因 $\dfrac{\pi}{4}$

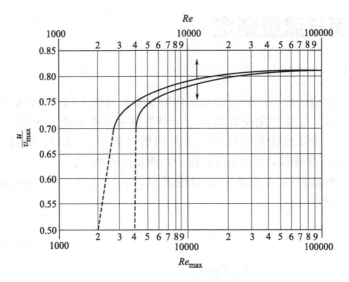

图 1-44 $\dfrac{u}{v_{\max}}$-$Re_{\max}$ 及 $\dfrac{u}{v_{\max}}$-Re 关系曲线

（下图线用 $Re_{\max}$，上图线用 Re）

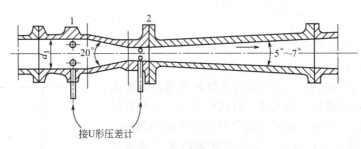

接U形压差计

图 1-45 文丘里流量计

$d_1^2 u_1 = \dfrac{\pi}{4} d_2^2 u_2$，可导得

$$u_2 = \frac{1}{\sqrt{1-\left(\dfrac{d_2}{d_1}\right)^4}} \sqrt{\frac{2(\rho_i - \rho)gR}{\rho}}$$

考虑到阻力，引入修正系数 C，并令 $C_V = \dfrac{C}{\sqrt{1-\left(\dfrac{d_2}{d_1}\right)^4}}$，则

$$V = C_V \frac{\pi}{4} d_2^2 \sqrt{\frac{2(\rho_i - \rho)gR}{\rho}} \tag{1-55}$$

在设计文丘里时注意到要减弱边界层分离现象，使阻力减小，故渐扩管段较长，扩展角较小。实验得 $C_V = 0.98 \sim 0.99$，流体流过文丘里的阻力（永久阻力）$h_f \approx 0.1u_2^2$。由 U 形压差计测得的压降为"显示压降"，其中降低了的压强大部分可在文丘里的扩大截面管段中得到回升。

用文丘里测流量，方法简单，精确度高，阻力小，但因文丘里管内表面的加工精度要求甚高，价格较贵，使用上受到限制。现在文丘里流量计在相当多的场合被与其测量原理相同但结构简单得多的"孔板流量计"所替代。

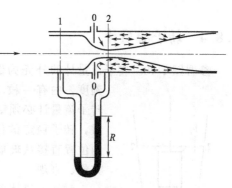

图 1-46 孔板流量计

1.8.3 孔板流量计

为使流体流动的截面发生收缩与扩大，可在管内安装一具有中心圆孔的圆板，如图 1-46 所示，这种带中心圆孔的板叫"孔板"。

设管内径为 d_1，孔板中心圆孔的直径为 d_0。流体流过孔板时，流股收缩，过孔板后，流股继续收缩，然后扩展。其最小截面处称"缩脉"。现取孔板前某流线平行的截面为 1 截面，因"缩脉"处流线也平行，故取"缩脉"处为 2 截面，暂不计阻力，可排出 1—2 截面间的伯努利方程。同文丘里流量计一样，在 1、2 截面处接出 U 形压差计，再根据连续性方程，即可导出下式

$$u_2 = \frac{1}{\sqrt{1-\left(\dfrac{d_2}{d_1}\right)^4}}\sqrt{\frac{2(\rho_i-\rho)gR}{\rho}}$$

上式需从 3 方面考虑修正。

① 实际流体流动有阻力。

② 缩脉截面会随流量改变而稍作前后移动，但下游测压口的位置是固定的，由此会带来测量误差。

③ 以过孔口的流速 u_0 替代 u_2。

引入修正系数 C，且令 $m=(d_0/d_1)^2$，可得

$$u_0 = \frac{C}{\sqrt{1-m^2}}\sqrt{\frac{2(\rho_i-\rho)gR}{\rho}}$$

令孔流系数 $C_0 = C/\sqrt{1-m^2}$，则流量

$$V = \frac{\pi}{4}d_0^2 C_0 \sqrt{\frac{2(\rho_i-\rho)gR}{\rho}} \tag{1-56}$$

孔流系数 C_0 的值由实验测定并整理为"C_0-Re_1"曲线。$Re_1 = \dfrac{d_1 u_1 \rho}{\mu}$，指孔板的上游侧的雷诺数。实测得的"$C_0$-$Re_1$"曲线如图 1-47 所示，曲线形状与直管湍流区"λ-Re"曲线形状相像，随 Re_1 值的增加，C_0 值先下降，然后为常数。因 C_0 在常用范围内往往为常数，故通常对一块孔板只给出其 C_0 为常数时的值。

孔板流量计虽结构简单，价格低，但阻力较大。由图 1-46 可见到，在孔板下游有旋涡区，而文丘里管因其管内径渐变，从而限制了旋涡区的扩展，使其局限在很小的范围内。孔板流量计的阻力（永久阻力）$h_f \approx 0.4 u_0^2$。

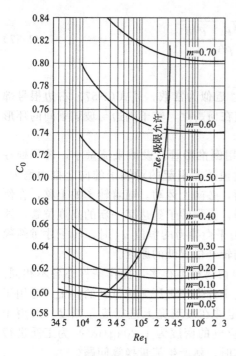

图 1-47 孔板的"C_0-Re_1"曲线

1.8.4 转子流量计

参看图 1-48。转子流量计的外壳为倒锥形的玻璃管，锥度为 4°左右，在玻璃管上刻有刻度，内有一枚"浮子"，因操作时浮子会自旋，故又称"转子"。转子流量计必须铅垂向安装，流体只能由下而上流过。当流量增大时，转子稳定的位置升高；流量减小时，转子位置下降。可由转子的位置直接从玻璃壳上的刻度读得流量值，这种流量计测流量比较方便、直观。

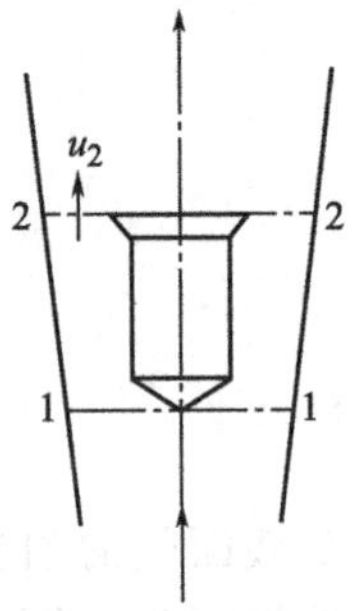

对同一流体而言，无论转子稳定在哪一高度位置，转子必在铅垂向受力平衡。转子受力情况为

重力 $=V_f \rho_f g$ （V_f 为转子体积，ρ_f 为转子密度）

浮力 $=V_f \rho g$ （ρ 为流体密度）

图 1-48 转子流量计

$$流体的向上推力 = \frac{(u_2^2 - u_1^2) \rho A_f}{2}$$

式中，A_f 是转子的最大横截面积。因已考虑浮力，故这里只涉及修正压强差引起的向上推力。

转子稳定在某一高度时，必须三力平衡，即

$$V_f g (\rho_f - \rho) = \frac{(u_2^2 - u_1^2) \rho A_f}{2}$$

又因 $\qquad u_1 A_1 = u_2 A_2$ （A_1、A_2 指 1、2 截面的截面积）

则

$$u_2 = \frac{1}{\sqrt{1 - \left(\dfrac{A_2}{A_1}\right)^2}} \sqrt{\frac{2V_f(\rho_f - \rho)g}{\rho A_f}}$$

考虑到流体阻力，引入修正系数 C，则

$$u_2 = \frac{C}{\sqrt{1 - \left(\dfrac{A_2}{A_1}\right)^2}} \sqrt{\frac{2V_f(\rho_f - \rho)g}{\rho A_f}} \qquad (1-57)$$

由于转子处在不同高度位置时 $C / \sqrt{1 - (A_2/A_1)^2}$ 近似为常数，且式(1-57)右边根号部分的值与流量无关，亦为常量，所以，无论转子稳定在何高度，转子周边与玻璃管间的环形通道的流速 u_2 为恒定不变的值。

弄清环隙流速 u_2 为恒值后，就可明白为何要采用倒锥形管。设原来流量小，转子处在某一较低的位置。当流量增大后，环隙流速增大，由流速差引起的对转子的向上推力增大，而转子的重力与浮力之差仍为常量，转子受力不平衡，必向上运动。随着转子的上移，在倒锥形玻璃管中，环隙面积增大，环隙处流体流速下降，直到转子到达某一新的高度位置，这时流体流过环隙的速度又降至式(1-57)表示的由 3 力平衡导得的恒值 u_2 时，转子才重新稳定在该高度。这就是流量大则转子位置高，流量小则转子位置低的原因。

下面讨论流量换算问题。我们知道，化工生产中物料种类很多，操作条件亦各不相同。要针对每一种具体的流体情况对转子流量计刻度是流量计生产工厂无法做到的。工厂对用于液体的转子流量计，只用 20℃ 的清水为工质进行标定并在玻璃壳上进行流量刻度。对用于气体的转子流量计，则用 1atm、20℃ 的空气（这时空气的密度为 1.20kg/m³）为工质进行标定并刻度。当把这些转子流量计用于测量其他流体时，就产生流量换算问题。

根据式(1-57)，对于相同的转子及转子高度位置，工作流体（以下标"工"表示）的流

量与由刻度读得的标定流量间的关系是

$$\frac{V_{\text{工}}}{V_{\text{标}}}\approx\frac{u_{2,\text{工}}}{u_{2,\text{标}}}=\sqrt{\frac{(\rho_{\text{f}}-\rho_{\text{工}})\rho_{\text{标}}}{\rho_{\text{工}}(\rho_{\text{f}}-\rho_{\text{标}})}}$$

(1-58)

有时，对于某特定流体的流量测定，为使转子流量计有更合适的测量范围，可另外备一只转子。该转子形状应与原转子相同，但转子材料（密度）根据要求选定。这时的流量换算仍可用式(1-58)，但 ρ_{f} 前后的变化应计及。

【例 1-19】　有一转子流量计，转子的密度为 2800kg/m³，其刻度是按 20℃的水标定的。现用于测密度为 860kg/m³ 的某液体，为使测量的范围扩大，特另制一个形状与原来相同，但密度为 7900kg/m³ 的转子使用。若操作时从刻度读得流量为 4m³/h，问：实际流量是多少？

解　已知 $\rho_{\text{f,标}}=2800\text{kg/m}^3$，$\rho_{\text{标}}=1000\text{kg/m}^3$，$\rho_{\text{f,工}}=7900\text{kg/m}^3$，$\rho_{\text{工}}=860\text{kg/m}^3$，$V_{\text{标}}=4\text{m}^3/\text{h}$

则

$$V_{\text{工}}=V_{\text{标}}\sqrt{\frac{(\rho_{\text{f,工}}-\rho_{\text{工}})\rho_{\text{标}}}{\rho_{\text{工}}(\rho_{\text{f,标}}-\rho_{\text{标}})}}=4\times\sqrt{\frac{(7900-860)\times1000}{860\times(2800-1000)}}=8.53\text{m}^3/\text{h}$$

转子流量计由于操作时 u_2 为恒值，流体流过转子的阻力亦为恒值，故又称为"恒流速、恒压降"的流量计。

<<<<< **本章主要符号** >>>>>

A——管道截面积，m²。
C_0——孔流系数，无量纲。
d——管内直径，m。
d_e——当量直径，m。
E——流体总机械能，J/kg。
Eu——欧拉数，无量纲。
F——力，N。
G——流体质量流速，kg/(s·m²)。
h——铅垂向高度差，m。
h_{f}——局部阻力，J/kg。
$\sum h_{\text{f}}$——沿程阻力，J/kg。
l——管长，m。
l_e——局部阻力的当量管长，m。
m——孔面积与截面积之比，无量纲。
p——流体静压强，Pa。
p_{m}——流体修正压强，Pa。
R——管半径，U 形压差计读数，m；气体通用常数，J/(kmol·K)。
Re——雷诺数，无量纲。

r_H——水力半径，m。
t——时间，s。
u——平均流速，m/s。
v——点流速，m/s。
υ——气体比体积，m³/kg。
V——体积流量，m³/s；流体体积，m³。
W——质量流量，kg/s。
X、Y、Z——1kg 质量流体受到的质量力在 x、y、z 轴向的分力，N。
Y——平板间距离。
ε——管壁绝对粗糙度，m。
ρ——密度，kg/m³。
μ——液体黏度，Pa·s。
μ'——涡流黏度，Pa·s。
τ——剪应力，N/m²。
θ——角变形，弧度。
λ——摩擦系数，无量纲。
ζ——局部阻力系数，无量纲。

<<<<< **习　题** >>>>>

1-1　某敞口容器内盛有水与油。已知水及油的密度分别为 1000kg/m³ 和 860kg/m³，$h_1=600$mm，$h_2=800$mm，问 H 为多少米？

[1.32m]

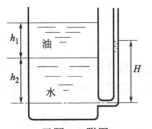

习题 1-1 附图

1-2 有一幢 102 层的高楼，每层高度为 4m。若在高楼范围内气温维持 20℃ 不变。设大气静止，气体压强为变量。地平面处大气压强为 760mmHg。试计算楼顶的大气压强，以 mmHg 为单位。

[724.7mmHg]

1-3 某水池，水深 4m，水面通大气，水池侧壁是铅垂向的。问：水池侧壁 平面每 3m 宽度承受水的压力是多少牛顿？外界大气压为 1atm。

[1.45×10⁶N]

1-4 若外界大气压为 1atm，试按理想气体定律计算 0.20at（表压）、20℃ 干空气的密度。空气分子量按 29 计。 [1.439kg/m³]

1-5 一个外径为 R_2、内径为 R_1 的空心球，由密度为 ρ' 的材料制成。若将该球完全淹没在某密度为 ρ 的液 体中，若球能在任意位置停留，试求该球的外径与内径之比。设球内空气重量可略。 $[(1-\rho/\rho')^{-1/3}]$

1-6 为放大以 U 形压差计测气体压差的读数，采用倾斜式 U 形压差计。指示液是 $\rho=920$kg/m³ 的乙醇水 溶液。气体密度为 1.20kg/m³。读数 $R=100$mm。问 p_1 与 p_2 的差值是多少 mmHg？ [2.31mmHg]

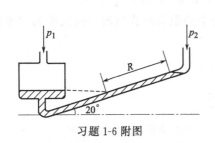

习题 1-6 附图

习题 1-7 附图

1-7 采用微差 U 形压差计测压差。已知 U 形管内直径 d 为 6mm，两扩大室半径均为 80mm，压差计中用 水和矿物油作指示液，密度分别为 1000kg/m³ 及 860kg/m³。当管路内气体压强 p 与外界大气压 p_0 相等时，两扩大室油面齐平，U 形管两支管内油、水交界面亦齐平。现读得读数 $R=350$mm，试计 算：①气体压强 p（表压）；②若不计扩大室油面高度差，算得的气体压强 p 是多少？③若压差计内 只有水而不倒入矿物油，如一般 U 形压差计，在该气体压强 p 值下读数 R_0 为多少？

[①484.8Pa；②480.7Pa；③0.0493m]

1-8 某倾斜的等径直管道内有某密度 ρ 的液体流过。在管道的 A、B 截面设置了两套 U 形压差计测压差，下 侧用的是一般 U 形压差计，上侧用的是复式 U 形压差计，所用的指示液均为密度是 ρ_i 的同一种液体。 复式压差计中两段指示液之间的流体是密度为 ρ 的流过管道内的液体。试求读数 R_1 与 R_2、R_3 的关系。

[$R_1=R_2+R_3$]

1-9 将水银倒入到图示的均匀管径的圆管内，水银高度 $h=0.25$m。然后将水从左支管倒入，测得平衡后 左支管的水面比右支管的水银面高出 0.40m。试计算 U 形管内水与水银的体积比。 [1.19]

1-10 一直立煤气管，在底部 U 形压差计 $h_1=120$mm，在 $H=25$m 高处的 U 形压差计 $h_2=124.8$mm。U 形管指示液为水。管外空气密度为 1.28kg/m³。设管内煤气及管外空气皆静止，求管内煤气的密度。

[1.088kg/m³]

1-11 以 2″的普通壁厚的水煤气钢管输送 15℃ 的清水，水在管内满流。已知水流速 $u=1.5$m/s，求水的质 量流量、质量流速和体积流量。 [3.309×10⁻³m³/s；3.306kg/s；1499kg/(s·m²)]

1-12 如图所示，质量为 3.5kg，面积为 (40×46) cm² 的一块木板沿着涂有油的斜面等速向下滑动。已知 $v=1.2$m/s，$\delta=1.5$mm（油膜厚度）。求滑油的黏度。 [0.0897Pa·s]

1-13 以压缩空气将某液体自储槽压送到高度 $H=5.0$m、压强 p_2 为 2.5at（表压）的容器内。已知液体密度 $\rho=1800$kg/m³，流体的流动阻力 4.0J/kg。问：所需的压缩空气压强 p_1 至少为多少 Pa（表压）？

[3.407×10⁵Pa]

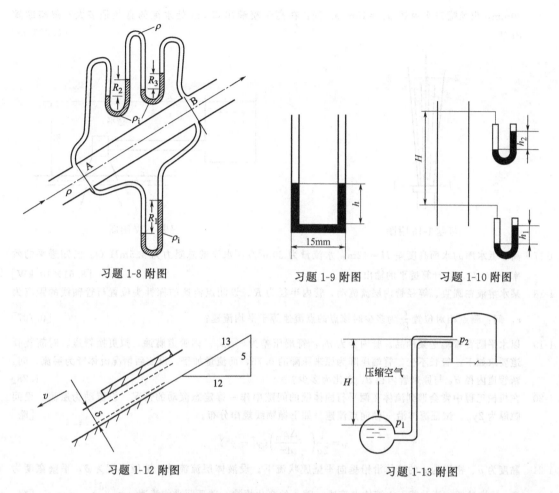

习题 1-8 附图　　　　习题 1-9 附图　　　　习题 1-10 附图

习题 1-12 附图　　　　　　　习题 1-13 附图

1-14　水以 $70\text{m}^3/\text{h}$ 的流量流过倾斜的异径管道。已知小管内径 $d_A=100\text{mm}$，大管内径 $d_B=150\text{mm}$，$h=0.3\text{m}$，U 形压差计的指示液为汞。若不计 AB 段的流体流动阻力，试问：U 形压差计哪一支管内的指示液液面较高？R 为多少？
　　　　　　　　　　　　　　　　　　　　　　　　　　　　　　　　　　　[左侧高 0.020m]

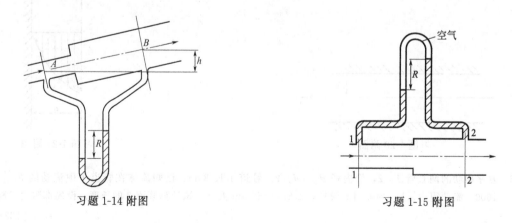

习题 1-14 附图　　　　　　　　习题 1-15 附图

1-15　水以 $6.4\times10^{-4}\text{m}^3/\text{s}$ 的流量流经由小至大的管段内。小管内径 $d_1=20\text{mm}$，大管内径 $d_2=46\text{mm}$。欲测 1、2 两截面处水的压差，为取得较大的读数 R，采用倒 U 形压差计。已知压差计内水面上空是 $\rho=2.5\text{kg/m}^3$ 的空气，读数 $R=100\text{mm}$。求水由 1 至 2 截面的流动阻力 $\sum h_f$。
　　　　　　　　　　　　　　　　　　　　　　　　　　　　　　　　　　　[1.02J/kg]

1-16　水从喷嘴口 1—1 截面垂直向上喷射至大气。设在大气中流束截面保持圆形。已知喷嘴内直径 $d_1=$

20mm，出喷嘴口水流速 $u_1 = 15\text{m/s}$。问：在高于喷嘴出口 5m 处水流的直径是多大？忽略摩擦阻力。

[0.0231m]

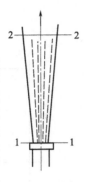

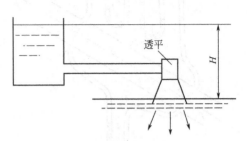

习题 1-16 附图　　　　　　　　　　　习题 1-17 附图

1-17　高、低水库的水面高度差 $H = 42\text{m}$，水流量为 $30\text{m}^3/\text{s}$，水流的总阻力为 $4.5\text{mH}_2\text{O}$。已知透平的效率 $\eta = 0.78$，试计算透平的输出功率。　　　　　　　　　　　　　　　　　[$8.61 \times 10^3 \text{kW}$]

1-18　某水溶液在圆直、等径管内层流流动，管内半径为 R。设测点流速的探针头位置与管轴线的距离为

　　　r。问：测点相对位置 $\dfrac{r}{R}$ 为多少时该点的点流速等于平均流速？　　　　　　　[0.707]

1-19　以水平圆直管输送某油品。管内径为 d_1，管端压差为 $-\Delta p_1$。因管道腐蚀，拟更换管道。对新装管道要求如下：管长不变，管端压降为原来压降的 0.75，而流量加倍。设前后情况流体皆为层流。问：新管道内径 d_2 与原来管内径 d_1 之比为多少？　　　　　　　　　　　　[1.28]

1-20　在机械工程中常会遇到流体在两平行固体壁的间隙中作一维定态流动的情况。设流动为层流。设间隙厚为 $2y_0$，试证流体沿 y 轴向点流速呈如下抛物线规律分布。　　　　　　　　　　　[略]

$$v = \frac{1}{2\mu}\left(-\frac{\Delta p_{\text{m}}}{\text{d}x}\right)(y_0^2 - y^2)$$

1-21　黏度为 μ、密度为 ρ 的液体沿铅垂向平壁膜状流下。设液体层流流动，液膜厚度为 δ，平壁宽度为

　　　B。试推导任一流动截面上液体点流速 v 随 y 的变化规律，并证明平均流速 $u = \dfrac{\rho g \delta^2}{3\mu}$。　　[略]

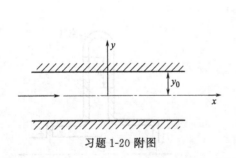

习题 1-20 附图　　　　　　　　　　　习题 1-21 附图

1-22　水平串联的两直管 1、2，管内径 $d_1 = d_2/2$。管道 1 长 80m，已知流体在管道 1 中流动的 $Re_{,1} = 1600$，流动阻力 $\sum h_{\text{f},1} = 0.54\text{m}$ 液柱，$\sum h_{\text{f},2} = 56\text{mm}$ 液柱。试计算管道 2 的长度。设局部阻力可略。

[133m]

1-23　一输油管，原输送 $\rho_1 = 920\text{kg/m}^3$、$\mu_1 = 1.30\text{P}$ 的油品，现欲改输 $\rho_2 = 860\text{kg/m}^3$、$\mu_2 = 1.15\text{P}$ 的另一油品。若两种油品在管内均为层流流动，二者质量流量之比 $\dfrac{W_2}{W_1} = 1.30$，试计算二者因流动阻力引起的压降 Δp_{f} 之比（局部阻力不计）。　　　　　　　　　　　　　　　　　[1.23]

1-24　某牛顿型流体在圆、直、等径管内流动，在管截面上的速度分布可表达为 $v=24y-200y^2$，式中：y—截面上任一点至管壁的径向距离，m；v—该点的点流速，m/s。试求：①管半径中心点处的流速；②管壁处的剪应力。该流体的黏度为 0.045Pa·s。　　　　　　　　　[①0.54m/s；②1.08N/m²]

1-25　用泵自储油池向高位槽输送矿物油，流量为 35t/h。池及槽皆敞口。高位槽中液面比池中液面高 20m。管径为 $\phi108mm\times4mm$，油的黏度为 2840cP，密度为 952kg/m³，泵的效率为 50%，泵的轴功率为 85kW。求包括局部阻力当量管长的总管长。　　　　　　　　　　　[336m]

1-26　某有毒气体需通过一管路系统。现拟用水在按 1/2 尺寸缩小的几何相似的模型管路系统中做实验预估实际气流阻力。实际气体流速为 20.5m/s，密度为 1.30kg/m³，运动黏度为 0.16cm²/s。试验用水的密度为 1000kg/m³，运动黏度为 0.01cm²/s。为使二者动力相似，水流速应为多少？若模型试验测得流动阻力为 15.2J/kg，实际气体的流动阻力是多少？　　　　　　　　　[974.7J/kg]

1-27　固体光滑圆球颗粒在流体中沉降，颗粒受到流体的曳力与有关物理量的一般函数式为 $F_D=F(d_p, u, \rho, \mu)$。式中：F_D 为曳力，N；d_p 为颗粒直径，m；u 为颗粒与流体的相对运动速度，m/s；ρ 与 μ 为流体的密度与黏度，kg/m³ 与 Pa·s。试用量纲分析法，确定有关的特征数。　　　[略]

1-28　试证明流体在圆管内层流时，动能校正系数 $\alpha=2$。　　　　　　　　　　　　　[略]

1-29　试按 $v=v_{max}\left(1-\dfrac{r}{R}\right)^{1/7}$ 规律推导湍流的 $\dfrac{u}{v_{max}}$ 值。　　　　　　　　　[49/60]

1-30　某牛顿型流体在圆、直、等径管内流动，管子内半径为 50mm。在管截面上的流速分布可表达为 $v=2.54y^{(1/6)}$，式中：y 为截面上任一点至管壁的径向距离，m；v 为该点的点流速，m/s。试求：①流型；②最大点流速 v_{max}。　　　　　　　　　[①湍流；②1.54m/s]

1-31　某直管路长 20m，管子是 1″ 普通壁厚的水煤气钢管，用以输送 38℃ 的清水。新管时管内壁绝对粗糙度为 0.1mm，使用数年后，旧管的绝对粗糙度增至 0.3mm，若水流速维持 1.20m/s 不变，试求该管路旧管时流动阻力为新管时流动阻力的倍数。　　　　　　　　　　　[1.39]

1-32　某流体在光滑圆直管内湍流流动，设摩擦系数可按布拉修斯公式计算。现欲使流量加倍，管长不变，管内径比原来增大 20%，问：因摩擦阻力产生的压降为原来的多少倍？　　　　[1.41]

1-33　如图所示，某液体在光滑管中以 $u=1.2m/s$ 流速流动，其密度为 920kg/m³，黏度为 0.82cP。管内径为 50mm，测压差管段长 $L=3m$。U 形压差计以汞为指示液。试计算 R 值。　　[6.28×10⁻³m]

1-34　有一高位水槽，其水面离地面的高度为 H。水槽下面接有 2″ 普通壁厚水煤气钢管 130m 长，管路中有 1 只全开的闸阀，4 只全开的截止阀，14 只标准 90° 弯头。要求水流量为 10.5m³/h，设水温 20℃，$\varepsilon=0.2mm$，问：H 至少需多少米？　　　　　　　　　　　[9.71m]

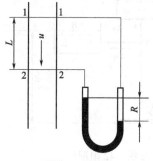

习题 1-33 附图

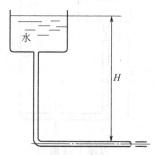

习题 1-34 附图

1-35　承 1-34 题，若已知 $H=20m$，问水流量为多少 m³/h？　　　　　　　　　[14.2m³/h]

1-36　有两段管路，管子均为内径 20mm、长 8m、绝对粗糙度 0.2mm 的直钢管，其中一根管水平安装，另一根管铅垂向安装。若二者均输送 20℃ 清水，流速皆为 1.15 m/s。竖直管内水由下而上流过。试比较两种情况管两端的修正压强差与压强差。要用计算结果说明。　　　[1.07×10⁴Pa；8.92×10⁴Pa]

1-37　有 A、B 两根管道并联。已知 $l_A=8m$，$d_A=50mm$，$l_B=12m$，$d_B=38mm$（上述 l 中包含了局部阻力，d 指内径）。流体工质是常压、20℃ 的空气（按干空气计），总流量是 200kg/h。问：B 管的质量流量是多少？分支点与汇合点的局部阻力可略。ε 皆为 0.2mm。　　　　　　　[56kg/h]

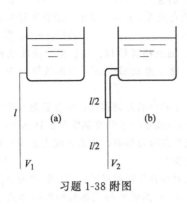

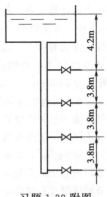

习题 1-38 附图　　　　　　　　　　　习题 1-39 附图

1-38 某水塔供水流程如附图的(a)图所示，管长为 l。现需增加 50% 的流量，拟采用(b) 流程。(b)流程中各管管径均与(a)流程的相同，其 $l/2$ 管长为两管并联。设局部阻力不计，所有管内流体流动的摩擦系数 λ 值均相等且为常数。问：(b)方案能否满足要求。　　　　　　　　　　　　　　　　　[不满足]

1-39 某 7 层的宿舍楼，第 4 至第 7 层楼生活用水均来自房顶水箱。若总输水管为 $1\frac{1}{2}''$ 普通壁厚水煤气钢管，各层楼自来水支管为 $\frac{1}{2}''$ 普通壁厚水煤气钢管。所用的阀皆为截止阀。水箱内水深 2m。有关尺寸示于附图。试计算：①只开 7 楼的阀且阀全开时，V_7 为多少？②当 4 楼及 7 楼的阀都全开，5 楼、6 楼的阀全关，V_4 及 V_7 各为多少？计算支管阻力时只计入局部阻力，直管阻力可略。设 λ 皆为 0.040。　　　　[①$5.47\times10^{-4}\,\mathrm{m^3/s}$；②$1.035\times10^{-3}\,\mathrm{m^3/s}$，$5.348\times10^{-4}\,\mathrm{m^3/s}$]

1-40 用离心泵将水由水槽送至水洗塔内，水槽敞口，塔内表压为 0.85at，水槽水面至塔内水出口处垂直高度差 22m。已知水流量为 $42.5\mathrm{m^3/h}$，泵对水作的有效功为 321.5J/kg，管路总长 110m（包括局部阻力当量管长），管子内径 100mm。试计算摩擦系数 λ 值。　　　　　　　　　　　　[0.0171]

1-41 35℃ 的水由高位槽经异径收缩管向下流动。若不考虑流动阻力，为保证水在流经收缩管时不发生汽化现象，收缩管的管径应限制在多大尺寸以上？当地大气压为 1atm，35℃ 的水的密度为 $994\mathrm{kg/m^3}$，饱和蒸气压为 5.62kPa。$H=12\mathrm{m}$，$h=8\mathrm{m}$，$d=150\mathrm{mm}$（内直径）。　　　　　[145mm]

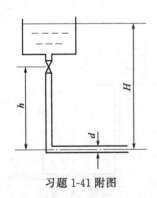

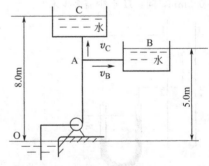

习题 1-41 附图　　　　　　　　　　　习题 1-42 附图

1-42 如附图所示，水泵抽水打进 B、C 水槽。已知各管内径相等，且 A～B 段、A～C 段和 O～A 段（不包括泵内阻力）的管道长与局部阻力当量管长之和 $\sum(l+l_e)$ 相等。设摩擦系数 λ 值皆相同，泵输入的有效机械能 $W_s=150\mathrm{J/kg}$，过程定态。求 v_C/v_B。　　　　　　　　[0.387]

1-43 在 $\phi108\mathrm{mm}\times4\mathrm{mm}$ 的圆直管内用毕托管测点流速。已知管内流体是平均分子量为 35 的混合气体，压强为 $200\mathrm{mmH_2O}$（表压），外界大气压为 1atm，气温为 32℃，气体黏度为 0.02cP。在测管轴心处 v_{max} 时，U 形压差计读数 R 为 10mm，压差计指示液为水。问：管内气体流量是多少 $\mathrm{m^3/h}$？

　　　　　　　　　　　　　　　　　　　　　　　　　　　[$268\mathrm{m^3/h}$]

1-44　在内径为 50mm 的圆直管内装有孔径为 25mm 的孔板，管内流体是 25℃清水。按标准测压方式以 U 形压差计测压差，指示液为汞。测得压差计读数 R 为 500mm，求管内水的流量。　　　　　　　　[12.2m³/h]

1-45　某转子流量计，刻度是按常压、20℃空气实测确定的。现用于测常压下 15℃的氯气，读得刻度为 2000L/h。已知转子的密度为 2600kg/m³，问：氯气流量是多少？　　　　　　　　[1264L/h]

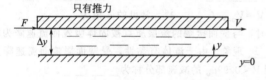

习题 1-46 附图

1-46　已知某容器的容积 $V = 0.05\text{m}^3$，内储压缩空气，空气密度为 8.02kg/m³。在打开阀门时，空气以 285m/s 流速冲出，出口面积 $A = 65\text{mm}^2$。设容器内任一时刻空气性质是均匀的。外界大气密度为 1.2 kg/m³。求打开阀门的瞬时容器内空气密度的相对变化率。　　　　　　　[-9.73×10^{-4}]

<<<<< **复习思考题** >>>>>

1-1　温度升高，液体黏度_____，气体黏度_____。

1-2　流体的黏度可通过流体黏性定律 $\tau = \mu\left(\dfrac{\mathrm{d}v}{\mathrm{d}y}\right) = \mu\left(\dfrac{\Delta V}{\Delta y}\right)$ (N/m²)（y 的取向：令 $\dfrac{\mathrm{d}v}{\mathrm{d}y}$ 为正）求得。试分析下列情况的 τ 值。附图中 V 为薄平板或圆筒面的面积（m²）。

1-3　理想流体是_____的流体。

1-4　2.04mL 某液体的质量为 2.10g，其密度为_____kg/m³。

1-5　1atm=_____Pa=_____mmHg=_____mH₂O。
　　1at=_____kgf/cm²=_____Pa=_____mmHg=_____mmH₂O。

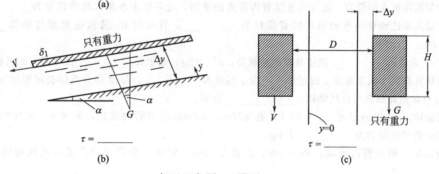

复习思考题 1-2 附图

1-6　外界大气压是 753mmHg（绝压），某容器内气体的真空度为 7.34×10^4Pa，其绝压为_____Pa，表压为_____Pa。

1-7　1.60at（绝压）、35.0℃的 N_2（相对分子质量 $M = 28.0$）的密度为_____kg/m³。

1-8　水面压强 $p_0 = 1\text{atm}$，水深 64m 处的压强 $p =$_____Pa（p_0，p 皆为绝压）。

1-9　如附图所示，U 形压差计读数 $R =$_____m，$\rho_{\text{Hg}} = 13.6\times10^3$kg/m³，不计两液面大气压 p 的差异。

1-10　修正压强 $p_{\text{m}=}$_____。在重力场中静止的恒密度流体，只要流体是连通的，则流体处处的 $p_{\text{m}=}$_____。

1-11　流体在圆管内流动，通常讲的"管流"指的是_____。

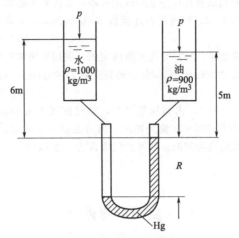

复习思考题 1-9 附图

1-12 $\phi 57mm \times 3.5mm$ 的圆直钢管，管内充满流动的水，则水的流动截面积 $A = $ _____ m^2。

1-13 $\rho = 940kg/m^3$ 的液体，以 $8.60m^3/s$ 的流量流过第 1-12 题的管内，其平均流速 $u = $ _____ m/s，质量流速 $G = $ _____ $kg/(s \cdot m)$。

1-14 水在 $\phi 60mm \times 3mm$ 钢管内流过，流量 $V = 2.75 \times 10^{-3} m^3/s$，水的黏度 $\mu = 1.005cP$，则 $Re = $ _____，流型为 _____。

1-15 圆直管内流体层流的点流速分布侧型为 _____，令管的内半径为 R，轴心线处点流速为 V_{max}，则任一点与轴心线距离为 r 处的点流速 $v = $ _____，且平均流速 $u = $ _____ V_{max}。

1-16 流体在圆、直管内湍流的点流速分布规律 $V = V_{max}$ (_____)^n，常见的 n 值为 _____。

1-17 均匀流遇到与其流线平行的静止固体壁面时，与壁面接触的流层质点被固体吸着而流速降为零，流体与壁面间没有摩擦发生，这称为 _____ 现象。由于流体有黏性，受壁面影响而流速降为零的流体层逐渐增厚。若均匀流流速为 u_0，则 $V < 0.99u_0$ 的减速部分称为 _____。

1-18 湍流边界层紧邻壁面处存在着 _____。

1-19 均匀流体流入圆管内，随着流进圆管内距离的增加，边界层不断增大的管段称为 _____，在边界层厚度达到管内半径以后的管段称为 _____，管流的 Re 及流速侧型都是指 _____ 而言的。

1-20 $u^2/2$ 表示每 _____ 流体具有的机械能，$u^2/(2g)$ 表示每 _____ 流体具有的机械能。

1-21 流体从截面 1 流至截面 2 的过程中，由于流体有 _____，导致部分流体机械能转变为内能，每 kg 流体由此损耗的机械能以 _____ 表示。

1-22 某液体，$\rho = 880kg/m^3$，$\mu = 24cP$，在 $\phi 57mm \times 3mm$ 圆直管内流过，流速 $u = 0.802m/s$，则流过 20m 管子的阻力为 _____ J/kg。

1-23 流体在一圆直管内流动，$Re = 700$，若流量加倍，对同一管段来说，阻力消耗的功率为原来的 _____ 倍。

1-24 量纲分析法是一种指导 _____ 的方法。其依据是任一物理方程必然量纲 _____。通过量纲分析，可把 _____ 间一般不定函数式转变成特征数间一般不定函数式。根据 Π 定理，"特征数" 数 = "物理量" 数 − "_____" 数。

1-25 量纲分析法的优点是：①减少 _____，大大减轻实验工作量；②在满足流体各物性值均为恒值的条件下，通过实验得到的特征数间的定量关系式可推广应用于其他工质及其他 _____ 的不同尺寸的设备。

1-26 雷诺数表示 _____ 力与 _____ 力之比。

1-27 由量纲分析法指导实验得到的公式是一种 _____ 公式。

1-28 工业上常用的粗糙管有 _____、_____、_____ 等。

1-29 工业上常用的光滑管有_____、_____、_____等。

1-30 计算直管沿程阻力的范宁公式为_____。

1-31 在湍流区（包括过渡流区），当 ε/d 一定时，随 Re 增大，λ 值先_____，然后达到常数。λ 为常数的区域称为_____区。

1-32 在高度湍流区摩擦系数 λ 取决于_____，与_____无关。若流体在某粗糙管内高度湍流，当流量加倍，对同一直管段来说，阻力将增至原来的_____倍。

1-33 在湍流区（包括过渡流区），当 Re 一定时，随着 ε/d 减小，λ 值_____。ε/d 的极限为光滑管。光滑管，当 $Re=3000$ 时，$\lambda=$_____，此公式称为_____公式。

1-34 流体流过_____、_____、_____等的阻力称为局部阻力。局部阻力总伴随着_____现象。计算局部阻力的公式有两种，即 $h_{\mathrm{f}}=$_____$u^2/2(\mathrm{J/kg})$ 及 $h_{\mathrm{f}}=\lambda(\underline{\quad\quad})u^2/2(\mathrm{J/kg})$。

1-35 通过管道，将地面管内的水输到敞口水塔水面上方。已知出水口距地面高 20m，水流速 1.20m/s，管长及局部阻力当量管长 $l+\sum l_e$ 为 40m，管内径 38mm，摩擦系数 $\lambda=0.028$，输入端管内的表压 $p_1=$_____ at。

1-36 水由 A 水库通过长管道流入 B 水库，如附图所示，管内径为 d_1，输入量为 V_1。现欲加大流量，要求 $V_2=2.4V_1$，设管长不变，布拉修斯公式可用，局部阻力不计，采用增大管内径方法解决，则 $d_2/d_1=$_____。

复习思考题 1-36 附图

复习思考题 1-37 附图

1-37 如附图所示，水由 A—A 截面经向上倾斜异径管流至 B—B 截面。A、B 截面处均流线平行，由 A、B 截面到 U 形管的连接管内及 U 形压差计内指示液上方均为与管内相同的水。已知 $R=68$mm，则 $p_{\mathrm{m,A}}-p_{\mathrm{m,B}}=$_____ Pa。

1-38 第 1-37 题中，若流量不变，把管子水平放置，则会发生如下变化：$(p_{\mathrm{m,A}}-p_{\mathrm{m,B}})$_____。读 R _____，$(p_{\mathrm{A}}-p_{\mathrm{B}})$_____。

1-39 三根内径相同的直管，管内水流量相同，两个测压点的距离相同，但管子安装方向不同，一根水平，一根倾斜向上，一根倾斜向下，如附图所示。则 R_1、R_2、R_3 的关系是_____，Δp_1、Δp_2、Δp_3 的关系是_____。

1-40 某套管，外管内直径为 d_2，内管外直径为 d_1，此套管的当量直径 $d_{\mathrm{e}}=$_____。

1-41 有时把流体流过一段管路的阻力 $\sum h_{\mathrm{f}}$ 改用摩擦压降 $-\Delta p_{\mathrm{f}}$ 表示，二者的关系是_____。

1-42 水以 1.2m/s 流速从圆直等径管内流过，摩擦系数 $\lambda=0.026$，则紧邻管壁处流体的剪应力 $\tau_{\mathrm{w}}=$_____ N/m²，在 $r/R=0.50$（R 为管半径）处的剪应力 $\tau=$_____ N/m²。

1-43 如附图所示，$d_{\mathrm{A}}\gg d_{\mathrm{B}}$。当水流向为 A——B，U 形压差计读数为 R_1。当水流向为 B——A，读数为 R_2。两者流量相同，均不计 AB 段直管阻力，只计截面突变阻力，则 $|R_1|$ ____ $|R_2|$。

1-44 45℃的水蒸气压 $p_{\mathrm{V}}=9.586$kPa，$p_0=1$atm，$u_2=0.60\sqrt{2gH_0}$ m/s，$H_0=1.5$m，则如附图所示，能正常虹吸操作的 $H_{\max}=$_____ m（计算 $H_{\max}$ 时可忽略阻力）。

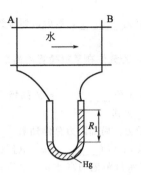 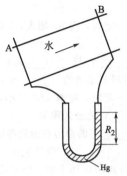 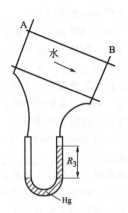

复习思考题 1-39 附图

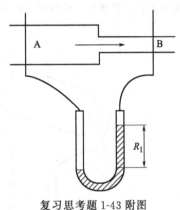 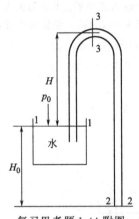

复习思考题 1-43 附图 　　　　　　　　　复习思考题 1-44 附图

1-45　两管并联，管 1 的管长（包括局部阻力的当量管长）、管内径及摩擦系数为 l_1、d_1 和 λ_1，管 2 的相应值为 l_2、d_2 和 λ_2，则流量比 V_1/V_2 _____。

1-46　转子流量计对某种流体的操作特性是_____，现有一转子流量计，转子密度 $\rho_f = 2800 \text{kg/m}^3$，其刻度是按 20℃的水标定的。当用于 $\rho_f = 840 \text{kg/m}^3$ 的流体，读得刻度为 3.80m^3/h 时，则实际流量是_____ m^3/h。

1-47　以孔板流量计测量某液体流量，用 U 形压差计作为测压仪器。若流量加倍且流量改变前后孔流系数 C_0 为不变的常数，则加大流量后 U 形压差计读数 R' 为原流量时读数 R 的_____倍。

1-48　在分析时，可用 E 表示某截面每千克液体的总机械能，可略去流体动能。各水槽液位假设不变。
① 当阀 A 关小，p_3 _____，p_4 _____。② 原来 A、B 阀均部分开启，当 A 阀开大，B 阀不变，则 V _____，p_4 _____，V_3 _____。

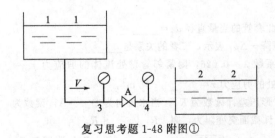 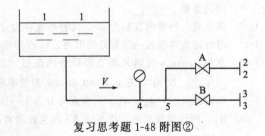

复习思考题 1-48 附图① 　　　　　　复习思考题 1-48 附图②

第2章
流体输送机械

 学习指导

本章以离心泵为例，重点学习流体输送机械的基本结构、工作原理和操作特性，能够依据生产需要进行正确选型、安装及操作调节，保证安全高效运行。离心泵在特定管路系统内工作，因此离心泵的工作点由管路特性和泵的特性共同决定。本章采用了分解-综合的工程方法，即在分别讨论管路特性及泵的特性基础上，确定泵的工作点参数。

2.1 概述

2.1.1 流体输送机械的作用

化工生产过程所处理的物料多数是流体，各种化工过程又多数在流体状态下进行。化工生产中常需要将流体通过管道输送到使用的位置，将流体升压（或降压）达到化工生产的工艺条件，这就是工厂内总是管道纵横的原因。流体在流动过程存在阻力损失，因此在没有输入机械功的条件下，流体只能从势能（p_m/ρ）高处自发流至势能低处；要使流体从势能低处流至势能高处，就必须对流体输入外部的机械功。用于输送流体的机械叫流体输送机械，其中，输送液体的一般称为泵，输送气体的叫风机（有个别的气体输送机械亦称为泵，如真空泵）。

按照工作原理及结构的不同，流体输送机械可分为三类：

（1）动力式（或叶轮式）泵 依靠旋转的叶轮向流体传递机械能，包括离心式、轴流式等。

（2）容积式（或正位移式）泵 利用工作室容积周期性地变化，把能量传递给液体，包括往复式、转子式等。

（2）其他类型泵 包括喷射泵、电磁泵等。

由于化工流体输送过程的流体特性、工艺条件差异很大，流体输送机械应适应被输送流体的特性，符合管路系统对流量和压头的要求，满足长周期安全、经济、可靠运行的需要。

2.1.2 离心泵与离心式风机简介

（1）离心泵 离心泵在工业生产中应用最为广泛，其结构如图 2-1 所示，主要部件包括叶轮、泵壳、泵轴及轴封装置等。

叶轮的类型如图 2-2 所示。其中，蔽式叶轮有前、后盖板，叶片在两盖板之间。这种叶轮操作效率高，但只适用于不含固体颗粒的清液。当液体中含有固体（如含有砂、石、贝壳等），不仅有磨损问题，还会堵塞叶轮，故此时不能采用蔽式叶轮，须依据固含量的多少采用半蔽式或敞式叶轮。

当离心泵启动后，叶轮靠泵轴带动高速旋转（常见转速有约 2900r/min、1450r/min 及 960r/min），当泵壳内充满液体，高速旋转的叶轮便带动液体高速旋转。作回旋运动的流体质点在离心力场中受到离心惯性力，有朝着半径增大方向移动的倾向，这种倾向很容易从敞口的回旋液体中看到。参看图 2-3，在转鼓内盛有某种液体，转鼓静止时鼓内液面是水平的，当转鼓以一定转速旋转，鼓内液面便呈回转抛物面，液位随旋转半径的增大而升高。

当液体充满密闭容器且随密闭容器回旋时，或液体充满密闭容器，容器静止，液体在容器内回旋时，离心惯性力的作用并不体现在液面高度差上，而是体现在液体质点修正压强随回旋半径的增大而增加上。在叶轮内叶片间的液体在叶轮带动下作等角速度回旋，故叶轮内液体的修正压强和流速均随旋转半径的增大而增大。叶轮外侧与壳体间的引水道因与叶轮外缘相连，故其中液体修正压强最高。在泵壳顺叶轮旋转方向上装有切向压出管，外接调节阀，当打开调节阀且泵内引水道末端液体压强高于压出管内液体压强时，液体即由压出管流出，同时，导致液体由汲入管汲进并进入低修正压强的叶轮中心。依靠叶轮的不断运转，液体便不断地被吸入和排出。

泵壳的侧形因形如蜗牛壳，故亦称蜗壳。从图 2-1 可看到，引水道截面是沿叶轮转向逐渐扩大的。此通道截面逐渐扩大的原因，一则是该通道要接纳从叶轮外边缘处射流出来的液体，要满足流量增大但流速不增大的最低要求；二则是要求液体流速进一步降低，使动能转变为静压能，以提高泵出口处液体的静压强。

若在离心泵启动前没有向泵壳内灌满被输送的液体，泵壳内充满空气，则会导致液体无法吸入，称为"气缚"。这是由于空气的密度比液体小很多，旋转产生的离心力不足以造成吸上液体所需的真空度。在启动离心泵前要向泵壳内灌满液体，或在汲入管内装有单向阀，只允许液体被汲入泵体，阻止泵体及汲入管道的液体在启动泵前流掉。在汲入管下端装有滤网，以阻拦固体杂物的带入。

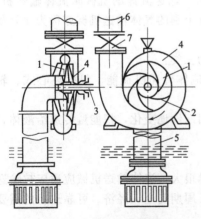

图 2-1　离心泵的结构

1—叶轮；2—叶片；3—泵轴；4—泵壳；

5—汲水管；6—压水管；7—调节阀

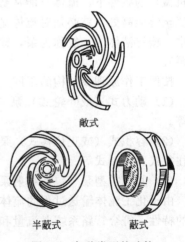

图 2-2　各种类型的叶轮

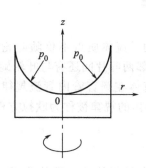

图 2-3 离心惯性力的作用

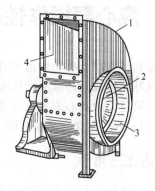

图 2-4 离心式风机
1—机壳；2—叶轮；
3—吸入口；4—排出口

（2）离心式风机 离心式风机的工作原理与离心泵的相同。离心式风机的外形如图 2-4 所示。机壳侧面亦是蜗壳形，但机壳的通道的截面有矩形与圆形两种，中、低压风机多采用矩形，高压风机则采用圆形。风机叶片较短，数量较多且后弯、径向、前弯叶片都有，高压风机叶片大多采用后弯叶片。作为常用的通风机，若主要输送空气，其吸风口可直接敞口于大气，不需吸风通道，情况如图 2-4 所示。但若通风机输送的不是空气，而是有特定组成的气体，则仍需有吸风管道。

【**例 2-1**】 盛液体容器绕中心轴等角速度 ω 旋转，如图 2-3 所示。试证液面为旋转抛物面。

解 在题给条件下回旋液体内任一点均满足的 p，z，r 之间的关系式为

$$p + \rho g z - \frac{\rho \omega^2 r^2}{2} = C（常量）$$

取圆柱坐标如本章习题 2-1 的附图所示。当 $z = 0$，$r = 0$，$p = p_0$

则

$$C = p_0$$

所以，关系式为

$$p + \rho g z - \frac{\rho \omega^2 r^2}{2} = p_0$$

因为回旋的液面是 $p = p_0$ 的等压面，对于液面，关系式可简化为

$$\rho g z = \frac{\rho \omega^2 r^2}{2}$$

故

$$z = \left(\frac{\omega^2}{2g}\right) r^2 \propto r^2$$

命题得证。

如前所述，离心式泵或风机的进口是同叶轮内圆筒面（简称内缘）相连的，其出口则同叶轮外圆筒面（简称外缘）相连。在离心式泵或风机正常操作时，流体不断进入叶轮内缘，在流过叶轮过程中势能逐渐升高，当到达叶轮外缘时势能达最高值，然后流出泵或风机，这说明，外界通过离心式流体输送机械对流体输入机械能有个明显的特点，就是由转轴带动叶轮旋转，叶轮驱动流体旋转，利用回旋流场外缘比内缘修正压强高的特性，使流过叶轮的流体的总机械能增高。

2.2 离心泵操作性能的基本方程

离心泵在操作时，叶轮内的流体质点在作复杂的运动。流体质点不仅随叶轮作圆周运动，而且从叶轮内缘至外缘沿叶片表面流动，此外，在相邻两叶片间还有与叶轮旋转方向相反的环流。可见，对离心泵操作性能规律的探讨比研究流体在圆直管内管流规律要困难得多。欧拉（Euler）在这个课题上做了出色的工作，由他导出的规律被称为欧拉方程。

2.2.1 速度三角形

为使问题简化，以便能导出理想的离心泵操作性能定量规律式，欧拉作了 3 点假设：①过程定态；②流体为理想流体，无黏性，无流动阻力；③叶片无穷多，无限薄。于是，假想的流体在相邻叶片间流动时不发生环流，流体是紧贴着叶片表面流动的。在上述假设的基础上，欧拉对叶轮内流体质点的运动进行了如下分析。

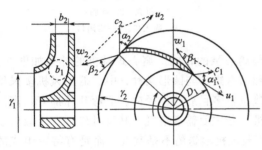

图 2-5 速度三角形

参看图 2-5，设叶轮内半径为 r_1，外半径为 r_2，叶轮外缘宽度为 b_2，内缘宽度为 b_1（为简化分析，设 $b_1 = b_2$，下同），叶轮旋转角速度为 ω（弧度/s）。

当叶轮旋转且流体流过叶轮时，叶轮内任一流体质点均具有 3 种点速度。

① 圆周速度 $\vec{u}$　叶轮带动流体质点作回旋运动的速度。

② 相对速度 $\vec{w}$　流体通过叶轮时相对于叶片的速度。

③ 绝对速度 $\vec{c}$　圆周速度 $\vec{u}$ 与相对速度 $\vec{w}$ 的合成速度，即流体质点对地球的相对速度。

此外，有两个重要的夹角：①α 角——$\vec{u}$ 与 $\vec{c}$ 两速度矢量间的夹角；②β 角——$\vec{w}$ 与 $(-\vec{u})$ 两速度矢量间的夹角，又称离角。

由 $\vec{u}$，$\vec{w}$，$\vec{c}$ 三种速度可构成"速度三角形"，如图 2-5 所示。显然，各速度的数值间按余弦定律存在着下列关系

$$\left. \begin{aligned} w_2^2 &= c_2^2 + u_2^2 - 2c_2 u_2 \cos\alpha_2 \\ w_1^2 &= c_1^2 + u_1^2 - 2c_1 u_1 \cos\alpha_1 \end{aligned} \right\} \tag{2-1}$$

上述仅是从运动学角度对速度三角形的分析，是探讨离心泵操作性能的重要基础。

2.2.2 欧拉方程

2.2.2.1 理论扬程

设有一台正常操作的离心泵，叶轮的转速为 $n(\mathrm{r/min})$，流过叶轮的液体流量为 V_T（$\mathrm{m^3/s}$）。欧拉以叶轮为控制体，令每牛顿液体自叶轮内缘（1 截面）流至叶轮外缘（2 截面）其总机械能的增量为"理论扬程" H_T，并通过对理论扬程的研究，确定了与理论扬程有关的因素，建立了各有关因素与理论扬程的数量关系，从而揭示了离心泵的操作规律。

2.2.2.2 欧拉方程的推导

下面介绍欧拉方程的推导方法。

由速度三角形、离心惯性力和伯努利方程推导。根据定义，理论扬程 H_T 为

$$H_T = \frac{p_{m,2} - p_{m,1}}{\rho g} + \frac{c_2^2 - c_1^2}{2g} \tag{2-2}$$

式(2-2)中含修正压强差的项 $(p_{m,2} - p_{m,1})/(\rho g)$ 是两方面原因造成的结果，即由于 a. 离心惯性力 $(u_2^2 - u_1^2)/(2g)$。b. 叶片间流道截面扩大，液体动能降低转化为修正压强升高。此项转化量为 $(w_1^2 - w_2^2)/(2g)$，于是

$$H_T = \frac{u_2^2 - u_1^2}{2g} + \frac{w_1^2 - w_2^2}{2g} + \frac{c_2^2 - c_1^2}{2g}$$

引入速度三角形各速度的关系式(2-1)，得

$$H_T = \frac{u_2 c_2 \cos\alpha_2 - u_1 c_1 \cos\alpha_1}{g}$$

现在专门对 α_1 进行讨论。液体自汲入管流入叶轮时，若进入叶轮内缘的液体质点速度与叶轮内近叶轮内缘的液体质点速度不一致，就会造成冲撞。现液体只在压差推动下进入叶轮，液体质点只有叶轮的径向速度，没有圆周方向的速度，因此，只有当叶轮内缘处液体质点的绝对速度是径向的，即 $\alpha_1 = 90°$，冲撞才是最小的。为减小因进口冲击造成的阻力损失，一般设计中令设计点的 $\alpha_1 = 90°$。其他操作条件下，$\alpha_1 \approx 90°$，所以 $\cos\alpha_1 \approx 0$，则

$$H_T = \frac{u_2 c_2 \cos\alpha_2}{g} \tag{2-3}$$

式(2-3)就是欧拉方程的初始形式。此式的优点是比较简单，易记，但式中关联了 H_T 与 c_2、α_2 的函数关系，而 c_2、α_2 值在离心泵操作时无法直接测出，故该式难以实际应用。通常把欧拉方程由式(2-3)转换成更实用的形式。

以下介绍欧拉方程的形式转换。参看图 2-6。

可将 c_2 分解为两个分量

$$c_{2u} = c_2 \cos\alpha_2$$
$$c_{2r} = c_2 \sin\alpha_2$$

且

$$c_{2u} = u_2 - w_2 \cos\beta_2$$

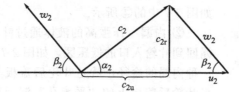

图 2-6　对速度三角形的分析

$$c_{2r} = w_2 \sin\beta_2 = \frac{V_T}{2\pi r_2 b_2} \tag{2-4}$$

在上面最后一个式子中，把通过叶轮的流量 V_T 与叶轮外缘截面积 $2\pi r_2 b_2$ 及绝对速度的径向分速度 c_{2r} 关联起来了。

把上述关系代入式(2-3)中，可得

$$H_T = \frac{u_2 c_2 \cos\alpha_2}{g} = \frac{u_2 c_{2u}}{g} = \frac{u_2 (u_2 - w_2 \cos\beta_2)}{g}$$

又因

$$w_2 = \frac{c_{2r}}{\sin\beta_2} = \frac{V_T}{2\pi r_2 b_2 \sin\beta_2}$$

所以
$$H_T = \frac{u_2^2}{g} - \frac{u_2}{g\,2\pi r_2 b_2}V_T\cot\beta_2 \tag{2-5}$$

式（2-5）就是欧拉方程的另一表达式，此式是以理论的扬程 H_T 与流量 V_T 的关系给出的，使用起来更方便。

2.3 实际离心泵的性能曲线

2.3.1 离心泵操作性能参量

（1）流量 V 液体在泵出口截面的流量，m^3/s。由式（2-4）可知，离心泵的流量与泵的结构尺寸及转速有关。此外，对于管路输送系统，流量还与管路特性有关。

（2）扬程 H_e 每牛顿重量液体在泵出口截面具有的总机械能与在泵进口截面具有的总机械能的差值，m（即 J/N）。扬程亦称为压头。由式（2-5）可知，扬程取决于泵的结构尺寸、转速及流量等因素。在特定转速下，扬程与流量之间的关系是确定的，见本章 2.3.4 节。

（3）有效功率 N_e 由流量及扬程算得的液体流过泵体所得的功率，W；$N_e = (\rho g V) \times H_e$。式中 ρ 为液体的密度，kg/m^3。

（4）轴功率 N_a 外界输入泵的功率（指靠近泵体的轴的功率），W。

（5）泵的效率 η 有效功率与轴功率之比，$\eta = N_e/N_a$。该参数反映了能量损失的大小，与泵的类型、尺寸、制造精度和所输送液体的流量、性质有关。

2.3.2 离心泵的各项效率分析

（1）容积损失 液体从势能低的叶轮入口进入叶轮，流过叶轮提高机械能后，本应全部从压出管排出，然而，有 3 种途径使已提高机械能的液体中有少量液体未经压出管排出，以致使这部分液体得到的机械能损耗了。参看图 2-7，这些漏损液体的流动途径为：

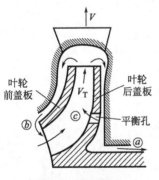

① 外漏 压强高的液体通过泵轴周围填函密封处外漏，如图 2-7 中的ⓐ所示。

② 内漏 压强高的液体通过叶轮前盖板与泵壳间的缝隙漏回到叶轮入口的低压区，如图 2-7 中的ⓑ所示。此外，还有一种内漏的途径，就是叶轮后盖板与壳体间的压强高的液体自叶轮后盖板上的"平衡孔"漏回到叶轮内的低压区，如图 2-7 中的ⓒ所示。ⓑ与ⓒ都构成了液体的"内循环"，流动阻力完全消耗了液体流过叶轮所提高的机械能。

图 2-7 容积损失

在此解释一下设置平衡孔的原因。离心泵在操作时，叶轮后盖板与壳体间的液体因通过ⓐ途径外漏的量极少，其压强与叶轮出口处液体的压强几乎相等，属高压区，而叶轮前盖板与泵壳间因有较多的液体经过ⓑ途径漏回叶轮入口低压处，这部分液体的平均压强小于叶轮后盖板与泵壳间液体的压强，于是，叶轮受到了"轴向推力"，有往汲入口方向"窜动"的趋势。"平衡孔"的设置，使少量压强高的液体漏入叶轮，是为了减小轴向推力。

由此可见，通过叶轮的液体流量 V_T 必大于排出泵的液体流量 V，根据定义，容积效率
$$\eta_v = \frac{V}{V_T} \tag{2-6}$$

（2）水力损失　理论扬程 H_T 是在假设液体无黏性，液体在相邻叶片间无环流等前提下以叶轮进、出口间为考察范围而导得的，而实际扬程考察的范围更广，包括泵的进、出口截面以内的范围。再者，实际液体流动是有阻力的，其中包括液体流过叶轮的阻力，流过蜗壳通道的阻力以及进、出叶轮的冲击阻力等，这些阻力都会在泵体内损耗液体的机械能。此外，由于在相邻两叶片间存在着与叶轮旋转方向相反的液体环流，导致离角 β_2 值减小，亦降低了离心泵的扬程，所以，泵的扬程 H_e 必小于理论扬程 H_T。根据定义，水力效率

$$\eta_h = \frac{H_e}{H_T} \tag{2-7}$$

（3）机械损失　输入的轴功率因轴在填函密封处的摩擦而部分损耗。此外，由于泵壳静止，叶轮旋转，二者间又充满液体，如同对牛顿黏性试验所述的道理，旋转的叶轮必然受到来自泵壳的阻力而消耗功率，这种功率损失称为"圆盘损失"。考虑到填函密封阻力与"圆盘损失"，真正输至叶轮的功率必小于轴功率，二者之比称为机械效率 η_M。

现以 V、H_e 表示泵的实际流量与扬程，以 V_T，H_T 表示泵的理论流量与理论扬程，则

有效功率　　　　　　　　　$N_e = (\rho g V) H_e$

轴功率　　　　　　　　　$N_a = \dfrac{(\rho g V_T) H_T}{\eta_M}$

所以　　　　$\eta = \dfrac{N_e}{N_a} = \left(\dfrac{V}{V_T}\right) \times \left(\dfrac{H_e}{H_T}\right) \times \eta_M$

$$= \eta_v \eta_h \eta_M \tag{2-8}$$

式（2-8）说明，效率为容积效率、水力效率与机械效率之乘积。

大型泵效率高于小型泵，大型离心泵的效率约 85%，中型约 75%，小型约 70%。因此宁可选用一台大型泵而不用两台小型泵。但遇到下列情况时，可考虑两台泵并联工作，即：流量大，一台泵不能满足要求；或需要有 50% 备用率的大型泵，可改用两台较小的泵工作，共选三台，其中一台备用。

2.3.3　各种叶片类型离心泵的操作性能比较

（1）不同叶片类型离心泵的 H_T-V 曲线　叶片对旋转方向来说，有径向、前弯与后弯 3 种类型，情况如图 2-8 所示。

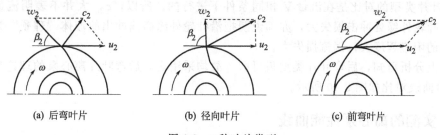

(a) 后弯叶片　　　　　　(b) 径向叶片　　　　　　(c) 前弯叶片

图 2-8　3 种叶片类型

3 种类型叶片的离角 β_2 及 $\cot\beta_2$ 的数值范围比较如下：

径向叶片　$\beta_2 = 90°$，$\cot\beta_2 = 0$

后弯叶片　$0 < \beta_2 < 90°$，$\cot\beta_2 > 0$

前弯叶片　$90° < \beta_2 < 180°$，$\cot\beta_2 < 0$

由式（2-5）知，离心泵理论的扬程-流量关系与 $\cot\beta_2$ 有关，于是，对于上述 3 种叶片类

型，必相应地有 3 种不同规律的 H_T-V 关系。图 2-9 便是这 3 种叶片类型泵的 H_T-V 图线的示意图。图中假设三者的 u_2 值相等。

（2）离心泵采用后弯叶片的原因　参看图 2-8。为便于对 3 种叶片类型比较，规定三者叶片内、外半径 r_1、r_2 及宽度 b_2 均对应相同，转速 n 相同而且三者流量 V 相等，于是，三者的 u_2 及 c_{2r} 值均相等。由图 2-9 知，对于同一的 V 值，前弯叶片型的理论扬程 H_T 最大，径向叶片型 H_T 次之，后弯叶片型的 H_T 最小。那么，使用哪一种叶片类型最好呢？为什么离心泵总是采用后弯叶片呢？

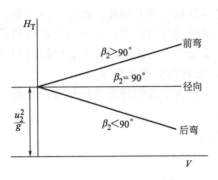

图 2-9　3 种 "H_T-V" 图线

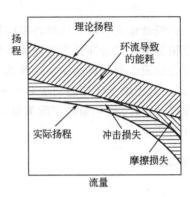

图 2-10　理论与实际的 "扬程-流量" 曲线对比

要回答这问题，一般是从水力效率和是否便于选择电机两个角度去考虑的。

① 径向叶片型因叶片较短，相邻两叶片间张角较大，操作时液体在叶片间有强烈的环流，涡流损失大，且离角 β_2 减小，水力效率低，亦即机械能在泵体内的 "内耗" 较大，故不宜选用。

② 前弯叶片型当流量增大时，扬程升高，引起轴功率急剧增大，给电机选型带来困难。若电机功率选低了，流量增大易将电机烧坏；若电机功率选高了，电机体积大，价格高，而且往往让电机在负荷低的情况下工作，操作效率低，故前弯叶片并不可取。

③ 前弯叶片型的另一主要缺点是液体从叶轮外缘冲出时，与蜗壳流道内流动液体的冲击损失甚大，造成水力效率显著下降。因为 $H_T = u_2 c_{2u}/g$，在上述对比条件下，前弯叶片型的理论扬程 H_T 最大，主要体现在液体从叶轮外缘流出时，其切向分速 c_{2u} 最大。前面讲过，3 种叶片类型的对比是在流量 V 相同条件下进行的，所以，c_{2u} 大并不表明流量大，只是说明在叶轮外缘处冲击损失大，亦即说明把沿叶轮外缘高速冲出的液体 "理顺" 为顺蜗壳流道流动的困难程度大，涡流损失大。

由以上分析可知，后弯叶片类型最可取，故均采用之。后弯叶片离心泵的理论与实际的扬程-流量曲线对比如图 2-10 所示。

2.3.4　实测的离心泵性能曲线

一台特定的离心泵，对于一定的液体，在固定转速 n（单位是 r/min）时，根据实验测定，可得 3 条特性曲线。①扬程-流量曲线：H_e-V；②轴功率-流量曲线：N_a-V；③效率-流量曲线：η-V。

图 2-11 所示为这 3 种特性曲线。若流量为 V_0 时效率最高，这时相应的扬程、流量、轴功率及效率之值就是该泵铭牌上写明的性能参量。

离心泵在与最高效率点相对应的流量及压头下运转最为经济，该最高效率点称为泵的设计点。离心泵一般偏离设计点运行，但应尽可能在高效区（即最高效率的 92％范围内）工作。

泵厂对每台泵都进行测定，并把各台泵的性能数据写在该泵的产品说明书中。做试验的液体规定是 20℃的清水。

这里再强调说明，离心泵的性能曲线都是由试验测得的，性能曲线依泵的类型、尺寸、转速及液体工质（主要是其物性 ρ 与 μ）等 4 项条件而定，上述 4 项中只要有 1 项改变，性能曲线就会不同。于是，在离心泵的使用中就会产生一个问题，即买来的离心泵，厂方提供的性能曲线是针对特定的 4 项条件实测的，若使用条件与厂方指定的条件有差异，使用者又缺乏实验手段，能否从厂方提供的性能曲线推导出适于使用条件的性能曲线？这些问题将在下面两小节中讨论。

2.3.5 转速改变或叶轮切削对离心泵性能曲线的影响

（1）转速改变对离心泵性能曲线的影响 对于同一台离心泵，输送同一液体工质，假设该液体的 ρ、μ 皆为常量，由相似论可导出不同转速的 H_e-V 曲线中各对应点间的数量转换关系，但转速变化只能在 ±20％以内。

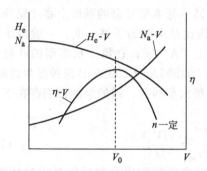

图 2-11 离心泵的特性曲线示意

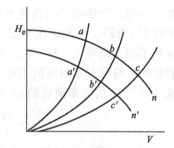

图 2-12 比例定律

参看图 2-12。在转速 n 的 H_e-V 曲线上的 a 点与转速 n' 的 H_e-V 曲线上的 a' 点为对应点，或称相似点或等效点。同样，b 与 b'，c 与 c' 亦为对应点。各对应点间的关系如下

$$\frac{V'}{V}=\frac{n'}{n}, \frac{H'_e}{H_e}=\left(\frac{n'}{n}\right)^2, \eta'=\eta, \frac{N'_a}{N_a}=\left(\frac{n'}{n}\right)^3 \tag{2-9}$$

式(2-9)的关系称为比例定律。

【例 2-2】 已知某离心泵在 $n=2900\text{r/min}$，输送 20℃清水时的 H_e-V 曲线。在该曲线上的某一点 a 为（$H_e=24\text{m}$，$V=60\text{m}^3/\text{h}$），试求该泵在同样输送 20℃清水但转速改为 $n'=2800\text{r/min}$ 时与点 a 对应的 a' 点的扬程 H'_e 及流量 V' 之值。

解 转速变化率＝(2800−2900)/2900＝−0.0345＜±20％，且其他条件满足对应点要求，可用比例定律。

因为　　　　　　　$V'/60=2800/2900$　　　　　　所以 $V'=57.9\text{m}^3/\text{h}$

　　　　　　　　$H'_e/24=(2800/2900)^2$　　　　　所以 $H'_e=22.4\text{m}$

这样，在 $n'=2800\text{r/min}$ 的 H_e-V 曲线上与 a 点对应的 a' 点（$H'_e=22.4\text{m}$，$V'=57.9\text{m}^3/\text{h}$）便可确定。

按照 [例 2-2] 所示的方法，只要在已知转速下的 H_e-V 曲线上任意多选几个点，依比例定律确定上述各点在转速 n' 时 H_e-V 曲线上的各自的对应点，这些对应点连成的光滑曲线便是 n' 时的 H_e-V 曲线。

若转速 n 时 H_e-V 的关系可表达为 $H_e = A - BV^2$，根据比例定律，$\dfrac{V'}{V} = \dfrac{n'}{n}$，$\dfrac{H'_e}{H_e} = \left(\dfrac{n'}{n}\right)^2$，把这两式代入到 $H_e = A - BV^2$ 中，可得

$$\left(\frac{n}{n'}\right)^2 H'_e = A - B\left(\frac{n}{n'}\right)^2 (V')^2$$

则

$$H'_e = A\left(\frac{n'}{n}\right)^2 - B(V')^2$$

去掉 H_e 及 V 上的 "'" 号，可得

$$H_e = A\left(\frac{n'}{n}\right)^2 - BV^2 \tag{2-10}$$

式(2-10) 便是转速为 n' 时的 H_e-V 关系数学表达式。

(2) 叶轮切削对离心泵性能曲线的影响　一种新型号离心泵问世之前，必须通过大量的实物模型水力学试验，只有实践证明该泵结构可靠，振动小，噪声低和效率高，才能大批生产。泵厂为了增加泵的品种，扩大适用范围，往往在某一基本型号泵的基础上将叶轮外径车削得略小一些，以便在相同转速下使其扬程 -流量曲线比基本型的下移一些。一般以车削后效率下降 7% 为限。经第 1 次车削的泵的型号最后写上 "A" 字；在第 1 次车削的叶轮基础上作再次车削，则写上 "B" 字，如 200S95 型泵便有 200S95A 及 200S95B 两种派生的型号。经切削后的泵与其基本型泵间不存在几何相似关系。每次车削前、后的泵的性能存在下列经验关系（带 "'" 的为车削后的），即

$$\frac{V'}{V} = \frac{D'}{D}，\quad \frac{H'_e}{H_e} = \left(\frac{D'}{D}\right)^2，\quad \frac{N'_a}{N_a} = \left(\frac{D'}{D}\right)^3 \tag{2-11}$$

以式(2-11) 可由车削前的泵的特性曲线按——对应原则导出车削后的泵的特性曲线，条件是转速不变，液体工质物性不变。

若原来叶轮直径为 D，转速为 n 且输送 20℃清水时 H_e-V 关系可表示为 $H_e = A - BV^2$，则当叶轮直径切削成 D' 且转速与液体工质物性不变，D 的改变量很小，效率下降小于 7%，在此条件下，可导出切削后的泵的 H_e-V 关系为

$$H_e = A\left(\frac{D'}{D}\right)^2 - BV^2 \tag{2-12}$$

2.3.6　液体性质对离心泵特性的影响

(1) 液体密度的影响　液体的密度对离心泵的 H_e-V 关系有无影响呢？由于离心泵的流量 $V = (2\pi r_2 b_2) c_{2r}$，其中 r_2，b_2 均为叶轮的尺寸，是定值，显然与液体密度无关，c_{2r} 是液体在叶轮外缘的径向流速，也不涉及密度，故 V 与液体密度无关。同样，H_e 主要取决于叶轮外、内缘液体修正压强差 $(p_{m,2} - p_{m,1})$ 与 (ρg) 之商，虽然 $p_{m,2} - p_{m,1} \approx (u_2^2 - u_1^2)\rho/2$，修正压强差与 ρ 成正比，但除以 ρ 的商就与 ρ 无关了。这说明，液体密度对 H_e-V 关系无影响。ρ 对 η-V 关系也没有影响，但由于 $N_a = H_e V \rho g / \eta$，$N_a \propto \rho$，故密度对 N_a-V 关系有影响。

(2) 液体黏度的影响　当被输送液体的黏度大于常温水的黏度时，泵内液体的能量损失增大，导致泵的流量压头减小，效率下降，但轴功率增加，泵的特性曲线均发生变化。当液

体的运动黏度小于 20℃水的运动黏度的 20 倍时，可不考虑黏度对离心泵操作性能的影响。当液体黏度超出上述范围时，可以通过黏度校正系数进行校正，具体可查阅有关手册。

2.4　离心泵的操作

2.4.1　灌泵及对汲入管路的要求

泵启动时，泵体内必须充满液体。一般泵在停止操作后泵体内液体会慢慢漏掉，空气会进入泵体。若在叶轮内充满空气的条件下启动，因空气密度小，由 $p_{m,2}-p_{m,1}=(u_2^2-u_1^2)\rho/2$ 可知，高速旋转的空气未能在泵的进、出口间形成足够大的静压差，以致泵内气体排不掉，位置低于泵的液体又汲不上来，这种现象称为"气缚"。为避免"气缚"，启动泵前必须给泵体灌满液体，这叫"灌泵"。

为保证灌泵，在汲入管底部需安装单向阀。这种单向阀又称底阀，它只允许液体流进泵体，不允许泵内液体流回汲入管。

汲入管底部装有滤网是为了防止固体杂物进入叶轮，若固体杂物进入叶轮与高速旋转的叶片猛烈撞击，会损坏叶片。同时，固体杂物会堵塞叶片间通道，使流量减小，还会影响叶轮动平衡。

一般要求汲入管道对液体流动的阻力尽可能小，为此可令汲入管道比压出管道的直径稍大些，汲入管上的弯头要少，在汲入管道上最好不装阀门。若要装阀门，则装闸阀，操作时闸阀全开。通常不能用汲入管上的阀门去调节泵的流量，泵流量的改变应由压出管道上的阀去调节（当离心泵的安装位置低于低位槽液面，液体可自动流入泵体时则需在汲入管安装阀门）。

2.4.2　离心泵的工作点

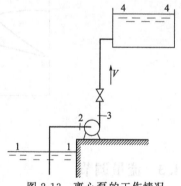

图 2-13　离心泵的工作情况

离心泵在管路中工作的情况如图 2-13 所示，泵是串联在管路中工作的。

离心泵的扬程-流量曲线是该泵对一定液体工质，在一定转速下的固有特性，亦即与外接的管路情况无关。曲线本身只说明扬程与流量间的数量依变关系，曲线本身并没有给出流量的值。要决定流量 V 的值，须由泵的 H_e-V 曲线和根据工作、管路条件写出的伯努利方程共同决定。

在第 1 章中，写伯努利方程时，采用 1kg 质量流体为基准计算各项机械能，单位是 J/kg，但在泵的行业中，都使用 1N 液体为基准计算各项机械能，单位是 J/N 或 m 液柱，或就写成 m，因此有个基准转换问题。由于 1kg 液体在重力场中的重量为 9.81N，可知，1kg 基准液体为 1N 基准液体的 9.81 倍。要把 1kg 流体具有的机械能转换为每牛顿流体具有的机械能，须将前者除以重力加速度 g（$g=9.81m/s^2$）。转换关系如下：

位能　　　gz J/kg $\longrightarrow \dfrac{gz}{g}=z\ \dfrac{J/kg}{m/s^2}=z$ m，称为位压头

静压能　　$\dfrac{p}{\rho}$ J/kg $\longrightarrow \dfrac{p}{\rho g}$ m，称为静压头

动能　　　$\dfrac{u^2}{2}$ J/kg $\longrightarrow$ $\dfrac{u^2}{2g}$ m，称为动压头

总机械能　E J/kg $\longrightarrow$ $\dfrac{E}{g}$ m，称为总压头

下面，对泵在管路中的操作情况进行分析，参看图 2-13。

列出 1—4 截面间的伯努利方程，以 H 表示 $(E_3-E_2)/g$。

因　　　　　$$\dfrac{E_2}{g}=\dfrac{E_1}{g}-\sum H_{\mathrm{f},1\text{-}2}\ ,\quad \dfrac{E_3}{g}=\dfrac{E_4}{g}+\sum H_{\mathrm{f},3\text{-}4}$$

所以　　　　$$H=\dfrac{E_4-E_1}{g}+\sum H_{\mathrm{f},1\text{-}2}+\sum H_{\mathrm{f},3\text{-}4} \tag{2-13}$$

式中 H 表示管路中液体流量为 V 时所要求外界输入的压头。E 为液体的总机械能，J/kg。〔注意：在式(2-13) 中不能写上液体流过泵体的阻力项。〕

令 $H_0=(E_4-E_1)/g$，又因 $\sum H_{\mathrm{f}}=8\lambda(l+\sum l_{\mathrm{e}})V^2/(\pi^2 g d^5)$，近似把 λ 看成常数，令 $K=8\lambda(l+\sum l_{\mathrm{e}})/(\pi^2 g d^5)$，则式(2-13) 可写成

$$H=H_0+KV^2 \tag{2-14}$$

式(2-14) 称为管路特性方程，式中 K 为常量。

泵在稳定操作时，泵的流量可视为通过管道的流量，管路内液体输送所需的外加压头就是泵所提供的扬程。于是，用作图法，作泵的 $H_{\mathrm{e}}\text{-}V$ 曲线与管路特性曲线 AD，如图 2-14 所示，则两曲线的交点 C 所决定的流量就是该操作条件下的流量 V_1，此交点 C 称为"工作点"。

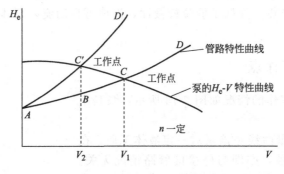

图 2-14　离心泵的工作点

2.4.3　流量调节

由于生产任务的变化，常需要对泵进行流量调节，实质上是改变泵的工作点。离心泵的工作点是由泵及管路特性共同决定，因此调节流量可以采用两种方法：

(1) 改变管路特性曲线　如改变管路出口阀门的开度，在图 2-17 中还画了另一条管路特性曲线 AD'。AD' 曲线比 AD 曲线更陡，表示由于管路中阀门关小，管路阻力 KV^2 中的 K 值增大。由于阀门关小，管路特性曲线变陡，工作点由 C 移至 C'，故流量由 V_1 减小到 V_2。采用阀门调节流量快捷方便，流量可连续变化，应用较为广泛。但是关小阀门实际上增加了管路阻力，使泵不能在高效区工作，因此不够经济。

(2) 改变泵特性曲线　如改变泵的转速或切削叶轮，也可用几台泵进行组合操作。其中，改变转速调节流量没有额外增加管路阻力，可保持泵在高效区工作，能量利用更为经济高效。随着工业变频技术的进步，转速调节方式更为经济合理，尤其是大型泵的节能。

【例 2-3】　用某离心泵将地面敞口水池的水输进塔内。水的升扬高度（指水池水面至塔内进水管口间的垂向高度差）为 8.0m，塔内压强为 0.23at（表压），已知阀全开时管路总阻力可以 $0.042V^2$ 表示。该泵的特性曲线方程为 $H_e=13.7-0.0083V^2$ m（以上两处的 V 的单位皆为 m^3/h）。试问：(1) 阀全开时，最大流量是多少？(2) 若要求流量为 $7.2m^3/h$，拟用关小阀门办法解决，已知该泵在 $V=7.2\ m^3/h$ 时的效率 $\eta=0.42$，试问因关小阀门而消耗的功率为多少？水温 20℃。

解　(1) 阀全开时，依管路特性曲线

$$H=8.0+(0.23\times10)+0.042V^2=10.3+0.042V^2$$

泵的特性曲线：

$$H_e=13.7-0.0083V^2$$

工作点：

$$H_e=H$$

解得

$$V_{max}=8.22m^3/h$$

(2) 阀关小，使流量为 $7.2m^3/h$

泵提供的扬程

$$H_e=13.7-0.0083\times(7.2)^2=13.27m$$

若按阀全开计，管路所需压头

$$H'=10.3+0.042\times(7.2)^2=12.48m$$

因阀关小而多消耗的压头

$$\Delta H=13.27-12.48=0.79m$$

则因阀关小而损耗的轴功率

$$\Delta N_a=\frac{(\Delta H)V\rho g}{\eta}=\frac{0.79\times(7.2/3600)\times10^3\times9.81}{0.42}=36.9W$$

此题可用图 2-17 作为解题附图。可把 AD 曲线看作阀全开时的管路特性曲线，$V_1=8.22m^3/h$。把 AD' 曲线视为阀关小时的管路特性曲线，$V_2=7.2m^3/h$，则 $C'B$ 代表因阀关小而多损耗的压头。由此算出的额外消耗的轴功率全损失于克服阀关小引起的阻力上了。

2.4.4　离心泵的串联操作

有时一台离心泵工作时流量不能满足需要或根本汲不上液体，可采用数台规格、转速相同的离心泵串联使用。现以二泵串联为例说明，参看图 2-15。

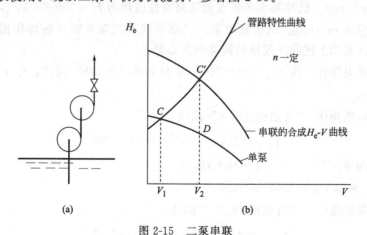

图 2-15　二泵串联

图 2-15 中 (a) 表示两泵串联的连接方式，下泵排出的液体进入上泵，然后排出。显然，二泵串联时，每台泵的流量相同，二泵总的扬程是每台泵的扬程之和。(b) 图下方的 H_e-V 曲线是单泵的扬程-流量曲线。按"同一流量，扬程相加"原则，可作出二泵串联的

"合成的 H_e-V" 曲线，如 (b) 图上方的 H_e-V 曲线所示。这 "合成的 H_e-V" 曲线就是把两台泵看成一个组合体的泵的操作性能，于是，二泵串联的工作点 C' 就由管路特性曲线与 "合成的 H_e-V" 曲线的交点确定。由图 2-15 可见，这时流量为 V_2。

图 2-15 中 (b) 的 C 点是单泵操作的工作点，流量为 V_1，可知，由于二泵串联，流量从 V_1 增大至 V_2。在二泵串联时，每台泵都在图中 D 点状态下工作。

2.4.5 离心泵的并联操作

若单泵操作时流量太小，不能满足要求，除采用泵串联的方法外，还可采用相同规格、转速的数台泵并联操作，情况可参看图 2-16。

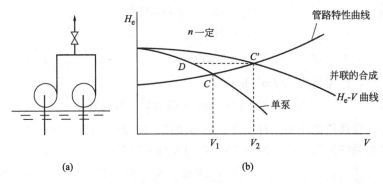

图 2-16 二泵并联

图 2-16 的 (a) 图是两泵并联的连接方式。由于两台泵操作情况完全一样，二者流量相同，扬程相同。

按 "扬程相同，流量相加" 原则可由单泵的 H_e-V 曲线作出二泵并联的 "合成的 H_e-V" 曲线。由该 "合成的 H_e-V" 曲线与管路特性曲线的交点 C' 决定流量 V_2，这时每台泵都在 D 点状态下工作。若为单泵操作，则工作点为 C，流量为 V_1（注意：$V_2 < 2V_1$）。

【例 2-4】 某离心泵的 "H_e-V" 曲线可用 $H_e = 42 - 30V^2$ 表示。式中 H_e 单位为 m，V 单位为 m^3/min。已知某生产装置的管路特性曲线为 $H = 30 + 79.9V^2$，式中：H 单位为 m，V 单位为 m^3/min。试比较单泵、二泵串联和二泵并联 3 种操作情况下的流量。串联或并联时都是用上述同一规格与转速的离心泵。

解 (1) 单泵操作 由 $H_e = 42 - 30V^2$ 与 $H = 30 + 79.9V^2$ 两式，令 $H_e = H$，可解得 $V = 0.33 m^3/min$。

(2) 二泵串联操作 "合成的 H_e-V" 曲线：
$$H_{e,串} = 2(42 - 30V^2) = 84 - 60V^2$$
管路特性曲线：$\qquad H = 30 + 79.9V^2$

令 $H_{e,串} = H$，解得 $V_串 = 0.621 m^3/min$

(3) 二泵并联操作 "合成的 H_e-V" 曲线：
$$H_{e,并} = 42 - 30(V/2)^2 = 42 - 7.5V^2$$
管路特性曲线：$\qquad H = 30 + 79.9V^2$

令 $H_{e,并} = H$，解得 $V_并 = 0.371 m^3/min$

可见，无论二泵串联还是并联，流量都比单泵时大。由本题可知，二泵串联比并联流量大，但这并不是固定的规律。参看图 2-17，图中有单泵、二泵串联与二泵并联 3 条 H_e-V 曲线。串联与并联的"合成的 H_e-V"曲线交于 D 点，当管路特性曲线 AC 穿过 D 点，则串联与并联的流量相同。若管路特性曲线较 AC 线陡，亦即管路的阻力更大，如 AC' 线所示，则串联时流量比并联时大。若管路特性曲线

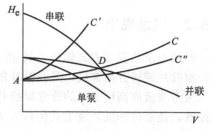

图 2-17　二泵串联与并联的比较

较 AC 线更平缓些，如 AC'' 线所示，则并联比串联的流量大。

　　求工作点的问题，可以采用图解法，即在 H_e-V 图上由扬程-流量曲线与管路特性曲线求交点；也可采用计算法，亦即将扬程-流量关系用一个数学式表示并与管路特性方程联立求解。在用一个函数式表示一曲线时，只需由有关线段的数据求得其函数表达式即可，不必按大范围内的曲线数据求其数学式，以减小误差。

　　在 [例 2-4] 中可见到，用到的流量单位并非 m^3/s，对于泵与管路求工作点的问题，流量有时用 L/min 或 m^3/h 等单位。这样做，是便于直接取用泵样本中提供的数据，也可使各数学式中的常量更简单些。计算时一般不必把流量单位改为 m^3/s，但 V 的单位要一致。

2.5　离心泵的安装高度限制

2.5.1　离心泵的安装高度问题

　　当离心泵及工作条件、管路系统情况都确定后，可确定工作点，亦即可确定流量，但在以前所作的分析中并没有对泵的安装高度问题提出任何限制。在图 2-18 中列出了两种泵的安装高度方案。若两方案使用同一台泵，管路特性方程相同，但（B）方案中泵的安装位置较高，尽管（A）、（B）方案可有相同的工作点，但实际上是否两方案都能正常操作呢？

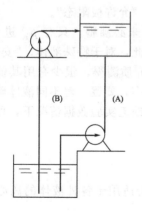

图 2-18　离心泵的安装高度

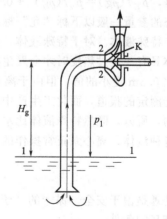

图 2-19　汲入管各参量分析的参考

　　实践证明，离心泵从位置低于泵的低位槽中汲液的能力是有限的。若汲液高度过大，泵会发出噪声，泵体震动，扬程和流量均下降，叶片受损甚至汲不上液体。因此，在工作点及流量确定后，为了泵能正常操作，还需考虑泵的安装高度限制问题。

2.5.2 气蚀现象

若离心泵的安装方式如图 2-19 所示，则操作时压强最低处是在叶轮进口附近的叶片部位，对叶片旋转方向来说，是在叶片的背部。现令该截面为 K 截面，则该最低压强为 p_K。

为考察汲液高度 H_g 的改变对操作的影响，可在图 2-22 所示的泵正常操作条件下令液池排液，使液位降低，汲上几何高度 H_g 增大，并同时调节泵的出口阀，使流量不变，工作点不变。

由实测结果知，当 H_g 增大，在一定范围内，泵的操作仍正常，即 H_g 的改变并不影响泵的正常工作。

当 H_g 继续增大到某一程度时，由于 p_K 的降低，会有溶解于液体中的气体释出。释出的气体占据了部分液体空间，泵的扬程便开始下降。当 H_g 再进一步增大，p_K 下降到该液体的饱和蒸气压 p_v 时，液体沸腾、汽化，扬程急剧下降，泵的正常操作便受到破坏。

在泵的制造工业部门中规定，当扬程比正常值下降 3% 时为"气蚀"状态。

气蚀时，液相中生成大量小气泡，气泡随液体流过叶轮因压强急剧升高而迅速消失。当气泡消失时，四周的液体涌向原气泡的空间而相互撞击，可发生几百大气压的局部压强，频率高达每秒数千次。水击作用在叶片表面，使金属疲劳，金属晶粒剥落而腐蚀。

可见，泵的安装高度应以不发生气蚀为依据。

2.5.3 离心泵正常操作必须满足的条件

(1) 以水为工质 一般认为，气蚀时，$p_K = p_v$。考虑到泵在操作时应有一定的安全裕度，离心泵正常操作的条件是

$$\frac{p_K}{\rho g} \geqslant \frac{p_v}{\rho g} + e$$

式中，e 为"安全余量"，约为 $0.3 \sim 0.5$m。我国标准 GB/T 13006—2013，GB/T 3216—2005 规定 $e = 0.3$m。

于是，$p_K/(\rho g) = p_v/(\rho g) + 0.3$ 就是离心泵正常操作时 p_K 下限 $p_{K,允}$ 的计算式。因为该状态的参量一般以下标"允"标志，故暂称这状态为"允许极限态"。

(2) 特殊液体 对于特殊液体，实际上在 $p_K = p_v$ 时未必沸腾，只有 p_K 进一步下降，亦即液体具有一定过热度时才会发生沸腾与大量汽化。为此，对于特殊液体，"安全余量" e 值可取比 0.3m 更小的值。但由于离心泵性能大多以水为介质测得，很少有用其他液体作离心泵性能测定的报道，而化工生产中涉及的液体种类又很多，要逐一对不同液体确定其 e 值是很难的，所以，既然特殊液体比水更不易发生气蚀，在缺乏实验数据情况下，可认为对水以外的各种液体，离心泵正常操作的条件同样是

$$\frac{p_K}{\rho g} \geqslant \frac{p_v}{\rho g} + 0.3 \tag{2-15}$$

这样的处理是偏于安全、保守的。于是，式(2-15)就成为适用于各种液体的离心泵正常操作必须满足的条件。

2.5.4 离心泵最大安装高度计算

在此再明确一下，泵的最大安装高度问题是在工作点及流量 V 已确定的条件下进行讨论的。在"允许极限态"时，相应的几何汲上高度为 $H_{g,max}$，叶轮进口处的压强为 $p_{K,允}$。

要确定 $H_{g,max}$，可以按图 2-19 列出"1—K"截面间的伯努利方程进行计算。以下介绍根据"允许气蚀余量"计算泵的最大安装高度的方法。

按图 2-19，列"1—K"截面间的伯努利方程，得

$$\frac{p_1}{\rho g}=H_{g,max}+\frac{p_v}{\rho g}+0.3+\frac{u_K^2}{2g}+\sum H_{f,1\text{-}2}+\sum H_{f,2\text{-}K}$$

令：允许气蚀余量 $\qquad\Delta h_{允}=\frac{u_K^2}{2g}+\sum H_{f,2\text{-}K}+0.3 \qquad\qquad (2\text{-}16)$

则 $\qquad\qquad\qquad H_{g,max}=\frac{p_1}{\rho g}-\frac{p_v}{\rho g}-\Delta h_{允}-\sum H_{f,1\text{-}2} \qquad\qquad (2\text{-}17)$

泵的说明书中都附有该泵以 20℃清水为工质实测的"$\Delta h_{允}$-V"数据。由 $\Delta h_{允}$ 的定义式可知，只需把 $\sum H_{f,2\text{-}K}$ 看成是 $\zeta u_2^2/(2g)$ 且把 ζ 看成常数，则 $\sum H_{f,2\text{-}K}$ 对一台具体的泵来说只是流量 V 的函数，与液体的种类、温度无关。同样，$u_K^2/(2g)$ 亦只是流量 V 的函数，与液体种类、温度无关。故"$\Delta h_{允}$-V"曲线虽以 20℃清水由实验测得，但该规律具有普适性，能用于其他液体。

由式(2-17)可见，最大汲液高度 $H_{g,max}$ 取决于低位槽液面上方的压强 p_1、液体密度 ρ、液体在操作温度时的饱和蒸气压 p_v、汲入管阻力 $\sum H_{f,1\text{-}2}$ 及允许气蚀余量 $\Delta h_{允}$。这些物理量都涉及具体的操作条件和流量，只要各有关值都已确定，就不难算出 $H_{g,max}$。

【例 2-5】 以 80Y-60 型离心式油泵输送汽油。根据工作情况和泵的特性曲线已确定流量为 50m³/h。操作时油温 20℃，汽油在此温度下的蒸气压为 193mmHg，密度为 650kg/m³。已知低位油槽液面上方压强为 752mmHg（绝压），汲入管路在该流量时的阻力为 3.35m。查得在该流量时 $\Delta h_{允}$=3.2m。问，泵的最大安装高度为多少米？

解 已知：p_1 = 752mmHg（绝压），p_v = 193mmHg（绝压），ρ = 650kg/m³，$\Delta h_{允}$=3.2m，$\sum H_{f,1\text{-}2}$=3.35m，则

$$H_{g,max}=\frac{p_1}{\rho g}-\frac{p_v}{\rho g}-\Delta h_{允}-\sum H_{f,1\text{-}2}$$

$$=(752-193)\times133.3/(650\times9.81)-3.2-3.35=5.14\text{m}$$

注：① 压强换算关系为 $1.013\times10^5/760=133.3$Pa/mmHg；

② $\Delta h_{允}$ 亦常写成 $[\Delta h]$ 或 $(NPSH)_r$——必需气蚀余量（NPSH 是 net positive suction head 的缩写）。

要计算泵的最大安装高度 $H_{g,max}$，除了用允许气蚀余量法外，尚可采用允许汲上真空高度法算。但后一方法较繁，在我国已不使用，故不拟详细叙述。考虑到也许在旧的书籍、资料中会遇到允许汲上真空高度这一术语，在此仅作简单的介绍。

参看图 2-19，当泵在允许极限态操作时，不仅叶轮入口处 p_K 降至允许范围内的最低值 $p_{K,允}$，泵入口处压强 p_2 也降至允许范围内的最低值 $p_{2,允}$。若在该操作状态下列 1—2 截面间的伯努利方程，可得：

$$\frac{p_1}{\rho g}=H_{g,max}+\frac{p_{2,允}}{\rho g}+\frac{u_2^2}{2g}+\sum h_{f,1\text{-}2}$$

即 $\qquad\qquad\qquad H_{g,max}=\frac{p_1}{\rho g}-\frac{p_{2,允}}{\rho g}-\frac{u_2^2}{2g}-\sum h_{f,1\text{-}2}$

令

$$H_s = \frac{p_1}{\rho g} - \frac{p_{2,允}}{\rho g}$$

则

$$H_{g,\max} = H_s - \frac{u_2^2}{2g} - \sum h_{f,1\text{-}2}$$

H_s 被称为允许吸上真空高度，m。可见，在特定操作条件下，若 H_s 值能取得，亦可由 H_s 按上式算出泵的最大安装高度。考虑到实际操作情况中 p_1 值及液体种类的可变动性，不可能有普适的 H_s-V 关系存在，故水泵厂只能选择一种特定操作条件做实验。

水泵行业规定，当 $p_1 = 1atm$（绝压），液体是 20℃清水时，可作出如下定义：

$$[H_s] = \frac{p_1}{\rho g} - \frac{p_{2,允}}{\rho g} = 10.33 - \frac{p_{2,允}}{1000 \times 9.81}$$

若遇到某离心泵说明书提供了 $[H_s]$-V 关系数据时，可根据实际操作条件将 $[H_s]$ 值转化为实际 H_s。在此不拟介绍该转化方法，只拟介绍 $[H_s]$ 与 $\Delta h_允$ 的关系，以便泵的安装高度问题全由允许气蚀余量方法解决。$[H_s]$ 与 $\Delta h_允$ 的转化式为：

$$\Delta h_允 = 10.09 + \frac{u_2^2}{2g} - [H_s] \tag{2-18}$$

2.6 离心泵的类型与选型

2.6.1 离心泵的类型

离心泵的种类很多，总体上分为清水泵、油泵、杂质泵、深井泵及石油化工流程泵等类型，每一类型中又有许多分类。

（1）清水泵

① 单级离心泵 现以 IS 型单级单汲离心泵作为单级离心泵的代表予以介绍。图 2-20 为其结构图。

IS 型系列泵为单级单汲（轴向汲入）离心泵，供输送不含固体颗粒的水或物理、化学性质类似于水的液体，适用于工业和城市给、排水及农业排灌。泵输送介质温度不超过 80℃，口径为 40～200mm。性能范围：流量 6.3～400m³/h，扬程 5～125m。

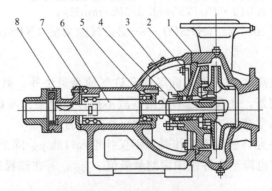

图 2-20 IS 型离心泵的结构

1—泵体；2—叶轮；3—密封环；4—护轴套；5—后盖；6—泵轴；7—托架；8—联轴器部件

以 IS50—32—125 为例说明其型号意义。IS 为国际标准单级单汲清水离心泵；50 为泵入口直径，mm；32 为泵出口直径，mm；125 为泵叶轮外径，mm。

若要求流量大但扬程不太高，可采用双汲泵。双汲泵在同一泵壳内有背靠背的两个叶轮，从两侧同时汲液，由同一压出管道流出。双汲泵可消除轴向推力，其结构如图 2-21 所示。

典型的双汲泵为 S 型泵，扬程为 8.7~250m，流量为 50~14000 m³/h。型号意义：以 100S90A 为例，100 表示泵入口直径，mm；S 表示单级双汲中开离心泵；90 为泵设计点扬程，m；A 表示叶轮外径经第 1 次切削。

② 多级离心泵 当扬程要求甚高但流量并不大时，可采用多级泵。这种泵在同一泵壳内有多只叶轮，液体串联通过各叶轮。典型的多级泵是 D 型泵，叶轮级数最高是 14 级，扬程为 50~1800m，流量为 6.3~580 m³/h。其型号有两种表达方式，如 D155—67×3，D 表示节段式多级离心泵；155 表示泵设计点流量，m³/h；67 为泵设计点单级扬程，m；3 为泵的级数。又如 200D—43×9，200 表示泵入口直径，mm；D 的意义同前；43 为泵设计点单级扬程，m；9 为泵的级数。多级离心泵的结构如图 2-22 所示。

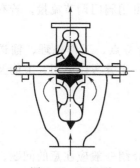
图 2-21 双汲泵

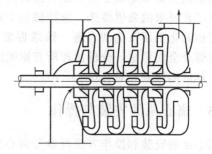
图 2-22 多级离心泵

（2）其他类型泵

① 耐腐蚀泵 输送酸、碱及浓氨水等腐蚀性液体时，需用耐腐蚀泵。长期以来 F 型泵是典型的耐腐蚀泵，现在又开发了 IH 型泵。IH 泵是节能产品，比 F 型泵平均效率提高 5%。IH 泵的扬程为 5~125m，流量为 6.3~400m³/h。

我国耐腐蚀泵所用材料、代号及适用液体种类简述于下。

灰口铸铁——"H"，用于浓硫酸。高硅铸铁——"G"，用于硫酸。铬镍合金钢——"B"，用于常温、低浓度硝酸、氧化性酸、碱液等。铬镍钼钛合金钢——"M"，用于常温、高浓度硝酸。聚三氟氯乙烯塑料——"S"，用于 90℃以下的硫酸、硝酸、盐酸及碱液。

② 油泵 用以输送不含固体颗粒、无腐蚀性的油类及石油产品。该类型泵要求密封好，可防止易燃液体外漏。典型的油泵为 Y 型泵，扬程为 5~1740m，流量为 5.5~1270m³/h，输送介质温度为 -20~400℃。

③ 石油化工流程泵 这种类型的泵品种很多，现以其中的 SJA、GSJH、DVS、DSJH 型泵为例说明。这 4 种泵是 1984 年从美国公司引进制造技术的化工流程泵，供石油精制、石油化工及化学工业使用。其中 SJA 型泵扬程为 17~220m，流量为 5~900 m³/h，输送介质温度为 -196~450℃。SJA 型是单级单汲悬臂式，GSJH 型是单汲二级泵，DVS 型是双汲单级式，DSJH 型亦是双汲单级式，但结构与 DVS 型的不同。

④ 杂质泵 用于输送悬浮液，一般采用敞式或半蔽式叶轮。杂质泵中 M 型煤水泵用于浑浊煤水的输送，PW 型污水泵用于 80℃以下带纤维的悬浮液输送，WGF 型污水泵适用于输送含有酸、碱的腐蚀性污水或化学浆液。IFV 型卧式无堵塞泵是 1986 年从日本引进的，可输送污水、泥水等，液体中所含最大颗粒不得大于出口口径，输送介质温度为 0~80℃。IFZ 型螺旋涡流无堵塞泵亦是 1986 年从日本引进的用于输送污水、污物、纸浆及含纤维液

体，最大颗粒粒径为 28~150mm。其他种类的杂质泵还有多种，不一一介绍。

最后须说明一点，不论什么类型的泵，旋转的轴与静止的泵壳间必有缝隙，会漏液，故必须密封。常用的是填函密封或机械密封。

2.6.2 离心泵的选型

化工用泵的选型依据：生产工艺对液体输送量（流量）、装置对泵扬程的要求，以及液体物料性质、操作条件等。

泵的选型是根据化工生产对泵的要求，在泵的定型产品（机械产品样本或目录）中选择。离心泵的选型原则为如下两条。

① 根据液体的性质及操作条件选择泵的类型。

② 以要求的流量、扬程同泵样本中各型号的泵在其最高效率点的流量、扬程对比，凡是在满足流量要求基础上扬程比实际需要稍大的泵都可选用；可用阀门调节流量。若有数台可满足工艺要求的泵供挑选，应把轴功率最低的作为首选。

要做到化工用泵选型合理，除掌握常用泵和特殊泵的构造特点、工作机理、输送性能外，应综合全面考虑，分析比较所有影响因素，抓住关键问题，充分考虑适用、节能及安全原则，尽可能做到相对合理。

2.6.3 离心泵的安装与操作

离心泵的安装和操作方法可参考离心泵的说明书，下面仅介绍一般应注意的问题。

① 实际安装高度要小于允许安装高度，并尽量减小吸入管路的流动阻力。

② 启动泵前要灌泵，并关闭出口阀；停泵前也应先关出口阀。

③ 定期检查和维修。

【例 2-6】 因农田灌溉，需选一台泵。操作条件：流量 $V=115 \text{m}^3/\text{h}$，阀全开时所需压头 $H=18.4\text{m}$。现库存两台可供使用的泵，其性能参量如表 2-1 所示。试分析选何者更宜。

解 （1）若用 IS125—100—250 型泵，当 $V=115\text{m}^3/\text{h}$，估计泵的扬程 $H_e=18.9\text{m}$，效率 $\eta=76.8\%$。

轴功率 $N_a=H_e V\rho g/\eta=18.9\times(115/3600)\times10^3\times9.81/0.768=7712\text{W}=7.71\text{kW}$

消耗于阀关小的轴功率 $\Delta N_a=\dfrac{18.9-18.4}{18.9}\times7.71=0.204\text{kW}$

（2）若用 IS100—80—160 型泵，当 $V=115\text{ m}^3/\text{h}$，估计泵的扬程 $H_e=29\text{m}$，效率 $\eta=75.8\%$。

表 2-1 不同型号泵的性能比较

泵型号	流量/(m³/h)	扬程/m	转速/(r/min)	泵效率/%
IS125—100—250	60	21.5		63
	100	20	1450	76
	120	18.5		77
IS100—80—160	60	36		70
	100	32	2900	78
	120	28		75

轴功率 $N_a = H_e V \rho g / \eta = 29 \times (115/3600) \times 10^3 \times 9.81/0.758 = 11989W = 11.99kW$

消耗于阀关小的轴功率 $\Delta N_a = \dfrac{29-18.4}{29} \times 11.99 = 4.38kW$

可见应当选 IS125—100—250 型泵，因其轴功率小。由上述计算可知，对完成同样的输水任务，各泵所需轴功率的不同取决于泵的效率和因阀关小而损耗的扬程的差异。

2.7 离心式风机

2.7.1 使用风机的目的及离心式风机的分类

(1) 使用风机的目的　风机的使用目的大体有 3 种。

① 流通空气　要求流量较大，但风压不高。所需风压用以克服气体在通风管道中流动的阻力。

② 产生压强较高的气体　如对锅炉、高炉或塔器的鼓风等，一般风量不大，但风机出口的压强较高，以克服气体流过设备的阻力。

③ 产生负压　要求风机吸风，用于除尘、蒸发、精馏、过滤及干燥等单元操作。

(2) 离心式风机的分类　按达到的压力区分为：通风机、鼓风机和压缩机。通风机和鼓风机主要用于输送气体；压缩机主要用于提高气体压力。排气压力小于 0.14715MPa 称通风机；大于 0.14715MPa、小于 0.2MPa 称鼓风机；大于 0.2MPa 称压缩机。

按用途不同分类，可分为一般通用型，用于锅炉、输送煤粉、排尘、矿井通风、防爆、高温 (排送 250℃以上的气体)、船舶锅炉、谷物粉末输送及其他为专门用途而设计的风机等。

2.7.2 离心式风机主要性能参量与性能曲线

离心式风机与离心泵的工作原理相同，但气体的压缩性一般不容忽略，故应考虑到风机进、出口截面处气体密度存在差异。工程上为简化，在从风机进口截面至出口截面范围内，规定凡遇到气体密度问题，一概以进口截面的气体密度代替，故风机出口截面的气体流量、流速都要按进口截面气体密度 (或比体积) 来计算。这是把流过风机的气体按不可压缩流体处理的一种方法。

(1) 离心式风机的主要性能参量

① 风量 V　由风机出口截面排出的气体质量流量按风机进口截面处气体密度计的体积流量，m^3/s。

② 全风压 H_T　按风机进口截面处气体密度计的每立方米气体流过通风机所提高的机械能，J/m^3，即 Pa。以下用下标 "1"、"2" 表示风机的进、出口截面。

令

$$H_T = (p_2 - p_1) + \rho g (z_2 - z_1) + \rho \frac{u_2^2 - u_1^2}{2} \tag{2-19}$$

式中，ρ 为进口截面处气体的密度，kg/m^3。

由于风机进、出口截面位差很小，式(2-19)中位能差项的值与其他项相比很小，一般可略，则

$$H_T = (p_2 - p_1) + \rho \frac{u_2^2 - u_1^2}{2} \tag{2-20}$$

若风机的进口情况如图 2-4 所示，进风口截面很大且直接从外界吸入气体，因 $u_1 \approx 0$，故

$$H_T = (p_2 - p_1) + \frac{\rho u_2^2}{2} \tag{2-21}$$

令

$$p_2 - p_1 = H_{st} = 静风压 \tag{2-22}$$

则

全风压 H_T = 静风压 H_{st} + 出口动能 $u_2^2 \rho / 2$。

由于风机出口风速较高，故每立方米气体从风机处得到的机械能中，$u_2^2 \rho / 2$ 项占有相当的比例。随着风量的增大，该气体出口动能项的值迅速升高，静风压项的相对值则减小。因气体在管内流动的阻力是靠静风压克服的，所以把全风压分成静风压与出口动能项是有必要的。

若风机进口截面连接吸风管，出口截面连接排风管，而且吸风管与排风管截面积相同，则

$$H_T = H_{st} = p_2 - p_1 \tag{2-23}$$

这时就不分全风压与静风压了。

③ 轴功率 N_a 与全压效率 η 轴功率 N_a 是实测值。有效功率 $N_e = H_T V$

$$全压效率 \ \eta = \frac{N_e}{N_a} = \frac{H_T V}{N_a} \tag{2-24}$$

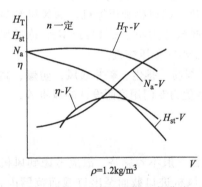

图 2-23　离心式风机的性能曲线

（2）离心式风机的性能曲线　在风机样本中，离心式风机的性能曲线是在一定转速下，规定进口气体密度 $\rho = 1.2 \text{kg/m}^3$（指 1atm，20℃空气密度的近似值）条件下测得的 $H_T\text{-}V$、$H_{st}\text{-}V$、$N_a\text{-}V$、$\eta\text{-}V$ 4 条曲线。

如前已述，泵的扬程-流量曲线与流体密度无关。这一结论同样适用于离心式风机。如果把扬程 H_e 看成是 $H_T/(\rho g)$，显然，$H_T\text{-}V$ 曲线与流体密度有关。这就是离心式风机性能曲线需注明气体密度的原因。

离心式风机的性能曲线如图 2-23 所示。

若某操作状况下风机进口处气体密度为 $\rho' \text{kg/m}^3$，ρ' 不等于 1.2kg/m^3，于是就产生一个问题：如何由操作状况下的流量 V'、全风压 H'_T 等数据去选风机型号呢？

根据相似原理，可导出气体密度不同时，风机各参量间的转换关系如下：

$$\left. \begin{array}{l} V' = V_{样本}, \quad \eta' = \eta_{样本} \\[2mm] \dfrac{H'_T}{\rho'} = \dfrac{(H_T)_{样本}}{1.2}, \quad \dfrac{H'_{st}}{\rho'} = \dfrac{(H_{st})_{样本}}{1.2}, \quad \dfrac{N'_a}{\rho'} = \dfrac{(N_a)_{样本}}{1.2} \end{array} \right\} \tag{2-25}$$

式中，下标"样本"指风机样本上性能曲线的参量，有的书采用"试验"作为其下标；带"'"的为操作状况下的参量。

要选风机，必须按式(2-25)把操作参量全部转换成的试验条件参量才能在样本上选型。

2.7.3　离心式风机选型计算

（1）输送气体的任务及风机的安装地点

① 任务　参看图 2-24，设有 A、B 两个端点，其间有管路连接，要求某气体以质量流

量 W 由 A 输送至 B，A、B 两端点表示大容器或大气。若 $p_A < p_B$ 或虽 $p_A > p_B$ 但不足以按要求的质量流量输送气体，均需要使用风机。

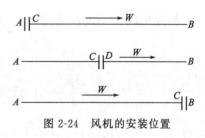

② 风机的安装地点　风机的安装地点有 3 种，一种是把风机进口截面置于 A 端，另一种是把风机串联在管路中，还有一种是把风机出口截面置于 B 端。情况如图 2-24 所示。

图 2-24　风机的安装位置

由于风机的选型计算对于第 2、3 种风机安装地点并无不同，故以下只按第 1、2 两种风机安装地点的类型介绍风机选型计算法。

（2）风机进口置于 A 端的选型计算

① 根据 p_B、气体质量流量 W 及管路情况，算出 p_C。由 $p_C - p_A$ 得到要求的静风压。

② 由 A 点压强、温度及气体种类，确定气体密度 ρ_A，再由 W 及 ρ_A 算出流量 V。

③ 把工作条件下的 V 及 H_{st}，按式（2-25）换算成 $\rho = 1.2 \text{kg/m}^3$ 时的相应值，借以在风机样本上选适宜的风机型号，要求所选风机在该流量下有富余的静风压。

（3）风机串联在管路中的选型计算

① 根据 p_B、W 及管路情况，算出 p_D。再根据 p_A、W 及管路情况，算出 p_C。由 $(p_D - p_C)$ 可得要求的全风压 H_T。

② 根据 p_C、C 处温度及气体种类，确定 ρ_C，并由 W 及 ρ_C 算出 V。

③ 把 ρ_C 条件下的 H_T、V 换算成 $\rho = 1.2 \text{kg/m}^3$ 时的相应值，借以在风机样本上选适宜的风机型号，要求所选风机在该流量下有富余的全风压。

【例 2-7】　某干燥设备拟用热空气干燥湿物料。要求空气质量流量 W 为 8200kg/h。现有两种风机安装位置的方案：（A）风机置于空气预热器之前；（B）风机置于空气预热器之后。两方案的情况和有关参量示于图 2-25。已知外界大气为 20℃、常压下的空气。预热器的气流阻力对（A）方案为 180mmH$_2$O；对（B）方案为 200mmH$_2$O；试按两方案由 9-19 型高压离心式风机系列中选择适宜的机号，并比较所需的功率。

解　（A）方案

$$V = \frac{W}{\rho_0} = \frac{8200}{1.20} = 6833 \text{m}^3/\text{h}$$

$$H_{st} = p_1 - p_0 = 800 + 180 = 980 \text{mmH}_2\text{O}$$

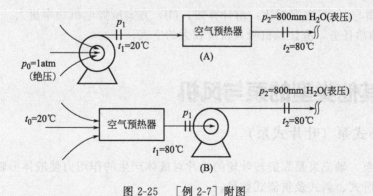

图 2-25　[例 2-7] 附图

初选 9-19 型 No. 7. 1D 风机，出口截面尺寸为 227mm×163mm。

$$u_1 = \frac{V}{A_1} = \frac{6833}{3600 \times 0.227 \times 0.163} = 51.3 \text{m/s}$$

$$\frac{u_1^2 \rho_0}{2} = 51.3^2 \times \frac{1.20}{2} = 1579 \text{Pa} = 161 \text{mmH}_2\text{O}$$

所以
$$H_T = H_{st} + \frac{u_1^2 \rho_0}{2} = 980 + 161 = 1141 \text{mmH}_2\text{O} = 1.119 \times 10^4 \text{Pa}$$

9-19 型 No. 7. 1D 风机性能见表 2-2。

表 2-2　9-19 型 No. 7. 1D 风机性能 (转速为 2900r/min)

流量/(m³/h)	6454	7376	8144	9066
全风压/Pa	11807	11596	11340	10935
电机功率/kW	37			55

可见，此风机可满足风量与风压要求，需选用 37kW 的电机。

(B) 方案　初选 9-19 型 No. 7. 1D 风机。在计算风机出口截面处的空气压强时，除考虑预热器阻力外，尚需考虑空气进入预热器时气速增大及局部阻力引起的压降。根据 (A) 方案的计算值及题给数据，

$$p_1 = -(200 + 1.5 \times 161) \text{mmH}_2\text{O} = -441.5 \text{mmH}_2\text{O} \quad (\text{表压})$$

则
$$H_{st} = 800 + 441.5 = 1241.5 \text{mmH}_2\text{O} = 1.218 \times 10^4 \text{Pa} = H_T$$

又
$$\rho_1 = \rho_0 \frac{p_1}{p_0} \times \frac{T_0}{T_1} = 1.20 \times \frac{10.33 \times 10^3 - 441.5}{10.33 \times 10^3} \times \frac{273 + 20}{273 + 80} = 0.953 \text{kg/m}^3$$

$$V = \frac{W}{\rho_1} = \frac{8200}{0.953} = 8604 \text{m}^3\text{/h}$$

换算为风机样本的试验条件

$$V = 8604 \text{m}^3\text{/h}$$

$$H_{T,样本} = 1.218 \times 10^4 \times \frac{1.2}{0.953} = 1.53 \times 10^4 \text{Pa}$$

由 9-19 型 No. 7. 1D 风机性能可知，即使使用 55kW 的电机，此风机尚不能满足风量及风压的要求。

(A) 方案与 (B) 方案对比：由计算知，(B) 方案所需电机功率更大，所以，为完成同样的空气预热任务，应让风机吸入密度较大的空气。

2.8　其他类型的泵与风机

2.8.1　离心式泵 (叶片式泵)

(1) 轴流泵　轴流泵是靠旋转叶轮的叶片对液体产生的作用力使液体沿轴线方向输送的泵，有立式、卧式、斜式及贯流式数种。

轴流泵由三个主要部件组成：吸入室、叶轮、压出室。见图 2-26。

　　轴流泵的工作性能曲线和离心泵并不完全相同，其 H-V 线随 V 的减小而上升，但其中有一段会出现 V 减小而 H 不增加，甚至有些轴流泵还会出现 V 减小而 H 也会突然减小的情况。因此轴流泵的 H-V 线往往呈驼峰状而有不稳定工作段。所以轴流泵应在 H-V 线最高点右侧的稳定范围内工作。

　　轴流泵的功率随 V 减小而增加，并且在 $V=0$ 时最大。因此轴流泵应在管路中所有阀门全部打开的情况下启动，操作过程中当需要调节流量时，可采用旁路阀将液体放走，而不宜用调节阀的方法来进行调节。

　　在化工厂中大流量的液体输送和循环、污水输送等场合宜选用轴流泵。

　　(2) 旋涡泵　旋涡泵是一种特殊的离心泵，其结构如图 2-27 所示。这种泵的叶轮由一金属圆盘于四周铣出凹槽而成，余下未铣去的部分形成辐射状的桨叶。泵壳内壁亦是圆形，在叶轮与泵壳内壁之间有一引水道。其汲入口与压出口靠近，二者间以"挡壁"相隔。压出管并非沿泵壳切向引出。挡壁与叶轮间的缝隙很小，以期阻止压出口压强高的液体漏回汲入口压强低的部位。

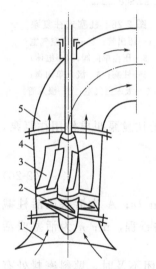

图 2-26　轴流泵

1—吸入室；2—叶片；3—导叶；
4—泵体；5—出水弯管

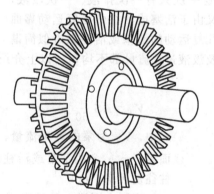

图 2-27　旋涡泵

1—叶轮；2—叶片；3—泵壳；
4—引水道；5—挡壁

　　在操作时，叶轮高速旋转，叶轮各叶片间的液体在高速旋转中受到离心惯性力，于是，叶片边缘的液体修正压强高于叶片内缘液体的修正压强。这时，存在着 3 种流动，即短促的叶片促使叶片间液体产生强烈的与叶片转向相反的环流，转动的叶轮带动引水道液体顺叶轮转向的流动以及引水道的液体与叶片间液体的交流。后一种流动借液体旋涡把叶轮内压强高的液体送入引水道同时把引水道液体卷进叶片内缘。每经过一次这样的交换，引水道的液体压强得到一次提高。液体从进口沿引水道至出口，经叶轮"拍打"次数愈多，压强愈高。在流量小时，因液体经"拍打"的次数多，扬程高，轴功率大，故这种泵启动时应开大阀门，使启动功率低些。

　　旋涡泵适用于流量小、压头高且黏度不大的液体的输送。旋涡泵启动前同样需要灌泵。这种泵虽属离心式，但亦需用旁路阀调流量，因引水道窄，泵的压头较高，若关闭出口阀运转，高压液体强行越过档壁漏回低压端时摩阻大，泵体震动，叶片易受损。

2.8.2 容积式泵

容积式泵又称正位移式泵，靠泵体工作室容积的改变对液体进行压送，其改变方式有往复运动和旋转运动两种。

（1）往复泵 往复泵主要由泵缸、活塞（或活柱）及单向阀门组成。活塞式及活柱式往复泵的工作原理与自行车打气筒及打针筒的工作原理相近。活塞在缸内既能移动又与泵缸内壁紧密接触，活塞把泵缸分隔成两室。单作用往复泵只有不出现传动杆的泵缸部分为工作室，当活塞移动方向是减小工作室容积时，室内液体压强升高，液体推开排出单向阀流进压出管，同时令汲入单向阀关闭。当活塞移动方向使工作室容积增大时，情况则相反，工作室内液体压强减小并使液体从汲入管通过汲入单向阀流入工作室，排出阀即关闭。柱塞式往复泵则以柱塞的往复移动来改变泵缸工作容积，柱塞式与活塞式不同点是柱塞式往复泵没有将泵缸分隔成两部分，其结构如图 2-28 所示。

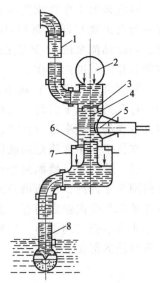

图 2-28　柱塞式往复泵
1—压出管；2—压出空气室；
3—压出单向阀；4—缸体；
5—柱塞；6—汲入单向阀；
7—汲入空气室；8—汲入管

由于活塞（或活柱）往返一次只有一次排液、一次汲液，所以排液及汲液是间断的。又由于活塞或活柱的往复运动靠曲轴连杆机构或偏心轮带动，往复运动的活塞或活柱以近似简谐运动速度推移，所以，排液及汲液过程流量都不均匀。以上介绍的往复泵叫单作用往复泵，其理论流量计算式为

$$V_T = AS\frac{n}{60} \qquad (2\text{-}26)$$

式中，V_T 为泵的理论流量，m^3/s；A 为活塞或活柱截面积，m^2；S 为活塞或活柱的行程，m；n 为活塞或活柱往复频率，min^{-1}。

实际上因汲入及排出阀启闭不及时，填料密封处有泄漏，实际流量 V 比理论流量 V_T 小。V 与 V_T 之比称为容积效率 η_v。η_v 值一般在 0.85 以上，流量大则 η_v 值高。

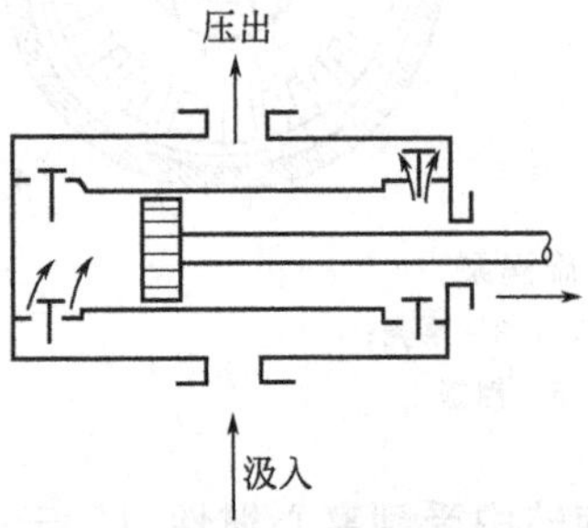

为使往复泵排液更均匀，可在单动泵的进、出管路上设置空气室。以压出空气室为例，当压出液体压强高时，利用空气的压缩性，部分压出液体储存在空气室内；当压出液体压强降低时，空气室内液体被空气排出，故流出液体的流量可均匀些。汲入液体流量情况亦类似。空气室的设置如图 2-28 所示。

图 2-29　双动往复泵

改善往复泵排液、汲液均匀性的更有效方法是采用双动泵或三联泵。双动往复泵的结构如图 2-29 所示，活塞把整个缸体分为两部分，无论活塞朝哪个方向移动，必有一个缸体分部在汲液，另一缸体分部在排液，双动往复泵的理论流量计算式为

$$V_T = (2A - f)S\frac{n}{60} \qquad (2\text{-}27)$$

式中，f 为活塞杆截面积，m^2。

其他符号意义与式(2-26)的相同。

三联泵在同一曲轴上连接有 3 台单作用泵。每台泵活塞运动的相位差为 120°，故流量比较均匀。各种往复泵的流量曲线比较如图 2-30 所示。

往复泵在操作时的平均流量是恒定的，故其扬程-流量曲线为一平行于纵轴（扬程）的直线。工作点同样由管路特性曲线与泵的扬程-流量曲线交点确定，如图 2-31 所示。当扬程甚高时因容积效率降低，流量有所下降，如工作点显示的扬程过高，往复泵往往不能正常操作，轻则容积效率下降过甚，重则电机或泵的机件损坏。

往复泵属容积式泵，或称正位移泵（positive displacement pumps），是靠缸体容积变化压出及汲入液体的。正位移泵的流量变化不能靠出口阀调节，只能通过旁路管线上的阀门调节，图 2-32 所示的阀 3 即为旁路流量调节阀。图中阀 4 为安全阀，当泵的压头很高时，为保护泵及电机，安全阀被高压液体顶开，液体可自动流回泵入口处，使泵出口液体自动减压。

单作用往复泵的一个特殊泵型是计量泵，这种泵靠偏心轮使电机的旋转运动变为活柱的往复运动。由于偏心距可调整，可改变活柱的行程，故可精确调节流量，计量泵即由此得名。用同一台电机带动几台计量泵，可使每台泵的液体按固定比例输送，故这种泵又称为比例泵。正位移泵启动时不必灌泵，泵有自汲功能，但当汲上高度过大时，同样有气蚀问题。

（2）隔膜泵　隔膜泵的结构如图 2-33 所示。其特点是在柱塞泵的泵缸内设置一层隔膜，使工作液体只能接触隔膜的一侧面，隔膜另一侧面与活柱间的缸体一般充满水或油。隔膜采用具有弹性的耐腐蚀材料（金属或橡皮）制成，工作液体流通的缸体内壁可涂以耐腐蚀物质，操作时，工作流体若为腐蚀性液体或悬浮液，活柱不会受损。隔膜交替地向两侧弯曲，起着活柱的作用。

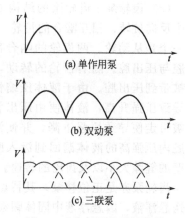

图 2-30　往复泵的流量曲线

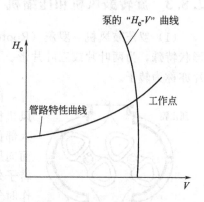

图 2-31　往复泵的工作点

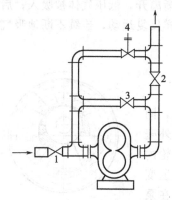

图 2-32　正位移泵的旁路流量调节
1—进口阀；2—出口阀；
3—旁路调节阀；4—安全阀

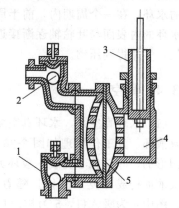

图 2-33　隔膜泵
1—汲入活门；2—压出活门；
3—活柱；4—水（或油）缸；5—隔膜

（3）齿轮泵　齿轮泵的结构如图 2-34 所示。其主要部件是两个反向旋转、相互啮合的齿轮，两个齿轮中的一个是主动轮，另一个是从动轮。两齿轮的啮合部位把泵体分成两部分——汲入腔与压出腔。随着齿轮的转动，汲入腔内齿轮的齿穴部位液体被带到压出腔。由于液体压缩性极小，压出腔内液体的输入必导致压强升高，液体便由压出管道流出。在汲入腔内由于液体被带走便导致压强下降，并使液体从汲入管道流进泵体。压出腔内压强高的液体漏回到汲入腔的量取决于齿轮外圆与泵壳内壁的缝隙大小以及齿轮的转速。若回流量大，则容积效率低。

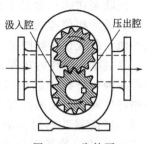

图 2-34　齿轮泵

齿轮泵亦是正位移泵。其特点是流量较小但压头较高，适于输送黏度大的液体，但不宜输送悬浮液，因悬浮液中固体颗粒会使齿轮及泵壳内壁磨损，容积效率降低。许多机床的油泵采用齿轮泵。因油循环使用，油中挟带有金属屑，故进泵前对油的过滤很重要。

2.8.3　旋转鼓风机和压缩机

（1）罗茨鼓风机　罗茨（Rootes）鼓风机的结构及工作原理与齿轮泵类似，但"齿轮"形状特殊，为两叶片或三叶片形。图 2-35 所示的罗茨鼓风机叶片是两叶片形，这些旋转叶片亦称为转子。

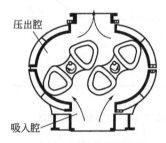

图 2-35　罗茨鼓风机

两转子中一个主动，一个从动。二者在中间部位啮合，把风机机壳内空间分隔为吸入腔与压出腔。转子旋转时，转子凹入部位的气体被转子由吸入腔带到压出腔，使压出腔气压升高而向压出管道排气，吸入腔则气压降低并由吸入管吸气。由于转子外缘与机壳内壁间的缝隙很小，且转子在旋转，故正常操作时气体由压出腔漏回吸入腔的现象并不严重。

罗茨鼓风机出口风压比离心式通风机高得多，可达 80×10^3 Pa（约 8000mmH$_2$O），故常用于要求风压较高的场合，其流量一般在 500m^3/min 以下。

（2）纳氏泵　纳氏泵就是液环泵（或者叫水环泵），工作原理：叶轮偏心地装在机壳里，启动前壳内灌满水（或其它液体），叶轮转动时，水在离心力的作用下被甩到壳壁，形成旋转的水环，在一个周期内，前半周水环的内表面先与轮轴逐渐离开，低压气体被吸入；后半周水环的内表面与叶轮轴逐渐接近，形成压力排出气体。这样反复运动，连续不断地吸气与排气，气体得到压缩。

2.8.4　真空泵

（1）水环真空泵　水环真空泵的工作原理与纳氏泵类似，同样有液环，其工作原理如图 2-36 所示。由图 2-36 可见，其外壳是圆形的，叶轮偏心安装。液环亦呈圆形。由相邻叶片、叶轮内筒及液面构成往复泵缸体。随着叶轮的转动，泵缸容积发生变化。图中 4 为吸入口，5 为排出口。吸入口与排出口皆固定在泵体两侧的固定分配头上。

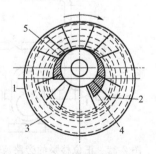

图 2-36　水环真空泵
1—外壳；2—叶片；3—水环；
4—吸入口；5—排出口

水环真空泵可抽到约 600mmHg 真空度。因通常泵内充水，故称为水环真空泵，如泵内充其他液体，则称为液环真空泵。

（2）喷射泵　前面讲过，流体流过文丘里管，在管截面最小处流速最大，压强最小，此压强最低处常被用来抽吸气体。由此原理制成的喷射泵如图 2-37 所示。

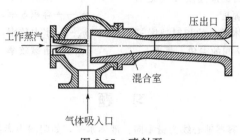

图 2-37　喷射泵

喷射泵内的流动流体一般为水或水蒸气。水喷射泵的抽吸能力与水环真空泵相近，约可抽到 600mmHg 真空度。因其结构简单，没有运动部件，操作可靠，只需一台离心泵运转即可，故有较好的应用前景。当喷射泵内以水蒸气流动抽吸气体，水蒸气进口压强约为784.5kPa（表压），单级水蒸气喷射泵可产生绝对压强为 50mmHg 的低压，二级的可达10mmHg，三级的可达 1mmHg 低压。

2.8.5　化工用泵的选择与比较

每一类型泵只能适用于一定的性能范围和操作条件，依据泵的流量、扬程可粗略地确定泵的类型。确定泵类型时，还要结合液体的物理性质。如离心泵较难产生高压头，适用于输送流量大、扬程低、黏度低的液体。往复泵流量不大，但易于获得高压头，适用于输送流量小、扬程高、允许流量有脉动的液体。对于流量较小、扬程较高、黏度较大的液体，宜选用齿轮泵、螺杆泵等旋转式泵。

<<<<< **本章主要符号** >>>>>

A——流道截面积，活塞或活柱截面积，m^2。

C——叶轮内流体的绝对速度，m/s，下标 r、u 分别为绝对速度的径向、圆周向分量；下标 1、2 分别表示叶轮的内、外缘。

D——叶轮外径，m。

e——防止气蚀发生引入的安全裕量，m。

G——物体重量，N。

H——液体流动所需的压头，m。

H_e——泵的扬程，m。

$\sum H_f$——液体流过管路的沿程阻力，m。

H_g——泵的汲上几何高度，m。

H_s——泵的允许汲上真空高度，m。

H_{st}——风机的静风压，mmH_2O。

H_T——风机的全风压，mmH_2O，泵的理论扬程，m。

$\Delta h_{允}$——允许气蚀余量，m。

m——物体的质量，kg。

n——转速，r/min，活塞或活柱的往复频率，min^{-1}。

N_a——泵的轴功率，W。

N_e——泵的有效功率，W。

N_T——泵的理论功率，W。

p——流体静压强，Pa。

p_K——叶轮入口压强最低处液体静压强，Pa。

p_m——液体的修正压强，Pa。

p_v——液体在操作温度时的蒸气压，Pa。

R——物体作圆周运动的半径，m。

r——回旋流场中任一点与轴心线的径向距离，m。

S——往复泵的行程，m。

T——力矩，N·m。

u——叶轮内流体的圆周速度，m/s，下标 1、2 分别为叶轮的内缘与外缘。

v——圆周速度，m/s。

V——泵的流量，m^3/s。

V_T——通过叶轮的流体流量，m^3/s。

w ——叶轮内流体相对于叶片的流速，m/s。

W_T ——流体通过叶轮的质量流量，kg/s。

α ——叶轮内一流体质点的圆周速度 $\vec{u}$ 与绝对速度 $\vec{c}$ 间的夹角，弧度。

β ——离角，叶轮内一流体质点的相对速度 $\vec{w}$ 与圆周速度负值 $-\vec{u}$ 间的夹角，弧度。

ρ ——流体的密度，kg/m³。

ω ——回旋运动的角速度，弧度/s。

η ——泵的效率，风机的全压效率，无量纲。

η_v ——容积效率，无量纲。

η_h ——水力效率，无量纲。

η_M ——机械效率，无量纲。

<<<<< 习　题 >>>>>

2-1 某盛有液体的圆筒容器，容器轴心线为铅垂向，液面水平，如附图中虚线所示。当容器以等角速度 ω 绕容器轴线旋转，液面呈曲面状。试证明：① $H=2h_0$；② 液相内某一点 (r,z) 的压强 $p=p_0+\rho g\left[\dfrac{\omega^2 r^2}{2g}-z\right]$。式中 ρ 为液体密度。　　　　　　　　　　　　　　　　　[略]

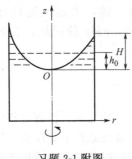

习题 2-1 附图

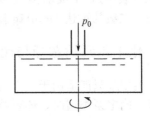

习题 2-2 附图

2-2 直径 0.2m、高 0.4m 的空心圆筒内盛满水，圆筒顶盖中心处开有小孔通大气，液面与顶盖内侧面齐平，如附图所示，当圆筒以 800r/min 转速绕容器轴心线回旋，问：圆筒壁内侧最高点与最低点的液体压强各为多少？　　　　　　　　　　[3.51×10^4 Pa；3.90×10^4 Pa]

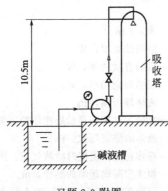

习题 2-3 附图

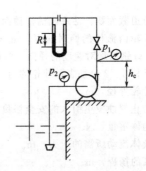

习题 2-4 附图

2-3 以碱液吸收混合气中的 CO_2 的流程如附图所示。已知：塔顶压强为 0.45at（表压），碱液槽液面与塔内碱液出口处垂直高度差为 10.5m，碱液流量为 $10m^3/h$，输液管规格是 $\phi57mm\times3.5mm$，管长共 45m（包括局部阻力的当量管长），碱液密度 $\rho=1200kg/m^3$，黏度 $\mu=2cP$，管壁粗糙度 $\varepsilon=0.2mm$。试求：①输送每千克质量碱液所需外加机械能，J/kg；②输送碱液所需有效功率，W。

[① 168.5J/kg；② 561.7W]

2-4 在如附图所示离心泵性能测定试验中，以 20℃ 清水为工质，对某泵测得下列一套数据：泵出口处压强为 1.2at（表压），泵汲入口处真空度为 220mmHg，以孔板流量计及 U 形压差计测流量，孔板的孔径为 35mm，采用汞为指示液，压差计读数 $R=850$mm，孔流系数 $C_0=0.63$，测得轴功率为 1.92kW。已知泵的进、出口截面间的垂直高度差为 0.2m，进出口管径相等。求泵的效率 η。 [68.2%]

2-5 IS65-40-200 型离心泵在 $n=1450$r/min 时的扬程-流量数据如下：

$V/(\text{m}^3/\text{h})$	7.5	12.5	15
H_e/m	13.2	12.5	11.8

用该泵将低位槽的水输至高位槽。输水管终端高于高位槽水面。已知低位槽水面与输水管终端的垂直高度差为 4.0m，管长 80m（包括局部阻力的当量管长），输水管内径 40mm，摩擦系数 $\lambda=0.02$。试用作图法求工作点流量。 [略]

2-6 IS65-40-200 型离心泵在 $n=1450$r/min 时的扬程-流量曲线可近似用如下数学式表达：$H_e=13.67-8.30\times10^{-3}V^2$，式中 H_e 为扬程（m），V 为流量（m^3/h）。试按 2-5 题的条件用计算法算出工作点的流量。 [9.47m^3/h]

2-7 某离心泵在 $n=1450$r/min 时的扬程-流量关系可用 $H_e=13.67-8.30\times10^{-3}V^2$ 表示，式中 H_e 为扬程，m，V 为流量，m^3/h。现欲用此型泵输水。已知低位槽水面和输水管终端出水口皆通大气，二者垂直高度差为 8.0m，管长 50m（包括局部阻力的当量管长），管内径为 40mm，摩擦系数 $\lambda=0.02$。要求水流量 15m^3/h。试问：若采用单泵、二泵并联或二泵串联，何种方案能满足要求？略去出口动能。 [串联]

2-8 有两台相同的离心泵，单泵性能为 $H_e=45-9.2\times10^5V^2$，m，式中 V 的单位是 m^3/s。当两泵并联操作，可将 6.5 L/s 的水从低位槽输至高位槽。两槽皆敞口，两水面垂直位差 13m。输水管终端淹没于高位水槽水中。问：若二泵改为串联操作，水的流量为多少？ [5.70$\times10^{-3}\text{m}^3/\text{s}$]

2-9 承 2-5 题，若泵的转速下降 8%，试用作图法画出新的扬程-流量特性曲线，并设管路特性曲线不变，求出转速下降后的工作点流量。 [略]

2-10 用离心泵输送水，已知所用泵的特性曲线方程为 $H_e=36-0.02V^2$，当阀全开时的管路特性曲线方程为 $H=12+0.06V^2$（两式中 H_e、H 的单位为 m，V 的单位为 m^3/h）。问：①要求流量 12m^3/h，此泵能否使用？②若靠关小阀的方法满足上述流量要求，求出因关小阀而消耗的轴功率。已知该流量时泵的效率为 0.65。 [①适用；②627.8W]

2-11 用离心泵输水。在 $n=2900$r/min 时的特性为 $H_e=36-0.02V^2$，阀全开时管路特性为 $H=12+0.06V^2$（两式中 H_e、H 的单位为 m，V 的单位为 m^3/h）。试求：①泵的最大输水量；②要求输水量为最大输水量的 85%，且采用调速方法，泵的转速为多少？ [①17.3m^3/h；②2616r/min]

2-12 用泵将水从低位槽打进高位槽。两槽皆敞口，液位差 55m。管内径 158mm。当阀全开时，管长与各局部阻力当量长度之和为 1000m，摩擦系数 0.031。泵的性能可用 $H_e=131.8-0.384V$ 表示（H_e 的单位为 m，V 的单位为 m^3/h）。试问：①要求流量为 110m^3/h，选用此泵是否合适？②若采用上述泵，转速不变，但以切割叶轮方法满足 110m^3/h 流量要求，以 D、D' 分别表示叶轮切割前后的外径，问 D'/D 为多少？ [①适用；②0.952]

2-13 某离心泵输水流程如附图所示。泵的特性曲线为 $H_e=42-7.8\times10^4V^2$（H_e 的单位为 m，V 的单位为 m^3/s）。图示的 p 为 1kgf/cm^2（表压）。流量为 $12\times10^{-3}\text{m}^3/\text{s}$ 时管内水流已进入阻力平方区。若用此泵改输 $\rho=1200$kg/m^3 的碱液，阀开启度、管路、液位差及 p 值不变，求碱液流量和离心泵的有效功率。 [4.38$\times10^3$W]

2-14 某离心泵输水，其转速为 2900r/min，已知在本题涉及的范围内泵的特性曲线可用方程 $H_e=36-0.02V$ 表示。泵出口阀全开时管路特性曲线方程为：$H=12+0.05V^2$（两式中 H_e、H 的单位为 m，V 的单位为 m^3/h）。①求泵的最大输水量；②当要求水量为最大输水量的 85% 时，若采用库存的另一台基本型号与上述泵相同，但叶轮经切削 5% 的泵，需如何调整转速才能满足此流量要求？ [①21.71m^3/h；②2756r/min]

2-15 某离心泵输水流程如图示。水池敞口，高位槽内压力为 0.3at（表压）。该泵的特性曲线方程为 $H_e=48-0.01V^2$（H_e 的单位为 m，V 的单位为 m^3/h）。在泵出口阀全开时测得流量为 30m^3/h。现拟改输碱液，其密度为 1200kg/m³，管线、高位槽压力等都不变，现因该泵出现故障，换一台与该泵转速及基本型号相同但叶轮切削 5% 的离心泵进行操作，问阀全开时流量为多少？ [27.3m³/h]

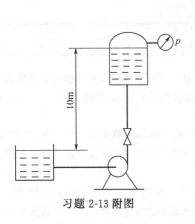

习题 2-13 附图

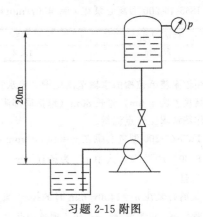

习题 2-15 附图

2-16 以 IS100-80-160 型离心泵在海拔 1500m 高原使用。当地气压为 8.6mH₂O。以此泵将敞口池的水输入某设备，已知水温 15℃。由管路情况及泵的性能曲线可确定工作点流量为 60m³/h，查得允许气蚀余量 $\Delta h_允$ =3.5m。已算得汲入管阻力为 2.3mH₂O。问：最大几何安装高度是多少？ [2.63m]

2-17 在 2-16 题所述地点以 100KY100-250 型单汲二级离心泵输水，水温 15℃，从敞口水池将水输入某容器。可确定工作点流量为 100m³/h，查得允许汲上真空高度 [H_s] =5.4m。汲水管内径为 100mm，汲水管阻力为 5.4mH₂O。问：最大几何安装高度是多少？ [-2.30m]

2-18 大气状态是 10℃、750mmHg（绝压）。现空气直接从大气吸入风机，然后经内径为 800mm 的风管输入某容器。已知风管长 130m，所有管件的当量管长为 80m，管壁粗糙度 ε=0.3mm，空气输送量为 2×10^4 m³/h（按外界大气条件计）。该容器内静压强为 1.0×10^4 Pa（表压）。库存一台 9-26 型 No. 8 离心式风机，n=2900r/min，当流量为 21982m³/h，H_T =1565mmH₂O，其出风口截面为（0.392 ×0.256）m²。问：该风机能否适用？ [适用]

2-19 以离心式风机输送空气，由常压处通过管道水平送至另一常压处。流量 6250kg/h。管长 1100m（包括局部阻力），管内径 0.40m，摩擦系数 0.0268。外界气压 1kgf/cm²，大气温度 20℃。若置风机于管道出口端，试求风机的全风压。[提示：①风管两端压力变化 $\dfrac{p_1-p_2}{p_1}$ <20% 时，可视为恒密度气体，其 ρ_M 值按平均压力 $\dfrac{p_1+p_2}{2}$ 计算；②为简化计算，进风端管内气体压力视为外界气压；③管道两端压差 <10^4 Pa] [6222Pa]

2-20 以离心泵、往复泵各一台并联操作输水。两泵合成的性能曲线方程为：H_e =72.5-0.00188（V- 22）²，V 指总流量。阀全开时管路特性曲线方程为：$H=51+KV^2$（两式中 H_e、H 的单位为 mH₂O，V 的单位为 L/s）。现停开往复泵，仅离心泵操作，阀全开时流量为 53.8L/s。试求管路特性曲线方程中的 K 值。 [0.00555m/(L/s)²]

<<<<< 复习思考题 >>>>>

2-1 流体输送机械依结构及运行方式不同，可分为 4 种类型，即 _____ 式、_____ 式、_____ 式及 _____ 式。

2-2 离心泵均采用 _____ 叶片，其泵壳侧形为 _____ 形，引水道渐扩，是为了使 _____。

2-3 离心泵的三条特性曲线是 _____、_____ 和 _____ 曲线。这些曲线是 _____ 和 _____ 条件下，由 _____ 测得的。

2-4　离心泵铭牌上写的参量是_____时的参量。

2-5　离心泵启动前要盘车、灌液，灌液是为了防止_____现象发生。

2-6　离心泵停泵要前先关小出口阀，以避免发生易损坏阀门和管道的_____现象。

2-7　离心泵在长期正常操作后虽工作条件未变，却发生气蚀，其原因一般是_____。

2-8　液体容器绕中心轴等角速度ω旋转，如图所示。液面任一点高度z与该点对轴心线的距离r之间的数量关系是$z=$_____。

2-9　如图所示，用离心泵将水由水槽输入塔内，塔内压强$p_2=0.2$at（表压），汲入及压出管总长及局部阻力当量管长$l+\sum l_e=20$mm，管内径25mm，摩擦系数$\lambda=0.024$，则输送1N水所需的外加功H_e'与流量V的数量关系式为_____。

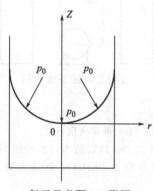
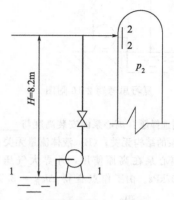

复习思考题 2-8 附图　　　　　　　　复习思考题 2-9 附图

2-10　H_e'表示在第 2-9 题条件下，为实现水流量为V（m³/s）的输送，1N 水必须_____的外加机械能（J）。2-9 题导出的H_e'-V关系又称为_____。设λ为常数，此关系的一般式为_____。

2-11　第 2-9 题中的管路特性方程可改写成$H_e'=10.2+0.313V^2$（m）（式中，V的单位为 m³/h）。如选用的泵的H_e-V关系可表达为$H_e=42-0.01V^2$（m），则工作点为_____。

2-12　第 2-11 题中，若略关小出口阀，使$l+\sum l_e=30$m，设λ不变，则新工作点为_____。

2-13　第 2-12 题中，已知在出口阀关小后$V_1=8.14$m³/h 时泵的效率$\eta=0.62$，与原来的$V=9.92$m³/h 相比，因关小阀而多消耗在阀上的轴功率$\Delta N_a=$_____。

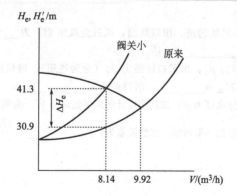

复习思考题 2-13 附图

2-14　第 2-13 题中，若管路及阀门开启度均保持原来不变，用减小泵转速的方法使流量降至 8.14m³/h，则调节后的转速与原转速之比$n'/n=$_____。

2-15　已知单台离心泵的性能为$H_e=42-0.01V^2$（V的单位为 m³/h），则两台相同的上述泵串联或并联，其综合的性能分别为$H_{e,串}=$_____，$H_{e,并}=$_____。

2-16 如图所示,当泵出口阀全开,$V=25\text{m}^3/\text{h}$ 时,管路阻力 $\sum H_f=53.4\text{mH}_2\text{O}$,则阀全开时的管路特性方程为_____。

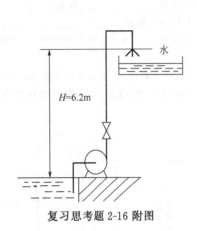

复习思考题 2-16 附图

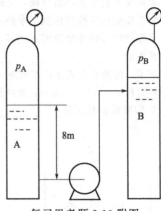

复习思考题 2-19 附图

2-17 单项选择题:离心泵的安装高度与_____。

(A) 泵的结构无关;(B) 液体流量无关;(C) 汲入管阻力无关;(D) 液体密度有关。

2-18 某离心泵在高原使用,外界大气压 $p_0=8.6\text{mH}_2\text{O}$(绝压),输 15℃ 的水,水的蒸气压 $p_V=1.707\text{kPa}$。由工作点查得 $\Delta h_允=3.5\text{m}$,可算得汲入管阻力为 $2.3\text{mH}_2\text{O}$,则最大安装高度为_____ m。

2-19 如图所示,用离心泵由 A 槽将饱和液体输至 B 槽,要求流量为 $16\text{m}^3/\text{h}$。查得该泵在该流量时 $\Delta h_允=2.4\text{m}$,可算得汲入管阻力为 3.3m。可判断此泵在该流量时_____发生气蚀。

2-20 使用离心泵从比此泵位置更低的液槽汲液,不应在汲入管上装阀以调节流量,原因是_____。

2-21 往复泵属于_____类型的流体输送机械,常用于流量_____、压头_____的情况。在固定操作条件下,通过泵体的液体流量是恒定的。当需要调节流量时,不能用调节出口阀的办法,只能用调节_____的方法解决。

2-22 在风机样本中,离心式风机的性能曲线是在一定转速下,并规定进口气体密度 $\rho=$_____ kg/m^3 条件下测得的。性能曲线共有 4 条,即_____、_____、_____和_____曲线。

2-23 若以下标"1"、"2"表示风机的进、出口截面,风机全风压 H_T 为_____。

2-24 在全风压中,往往略去_____项。

2-25 若风机操作时进风口压强为 p_1,出风口压强为 p_2(全为绝压),进风口气体密度为 ρ_1,出风口气速为 u_2,则风机的静压强 $H_静=$_____,出口动能为_____。

2-26 若风机在工作时进风口气体密度为 ρ',按此密度计的风机流量为 V',实测得风机全风压为 H_T',为了从风机样本中选择风机型号,须做参量转换。转换关系为:$V_{样本}=$_____,$\dfrac{(H_T)_{样本}}{1.2}=$_____。

第3章
颗粒流体力学基础与机械分离

 学习指导

本章应用流体力学原理，实现非均相物系的分离。重点学习流体相对于颗粒床层及颗粒相对于流体的流动规律，以及其在过滤、沉降、固体流态化等工业过程中的应用，掌握计算方法及典型设备。对于流体通过固体颗粒床层流动的复杂工程问题，本章采用数学模型的方法进行处理，即以过程特征和研究目的为基础进行简化处理，建立数学模型并确定模型参数，学习过程中应予以体会。

众所周知，河水里挟带有泥砂，空气中含有灰尘。在自然界遇到的流体都不是单一相的流体，而是以流体为连续相，以悬浮在流体中的"粒子"为分散相的流体非均相混合物。显然，要得到纯净的水或空气，就涉及把分散的粒子同流体分开的问题，这叫做流体非均相混合物的分离问题。

流体非均相混合物中各相的分离（简称非均相分离）是有实际意义的问题。这种分离的例子很多，如天然气自矿井喷出时挟带有大量泥砂，排空的烟道气含有不少煤渣、煤粉，均存在气体除尘问题；在塔器操作中，上升气流带有液滴，则存在气体除雾问题，这些是"气-固"与"气-液"系非均相分离的例子。"液-固"、"液-液"与"液-气"系的非均相分离的例子也很多，如经反应生成的碳酸氢铵、二氧化钛和硫酸亚铁晶体，须与母液分离；粗聚醚精制操作后精聚醚须与活性白土分离；原油含水分，有油水分离问题；塔器操作中下降液体含有气泡，存在脱除气泡问题等。

非均相分离的方法有多种。最常用的是基于力学原理的方法，当需输入能量时亦只输入机械能，这种非均相分离方法称为机械分离。机械分离并不排除为改善效果而采用的化学手段。涉及机械分离的生产部门很多，几乎没有什么国民经济部门是同机械分离完全无关的。机械分离应用面广的原因主要是能耗低且可取得较好效果。以净化挟带泥砂、杂物的河水为例，采用絮凝沉降与砂滤，可得到3［浊度］以下的清洁水，所用机械分离方法能耗低，故此方法为自来水厂普遍采用。若经过蒸馏由河水制取蒸馏水，固然产品更纯净，但因输入的热能太多，自来水厂自然无法接受这种净化方法。但也应承认，当非均相分离的分离程度要求很高时，并非机械分离能单独胜任，这时机械分离可作为预处理步骤。由于机械分离应用的广泛性，本章讨论的非均相分离只限于机械分离。

研究机械分离的主要基础理论是颗粒流体力学，即探讨颗粒与流体相对运动规律的学科，但颗粒流体力学的研究范畴比机械分离涉及的范围更广。颗粒流体力学的内容有对固体单颗粒及颗粒群几何特性的研究，对沉降、流体通过多孔介质的流动特性、过滤、流态化及固体粒子的气力输送的研究等。其中流态化技术多用于矿石焙烧、煤粉燃烧、催化反应与固体干燥等，与机械分离无关。固体粉粒的气力输送也并非机械分离问题。

基于掌握基础学科知识对加深理解单元操作原理的重要性，本章拟以介绍颗粒流体力学为主线，对其中某些部分的内容引申至生产领域，并结合有关的机械分离问题进行讨论。

3.1 固体颗粒的几何特性与筛分分析

3.1.1 单颗粒的几何特性

（1）球形颗粒　球形是最简单、有对称性的几何形状。在研究流体对颗粒作相对运动的各种参量变化规律时，球形颗粒一般被选为典型的形状。球形颗粒的体积、表面积及比表面积可按下式计算。

体积

表面积

比表面积

$$\left.\begin{aligned} V &= \frac{\pi}{6} d_p^3 \\ S &= \pi d_p^2 \\ a &= \frac{S}{V} = \frac{6}{d_p} \end{aligned}\right\} \tag{3-1}$$

式中，V 为颗粒体积，m^3；S 为颗粒表面积，m^2；a 为颗粒比表面积，m^{-1}；d_p 为球形颗粒的直径，m（下标 p 指 particle，粒子）。

可见，球形颗粒只需单参量 d_p 就可描述各几何性质，其形状不需另作说明。

（2）非球形颗粒　非球形颗粒的形状变化无穷。无论用文字叙述还是一组数字描述都无法确切表达某颗粒的形状特点。对一具体颗粒而言，以何种特征尺寸代表该颗粒的粒度也颇有争论，已有多种学派观点发表。工程上一般采用在某一方面与原颗粒等效的球形颗粒直径作为该颗粒的当量直径，并以形状系数（球形度）表示其形状特点。

① 等体积当量直径 $d_{e,v}$　与非球形颗粒体积相等的球的直径。若非球形颗粒的体积为 V，则 $d_{e,v}$ 可由下式算得

$$d_{e,v} = \sqrt[3]{\frac{6V}{\pi}} \tag{3-2}$$

② 形状系数 Ψ　与非球形颗粒等体积的球的表面积与该颗粒表面积之比。若非球形颗粒表面积为 S，则

$$\Psi = \pi \frac{d_{e,v}^2}{S} \tag{3-3}$$

因同体积的颗粒以球形的表面积最小，故 $\Psi \leqslant 1$。

有了 $d_{e,v}$ 及 Ψ 两个参量，便可算出颗粒的体积、表面积及比表面积。

$$\left.\begin{aligned} V &= \frac{\pi}{6} d_{e,v}^3 \\ S &= \frac{\pi d_{e,v}^2}{\Psi} \\ a &= \frac{S}{V} = \frac{6}{\Psi d_{e,v}} \end{aligned}\right\} \tag{3-4}$$

除了以等体积当量直径 $d_{e,v}$ 表示粒径外，还有以等表面积当量直径 $d_{e,s}$ 及等比表面积当量直径 $d_{e,a}$ 表示粒径的。不同等效原则强调了不同的方面，其中以等体积原则的当量直径用得最多。

【例 3-1】　试写出边长为 a 的正立方体颗粒的当量直径 $d_{e,v}$ 和形状系数 Ψ 的计算式。

解　边长为 a 的正立方体的体积 $V=a^3$，表面积 $S=6a^2$，则

$$d_{e,v}=\sqrt[3]{\frac{6V}{\pi}}=\sqrt[3]{\frac{6a^3}{\pi}}=a\sqrt[3]{\frac{6}{\pi}}$$

$$\Psi=\frac{\pi d_{e,v}^2}{S}=\frac{\pi a^2\left(\dfrac{6}{\pi}\right)^{\frac{2}{3}}}{6a^2}=\sqrt[3]{\frac{\pi}{6}}$$

3.1.2　筛分分析与颗粒群的几何特性

把许多固体颗粒堆积在容器中，即构成固定床（fixed bed）。要了解固定床的几何特性，首先需作筛分分析，确定其粒度分布。

3.1.2.1　筛分分析

筛子的平壁面开有许多一定形状、大小的孔，当固体颗粒群作充分的相对于筛面的滑动与翻动时，小颗粒会穿过筛孔而大颗粒被筛孔截留，从而使原颗粒群分成含大颗粒的颗粒群与含小颗粒的颗粒群，这叫筛分。当把不同孔眼大小的若干筛子按孔眼大的在上、孔眼小的在下的原则叠置起来，将原颗粒物料从最上一层筛子的上方加入，经充分筛分，使原颗粒群按粒径大小作更细的划分，并分别称量各部分的颗粒质量，从而可确定原颗粒群中不同粒径范围颗粒的质量分率的分布状况，这叫筛分分析。

在工业生产和科研中，一般使用的筛都是标准筛，当前世界上常用的有泰勒制、日本制、德国制及前苏联制等标准筛。泰勒制标准筛通用于欧美各国，在世界上用得最广，我国亦使用泰勒制标准筛。各种标准筛的筛网均由金属丝编织成，孔为正方形，金属丝的材料、粗细、网孔大小都有严格规定。泰勒制标准筛的筛号指沿丝线走向 1in 长具有的孔数，以泰勒制 80 号筛为例，规定的丝线直径为 0.142mm，则孔的边长为 $[25.4-(80\times0.142)]/80=0.175mm$。泰勒制标准筛还规定相邻两筛号筛子的孔面积之比为 $\sqrt{2}$。

作颗粒物料筛分分析时，物料应是干料，以避免颗粒黏结成团或使网孔堵塞。各号筛按孔眼上大、下小顺序叠置，可按颗粒大小及划分要求，采用部分筛号筛子。最下层筛子的下面是无孔的底盘。颗粒物料从最上层筛子上方加入后用振荡器令整组筛子振动，振动的频率、振幅和时间都有规定。振动筛分完毕即将各号筛子上的颗粒汇集称量。

对某一号筛而言，截留在该筛面上的颗粒质量 G_i 称为"筛余量"，若颗粒总的质量为 G，令 $G_i/G=x_i$，x_i 称为该号筛的筛余量质量分数。通过该号筛的颗粒质量叫"筛过量"，显然，某号筛的筛过量应为该号筛以下各层筛及底盘的筛余量之和。截留在某号筛面上的颗粒平均直径按该号筛与其上一层筛的筛孔边长的算术平均值计，即 $d_{pi}=(d_i+d_{i-1})/2$。筛分结果的原始数据如图 3-1 所示。根据此原始数据

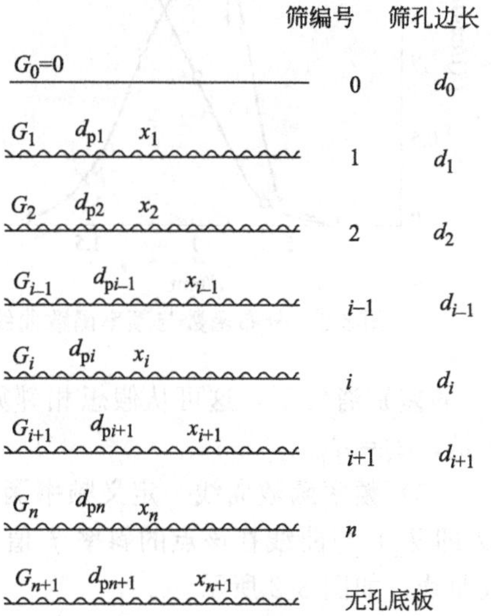

图 3-1　筛分原始数据

G_i—筛余量；G—总质量；d_{pi}—颗粒平均直径；x—筛余量质量分数

作出的颗粒粒径分布状况的表达方式有 3 种，现分述于下。

（1）表格式 如对某堆场的石英砂取样进行筛分分析，所得结果可用表 3-1 所示的列表方式表达，表中数据为一次示例。

表 3-1 石英砂的筛分数据

编号	筛号范围	平均粒径 d_p/mm	筛余量质量分数 x	筛孔尺寸 d/mm	筛过量质量分数 F
1	9/10	1.816	0.04	1.651	0.96
2	10/12	1.524	0.06	1.397	0.90
3	12/14	1.283	0.24	1.168	0.66
4	14/16	1.080	0.22	0.991	0.44
5	16/20	0.912	0.25	0.833	0.19
6	20/24	0.767	0.16	0.701	0.03
7	24/28	0.645	0.02	0.589	0.01
8	28	0.295	0.01	0	0

表 3-1 中各列意义按 12/14 横排说明如下：12/14 表示颗粒通过 12 号筛而截留于 14 号筛，平均粒径指截留于 14 号筛上的颗粒平均直径，是 12 号与 14 号筛孔边长的算术平均值。质量分数是截留于 14 号筛的颗粒质量分数。筛孔尺寸是 14 号筛的筛孔边长。筛过量质量分数是对 14 号筛而言的。

表格式的粒度分布表达法数据准确，但不及图线表达直观，而且难以从样品分析中得到内含的规律性。

（2）分布函数曲线 分布函数 F 即筛过量质量分数。可令表 3-1 中的筛孔尺寸 d 为横坐标，筛过量质量分数 F 为纵坐标，将各组 $(d, F)_i$ 数据在图上标点。又因颗粒全部通过 9 号筛，9 号筛的分布函数 $F=1$。查得 9 号筛的筛孔边长为 1.981mm，故可在图中再增添（$d=1.981$mm，$F=1$）这一点。将图中各点连成光滑曲线，即得分布函数曲线，如图 3-2 所示。

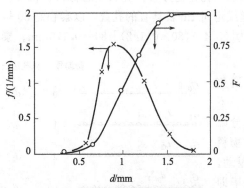

图 3-2 分布函数与频率函数曲线

实验所得的 $(d, F)_i$ 数据标出的点是离散的，由这些点连成光滑曲线即构成连续函数曲线。对于这样的连续曲线，每号筛子的筛孔尺寸 d_i 与该号筛的筛余颗粒平均粒径 d_{pi} 的差别消失了，这可从假想相邻筛号的筛孔尺寸差异无限减小以取得此曲线得到解释。于是，$d_i = d_{pi}$。

（3）频率函数曲线 定义频率函数 $f = dF/d(d_p)$，即可由分布函数曲线上各点的 d 值（d 即 d_p）与曲线在该点的斜率 f 值写出多组 $(d_p, f)_i$ 数据，并在 f-d_p 图中描出频率函数曲线，如图 3-2 所示。

对于频率函数 f 的理解可从对平均频率函数 $\bar{f}$ 的理解着手。对于筛孔尺寸为 d_{i-1} 与 d_i 的相邻两层筛子，当筛孔为 d_i 的筛子的筛余量分率为 x_i 时，平均频率函数 $\bar{f} = x_i/(d_{i-1} -$

d_i），可见，若令颗粒尺寸范围 $(d_{i-1}-d_i)$ 为常量，在某范围内颗粒的质量分数 x_i 大，该粒度范围的 $\overline{f}$ 值就高。当 $(d_{i-1}-d_i)$ 无限减小，x_i 便为 $\mathrm{d}F$，$\overline{f}$ 就变成 f 了。

由于

$$f=\frac{\mathrm{d}F}{\mathrm{d}(d_{\mathrm{p}})}$$

所以

$$F_i=\int_0^{d_{\mathrm{p}i}} f\mathrm{d}(d_{\mathrm{p}}) \tag{3-5}$$

频率函数曲线与横轴间的面积值为 1。欲了解任意的由 d_i 至 d_{i-1} 尺度范围的颗粒所占的质量分量，只需由横轴上 d_{i-1} 与 d_i 两点作向上垂直线，截止于频率函数曲线上，则在此粒径范围内频率函数曲线与横轴间的面积值就是该粒径范围内颗粒的质量分数。显然，频率曲线的起伏情况直接表达了各粒度颗粒出现的概率密度的大小。

3.1.2.2　颗粒群的平均直径

由形状系数相同的颗粒堆积成的固定床，在床层内不同局部空间，不仅出现的颗粒尺寸有异，颗粒的取向亦有任意性。床层内部结构的复杂性使对其进行研究遇到很大困难。对固定床的内部结构问题，工程上采用了一些假设和令某方面等效的方法进行了床层结构的简化与理想化，使对各种问题的研究建立在数学模型基础上成为可能。把实际固定床假想由具有与实际颗粒相同形状系数且粒径均一的同样物质颗粒组成的均匀床层，即为这种简化的一例。下面介绍这种简化床层平均粒径的计算方法。

若颗粒群的总质量为 $G(\mathrm{kg})$，颗粒密度为 $\rho_{\mathrm{p}}(\mathrm{kg/m^3})$，各颗粒的形状系数相等，皆为 $\varPsi$，经过筛析，已获得各组颗粒平均粒径与质量分数的数据 $(d_{\mathrm{p}}, x)_i$。假设筛析所得的各组颗粒平均粒径即为颗粒的等体积当量直径。

欲确定颗粒群的平均直径 d_{m}，需明确某一方面等效的原则。对于考虑流体通过固定床内孔隙的压降问题，因一般流速较低，流动阻力属黏性阻力，与单位体积颗粒的表面积——比表面积关系紧密，故宜以等比表面积作为等效原则求取平均粒径。对于原颗粒群，有

颗粒总体积

$$V=G/\rho_{\mathrm{p}}$$

平均粒径为 $d_{\mathrm{p}i}$、质量分数为 x_i 的一组颗粒群的颗粒数为 $(Gx_i/\rho_{\mathrm{p}})/[(\pi/6)d_{\mathrm{p}i}^3]$，每一颗粒的表面积为 $\pi d_{\mathrm{p}i}^2/\varPsi$，则

颗粒总表面积

$$\Sigma S_i=\Sigma\Big(\frac{\pi d_{\mathrm{p}i}^2}{\varPsi}\Big)\Big[\frac{\dfrac{Gx_i}{\rho_{\mathrm{p}}}}{\Big(\dfrac{\pi}{6}\Big)d_{\mathrm{p}i}^3}\Big]=\frac{6G}{\varPsi\rho_{\mathrm{p}}}\Sigma\Big(\frac{x_i}{d_{\mathrm{p}i}}\Big)$$

平均比表面积

$$\overline{a}=\frac{\Sigma S_i}{V}=\frac{\dfrac{6G}{\varPsi\rho_{\mathrm{p}}}\Sigma\Big(\dfrac{x_i}{d_{\mathrm{p}i}}\Big)}{(G/\rho_{\mathrm{p}})}=\frac{6}{\varPsi}\Sigma\Big(\frac{x_i}{d_{\mathrm{p}i}}\Big)$$

令 d_{m} 为颗粒群的平均直径，其形状系数为 $\varPsi$，比表面积 $a=6/(\varPsi d_{\mathrm{m}})$，根据等比表面积原则

$$\frac{6}{\varPsi}\Sigma\Big(\frac{x_i}{d_{\mathrm{p}i}}\Big)=\frac{6}{\varPsi d_{\mathrm{m}}}$$

故

$$d_{\mathrm{m}}=\frac{1}{\Sigma\dfrac{x_i}{d_{\mathrm{p},i}}} \tag{3-6}$$

【例 3-2】 石英砂的筛析数据如表 3-1 所示，试计算其平均粒径。

解

$$\sum\left(\frac{x_i}{d_{\mathrm{p},i}}\right)=\frac{0.04}{1.816}+\frac{0.06}{1.524}+\frac{0.24}{1.283}+\frac{0.22}{1.080}+\frac{0.25}{0.912}+\frac{0.16}{0.767}+\frac{0.02}{0.645}+\frac{0.01}{0.295}$$

$$=1.00\mathrm{mm}^{-1}$$

所以

$$d_{\mathrm{m}}=\frac{1}{\sum\left(\dfrac{x_i}{d_{\mathrm{p},i}}\right)}=\frac{1}{1.00}=1.00\mathrm{mm}$$

3.1.2.3 床层特性

（1）床层空隙率 ε　对于同样的颗粒群，因堆积方法不同可有不同的床层空隙率。若堆积甚快且避免床层振动，颗粒间有架空结构，ε 值可较高；若边堆积边敲打容器，颗粒较填实，ε 值则较低。一般 ε 值波动在 $0.47\sim0.7$。

床层空隙率 $\varepsilon=$（床层体积－颗粒体积）/床层体积

颗粒大小混杂时床层的空隙率较小，因小颗粒可藏在大颗粒构成的空隙内。在床层靠器壁处的局部空隙率比中心部位的空隙率大，因颗粒与器壁间的空隙往往难以再填入另一个颗粒。

单位体积床层内固体颗粒的质量称为堆积密度，堆积密度值显然同床层敲击程度或堆装方式有关而并非定值。为便于区分，颗粒的密度称为真实密度。

（2）床层各向同性　对于散堆（也称乱堆）的床层，因各部位颗粒的大小、方向是随机的，当床层体积足够大或颗粒足够小时可认为床层是均匀的，各局部区域的空隙率相等，床层是各向同性的。

床层各向同性的另一重要推论是床层内任一平截面上空隙面积与截面总面积之比（即自由截面率）在数值上等于空隙率 ε。

（3）床层的比表面积 a_{B}　颗粒的比表面积 a 指每立方米颗粒具有的表面积，而床层比表面积指的是每立方米床层体积具有的颗粒表面积，显然，二者的关系是 $a_{\mathrm{B}}=(1-\varepsilon)a$。

3.2　流体通过固定床层的流动

在生产上和自然界都会遇到流体通过固体颗粒床层的情况，例如，流体通过固定床反应器触媒层的流动，流体在过滤操作中流过滤饼层的流动，流体流过离子交换树脂床层的流动以及地下水通过砂、石、土壤的渗流都是这类流动的例子。

固定床内孔隙形成的通道特点是弯曲、变截面和有分支。这样的复杂通道给流体通过固定床阻力计算式的推导带来很大困难，很难进行理论计算，必须依靠实验来解决问题。在 1.6.3 中介绍了量纲分析方法，本章介绍另一种实验规划方法——数学模型法。

3.2.1　固定床结构的一维简化模型

设固定床的床层横截面积为 A，厚度为 L，空隙率为 ε，颗粒比表面积为 a，平均粒径为 d_{m}，形状系数为 Ψ。一维模型假想床层内的通道均是沿床层厚度（或高度）方向的圆截面、等径直通道。各通道均为单通道，相互并联，具有相同直径。简化的床层结构还有下列特点。

① 各直通道的直径可通过当量直径概念由原床层参量 ε 及 a 确定。由于当量直径 $d_e =$ 4×通道截面积/通道润湿周边长，在此式中令分子、分母均乘以 dL，并沿整个床层厚度积分，可得

$$d_e = 4 \times \frac{床层空隙率}{床层比表面积} = 4 \frac{\varepsilon}{a(1-\varepsilon)} \tag{3-7}$$

以式(3-7) 由原床层参量 ε 和 a 算得的 d_e 即为简化模型各直通道的直径。

② 床层空隙率或垂直于流向的床层横截面的自由截面率与原床层空隙率 ε 相等。但简化床层已非各向同性。

令流体按床层横截面积 A 计算的流速 u 为"空速"，按床层横截面积中孔隙面积 εA 计算的流速为"真正流速" u_1，则 u 与 u_1 间关系为 $u_1 = u/\varepsilon$。

因简化模型与原床层的 A 及 ε 相同，对于一定的流体体积流量，二者间 u 与 u_1 的值对应相等。

③ 在原床层与简化床层空速 u 相同条件下，二者阻力或压降相同。这也称为压降上等效。

设原床层空速为 u 时床层压降为 Δp_m（应写为 $-\Delta p_m$，但习惯上常省去负号），该压降 Δp_m 是简化床层在相同空速下的压降。令 L_e 为简化模型的通道长度。因简化模型可采用范宁公式计算压降，所以

$$\Delta p_m = \lambda \left(\frac{L_e}{d_e}\right) \left(\frac{u_1^2}{2}\right) \rho$$

将 $u_1 = u/\varepsilon$ 及 $d_e = 4\varepsilon/[a(1-\varepsilon)]$ 关系代入上式，并令等式两侧均除以原床层厚度 L，可得

$$\frac{\Delta p_m}{L} = \left(\lambda \frac{L_e}{L}\right) \frac{a(1-\varepsilon)}{4\varepsilon} \times \frac{u^2}{2\varepsilon^2}\rho = \left(\lambda \frac{L_e}{8L}\right) \frac{a(1-\varepsilon)}{\varepsilon^3} u^2 \rho$$

令 $\lambda' = \lambda L_e/(8L)$，则

$$\frac{\Delta p_m}{L} = \lambda' \frac{a(1-\varepsilon)}{\varepsilon^3} u^2 \rho \tag{3-8}$$

式(3-8) 为以一维简化模型计算流体流过固定床压降的数学模型。该模型提出了根据原固定床结构参量 a、ε 及流体流速、密度计算阻力的基本关系式，但式中模型参数 λ' 值需通过实验确定。

3.2.2　数学模型中模型参数的估值

定义

$$Re' = \frac{d_e u_1 \rho}{4\mu} = \frac{\dfrac{4\varepsilon}{a(1-\varepsilon)} \times \dfrac{u}{\varepsilon}\rho}{4\mu} = \frac{u\rho}{a(1-\varepsilon)\mu}$$

大量实验数据表明，当 $Re' < 2$，$\lambda' = 5.0/Re'$，即

$$\frac{\Delta p_m}{L} = 5.0 \frac{a^2(1-\varepsilon)^2}{\varepsilon^3} \mu u \tag{3-9}$$

式(3-9) 称为柯士尼（Kozeny）公式。由压降正比于流速一次方，可见，流动阻力为黏性阻力。

对于 $Re' < 400$ 的更宽的 Re' 范围，实验数据可整理得 $\lambda' = (4.17/Re') + 0.29$，于是

$$\frac{\Delta p_m}{L} = 4.17 \frac{a^2(1-\varepsilon)^2}{\varepsilon^3} \mu u + 0.29 \frac{a(1-\varepsilon)}{\varepsilon^3} \rho u^2 \tag{3-10}$$

若以 $a = 6/\Psi d_m$ 代入，上式可写成

$$\frac{\Delta p_m}{L} = 150\frac{(1-\varepsilon)^2}{\varepsilon^3(\Psi d_m)^2}\mu u + 1.75\frac{(1-\varepsilon)}{\varepsilon^3} \times \frac{\rho u^2}{\Psi d_m} \tag{3-11}$$

式(3-10)与式(3-11)称为欧根（Ergun）公式，式中第1项含有 u 的一次方，主要表示黏性阻力，第2项含有 u 的二次方，主要表示涡流阻力。应用欧根公式的 Re' 范围比柯士尼公式的广得多，但流体流过固定床时流速通常甚小，一般 $Re' < 2$，这时使用柯士尼公式更简单、准确。

实验是化工过程研究的重要手段，量纲分析法和数学模型法是两种常用的实验规划方法，两者存在显著差异。数学模型法立足于对所研究过程的深刻理解，按以下主要步骤进行工作：

① 将复杂的真实过程本身简化成易于用数学方程式描述的物理模型；

② 对所得到的物理模型进行数学描述即建立数学模型；

③ 通过实验对数学模型的合理性进行检验并测定模型参数。

量纲分析法无须对过程本身的内在规律有深入理解，在完整列出影响过程的主要因素的基础上，将变量组合成无量纲数群，最后由实验确定无量纲数群之间的函数关系。而数学模型法的关键在于对过程内在规律深入认识的基础上，进行合理简化，实验的目的是检验物理模型的合理性并测定模型参数。

【例 3-3】 欲测某硅酸盐水泥粉的比表面积，并采用 cm^2/g 为单位。现用 12.2g 水泥装入截面积为 $5.0cm^2$ 的金属圆筒容器中，加盖压紧后测得水泥固定床厚度为 1.5cm。在常压下 20℃ 的空气以 $5.0 \times 10^{-7} m^3/s$ 流量通过此床层，测得床层压降为 $295mmH_2O$。已知水泥粉的真密度 $\rho_p = 3120kg/m^3$（即 $\rho_p = 3.12g/cm^3$）。

解 床层 $\varepsilon = \dfrac{\text{床层体积} - \text{水泥体积}}{\text{床层体积}} = \dfrac{5.0 \times 1.5 - 12.2/3.12}{5.0 \times 1.5} = 0.479$

查得常压、20℃ 空气黏度 $\mu = 1.81 \times 10^{-5} Pa \cdot s$。空气空速 $u = 5.0 \times 10^{-7}/(5.0 \times 10^{-4}) = 1.0 \times 10^{-3} m/s$。设 $Re' < 2$，使用柯士尼公式：

$$\frac{\Delta p_m}{L} = 5.0\frac{a^2(1-\varepsilon)^2}{\varepsilon^3}\mu u$$

代入数据 $\dfrac{295 \times 9.81}{1.5 \times 10^{-2}} = 5.0\dfrac{a^2(1-0.479)^2}{0.479^3} \times 1.81 \times 10^{-5} \times 1.0 \times 10^{-3}$

所以 $a = 9.29 \times 10^5 m^2/m^3$

或 $a = 9.29 \times 10^5 \times \dfrac{10^4}{(3120 \times 10^3)} = 2978 cm^2/g$

核算 Re'：查得空气密度 $\rho = 1.205kg/m^3$

$$Re' = \frac{\rho u}{a(1-\varepsilon)\mu} = \frac{1.205 \times 1.0 \times 10^{-3}}{9.29 \times 10^5(1-0.479) \times 1.81 \times 10^{-5}}$$
$$= 1.38 \times 10^{-4}(<2)$$

计算有效。

3.3 悬浮液滤饼过滤

3.3.1 悬浮液滤饼过滤的操作特点

以多孔介质（亦称过滤介质）截留悬浮于流体中的固体颗粒，从而实现固体颗粒与流体分离目的的操作称为过滤。过滤过程是液固分离的主要过程之一，其特点是流体流动类型基本上属于极慢的层流流动。影响流动的宏观因素有过滤操作压力、流速、温度、滤液黏度、过滤介质等，微观因素包括滤饼结构、毛细现象、絮凝、凝聚等。固体颗粒粒径越大，宏观因素越占主导；固体颗粒粒径越小，微观因素越突出。

对于固体浓度较高（质量分数为 $1\%\sim20\%$）的悬浮液，过滤过程开始后，由于过滤介质的筛滤作用，悬浮液中的固体颗粒被阻挡在这个比较薄的可渗透的过滤介质表面，形成初始滤饼层。在继续过滤的过程中，逐渐增厚的滤饼层起着阻挡颗粒的过滤作用。而过滤介质则只起支撑作用，这种过滤操作称为滤饼过滤。滤饼过滤的推动力是压差，可通过空气压缩机、真空泵等提供。图 3-3 所示为间歇操作的滤饼过滤示意，悬浮液一次性加入到容器中，合上器盖后上方通入压缩空气，悬浮液便在压差（p_1-p_2）推动下进行过滤。过滤一般都是在恒压差推动下进行的。

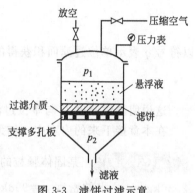

图 3-3 滤饼过滤示意

在恒压差滤饼过滤过程中，由于滤饼不断增厚，过滤阻力不断增大，使过滤愈来愈难进行。令过滤面积为 $A(\mathrm{m}^2)$，过滤中汇集的滤液量为 $V(\mathrm{m}^3)$，以 τ 表示过滤时间（s），则无论是滤液流率 $\mathrm{d}V/\mathrm{d}\tau$ 还是过滤速率为 $\mathrm{d}V/(A\mathrm{d}\tau)$ 都是随着过滤的进行而不断减小。

在完成过滤操作后，为了把残留在滤饼中的滤液（亦称母液）除去以得到更纯的固体产品，或为了回收滤饼中价值较高的母液，都需在卸滤饼前对滤饼进行洗涤。

一般用的洗涤液应能与滤饼中的母液互溶而不溶解固体，且黏度要小。若洗涤是为了回收母液，则要求洗涤后所得洗涤液与母液的混合物便于分离。常用清水为洗涤液，有时也采用压缩气体，如分离聚醚与活性白土的过滤操作后，用压缩气体逐出滤饼中的母液，但普遍使用的是用洗涤液洗涤滤饼。

可见，间歇式过滤的每个过滤周期都包含了过滤、滤饼洗涤及设备的拆装（其中包含了卸滤饼、换过滤介质等）3 个操作。

滤饼过滤的过滤介质一般为滤布或金属丝网，滤布可用棉、麻、丝、毛或化纤编织而成。过滤介质的孔的大小应适宜，孔若过小则介质易堵，孔若过大则滤出的滤液不清，含固相量高。在刚开始过滤时滤液混浊属正常现象，当介质表面积起薄层滤饼后，滤液便可变清。过滤介质应有足够的机械强度且应便于清洗。

3.3.2 悬浮液滤饼过滤的物料衡算

设某料浆（即悬浮液）在过滤面积为 $A(\mathrm{m}^2)$ 的过滤机中过滤，获得滤液 $V(\mathrm{m}^3)$，滤饼厚度为 $L(\mathrm{m})$，滤饼的空隙率为 ε。过滤前后各体积参量关系如下：

若悬浮液的浓度为 ϕ kg 固体/m³ 清液（即认为该悬浮液由 1m³ 清液加 ϕ kg 固体搅混而成），且固体真实密度为 ρ_p(kg/m³)，则可列出下式

$$\phi=\frac{LA(1-\varepsilon)\rho_p}{V+LA\varepsilon} \tag{3-12}$$

一般来说，得到的滤液量比对应的滤饼中含有的液量大得多，$V\gg LA\varepsilon$，故上式可简化为

$$\phi=\frac{LA(1-\varepsilon)\rho_p}{V} \tag{3-13}$$

以符号 q 表示单位过滤面积获得的滤液量，即 $q=V/A$，则

$$L=\frac{\phi}{(1-\varepsilon)\rho_p}q \tag{3-14}$$

这说明滤饼厚度 L 与单位过滤面积得到的滤液量 q 近似成正比。

在本章接下来的内容中，如无特别说明，提到的过滤均指悬浮液滤饼过滤。

【例 3-4】 某固体颗粒的水悬浮液用过滤方法进行固液分离。已知固体密度 $\rho_p=2930$kg/m³，水的密度 $\rho=998$kg/m³，滤饼密度 $\rho_{饼}=1930$kg/m³，悬浮液浓度 $c=25$kg 固/1000kg 水。问：每生成 1m³ 滤饼对应的悬浮液体积是多少？

解 以 1m³ 滤饼为计算基准，对应滤液量为 V(m³)，令滤饼空隙率为 ε。

料浆浓度 $\phi=c\rho=(25/1000)\times998=24.95$kg 固/m³ 水

因为 $\varepsilon\rho+(1-\varepsilon)\rho_p=\rho_{饼}$ 即 $\varepsilon\times998+(1-\varepsilon)\times2930=1930$

所以 $\varepsilon=0.518$

又 $\phi=\dfrac{LA(1-\varepsilon)\rho_p}{V+LA\varepsilon}$ 且滤饼体积 $LA=1$m³

代入数据后得 $24.95=\dfrac{(1-0.518)\times2930}{V+0.518}$ 解得 $V=56.1$m³

则悬浮液的体积 $=V+LA=56.1+1=57.1$m³

3.3.3 过滤速率基本方程式

液体流过滤饼即为流过一固体颗粒的固定床，液体的过滤速率就是液体通过固定床的空速。因液体通过滤饼的流速甚低，属黏流，故可应用如下柯士尼关联式。

因为 $\dfrac{\Delta p_m}{L}=5.0\dfrac{a^2(1-\varepsilon)^2}{\varepsilon^3}\mu u$

所以 $u=\dfrac{dq}{d\tau}=\left[\dfrac{\varepsilon^3}{(1-\varepsilon)^2a^2}\right]\times\dfrac{1}{5.0\mu}\times\dfrac{\Delta p_m}{L} \tag{3-15}$

式中，u 为过滤速率，m/s；ε 为滤饼空隙率；a 为滤饼中固体颗粒的比表面积，m²/m³；μ 为清液的黏度，N·s/m²；L 为滤饼厚度，m；Δp_m 为滤饼两侧的修正压强差，Pa。

式(3-15)就是过滤速率计算式的初始形式，但因计算某一时刻过滤速率需测知滤饼厚

度 L，而滤饼厚度往往不便测到，故此式不常用。利用变量 L 与 V 的近似关系式，可将式 (3-15) 改换成更实用的形式。

因为

$$L = \frac{\phi}{(1-\varepsilon)\rho_p} q$$

所以

$$u = \frac{dq}{d\tau} = \left[\frac{\rho_p \varepsilon^3}{5.0(1-\varepsilon)a^2} \right] \frac{1}{\mu\phi} \times \frac{\Delta p_m}{q}$$

令　$\dfrac{1}{r} = \dfrac{\rho_p \varepsilon^3}{5.0(1-\varepsilon)a^2}$，$r$ 称为滤饼比阻，单位为 m/(kg·固)

则

$$\frac{dq}{d\tau} = \frac{\Delta p_m}{\mu r \phi q} = \frac{推动力}{阻力} \tag{3-16}$$

式 (3-16) 说明在过滤操作的任一时刻，过滤速率等于这时滤饼两侧压差与滤饼阻力之比。可将滤液通过滤饼的流动阻力分成滤液黏度 μ 与滤饼结构因素 $(r\phi q)$ 两个部分。q 表示单位过滤面积通过的滤液立方米数，ϕ 是每立方米滤液对应的固体质量，故 ϕq 表示单位过滤面积因通过滤液所生成的滤饼中固体的千克数。r 取决于 ε、a、ρ_p 等固体颗粒及滤饼结构的参量，单位是 m/kg 固，所以，$r\phi q$ 之积表示每单位过滤面积因通过滤液所生成滤饼的阻力结构因素，单位是 1/m，而过滤阻力是 μ 与 $(r\phi q)$ 之积。

式 (3-16) 中的 Δp_m 是滤饼两侧的压差，滤液通过滤布时在滤布两侧也有压差，为区分这两种压差，令前者为 $\Delta p_{m,1}$，后者为 $\Delta p_{m,2}$。由于滤饼与滤布交接处的液体压强没法测准，一般只能测出包括滤饼与滤布的总压差，故应设法确定滤布的阻力。可把滤布阻力看成当量厚度 L_e（m）的滤饼阻力。此当量滤饼层的结构及颗粒特性与真实滤饼的相同，且由单位过滤面积通过 V_e（$q_e = V_e/A$）滤液生成，于是

滤饼

$$\frac{dq}{d\tau} = \frac{\Delta p_{m,1}}{\mu r \phi q}$$

滤布

$$\frac{dq}{d\tau} = \frac{\Delta p_{m,2}}{\mu r \phi q_e}$$

则

$$\frac{dq}{d\tau} = \frac{(\Delta p_{m,1}) + (\Delta p_{m,2})}{\mu r \phi (q + q_e)} = \frac{\Delta p_m}{\mu r \phi (q + q_e)} \tag{3-17}$$

式中，Δp_m 是滤液流过滤饼及过滤介质总的压差。

滤饼可看成是由固体颗粒构成的骨架和骨架内空隙中的滤液所组成。若滤饼内的固体颗粒是刚体，由刚体构筑成的骨架不会因压差增加而变形，r 值不变，这种滤饼称为不可压缩滤饼。若滤饼内的固体颗粒是塑性的，当压差增大时不仅固体颗粒会压扁，而且滤饼会变得致密，空隙率变小，使 r 值增大，这种滤饼称为可压缩滤饼。

一般滤饼均有压缩性，故 r 值与 Δp_m 有关，由实验可得 r 与 Δp_m 的经验关系为

$$r = r_0 (\Delta p_m)^s \tag{3-18}$$

式中，s 称为压缩性指数，无量纲。s 值愈大表示滤饼愈易压缩，亦即比阻 r 受压差的影响愈大，一般 s 值范围是 0.2～0.8。r_0 是比阻系数，单位与 r 的相同，仅取决于物系，为操作压差为 1Pa 的 r 值。

表 3-2 所列的是某些物料的压缩性指数值，可供参考。

表 3-2　某些物料的压缩性指数值

物料	硅藻土	高岭土	碳酸钙	滑石	黏土	硫化锌	氢氧化铝	钛白（絮凝）
s	0.01	0.33	0.19	0.51	0.56～0.6	0.69	0.9	0.27

将式(3-18)代入式(3-17)，得

$$\frac{dq}{d\tau}=\frac{(\Delta p_{m})^{1-s}}{\mu r_{0}\phi(q+q_{e})} \tag{3-19}$$

令 K 为过滤常数且

$$K=\frac{2(\Delta p_{m})^{1-s}}{\mu r_{0}\phi} \tag{3-20}$$

则

$$\frac{dq}{d\tau}=\frac{K}{2(q+q_{e})} \tag{3-21}$$

式(3-17)、式(3-19)和式(3-21)均称为过滤速率计算式，常用的是式(3-21)。因过滤是非定态过程，故过滤速率计算式只适用于瞬时的过滤速率计算。

3.3.4 间歇式过滤设备

(1) 叶滤机 主要部件是滤叶，滤叶形状为一扁的空盒，盒的两平侧面为金属丝网，外侧覆以滤布，用特别设计的装置使滤布四周密封。空盒四周侧面上接有连通管与盒外滤液储槽相通。在真空过滤时，令一组平行滤叶浸没在敞口的料浆槽的料浆中，各滤叶的连通管经总管与真空容器相连。在压差推动下，滤液穿过滤布进入滤叶内空间并流至真空贮槽，在滤布外侧生成滤饼。滤叶的结构可有多种形式，图3-4所示的即为其一例。叶滤机也可用于加压过滤。若将一组滤叶置于密封容器内并浸没于容器内料浆中，滤叶连通管经总管与敞口容器相连，当密封容器内悬浮液压强升高，在压差推动下即可进行过滤。加压叶滤机如图3-5所示。

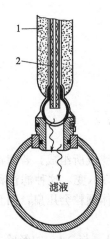

图 3-4 滤叶片
1—滤饼；2—滤叶

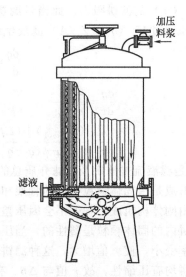

图 3-5 加压叶滤机

过滤操作结束后，如滤饼需洗涤，对真空过滤而言，可将滤叶从料浆槽取出，置于洗涤液池中进行滤饼洗涤，亦可就地洗涤滤饼，即滤叶不动，排去料浆，槽内换上洗涤液进行滤饼洗涤；若为加压过滤，则采用就地洗涤方式。

叶滤机过滤一般为恒压操作，滤饼厚度为5～35mm，每一个滤叶提供两个过滤面，过滤面积与洗涤面积相同，过滤终了时的滤饼厚度与洗涤时滤饼厚度相等。

(2) 板框式压滤机 主要部件是滤板与滤框，因而得名。参看图3-6，框与板相间组装，每个框两侧必有板，若有 n 个框，则板数为 $n+1$。板与框的4个角上均钻有贯穿的圆孔，滤布夹在板与框之间，滤布 4 角相应位置处亦开有孔。板、滤布及框组合好后用螺旋丝杆机械将其夹紧，于是，4 个角的各部件的孔便构成 4 条通道。图中 5 是料浆桶，可装料浆或配制料浆。6 是压力釜。在开启 7、8 号阀后料浆靠位差自动流入压力釜。压力釜内液位约达 2/3 时即关闭 7 阀，停止进料。然后，开启压缩机，令压缩空气从釜内下部引入，并略开 8 阀使压缩空气排空，以保持压缩空气连续通过釜内料浆，连续搅拌。8 阀开启程度的调节可改变压力槽内料浆的压强。过滤操作时需开 9 阀，料浆在压差推动下即可进入过滤机的 1 通道。

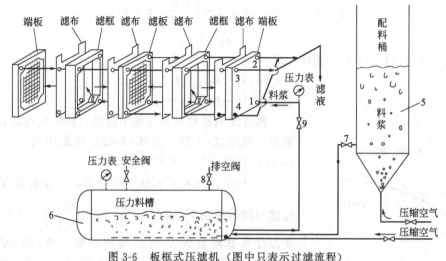

图 3-6　板框式压滤机（图中只表示过滤流程）
1—料浆通道；2～4—滤液通道；5—料浆桶；6—压力釜；7～9—阀

料浆沿 1 通道输入，通过滤框的暗孔进入滤框。框中的料浆在压差推动下借框两侧覆盖的滤布进行过滤分离。滤饼在框内两侧面生成并增长，滤液则穿过滤布，流到滤板的板面。滤板的两侧板面均有许多凹槽（只有最外侧两端板的外侧没有凹槽），凹槽纵横沟通。凹槽由铸造成形或机加工而成。滤液流到滤板板面的凹槽后因板面凹槽有暗孔与 2、4 通道相连或与 3 通道相连，故滤液可沿 3 条通道流至过滤机外。

板框式压滤机每块板或框的边长为 320～1000mm，框厚为 25～50mm，框的数量可从几块到 50 块左右。板、框的材料可为碳钢、铸铁、不锈钢、铝、塑料或木料。

板框式压滤机进行滤饼洗涤时应关闭 9 阀，令洗涤液从 3 通道流入过滤机（图 3-6 中未画出洗涤流程）。滤板分两种，一种滤板的两侧面凹槽均与进洗涤液的 3 通道有暗孔相连，这种滤板叫洗涤板，以 a 表示；另一种滤板的两侧凹槽均由暗孔与 2、4 通道相连（端板外侧除外），这种板叫非洗涤板，以 b 表示。板与框的组装顺序是：b—滤框—a—滤框—b……—b—滤框—a—滤框—b。洗涤液由 3 通道进到洗涤板 a 的两侧，横贯滤框，穿过框内两层滤饼及两层滤布，到达非洗涤板 b 的两侧凹槽，然后由 2、4 通道流出。

3.3.5　叶滤机的过滤、洗涤过程计算和最大产率问题

（1）恒压过滤　维持压差 Δp_m 为恒值的过滤称为恒压过滤。在一次恒压过滤操作中，料浆浓度 ϕ、滤液黏度 μ、滤饼比阻 r、过滤常数 K 及滤布阻力参量 q_e 均为常量。设总的过滤时间为 τ，单位过滤面积的累积滤液量为 q。对式(3-21)积分，由 $\tau=0$，$q=0$ 积至 $\tau=\tau$，$q=q$，即

$$\int_0^q (q+q_e)\mathrm{d}q = \int_0^\tau \frac{K}{2}\mathrm{d}\tau$$

得 $$q^2+2qq_e=K\tau \tag{3-22}$$

根据 $q=V/A$，上式可写成 $$V^2+2VV_e=KA^2\tau \tag{3-23}$$

式中，V 为整台叶滤机得的滤液量，m^3；A 为总的过滤面积，m^2。

如滤布阻力的当量滤饼层的形成按该恒压过滤规律计，需时间 τ_e，把积分起点置于滤布当量滤饼刚开始形成的时刻，采用 $\tau+\tau_e$ 及 $q+q_e$ 为变量，按以下积分可找到 q_e 与 τ_e 的关系

$$\int_0^{q_e} (q+q_e)\mathrm{d}(q+q_e) = \int_0^{\tau_e} \frac{K}{2}\mathrm{d}(\tau+\tau_e)$$

故 $$q_e^2=K\tau_e \tag{3-24}$$

将式（3-22）与式（3-24）相加，得

$$(q+q_e)^2=K(\tau+\tau_e) \tag{3-25}$$

或 $$(V+V_e)^2=KA^2(\tau+\tau_e) \tag{3-26}$$

因叶滤机通常在恒压差下过滤，故恒压过滤计算式很重要。使用式（3-22）与式（3-23）比使用式（3-25）与式（3-26）方便，少一个未知量 τ_e。

$V^2+2VV_e=KA^2\tau$ 是个积分式，表明滤液累计量与过滤时间的关系 $V=f(\tau)$。$\dfrac{\mathrm{d}V}{\mathrm{d}\tau}=\dfrac{KA^2}{2}\dfrac{1}{(V+V_e)}$ 是个微分式，用以计算滤液量为 V 时的瞬间滤液流率，即 $\mathrm{d}V/\mathrm{d}\tau=\varphi(V)$。二者间的几何关系如图 3-7 所示。在 V-τ 曲线上某一点 a 对曲线所做切线的斜率就是该点所对应的 V_1 时的 $\mathrm{d}V/\mathrm{d}\tau$。

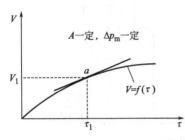

图 3-7 V、τ、$\mathrm{d}V/\mathrm{d}\tau$ 之间的关系

【例 3-5】 以叶滤机对某悬浮液进行恒压过滤。使用 8 只滤叶，每只滤叶的一个侧面的过滤面积为 $0.25\mathrm{m}^2$。已知过滤 5min，得滤液 448.6L，再过滤 5min，又得滤液 198.2L，问：总共过滤 15min 可得滤液总量为多少？

解 $$\tau_1=5\mathrm{min}=300\mathrm{s},V_1=448.6\mathrm{L}=0.4486\mathrm{m}^3$$

$$\tau_2=10\mathrm{min}=600\mathrm{s},V_2=(448.6+198.2)\mathrm{L}=646.8\mathrm{L}=0.6468\mathrm{m}^3$$

$$A=8\times2\times0.25=4.0\mathrm{m}^2$$

代入 $V^2+2VV_e=KA^2\tau$

得 $$(0.4486)^2+2(0.4486)V_e=K\times(4.0)^2\times300 \tag{a}$$

$$(0.6468)^2+2(0.6468)V_e=K\times(4.0)^2\times600 \tag{b}$$

由式（a）、式（b）联立，解得

$$K=4.785\times10^{-5}\mathrm{m}^2/\mathrm{s} \qquad V_e=0.03168\mathrm{m}^3$$

即该恒压过滤式为 $$V^2+2\times0.03168V=4.785\times10^{-5}\times(4.0)^2\tau$$

或 $$V^2+0.06336V=7.656\times10^{-4}\tau$$

现以 $\tau_3=15\mathrm{min}=900\mathrm{s}$ 代入上式，由 $V_3^2+0.06336V_3=7.656\times10^{-4}\times900$

解得 $$V_3=0.799\mathrm{m}^3=799\mathrm{L}$$

（2）滤饼洗涤　叶滤机在洗涤操作时，洗涤面积与过滤面积相同，洗涤液通过的滤饼厚度与过滤终了时的滤饼厚度相同，而且洗涤液在滤饼中的流向与过滤终了时滤液在滤饼中的流向一致。令单位时间、单位洗涤面积通过的洗涤液体积为洗涤速率 $[m^3/(s \cdot m^2)]$，单位时间通过的洗涤液体积为洗涤液流率（m^3/s），因洗涤均在恒压下操作，在洗涤过程中滤饼不再增厚，故洗涤是恒速率恒流率过程。

若洗涤压差或洗涤液黏度同过滤终了时不同，以下标"w"表示洗涤，"E"表示过滤终了时刻，则洗涤速率与过滤终了时的过滤速率间有如下关系

$$\left.\begin{array}{ll} \Delta p_w \leqslant \Delta p_E & \left(\dfrac{dq}{d\tau}\right)_w = \left(\dfrac{dq}{d\tau}\right)_E \times \dfrac{\mu}{\mu_w} \times \dfrac{\Delta p_w}{\Delta p_E} \\[3mm] \Delta p_w > \Delta p_E & \left(\dfrac{dq}{d\tau}\right)_w = \left(\dfrac{dq}{d\tau}\right)_E \times \dfrac{\mu}{\mu_w} \times \left(\dfrac{\Delta p_w}{\Delta p_E}\right)^{1-s} \end{array}\right\} \tag{3-27}$$

当洗涤压差小于或等于过滤终了压差时，因洗涤与过滤终了时的滤饼结构相同，故式（3-27）中不出现滤饼压缩指数。

洗涤液用量需由实验确定。按理想化的排代式流动计算，只需滤饼空隙体积的洗涤液就可把滤饼中滤液逐出，但实际情况远非如此，洗涤液用量比上述的量超出很多。一般当排出的洗涤液中含母液成分低到某一限值时便停止洗涤。

若洗涤液量为 V/m^3，单位洗涤面积使用的洗涤液量为 $q_w/(m^3/m^2)$，则洗涤时间 τ_w 为

$$\tau_w = \frac{q_w}{\left(\dfrac{dq}{d\tau}\right)_w} = \frac{V_w}{\left(\dfrac{dV}{d\tau}\right)_w} \tag{3-28}$$

【例 3-6】　承 [例 3-5]，若在过滤 15min 后，以水洗涤滤饼。洗涤液用量为总滤液量的 1/10。洗涤液黏度与滤液黏度相同，洗涤压差与过滤压差相同，求洗涤时间。

解　由 [例 3-5] 知，$\tau_E = 15min$，$V_E = 0.799m^3$，可算得过滤终了时的滤液流率为

$$\left(\frac{dV}{d\tau}\right)_E = \frac{KA^2}{2(V_E + V_e)} = \frac{4.785 \times 10^{-5} \times (4.0)^2}{2(0.799 + 0.03168)} = 4.608 \times 10^{-4}\,m^3/s$$

故洗涤时间　　$\tau_w = \dfrac{V_w}{\left(\dfrac{dV}{d\tau}\right)_w} = \dfrac{0.10V_E}{\left(\dfrac{dV}{d\tau}\right)_E} = \dfrac{0.10 \times 0.799}{4.608 \times 10^{-4}} = 173.4s = 2.89min$

（3）最大产率问题　采用叶滤机进行过滤操作的全过程分过滤、洗涤与清理、组装 3 个阶段。设三者耗时分别为 τ_F、τ_w 和 τ_R，三者之和为 τ_t，τ_t 称为操作周期。令在一个操作周期获得的滤液量为 V_F，则生产能力 G 可用 V_F/τ_t 表示。下面讨论在一定操作条件下最大生产能力的计算方法。

① 条件　某悬浮液用叶滤机进行恒压过滤和恒压滤饼洗涤操作。过滤面积为 A。恒压过滤时间 τ_F，得滤液量 V_F。洗涤压差与过滤压差相同，洗涤液黏度与滤液黏度相同。洗涤液用量 V_w 为 V_F 的 J 倍。过滤机清理、组装时间为 τ_R。滤布阻力可略。以上诸物理量中，A、J、τ_R 为已知量，τ_F、V_F 为变量，生产能力 G 亦为变量。

② 问题　如何确定生产能力 G 最大时的 τ_F、τ_w 和 V_F 值。

③ 分析　过滤过程　　$\tau_F = \dfrac{V_F^2}{KA^2}$

洗涤过程 $\quad \tau_w = \dfrac{V_w}{\left(\dfrac{dV}{d\tau}\right)_w} = \dfrac{JV_F}{\left(\dfrac{KA^2}{2V_F}\right)} = 2J\dfrac{V_F^2}{KA^2} = 2J\tau_F$

故 生产能力 $\quad G = \dfrac{V_F}{\tau_F(1+2J)+\tau_R} = \dfrac{A\sqrt{K\tau_F}}{\tau_F(1+2J)+\tau_R} = f(\tau_F)$

既然 G 是 τ_F 的函数，可求 G 对 τ_F 的一阶导函数并令其为零，以求得 G 最大时的 τ_F 值。为简化求导过程，取 G 的倒数对 τ_F 求导。以下是求极值过程。

令 $\quad H = \dfrac{1}{G} = \dfrac{\tau_F(1+2J)+\tau_R}{A\sqrt{K\tau_F}} = \phi(\tau_F)$

因为 $\quad \dfrac{dH}{d\tau_F} = \left(\dfrac{1+2J}{A\sqrt{K}}\sqrt{\tau_F}\right)'_{\tau_F} + \left(\dfrac{\tau_R}{A\sqrt{K}} \times \dfrac{1}{\sqrt{\tau_F}}\right)'_{\tau_F} = \dfrac{1+2J}{2A\sqrt{K}} \times \dfrac{1}{\sqrt{\tau_F}} - \dfrac{\tau_R}{2A\sqrt{K}} \times \dfrac{1}{\tau_F\sqrt{\tau_F}} = 0$

所以 $\quad\quad\quad\quad\quad \tau_F + \tau_w = \tau_R \quad\quad\quad\quad\quad\quad\quad\quad\quad\quad\quad\quad (3\text{-}29)$

经进一步计算知，在满足式(3-29)条件下 $\dfrac{d^2 H}{d\tau_F^2} > 0$（读者自证），说明满足式(3-29)条件时出现 H 的极小值，即 G 的极大值，故最大生产率应满足的条件是过滤与洗涤时间之和等于清理、重装时间。

【例 3-7】 承 [例 3-6]。已知清理、重装时间为 28min，试计算生产能力。若过滤介质阻力不计，求最大生产能力。

解 ① $\quad G = \dfrac{V_F}{\tau_F+\tau_w+\tau_R} = \dfrac{0.799}{15+2.89+28} = 0.0174\,\text{m}^3/\text{min}$

② 在 $q_e = 0$ 条件下，实现最大产率时

因为 $\quad\quad\quad\quad \tau_F + \tau_w = \tau_F(1+2J) = \tau_R$

所以 $\quad\quad \tau_F = \dfrac{\tau_R}{1+2J} = \dfrac{28 \times 60}{1+2 \times 0.10} = 1400\,\text{s} = 23.3\,\text{min}$

$\quad\quad\quad V_F = A\sqrt{K\tau_F} = 4.0\sqrt{4.785 \times 10^{-5} \times 1400} = 1.035\,\text{m}^3$

故 $\quad\quad\quad G_{max} = \dfrac{V_F}{2\tau_R} = \dfrac{1.035}{2 \times 28} = 0.0185\,\text{m}^3/\text{min}$

3.3.6 板框式压滤机的过滤、洗涤过程计算和最大产率问题

(1) 恒压过滤 一个滤框相当于一只滤叶，二者都提供两个侧面的过滤面积，所不同的是滤叶的滤饼在滤布外侧生成，而滤框的滤饼在滤布内侧生成，但这并不影响恒压过滤计算，故板框式压滤机与叶滤机的恒压过滤计算方法是一样的。

【例 3-8】 钛白与水的悬浮液用板框式压滤机过滤，采用 26 只滤框，框厚为 45mm，一个框的一个侧面过滤面积为 $0.656\,\text{m}^2$。每次恒压过滤都到滤饼刚充满滤框时停止，实测得每次过滤时间为 29.7min，得滤液量 $9.5\,\text{m}^3$。若在同样条件下过滤，每次过滤时间改为 20min，问，框内每侧滤饼厚度为多少？过滤介质阻力可略。

解 过滤面积 $\quad A = 26 \times 2 \times 0.656 = 34.11\,\text{m}^2$

滤饼充满滤框时　$q=\dfrac{V}{A}=\dfrac{9.5}{34.11}=0.2785\,\mathrm{m^3/m^2}$　滤饼厚 $L=\dfrac{45}{2}=22.5\,\mathrm{mm}$

令过滤时间 $\tau'=20\,\mathrm{min}$ 时，单位过滤面积的滤液量为 q'，滤饼厚为 L'。

因为　　　　　　　　　　　　$q^2=K\tau$

则　　　　　　　　　　　　$(q'/q)^2=\tau'/\tau$

又因　　　　　　　　　　　　$q\propto L$

$$L'/L=q'/q=\sqrt{\tau'/\tau}$$

所以　　　　　　　　$L'=22.5\sqrt{20/29.7}=18.46\,\mathrm{mm}$

（2）**滤饼洗涤**　滤饼洗涤时若恒压洗涤的压差与过滤终了时压差相等，洗涤液黏度与滤液黏度相同，由于洗涤液通过框内两层滤饼和两层滤布，洗涤阻力为过滤终了时阻力的一倍，且洗涤面积为过滤面积之半，故洗涤液流率为过滤终了时滤液流率的 $1/4$，即 $(\mathrm{d}V/\mathrm{d}\tau)_\mathrm{w}=(\mathrm{d}V/\mathrm{d}\tau)_\mathrm{E}/4$。进行洗涤时间计算时使用滤液流率不易出错，可避开 q 中所含面积因素更改带来的混淆。洗涤时间可按 $\tau_\mathrm{w}=\dfrac{V_\mathrm{w}}{(\mathrm{d}V/\mathrm{d}\tau)_\mathrm{w}}$ 计算。

（3）**最大产率**　按照在介绍叶滤机时所作讨论的条件与方法，可导得

$$\tau_\mathrm{w}=8J\tau_\mathrm{F}$$

且实现最大生产能力必须满足的条件是

$$\tau_\mathrm{F}+\tau_\mathrm{w}=\tau_\mathrm{R} \tag{3-30}$$

3.3.7　过滤常量的测定

对一定的悬浮液，在选定滤布后，要应用过滤速率方程解决各种过滤计算问题，首先要确定 q_e、r_0、s 3 个参量的值。这 3 个参量都是过滤常量，要对各过滤常量估值，必然要通过小试。下面讨论小试及数据整理的方法。

（1）**K 与 q_e 的确定**　已经知道，恒压过滤实验的过程规律式为

$$V^2+2VV_\mathrm{e}=KA^2\tau$$

此式可转换成如下直线方程形式

$$\frac{\tau}{V}=\frac{V}{KA^2}+\frac{2V_\mathrm{e}}{KA^2} \tag{3-31}$$

式（3-31）说明，只要在某一压差的恒压过滤中测出不同的过滤时间 τ 及与之对应的累积滤液量 V，由一组组 $(V,\tau)_i$ 数据可算出一组组 $(\tau/V,V)_i$ 数据。由于 K、A 及 V_e 都是常量，于是，在以 τ/V 为纵坐标，V 为横坐标的直角坐标图上把 $(\tau/V,V)_i$ 标点出来后，把各点连成直线，则直线的斜率为 $1/(KA^2)$，截距为 $2V_\mathrm{e}/(KA^2)$，由此便可确定该压差下的 K 与 V_e 值。q_e 可按 V_e/A 求得。图线情况如图 3-8 所示。

若改变压差，分别做不同压差的恒压过滤实验，可得到多组 $(\Delta p_\mathrm{m},K,q_\mathrm{e})_i$ 数据，可发现，不同压差的 $q_{\mathrm{e},i}$ 值略有差别，这是因不同压差的滤布堵塞情况及滤饼结构有差异所致。因操作压差变化范围较小，常在 $0.2\sim0.4\,\mathrm{MPa}(2\sim4\mathrm{at})$ 范围内，故可把 q_e 取均值视为常量。

（2）**s 与 r_0 的测定**

因　　　　　　　　　　$K=2(\Delta p_\mathrm{m})^{1-s}/(\mu r_0\phi)$

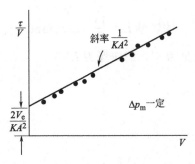

图 3-8　恒压过滤 K 及 q_e 的确定

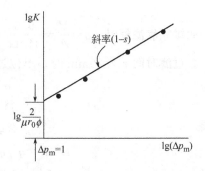

图 3-9　滤饼压缩指数的确定

可得
$$\lg K = (1-s)\lg(\Delta p_m) + \lg\left(\frac{2}{\mu r_0 \phi}\right) \tag{3-32}$$

式（3-32）表明，由于 s、μ、r_0、ϕ 都是常量，故 $\lg K$ 与 $\lg(\Delta p_m)$ 间呈直线关系。由上述实验取得的 $(\Delta p_m, K)_i$ 数据整理成 $(\lg\Delta p_m, \lg K)_i$ 数据，在以 $\lg K$ 为纵坐标，$\lg(\Delta p_m)$ 为横坐标的直角坐标图上把实验数据标点后连成的直线，其斜率为 $(1-s)$，由此即可算出 s 值，根据截距为 $\lg\dfrac{2}{\mu r_0 \phi}$，在 μ、ϕ 已知条件下，r_0 值亦可确定，图线情况如图 3-9 所示。

（3）处理直线规律实验数据的最小二乘法　若从理论分析知变量 x、y 呈直线规律变化，实验数据在 y-x 图中标点亦总体呈现直线变化规律，但若将各 $(x, y)_i$ 的点连接成锯齿形折线是毫无意义的，这时可用"最小二乘法"由实验数据确定其内含的带规律性的直线方程，从而确定待求的方程常量。

设规律直线方程为 $\hat{y} = a + bx = f(x)$，其中 a、b 为待求量。实验测得 n 组 $(x, y)_i$ 数据。令 $x = x_i$ 时 $y_i - f(x_i)$ 为该点的偏差。用最小二乘法确定 $\hat{y} = a + bx$ 规律直线的原则就是令各实验点的偏差平方和为最小。

求 b、a 的计算式为
$$\left.\begin{array}{c} b = \dfrac{\sum(x_i - \overline{x})(y_i - \overline{y})}{\sum(x_i - \overline{x})^2} \\ a = \overline{y} - b\overline{x} \end{array}\right\} \tag{3-33}$$

式中，$\overline{x} = \sum x_i / n$；$\overline{y} = \sum y_i / n$。

【例 3-9】　在某条件下进行恒压过滤，过滤面积 $A = 0.045\,\mathrm{m}^2$。测试方法是把整个过滤过程划分为 8 个连续的区段，以秒表测出各过滤区段的时间 $\Delta\tau$，以量筒测出相应区段取得的滤液量 ΔV。数据如下所示。试确定 K 与 q_e 的值。

$\Delta V/\mathrm{mL}$	680	705	815	750	450	700	500	700
$\Delta\tau/\mathrm{s}$	33.4	77.1	144.7	182.3	135	241.5	201	313.7

解　（1）把实验数据整理成 $(\tau/V, V)_i$ 数据，整理结果如下：

τ/s	33.4	110.5	255.2	437.5	572.5	814	1015	1328.7
V/L	0.68	1.385	2.2	2.95	3.4	4.1	4.6	5.3
$\tau/V/(\mathrm{s/L})$	49.1	79.8	116	148	168	199	221	251

计算举例：（第 3 套数据）

$\tau=33.4+77.1+144.7=255.2s,V=0.680+0.705+0.815=2.2L$

$\tau/V=255.2/2.2=116s/L$

（2）以 x 替代 V，y 替代 τ/V，按最小二乘法作进一步的数据处理

组别	$x_i=V_i$	$y_i=(\tau/V)_i$	$(x_i-\overline{x})^2$	$(x_i-\overline{x})(y_i-\overline{y})$
1	0.68	49.1	5.76	252
2	1.385	79.8	2.87	126
3	2.2	116	0.774	33.4
4	2.95	148	0.0169	0.78
5	3.4	168	0.102	4.48
6	4.1	199	1.04	45.9
7	4.6	221	2.31	102
8	5.3	251	4.93	215
Σ	24.6	1232	17.8	780
	$\overline{x}=24.6/8=3.08$	$\overline{y}=1232/8=154$		

计算举例：（第 3 套数据）

$(x_i-\overline{x})^2=(2.2-3.08)^2=0.774,(x_i-\overline{x})(y_i-\overline{y})$

$\qquad=(2.2-3.08)(116-154)=33.4$

（3）计算 $\hat{y}=a+bx$ 中的 a 与 b

$$b=\frac{\sum(x_i-\overline{x})(y_i-\overline{y})}{\sum(x_i-\overline{x})^2}=\frac{780}{17.8}=43.8$$

$$a=\overline{y}-b\overline{x}=154-43.8\times3.08=19.1$$

（4）由 a、b 解出 K、q_e

对比以下两式（V 即 x，τ/V 即 y）

$$\tau/V=\left(\frac{1}{KA^2}\right)V+\left(\frac{2V_e}{KA^2}\right)$$

$$y=bx+a$$

可知

$$b=\frac{1}{KA^2},\quad a=\frac{2V_e}{KA^2}$$

各变量单位：τ—s，V—L，A—m^2，V_e—L，K—L^2/(s·m^4)，a—s/L，b—s/L^2

因为

$$b=\frac{1}{KA^2}\quad 即\ 43.8=\frac{1}{K\times(0.045)^2}$$

所以

$$K=11.27\ \frac{L^2}{s\cdot m^4}=1.13\times10^{-5}\ \frac{m^2}{s}$$

又因为

$$a=\frac{2V_e}{KA^2}=\frac{2q_e}{KA}\quad 即\ 19.1=\frac{2q_e}{11.27\times0.045}$$

所以

$$q_e=4.84\ \frac{L}{m^2}=4.84\times10^{-3}\ \frac{m^3}{m^2}$$

3.3.8　先恒速后恒压过滤

过滤过程中 $dq/d\tau$ 为恒值者称为恒速过滤,用正位移泵压送料浆过滤可实现恒速过滤。对于恒速过滤,

$$\frac{dq}{d\tau}=\frac{q}{\tau}=\frac{K}{2(q+q_e)}=常量 \tag{3-34}$$

故

$$q^2+qq_e=\frac{K\tau}{2} \tag{3-35}$$

式(3-34)及式(3-35)为恒速过滤方程。由式(3-34)可见,随着恒速过滤的进行,q 值增大,K 值亦增加,即所需压差必增大。这是由于滤饼增厚,过滤阻力增大,仍要维持原来过滤速率的难度增加,故要求压差加大。压差过大往往为设备强度及电机负荷能力所不容许,故恒速过滤一般不使用。

全部过滤过程均采用恒速过滤有压差过大的问题,不足取;若全部采用恒压过滤,因一开始即在较高压差下操作,滤布易堵,亦不利。通常的过滤操作,开始阶段令压差逐渐升高,直到压差达到规定的恒压过滤压差值时便维持压差不变,转为恒压过滤。开始压差渐增的阶段未必是恒速过程,但往往按恒速过滤计,这就是先恒速后恒压过滤操作。

对于先恒速后恒压过滤,若恒速过滤历时 τ_1,对应的 q 值为 q_1,在恒压过滤阶段有如下关系

$$\int_{q_1}^{q}(q+q_e)dq=\int_{\tau_1}^{\tau}\frac{K}{2}d\tau$$

所以

$$(q^2-q_1^2)+2q_e(q-q_1)=K(\tau-\tau_1) \tag{3-36}$$

式(3-36)中的 K 是恒速过滤终了时的 K 值。式中的 τ 及 q 均指从过滤开始起计的值。

【例 3-10】　欲对某料浆进行恒压过滤。已知滤布 $q_e=2.499\times10^{-3}\,m^3/m^2$,$K=2.84\times10^{-5}\,m^2/s$,过滤面积 $A=0.090m^2$。开始过滤阶段要求在 2min 内压差逐渐升高直至达到恒压过滤的压差值。问:取得总滤液量 25L 需总过滤时间是多少?

解　开始升压阶段可按恒速过滤计算。

在恒速过滤阶段:$q_1^2+q_1q_e=(K/2)\tau_1$

即

$$q_1^2+2.499\times10^{-3}q_1=2.84\times10^{-5}\times120/2$$

$$q_1=0.040m^3/m^2$$

恒压过滤阶段　$(q^2-q_1^2)+2q_e(q-q_1)=K(\tau-\tau_1)$

因为

$$q=25\times10^{-3}/0.090=0.278m^3/m^2$$

故　$(0.278^2-0.040^2)+2\times2.499\times10^{-3}(0.278-0.040)=2.84\times10^{-5}(\tau-120)$

$$\tau=2827s=47.1min$$

3.3.9　连续式过滤设备

使用最广、最典型的连续式过滤设备是回转真空过滤机,本小节只介绍这种设备。回转真空过滤机的结构与操作情况如图 3-10 所示。其主要部件是转鼓,转鼓内等分为若干隔离的侧面为扇形的小室。转鼓的鼓面为金属丝网,外面覆以滤布,面积为 $A(m^2)$。转鼓的一

部分浸于悬浮液中，浸没的转鼓表面积占整个转鼓表面积的分率为浸没度 Ψ。从转鼓侧面来看，浸没部分圆心角为 α（弧度），则 $\Psi = \alpha/(2\pi)$。转鼓转速为 $0.1\sim3\mathrm{r/min}$。

转鼓的每一小室内均有一托盘，该托盘把小室分割成两个不相通的空间。托盘位置比较靠近鼓面，只有鼓面与托盘间的空间才是小室的工作空间。每个小室的工作空间均通过一根管子与转鼓侧面中心部位的圆盘的一个端孔连通，该圆盘是转鼓的一部分，随转鼓转动，称为"转动盘"。另有一静止圆盘，盘上开有槽与孔，称为"固定盘"。转动盘与固定盘组成"分配头"。这两个盘相互紧靠，相互配合，如图 3-11 所示。固定盘上槽 1 与槽 2 分别同负压滤液罐相通，槽 3 同负压洗涤液罐接通，孔 4 与孔 5 分别与压缩空气缓冲罐相连。转动盘上的任一端孔旋转一周，先后经历了与固定盘上各槽、各孔连通的过程，使相应的转鼓小室亦先后同各种罐相连。当某一小室的过滤面浸入悬浮液时，其端孔也开始与 1 槽连通，使该小室成为负压并在压差推动下进行过滤。滤液通过滤布进入小室被抽汲到滤液罐，滤饼则附着在滤布外侧。在该小室的过滤面浸没于悬浮液的整个过滤过程中，其端孔均与槽 1 连通，过滤连续进行。当端孔与槽 2 接通时，其相应的过滤面已离开悬浮液，槽 2 的设置是为了将滤饼中含有的滤液汲出使滤饼含液量降低。在转鼓上方有洗涤液喷嘴，洗涤液喷淋在滤饼上通过槽 3 被汲至负压洗涤液罐。当端孔与孔 4 或孔 5 连通时，压缩空气反吹可使滤饼与滤布脱离，滤布再生，滤饼最后呈带状在刮刀处连续排出。

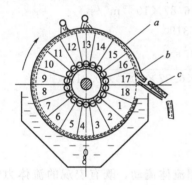

图 3-10　回转真空过滤机
a—转筒；b—滤饼；c—刮刀

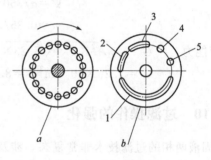

图 3-11　分配头
a—转动盘；b—固定盘；1，2—通真空贮槽的槽（滤液）；
3—通真空贮槽的槽（洗涤液）；
4，5—通压缩空气的孔

回转真空过滤机是连续操作机械，对其生产能力的讨论，可用对过滤面中任一微小过滤面积的分析作为基础。

设转鼓转速为 n（单位可写成 s^{-1}，指每秒转数），则每一微小过滤面积的过滤时间为（Ψ/n）s。因进行恒压过滤，故过滤过程符合下列规律

$$q^2 + 2qq_e = K\tau \quad \text{即} \quad (q+q_e)^2 = K\tau + q_e^2$$

所以

$$q = \sqrt{K\tau + q_e^2} - q_e$$

令 $\tau = \Psi/n$，则

$$q_F = \sqrt{\frac{K\Psi}{n} + q_e^2} - q_e \tag{3-37}$$

由式(3-37)算得的 q_F 与过滤面积大小无关，适用于转鼓的任一过滤面积。τ、q 与 Ψ/n、q_F 含义不同。τ、q 是变量，尚无确定值，而 Ψ/n 是对 τ 的赋值，q_F 是过滤（Ψ/n）s，每单位过滤面积得到的滤液量。由于每秒钟有 $nA\,\mathrm{m}^2$ 的过滤面积经历过（Ψ/n）s 的过滤，故回转真空过滤机的生产能力 G 可按下式计算，单位为 m^3/s。

$$G = nAq_F = nA\left(\sqrt{\frac{K\Psi}{n} + q_e^2} - q_e\right) \tag{3-38}$$

若 q_e 可不计,则

$$G = \sqrt{nA^2K\Psi} \tag{3-39}$$

可见,要提高生产率,可加快转速、增大转鼓过滤面积、提高滤液罐真空度或加大转鼓浸入料浆的面积分率。但转速太高亦不利。若 q_e 可略,因滤饼最大厚度 $\delta \propto q_F \propto \sqrt{1/n}$,$n$ 增大则 δ 变小,转速过高滤饼过薄不易卸除。

【例 3-11】 某悬浮液拟用回转真空过滤机进行过滤。回转真空过滤机规格:转鼓直径 2.6m,转鼓宽 2.6m,过滤面积 20m^2。操作参量:转速 0.35r/min,浸没部分圆心角 $\alpha = 115°$,操作真空度 0.50at。

该悬浮液在压差 3.0at 下恒压过滤小试得 $K = 2.78 \times 10^{-5}$ m^2/s,滤饼压缩性指数 $s = 0.22$。求以此回转真空过滤机过滤该悬浮液的生产能力。过滤介质阻力可略。

解 计算知,该转鼓过滤面积 $= \pi \times 2.6 \times 2.6 = 21.2$m^2,但产品说明书指明过滤面积为 20m^2,为安全起见按 $A = 20$m^2 计算。

真空操作的 K 值:因 $K \propto (\Delta p_m)^{(1-s)}$,所以

$$K = 2.78 \times 10^{-5}(0.5/3.0)^{(1-0.22)} = 6.87 \times 10^{-6} \text{ m}^2/\text{s}$$

$$\Psi = \alpha/360 = 115/360 = 0.319$$

$$n = 0.35/60 = 5.83 \times 10^{-3} \text{ s}^{-1}$$

生产能力

$$G = \sqrt{nA^2K\Psi} = \sqrt{5.83 \times 10^{-3} \times (20)^2 \times 6.87 \times 10^{-6} \times 0.319}$$
$$= 2.26 \times 10^{-3} \text{ m}^3/\text{s} = 8.14 \text{ m}^3/\text{h}$$

3.3.10 过滤操作的强化

固液两相的过滤技术非常复杂,涉及两相甚至多相流体流动,既有宏观的流体力学因素,如过滤介质特性、滤饼结构、压差、滤液黏度等;又有微观的物化因素,如电动现象、毛细现象、絮凝与聚结现象,必须同时重视理论研究和实验测试。强化过滤技术更是复杂的技术,对于上述难过滤物料,要提高过滤效果、强化过滤过程(助过滤技术),更是需要理论的指导和实验测试的支持。

强化过滤过程的方法分两大类:一类是对物料进行预处理,涉及使用助滤剂、悬浮液预处理等;另一类是在过滤过程中,通过限制滤饼层增厚等来降低过滤过程的阻力,达到分离的目的,如动态过滤。此外,也可以将非均相分离过程技术集成来解决难过滤物料的分离问题。

(1)使用助滤剂 生产上在遇到滤饼压缩性大的情况,滤饼空隙率小,阻力大,过滤速率低,且难以靠加大压差改善操作,这时多使用助滤剂改进过滤性能。常用的助滤剂有硅藻土(单细胞水生植物的沉积化石经干燥或煅烧而得的颗粒,含 SiO$_2$ 在 85% 以上)、珍珠岩(玻璃状熔融火山岩倾入水中形成的中空颗粒)或石棉粉、炭粉等刚性好的颗粒。助滤剂有两种使用方法,一种是把助滤剂与水混合成的悬浮液在滤布上先进行预滤,使滤布上形成 1～3mm 助滤剂层然后正式过滤,此法可防止滤布堵塞;另一种是将助滤剂混在料浆中一道过滤,此法只能用于滤饼不予回收的情况。

(2)悬浮液预处理 悬浮液预处理包括预增浓,应用凝聚剂、絮凝剂和表面活性剂等。对于细微颗粒的悬浮液,低浓度料浆滤饼阻力大于高浓度料浆的滤饼阻力,所以提高浓

度可以改善过滤性能，有利于减少处理量，缩小过滤设备尺寸。因此可以通过重力沉降槽（池）、浓密机、旋流分离器等措施，对悬浮液中固相进行增浓预处理。也可以添加凝聚剂和絮凝剂后，再沉降增浓。

在悬浮液中加入化学助滤剂后，可使分散的细小颗粒聚集成较大颗粒，从而易于过滤。促使分散颗粒聚集的方法有两种。一是加入聚合电解质如明胶、聚丙烯酰胺等絮凝剂，其长链高分子使固体颗粒之间发生桥联，形成多个颗粒组成的絮团。另一种方法是在悬浮体中加入硫酸铝等无机电解质，使颗粒表面的双电层压缩，颗粒与颗粒得以进一步靠拢并借范德华力凝聚在一起。

此外，加入表面活性剂能够降低界面张力，使颗粒表面疏水化。颗粒表面越疏水，所形成的疏水毛细管壁的黏附功就越小，流体流动阻力小，滤液通过的流速快；同时，加入表面活性剂可以破坏或减薄固体表面的水化膜，毛细管直径加大，提高滤液的流通量。

（3）动态过滤　传统的滤饼过滤随着过滤的进行，滤饼不断积厚，过滤阻力不断增加，在恒定压差推动下过滤，则取得滤液的速率必不断降低。为了在过滤过程中限制滤饼的增厚，蒂勒（Tier）于 1977 年提出了一种新的过滤方式，即料浆沿过滤介质平面的平行方向高速流动，使滤饼在剪切力作用下被大部分铲除，以维持较高的过滤能力。因滤液与料浆流动方向呈错流，故称错流式过滤，又因滤饼被基本铲除，亦称为无滤饼过滤，但较多的称法为动态过滤。欲使料浆高速流过过滤介质表面，一般采用设置旋转圆盘的方法。令圆盘与过滤介质表面平行，在圆盘面向过滤介质方向设有凸起的筋以带动在圆盘与过滤介质间的料浆高速旋转。可令筋的端面与过滤介质表面间距离在 20mm 范围内适当调小，圆盘以小于 1000r/min 转速旋转。

动态过滤需多耗机械能，但对许多难过滤的悬浮液能明显改善过滤性能，故有较好的推广价值。

（4）深层过滤　当悬浮液中固体的体积分数在 0.1% 以下且固体粒子的粒度很小时，用滤布或金属丝网作过滤介质难以生成有效截留固体粒子的滤饼层，且滤布或丝网易堵，这时若采用粒径为 1mm 左右的石英砂固定床层作为过滤介质，效果较好。这种以固体颗粒固定床作为过滤介质，将悬浮液中的固体粒子（为区别于过滤介质颗粒，故称为"粒子"）截留在床层内部且过滤介质表面不生成滤饼的过滤称为深层过滤。

液体挟带着固体粒子在固定床内弯曲通道中流动，由于惯性作用，固体粒子会偏离流线趋向组成固定床的固体颗粒为颗粒捕捉。捕捉的机理一般认为是分子作用力，也可能是静电力。

深层过滤在操作一段时间以后因床层内积存的粒子增多使滤出液固含量增加，这时，需清洗床层颗粒。清洗方法是用滤出液由下而上高流速穿过床层，令床层膨胀、颗粒翻动且相互摩擦，固体粒子即可大部分随溢流液流走，使床层再生。清洗液约占过滤所得清液的 3%～5%。

3.4　颗粒沉降与沉降分离设备

沉降分离是利用颗粒与流体两相之间的密度差异，在重力或离心力作用下使颗粒相对于流体发生相对运动，从而实现分离的操作。前者简称重力沉降，后者简称离心沉降。沉降分离操作根据分离要求不同而分成浓缩、澄清、分级等。本节将分别介绍这两种沉降，并把讨论范围集中在应用最广的固体颗粒沉降上。

当固体颗粒在流体中沉降时，颗粒必排开其沉降方向前方的流体，使其绕过颗粒向颗粒后方流去，以填补颗粒移走留下的空间。这就是说，颗粒的沉降必伴随有流体的反向流动。若有多个靠得较近的颗粒同时沉降，每个颗粒沉降引起的流体反向流动干扰了其他颗粒的沉降，便发生"干扰沉降"。若颗粒靠近器壁或器底，因流体流动受到阻碍，颗粒沉降亦会受到影响。上述诸因素的存在会使颗粒沉降问题变得复杂，为简化计，以下讨论的都是未受其他颗粒沉降影响（颗粒体积浓度低于 0.2%）及未受器壁、器底影响的颗粒沉降，或称"自由沉降"的情况。

3.4.1 重力沉降速度

3.4.1.1 颗粒在重力沉降过程受到的力

在重力场中，一任意形状、体积为 V、密度为 ρ_s 的固体颗粒沉浸在密度为 ρ 的流体中，当 $\rho_s > \rho$，颗粒便向下沉降。颗粒在沉降过程共受到 3 种力：重力、浮力与曳力。重力向下，浮力向上，曳力是流体作用于颗粒且阻碍颗粒下移的力，曳力也向上。

在上述 3 种力中，重力为 $V\rho_s g$，浮力为 $V\rho g$，均易于算得，困难在于曳力的确定上。对于颗粒在静止流体中沉降且沉降速度为 u 的情况，可以想象有另一种情况与其对应，即颗粒静止而流体以速度 u 对颗粒绕流，二者颗粒与流体的相对运动速度相同，前者颗粒受到的曳力与后者流体受到的阻力大小相等。因而可以把颗粒沉降受到的曳力按流体对颗粒绕流时的阻力计算方法求取，即曳力 $F_D = \zeta \dfrac{u^2}{2} \rho A_p$（式中 ζ 为曳力系数，A_p 是颗粒在垂直于其沉降方向的平面上的投影面积），于是，确定曳力的困难便转移到确定曳力系数上来了。

通过实验得知，流体对颗粒绕流受到的阻力不仅与流速有关，也与颗粒的形状、大小、取向有关。流动阻力既有表面阻力，也有形体阻力（取决于边界层脱离情况及尾流的流体湍流激烈程度等因素）。由于情况的复杂性，至今，除了如流体缓慢绕过光滑圆球且不发生边界层脱离的"爬流"等极少数简单情况的曳力系数可取得数值解外，一般尚未能理论求解。这问题只能通过实验用半理论半经验方法解决。

3.4.1.2 求曳力系数的经验曲线

（1）用"量纲分析"方法确定与曳力有关的特征数　设颗粒是光滑圆球。根据实验观察，曳力与各有关物理量的一般函数式为

$$F_D = F(d_p, u, \rho, \mu)$$

式中，F_D 为曳力，N；d_p 为颗粒直径，m；u 为颗粒与流体的相对运动速度，m/s；ρ 为流体的密度，kg/m^3；μ 为流体的黏度，Pa·s。

设

$$F_D = \alpha d_p^a u^b \rho^c \mu^d$$

各物理量的量纲为 $[F_D] = ML\tau^{-2}$，$[d_p] = L$，$[u] = L\tau^{-1}$，$[\rho] = ML^{-3}$，$[\mu] = M\tau^{-1}L^{-1}$，α 为无量纲系数。

根据等式两侧量纲和谐原则，可写出下列量纲等式：

$$ML\tau^{-2} = (L)^a (L\tau^{-1})^b (ML^{-3})^c (M\tau^{-1}L^{-1})^d$$

其中　对 M 有　$1 = c + d$

对 L 有　$1 = a + b - 3c - d$

对 τ 有　$-2 = -b - d$

对于 3 个式子解 4 个未知量而言，须任选一个未知量作为保留量才能有解。现选 d 为保留量。可解得

$$a=2-d, b=2-d, c=1-d$$

所以　　　　　　　　　$$F_D=\alpha d_p^{(2-d)} u^{(2-d)} \rho^{(1-d)} \mu^d$$

由此可整理出两个特征数，其间一般函数式为

$$\frac{F_D}{d_p^2 u^2 \rho}=\phi\left(\frac{d_p u \rho}{\mu}\right)$$

令 $Re_p=d_p u \rho/\mu$，称为雷诺数。

因曳力计算式可写成 $F_D=\zeta\dfrac{u^2}{2}\rho\left(\dfrac{\pi}{4}d_p^2\right)$，不难看出，特征数 $F_D/(d_p^2 u^2 \rho)$ 乘以常数便是曳力系数 ζ，故影响曳力的特征数一般式可写成

$$\zeta=f(Re_p)$$

（2）由实验取得的 ζ-Re_p 关系曲线　对于光滑圆球，实验得到的 ζ-Re_p 关系曲线如图 3-12 中最下一条曲线所示。由图 3-12 可见，曲线可分成 3 部分。各段曲线的 Re_p 值范围及 ζ 与 Re_p 的函数关系如下。

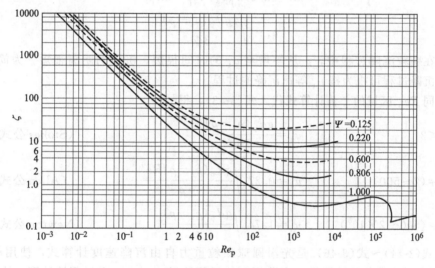

图 3-12　ζ-Re_p 关系曲线

① $Re_p<2$，司托克斯（Stokes）区

$$\zeta=\frac{24}{Re_p} \tag{3-40}$$

在此区域内流体阻力　　　　　　　$$F_D=3\pi\mu d_p u$$

② $Re_p=(2\sim500)$，阿伦（Allen）区

$$\zeta=\frac{18.5}{Re_p^{0.6}} \tag{3-41}$$

③ $Re_p=(500\sim2\times10^5)$，牛顿（Newton）区

$$\zeta=0.44 \tag{3-42}$$

图 3-12 中还有一些非圆球颗粒的 ζ-Re_p 关系曲线。这些曲线并未分段拟合成计算式，使用时只能查图线。

3.4.1.3　光滑圆球颗粒的自由沉降速度

前面提到，在重力场中，若质量为 m、密度为 ρ_s、直径为 d_p 的光滑圆球沉浸在密度为

ρ 的流体中且 $\rho_s > \rho$，颗粒必向下沉降。颗粒在沉降过程受到的 3 种力为

重力 $\qquad\qquad\qquad F_g = mg$

浮力 $\qquad\qquad\qquad F_b = (m/\rho_s)\rho g$

曳力 $\qquad\qquad\qquad F_D = \zeta A_p(u^2\rho/2)$

u 为颗粒沉降中瞬时的相对于流体的速度，则 $(F_g - F_b) - F_D = m(\mathrm{d}u/\mathrm{d}\tau)$

在沉降过程中 $(F_g - F_b)$ 为恒值，但 F_D 随 u 增大而增大。刚开始沉降时，$u = 0$，$F_D = 0$，沉降加速度 $\mathrm{d}u/\mathrm{d}\tau$ 最大，颗粒以最大加速度向下移动。随着颗粒向下运动速度 u 的增加，颗粒受到曳力 F_D 加大，加速度减小，但颗粒仍在加速沉降。当颗粒沉降的速度达到某一特定值 u_t，这时 $F_D = (F_g - F_b)$，颗粒加速度为零，颗粒便维持恒定速度 u_t 下降，此 u_t 称为颗粒的"自由沉降速度"。

颗粒沉降速度 u_t 可由下式导出

因为 $$mg - (m/\rho_s)\rho g = \zeta A_p(u^2\rho/2)$$
$$m = (\pi/6)d_p^3\rho_s,\ A_p = \pi d_p^2/4$$

所以 $$u_t = \sqrt{\frac{4gd_p(\rho_s - \rho)}{3\zeta\rho}} \qquad\qquad (3\text{-}43)$$

一般在颗粒沉降过程中，u 从零增至 u_t 的时间很短，沉降的距离很短。为简化计算，通常整个沉降过程可视为按 u_t 等速沉降的过程。

把不同 Re_p 区域的 ζ 值计算式代入式(3-43)，得

$$Re_p < 2 \qquad\qquad u_t = \frac{gd_p^2(\rho_s - \rho)}{18\mu} \qquad\qquad \text{(Stokes 公式)}\ (3\text{-}44)$$

$$Re_p = (2\sim500) \qquad\qquad u_t = 0.27\sqrt{\frac{gd_p(\rho_s - \rho)Re^{0.6}}{\rho}} \qquad\qquad \text{(Allen 公式)}\ (3\text{-}45)$$

$$Re_p = (500\sim2\times10^5) \qquad\qquad u_t = 1.74\sqrt{\frac{gd_p(\rho_s - \rho)}{\rho}} \qquad\qquad \text{(Newton 公式)}\ (3\text{-}46)$$

以上式(3-44)～式(3-46)是光滑圆球颗粒重力自由沉降速度计算式，使用的条件是 $\rho_s > \rho$。要应用这些公式计算 u_t，首先遇到的问题是因 u_t 未知，Re_p 无法计算，故无法选定该应用的具体式子。一般可假设 Re_p 属于某一区域，按该区域计算出 u_t，然后验算 Re_p，只有算出的 Re_p 属于原设区域，算出的 u_t 才有效。

下面介绍 $\Psi = 1$ 时不需试差计算 u_t 的判据法。

当 $Re_p < 2$，$\qquad u_t = \dfrac{gd_p^2(\rho_s - \rho)}{18\mu}$，$Re_p = d_p\left[\dfrac{gd_p^2(\rho_s - \rho)}{18\mu}\right]\dfrac{\rho}{\mu} < 2$

所以 $$d_p\left[\frac{g(\rho_s - \rho)\rho}{\mu^2}\right]^{\frac{1}{3}} < 3.3$$

当 $Re_p > 500$，$u_t = 1.74\sqrt{\dfrac{d_p(\rho_s - \rho)g}{\rho}}$，$Re_p = 1.74d_p\sqrt{\dfrac{d_p(\rho_s - \rho)g}{\rho}}\times\dfrac{\rho}{\mu} > 500$

所以 $$d_p\left[\frac{g(\rho_s - \rho)\rho}{\mu^2}\right]^{\frac{1}{3}} > 43.6$$

故判据 $$d_p\left[\frac{g(\rho_s - \rho)\rho}{\mu^2}\right]^{\frac{1}{3}}\begin{cases} < 3.3 & \text{Stokes 区} \\ = (3.3\sim43.6) & \text{Allen 区} \\ > 43.6 & \text{Newton 区} \end{cases} \qquad (3\text{-}47)$$

【例 3-12】　某固体颗粒在 20℃水中沉降，颗粒的密度、形状系数及粒径为 $\rho_s=2100\text{kg/m}^3$，$\Psi=1.0$，$d_p=0.1\text{mm}$，求颗粒的沉降速度。

解　20℃水的 $\rho=1000\text{kg/m}^3$，$\mu=1\text{cP}=0.001\text{Pa·s}$

因 $\Psi=1$，可用判据确定计算公式。

由于

$$d_p\left[\frac{g(\rho_s-\rho)\rho}{\mu^2}\right]^{\frac{1}{3}}=0.1\times10^{-3}\left[\frac{9.81(2100-1000)1000}{0.001^2}\right]^{\frac{1}{3}}=2.21(<3.3)$$

属 Stokes 区　故 $u_t=\dfrac{gd_p^2(\rho_s-\rho)}{18\mu}=\dfrac{9.81\times(1\times10^{-4})^2(2100-1000)}{18\times0.001}=6.00\times10^{-3}\text{m/s}$。

3.4.1.4　非圆球形颗粒的自由沉降速度

对于非圆球颗粒，计算 Re_p 用到的颗粒直径可用等体积当量直径 $d_{e,v}$。不同形状系数颗粒的 ζ-Re_p 的实验曲线示于图 3-12。当由颗粒直径 $d_{e,v}$ 计算沉降速度 u_t 或由颗粒沉降速度 u_t 计算 $d_{e,v}$ 时，可根据颗粒形状系数查图 3-12 并试差求解，但此法甚繁，一般不用。下面介绍用 ζRe_p^2-Re_p 图或 ζ/Re_p-Re_p 图对非圆球形颗粒沉降问题求解的方法。

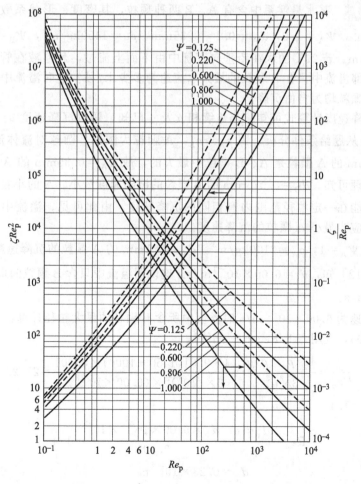

图 3-13　ζRe_p^2-Re_p 与 ζ/Re_p-Re_p 关系曲线

对 Ψ 一定的非圆球形颗粒，由图 3-12 可查到其 ζ-Re_p 曲线。此曲线表明，对于任一 Re_p 值，必对应一个 ζ 值，于是，可建立 ζRe_p^2-Re_p 曲线和 ζ/Re_p-Re_p 曲线，这两种曲线族示于图 3-13。

为什么要组成 ζRe_p^2 这样的特征数呢？要回答这问题，就应了解该特征数包含了哪些物理量。

因为

$$\zeta = 4gd_p(\rho_s-\rho)/(3\rho u_t^2), Re_p = d_p u_t \rho/\mu$$

所以

$$\zeta Re_p^2 = 4gd_p^3(\rho_s-\rho)\rho/(3\mu^2)$$

由于 ζRe_p^2 包含了 d_p 却不包含 u_t，所以，ζRe_p^2-Re_p 曲线为已知颗粒直径 d_p 求颗粒沉降速度 u_t 提供了非常实用、快捷的方法。只需算出 ζRe_p^2，根据形状系数 Ψ 值，查相应的 ζRe_p^2-Re_p 曲线，查得 Re_p 后，即可由此 Re_p 值算出 u_t。

又因为

$$\zeta/Re_p = 4g(\rho_s-\rho)\mu/(3\rho^2 u_t^3)$$

ζ/Re_p 中包含了 u_t 却不包含 d_p，故 ζ/Re_p-Re_p 曲线族为已知形状系数 Ψ 及沉降速度 u_t 时求颗粒直径 d_p 提供了方便的计算方法。

因 ζRe_p^2-Re_p 曲线族及 ζ/Re_p-Re_p 曲线族是根据图 3-12 整理得的，有了这两组曲线族，对于非圆球形颗粒的沉降问题，一般不再直接使用图 3-12。

【例 3-13】 某水悬浮系中含有 A、B 两种颗粒，其密度、形状系数与粒径范围是 $\rho_A = 2100\text{kg/m}^3$，$\Psi_A = 1.0$，$d_A = 0.1 \sim 0.35\text{mm}$，$\rho_B = 1450\text{kg/m}^3$，$\Psi_B = 0.806$，$d_B = 0.075 \sim 0.28\text{mm}$。若 20℃ 的水在铅垂向直管中由下而上流过，悬浮液在管的适当部位进入。问：使上部溢流中只含 B 颗粒的最大水流速为多少米/秒？这时溢流中 B 的最大粒径是多少米？设颗粒均为自由沉降。

解 由沉降速度计算式可知，当连续相 ρ 及 μ 已知，颗粒沉降速度 u_t 取决于颗粒的 ρ_s、Ψ 和 d_p。从题给条件分析，因 $\rho_A > \rho_B$，A 颗粒为圆球，圆球对流体流动阻力最小，且 $d_A = 0.35\text{mm}$ 的 A 颗粒是 A、B 颗粒中最大的，故 $d_A = 0.35\text{mm}$ 的 A 颗粒具有最大沉降速度。同理可知，$d_B = 0.075\text{mm}$ 的 B 颗粒的沉降速度最小。A 的小粒径颗粒与 B 的大粒径颗粒可能在一定粒径范围内有相同的沉降速度。由此可见，溢流中只含 B 颗粒的最大水流速度应为最小 A 颗粒的沉降速度。

(1) 计算 $\Psi_A = 1$，$\rho_A = 2100\text{kg/m}^3$，$d_A = 0.1\text{mm}$ 的 A 颗粒的沉降速度：

由［例 3-12］知，$u_t = 6.00 \times 10^{-3}\text{m/s}$。这说明溢流中只含 B 颗粒的最大向上流动的水流速为 6mm/s。

(2) 水流速为 $6.00 \times 10^{-3}\text{m/s}$ 时溢流中所含 B 颗粒的最大粒径计算：

$\Psi_B = 0.806$，宜用查 ζ/Re_p-Re_p 图线法。

$$\frac{\zeta}{Re_p} = \frac{4g(\rho_s-\rho)\mu}{3\rho^2 u_t^3} = \frac{4 \times 9.81(1450-1000) \times 0.001}{3 \times (10^3)^2 \times (6.00 \times 10^{-3})^3} = 27.25$$

查图，得 $Re_p = 1.4$

故

$$Re_p = \frac{d_p u_t \rho}{\mu} = \frac{d_p \times 6.00 \times 10^{-3} \times 10^3}{0.001} = 1.4$$

得

$$d_p = 0.23 \times 10^{-3}\text{m}$$

3.4.2　重力沉降室

下面介绍重力沉降净化器。假设颗粒均自由沉降。

令含固体颗粒的流体水平向缓慢流过净化器，颗粒重力沉降至器底，可使流体除去固体颗粒得到净化。这种净化器结构简单，但除颗粒的效果不理想，常用作初步处理，其原理如图 3-14 所示。

若净化器长为 L，宽为 $B(A=LB)$，高为 H，三者单位都是 m；流体流量为 V_s（m^3/s）；则流体在净化器内停留时间 $\tau_1=AH/V_s$，单位为 s。

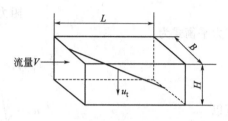

图 3-14　重力沉降室

若某粒径颗粒的重力沉降速度为 u_t(m/s)，则该颗粒自器顶沉降至器底的时间 $\tau_2=H/u_t$，s。

要在净化器中除去该粒径颗粒，至少应满足 $\tau_1=\tau_2$ 关系，即 $AH/V_s=H/u_t$，故流体处理量

$$V_s=Au_t \tag{3-48}$$

式(3-48)说明对除去某一粒径以上颗粒而言，流体处理量只取决于该粒径颗粒的重力沉降速度和净化器的水平面积，与净化器高度无关。

对于一定的净化器，为了增大流体处理量，往往做成多层结构，但应核算流体流过各层净化器的雷诺数，保证 $Re<2000$，令流体为层流，以免流体旋涡妨碍颗粒沉降或将已沉至器底的颗粒重新卷起。

当某悬浮系水平流过一已知尺寸的重力沉降室时，若 V_s 与 A 已知，可由式(3-48)算出 u_t。为以下讨论更清楚起见，此算出的 u_t 写成 $u_{t,c}$，由该 $u_{t,c}$ 值算出的颗粒直径是临界粒径 $d_{p,c}$。凡 $d_p\geqslant d_{p,c}$ 的颗粒理论上均可沉降到器底，但这并不说明 $d_p<d_{p,c}$ 的颗粒不能有一部分沉降至器底。设进沉降器时悬浮系中颗粒分布均匀。对于某一种粒径为 d_p' 的颗粒，设 $d_p'<d_{p,c}$，其沉降速度为 u_t'，在悬浮系流过沉降室的过程中，该种颗粒沉降下移了 H' 距离，则这种颗粒在沉降室中被除去的分率（效率）可按式(3-49)计算

$$粒径为\ d_p'\ 的颗粒的去除率=\frac{\left(\dfrac{H}{u_{t,c}}\right)u_t'}{H}=\frac{u_t'}{u_{t,c}}=\frac{H'}{H} \tag{3-49}$$

式中，H 为沉降室高度，m。

3.4.3　离心沉降速度

流体与固体颗粒形成的悬浮系当固体密度 ρ_s 与流体密度 ρ 不等，固然可借重力场力实现固体与流体的分离，但对细小粒子而言，沉降速度甚低，分离效率不高。要使细小粒子有较高的沉降速度，需要有"超重力场"，使粒子受到的场力远远高于重力场力，而且这种场力的大小能为人们所控制，以摆脱基本恒定的重力场的限制。令悬浮系作高速圆周回旋运动产生的离心力场就是这种"超重力场"。在离心力场中固体颗粒的沉降称为离心沉降，所用设备为离心沉降设备。常用的离心沉降设备有旋风分离器、水力旋流器与离心机，其中前两种设备为静设备，结构简单，后者为动设备，结构较复杂，三者过程原理相同。以下只介绍旋风分离器。

当"流体-固体颗粒"悬浮系作等角速度 ω 圆周运动时，可对其中一个颗粒的受力与运动情况作分析。设某固体颗粒为圆球，直径为 d_p，颗粒密度为 ρ_s，旋转半径为 R，圆周速度为 $u_T(u_T=R\omega)$，则颗粒在适当选择的非惯性坐标系中可受到沿半径方向的离心惯性力。

根据阿基米德原理，若悬浮系的流体占据该颗粒体积，其受到的离心惯性力的反力即为该颗粒受到的浮力。设流体密度为 ρ，且 $\rho_s > \rho$，则颗粒受到的离心力大于浮力，颗粒便沿径向离心移动。颗粒运动必受到流体阻力。令颗粒受到的离心力、浮力及阻力三力平衡时的运动速度为 u_t，则这三种力及其力平衡式如下

$$离心惯性力 = (\pi d_p^3/6)\rho_s(u_T^2/R)$$
$$浮力 = (\pi d_p^3/6)\rho(u_T^2/R)$$
$$阻力 = \zeta(\pi d_p^2/4)(u_t^2/2)\rho$$

三力平衡式为

$$\frac{\pi}{6}d_p^3(\rho_s - \rho)\frac{u_T^2}{R} = \zeta\frac{\pi}{4}d_p^2 \times \frac{u_t^2}{2}\rho$$

所以

$$u_t = \sqrt{\frac{4}{3}\left(\frac{u_T^2}{R}\right)\frac{d_p(\rho_s - \rho)}{\zeta\rho}} \tag{3-50}$$

u_t 即为颗粒的离心沉降速度。比较式（3-50）与式（3-43）可知，离心沉降与重力沉降速度计算式的形式一致，不同的是，离心沉降速度计算式中以 u_T^2/R 替代了重力沉降速度计算式中的 g。

令分离因数

$$K = \frac{\left(\dfrac{u_T^2}{R}\right)}{g} \tag{3-51}$$

对一定的悬浮系，当采用离心沉降，可人为地控制分离因数的大小，使颗粒有适宜的沉降速度。例如 $R = 0.4$m，$u_T = 20$m/s，可算得 K 值为 102，即颗粒受到的离心惯性力可达其重力的 102 倍，这就是采用超重力场的好处。高速离心机的 K 值可高达 1 万以上。

3.4.4 旋风分离器

旋风分离器是应用十分广泛的气、固分离离心沉降设备。含有颗粒的气体在作高速旋转运动时，其中的颗粒所受到的离心力要比重力大几百倍到几千倍，所以可大大地提高其分离效率，能分离的最小颗粒直径可到 5μm 左右。

3.4.4.1 结构与操作

参看图 3-15(a)。分离器上部为圆筒，下部为圆锥形容器。含尘气体由圆筒上部切向引入，在分离器内作较高速的回旋流动。由于锥形容器底阀关闭，气流便由伸入圆筒部分的中心管排出。

气体进口流速 u_1 一般为 10~25m/s。参看图 3-15(b)，气体在分离器内的流动路线为由向下的外旋流转为向上的内旋流，两种旋流旋转方向相同。气流中悬浮的固体颗粒在悬浮系回旋中作离心沉降至器壁，在重力作用下汇集于锥形容器底部；净化后的气体则由中心管排出。一般在停止操作时出灰。

旋风分离器的结构尺寸正逐步优化，推荐的"标准型"的尺寸比例为

$$h = \frac{D}{2}, \ B = D/4, \ D_1 = \frac{D}{2}, \ H_1 = 2D, \ H_2 = 2D, \ S = D/8, \ D_2 = D/4。$$

3.4.4.2 除尘机理

较早的旋风分离器除尘理论认为只有圆筒部分外旋流起积极收尘作用，气流中的固体颗

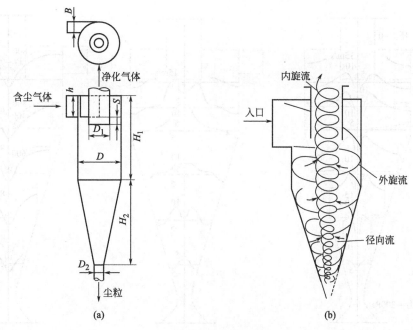

图 3-15 旋风分离器

粒是一次通过圆筒部分向下回旋时实现气固分离的。这过程中未能除去的颗粒在分离器内其他部位均不能除去,最后经中心管被气流带出。由此理论导出了"临界粒径"d_c,即认为比 d_c 大的颗粒能全部除去,比 d_c 小的颗粒则只能部分除去,此理论盛行于四五十年前。事实上旋风分离器内气流情况甚复杂,上述理论只是一种简化模型而已。该模型与事实偏离较大,故早已不被采用。实测的旋风分离器操作时其某些截面上的三维流速及静压强的分布如图 3-16 所示,此外,还发现圆筒部分存在着"环流"。"环流"位于器壁与中心管之间的部位,外侧向下,内侧朝上流动。根据气流三维流场的测定及"环流"的发现,可对分离器除尘情况作如下分析。

① 在内旋流中近似有 $u_T \propto r$ 的关系。内旋流的外侧因圆周速度高、回旋半径小,分离因数很大,故是有效的除尘区。外旋流未能收下的颗粒未必都从中心管排走,部分颗粒仍留在分离器中。

② 由内旋流排开的颗粒被"环流"推到圆筒内上方中心管之外。这部分颗粒,有的被入口气流及环流重新带至外旋流并被部分除去,但圆筒内中心管上端外侧始终是细小灰尘的聚集区。实验证明,圆筒内中心管上端外侧确是细小尘粒聚集的区域,被称为"集尘环"。

对分离器除尘机理的研究虽取得一定进展,但至今还没有提出完整的理论,只有一些经验图线发表。鉴于临界粒径的术语还可能在技术资料中见到,下面就按早先的理论推导临界粒径 d_c 的计算式,然后介绍经验图线。

假设:ⅰ. 圆筒部分外旋流的速度 u_i 等于切向进口气速 u_1,外旋流共转 N_e 圈;ⅱ. 颗粒在外旋流中朝器壁沉降,最大沉降距离为气层厚度 B;ⅲ. 颗粒沉降属 Stokes 区,即

$$u_t = \frac{d_p^2 \rho_s}{18\mu}\left(\frac{u_i^2}{R_m}\right)$$

式中,R_m 为平均回旋半径,m。

因气、固系 $\rho_s \gg \rho$,故以 ρ_s 替代 $(\rho_s - \rho)$。

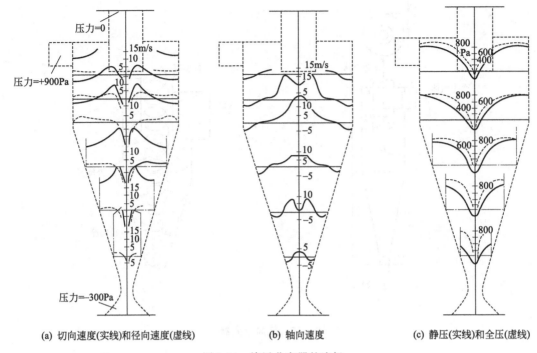

(a) 切向速度(实线)和径向速度(虚线)   (b) 轴向速度   (c) 静压(实线)和全压(虚线)

图 3-16　旋风分离器的流场

于是，颗粒到达器壁所需时间 τ_1 为

$$\tau_1 = B/u_t = 18\mu R_m B/(d_p^2 \rho_s u_i^2)$$

外旋流的停留时间 τ_2 为

$$\tau_2 = 2\pi R_m N_e/u_i \text{(标准型，} N_e = 5\text{)}$$

令 $\tau_1 = \tau_2$，这时的 d_p 为 d_c，则

$$18\mu R_m B/(d_c^2 \rho_s u_i^2) = 2\pi R_m N_e/u_i$$

所以

$$d_c = \sqrt{\frac{9\mu B}{\pi N_e u_i \rho_s}} \tag{3-52}$$

式中，d_c 为临界粒径，m。

3.4.4.3　分离效率

表示分离器除尘效率的参数有总效率与粒级效率两种。

（1）总效率 η_o　单位时间内被除去的固体颗粒质量占进入分离器的全部颗粒质量的分率。

$$\eta_o = \frac{c_1 - c_2}{c_1} \tag{3-53}$$

式中，c_1 为旋风分离器进口气体含尘浓度，g/m^3；c_2 为分离器出口气体含尘浓度，g/m^3。

总效率是个操作指标，但并不能确切地说明某台旋风分离器的分离性能。因颗粒愈小收尘愈困难，所以，对气流中挟带有大颗粒时 η_o 值高的旋风分离器，其收尘性能未必比带有细小颗粒时 η_o 值稍低的旋风分离器好。

（2）粒级效率 η_{pi}　把气流中所含颗粒的尺寸范围分成几个小段，其中第 i 小段的颗粒，取其平均粒径 d_i 代表该段的颗粒粒径，则第 i 段的除尘效率便为该段的粒级效率 η_{pi}。

$$\eta_{pi} = \frac{c_{1i} - c_{2i}}{c_{1i}} \tag{3-54}$$

式中，c_{1i} 为进口气流所带第 i 段范围内的颗粒浓度，g/m^3；c_{2i} 为出口气流中所含第 i 段颗粒的浓度，g/m^3。

令粒级效率为 50% 的颗粒直径为"分割粒径"d_{50}。对标准型旋风分离器，实验得

$$d_{50} \approx 0.27 \sqrt{\frac{\mu D}{u_i(\rho_s - \rho)}} \tag{3-55}$$

式中，D 为分离器圆筒内径，m。

标准型旋风分离器的实测得的粒级效率与固体颗粒粒径的关系曲线示于图 3-17。图中横轴为 d/d_{50}，d 为颗粒粒径，单位为 m。该图采用了无量纲数群为坐标，扩大了适用范围，对不同尺寸的标准型旋风分离器皆适用。

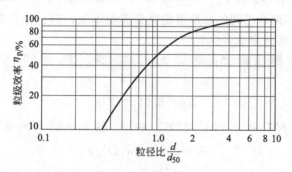

图 3-17　标准型旋风分离器的粒级效率曲线

根据不同粒径范围的粒级效率，可按式(3-56)算得总效率，即

$$\eta_o = \sum_{i=1}^{n} x_i \eta_{pi} \tag{3-56}$$

式中，x_i 为第 i 段颗粒的质量占全部颗粒质量的分数。

3.4.4.4　压降

含尘气体通过旋风分离器的压降可按下式计算

$$\Delta p = \zeta' \frac{u_1^2}{2} \rho \tag{3-57}$$

式中，Δp 为旋风分离器的压降，Pa；u_1 为分离器进口气速，m/s；ζ' 为分离器的阻力系数，无量纲。对于标准型旋风分离器，$\zeta' = 8.0$。

3.4.4.5　旋风分离器的计算

以标准型为例，有关计算公式、图线如下：

公式
$$\Delta p = 8.0(u_1^2/2)\rho, \quad u_1 = u_i$$
$$V = u_1 Bh, \quad Bh = D^2/8, \quad D = 4B, \quad h = 2B \cdots$$
$$d_c = \sqrt{9\mu B/(\pi N_e u_1 \rho_s)}, \quad N_e = 5$$
$$d_{50} \approx 0.27 \sqrt{\mu D/[u_1(\rho_s - \rho)]}$$

图线
$$\eta_{pi}\text{-}d/d_{50}, \quad \eta_o = \sum x_i \eta_{pi}$$

当 ρ、μ、ρ_s 已知，其余各参量的联系如图 3-18 所示。

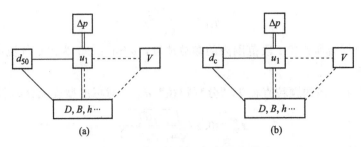

图 3-18　旋风分离器各参量的联系

【**例 3-14**】　已知某气、固系中气体密度 $\rho=1.20\text{kg/m}^3$，黏度 $\mu=1.80\times10^{-5}\text{Pa}\cdot\text{s}$，气量 $V=0.40\text{m}^3/\text{s}$。固体密度 $\rho_s=1100\text{kg/m}^3$，颗粒粒径 $d_p=4.5\mu\text{m}$。要求总的压降 $\sum\Delta p\leqslant1275\text{Pa}$，欲采用两台相同的标准型旋风分离器串联，问：分离器的直径 D（不必圆整）为多少？总的分离效率是多少？

解　每台分离器压降 $\Delta p=\sum\Delta p/2\leqslant1275/2\text{Pa}=637.5\text{Pa}$，以下按 $\Delta p=637.5\text{Pa}$ 计算。

因为
$$\Delta p=8.0(u_1^2/2)\rho$$

即
$$637.5=8.0(u_1^2/2)\times1.20 \qquad 故\ u_1=11.52\text{m/s}$$

由于
$$V=u_1Bh=u_1D^2/8$$

即
$$0.40=11.52D^2/8 \qquad 故\ D=0.527\text{m}$$

$$d_{50}=0.27\sqrt{\frac{\mu D}{u_1(\rho_s-\rho)}}=0.27\sqrt{\frac{1.80\times10^{-5}\times0.527}{11.52\times(1100-1.20)}}=7.39\times10^{-6}\text{m}$$

$$d/d_{50}=4.5/7.39=0.609,\ 查图得\ \eta=27\%$$

所以
$$\eta_{总}=1-(1-\eta)^2=1-(1-0.27)^2=0.467$$

【**例 3-15**】　某含尘气体，气体密度 $\rho=0.43\text{kg/m}^3$，$\mu=3.60\times10^{-5}\text{Pa}\cdot\text{s}$，气量 $\sum V=4.32\text{ m}^3/\text{s}$。固体颗粒密度 $\rho_s=2000\text{kg/m}^3$。颗粒的粒度分布如下：

$d_{pi}/\mu\text{m}$	<10	10~40	40~70	70~100	>100
质量分数 x_i	0.04	0.05	0.17	0.24	0.50

要求大于 $10\mu\text{m}$ 的颗粒尽可能除去，且压降 $\Delta p\leqslant700\text{Pa}$。拟采用数台相同的标准型旋风分离器并联。试确定分离器的尺寸及台数。

解　按每台分离器压降 $\Delta p=700\text{Pa}$ 计算。

因为
$$\Delta p=8.0(u_1^2/2)\rho$$

即
$$700=8.0(u_1^2/2)\times0.43 \qquad 所以\ u_1=20.17\text{m/s}$$

以下按临界粒径 d_c 计算式对所需分离器的尺寸、台数进行估算，然后计算除尘效率。

令 $d_c=10\mu\text{m}$

因为
$$d_c=\sqrt{9\mu B/(\pi N_e u_1\rho_s)}$$

代入数据，得 $10\times10^{-6}=\sqrt{9\times3.60\times10^{-5}B/(\pi\times5\times20.17\times2000)}$

所以 $$B=0.196\text{m}$$

则 $D=4B=4\times0.196=0.782\text{m}$，$Bh=B\times2B=2B^2=2\times0.196^2=0.0768\text{m}^2$

每台旋风分离器的处理气量：

$$V=u_1Bh=20.17\times0.0768=1.55\text{m}^3/\text{s}$$

故所需分离器台数 $n=\sum V/V=4.32/1.55=2.8$ 台，现取 3 台。每台分离器处理气量

$$V=4.32/3=1.44\text{m}^3/\text{s}$$

因为 $\qquad V=u_1D^2/8 \qquad$ 即 $1.44=20.17D^2/8 \qquad$ 所以 $D=0.756\text{m}$

$$d_{50}=0.27\sqrt{\mu D/[u_1(\rho_s-\rho)]}=0.27\sqrt{3.60\times10^{-5}\times0.756/[20.17\times(2000-0.43)]}$$
$$=7.01\times10^{-6}\text{m}$$

以下按各颗粒粒径范围取平均粒径，算出 d/d_{50}，查粒级效率，最后算出总除尘效率。各数据示于下列表格中。

粒径范围/μm	平均粒径/μm	d/d_{50}	η_{pi}	质量分数 x_i	$x_i\eta_{pi}$
<10	5	0.713	0.34	0.04	0.0136
10~40	25	3.57	0.90	0.05	0.045
40~70	55	7.85	0.99	0.17	0.168
70~100	85	12.1	1.0	0.24	0.24
>100	100	14.3	1.0	0.50	0.50

$$\eta_o=\sum x_i\eta_{pi}=0.0136+0.045+0.168+0.24+0.50=0.967$$

结论：采用 3 台 $D=0.756\text{m}$ 的标准型旋风分离器并联操作，总的颗粒的除尘效率为 96.7%。10μm 以上颗粒除尘效率为 $(0.045+0.168+0.24+0.50)/0.96=99.3\%$。

标准型旋风分离器计算 d_{50} 的公式及 η_p-d/d_{50} 曲线均来自实验，虽缺乏理论依据，但有一定可靠性，故可作为设计或校核计算的根据。关于临界粒径 d_c，其提出的理论依据不足，不能认为大于 d_c 的颗粒能被分离器全部除去，但利用 d_c 估算分离器的尺寸还是简易可行的。

由 [例 3-15] 可见，大于 25μm 的颗粒能比较有效地用旋风分离器除去，而 10μm 以下的颗粒的除尘效率就较低。

3.4.4.6 其他型式的旋风分离器

旋风分离器的除尘效果同器内气流回旋的分离因数 K 值密切相关，欲提高除尘效率，K 值应适当高些，亦即要求气流回旋速度 u_i 要高，回旋半径 R 要小。为此，当处理气量大时，一般宜采用多只旋风分离器并联操作，使分离器筒径小些，而不采用一只筒径大的分离器，图 3-19 所示的多管式旋风分离器组就以此作为设计思想。由图可见，为使轴向流入各旋风分离器的气流作回旋流动，各分离器上端气流进入处设置有螺旋状叶片，即螺旋内翼。

标准型旋风分离器在操作时，已收集在圆锥容器内的尘粒有可能被气体内旋流重新卷起，使除尘效率降低。为避免尘粒被重新卷起，已开发了扩散式旋风分离器，其构造如图 3-20 所示。该型式分离器圆筒部分与标准型的相同，但圆锥容器改为上小下大形状，收

下的颗粒进入底部集尘箱。在集尘箱上侧有一个中心开孔的圆锥形分隔屏，可使向下的外旋流改变为朝上的内旋流时过程的阻力减小，该屏中心的圆孔使随尘粒进入集尘箱的气体可顺利返回上升的内旋流中。扩散式旋风分离器经生产上使用已证实是一种优良的设计。

前面提过，标准型旋风分离器在操作时圆筒内上端中心管外侧有"集尘环"，集尘环的存在会降低除尘效率，故宜将这部分气体直接导流至分离器内下部集尘区。图 3-21 所示的 CLP/B 型旋风分离器设置了由集尘环通至分离器底部的外通道，使进入分离器的气流分出一小股挟带着大量尘粒直达器底。这种型式的分离器除尘效果也很好，只是结构复杂一些。

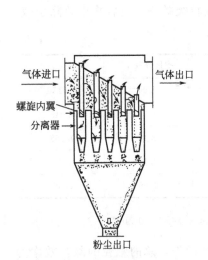
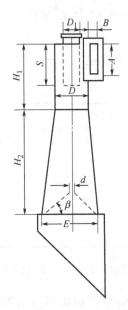
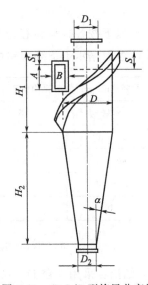

图 3-19 多管式旋风分离器组　　图 3-20 扩散式旋风分离器　　图 3-21 CLP/B 型旋风分离器

最后，要说明一点，同一类型的旋风分离器，各部分尺寸比例的改变会对除尘效率与阻力系数均产生一定影响，对最佳尺寸比例的探索工作还在进行。前述的"标准型"概念只是相对的，有些与前述"标准型"旋风分离器尺寸比例相近的旋风分离器已定型生产并取得较好的效果，如国产的 CLT/A 型等。

重力沉降器的结构最简单，造价低，压降小，但气速较低，设备很庞大，而且一般只能分离 $100\mu m$ 以上的粗颗粒。旋风分离器内气流作高速旋转，颗粒可受到几千倍于重力的离心力，故可分离 $5\sim10\mu m$ 的细粒，但是压降较大。对于 $1\mu m$ 以下微粒，可采用袋式分离器、静电除尘器等进行分离。此外，还有将多种除尘机理结合在一起以进一步提高除尘效果的复合式除尘器，其中多数复合除尘器（技术）利用了静电作用，如湿式静电除尘器、电袋复合除尘器，对于控制 PM2.5 等微细粉尘排放具有良好的效果，已投入工业应用，是一种重要的技术发展方向。

3.5 固体流态化

流态化是指将固体颗粒悬浮于运动的流体中，从而使颗粒具有流体某些表观特性的过程。由于流态化的颗粒表面全部暴露于周围剧烈湍动的流体中，从而大大强化了相际间的接触、传递及反应过程，从而改进工艺技术指标，提高生产效率。因此，固体流态化技术在矿物焙烧、煤的燃烧、煤的气化、气-固反应、干燥等重要工业过程中广泛应用。

3.5.1 固体流态化现象

（1）固体颗粒床层的操作类型　当流体由下而上通过固体颗粒床层，随着流体流速从零开始逐渐增大，颗粒床层会先后出现 3 种运动形态。现对 3 种颗粒床层运动形态分述于下。

① 固定床　参看图 3-22(a)。当流体空速 u 较低，流体通过颗粒床层时床层静止，故称这种固体颗粒床层为"固定床"。设床层高度为 L_0，床层空隙率为 ε。若床层横截面直径 D 比颗粒直径 d_p 大得多，床层各向同性，则流体在颗粒间孔隙中流动的真正流速 $u_1 = u/\varepsilon$。颗粒静止不动，说明流体对颗粒的曳力与浮力之和小于颗粒的重量，或颗粒的沉降速度大于流体的真正流速。

② 流化床　当流体空速趋近某一临界速度 u_{mf}，颗粒开始松动，床层略有膨胀，床层高度增至 L_{mf}，颗粒位置稍作调整，如图 3-22(b) 所示。当继续加大流速，便出现图 3-22(c)或（d）情况，固体颗粒呈悬浮状，颗粒重量不是靠与其接触的下面颗粒的支撑，而是靠流体对其产生的曳力与浮力支托。悬浮的颗粒在向上流过的流体中作随机运动，或摆动，或自转，并同时发生固体颗粒沿不同的回路作上下运动。由于这时固体颗粒的行为犹如沸腾液体在翻腾，故被称为"流化床"或"沸腾床"（fluidized bed）。流化床现象可在一定的流体空速范围内出现，在这流速范围内，随着流速的增加，流化床高度增大，床层空隙率增大。流化床有两种流化型式，即散式流化与聚式流化。

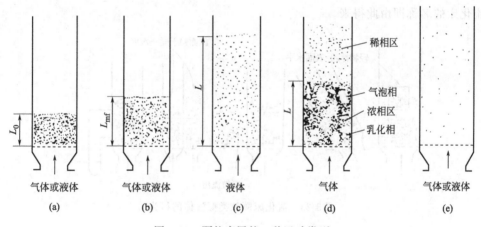

图 3-22　颗粒床层的 3 种运动类型

a. 散式流化　若流化床中固体颗粒均匀地分散于流体，床层中各处空隙率大致相等，床层有稳定的上界面，这种流化型式称为散式流化。固体与流体密度差别较小的体系流化时可发生散式流化，"液固"系的流化基本上属于散式流化，情况如图 3-22(c) 所示。

b. 聚式流化　一般"气固"系在流化操作时，因固体与气体密度差别很大，气体对颗粒的浮力很小，气体对颗粒的支托主要靠曳力，这时床层会产生不均匀现象，在床层内形成若干"空穴"。空穴内固体含量很少，是气体排开固体颗粒后占据的空间，称为"气泡相"。气体通过床层时优先通过各空穴，但空穴并不是稳定不变的，气体支撑的空穴上方的颗粒会落下，使空穴位置上升，最后在上界面处"破裂"。当床层产生空穴时，非空穴部位的颗粒床层仍维持在刚发生流化时的状态，通过的气流量较少，这部分称为"乳化相"。在发生聚式流化时，细颗粒被气体带到上方，形成"稀相区"，而较大颗粒留在下部，形成"浓相区"，两个区之间有分界面。一般讲的流化床层主要指浓相区，床层高度 L 指浓相区高度。聚式流化如图 3-22(d) 所示。

③ 输送床　当流体空速超过流化床上限空速后，床层高度不断升高，床层空隙率趋于1，流体空速与真正速度一致，且大于颗粒的沉降速度，故颗粒不能停留在容器中，逐渐被流体带出容器，这就属"输送床"，输送床的情况如图 3-22(e) 所示。

流化床与输送床中固体颗粒的行为均类似于流体，从广义角度看，二者均为流化床，但二者的规律和用途毕竟不同，故一般讲的流态化是狭义的，专指上述固体颗粒床层的第 2 种运动类型。

流化床在化工及其相近工业中应用很广，如干燥、吸附、化学反应、换热及矿物焙烧等均大量采用流化技术。如发电厂燃烧煤粉，一般采用沸腾炉，硫酸生产中硫铁矿的焙烧，过去曾长期使用分层燃烧的机械炉，现早已改为沸腾炉。在石油催化裂化中自采用流化床取得成功后，流化技术推广很快。

关于固体颗粒床层的 3 种运动型式，其中固定床问题前面已讲过，故不再重复。输送床主要用于固体颗粒的气力或液力输送，因限于篇幅，本章不拟介绍输送床规律，只拟集中讨论流化床问题。

(2) 流化床操作中固体颗粒类似液体的特性　参看图 3-23，流化床操作时固体颗粒会取得水平的床层上表面，可从侧孔流出，这一特性十分重要，使流化床操作能连续加料与出料。此外，流化床能对全部或部分浸没其中的物体产生浮力，以气-固系为例，浮力大小即物体排开流化床体积内颗粒的重量，体现了流体的特性。流化床固体颗粒有类似于流体的特性，流化床的名称即由此得来。

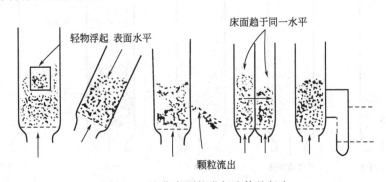

图 3-23　流化床颗粒类似液体的行为

(3) 流化操作的特点　流化操作具有如下优点。

① 固体颗粒粒径小，比表面积大，传热、传质或反应的速率高。

② 固体颗粒混合均匀，运动激烈，床层内温度均匀，浓度亦均匀，便于过程控制。

③ 易于实现固体颗粒的连续进料与出料。

流化床操作有如下缺点。

① 固体颗粒对器壁及管壁的磨损较严重。

② 颗粒相互摩擦，易产生粉末被流体带走。

③ 气-固系流化床易发生床层不均匀现象，部分流体"短路"，未经充分与固体颗粒接触便离开床层，部分流体在床层停留时间过长，使过程效率下降。

3.5.2 固体流态化的流体力学特性

3.5.2.1 床层压降-流体空速曲线

固体颗粒床层随流体空速 u 的增大，先后出现的固定床与流化床的 Δp_m-u 的实验曲线示于图 3-24。图中 $A\sim B$ 段颗粒静止不动，为固定床阶段。$B\sim C$ 段床层膨胀，颗粒松动，由原来堆积状况调整成疏松堆积状况。C 点表示颗粒群保持接触的最松堆置，这时流体空速为 u_{mf}，为"起始流化速度"。固定床以 C 点时为限。从 C 点开始，随着空速增大，床层进入流化阶段。

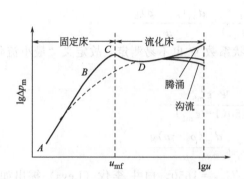

图 3-24 流化床与固定床的 $\lg\Delta p_m$-$\lg u$ 曲线

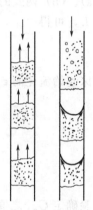

图 3-25 腾涌

在 C 点时，颗粒虽相互接触，但颗粒重量正好为流体的曳力与浮力支托，颗粒间没有重力的向下传递。自 C 点以后的整个流化阶段中颗粒重量都靠流体的曳力与浮力支撑。$C\sim D$ 阶段是床层颗粒自上而下逐粒浮起的过程。由于颗粒间的摩擦及部分叠置，床层压降比纯支撑颗粒重量时稍高。

若流化阶段是散式流化，流化阶段床层修正压强降等于单位截面积床层固体颗粒的净重，即

$$\Delta p_m = \frac{m}{A\rho_s}(\rho_s - \rho)g = L(1-\varepsilon)(\rho_s - \rho)g \qquad (3\text{-}58)$$

式中，Δp_m 为流化床层的修正压强差，Pa；m 为整个床层内颗粒的质量，kg；A 为床层横截面积，m^2。

式(3-58) 表明，散式流化过程床层压降不随流体空速的变化而改变，这一点已被实验基本证实。实际上，由于颗粒与器壁的摩擦，随空速的增大，流化床层的压降略为升高。

对于聚式流化，由于气穴的形成与破裂，流化床层的压降会有起伏，此外，还可能发生两种不正常的操作状况，即腾涌与沟流，使其压降曲线形状对散式流化的压降曲线形状有一定差别。

若床层直径较小且流化床浓相区较高，气穴合并成与床层直径相等的大气穴，把床层固体颗粒分段，气穴如活塞般将颗粒朝上推，部分颗粒则落下，这现象称为"腾涌"，如图 3-25 所示。发生腾涌时气、固接触不良，而且由于固体颗粒的抛起与落下，易损坏设备。腾涌的流化压降高于散式流化压降。

若颗粒堆积不匀可能发生固定床层局部区域流化而其余区域仍为固定床的情况，这叫"沟流"。发生沟流时同样气、固接触不良，其流化压降比散式流化压降低。

腾涌与沟流的流化压降曲线均示于图 3-24。

3.5.2.2　流化床的流体空速范围

（1）起始流化速度 u_{mf}　起始流化速度可由固定床与流化床的压降-流速曲线交点决定。

流化床 $$\Delta p_m = L(1-\varepsilon)(\rho_s - \rho)g \tag{a}$$

固定床 $$\Delta p_m = 150\frac{(1-\varepsilon)^2}{\varepsilon^3} \times \frac{\mu u}{\Psi^2 d_m^2}L \tag{b}$$

在固定床压降计算式中，只采用了欧根公式的黏性阻力项。

令（a）、（b）两式的 Δp_m 相等，以 ε_{mf} 替代式中的 ε，以 u_{mf} 替代式中的 u，以 L_{mf} 替代式中的 L，可得

$$u_{mf} = \frac{\Psi^2 \varepsilon_{mf}^3}{150(1-\varepsilon_{mf})} \times \frac{d_m^2(\rho_s - \rho)g}{\mu} \tag{3-59}$$

由于固定床起始流化的 ε_{mf} 不易测，颗粒形状系数 Ψ 也不易测定，故定义"最小流化系数" C_{mf} 为

$$C_{mf} = \frac{\Psi^2 \varepsilon_{mf}^3}{150(1-\varepsilon_{mf})} \tag{3-60}$$

即 $$u_{mf} = C_{mf}\frac{d_m^2(\rho_s - \rho)g}{\mu} \tag{3-61}$$

并通过实验确定 C_{mf} 之值。有的资料推荐 $1/C_{mf} = 1650$。白井-李伐（Leva）提出如下计算 u_{mf} 的方法。

令 $$Re_{mf} = d_m u_{mf}\frac{\rho}{\mu} \tag{3-62}$$

当 $$\left.\begin{array}{l} Re_{mf}<1.0,\ C_{mf} = 6.05\times10^{-4}(Re_{mf})^{-0.0625} \\ 20<Re_{mf}<6000,\ C_{mf} = 2.20\times10^{-3}(Re_{mf})^{-0.555} \end{array}\right\} \tag{3-63}$$

由于 u_{mf} 未知，不能算出 Re_{mf}，一般说需试差求 u_{mf}。下面介绍一种避免试差的方法。

将式（3-63）中 $Re_{mf}<1.0$ 的 C_{mf} 计算式代入式（3-61），得

$$u'_{mf} = 8.024\times10^{-3}\frac{[\rho(\rho_s - \rho)]^{0.94}}{\rho\mu^{0.88}}d_m^{1.82} \tag{3-64}$$

按式（3-64）算出 u'_{mf}，并由 u'_{mf} 计算 Re_{mf}，若 $Re_{mf}>10$，则乘以校正系数 ϕ，即可算得 u_{mf}。校正系数曲线如图 3-26 所示。

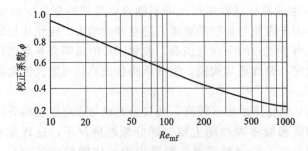

图 3-26　白井-李伐计算 u_{mf} 方法的校正系数 ϕ

（2）带出速度　当流化床的流体空速增大，床层高度及床层空隙率均增大。到空隙率 $\varepsilon=1$ 时，颗粒即被全部带出，该带出速度就是最大流化速度，亦即颗粒沉降速度 u_t。

颗粒沉降速度可按式(3-43)计算。对于大颗粒，可算得带出速度与起始流化速度之比 $u_t/u_{mf} = 8.61$，而对于小颗粒，该比值为 91.6。可见，小颗粒比大颗粒的流化速度范围宽得多。

【例 3-16】　某常压操作流化床干燥器，以 150℃空气干燥某晶体产品。晶体平均粒径 $d_m = 0.60mm$，密度 $\rho_s = 2400kg/m^3$。试按两种方法计算起始流化速度。

解　查得 $p = 1atm$，$t = 150℃$ 的空气，$\rho = 0.835kg/m^3$，$\mu = 2.41 \times 10^{-5}Pa \cdot s$。

(1) 按 $1/C_{mf} = 1650$ 计算 u_{mf}

$$u_{mf} = \frac{d_m^2(\rho_s - \rho)g}{1650\mu} = \frac{(0.60 \times 10^{-3})^2(2400 - 0.835) \times 9.81}{1650 \times 2.41 \times 10^{-5}} = 0.213m/s$$

(2) 按"白井-李伐"方法计算 u_{mf}

$$u'_{mf} = 8.024 \times 10^{-3} \times \frac{[\rho(\rho_s - \rho)]^{0.94}}{\rho\mu^{0.88}} d_m^{1.82}$$

$$= 8.024 \times 10^{-3} \times \frac{[0.835 \times (2400 - 0.835)]^{0.94}}{0.835 \times (2.41 \times 10^{-5})^{0.88}} \times (0.60 \times 10^{-3})^{1.82}$$

$$= 0.193m/s$$

$$Re_{mf} = \frac{d_m u_{mf} \rho}{\mu} = \frac{0.60 \times 10^{-3} \times 0.193 \times 0.835}{2.41 \times 10^{-5}} = 4.01$$

因 $Re_{mf} = 4.01 < 10$，故不需校正，$u_{mf} = 0.193m/s$。

按两种方法算得的 u_{mf} 值相互间有 10% 的误差，这种情况的出现在工程计算中是很常见的。为安全计，本题取起始流化速度为其中的高值，即 $u_{mf} = 0.213m/s$。

3.5.2.3　流化床的浓相区高度和分离高度

进行流化操作的固体颗粒不可能粒径一致，当大颗粒正常流化操作时，总会有些小颗粒被流体带走，也有的大颗粒被流体挟带到一定高度后又重返流化床层。这种情况对气-固物系流化特别明显，故有浓相区与稀相区之分。

(1) 流化床浓相区高度　由实验得知，无论散式流化或聚式流化，浓相区空隙率 ε 与流体空速 u 之间大致有如下关系

$$\varepsilon \propto u^n \tag{3-65}$$

式中，n 为小于 1 的常数。在双对数坐标图上将实验测得的 $(\varepsilon、u)_i$ 数据标点后，基本上可得直线关系，由此可取得 n 值。对散式流化，此规律能在 ε 由 ε_{mf} 至 1 全范围与实验数据吻合，但对聚式流式，只在部分范围内符合此规律。

设起始流化时床层高度为 L_{mf}，床层空隙率为 ε_{mf}。令实际操作的流体空速 u 与起始流化空速之比为"流化数"，任一空速 u 时流化床浓相区高度 L 与起始流化时床层高度 L_{mf} 之比为"膨胀比" R，由于流化床内固体颗粒的质量 m 为定值，即

$$m = AL_{mf}(1 - \varepsilon_{mf})\rho_s = AL(1 - \varepsilon)\rho_s$$

式中 A 为床层横截面积，m^2，则

$$R = \frac{L}{L_{mf}} = \frac{1 - \varepsilon_{mf}}{1 - \varepsilon} \tag{3-66}$$

对某流化操作，只需测得其 L_{mf}、ε_{mf}、u_{mf} 及式(3-65)中的 n 值，对任一操作空速 u，若属散式流化，即可算出浓相区高度；若为聚式流化，在一定范围内亦可算出 L 值。

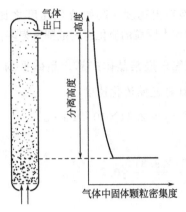

图 3-27　分离高度

（2）分离高度　以气-固物系为例，稀相区内有两种固体颗粒，一种是随气流带走的小颗粒，无论设备多高都不能使这些小颗粒在该设备内返回浓相区，另一种稍大的颗粒是由于气穴在浓相区上界面处破裂喷溅出去的，这部分颗粒被气流夹带到一定高度后能重新沉降返回浓相区。稀相区内颗粒密集度（kg/m^3）随高度增加而减小，如图 3-27 所示。当到达某一高度后，颗粒密集度趋于常值。由浓相区上界面到该颗粒密集度刚为常值的高度叫做"分离高度"。掌握分离高度概念是必要的，流化床上部设备高度只需保证分离高度即可，若超过此高度，设备再高也不能使小颗粒返回浓相区床层。对不同的流化物系，不同操作气速下的分离高度均需由实验测出。

<<<<< **本章主要符号** >>>>>

a——颗粒比表面积，m^2/m^3；最小二乘法中用到的常数。

A——固定床或滤饼的截面积，m^2。

a_B——固定床的比表面积，m^2/m^3。

b——最小二乘法中用到的常数。

B——旋风分离器中外旋流的宽度，m。

c——气流中含尘浓度，g/m^3。

d——筛孔尺寸，m。

d_c——临界粒径，m。

d_p——固体颗粒的直径，m。

d_e——固定床孔隙的当量直径，m。

$d_{e,v}$——颗粒的等体积当量直径，m。

d_m——颗粒的平均直径，m。

d_{50}——收尘粒级效率为 50% 的颗粒直径，m。

D——旋风分离器直径，m。

f——频率函数。

F——分布函数。

F_D——曳力，N。

G——滤液生产能力，m^3/s；颗粒群质量，kg。

G_{max}——最大滤液生产能力，m^3/s。

G_i——第 i 号筛的筛余量，kg。

H——重力沉降室高度，m。

J——洗涤液与滤液量之比，m^3/m^3。

K——过滤常数，m^2/s；分离因数。

L——固定床或滤饼厚度，m。

m——颗粒质量，kg。

n——式（3-65）中的指数；回转真空过滤机转鼓的转速，s^{-1}。

N_e——气流在旋风分离器圆筒部分回旋的圈数。

Δp_m——修正压强差，Pa。

q——单位过滤面积得的滤液量，m^3/m^2。

r——比阻，m/kg 固。

r_0——比阻系数，m/kg 固。

R——气流回旋半径，m；流化床的膨胀比。

Re'——固定床一维模型的雷诺数。

Re_p——颗粒沉降的雷诺数。

s——滤饼压缩性指数。

S——颗粒表面积，m^2。

u——流体通过固定床的空速，m/s。

u_1——流体通过固定床的真正流速，m/s；气流进旋风分离器的入口风速，m/s。

u_{mf}——起始流化速度，m/s。

u_t——颗粒自由沉降速度，m/s；流化床的颗粒带出速度，m/s。

u_T——气流或颗粒作回旋运动的圆周速度，m/s。

u_i——气流在旋风分离器内的回旋圆周速度，m/s。

V——颗粒体积，m^3；滤液体积，m^3。

x_i——第 i 层筛上筛余量的质量分数。

α——回转真空过滤机转鼓侧面浸没于料浆部分的圆心角，弧度。

ε——空隙率。

μ——液体黏度，Pa·s。

Ψ——颗粒的形状系数；回转真空过滤机转鼓侧面浸没于料浆的面积分数。

ρ——液体密度，kg/m^3。

ρ_p，ρ_s——颗粒密度，固体颗粒密度，kg/m^3。

λ'——固定床一维模型中的模型参数。

ϕ——悬浮液中固体颗粒的浓度，kg/m^3 清液。

τ——过滤时间，s。

ζ——阻力系数。

ζ'——旋风分离器的阻力系数。

η_o——收尘总效率。

η_{pi}——第 i 段粒径范围颗粒除尘的粒级效率。

下标

　e——描述与过滤介质阻力相等的当量滤饼的各

参量。

w——描述滤饼洗涤的各参量。

E——描述过滤终了时刻。

m——表示平均值。

mf——表示流化刚开始时刻。

<<<<< 习 题 >>>>>

3-1 有一种固体颗粒是正圆柱体，其高度为 h，圆柱直径为 d。试写出其等体积当量直径 $d_{e,v}$ 和形状系数 Ψ 的计算式。

$$\left\{ d_{e,v} = [(3/2)d^2 h]^{1/3} ; \Psi = \frac{(18dh^2)^{1/3}}{2h+d} \right\}$$

3-2 某内径为 0.10m 的圆筒形容器中堆积着某固体颗粒，颗粒是高度 $h=5mm$，直径 $d=3mm$ 的正圆柱，床层高度为 0.80m，床层空隙率 $\varepsilon=0.52$，若以 1atm，25℃的空气以 0.25m/s 空速通过床层，试估算气体压降。

[177.7Pa]

3-3 拟用分子筛固定床吸附氯气中微量水分。现以常压下 20℃空气测定床层水力学特性，得两组数据如下：

　　空塔气速　0.20m/s，床层压降为　14.28mmH$_2$O

　　　　　　　0.60m/s　　　　　　　93.94mmH$_2$O

试估计 25℃、绝对压强 1.35atm 的氯气以空塔气速 0.40m/s 通过此床层的压降（含微量水分氯气的物性按纯氯气计，氯气 $\mu=0.014cP$，$\rho=3.92kg/m^3$）。

[120.2mmH$_2$O]

3-4 令水通过固体颗粒消毒剂固定床进行灭菌消毒。固体颗粒的筛析数据是：0.5~0.7mm，12%；0.7~1.0mm，25.0%；1.0~1.3mm，45%；1.3~1.6mm，10.0%；1.6~2.0mm，8.0%（以上均指质量分数）。颗粒密度为 1875kg/m^3。固定床高 350mm，截面积为 314mm^2。床层中固体颗粒的总量为 92.8g。以 20℃清水以 0.040m/s 空速通过床层，测得压降为 677mmH$_2$O，试估算颗粒的形状系数 Ψ 值。

[0.851]

3-5 以单只滤框的板框式压滤机对某物料的水悬浮系进行过滤分离，滤框尺寸为 0.20m×0.20m×0.025m。已知悬浮液中每 1m^3 水带有 45kg 固体，固体密度为 1820kg/m^3。当过滤得到 20L 滤液，测得滤饼总厚度为 24.3mm，试估算滤饼的含水率，以质量分数表示。

[0.336kg 水/kg 滤饼]

3-6 某黏土矿物加水打浆除砂石后，需过滤脱除水分。在具有两只滤框的压滤机中做恒压过滤试验，总过滤面积为 0.080m^2，压差为 3.0atm，测得过滤时间与滤液量数据如下：

过滤时间/min	1.20	2.70	5.23	7.25	10.87	14.88
滤液量/L	0.70	1.38	2.25	2.69	3.64	4.38

试计算过滤常量 K，以 m^2/s 为单位，并计算 q_e，以 m^3/m^2 为单位。用最小二乘法计算。

[5.65×10^{-6}m^2/s；0.0184m^3/m^2]

3-7 欲过滤分离某固体物料与水构成的悬浮系，经小试知，在某恒压差条件下过滤常量 $K=8.23×10^{-5}$m^2/s，滤布阻力 $q_e=2.21×10^{-3}$m^3/m^2，每 1m^3 滤饼中含 485kg 水，固相密度为 2100kg/m^3，悬浮液中固体的质量分数为 0.075。现拟采用叶滤机恒压差过滤此料浆，使用的滤布、压差和料浆温度均与小试时的相同。每只滤叶一个侧面的过滤面积为 0.4m^2，每次过滤到滤饼厚度达 30mm 便停止过滤，问：每批过滤的时间为多少？

[30.4min]

　　若滤饼需以清水洗涤，每批洗涤水用量为每批滤液量的 $\frac{1}{10}$，洗涤压差及洗涤水温度均与过滤时的相同，问：洗涤时间是多少？

[6.06min]

3-8 某悬浮液用叶滤机过滤，已知洗涤液量是滤液量的 0.1 倍（体积比），一只滤叶的一个侧面过滤面积为 0.4m^2，经过小试测得过滤常数 $K=8.23×10^{-5}$m^2/s，不计滤布阻力，所得滤液与滤饼体积之比为 12.85 m^3 滤液/m^3 滤饼，按最大生产率原则生产，整理、装拆时间为 20min，求每只滤叶的最大生产率及每批过滤的最大滤饼厚度。

[9.56×10^{-5}m^3/s；22.3mm]

3-9 有一叶滤机，在恒压下过滤某种水悬浮液时，得到如下过滤方程：$q^2 + 30 \times q = 300 \times \tau$，其中 q—L/m^2，τ—min。在实际操作中，先恒速过滤 5min，压强升至上述试验压强，然后维持恒压过滤，全部过滤时间为 20min，试求：①每一循环中每 m^2 过滤面积所得滤液量？②过滤后再用相当于滤液总量的 $\frac{1}{5}$ 水进行洗涤，洗涤时间为多少？ 　　　　　　　　　　　　　　[①60.7L/m^2；②6.13min]

3-10 用某板框式压滤机进行恒压过滤操作，滤框尺寸 810mm×810mm×25mm。已知滤液体积/滤饼体积＝12.85m^3 滤液/m^3 滤饼，经过小试测得过滤常数 $K = 8.23 \times 10^{-5}$ m^2/s，$q_e = 2.21 \times 10^{-3}$ m^3/m^2，操作时的滤布、压差及温度与小试时相同。滤饼刚充满滤框时停止过滤，求：①每批过滤时间？②若以清水洗涤滤饼，洗涤水量为滤液的 $\frac{1}{10}$，洗涤压差及水温与过滤时相同，求洗涤时间？③若整理、装拆时间为 25min，求每只滤框的生产率。 　　[①323.6s；②255s；③1.02×10^{-4} m^3/s]

3-11 板框式压滤机在 1.5atm（表压）下恒压过滤某种悬浮液 1.6h 后得滤液 25m^3，q_e 不计，①如表压加倍，滤饼压缩指数为 0.3，则过滤 1.6h 后可得多少滤液？②设操作条件如原题，将过滤时间缩短一半，可得多少滤液？③若在原表压下进行过滤 1.6h 后，用 3m^3 的水来洗涤，求所需洗涤时间。 　　　　　　　　　　　　　　　　　　　[①31.86m^3；②17.68m^3；③1.536h]

3-12 用某板框式压滤机进行过滤，采用先恒速后恒压过滤，恒速 1min 达恒压压差便开始恒压过滤，已知滤框尺寸 810mm×810mm×25mm，滤液体积/滤饼体积＝12.85m^3 滤液/m^3 滤饼，过滤常数 $K = 8.23 \times 10^{-5}$ m^2/s，$q_e = 2.21 \times 10^{-3}$ m^3/m^2，滤饼充满滤框时停止过滤，求：①过滤时间？②若用清水洗涤滤饼，水量为滤液量的 $\frac{1}{10}$，洗涤压差、温度均与恒压过滤时相同，求洗涤时间？③如装拆、整理时间为 25min，求每只滤框的生产率。 　　　[①352s；②255s；③1.003×10^{-4} m^3/s]

3-13 某板框式压滤机有 8 个滤框，滤框尺寸 810mm×810mm×25mm。料浆为 13.9%（质量分数）的悬浮液，滤饼含水 40%（质量分数），固体颗粒密度 2100kg/m^3。操作在 20℃ 恒压条件下进行，$K = 1.8 \times 10^{-5}$ m^2/s，$q_e = 2.21 \times 10^{-3}$ m^3/m^2，求：①该板框式压滤机每次过滤（滤饼充满滤框）所需时间？②若滤框厚度变为 15mm，问滤饼充满滤框所需时间？③操作条件同②，若滤框数目加倍，滤饼充满滤框所需时间？ 　　　　　　　　　　　　　　[①217.5s；②81.7s；③81.7s]

3-14 料浆浓度为 81.08kg 固/m^3 清液，经过滤小试得滤饼空隙率为 0.485，固相密度 1820kg/m^3，在某恒压差条件下测得过滤常数 $K = 8.23 \times 10^{-5}$ m^2/s，$q_e = 2.21 \times 10^{-3}$ m^3/m^2，现用回转真空过滤机进行过滤，料浆浓度、温度及滤布均与小试时相同，唯有过滤压差为小试时的 $\frac{1}{4}$。由试验知，该物系滤饼压缩指数为 0.36，回转真空过滤机转鼓直径为 1.75m，长为 0.98m，但真正过滤面积为 5m^2（考虑滤布固定装置）。浸没角度为 120°，转速 0.2r/min。设滤布阻力可略，试求：①此过滤机的滤液生产能力及滤饼厚度？②若转速为 0.3r/min，q_e 可略，其他操作条件不变，求生产能力及滤饼厚度？ 　　　　　　　　　　　　　　[①9.70×10^{-4} m^3/s 5.25mm；②1.19×10^{-3} m^3/s，4.3mm]

3-15 试进行光滑固体圆球颗粒的几种沉降问题计算。
　① 球径 3mm、密度为 2600kg/m^3 颗粒在 20℃ 清水中的自由沉降速度。
　② 测得密度为 2600kg/m^3 的颗粒在 20℃ 清水中的自由沉降速度为 12.6mm/s，计算颗粒球径。
　③ 测得球径 0.5mm、密度 2670kg/m^3 颗粒在 $\rho = 860$kg/m^3 液体中的自由沉降速度为 0.016m/s，计算液体的黏度。 　　　　　　　　　　　　　[①0.378m/s；②1.20×10^{-4}m；③0.0154Pa·s]

3-16 试进行形状系数 $\Psi = 0.60$ 的固体颗粒的沉降问题计算。
　① 等体积当量直径 $d_{e,v} = 3$mm，密度为 2600kg/m^3 颗粒在 20℃ 清水中的自由沉降速度。
　② 测得密度为 2600kg/m^3 的颗粒在 20℃ 清水中的自由沉降速度为 0.01m/s，计算颗粒的等体积当量直径。 　　　　　　　　　　　　　[①0.133m/s；②1.85×10^{-4}m]

3-17 以长 3m、宽 2m 的重力除尘室除烟道气所含的尘粒。烟气常压，250℃，处理量为 4300m^3/h。已知尘粒密度为 2250kg/m^3，颗粒形状系数 $\Psi = 0.806$，烟气的 μ 与 ρ 可按空气计。设颗粒自由沉降。试计算。①可全部除去的最小颗粒的 $d_{e,v}$。②能除去 40% 的颗粒的 $d_{e,v}$。 　　　　　　　　　　　　　[①7.97×10^{-5}m；②5.36×10^{-5}m]

3-18　仓库有内径 $D=0.4\text{m}$ 的标准型旋风分离器多台，拟用于烟气除尘。烟气常压，300℃，需处理量为 $4300\text{m}^3/\text{h}$。已知尘粒密度为 2250kg/m^3。烟气的黏度、密度可按空气计。由于压降限制，只允许旋风分离器并联操作，不允许串联操作，问：共需几台旋风分离器？能除去 40% 的颗粒粒径是多少？进口风速 20m/s。　　　　　　　　　　　　　　　　　　　　　　　　[3 台；$3.61\times10^{-6}\text{m}$]

3-19　某粉磨车间空气的粉尘浓度较高，拟用两台相同规格的标准型旋风分离器串联操作除尘。空气常压，温度为 20℃，粉尘颗粒密度 2250kg/m^3。拟处理气量为 $600\text{m}^3/\text{h}$。空气中粉尘的粒度分布如下：

粒径/μm	<3	3～6	6～10	10～16	16～30	>30
质量分数/%	3	12	18	34	25	8

欲使 15μm 的尘粒除去效率达 99.75%，试确定每台分离器的内径，计算总的收尘效率。

[0.312m；0.942]

3-20　试计算某气、固系流化床的起始流化速度与带出速度。已知固体颗粒平均粒径为 150μm，颗粒密度为 2100kg/m^3，起始流化床层的空隙率为 0.46，流化气体为常压、35℃ 的空气。最小颗粒粒径为 98μm。带出速度可按 $\Psi=0.71$ 计算。　[0.0166m/s（或 0.0149m/s）；0.35m/s]

3-21　试证明流化最大速度与最小速度之比 $\dfrac{u_t}{u_{mf}}$ 对小颗粒为 91.6，对大颗粒为 8.61。对小颗粒，欧根公式中惯性项（含有 u^2 的项）可略，且 $\dfrac{1-\varepsilon_{mf}}{\Psi^2\varepsilon_{mf}^3}\approx11$。对大颗粒，欧根公式的黏性项（含有 u 的项）可略，且 $\dfrac{1}{\Psi\varepsilon_{mf}^3}\approx14$。　　　　　　　　　　　　　[略]

<<<<< 复习思考题 >>>>>

3-1　正圆柱体颗粒，高 $h=2\text{mm}$，底圆直径 $d=2\text{mm}$，其等体积当量直径 $d_{e,v}=$ _____ mm，形状系数 $\Psi=$ _____。

3-2　某号筛，穿过筛孔的颗粒质量称为 _____，留在该号筛面上的称为 _____。

3-3　某颗粒群，依颗粒大小的差异，可粗分为三部分，其平均粒径 $d_{p,i}$ 为 1.08mm、1.52mm 及 2.24mm 部分的质量分数 x_i 相应为 0.31、0.55 及 0.14，设所有颗粒形状系数相同，则按比表面积相等原则算出的颗粒群的平均粒径为 _____ mm。

3-4　由固体颗粒堆积成的固定床，其空隙率 $\varepsilon=$ _____。

3-5　对于颗粒散堆的固定床，若颗粒足够小，可认为床层各向同性，即床层内处处 _____ 值相等，且床层内任一平截面上空隙面积与界面总面积之比（自由截面率）在数值上等于 _____。

3-6　当流体通过多孔介质，或称流体对固定床的渗流，且雷诺数 $Re'<2$，流动阻力属黏性阻力时，可用柯士尼公式计算流动阻力。该公式可表达为 $-\Delta p_m=A$ _____ Pa（式中，A 为固定床的结构参量，对一定的固定床，A 为常量）。

3-7　当流体通过多孔介质，在更宽的雷诺数范围内，亦即流动阻力可包含黏性阻力及涡流阻力时，可用欧根公式计算流动阻力。该公式可表示为 $-\Delta p_m/L=A$ _____ $+B$ _____ Pa（式中，A、B 为固定床不同的结构参量，对一定的固定床，A、B 均为常量）。

3-8　为了固、液分离，常用的机械分离方法是 _____ 和 _____。

3-9　过滤是以过滤介质（如滤布、滤网）截留 _____ 的操作。滤饼过滤是指过滤过程中在过滤介质上形成滤饼的操作。滤饼在过程中起 _____ 作用。在常见的用于固液分离的恒压差滤饼过滤中，随着过滤时间 τ 的延长，滤饼厚度 L _____，过滤阻力（滤饼流过滤布及滤饼的阻力）_____，滤液流率 $\text{d}V/\text{d}\tau$ _____（V 是通过滤布的液量累积量），这是个 _____ 过程。

3-10　若过滤面积为 A（m^2），经过一段时间过滤后，得滤液量 V（m^3），同时生成厚度为 L（m）的滤饼，滤饼空隙率为 ε，固体颗粒的密度为 ρ_p（kg/m^3），即可判断截留的固体质量为 _____ kg，与之对应的液体体积为 _____ m^3。当过滤前悬浮液的浓度以 Φ（kg 固/m^3 清液）表示，则 $\Phi=$ _____。

3-11 推导液体流过滤饼（固定床）的过滤基本方程式的基本假设是：液体在多孔介质中的流型属_____，依据的公式是_____公式。

3-12 在过滤速率方程中，对于液体流过过滤介质的阻力的处理方法是，按等阻力原则将其折合成一层虚拟的、厚度为 L_e 的附加滤饼层，该虚拟滤饼层的结构与操作中生成的滤饼相同。过滤面积为 A，则滤布阻力可用 L_e 或 q_e 表示，L_e 是_____，q_e 是_____。

3-13 以叶滤机恒压过滤某悬浮液，已知过滤时间 $\tau_1 = 5$min，单位过滤面积通过滤液量 $q_1 = 0.112\mathrm{m}^3/\mathrm{m}^2$，滤饼厚度 $L_1 = 2.0$mm，当过滤累积时间 $\tau_2 = 10$min，累积 $q_2 = 0.162\mathrm{m}^3/\mathrm{m}^2$，过滤总时间 $\tau_3 = 25$min 时，滤饼厚度 $L_3 = $ _____ mm。

3-14 第 3-13 题中，若过滤 25min 便停止过滤，则过滤终了时的瞬时过滤速率 $dq/d\tau = $ _____ $\mathrm{m}^3/(\mathrm{min \cdot m}^2)$。

3-15 第 3-14 题中，若过滤停止后，即洗涤滤饼，洗涤液与滤液黏度相同，洗涤压差与过滤压差相同，洗涤液量为总滤液量的 0.12，则洗涤时间 $\tau_w = $ _____ min。

3-16 一个过滤周期包含着过滤、滤饼洗涤及清理三个阶段，三段操作时间依次为 τ_F、τ_w 和 τ_R，三者之和为 $\Sigma\tau$，其中过滤阶段得滤液量 V，则过滤机的生产能力 $G = $ _____ m^3/s。若为恒压过滤且过滤介质阻力不计，洗涤时 $\mu_w = \mu$，$\Delta p_{m,w} = \Delta p_{m,E}$，则当 $\tau_R = $ _____ 时，生产能力最大。

3-17 板框式压滤机的滤框有_____种结构类型，滤板有_____种结构类型。

3-18 用板框式压滤机对某料浆进行恒压过滤，滤饼充满滤框需 22min，若将框数加一倍，操作压力及物性不变，则滤饼充满滤框的时间是_____ min。

3-19 板框式压滤机滤饼洗涤时，若 $\mu_w = \mu$，$\Delta p_{m,w} = \Delta p_{m,E}$，则 $(dV/d\tau)_w = $ _____ $(dV/d\tau)_E$。

3-20 以板框式压滤机恒压过滤某悬浮液，若滤布阻力不计，悬浮液浓度不变，滤液黏度不变，仅是操作压差增加一倍，已知滤饼的压缩性指数 $S = 0.35$，则对于同一 V 值，增压后的滤液流率 $dV/d\tau$ 为原来的_____倍。

3-21 板框式压滤机恒压过滤某料浆，若料浆浓度 Φ 减小为原来的 1/2，设滤布阻力可忽略，滤饼比阻系数及其他操作条件不变，可略去滤饼中滤液量，则滤饼充满滤框的时间为原来条件下充满滤框时间的_____倍。

3-22 回转真空过滤机在滤布阻力不计的条件下，生产能力 $G = $ _____ m^3/s。

3-23 回转真空过滤机若增大转速，优点是_____，缺点是_____。

3-24 自由沉降是指颗粒在沉降过程中没有与其他颗粒碰撞，而且不受_____与_____影响的沉降。

3-25 重力自由沉降速度 u_t 是颗粒在重力场中，在流体中自由沉降且颗粒受到的_____、_____与_____平衡时的恒定速度。

3-26 $\rho_p = 2600\mathrm{kg/m}^3$、$d_p = 0.120$mm 的光滑圆球在 20℃水中自由重力沉降速度 $u_t = $ _____ m/s，水的 $\mu = 1.0$cP。

3-27 以重力沉降室分离某悬浮系的固体颗粒，若要求大于某指定粒径的颗粒全部沉至器底，其处理能力与设备的_____有关，与_____无关。

3-28 某悬浮系水平流过重力沉降室，设进沉降室时悬浮系中颗粒分布均匀。当悬浮系离开沉降室时粒径为 $d_{p,c}$ 的颗粒正好沉降至器底，此粒径颗粒的自由沉降速度为 $u_{t,c}$，则 $d_p < d_{p,c}$ 且自由沉降速度为 u_t 的颗粒的收尘效率为_____。

3-29 评价旋风分离器的主要性能指标是_____与_____。

3-30 含尘气体通过旋风分离器收尘，为表示其性能，常用的术语粒级效率是_____，分割粒径 d_{50} 是_____。

3-31 据早期对旋风分离器的除尘机理研究，认为圆筒部分外旋流是唯一的除尘区，由此导出的临界粒径 d_c 是_____。

3-32 在散式流化作中，流化床的压降 Δp_m 等于单位床层横截面积上悬浮颗粒的_____。流体空速增大，床层高度_____，床层空隙率_____，压降_____。

3-33 在聚式流化操作中，可能发生的不正常现象是_____与_____。

3-34 起始流化速度由_____床的压降-流速曲线交点决定，带出速度为最大流化速度，即颗粒的_____速度。

第4章
传热及换热器

 学习指导

本章以三种热量传递方式为基础，介绍各类传热过程的过程分析及工程处理方法。重点学习热传导速率方程及其应用、对流给热系数关联式、辐射传热定律及速率方程、串联传热过程的热量衡算、总传热速率方程和总传热系数的计算等。掌握换热器的分类及结构形式，熟悉设计型及校核型计算的特点，掌握传热过程的强化方法。能够理论联系实际，运用传热原理和规律分析和解决传热过程的有关问题。

4.1 概述

4.1.1 传热在化工生产中的应用

传热即热量传递，凡存在温度差的地方，必有热量传递。

化学工业与传热关系十分密切，许多化工过程和操作都涉及加热或冷却。例如，化学反应通常要在一定温度下进行，为了达到和保持所要求的温度，就需要向反应器输入或移出一定的热量。在蒸发、精馏、干燥等单元操作中，也都需要按照一定的速率输入或移出热量。这种情况下，通常须尽量使其传热优良。此外，化工设备的保温、生产中热能的合理利用及废热的回收等均涉及传热问题。

化工生产中对传热技术的运用通常有以下两种情况。

① 强化传热　在传热设备中加热或冷却物料，要求提高各种换热设备的传热速率。

② 削弱传热　对设备或管道进行隔热保温，要求降低传热速率，以减少热损失。

随着"碳达峰、碳中和"目标的提出，传热过程及设备的节能降碳受到越来越多的关注，如通过传热过程强化技术、节约能源等。

4.1.2 加热介质与冷却介质

工业上常见的载热体加热与冷却介质如表 4-1 所示。

工业上常用的冷却介质为水、空气及冷冻盐水。其中水由于比热及传热速率比空气大，又比冷冻盐水经济，故应用最为普遍。水和空气的温度都受来源、地区和季节的限制。在水资源比较紧缺的地区采用空气冷却具有重大现实意义。

表 4-1 常见载热体

项目	载 热 体	适用温度范围/℃	特 点
加热剂	饱和蒸汽	100～180	给热系数大,冷凝相变热大;温度易于调节;加热温度不能太高
	热水	40～100	工业上可利用废热,水的余热,加热温度低,也不易调节
	烟道气	＞500	温度高,但加热不易均匀;给热系数小,热容小
	熔盐 KNO₃53% NaNO₂40% NaNO₃7%	142～530	加热温度高,且均匀,热容小
	联苯混合物(如道生油含联苯 26.5%联苯醚 73.5%)	15～255(液态) 255～380(蒸气)	适用温度范围广,且易于调节;容易渗漏,渗漏蒸气易燃
	矿物油(包括各类气缸油和压缩机油等)	＜350	价廉,易得;黏度大,给热系数小,易分解,易燃
冷却剂	冷水	5～80	来源广,价格便宜,调节方便;温度受地区、季节与气温的影响
	空气	＞30	取之不竭,用之不尽;给热系数小,温度受季节和气候的影响较大
	冷冻盐水(氯化钙溶液)	0～-15	成本高,只适用于低温冷却

在有些情况下,加热或冷却不必采用专门的加热介质或冷却介质,可用生产过程中产生的高温物料与低温物料进行热交换,便可同时达到加热和冷却的目的。

4.1.3 传热的基本方式

根据传热机理的不同,传热基本方式有以下三种。

(1) 热传导 热传导,简称导热。已经知道,温度是标志物质分子动能大小的一个参量,分子振动愈强,其温度愈高。当物体存在温差时,通过物质分子间物理相互作用造成的能量转移,称为热传导。这种物理相互作用,对非导电固体来说,指分子原地振动发生的分子间的碰撞;对导电固体来说,指自由电子扩散效应;对气体,指分子不规则热运动引起的分子扩散;对非导电液体来说,则指分子碰撞与分子的位移。由此可见,良导电体即良导热体。导热是固体中热量传递的主要方式。对于流动流体,在流体近固体壁面处,导热对流体与固体壁面间的传热起到十分重要的作用。导热不能在真空中进行。

(2) 对流传热 对流传热是指不同温度的流体质点在运动中发生的热量传递。由于引起流体运动的原因不同,对流可分为自然对流与强制对流。若流体运动是因流体内部各处温度不同引起局部密度差异所致,则称为自然对流。若由于水泵、风机或其他外力作用引起流体运动,则称为强制对流。

(3) 热辐射 辐射传热是依靠电磁波传递能量的过程。凡物体温度大于热力学温度 0K 时均能发射辐射能,但热效应显著的只有可见光和红外这一波段,故称热辐射。由于电磁波的发射起因于物体中原子内的电子振动,受温度支配,故又称温度辐射。物体吸收了辐射能便转变为该物体的内能。由此可见,物体的内能和辐射能可以互相转换,其传递无需中间介质。

实际传热过程往往是两种或三种传热方式的综合结果。

4.1.4 冷、热流体热交换形式

根据冷、热流体的接触情况,两种流体实现热交换的形式有以下三种。

（1）间壁式换热　这是化工厂中普遍采用的传热形式，其特点是冷、热流体被一固体壁隔开，通过固体壁进行传热。典型的间壁式换热器如下。

① 套管式换热器　由直径不同的两根同轴心线管子组成。进行换热的两种流体分别流经内管与环隙。通过内管壁换热，其结构如图 4-1 所示。

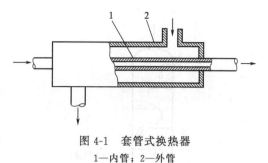

图 4-1　套管式换热器
1—内管；2—外管

② 列管式换热器　主要由壳体、管束、管板和封头等部件组成，如图 4-2 所示。一种流体由一侧接管进入封头，流经各管内后汇集于另一封头，并从该封头接管流出，该流体称为管程流体。另一种流体由壳体接管流入，在壳体与管束间的空隙流过，然后从壳体的另一接管流出，该流体称为壳程流体。

在壳体内安装与管束相垂直的折流板（即挡板）是为了提高壳程流体流速，并力图使壳程流体按垂直于管束的方向流过管束，以增强壳程流体的传热效果。

有的列管换热器为提高管程流体流速，把全部管束分为多程，使流体每次只沿一程管束通过，在换热器内作两次或两次以上的来回折流。图 4-3 所示即为双管程的列管换热器。为实现双管程，只需在一侧封头内设置隔板，将全部管子分成管数相等的两程管束即可。

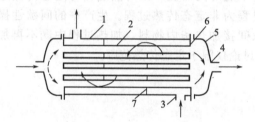

图 4-2　单程列管式换热器
1—外壳；2—管束；3，4—进出口；
5—封头；6—管板；7—挡板

图 4-3　双程列管式换热器
1—壳体；2—管束；3—挡板；4—隔板

（2）混合式换热　其特点是冷、热流体在换热器中以直接混合的形式进行热交换，具有传热速率高、设备简单等优点。图 4-4 所示为板式淋洒式换热器，这种换热方式常用于气体的冷却或水蒸气冷凝。

（3）蓄热式换热　其特点是冷、热流体间的热交换是通过对蓄热体的周期性加热和冷却来实现的。图 4-5 所示为一蓄热式换热器，在器内装有空隙率大的填充物（如架砌耐火砖等），先令热流体通过蓄热器，热流体降温，填充物升温，然后令冷流体通过蓄热器，一方面冷流体升温，同时填充物降温。蓄热器通常采用两台交替使用。这类换热器结构简单，能耐高温，常用于高低温气体的换热。其缺点是设备体积大，且两种流体会有一定程度的混合。

4.1.5　传热速率与热通量

传热速率（又称热流量）Q 是指单位时间内通过一台换热器的传热面或某指定传热面的热量，单位为 W。

热通量（又称热流密度）q 是指单位面积的传热速率，单位为 W/m^2。

传热速率与热通量的关系为

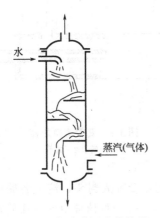

图 4-4　板式淋洒式换热器

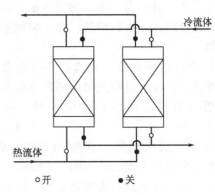

冷流体

热流体

○开　　　●关

图 4-5　蓄热式换热器

$$q=\frac{\delta Q}{dA} \tag{4-1}$$

4.1.6　定态传热与非定态传热

传热过程中，若控制体内各点位置的温度均不随时间而变，该传热过程为定态传热过程。若控制体内各点温度随时间变，则该传热过程为非定态传热过程。生产中的间歇性操作，如一次性投料到反应釜内，然后用饱和蒸汽间接加热釜内物料，加热过程中既不再加料，也不出料，这就是非定态传热的例子。本章讨论仅限于定态传热范围。

4.2　热传导

4.2.1　热传导的基本概念

（1）温度场和等温面　温度场指物体内温度的瞬时空间位置分布及该分布与时间的关系。温度场的一般数学表达式为

$$t=f(x,y,z,\tau) \tag{4-2}$$

式中，t 为温度，℃；x、y、z 为任一点的空间坐标；τ 为时间，s。

定态温度场的数学表达式为

$$t=f(x,y,z) \tag{4-3}$$

当物体温度场不仅是定态的，而且仅沿一个坐标方向发生变化，则此温度场为定态一维温度场，即

$$t=f(x) \tag{4-4}$$

同一时刻温度场中相同温度各点所组成的连续面称为等温面。因空间任何一点不可能同时具有两个不同温度，因此温度不同的等温面不可能相交。

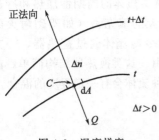

正法向

$t+\Delta t$

Δn

C　dA

t

$\Delta t>0$

Q

图 4-6　温度梯度

（2）温度梯度　描述温度场不均匀性的参量是温度梯度。温度梯度是点函数，矢量。参看图 4-6，以某一时刻空间 C 点为例，过 C 点作等温面，设其温度为 t，过 C 点作等温面的法线，法线的正向指向温度升高方向。若沿此法线方向离原等温面 Δn 距离处温度为 $t+\Delta t$（$\Delta t>0$），则 C 点的温度梯度由式(4-5)定义：

温度梯度 $$\mathbf{grad}t = \frac{\partial t}{\partial n}\vec{n}_\circ = \lim_{\Delta n \to 0}\frac{\Delta t}{\Delta n}\vec{n}_\circ$$ (4-5)

式中，$\vec{n}_\circ$ 为通过 C 点的微元等温面 $\mathrm{d}A$ 的正法向单位矢量。

对于定态、一维（n 向）温度场，温度梯度在 n 向的分量为

$$(\mathbf{grad}t)_n = \frac{\mathrm{d}t}{\mathrm{d}n}$$ (4-6)

4.2.2 傅里叶定律

傅里叶（Fourier）在实验基础上提出了如下的热传导基本规律式：

$$\vec{q} = -\lambda \times \mathbf{grad}t$$ (4-7)

此式表明，对空间点 C 而言，热通量与 C 点的温度梯度成正比。λ 为比例系数，称为热导率（导热系数），单位是 W/(m·℃)。式中负号表示导热的方向与温度梯度反向，热量由高温处传到低温处。

对于定态的一维导热，傅里叶定律可表示为

$$q = -\lambda\frac{\mathrm{d}t}{\mathrm{d}n}$$ (4-8)

式中，$\frac{\mathrm{d}t}{\mathrm{d}n}$ 为法向温度梯度，℃/m。

4.2.3 热导率

4.2.3.1 热导率（导热系数）的物理意义及数值范围

傅里叶定律即为热导率的定义式。热导率表示单位温度梯度时物质的热通量，λ 值愈大，物质愈易于传导热量。

在常温、常压下各种物质的热导率值 [单位是 W/(m·℃)] 分别如下。

金属　银 412，铜 377，铝 230，钢 45，不锈钢 16。金属的 λ 值范围大体在 $10\sim400$，是诸物质中最易于导热的。

液体　λ 值约为 $0.1\sim0.6$。

气体　λ 值约为 $0.02\sim0.03$。

可见，液体的导热能力远小于金属，而气体导热能力最差。气体导热能力差的特性已被人们充分利用。许多绝热材料就是有意做成疏松状、多孔状，使其中包藏 λ 值很小的空气，以便降低该材料的导热能力。例如，弹松的棉被就是靠其中的空气使绝热性加强。

建筑材料　$\lambda = 0.1\sim3$，如普通砖、耐火砖、混凝土等（空心砖的 λ 值可更小）。

绝热材料　$\lambda = 0.02\sim0.1$，如锯木屑、软木、玻璃毛、膨胀珍珠岩等。

物质的 λ 值与许多因素有关，物质的组成、结构、密度、温度以及压强等都会影响 λ 值。λ 值只能靠实验测得。混合物的 λ 值不能由各组成物的 λ_i 值按其质量分数 x_i 用加和法求得，如常温时干砖的 λ 为 0.35W/(m·℃)，水的 λ 为 0.58W/(m·℃)，但湿砖的 λ 却为 1.05W/(m·℃)，其间显然不存在加和关系。

4.2.3.2 热导率与温度的关系

某些液体及气体的热导率随温度的变化关系如图 4-7 和图 4-8 所示。

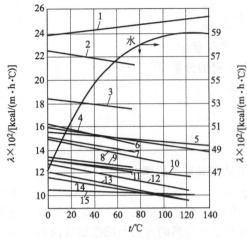

图 4-7　各种液体的热导率

1—无水甘油；2—蚁酸；3—甲醇；4—乙醇；5—蓖麻油；
6—苯胺；7—醋酸；8—丙酮；9—丁醇；10—硝基苯；
11—异丙醇；12—苯；13—甲苯；14—二甲苯；15—凡士林
(1cal=4.1868J)

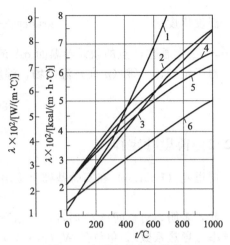

图 4-8　各种气体的热导率

1—水蒸气；2—氧；3—二氧化碳；
4—空气；5—氮；6—氢

由实验测得的物质的"λ-t"关系来看，二者间基本上呈直线关系。如以 λ_0 表示 0℃时的 λ 值，λ 表示 t℃时的 λ 值，则有下列关系存在

$$\lambda=\lambda_0(1+at) \tag{4-9}$$

式中，a 为温度系数，℃$^{-1}$。

a 表示某物体 t℃时的热导率对于 0℃时热导率的每升温 1℃的相对变化率。金属和液体的 a 为负值，气体和非金属固体的 a 为正值。

不符合上述线性关系的只有水等个别物质。

4.2.3.3　热导率与压强的关系

固体与液体的热导率值与压强基本无关。气体的 λ 值一般与压强亦无关，但在压强很高（大于 200MPa）或很低（小于 2700Pa）时，λ 值随压强增加而增大或随压强降低而减小。

4.2.4　平壁的热传导

4.2.4.1　单层平壁导热

设等温面是垂直于 x 轴的平面，温度仅是 x 的函数（这意味着平壁面积与壁厚之比很大，略去从壁的边缘传递的热量），则同一等温面上的 $\dfrac{\mathrm{d}t}{\mathrm{d}x}$ 值是相同的。热流方向平行于 x 轴向由高温平面至低温平面。

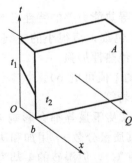

图 4-9　平壁导热

参看图 4-9，设等温面的面积为 A，平壁厚度为 b，平壁两侧面的温度分别为 t_1 及 t_2，且 $t_1>t_2$。

若物质的热导率与温度的关系可表达为 $\lambda=\lambda_0(1+at)$，则通过该平壁的导热量 Q 为

$$Q=-\lambda_0(1+at)A\frac{\mathrm{d}t}{\mathrm{d}x}$$

积分
$$Q\int_0^b \mathrm{d}x = -\lambda_0 A \int_{t_1}^{t_2} (1+at)\mathrm{d}t$$

$$Qb = -\lambda_0 A \left[(t_2 - t_1) + \frac{a(t_2^2 - t_1^2)}{2} \right]$$

$$= -\lambda_0 A (t_2 - t_1) \left[1 + \frac{a(t_1 + t_2)}{2} \right]$$

令：$\lambda_0 \left[1 + \dfrac{a(t_1 + t_2)}{2} \right] = \lambda_m$（$\lambda_m$ 为平均热导率）

则
$$Q = \frac{\lambda_m A(t_1 - t_2)}{b} \tag{4-10}$$

或
$$Q = \frac{t_1 - t_2}{\dfrac{b}{\lambda_m A}} = \frac{温差（推动力）}{热阻（阻力）} \tag{4-11}$$

式(4-10) 与式(4-11) 均是定态、一维平壁导热的积分式。式中平壁的平均热导率 λ_m 按平壁两侧温度 t_1 与 t_2 的算术平均值计算得到。若由 t_1 和 t_2 温度分别算出的热导率为 λ_1 及 λ_2，不难推知，$\lambda_m = \dfrac{\lambda_1 + \lambda_2}{2}$。式(4-11) 把导热速率表达为推动力除以阻力的形式，可明确平壁的导热热阻为 $\dfrac{b}{\lambda A}$。

【例 4-1】 某平壁厚度 b 为 0.40m，左表面（$x_1 = 0$）温度 t_1 为 1500℃，右表面（$x_2 = b$）温度 t_2 为 300℃，材料热导率 $\lambda = 1.0 + 0.0008t$ W/(m·℃)（式中 t 的单位是℃）。试求导热通量和平壁内的温度分布。

解（1）计算导热热通量

$$t_m = \frac{1500 + 300}{2} = 900℃$$

则
$$\lambda_m = 1.0 + 0.0008 \times 900 = 1.72 \text{W/(m·℃)}$$

导热通量为

$$q = \frac{\lambda_m(t_1 - t_2)}{b} = \frac{1.72 \times (1500 - 300)}{0.4} = 5160 \text{W/(m}^2)$$

（2）求平壁内温度分布 $t = f(x)$ 规律

在式 (4-10) 推导过程中的一个式子为

$$Qb = -\lambda_0 A \left[(t_2 - t_1) + \frac{a(t_2^2 - t_1^2)}{2} \right]$$

即
$$qb = \left[\lambda_0(t_1 - t_2) + \frac{a\lambda_0(t_1^2 - t_2^2)}{2} \right]$$

现以变量 x、t 分别替代上式的 b 与 t_2，并代入已知值，得

$$5160x = \left[(1500 - t) + \frac{0.0008 \times (1500^2 - t^2)}{2} \right]$$

解得
$$t = -1250 + \sqrt{7.56 \times 10^6 - 1.29 \times 10^7 x} \quad (℃)$$

可见，平壁内温度沿壁厚方向呈曲线变化。

4.2.4.2 多层平壁导热

在工业及建筑部门，多层平壁导热问题是经常遇到的，如高温炉的炉壁一般由耐火砖、绝热材料及普通砖组成。多层平壁导热情况如图 4-10 所示。

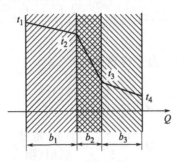

图 4-10　多层平壁导热

因

$$Q = \frac{t_1 - t_2}{\dfrac{b_1}{\lambda_1 A}} = \frac{t_2 - t_3}{\dfrac{b_2}{\lambda_2 A}} = \frac{t_3 - t_4}{\dfrac{b_3}{\lambda_3 A}}$$

令上式中各项分子与分母分别相加，得

$$Q = \frac{t_1 - t_4}{\dfrac{b_1}{\lambda_1 A} + \dfrac{b_2}{\lambda_2 A} + \dfrac{b_3}{\lambda_3 A}} = \frac{t_1 - t_{n+1}}{\sum\limits_{i=1}^{n} \dfrac{b_i}{\lambda_i A}} = \frac{\sum \Delta t_i}{\sum R_i} \tag{4-12}$$

【例 4-2】 某燃烧炉的炉壁由 500mm 厚的耐火砖、380mm 厚的绝热砖及 250mm 厚的普通砖砌成。其 λ 值依次为 1.40W/(m·℃)、0.10W/(m·℃) 及 0.92 W/(m·℃)。现操作时耐火砖内壁温度为 1000℃，普通砖外壁温度为 50℃。要求绝热砖温度不超过 940℃，普通砖不超过 138℃，问操作时有无超过温度限的现象？

解 设耐火砖两侧温度为 t_1 与 t_2，普通砖两侧温度为 t_3 与 t_4，则

$$q = \frac{t_1 - t_4}{\dfrac{b_1}{\lambda_1} + \dfrac{b_2}{\lambda_2} + \dfrac{b_3}{\lambda_3}} = \frac{t_1 - t_2}{\dfrac{b_1}{\lambda_1}} = \frac{t_3 - t_4}{\dfrac{b_3}{\lambda_3}}$$

即

$$\frac{1000 - 50}{\dfrac{0.5}{1.40} + \dfrac{0.38}{0.10} + \dfrac{0.25}{0.92}} = \frac{1000 - t_2}{\dfrac{0.5}{1.40}} = \frac{t_3 - 50}{\dfrac{0.25}{0.92}}$$

解得 $t_2 = 923.4℃$（$<940℃$），$t_3 = 108.3℃$（$<138℃$），均未超过温度限。

4.2.5　圆筒壁的热传导

4.2.5.1 单层圆筒壁导热

设有一圆筒壁，壁内各等温面都是以该圆筒壁轴心线为共同轴线的圆筒面，壁内温度仅是径向坐标 r 的函数（这意味着圆筒壁长度与壁厚之比很大，略去从圆筒壁的边缘传递的热量），则同一等温面上的 $\dfrac{\mathrm{d}t}{\mathrm{d}r}$ 值是相同的，热流方向仅沿径向由高温圆筒面传至低温圆筒面。从柱坐标来判断，这时的导热只沿径向坐标 r 传递，故属一维导热。

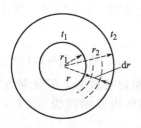

图 4-11　圆筒壁导热

参看图 4-11，当圆筒壁内表面半径为 r_1，温度为 t_1，外表面半径为 r_2，温度为 t_2，圆筒壁长度为 L，壁的热导率按常量计。通过该圆筒壁的导热速率 Q 的计算式的推导过程如下：

取半径为 r，厚为 dr 的薄圆筒壁进行分析。

$$Q = -\lambda A \frac{dt}{dr} = -\lambda (2\pi r L) \frac{dt}{dr}$$

积分

$$Q \int_{r_1}^{r_2} \frac{dr}{r} = -\lambda 2\pi L \int_{t_1}^{t_2} dt$$

得

$$Q \ln \frac{r_2}{r_1} = 2\pi \lambda L (t_1 - t_2)$$

即

$$Q = \frac{2\pi \lambda L (t_1 - t_2)}{\ln \frac{r_2}{r_1}} \tag{4-13}$$

亦即

$$Q = \frac{t_1 - t_2}{\frac{1}{2\pi \lambda L} \ln \frac{r_2}{r_1}} = \frac{温差}{热阻}$$

$$热阻 = \frac{1}{2\pi \lambda L} \ln \frac{r_2}{r_1} = \frac{r_2 - r_1}{2\pi \lambda L \ (r_2 - r_1)} \ln \frac{r_2}{r_1}$$

$$= \frac{b}{\lambda (A_2 - A_1)} \ln \frac{A_2}{A_1} \ (注：圆筒面积 \ A = 2\pi r L)$$

令 $A_m = \dfrac{A_2 - A_1}{\ln \dfrac{A_2}{A_1}}$，$A_m$ 是 A_1 与 A_2 的对数平均值。

则

$$Q = \frac{t_1 - t_2}{\frac{b}{\lambda A_m}} \tag{4-14}$$

式(4-14)具有与平壁导热相同的计算式形式。不过，圆筒壁导热式中是以内、外壁面积的对数平均值 A_m 替代了平壁导热中的 A。

4.2.5.2　多层圆筒壁导热

工厂里的蒸汽管道，为了安全及减小热损，管外总包有绝热层、保护层，其他高温或低温物料的管道也都有绝热层及保护层，这些均属多层圆筒壁导热问题。现以 3 层为例予以说明。参看图 4-12，仿照多层平壁导热计算式的推导方法，可列出下式

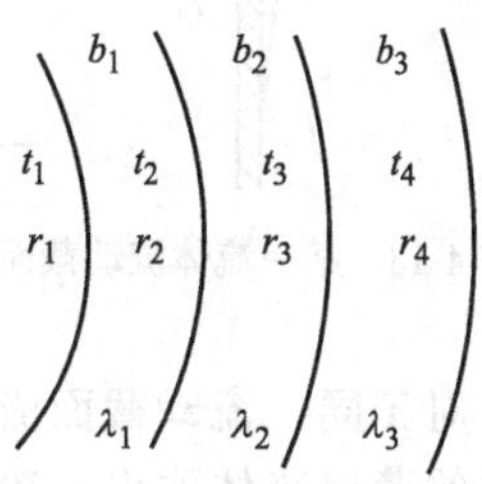

图 4-12　多层圆筒壁导热

$$Q = \frac{\Delta t_1 + \Delta t_2 + \Delta t_3}{\frac{b_1}{\lambda_1 A_{m,1}} + \frac{b_2}{\lambda_2 A_{m,2}} + \frac{b_3}{\lambda_3 A_{m,3}}}$$

或

$$Q = \frac{2\pi L \ (t_1 - t_4)}{\frac{1}{\lambda_1} \ln \frac{r_2}{r_1} + \frac{1}{\lambda_2} \ln \frac{r_3}{r_2} + \frac{1}{\lambda_3} \ln \frac{r_4}{r_3}} \tag{4-15}$$

应注意的是在多层壁导热时，一般假设层与层间紧密接触，没有空隙。若有空隙，其中存有空气，则多一层空气热阻，Q 值会因此明显减小。

【例 4-3】 某物料管路的管内、外直径分别为 160mm 和 170mm。管外包有两层绝热材料，内层绝热材料厚 20mm，外层厚 40mm。管子及内、外层绝热材料的 λ 值分别为 58.2W/(m·℃)、0.174W/(m·℃) 及 0.093W/(m·℃)。已知管内壁温度为 300℃，外层绝热层的外表面温度为 50℃。求每米管长的热损失。

解

$$\frac{Q}{L} = \frac{2\pi(t_1-t_4)}{\frac{1}{\lambda_1}\ln\frac{r_2}{r_1}+\frac{1}{\lambda_2}\ln\frac{r_3}{r_2}+\frac{1}{\lambda_3}\ln\frac{r_4}{r_3}}$$

因

$$\frac{d_2}{d_1}=\frac{170}{160}, \quad \frac{d_3}{d_2}=\frac{170+40}{170}=\frac{210}{170}, \quad \frac{d_4}{d_3}=\frac{210+80}{210}=\frac{290}{210}$$

所以

$$\frac{Q}{L} = \frac{2\pi(300-50)}{\frac{1}{58.2}\ln\frac{170}{160}+\frac{1}{0.174}\ln\frac{210}{170}+\frac{1}{0.093}\ln\frac{290}{210}}=335.2(\text{W/m})$$

4.3 对流传热概述

4.3.1 给热和给热的类型

4.3.1.1 给热过程

在化工生产中，发生对流传热的流体一般为流过某设备的流体或在容器中的流体，设备或容器的壁面就是外界向流体输入热量的加热面或流体向外界输出热量的冷却面。流体流过与流体平均温度不同的固体壁面时二者间发生热交换的过程在工程上称为"给热"过程。

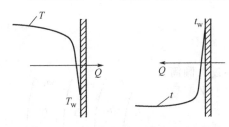

图 4-13 某一流体流动截面的温度分布曲线

在给热过程中，流体的同一流动截面上存在着温度差异。在流体与固体壁面接触处，流体与壁面温度相同。图 4-13 所示为某一流动截面的温度分布曲线。

对于同一流动截面流体的"平均温度"，有人对其含义作了比喻，即假想把包括该截面在内的薄层流体取出，置于一个绝热杯内搅匀，则杯内流体稳定后的温度就是该截面上流体的"平均温度"。以后凡遇到给热问题，提到的流体流动中某一截面的平均温度（或简称温度），都是指上述的平均温度。只有在流体湍流程度较高时，截面上湍流核心部分所占比例很大且温度变化不大，这时，亦有以"流体主体温度"或"湍流核心温度"近似替代平均温度的。

给热问题虽涉及一固体壁面，但是，若从流体方面考虑，仍为流体对流传热问题，这就是给热问题从属于对流传热问题的原因。应指出的是固体壁面的存在，对流体流动及传热情况产生了重要影响。

4.3.1.2　给热过程的类型

给热过程共分 4 种类型。

(1) **流体强制对流给热**　是指由于外界机械能的输入，如在泵、风机或搅拌器的作用下，流体被迫流过固体壁面时的给热。

(2) **流体自然对流给热**　当静止流体与不同温度的固体壁面接触时，在流体内部产生温度差异。流体内部温度不同必导致流体密度的不同，密度大的往下沉，密度小的朝上浮，于是在流体内部发生了流动，这种流动称为流体自然对流。在此类型的给热中，流体只作自然对流。参看图 4-14。设壁面温度为 t_w，远离壁面的流体温度为 t，且 $t > t_w$，则流体向壁面传热。

首先定义一个流体的体积膨胀系数 β

$$\beta = \frac{v_2 - v_1}{v_1(t_2 - t_1)} \tag{4-16}$$

式中，β 为流体体积膨胀系数，$^{\circ}C^{-1}$；v 为流体比体积，m^3/kg，$v = \dfrac{1}{\rho}$；v_2、v_1 为对应于 t_2 与 t_1 的流体比体积。

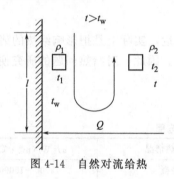

图 4-14　自然对流给热

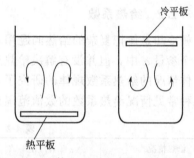

图 4-15　流体中有热或冷平板的自然对流

由式 (4-16) 可得

$$\beta \Delta t = \frac{v_2}{v_1} - 1 = \frac{\rho_1}{\rho_2} - 1 = \frac{\rho_1 - \rho_2}{\rho_2}$$

流体因密度不同，l 高的流体层底部就产生压差，该压差值为 $\Delta p = (\rho_1 - \rho_2) gl = \rho_2 \beta \Delta t gl$，此压差即为流体循环流动的动力。此项机械能用于克服流体流动阻力，则 $\dfrac{\Delta p}{\rho_m} = \zeta \dfrac{u_n^2}{2}$。由此可导得下述关系式

$$u_n \propto \sqrt{\frac{gl\beta\Delta t}{1 + 0.5\beta\Delta t}}$$

β 值一般很小，如 20℃ 及 100℃ 水的 β 值分别为 $1.82 \times 10^{-4} K^{-1}$ 及 $7.52 \times 10^{-4} K^{-1}$，理想气体 $\beta = 1/T$，K^{-1}。通常 $1 \gg 0.5\beta\Delta t$，故流体自然循环流速与有关参量的关系式为

$$u_n \propto \sqrt{gl\beta\Delta t}$$

自然对流给热的现象很普遍。图 4-15 所示的流体中的热平板置于流体下侧，冷平板置于流体上侧，都是造成上方流体密度大，下方流体密度小，以利流体自然对流的例子。

(3) **蒸汽冷凝给热**　蒸汽遇到温度低于其饱和温度的冷固体壁面时，蒸汽放热并凝成液体，凝液在重力作用下沿壁面流下。这种给热类型叫蒸汽冷凝给热。

（4）**液体沸腾给热** 液体从固体壁面取得热量而沸腾，在液体内部产生气泡，气泡在浮升时因继续发生液体汽化而长大的给热类型叫液体沸腾给热。

上述第（1）、（2）类型的给热为流体无相变的给热，（3）、（4）类型的给热为流体有相变的给热。

4.3.2 给热速率与给热系数

4.3.2.1 给热速率

对于各种给热情况，牛顿（Newton）提出了普遍适用的式子，即

$$
\begin{aligned}
\text{流体被加热时} \qquad & dQ = \alpha dA(t_w - t) \\
\text{流体被冷却时} \qquad & dQ = \alpha dA(T - T_w)
\end{aligned}
\tag{4-17}
$$

式中，dA 为微元传热面积，m^2；dQ 为通过传热面积 dA 的局部传热速率，W；T、t 为任一截面热、冷流体的温度，℃；T_w、t_w 为任一截面处传热壁的温度，℃；α 为比例系数，称为给热系数，$W/(m^2 \cdot ℃)$。

式（4-17）称为牛顿冷却定律。

4.3.2.2 给热系数

牛顿冷却定律把复杂的给热问题用一个简单式子表达，实际上是把影响给热的诸多因素归于一个参量 α 中，但并没有解决给热过程的具体问题。因此，对给热问题的研究便转为对各种具体情况的给热系数规律的研究了。

几种常见情况给热系数的数值范围如表 4-2 所示。

表 4-2 给热系数的数值范围

给热情况	$\alpha/[W/(m^2 \cdot ℃)]$	给热情况	$\alpha/[W/(m^2 \cdot ℃)]$
空气自然对流	5～25	水蒸气冷凝	5000～15000
气体强制对流	20～100	有机蒸气冷凝	500～2000
水自然对流	200～1000	水沸腾	2500～25000
水强制对流	1000～5000		

4.4 无相变流体的给热

4.4.1 影响给热的因素

影响给热的因素很多，可大致归纳为下述四个方面。

（1）**流体流动发生的原因** 首先要辨别流体流动的动力类型，是靠外界输入机械能还是单纯靠流体与固体壁面温差引起流动。

（2）**流体的物性** 影响给热系数的流体物性有流体的密度 ρ、黏度 μ、热导率 λ 和比热容 c_p 等。

（3）**流体的流动状况** 流体扰动程度愈高，在邻近固体壁面处的层流内层愈薄。在层流内层，流体与壁面的换热靠导热，层流内层愈薄则导热热阻愈小，愈有利于传热。

（4）**传热面的形状、大小及与流体流动方向对换热壁面的相对位置** 传热面的形状可以

是管、板、管束等。管或板可水平放置，亦可竖直放置。流体可在管内流动，亦可在管外流动。流体在管外流动时，还存在着流体与管轴向的不同流向的差别。

4.4.2　温度边界层

在第 1 章讨论流体流过固体壁面的流动规律时，着重介绍了速度边界层，但只涉及等温流动，不存在传热问题。

对于给热问题，人们不仅要了解速度边界层，还要了解温度边界层，即了解任一流动截面的流体温度分布侧形以及温度侧形随流体流过壁面距离的变化关系。

参看图 4-16，设有流速相同且等温的均匀流平行流过一固体平壁面。流体温度为 t_∞，壁面温度为 t_w，设 $t_w > t_\infty$。当流体流过壁面时，因壁面向流体传热，所以流体温度发生变化。在与壁面接触处的流体温度瞬间即升为 t_w。随着流体流过平壁距离的增加，流体升温的范围增大。一般约定以流体温度 t 满足 $t_w - t = 0.99(t_w - t_\infty)$ 的等温面为分界面，在此分界面与壁面间的流动层称为温度边界层。于是，任一流动截面上流体温度的变化便主要集中在温度边界层内。

在温度边界层内紧邻固体壁面处的薄流层为层流内层，其中流体与壁面的传热方式是导热，所以，流体与壁面间给热的速率可按壁面处流体导热速率方程计算，即

$$dQ = -\lambda \left(\frac{dt}{dy}\right)_w dA \tag{4-18}$$

若将流体的温度侧形给以修改，假设流体近壁面处有一"有效层流膜"，膜内是层流，厚度为 δ。有效膜外侧的流体温度保持为 t_∞，情况如图 4-17 所示，则给热速率可写成

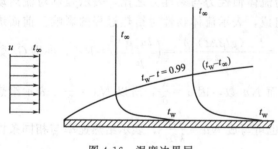

图 4-16　温度边界层

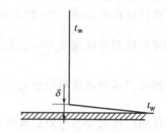

图 4-17　有效层流内层厚度

$$dQ = \frac{\lambda\, dA\,(t_w - t_\infty)}{\delta} \tag{4-19}$$

把式（4-19）与给热速率方程 $dQ = \alpha\, dA\,(t_w - t_\infty)$ 对比，可得

$$\alpha = \frac{\lambda}{\delta} \tag{4-20}$$

式（4-20）指出给热系数等于流体热导率与有效层流膜厚度之商。但由于流体在各种给热情况下有效层流膜的厚度 δ 难以确定，所以，α 值还须靠实验测得。

4.4.3　与给热有关的特征数及特征数关联式的确定方法

通过量纲分析，可确定与给热有关的特征数，然后通过实验，整理得特征数关联式。

下面，只讨论流体无相变给热问题。

4.4.3.1 量纲分析法确定有关特征数

首先要写出给热系数 α 与有关物理量间的一般函数式。对给热过程有影响的主要物理量：

① 流体物性——ρ、μ、c_p、λ。

② 固体表面的特征尺寸——l（选取对过程最重要、最有代表性的部位尺寸）。

③ 强制对流特征——流速 u。

④ 自然对流特征——每千克流体受到的净浮升力 $g\beta\Delta t$。

关于 $g\beta\Delta t$ 项的解释如下：若有密度为 ρ_2 的 1kg 流体，其周围流体密度为 ρ_1，二者温差为 Δt。此 1kg 流体受到的浮力与重力之差，即净浮升力为 $\frac{1}{\rho_2}(\rho_1-\rho_2)g$，前面已导出 $(\rho_1-\rho_2)g=\rho_2\beta\Delta tg$，故该 1kg 流体受到的净浮升力为 $g\beta\Delta t$。

所以 $$\alpha=f(l,\ \rho,\ \mu,\ c_p,\ \lambda,\ u,\ g\beta\Delta t)$$

通过量纲分析，可得到 4 个有关的特征数。各特征数的名称及符号如表 4-3 所示。

表 4-3 特征数的名称与符号

名　　称	符　号	定义式	名　　称	符　号	定义式
努塞尔(Nusselt)数	Nu	$\dfrac{\alpha l}{\lambda}$	普朗特(Prandtl)数	Pr	$\dfrac{c_p\mu}{\lambda}$
雷诺(Reynolds)数	Re	$\dfrac{lu\rho}{\mu}$	格拉斯霍夫(Grashof)数	Gr	$\dfrac{gl^3\beta\Delta t\rho^2}{\mu^2}$

现对各特征数的意义分析如下。Re 数为流体惯性力与黏性力之比，表示强制对流运动状态对给热过程的影响。Pr 数由物性参量组成，表示流体物性对给热过程的影响。前面讲过，流体自然循环流速 $u_n\propto\sqrt{gl\beta\Delta t}$，则 $Gr=\dfrac{l^2(gl\beta\Delta t)\rho^2}{\mu^2}=\left(\dfrac{lu_n\rho}{\mu}\right)^2=Re_n^2$，亦即 Gr 数表示自然对流运动状况对给热过程的影响。而 Nu 数，因 $\alpha=\dfrac{\lambda}{\delta}$，所以 $Nu=\dfrac{l}{\delta}$，表示给热过程流体的特征尺寸与有效层流膜厚之比。也可写成 $Nu=\dfrac{\alpha\Delta t}{\lambda\dfrac{\Delta t}{l}}$，表示给热速率与相同条件下按导热计的传热速率之比。

4.4.3.2 特征数关系式的实验确定方法

现以管内流体强制湍流时的给热（此时自然对流影响可忽略）为例说明确定特征数关系式的方法。

强制湍流时，一般特征数关系式为

$$Nu=\varphi(Re,Pr) \tag{4-21a}$$

设 $$Nu=ARe^mPr^n \tag{4-21b}$$

通过实验来确定式(4-21b)中的 A、m 和 n 值的方法是先固定任一个决定性特征数（Re、Pr 称为决定性特征数，Nu 为待定特征数），求出 Nu 与另一决定性特征数之间的关系。例如，在固定某一 Re 条件下，采用不同的 Pr 数流体做换热实验，可测得若干组 Pr 与 Nu 的对应值，即可获得该 Re 下的 Nu 与 Pr 的关系，将实验点标绘在双对数坐标纸上如图 4-18 所示。由图上可见，实验点均落在一条直线附近，说明 Nu 与 Pr 之间的关系可以用下列方程表示。

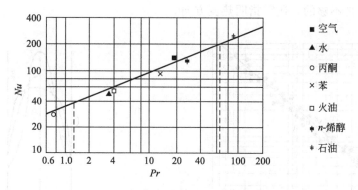

图 4-18 $Re=10^4$ 时不同 Pr 数流体的实验结果

$$\lg Nu = n\lg Pr + \lg A'$$ (4-22)

式中，$A'=A\,Re^m$，而 n 就是图上该直线的斜率。

n 值确定后，用不同 Pr 数流体在不同 Re 下做实验，以 $\dfrac{Nu}{Pr^n}$ 为纵坐标，Re 为横坐标作图，如图 4-19 所示。试验结果可表示为

$$\lg \frac{Nu}{Pr^n} = m\lg Re + \lg A$$ (4-23)

式中，m 即为图 4-19 上直线的斜率，$\lg A$ 即为该直线在纵轴上的截距。于是，可得管内流体强制湍流时的给热系数实验结果为

$$Nu = 0.023 Re^{0.8} Pr^n$$ (4-24)

式中，n 值当流体被加热时为 0.4，流体被冷却时为 0.3。

4.4.3.3 定性温度、定性尺寸和特征速度

当流体在管内流动与管壁进行换热时，不仅任一横截面上流体温度分布不均匀，在轴线方向上，流体温度也是逐渐变化的。而准数中包含的物性参量 λ、μ、c_p、ρ 等均与温度有关，这就需要取一个有代表性的温度来确定流体的物性数据。用于确定流体物性数据的温度称为定性温度。

特征数中的 l 是代表换热面几何特征的长度，称为定性尺寸。定性尺寸必须是对流动情况有决定性影响的尺寸，如流体在管内流动时选管内径 d_i，在管外横向流动时选管外径 d_o 等。

在 Re 中流体的速度 u 称为特征速度。此值需根据不同情况选取有意义的流速，如流体在管内流动时取横截面上流体的平均速度，流体在换热器内管间流动时取根据管间最大截面积计算的速度等。定性尺寸与特征速度的选择，应与理论分析相结合。使用特征数方程时，必须严格按照该方程的规定来选取定性温度、定性尺寸和计算特征速度。

4.4.3.4 热流方向对给热系数的影响

图 4-20 所示的是液体流过圆直管内且 $Re<2000$ 时某一截面的流速分布侧形图。图中曲线 1 为等温流动的速度侧形。曲线 2 为液体向管壁散热时的速度侧形，由于近管壁处液体温

度偏低，黏度偏高，故流速比等温流动时低。曲线 3 为液体被加热时的速度侧形。若近壁处流速增大，其有效层流膜必减薄，α 增大；反之则 α 减小。这说明要表明流体物性对 α 的影响仅用定性温度是不够的，还需指明热流方向。

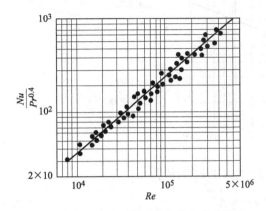

图 4-19 管内湍流强制对流传热的实验结果

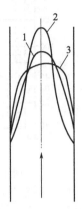

图 4-20 热流方向对速度分布侧形的影响

1—等温；2—液体被冷却；3—液体被加热

4.4.4 流体在管内强制对流给热

4.4.4.1 流体在圆形直管内呈湍流流动

（1）低黏度流体（$\mu < 2$ 倍同温水的黏度） 通常采用迪特斯（Dittus）和贝尔特（Boelter）关联式，即

$$Nu = 0.023 Re^{0.8} Pr^n \tag{4-25}$$

式中，n 值视热流方向而异，当流体被加热时，$n = 0.4$；当流体被冷却时，$n = 0.3$。

定性温度 流体进、出口温度的算术平均值。

定性尺寸 管内径 d_i。

应用范围 $Re > 10^4$，$0.7 < Pr < 120$，管内表面光滑，$\frac{L}{d_i} \geqslant 50$。对于管长与管径之比小于 50 的短管，可采用下述特征数关系式，即

$$Nu = 0.023 Re^{0.8} Pr^n \left[1 + \left(\frac{d_i}{L} \right)^{0.7} \right] \tag{4-26}$$

（2）高黏度液体 可以采用下列特征数关联式，即

$$Nu = 0.027 Re^{0.8} Pr^{0.33} \left(\frac{\mu}{\mu_w} \right)^{0.14} \tag{4-27}$$

定性温度 除黏度 μ_w 取壁温时的 μ 以外，其余同式（4-25）。

定性尺寸 管内径 d_i。应用范围 $0.7 < Pr < 16700$，其余同式（4-25）。

需说明的是式（4-25）中 Pr 数的方次 n 采用不同数值以及式（4-27）中引入 $\left(\frac{\mu}{\mu_w} \right)^{0.14}$ 都是考虑热流方向对 α 值的影响。例如，当液体被加热，α 增大；液体被冷却，α 减小，又因液体 $Pr > 1$，$Pr^{0.4} > Pr^{0.3}$，按式（4-25）计算的结果是符合上述变化趋势的。对于气体，被加热时 μ 增大 α 减小，因气体 $Pr < 1$，$Pr^{0.4} < Pr^{0.3}$，按式（4-25）计算的结果也符合其变化趋势。

对式(4-27)中 $\left(\dfrac{\mu}{\mu_w}\right)^{0.14}$ 也可作类似分析。但由于壁温未知，计算时往往要用试差法。

为了避免试差，在工程上采用的处理方法为当液体被加热时，取 $\left(\dfrac{\mu}{\mu_w}\right)^{0.14}=1.05$，当液体被冷却时，取 $\left(\dfrac{\mu}{\mu_w}\right)^{0.14}=0.95$。

由式(4-25)可知，当流体物性值一定时，湍流时给热系数 α 与流速的 0.8 次方成正比，与管径的 0.2 次方成反比。

4.4.4.2　流体在圆形直管内呈层流流动

当管径较小，流体与壁面间温差不大，流体的 $\dfrac{\mu}{\rho}$ 值较大，即 $Gr<25000$ 时，自然对流的影响可以忽略，此时给热系数可用下式计算，即

$$Nu=1.86(Re)^{\frac{1}{3}}(Pr)^{\frac{1}{3}}\left(\frac{d_i}{L}\right)^{\frac{1}{3}}\left(\frac{\mu}{\mu_w}\right)^{0.14} \tag{4-28}$$

定性温度　除 μ_w 取壁温值外，其余同式(4-25)。

定性尺寸　管内径 d_i。应用范围 $Re<2300$，$0.6<Pr<6700$，$Re\cdot Pr\cdot\dfrac{d_i}{L}>10$。

当 $Gr>25000$，可先按式(4-28)计算，然后再乘以校正系数 f，f 的计算式为

$$f=0.8(1+0.015Gr^{\frac{1}{3}}) \tag{4-29}$$

4.4.4.3　流体在圆形直管内呈过渡流流动

对 $2300<Re<10000$ 的过渡流，给热系数可先用湍流时的公式计算，然后再乘以小于 1 的校正系数 φ，φ 的计算式为

$$\varphi=1-\frac{6\times10^5}{Re^{1.8}} \tag{4-30}$$

4.4.4.4　流体在圆形弯管内流动

流体在弯管内流动的情况如图 4-21 所示。由于离心力作用，流体扰动加剧。这时给热系数的算法是，先按直管的经验式计算 α，再乘以大于 1 的校正系数，其计算式为

$$\alpha'=\left(1+\frac{1.77d_i}{R}\right)\alpha \tag{4-31}$$

式中，R 为弯管的曲率半径。各参量意义可参看图 4-21。

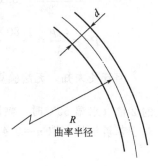

图 4-21　弯管

4.4.4.5　流体在非圆形管内流动

对于非圆形管内流体流动给热系数的计算有两种方法。其一是沿用圆形直管的计算公式，只要将定性尺寸 d_i 改为当量直径 d_e 即可，这种方法比较简便，但计算结果准确性较差。其二是使用对非圆形管道直接实验测定得到的计算给热系数的经验公式。例如，对套管环隙用空气和水做实验，可得 α 的经验关联式

$$\alpha=0.02\frac{\lambda}{d_e}Re^{0.8}(Pr)^{\frac{1}{3}}\left(\frac{d_2}{d_1}\right)^{0.53} \tag{4-32}$$

其定性温度为流体进、出口温度的算术平均值。定性尺寸为当量直径 d_e，

$$d_e = \frac{4 \times \frac{\pi}{4}(d_2^2 - d_1^2)}{\pi(d_1 + d_2)} = d_2 - d_1 \tag{4-33}$$

式中，d_1 为内管外径；d_2 为外管内径。

应用范围：$12000 < Re < 220000$，$1.65 < \dfrac{d_2}{d_1} < 17$。

【例 4-4】 有一双管程列管换热器，由 96 根 $\phi 25\text{mm} \times 2.5\text{mm}$ 的钢管组成。苯在管内流动，由 $20℃$ 被加热到 $80℃$，苯的流量为 9.5 kg/s，壳程中通入水蒸气进行加热。试求管壁对苯的给热系数。若苯流量增加 50%，略去流体物性的变化，此时给热系数又为多少？

解 苯的定性温度 $t = \dfrac{20 + 80}{2} = 50℃$。

在定性温度下查附录得苯的物性数据：$\rho = 860 \text{ kg/m}^3$，$c_p = 1.80 \times 10^3 \text{J/(kg} \cdot ℃)$，$\mu = 0.45 \times 10^{-3} \text{Pa} \cdot \text{s}$，$\lambda = 0.14 \text{W/(m} \cdot ℃)$。

管内苯流速为

$$u = \frac{V}{\frac{\pi}{4}d_i^2 \frac{n}{2}} = \frac{\frac{9.5}{860}}{\frac{3.14}{4} \times 0.02^2 \times \frac{96}{2}} = 0.733\text{m/s}$$

$$Re = \frac{d_i u \rho}{\mu} = \frac{0.02 \times 0.733 \times 860}{0.45 \times 10^{-3}} = 2.80 \times 10^4 \quad (>10^4)（湍流）$$

或

$$Re = \frac{4W}{\pi \mu d_i n} = \frac{4 \times 9.5}{3.14 \times 0.45 \times 10^{-3} \times 0.02 \times \frac{96}{2}} = 2.80 \times 10^4 \quad (>10^4)（湍流）$$

$$Pr = \frac{c_p \mu}{\lambda} = \frac{1.80 \times 10^3 \times 0.45 \times 10^{-3}}{0.14} = 5.79$$

因管长未知，无法验算 $\dfrac{L}{d_i}$。但一般列管换热器 $\dfrac{L}{d_i}$ 均大于 50。又因黏度不大于水黏度的 2 倍（水温 $50℃$ 时，黏度为 $0.594 \times 10^{-3}\text{Pa} \cdot \text{s}$），故本题满足式(4-25)的使用条件。对于苯被加热，取 $n = 0.4$，于是得

$$\alpha_i = 0.023 \frac{\lambda}{d_i} Re^{0.8} Pr^{0.4}$$

$$= 0.023 \times \frac{0.14}{0.02} \times (2.80 \times 10^4)^{0.8} \times (5.79)^{0.4}$$

$$= 1174\text{W/(m}^2 \cdot ℃)$$

当苯流量增加 50% 时，给热系数 α_i' 为：

$$\frac{\alpha_i'}{\alpha_i} = \left(\frac{u'}{u}\right)^{0.8}$$

$$\alpha_i' = \alpha_i \left(\frac{u'}{u}\right)^{0.8} = 1174 \times 1.5^{0.8} = 1624\text{W/(m}^2 \cdot ℃)$$

【例 4-5】 某套管换热器，流量为 3.0kg/s 的煤油在环隙中流动。用冷冻盐水冷却，套管外管规格为 $\phi76mm\times3mm$，内管规格为 $\phi38mm\times2.5mm$，已知定性温度下煤油物性数据如下：黏度 μ 为 0.002 Pa·s，密度 $\rho=845kg/m^3$，比热容 c_p 为 $2.09\times10^3J/(kg\cdot℃)$，热导率 λ 为 0.14W/(m·℃)，试求煤油对管壁的给热系数。

解 环隙当量直径依式(4-33)可得

$$d_e=d_2-d_1=0.07-0.038=0.032m$$

环隙流动截面积为

$$A=\frac{\pi}{4}d_2^2-\frac{\pi}{4}d_1^2=\frac{\pi}{4}(d_2+d_1)(d_2-d_1)$$

$$=\frac{3.14}{4}\times(0.07+0.038)\times(0.07-0.038)=2.71\times10^{-3}m^2$$

环隙内煤油流速为

$$u=\frac{V}{A}=\frac{W}{\rho A}=\frac{3.0}{845\times2.71\times10^{-3}}=1.31m/s$$

$$Re=\frac{d_euρ}{\mu}=\frac{0.032\times1.31\times845}{0.002}=1.771\times10^4 \quad (>10^4)\quad(湍流)$$

$$Pr=\frac{c_p\mu}{\lambda}=\frac{2.09\times10^3\times0.002}{0.14}=29.9$$

$$\frac{d_2}{d_1}=\frac{0.07}{0.038}=1.842 \quad (>1.65)$$

故可按式(4-32)计算给热系数 α

$$\alpha=0.02\frac{\lambda}{d_e}Re^{0.8}\ (Pr)^{\frac{1}{3}}\left(\frac{d_2}{d_1}\right)^{0.53}$$

$$=0.02\times\frac{0.14}{0.032}\times(1.771\times10^4)^{0.8}(29.9)^{\frac{1}{3}}(1.842)^{0.53}=940W/(m^2\cdot℃)$$

4.4.5 流体在管外强制对流给热

流体在管外强制对流给热有以下几种情况，即平行于管、垂直于管或垂直与平行交替。

4.4.5.1 流体在单管外强制垂直流动时的给热

参看图 4-22，自驻点 A 开始，随 φ 角增大，管外边界层厚度逐渐增厚，热阻逐渐增大，给热系数 α 逐渐减小；边界层分离以后因管子背后形成旋涡，局部给热系数 α 逐渐增大。局部给热系数 α 的分布如图 4-23 所示。

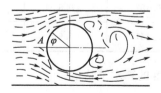

图 4-22 流体横向流过管外时的流动情况

4.4.5.2 流体在管束外强制垂直流动时的给热

流体横向流过管束的给热，因管子之间的相互影响，给热过程更为复杂。管束的排列方式通常有直列和错列两种，如图 4-24 所示。对于第 1 排管子，无论直列还是错列，其给热情况均与单管相似。但从第 2 排开始，因为流体在错列管束间通过时，受到阻挡，使湍动增强，故错列的给热系数大于直列的给热系数。第 3 排以后，给热系数不再变化。

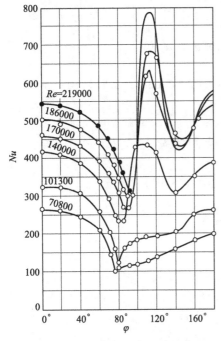

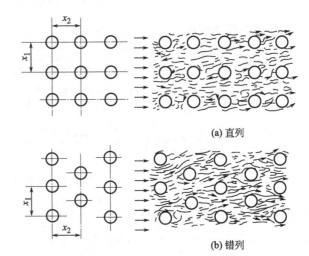

(a) 直列

(b) 错列

图 4-23 沿圆管表面局部努塞尔数的变化　　　图 4-24 流体横向流过管束时的流动情况

流体横向流过管束的给热系数可用式(4-34)计算

$$Nu = C\varepsilon Re^n Pr^{0.4} \tag{4-34}$$

式中，常数 C、ε、n 值见表 4-4 所示。

表 4-4　流体横向管束流动时的 C、ε 和 n 值

排　数	直　列		错　列		C
	n	ε	n	ε	
1	0.6	0.171	0.6	0.171	$\dfrac{x_1}{d} = (1.2\sim3)$时
2	0.65	0.157	0.6	0.228	$C = 1 + 0.1\dfrac{x_1}{d}$
3	0.65	0.157	0.6	0.290	$\dfrac{x_1}{d} > 3$
4	0.65	0.157	0.6	0.290	$C = 1.3$

定性温度　流体进、出口温度的算术平均值。

定性尺寸　管外径 d_o。

特征速度　垂直于流动方向最窄通道的流速。

应用范围　$5\times10^3 < Re < 7\times10^4$；$1.2 < x_1/d_o < 5$；$1.2 < x_2/d_o < 5$。

由于各排的给热系数不等，整个管束的平均给热系数为

$$\alpha = \frac{\alpha_1 A_1 + \alpha_2 A_2 + \alpha_3 A_3 + \cdots}{A_1 + A_2 + A_3 + \cdots} = \frac{\sum \alpha_i A_i}{\sum A_i} \tag{4-35}$$

式中，α_i 为各排的给热系数，$W/(m^2 \cdot ℃)$；A_i 为各排传热管的传热面积，m^2。

4.4.5.3　流体在列管式换热器管间流动

当换热器内装有圆缺形挡板（通常缺口面积为壳体横截面积的 25%）时，壳程流体给热系数可用凯恩（Kern）公式计算，即

$$Nu = 0.36 Re^{0.55} (Pr)^{\frac{1}{3}} \left(\frac{\mu}{\mu_w} \right)^{0.14} \tag{4-36a}$$

或

$$\alpha = 0.36 \frac{\lambda}{d_e} \left(\frac{d_e u \rho}{\mu} \right)^{0.55} \left(\frac{c_p \mu}{\lambda} \right)^{\frac{1}{3}} \left(\frac{\mu}{\mu_w} \right)^{0.14} \tag{4-36b}$$

定性温度　除 μ_w 取壁温值外，均取流体进、出口温度的算术平均值。

定性尺寸　当量直径 d_e。当量直径 d_e 可根据图 4-64 所示的管子排列情况分别用不同的式子进行计算。

管子为正方形排列

$$d_e = \frac{4 \left(x^2 - \frac{\pi}{4} d_o^2 \right)}{\pi d_o}$$

管子为正三角形排列

$$d_e = \frac{4 \left(\frac{\sqrt{3}}{2} x^2 - \frac{\pi}{4} d_o^2 \right)}{\pi d_o}$$

式中，x 为相邻两管的中心距，m；d_o 为管外径，m。

式(4-36a) 或式(4-36b) 中的流速 u 根据流体流过管间最大截面积 A 计算

$$A = hD \left(1 - \frac{d_o}{x} \right) \tag{4-37}$$

式中，h 为两挡板间的距离，m；D 为换热器的外壳内径，m。

应用范围　$2 \times 10^3 < Re < 1 \times 10^5$。

【例 4-6】　在预热器中将压力为 0.1MPa 的空气从 10℃ 加热到 50℃，预热器由一束长为 2.0m、直径为 $\phi 89mm \times 4.5mm$ 的错列直立钢管组成。空气在管外垂直流过，沿流动方向共有 20 行，每行有管 20 列，列间与行间管子的中心距均为 120mm。空气通过管间最狭处的流速为 7.5m/s。管内通入饱和蒸汽冷凝。试求管壁对空气的平均给热系数。

解　空气的定性温度 $t_m = \dfrac{10 + 50}{2} = 30℃$

由附录查知该温度时空气的物性为：$\rho = 1.165 \ kg/m^3$，$c_p = 1000 \ J/(kg \cdot ℃)$，$\mu = 1.86 \times 10^{-5} Pa \cdot s$，$\lambda = 2.67 \times 10^{-2} W/(m \cdot ℃)$。

则

$$Re = \frac{d_o u \rho}{\mu} = \frac{0.089 \times 7.5 \times 1.165}{1.86 \times 10^{-5}} = 4.18 \times 10^4$$

$$Pr = \frac{c_p \mu}{\lambda} = \frac{1000 \times 1.86 \times 10^{-5}}{2.67 \times 10^{-2}} = 0.70$$

$$\frac{x_1}{d_o}=\frac{0.12}{0.089}=1.35, \quad \frac{x_2}{d_o}=\frac{0.12}{0.089}=1.35$$

Re 数、$\dfrac{x_1}{d_o}$ 及 $\dfrac{x_2}{d_o}$ 均满足式（4-34）的要求，查表 4-4 可得

$$C=1.0+\frac{0.1x_1}{d_o}=1.0+0.1\times1.35=1.135$$

$$n_1=n_2=n_3=0.6, \quad \varepsilon_1=0.171, \quad \varepsilon_2=0.228, \quad \varepsilon_3=0.290$$

则

$$\alpha_1=\frac{\varepsilon_1}{\varepsilon_3}\alpha_3, \quad \alpha_2=\frac{\varepsilon_2}{\varepsilon_3}\alpha_3$$

因为每根管子的外表面积相等，第 3 行以后 α 值保持不变，所以

$$\alpha_m=\frac{(\alpha_1+\alpha_2+18\alpha_3)\,A}{20A}=\frac{\frac{\varepsilon_1}{\varepsilon_3}+\frac{\varepsilon_2}{\varepsilon_3}+18}{20}\alpha_3=\frac{\frac{\varepsilon_1}{\varepsilon_3}+\frac{\varepsilon_2}{\varepsilon_3}+18}{20}C\varepsilon_3\frac{\lambda}{d_o}Re^{0.6}Pr^{0.4}$$

$$=\frac{1}{20}\times\left(\frac{0.171}{0.290}+\frac{0.228}{0.290}+18\right)\times1.135\times0.290\times\frac{2.67\times10^{-2}}{0.089}\times(4.18\times10^4)^{0.6}(0.70)^{0.4}$$

$$=49.1\ \mathrm{W/(m^2\cdot ℃)}$$

4.4.6 大空间自然对流给热

大空间自然对流是指在热表面或冷表面的四周没有其他阻碍自然对流的物体存在时的对流。

在大空间自然对流条件下，由量纲分析结果可知

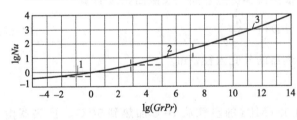

图 4-25 自然对流的给热系数

$$Nu=\varphi(Gr,Pr) \tag{4-38}$$

许多研究者用管、板、球等形状的加热面，对空气、氢气、二氧化碳、水、油和四氯化碳等不同介质进行了大量的实验研究，得到如图 4-25 所示的曲线。此曲线可近似地分成 3 段曲线，每段曲线皆可写成如下计算式，即

$$Nu=A(GrPr)^b \tag{4-39}$$

式中，A 和 b 可从曲线分段求出，见表 4-5。

定性温度 取膜温，即 $\dfrac{t+t_w}{2}℃$。

表 4-5 式(4-39) 中的系数 A 和 b

段　　数	$GrPr$	A	b
1	$1\times10^{-3}\sim5\times10^2$	1.18	$\dfrac{1}{8}$
2	$5\times10^2\sim2\times10^7$	0.54	$\dfrac{1}{4}$
3	$2\times10^7\sim10^{13}$	0.135	$\dfrac{1}{3}$

定性尺寸 对水平管取管外径 d_o，对垂直管或板取垂直高度 L。

由表 4-5 及式(4-39) 可看出当 $(GrPr) > 2 \times 10^7$ 时，给热系数 α 与加热面的几何尺寸 l 无关，故称此区为自动模化区。利用这一特点，可用小的模型对实际给热过程进行研究。

【例 4-7】 水平放置的蒸汽管道，外径 100mm，置于大水槽中，水温为 20℃，管外壁温度 110℃。试求：(1) 管壁对水的给热系数；(2) 每米管道通过自然对流的散热流率。

解 (1) 本题属大空间自然对流传热。可用式(4-39) 计算　$\alpha = A \dfrac{\lambda}{l} (GrPr)^b$。

定性温度 $t_m = \dfrac{110 + 20}{2} = 65℃$，在定性温度下水的物性数据如下：

$\rho = 980.5 \mathrm{kg/m^3}$，$\mu = 4.375 \times 10^{-4} \mathrm{Pa \cdot s}$，$Pr = 2.76$，$\beta = 5.41 \times 10^{-4} ℃^{-1}$，$\lambda = 0.663 \mathrm{W/(m \cdot ℃)}$。

$$Gr = \frac{\beta g \Delta t d_o^3 \rho^2}{\mu^2} = \frac{5.41 \times 10^{-4} \times 9.81 \times (110-20) \times 0.10^3 \times 980.5^2}{(4.375 \times 10^{-4})^2}$$

$$= 2.40 \times 10^9$$

$$GrPr = 2.40 \times 10^9 \times 2.76 = 6.62 \times 10^9$$

查表 4-5 得 $A = 0.135$；$b = \dfrac{1}{3}$，则

$$\alpha = A \frac{\lambda}{d_o} (GrPr)^b = 0.135 \times \frac{0.663}{0.10} \times (6.62 \times 10^9)^{\frac{1}{3}} = 1681 \mathrm{W/(m^2 \cdot ℃)}$$

(2) 　$Q = \alpha A (t_w - t) = \alpha \pi d_o L (t_w - t)$

$$\frac{Q}{L} = \alpha \pi d_o (t_w - t) = 1681 \times 3.14 \times 0.10 \times (110 - 20) = 4.75 \times 10^4 \mathrm{W/m}$$

4.5　有相变流体的给热

4.5.1　蒸汽冷凝给热

4.5.1.1　蒸汽冷凝方式

当蒸汽与温度低于其饱和温度的冷壁接触时，蒸汽放出潜热，在壁面上冷凝为液体。根据冷凝液能否润湿壁面所造成的不同流动方式，可将蒸汽冷凝分为膜状冷凝和滴状冷凝。

(1) 膜状冷凝　在冷凝过程中，冷凝液若能润湿壁面（冷凝液和壁面的润湿角 $\theta < 90°$），就会在壁面上形成连续的冷凝液膜，这种冷凝称为膜状冷凝，如图 4-26(a) 和 (b) 所示。膜状冷凝时，壁面总被一层冷凝液膜所覆盖，这层液膜将蒸汽和冷壁面隔开，蒸汽冷凝只在液膜表面进行，冷凝放出的潜热必须通过液膜才能传给冷壁面。冷凝液膜在重力作用下沿壁面向下流动，逐渐变厚，最后由壁的底部流走。因为纯蒸汽冷凝时汽相不存在温差，换言之即汽相不存在热阻，可见，液膜集中了冷凝给热的全部热阻。

(2) 滴状冷凝　当冷凝液不能润湿壁面（$\theta > 90°$）时，由于表面张力的作用，冷凝液在壁面上形成许多液滴，并随机地沿壁面落下，这种冷凝称为滴状冷凝。如图 4-26(c) 所示。

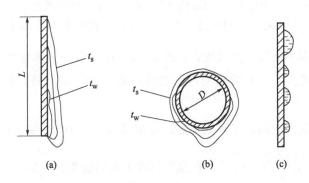

图 4-26　蒸汽冷凝方式

　　滴状冷凝时大部分冷壁面暴露在蒸汽中，冷凝过程主要在冷壁面上进行，由于没有冷凝液膜形成的附加热阻，所以滴状冷凝给热系数比膜状冷凝给热系数约大 5～10 倍。在工业用冷凝器中，即使采取了促使产生滴状冷凝的措施，也很难持久地保持滴状冷凝，所以，工业用冷凝器的设计都以膜状冷凝给热公式为依据。

4.5.1.2　纯净蒸汽膜状冷凝给热

　　（1）垂直管外或板上的冷凝给热　　如图 4-27 所示，冷凝液在重力作用下沿壁面由上向下流动，由于沿程不断汇入新凝液，故凝液量逐渐增加，液膜不断增厚。在壁面上部液膜因流量小，流速低，呈层流流动，并随着膜厚增大，α 减小。若壁的高度足够高，冷凝液量较大，则壁下部液膜会变为湍流流动，对应的冷凝给热系数又会有所提高。冷凝液膜从层流到湍流的临界 Re 值为 1800。

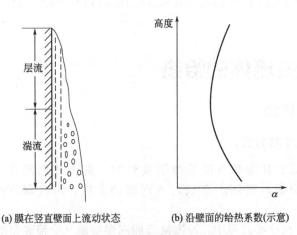

(a) 膜在竖直壁面上流动状态　　　(b) 沿壁面的给热系数(示意)

图 4-27　蒸汽在垂直壁面上的冷凝

　　① 膜层层流时冷凝给热　　若液膜为层流流动，努塞尔（Nusselt）提出一些假定条件，通过解析方法建立了冷凝给热系数的计算公式。

　　简化假设：

　　ⅰ. 竖壁维持均匀温度 t_w，即壁面上的液体温度等于 t_w，液膜与冷凝蒸汽界面温度为 t_s；

　　ⅱ. 蒸汽对液膜无摩擦力；

　　ⅲ. 冷凝液的各物性参量均为常量；

ⅳ. 忽略液膜中对流给热及沿液膜的纵向导热，近似认为通过冷凝液膜的传热是垂直于壁面方向的导热；

ⅴ. 液膜作定态流动；

ⅵ. 蒸汽密度 ρ_v 远小于液体密度 ρ，即液膜流动主要取决于重力和黏性力，浮力的影响可忽略。

努塞尔根据以上假设推导得到的给热系数为

$$\alpha = 0.943 \left[\frac{r\rho^2 g\lambda^3}{\mu L(t_s - t_w)} \right]^{\frac{1}{4}} \tag{4-40}$$

式中，L 为垂直管或板的高度，m；λ 为冷凝液的热导率，W/(m·℃)；ρ 为冷凝液的密度，kg/m³；μ 为冷凝液的黏度，Pa·s；r 为饱和蒸汽的冷凝潜热，J/kg；t_s 为饱和蒸汽温度，℃；t_w 为壁面温度，℃。

定性温度　蒸汽冷凝潜热 r 取其饱和温度 t_s 下的值，其余物性取膜温 $\dfrac{t_s + t_w}{2}$ 下的数值。

定性尺寸　L 取垂直管或板高度。

应用范围　$Re < 1800$。

用来判断液膜流型的 Re 数经常表示为冷凝负荷 M 的函数。冷凝负荷是指在单位时间流过单位长度润湿周边的冷凝液量，其单位为 kg/(m·s)，即 $M = \dfrac{W}{b}$。此处 W 为冷凝液的质量流量（kg/s），b 为润湿周边长（对垂直管 $b = \pi d_o$，对垂直板 b 为板的宽度），单位为 m。

若膜状流动时液流的横截面积为 A'，则当量直径为 $d_e = \dfrac{4A'}{b}$。

故

$$Re = \frac{d_e u\rho}{\mu} = \left(\frac{4A'}{b} u\rho \right) \times \frac{1}{\mu} = \left(\frac{4A'}{b} \times \frac{W}{A'} \right) \times \frac{1}{\mu} = \frac{4M}{\mu} \tag{4-41}$$

其中 d_e、A'、u、W、M 均为液膜底部之值。

对垂直管或板来说，由实验测定的冷凝给热系数值一般高出理论解的 20% 左右，这是因液膜表面出现波动所致。对向下流动的液膜而言，表面张力是造成波动的重要因素，波动的出现使得液膜产生扰动，热阻减小，给热系数增大。其修正公式为

$$\alpha = 1.13 \left[\frac{g\rho^2\lambda^3 r}{\mu L(t_s - t_w)} \right]^{\frac{1}{4}} \tag{4-42}$$

② 膜层湍流时冷凝给热系数　对于 $Re > 1800$ 的湍流液膜，除靠近壁面的层流底层仍以导热方式传热外，主体部分增加了涡流传热，与层流相比，传热有所增强。巴杰尔（Badger）根据实验整理出的计算湍流时冷凝给热系数关联式为

$$\alpha = 0.0077 \left(\frac{\rho^2 g\lambda^3}{\mu^2} \right)^{\frac{1}{3}} Re^{0.4} \tag{4-43}$$

（2）水平管外冷凝给热　图 4-26（b）示出蒸汽在水平管外冷凝时液膜的流动情况。因为管子直径通常较小，膜层总是处于层流状态。努塞尔利用数值积分方法求得水平圆管外表面平均给热系数为

$$\alpha = 0.725 \left[\frac{g\rho^2\lambda^3 r}{\mu d_o(t_s - t_w)} \right]^{\frac{1}{4}} \tag{4-44}$$

式中，d_o 为管外径，m。

从式(4-42)和式(4-44)可以看出，其他条件相同时，水平圆管的给热系数和垂直圆管

的给热系数之比为

$$\frac{\alpha_{水平}}{\alpha_{垂直}} = 0.64 \left(\frac{L}{d_o}\right)^{\frac{1}{4}} \tag{4-45}$$

工业上常用的列管换热器都是由平行的管束组成，各排管子的冷凝情况要受到上面各排管子所流下的冷凝液的影响。凯恩（Kern）推荐用下式计算$\bar{\alpha}$，即

$$\bar{\alpha} = 0.725 \left[\frac{g\rho^2\lambda^3 r}{n^{2/3}d_o\mu(t_s - t_w)}\right]^{\frac{1}{4}} \tag{4-46}$$

式中，n 为水平管束在垂直列上的管数。

在列管冷凝器中，若管束由互相平行的 Z 列管子所组成，一般各列管子在垂直方向的排数不相等，若分别为 n_1、n_2、n_3、$\cdots$、n_z，则平均管排数可由下式计算

$$n_m = \frac{n_1 + n_2 + \cdots + n_z}{n_1^{0.75} + n_2^{0.75} + \cdots + n_z^{0.75}} \tag{4-47}$$

4.5.1.3 影响蒸汽冷凝给热的因素

（1）流体的物性及液膜两侧温差　从式（4-42）和式（4-44）可以看出，冷凝液密度 ρ、热导率 λ 越大，黏度 μ 越小，则冷凝给热系数越大。冷凝潜热大，则在同样热负荷下冷凝液减少，液膜减薄，α 增大。液膜两侧温差（$t_s - t_w$）越大，蒸汽冷凝速率增加，液膜厚度增加，使 α 减小。

（2）蒸汽流速和流向　前面介绍的公式只适用于蒸汽静止或流速影响可以忽略的场合。若蒸汽以一定速度流动时，蒸汽与液膜之间会产生摩擦力。若蒸汽和液膜流向相同，这种力的作用会使液膜减薄，并使液膜产生波动，导致 α 的增大。若蒸汽与液膜流向相反，摩擦力的作用会阻碍液膜流动，使液膜增厚，传热削弱。但是，当这种力大于液膜所受重力时，液膜会被蒸汽吹离壁面，反而使 α 急剧增大。

（3）不凝性气体　所谓不凝性气体是指在冷凝器冷却条件下，不能被冷凝下来的气体，如空气等。在气液界面上，可凝性蒸汽不断冷凝，不凝性气体则被阻留，越接近界面，不凝性气体的分压越高。于是，可凝性蒸汽在抵达液膜表面进行冷凝之前，必须以扩散方式穿过聚积在界面附近的不凝性气体层。扩散过程的阻力造成蒸汽分压及相应的饱和温度下降。使液膜表面的蒸汽温度低于蒸汽主体的饱和温度，这相当于增加了一项热阻。当蒸汽中含 1% 空气时，冷凝给热系数将降低 60% 左右。因此在冷凝器的设计和操作中，都必须设置排放口，以排除不凝性气体。

（4）蒸汽的过热　对于过热蒸汽，给热过程是由蒸汽冷却和冷凝两个步骤组成。通常把整个"冷却-冷凝"过程仍按饱和蒸汽冷凝处理，本节所给出的公式依然适用。至于过热蒸汽冷却的影响，只要将过热热量和冷凝潜热一并考虑，即原公式中的 r 以 $r' = r + C_s(t_v - t_s)$ 代之即可。这里 C_s 是过热蒸汽的比热容，t_v 为过热蒸汽温度。在其他条件相同的情况下，因为 $r' > r$，所以过热蒸汽的冷凝给热系数总大于饱和蒸汽冷凝给热系数。实验表明，二者相差并不大，作为工程计算通常不考虑过热蒸汽冷却过程。

【例 4-8】　0.101MPa 的水蒸气在单根管外冷凝。管外径 100mm，管长 1.5m，管壁温度为 98℃。试计算：（1）管子垂直放置时全管平均冷凝给热系数；（2）管子垂直放置时，圆管上部 0.5m 的平均冷凝给热系数与底部 0.5m 的平均冷凝给热系数之比；（3）管子水平放置时的平均冷凝给热系数。

解　冷凝液膜平均温度为 $\dfrac{100+98}{2}=99℃$，此时冷凝液的物性参数为 $\rho=959.1\text{kg/m}^3$，

$\mu=28.56\times10^{-5}\text{Pa·s}$，$\lambda=0.6819\text{W/(m·℃)}$。0.101MPa 下，$t_s=100℃$，$r=2258\text{kJ/kg}$。

（1）假定液膜作层流流动，由式（4-42）可得

$$\alpha=1.13\left(\frac{r\rho^2g\lambda^3}{\mu L\Delta t}\right)^{\frac{1}{4}}$$

$$=1.13\times\left(\frac{2258\times10^3\times959.1^2\times9.81\times0.6819^3}{28.56\times10^{-5}\times1.5\times(100-98)}\right)^{\frac{1}{4}}=1.053\times10^4\text{W/(m}^2\cdot℃)$$

验算液膜流动是否处于层流范围内

$$Re=\frac{4M}{\mu}=\frac{4W}{\pi d_o\mu}=\frac{4Q}{\pi d_o\mu r}=\frac{4\alpha\pi d_oL\Delta t}{\pi d_o\mu r}=\frac{4\alpha L\Delta t}{\mu r}$$

$$=\frac{4\times1.053\times10^4\times1.5\times(100-98)}{28.56\times10^{-5}\times2258\times10^3}=196<1800\ （层流）$$

（2）圆管竖直放置上部 0.5m 的平均冷凝给热系数 α_1 为

$$\alpha_1=\alpha\left(\frac{L}{L_1}\right)^{\frac{1}{4}}=1.053\times10^4\times\left(\frac{1.5}{0.5}\right)^{\frac{1}{4}}=1.386\times10^4\text{W/(m}^2\cdot℃)$$

上部 1.0m 的平均冷凝给热系数 α_2 为

$$\alpha_2=\alpha\left(\frac{L}{L_2}\right)^{\frac{1}{4}}=1.053\times10^4\times\left(\frac{1.5}{1.0}\right)^{\frac{1}{4}}=1.165\times10^4\text{W/(m}^2\cdot℃)$$

下部 0.5m 圆管的平均冷凝给热系数 α_3 为

$$\alpha L=\alpha_2L_2+\alpha_3(L-L_2)$$

$$\alpha_3=\frac{\alpha L-\alpha_2L_2}{L-L_2}=\frac{1.053\times10^4\times1.5-1.165\times10^4\times1.0}{1.5-1.0}$$

$$=8290\text{W/(m}^2\cdot℃)$$

故

$$\frac{\alpha_1}{\alpha_3}=\frac{1.386\times10^4}{8290}=1.61$$

（3）由式（4-45）知

$$\frac{\alpha_{水平}}{\alpha_{垂直}}=0.64\left(\frac{L}{d_o}\right)^{\frac{1}{4}}=0.64\times\left(\frac{1.5}{0.1}\right)^{\frac{1}{4}}=1.26$$

故水平放置时平均冷凝给热系数为

$$\alpha_{水平}=1.26\alpha_{垂直}=1.26\times1.053\times10^4=1.327\times10^4\text{W/(m}^2\cdot℃)$$

4.5.2　液体沸腾给热

液体与高温壁面接触被加热汽化，并产生气泡的过程称为液体沸腾。因在加热面上气泡不断生成、长大和脱离，故造成对壁面附近流体的强烈扰动。

4.5.2.1　液体沸腾分类

（1）大容积沸腾　大容积沸腾是指加热面被沉浸在无强制对流的液体内部所产生的沸

腾。这种情况下气泡脱离表面后能自由浮升，液体的运动只由自然对流和气泡扰动引起。

（2）**管内沸腾** 当液体在压差作用下，以一定的流速流过加热管（或其他截面形状通道）内部时，在管内表面发生的沸腾称为管内沸腾，又称强制对流沸腾。这种情况下管壁上所产生的气泡不能自由上浮，而是被迫与液体一起流动，造成气-液两相流动。因此，与大容积沸腾相比，其机理更为复杂。

（3）**过冷沸腾** 如果液体主体温度低于饱和温度，加热面上的温度已超过饱和温度，在加热面上也会产生气泡，发生沸腾现象，但气泡脱离壁面后在液体内又重新冷凝消失，这种沸腾称为过冷沸腾。

（4）**饱和沸腾** 如果液体的主体温度达到饱和温度，从加热面上产生的气泡不再重新冷凝的沸腾称为饱和沸腾。

本节只讨论大容积中的饱和沸腾。

4.5.2.2 液体沸腾机理

（1）**气泡生成条件** 沸腾给热的主要特征是液体内部有气泡产生。气泡首先在加热面的个别点上产生，然后气泡不断长大，到一定尺寸后便脱离加热表面。现考察一个存在于沸腾液体内部，半径为 R 的气泡，如图 4-28 所示。若气泡在液体中能平衡存在，必须同时满足力和热的平衡。根据力平衡条件，气泡内蒸气的压强和气泡外液体的压强之差应与作用在"气-液"界面上的表面张力呈平衡。即

$$\pi R^2 (p_v - p_1) = 2\pi R\sigma \qquad (4\text{-}48a)$$

或

$$p_v - p_1 = \frac{2\sigma}{R} \qquad (4\text{-}48b)$$

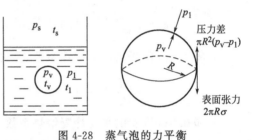

图 4-28 蒸气泡的力平衡

式中，p_v 为蒸气泡内的蒸气压力，N/m^2；p_1 为气泡外的液体压力，N/m^2；σ 为气、液界面上的表面张力，N/m。

上式表明，由于表面张力作用，气泡内的压强大于其周围液体的压强。气泡与其周围液体的热平衡条件是二者等温，即 $t_v = t_1$。

然而，气泡不仅能存在于液相，而且继续长大。一般认为气泡长大是个准平衡过程。已经知道，液体饱和蒸气压与饱和温度是一一对应的，因 p_v 大于 p_1，所以饱和温度 $t_s(p_v)$ 大于 $t_s(p_1)$。气泡继续长大表明气泡周围液体的温度是 $t_s(p_v)$ 时产生的蒸气才得以进入气泡，即气泡周围的液体必为过热液体，$t_l = t_s(p_v) = t_v$。令 $\Delta t = t_l - t_s(p_1)$ 为液体的过热度，液体具有足够的过热度便成为气泡长大的必要条件。图 4-29 是水在 1atm 外界大气压下沸腾时水温随着与加热面的距离的变化而变化的实测曲线，由图可见水在加热面处过热度最大。

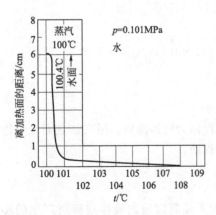

图 4-29 沸腾液体内温度分布

以下把 $t_s(p_1)$ 直接写成 t_s，则式（4-48b）可写成

$$p_v - p_1 = p(t_s + \Delta t) - p(t_s) = \frac{2\sigma}{R} \qquad (4\text{-}48c)$$

式（4-48c）的左边应用级数展开，略去高阶无穷小，得

$$p'\Delta t = \frac{2\sigma}{R} \qquad (4\text{-}48d)$$

式中，p' 是饱和蒸气压对温度的导数，根据"克拉贝龙-克劳修斯"方程

$$p' = \left(\frac{\partial p}{\partial T}\right)_s = \frac{r\rho_1\rho_v}{t_s(\rho_1-\rho_v)} \approx \frac{\rho_v}{t_s}r$$

所以

$$\Delta t = \frac{2\sigma}{p'R} = \frac{2\sigma t_s}{\rho_v rR} \tag{4-49}$$

式(4-49)表明，初生的气泡半径 R 愈小，要求液体的过热度 Δt 愈大，所以，要在没有"依托"条件下从液体中生成气泡是很困难的。在加热面处过热度最高，且凹缝处往往吸附有气体或蒸气，预先有生成气泡的胚胎（汽化核心），故容易成为气泡。一般气泡形成后，由于液体继续汽化，气泡长大，跃离壁面，但壁面凹缝处总会留有少量的气体或蒸气，故该汽化核心又成为孕育另一气泡的核心。

　　(2) 大容积饱和沸腾曲线　大容积水沸腾给热系数与温差的实测关系如图 4-30 所示。当 $\Delta t < 2.2℃$ 时，因过热度小，水只在表面汽化，这一阶段为自然对流。当 $\Delta t > 2.2℃$ 时，水开始沸腾，α 迅速增大，直到 Δt 为 25℃ 的这一阶段为正常沸腾区，亦称核状或泡核沸腾区。当 $\Delta t > 25℃$，因沸腾过于剧烈，气泡量过多，气泡连成片形成气膜，把加热面与液态水隔开，这阶段叫膜状沸腾。膜状沸腾时，因加热面为蒸汽所覆盖，而蒸汽热导率小，加热面难以将热量传给液态水，所以 α 值迅速降低。若 Δt 再继续升高，虽仍属膜状沸腾，但因加热面温度升高，热辐射增强，传热速率有所增大，故 α 值略有回升。

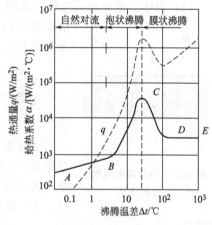

图 4-30　水的沸腾曲线

　　必须指出，沸腾操作不允许在膜状沸腾阶段工作。因这时金属加热面温度升高，金属壁会烧红、烧坏。核状与膜状沸腾交界点的温差叫临界温差，实际操作中不允许超越临界温差。

4.5.2.3　影响沸腾给热的因素

　　(1) 液体性质　液体的热导率 λ、密度 ρ、黏度 μ 和表面张力 σ 等均对沸腾给热有重要影响。一般情况下，α 随 λ 和 ρ 的增大而加大，随 μ 和 σ 增加而减小。

　　(2) 温差 Δt　如前所述，温差 Δt（$\Delta t = t_v - t_s$）是影响沸腾给热的重要因素，也是控制沸腾给热过程的重要参量。在泡核沸腾区，根据实验数据可整理得到下列经验式

$$\alpha = b(\Delta t)^n$$

式中，b 和 n 是根据液体种类、操作压强和壁面性质而定的常数，一般 n 为 2～3。

　　(3) 操作压强　提高沸腾压强相当于提高液体的饱和温度，液体的表面张力 σ 和黏度 μ 均下降，有利于气泡的生成和脱离，强化了沸腾传热。在相同的 Δt 下能获得更高的给热系数和热负荷。

　　(4) 加热表面　加热壁面的材料和粗糙度对沸腾给热有重要影响。一般新的或清洁的加热面，给热系数 α 值较高。若壁面被油垢沾污，给热系数会急剧下降。壁面愈粗糙，气泡核心愈多，愈有利于沸腾给热。此外，加热面的布置情况，对沸腾给热也有明显影响，如水平管束外沸腾，由于下面一排管表面上产生的气泡向上浮升引起附加扰动，使给热系数增加。

4.6 辐射传热

物体发出的电磁波，在波长从零至无穷大的范围内，热效应显著的波段为 $0.4\sim20\mu m$，其中大部分能量位于红外线即 $0.8\sim10\mu m$ 的波段。只有在温度很高时才能觉察到可见光（$0.4\sim0.8\mu m$）的热效应。

4.6.1 辐射传热的基本概念与定律

(1) 黑体、镜体与透热体　如图 4-31 所示，当热辐射能投射到某物体表面时，若投射的能量为 Q，其中一部分 Q_a 被物体吸收，一部分 Q_r 被物体反射，余下部分 Q_d 透过物体，则

$$Q=Q_a+Q_r+Q_d$$

令吸收率 $a=\dfrac{Q_a}{Q}$，反射率 $r=\dfrac{Q_r}{Q}$，透过率 $d=\dfrac{Q_d}{Q}$，则

$$a+r+d=1 \tag{4-50}$$

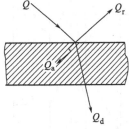

图 4-31　辐射能的吸收、反射和透过

吸收率 $a=1$ 的物体叫黑体，反射率 $r=1$ 的物体叫镜体，透过率 $d=1$ 的物体叫透热体，黑体、镜体和透热体都是假想的物体。无光泽的煤可近似看作黑体，单原子和双原子气体如 He、H_2、O_2 等可近似看作透热体，镜子及光亮的金属表面可近似看成镜体。

(2) 物体的辐射能力　物体的辐射能力指物体在一定温度时，单位时间单位表面积发射的能量，以 E 表示，单位是 W/m^2。辐射能力表征物体发射辐射能的本领。

由于物体的辐射能力是物体发射全部波长的辐射能力，若将该辐射能按连续辐射谱分解为等距离的微小波段的局部辐射能，可了解局部辐射能力随波长的分布。为了更好地描述此分布，定义单色辐射能力 E_λ 为

$$E_\lambda=\lim_{\Delta\lambda\to0}\frac{\Delta E}{\Delta\lambda}=\frac{dE}{d\lambda} \tag{4-51}$$

式中，E_λ 为单色辐射能力，$W/(m^2\cdot m)$；λ 为波长，m；ΔE 为 λ 至 $(\lambda+\Delta\lambda)$ 波长范围内的局部辐射能力。

故

$$E=\int_0^\infty E_\lambda d\lambda \tag{4-52}$$

(3) 黑体的单色辐射能力　对黑体辐射规律的研究在辐射传热领域中起着重要作用，实际物体的辐射规律是在黑体辐射规律的基础上引入修正系数表示的。

1900 年普朗克（Plank）创建了量子力学，并导出了黑体的单色辐射能力随波长与温度变化的函数关系。该定律是

$$E_{b\lambda}=\frac{C_1\lambda^{-5}}{e^{(C_2/\lambda T)}-1} \tag{4-53}$$

式中，$E_{b\lambda}$ 为黑体的单色辐射能力，$W/(m^2\cdot m)$；T 为黑体的热力学温度，K；λ 为波长，m；C_1 为常量，其值为 $3.743\times10^{-16}W\cdot m^2$；$C_2$ 为常量，其值为 $1.4387\times10^{-2}m\cdot K$。

图 4-32 即为式(4-53)的表示图。由图 4-32 可见，黑体的辐射能力随温度升高而增大，且曲线的顶峰随温度升高而左移。在温度不太高时，辐射能主要集中在 $\lambda=(0.8\sim10)\mu m$ 范

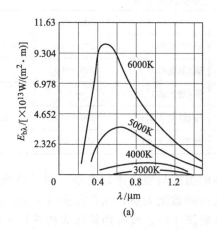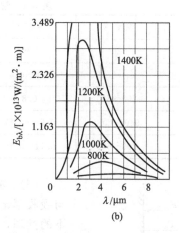

图 4-32　黑体单色辐射能力按波长的分布规律

围内，温度升高至 4000K 以上时，可见光所占比重较大。普朗克的理论值与实验值能很好地吻合。

（4）黑体的辐射能力　把普朗克定律表达式代入式（4-52），积分整理后得

$$E_b = C_o \left(\frac{T}{100} \right)^4 \tag{4-54}$$

式中，E_b 为黑体辐射能力，W/m^2；C_o 为黑体的辐射系数，其值为 5.67 $W/(m^2 \cdot K^4)$。

式（4-54）即"斯蒂芬-波尔茨曼"（Stefan-Boltzmann）定律，揭示了黑体辐射能力与其表面温度的关系。

（5）灰体的辐射能力　在相同温度条件下，实际物体的辐射特性与黑体的有较大差异。首先，黑体的辐射谱是连续的，而实际物体的辐射谱不一定连续。再者，对任一波长，实际物体的单色辐射能力 E_λ 必小于黑体的单色辐射能力 $E_{b\lambda}$，且二者之比值随波长而异，情况如图 4-33 所示。

工程上为了处理问题方便起见，提出了"灰体"这一概念。所谓灰体，从辐射的角度看，在相同温度时，灰体对任一波长的单色辐射能力与同一波长的黑体单色辐射能力之比 $\dfrac{E_\lambda}{E_{b\lambda}}$ 为一常数 ε，ε 值不随波长而变。这亦表明灰体

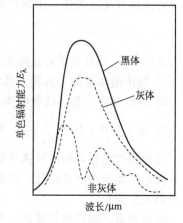

图 4-33　灰体、黑体与非灰体

的辐射谱是连续的。假想灰体的这一特性示于图 4-33 中。从吸收辐射能的角度看，在相同温度时，对任一波长，灰体的单色吸收率与黑体的单色吸收率之比 $a_\lambda / a_{b\lambda}$ 为一常数 a（$a_{b\lambda} = 1$），a 值不随波长而变。因许多工程材料的辐射特性近似于灰体，故一般把实际物体视作灰体。灰体的辐射能力为

$$E = \varepsilon C_o \left(\frac{T}{100} \right)^4 \tag{4-55}$$

式中，E 为灰体的辐射能力，W/m^2；ε 为灰体的黑度，无量纲。

物体表面的黑度 ε 值与物体的种类、温度及表面粗糙度、表面氧化程度等因素有关，ε 值须由实验测得。常用工业材料的黑度值列于表 4-6 中。

表 4-6　常用工业材料的黑度

材　　料	温度/℃	黑度 ε	材　　料	温度/℃	黑度 ε
红砖	20	0.93	铝(磨光的)	225～575	0.039～0.057
耐火砖	—	0.8～0.9	铜(氧化的)	200～600	0.57～0.87
钢板(氧化的)	200～600	0.8	铜(磨光的)	—	0.03
钢板(磨光的)	940～1100	0.55～0.61	铸铁(氧化的)	200～600	0.64～0.78
铝(氧化的)	200～600	0.11～0.19	铸铁(磨光的)	330～910	0.6～0.7

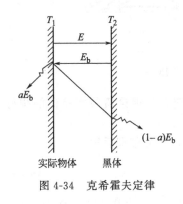

图 4-34　克希霍夫定律

（6）物体的黑度与吸收率的关系　为了寻找物体黑度 ε 与吸收率 a 之间的数量关系，克希霍夫（Kirchhoff）作了如下的推理，参看图 4-34。设有两块很大的平行平板，板间距很小，板间为透热体。两板中，一块板是黑体，另一块板则为 d＝0 的实际物体。黑体发出的辐射能 E_b 全部到达实际物体，其中一部分 aE_b 被实际物体吸收，另一部分 $(1-a)E_b$ 反射回黑体，又被黑体吸收。实际物体发射的辐射能 E 则全部被黑体吸收。于是，实际物体对黑体净辐射传热的热通量为

$$q = E - aE_b$$

若黑体与实际物体处于热平衡，即 $T_1 = T_2$，$q = 0$，则

$$\frac{E}{a} = E_b = f(T) \text{或} a = \frac{E}{E_b} \tag{4-56}$$

式(4-56)是克希霍夫定律表达式。由该定律可得出如下结论。

① 物体的辐射能力愈强，其吸收率就愈高。善于发射辐射能的物体必善于吸收辐射能。

② 因所有实际物体的吸收率均小于 1，所以，同温度下黑体的辐射能力最大。

③ 对于灰体，因 $\frac{E}{E_b} = \varepsilon$，所以 $a = \varepsilon$，这表明灰体的黑度与吸收率在数值上相等。

克希霍夫定律导出的灰体的黑度 ε 与吸收率 a 在数值上相等的结论很重要，但是，该结论是在热平衡条件下导出的，在辐射传热一般情况下，物体间有温差，这时，ε＝a 的结论是否仍成立呢？

已经知道，物体的黑度标志着其辐射能力的大小，是物体本身的属性。但物体的吸收率却不同，吸收率的大小，既和其本身的属性有关，也同外界情况有关。假如该物体的某一波段单色吸收率很高，恰好投入辐射中能量集中在这一波段，则吸收率必然高；若投入辐射中能量集中在该物体单色吸收率很小的波段，吸收率必然小，这说明吸收率是主客观因素决定的。但灰体的单色吸收率不随波长变化，即不论投入辐射中能量如何分布，该灰体都以相同的吸收率吸收能量。可见灰体的吸收率只是物体本身的属性，与外界情况无关。既然灰体的黑度及吸收率均为其本身的属性，所以，由热平衡时导得的 a＝ε 的结论可用于不等温的辐射传热情况中。

4.6.2　固体壁面间的辐射传热

上面讨论了物体的辐射能力和吸收率，在此基础上可进一步讨论两物体间的辐射传热速率。

4.6.2.1 角系数和黑体间的辐射传热

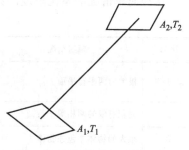

如图 4-35 所示，任意放置的两黑体表面，其面积分别为 A_1 和 A_2，表面温度分别维持 T_1 和 T_2 不变，其间发生辐射传热。把 A_1 面发出的辐射能中到达 A_2 面的分率称为 A_1 面对 A_2 面的平均角系数，记为 φ_{12}。同理，定义 φ_{21} 为 A_2 面对 A_1 面的平均角系数。于是，两黑体表面间净的辐射传热速率为

$$Q_{12}=Q_{1\to2}-Q_{2\to1}=E_{b1}A_1\varphi_{12}-E_{b_2}A_2\varphi_{21} \quad (4\text{-}57)$$

图 4-35 两黑体间辐射传热

如果两黑体表面处于热平衡状态，即 $T_1=T_2$ 时，净换热量 $Q_{12}=0$，$E_{b1}=E_{b2}$，则上式变为

$$A_1\varphi_{12}=A_2\varphi_{21} \quad (4\text{-}58)$$

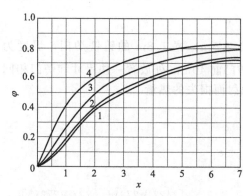

图 4-36 平行面间辐射传热的角系数 φ

1—圆盘形；2—正方形；3—长方形（长边之比为

$2:1$）；4—长方形（狭长）；$x=\dfrac{t}{b}$（或 $\dfrac{d}{b}$）$=$

$\dfrac{\text{边长（长方形用短边）或直径}}{\text{辐射面间的距离}}$

式(4-58) 是在热平衡条件下导出的，但因角系数纯属几何因素，它只取决于换热的物体形状、尺寸以及物体间的相对位置，而与物体种类和温度无关，所以，对不处于热平衡状态或非黑体表面时，式(4-58) 同样成立。将式(4-58) 代入式(4-57)，得

$$Q_{12}=A_1\varphi_{12}(E_{b1}-E_{b2})=A_2\varphi_{21}(E_{b1}-E_{b2}) \quad (4\text{-}59\mathrm{a})$$

或

$$Q_{12}=A_1\varphi_{12}C_\mathrm{o}\left[\left(\frac{T_1}{100}\right)^4-\left(\frac{T_2}{100}\right)^4\right]$$

$$=A_2\varphi_{21}C_\mathrm{o}\left[\left(\frac{T_1}{100}\right)^4-\left(\frac{T_2}{100}\right)^4\right] \quad (4\text{-}59\mathrm{b})$$

显然，计算任意相对位置的两黑体表面之间的辐射传热速率，其关键在于确定角系数 φ_{12} 或 φ_{21}，角系数 φ 必须和选定的辐射面相对应，其值可由 Lambert 余弦定律求出，也可实测求得。几种

简单情况下的 φ 可由图 4-36 或表 4-7 查得。

4.6.2.2 灰体间辐射传热

灰体间辐射传热计算比黑体间辐射传热复杂，其原因是灰体的吸收率不等于 1。在灰体的辐射传热过程中，存在着辐射能多次被部分吸收和多次被部分反射的过程。

对于间隔中存在透热体的双面系统，几种简单情况下的辐射传热的研究表明两灰体间辐射传热计算式可写成如下形式

$$Q_{12}=A_1\varphi_{12}C_\mathrm{o}\varepsilon_\mathrm{s}\left[\left(\frac{T_1}{100}\right)^4-\left(\frac{T_2}{100}\right)^4\right]$$

$$=A_2\varphi_{21}C_\mathrm{o}\varepsilon_\mathrm{s}\left[\left(\frac{T_1}{100}\right)^4-\left(\frac{T_2}{100}\right)^4\right] \quad (4\text{-}60)$$

式中，ε_s 为辐射系统的系统黑度，其值小于 1。

比较式(4-59) 和式(4-60) 可知，灰体换热的系统黑度，是指在其他情况相同时，灰体间的换热速率与黑体间的换热速率之比。

几种简单情况的系统黑度的计算方法可参看表 4-7。

表 4-7　φ 与 ε_s 的计算式

序号	辐射情况	面积 A	角系数 φ	系统黑度 ε_s
1	极大的两平行平面	A_1 或 A_2	1	$1\left/\left(\dfrac{1}{\varepsilon_1}+\dfrac{1}{\varepsilon_2}-1\right)\right.$
2	面积有限的两相等平行面	A_1	$<1$①	$\varepsilon_1\varepsilon_2$
3	很大的物体 2 包住物体 1	$A_1(\ll A_2)$	1	ε_1
4	物体 2 恰好包住物体 1	$A_1(\approx A_2)$	1	$1\left/\left(\dfrac{1}{\varepsilon_1}+\dfrac{1}{\varepsilon_2}-1\right)\right.$
5	在 3、4 两种情况之间	A_1	1	$1\left/\left[\dfrac{1}{\varepsilon_1}+\dfrac{A_1}{A_2}\left(\dfrac{1}{\varepsilon_2}-1\right)\right]\right.$

① 此种情况 φ 值可由图 4-36 查得。

【例 4-9】　遮热板的作用。某车间内有高 2.5m，宽 1.8m 的铸铁炉门，温度为 427℃，室内温度为 27℃。为了减少热损失，在炉门前 40mm 处放置一块尺寸和炉门相同而黑度为 0.15 的铝板，试求放置铝板前、后因辐射而损失的热量。

解　取铸铁的黑度 $\varepsilon_1=0.75$。

(1) 放置铝板前，炉门为四壁所包围，所以

$$\varphi_{12}=1.0,\quad \varepsilon_s=\varepsilon_1$$

则式(4-60) 可写成

$$Q_{12}=C_o\varepsilon_1 A_1\left[\left(\frac{T_1}{100}\right)^4-\left(\frac{T_2}{100}\right)^4\right]=5.67\times0.75\times2.5\times1.8\times\left[\left(\frac{427+273}{100}\right)^4-\left(\frac{27+273}{100}\right)^4\right]$$

$$=4.44\times10^4\,\text{W}$$

(2) 放置铝板后，设铝板表面温度为 T_3，由于炉门与铝板的距离很小，可视为两无限大平行平面间的相互辐射，

所以

$$\varphi_{13}=1.0,\quad \varepsilon_s=\frac{1}{\dfrac{1}{\varepsilon_1}+\dfrac{1}{\varepsilon_2}-1}$$

则式(4-60) 可写成

$$Q_{13}=\frac{C_o}{\left(\dfrac{1}{\varepsilon_1}+\dfrac{1}{\varepsilon_2}-1\right)}A_1\left[\left(\frac{T_1}{100}\right)^4-\left(\frac{T_3}{100}\right)^4\right]$$

$$=\frac{5.67}{\dfrac{1}{0.75}+\dfrac{1}{0.15}-1}\times2.5\times1.8\times\left[\left(\frac{427+273}{100}\right)^4-\left(\frac{T_3}{100}\right)^4\right]$$

铝板与四周墙壁辐射传热量为

$$Q_{32}=C_o\varepsilon_3 A_3\left[\left(\frac{T_3}{100}\right)^4-\left(\frac{T_2}{100}\right)^4\right]=5.67\times0.15\times2.5\times1.8\times\left[\left(\frac{T_3}{100}\right)^4-\left(\frac{27+273}{100}\right)^4\right]$$

在稳定传热条件下，$Q_{13}=Q_{32}$，解出 $T_3=590\text{K}$ 及 $Q_{13}=Q_{32}=4340\text{W}$

放置铝板后，炉门辐射热损失减少的百分数为

$$\frac{Q_{12}-Q_{13}}{Q_{12}}=\frac{4.44\times10^4-4340}{4.44\times10^4}\times100\%=90.2\%$$

由计算结果可以看出，设置铝板（遮热板）是减少辐射散热损失的有效方法。遮热板材料的黑度愈低，遮热板层数愈多，热损失愈少。

【例 4-10】 如图 4-37(a) 所示，以热电偶测气温 T_g。已测得 T_1 为 1023K。已知 T_w 为 500℃，气体给热系数 α 为 45W/(m²·℃)，热电偶表面黑度 ε_1 为 0.4，试计算气温 T_g。

为了提高热电偶的测温精度，设置遮热罩，并通过遮热罩向外抽气，如图（b）所示。设遮热罩温度为 T_2，黑度 $\varepsilon_2=0.3$，气体对遮热罩的给热系数 α 为 95W/(m²·℃)，试按已算出的气温计算有遮热罩时的热电偶温度 T_2'。

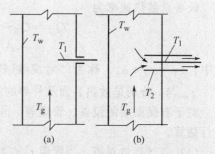

解 （1）未装遮热罩时，热电偶存在下列热平衡 图 4-37 ［例 4-10］附图（热电偶测温误差）

$$\text{气体} \xrightarrow{\text{对流}} \text{热电偶} \xrightarrow{\text{辐射}} \text{容器壁}$$

因热电偶工作点具有凸表面，其表面积相对于器壁面积很小，故其间的辐射传热属于表 4-7 中的第 3 种情况。在定态传热条件下，热电偶的辐射传热与对流给热量应相等

即

$$q=\alpha_1(T_g-T_1)=\varepsilon_1 C_o\left[\left(\frac{T_1}{100}\right)^4-\left(\frac{T_w}{100}\right)^4\right]$$

$$T_g=T_1+\frac{\varepsilon_1 C_o}{\alpha_1}\left[\left(\frac{T_1}{100}\right)^4-\left(\frac{T_w}{100}\right)^4\right]$$

$$=1023+\frac{0.4\times5.67}{45}\times\left[\left(\frac{1023}{100}\right)^4-\left(\frac{773}{100}\right)^4\right]=1395K$$

测温相对误差为 26.7%，这样大的测量误差显然是不能允许的。

（2）装遮热罩后，遮热罩存在下列热平衡

$$\text{气体} \xrightarrow{\text{对流}} \text{遮热罩} \xrightarrow{\text{辐射}} \text{容器壁}$$

在定态传热条件下，气体对遮热罩内外表面的对流给热与遮热罩对器壁的辐射传热应相等。即

$$2\times95\times(1395-T_2)=0.3\times5.67\left[\left(\frac{T_2}{100}\right)^4-\left(\frac{773}{100}\right)^4\right]$$

解得 $T_2=1225$ K

对热电偶作热量衡算

$$\alpha_2(T_g-T_1)=\varepsilon_1 C_o\left[\left(\frac{T_1}{100}\right)^4-\left(\frac{T_2}{100}\right)^4\right]$$

$$95\times(1395-T_1)=0.4\times5.67\left[\left(\frac{T_1}{100}\right)^4-\left(\frac{1225}{100}\right)^4\right]$$

解得 $T_1=1284$ K

测温相对误差为 7.96%，可见采用遮热罩抽气式热电偶测温误差可大为减小。

4.6.3 对流与辐射并联传热

设备与管道对外界大气的散热一般是热辐射与对流并联散热。

辐射散热速率仿牛顿冷却定律的形式可写成

$$Q_R = \alpha_R A_w(t_w - t)$$

对流散热速率为

$$Q_c = \alpha_c A_w(t_w - t)$$

设备总散热速率为

$$Q_T = Q_R + Q_c = (\alpha_R + \alpha_c)A_w(t_w - t)$$
$$= \alpha_T A_w(t_w - t)$$

式中，$\alpha_T = \alpha_R + \alpha_c$，称为"对流-辐射"并联给热系数，$W/(m^2 \cdot ℃)$；$A_w$ 为散热面积，m^2；t_w 与 t 分别是散热表面及外界的温度，℃。

对于有保温层的设备、管道等，外壁对周围环境的并联给热系数 α_T 可根据以下经验式进行估算。

（1）空气自然对流 当壁温 $t_w < 150℃$ 时

在平壁保温层外

$$\alpha_T = 9.8 + 0.07(t_w - t) \tag{4-61}$$

在圆筒壁保温层外

$$\alpha_T = 9.4 + 0.052(t_w - t) \tag{4-62}$$

（2）空气沿粗糙壁面强制对流

当空气流速 $u \leqslant 5m/s$ 时

$$\alpha_T = 6.2 + 4.2u \tag{4-63}$$

当空气流速 $u > 5m/s$ 时

$$\alpha_T = 7.8u^{0.78} \tag{4-64}$$

4.7 串联传热过程计算

化工生产中，因固体壁面温度不高，辐射传热量很小，故除热损失外，热辐射通常不予考虑。而更多的是导热和对流串联传热过程，例如，换热器中冷、热两流体通过间壁的热量传递就是这种串联传热的典型例子。

如图 4-38 所示，冷、热流体通过间壁传热的过程分三步进行：①热流体通过给热将热量传给固体壁；②固体壁内以热传导方式将热量从热侧传到冷侧；③热量通过给热从壁面传给冷流体。

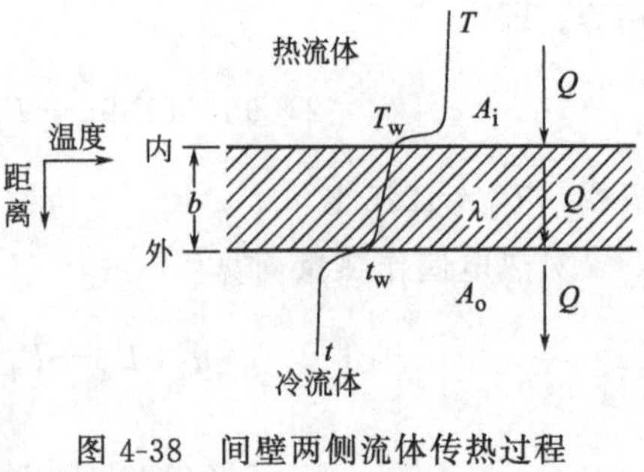

图 4-38 间壁两侧流体传热过程

4.7.1 传热速率方程

因壁温通常未知，单独使用传导速率方程或给热速率方程解决传热问题较困难，故引出了直接以间壁两侧流体温差为推动力的传热速率方程。

在换热器中任一截面处取微元管段，其内表面积为 dA_i，外表面积为 dA_o。可仿照对流

给热速率方程，写出冷、热流体间进行换热的传热速率方程，即

$$dQ = K_i(T-t)dA_i = K_o(T-t)dA_o \tag{4-65}$$

式中，K_i、K_o 分别为基于管内表面积 A_i 和外表面积 A_o 的传热系数，$W/(m^2 \cdot ℃)$；T 和 t 分别为该截面处的热、冷流体的平均温度，$℃$；dQ 为通过该微元传热面的传热速率，W。

式(4-65)为总传热速率方程，是传热系数的定义式。由式(4-65)可见，传热系数 K 在数值上等于单位传热面积、单位热、冷流体温差下的传热速率，它反映了传热过程的强度。

因在换热器中流体沿流动方向的温度是变化的，传热温差 $(T-t)$ 和传热系数 K 一般也是变化的，故需将传热速率方程写成微分式。

从式(4-65)还可以看出，传热系数与所选择的传热面积应相对应。即

$$K_i dA_i = K_o dA_o \tag{4-66}$$

4.7.2　热量衡算

根据热量衡算原理，在换热器保温良好、无热损失的情况下，单位时间内热流体放出的热量等于冷流体吸收的热量。

对换热器的一个微元段 dl（参见图 4-39）来说，冷、热两流体逆流时的热量衡算式为

$$dQ = -W_h dH_h = W_c dH_c \tag{4-67}$$

式中，W_c、W_h 分别为冷、热流体的质量流量，kg/s（下标 c 表示冷，下标 h 表示热）；H_c、H_h 分别为单位质量冷、热流体的焓，J/kg。

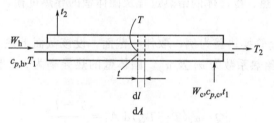

图 4-39　换热器的热量衡算

对整个换热器，热量衡算式为

$$Q = W_h(H_{h1} - H_{h2}) = W_c(H_{c2} - H_{c1}) \tag{4-68}$$

式中，下标"1"和"2"分别表示各股流体的进、出口端。

若换热器内两流体均无相变，且流体的比热容 c_p 不随温度变化（或取流体平均温度下的比热）时，式(4-67)和式(4-68)可分别表示为

$$dQ = -W_h c_{ph} dT = W_c c_{pc} dt \tag{4-69}$$

$$Q = W_h c_{ph}(T_1 - T_2) = W_c c_{pc}(t_2 - t_1) \tag{4-70}$$

若换热器中一侧有相变，例如，热流体为饱和蒸汽冷凝，则式(4-68)可表示为

$$Q = W_h r = W_c c_{pc}(t_2 - t_1) \tag{4-71}$$

式中，r 为饱和蒸汽的冷凝潜热，J/kg。

若冷凝液的温度 T_2 低于饱和蒸汽温度，则式(4-71)应为

$$Q = W_h[r + c_{ph}(T_s - T_2)] = W_c c_{pc}(t_2 - t_1) \tag{4-72}$$

式中，c_{ph} 为冷凝液的比热容，$J/(kg \cdot ℃)$；T_s 为饱和蒸汽温度，$℃$；c_{pc} 为冷流体的比热容，$J/(kg \cdot ℃)$。

4.7.3 传热系数

工业生产上管壳式换热器的传热系数 K 的大致范围如表 4-8 所示。

表 4-8 管壳式换热器的传热系数 K 大致范围

热 流 体	冷 流 体	传热系数 K	
		W/(m²·℃)	kcal/(m²·h·℃)
水	水	850~1700	730~1460
轻油	水	340~910	290~780
重油	水	60~280	50~240
气体	水	17~280	15~240
水蒸气冷凝	水	1420~4250	1220~3650
水蒸气冷凝	气体	30~300	25~260
低沸点烃类蒸汽冷凝(常压)	水	455~1140	390~980
高沸点烃类蒸汽冷凝(减压)	水	60~170	50~150
水蒸气冷凝	水沸腾	2000~4250	1720~3650
水蒸气冷凝	轻油沸腾	455~1020	390~880
水蒸气冷凝	重油沸腾	140~425	120~370

注：以工程单位制表示的 K 值，经过换算与圆整后列出。

4.7.3.1 传热系数 K 的计算

传热过程中包含了热、冷流体的给热过程及固体壁的导热过程，则传热系数必然包含着上述各过程的因素。

现以图 4-39 所示套管换热器为例，取任一截面，设该截面上热、冷流体的平均温度为 T 及 t，热、冷流体的给热系数为 α_i 及 α_o，固体壁的热导率为 λ，壁厚为 b。对于 dl 管长段，则有

$$dQ = \alpha_i(T - T_w)dA_i = \frac{T - T_w}{\dfrac{1}{\alpha_i dA_i}}$$

$$dQ = \alpha_o(t_w - t)dA_o = \frac{t_w - t}{\dfrac{1}{\alpha_o dA_o}}$$

$$dQ = \frac{\lambda dA_m(T_w - t_w)}{b} = \frac{T_w - t_w}{\dfrac{b}{\lambda dA_m}}$$

所以
$$dQ = \frac{T - t}{\dfrac{1}{\alpha_i dA_i} + \dfrac{b}{\lambda dA_m} + \dfrac{1}{\alpha_o dA_o}}$$

又
$$dQ = K_i dA_i(T - t) = K_o dA_o(T - t)$$

$$= \frac{T - t}{\dfrac{1}{K_i dA_i}} = \frac{T - t}{\dfrac{1}{K_o dA_o}}$$

由以上两式对比可得 $\dfrac{1}{K_i dA_i} = \dfrac{1}{\alpha_i dA_i} + \dfrac{b}{\lambda dA_m} + \dfrac{1}{\alpha_o dA_o} = \dfrac{1}{K_o dA_o}$

因

$$dA_i = \pi d_i dl,\ dA_o = \pi d_o dl,\ dA_m = \pi d_m dl \left(\text{其中 } d_m = \frac{d_o - d_i}{\ln \dfrac{d_o}{d_i}}\right)$$

则

及

$$\left.\begin{array}{l} \dfrac{1}{K_i} = \dfrac{1}{\alpha_i} + \dfrac{b d_i}{\lambda d_m} + \dfrac{d_i}{\alpha_o d_o} \\[3mm] \dfrac{1}{K_o} = \dfrac{1}{\alpha_o} + \dfrac{b d_o}{\lambda d_m} + \dfrac{d_o}{\alpha_i d_i} \end{array}\right\} \tag{4-73a}$$

式(4-73a) 即为以热阻形式表示的传热系数计算式。该式说明间壁两侧流体间传热的总热阻等于两侧流体的给热热阻及管壁导热热阻之和。

当传热面为平壁或薄圆筒壁时，式(4-73a) 可简化为

$$\frac{1}{K} = \frac{1}{\alpha_i} + \frac{b}{\lambda} + \frac{1}{\alpha_o} \tag{4-73b}$$

4.7.3.2　污垢热阻

换热器在经过一段时间运行后，壁面往往积有污垢，对传热产生附加热阻，使传热系数降低。在计算传热系数时，一般污垢热阻不可忽略。由于污垢层厚度及其热导率难以测定，通常根据经验选用污垢热阻值。某些常见流体的污垢热阻经验值如表 4-9 所示。

表 4-9　常见流体的污垢热阻经验值

流　体	污垢热阻 R		流　体	污垢热阻 R	
	/(m²·K/kW)	/(m²·h·℃/kcal)		/(m²·K/kW)	/(m²·h·℃/kcal)
水(1m/s,t＞50℃)			溶剂蒸气	0.14	1.63×10⁻⁴
蒸馏水	0.09	1.05×10⁻⁴	水蒸气		
海水	0.09	1.05×10⁻⁴	优质——不含油	0.052	6.05×10⁻⁵
清净的河水	0.21	2.44×10⁻⁴	劣质——不含油	0.09	1.05×10⁻⁴
未处理的凉水塔	0.58	6.75×10⁻⁴	往复机排出	0.176	2.05×10⁻⁴
用水			液体		
已处理的凉水塔	0.26	3.02×10⁻⁴	处理过的盐水	0.264	3.07×10⁻⁴
用水			有机物	0.176	2.05×10⁻⁴
已处理的锅炉用水	0.26	3.02×10⁻⁴	燃料油	1.056	1.23×10⁻³
硬水、井水	0.58	6.75×10⁻⁴	焦油	1.76	2.05×10⁻³
气体					
空气	0.26～0.53	3.02×10⁻⁴～			
		6.17×10⁻⁴			

若管壁内、外侧表面上的污垢热阻分别用 R_i 及 R_o 表示，则

$$\frac{1}{K_o} = \frac{d_o}{\alpha_i d_i} + R_i + \frac{b d_o}{\lambda d_m} + R_o + \frac{1}{\alpha_o} \tag{4-74}$$

污垢热阻不是固定不变的数值，随着换热器运行时间的延长，污垢热阻将增大，导致传热系数下降，因此，换热器应采取措施减缓结垢，并定期去垢。

4.7.3.3　关键热阻

由式(4-74) 可以看出，欲提高传热系数，需设法减小热阻。而传热过程中各层热阻的值并不相同，其中热阻最大的一层就是传热过程的关键热阻。只有设法降低关键热阻，才能较大地提高传热速率。

当管壁很薄且污垢热阻可忽略不计，式(4-74) 可简化为

$$\frac{1}{K}=\frac{1}{\alpha_i}+\frac{1}{\alpha_o}$$

此情况下，若管外为蒸汽冷凝给热 $\alpha_o=10^4\text{W}/(\text{m}^2\cdot\text{℃})$，管内为气体强制对流给热 $\alpha_i=30\text{W}/(\text{m}^2\cdot\text{℃})$，$\alpha_o\gg\alpha_i$，可算得 $K=29.9\text{W}/(\text{m}^2\cdot\text{℃})$，说明 K 值趋近并小于 α 小的值。若要提高 K 值，应提高给热系数较小一侧的 α。若两侧给热系数值相近，应同时提高两侧的给热系数值。

当污垢热阻为关键热阻时，只提高两侧流体的 α 对提高 K 值作用甚小，而应及时对换热器进行清洗除垢。

【例 4-11】 一单管程、单壳程列管换热器，采用 $\phi25\text{mm}\times2.5\text{mm}$ 的钢管。热空气在管内流动，冷却水在管外与空气呈逆流流动。已知空气侧与水侧给热系数分别为 60 $\text{W}/(\text{m}^2\cdot\text{℃})$ 和 $1500\text{W}/(\text{m}^2\cdot\text{℃})$，钢的热导率为 $45\text{W}/(\text{m}\cdot\text{℃})$。试求：① 传热系数 K；② 若将管内空气给热系数 α_i 提高一倍，其他条件不变，传热系数有何变化；③ 若将 α_o 提高一倍，其他条件不变，传热系数又有何变化。

解 ① 由式(4-73) 知

$$\frac{1}{K_o}=\frac{d_o}{\alpha_i d_i}+\frac{bd_o}{\lambda d_m}+\frac{1}{\alpha_o}=\frac{25}{60\times20}+\frac{2.5\times10^{-3}\times25}{45\times22.5}+\frac{1}{1500}$$

$$=0.0208+6.17\times10^{-5}+6.67\times10^{-4}$$

$$K_o=46.4\text{W}/(\text{m}^2\cdot\text{℃})$$

由以上计算可知管壁热阻很小，可忽略不计。

② 将 α_i 提高一倍，则

$$\frac{1}{K_o}=\frac{25}{2\times60\times20}+\frac{1}{1500}$$

$$K_o=90.2\ \text{W}/(\text{m}^2\cdot\text{℃})$$

传热系数提高了 94.4%。

③ 将 α_o 提高一倍，则

$$\frac{1}{K_o}=\frac{25}{60\times20}+\frac{1}{2\times1500}$$

$$K_o=47.2\ \text{W}/(\text{m}^2\cdot\text{℃})$$

传热系数提高了 1.7%。可见，气侧热阻远大于水侧热阻，提高空气侧给热系数 α_i 对提高 K 值效果较明显。

4.7.4 换热器的平均温度差

在以上讨论中，都是以换热器中某个截面上的参量对微小换热面积进行分析的。下面则立足于整台换热器来分析，并建立其传热速率方程。

令 $$Q=K_i A_i \Delta t_m=K_o A_o \Delta t_m \tag{4-75}$$

式中，Q 为换热器的热负荷，W；A_i 为换热器换热管内表面积，m^2；A_o 为换热器换热管外表面积，m^2；Δt_m 为换热器热、冷流体的平均温差，℃。

假设传热过程满足下列情况：①定态传热；②c_{ph}，c_{pc} 均为常量；③K 为常量；④不计热损失。

（1）恒温传热　以蒸发器为例，一侧为蒸汽冷凝，冷凝温度为 T，一侧为液体沸腾，沸腾温度为 t，$(T-t)$ 不随换热面的位置不同而变化，于是，$Q=KA(T-t)$，$\Delta t_m=T-t$。

（2）逆流或并流变温传热　冷、热两种流体平行而同向流动，称为并流。冷、热两种流体平行而反向流动，称为逆流。现以逆流为例推导 Δt_m 的计算式。

现任取 dl 段管长作分析，其相应的传热面积为 dA_i 或 dA_o，参看图 4-40（a）。基本式为

$$dQ=W_h c_{ph} dT \tag{a}$$

$$dQ=W_c c_{pc} dt \tag{b}$$

$$dQ=K_i(T-t)dA_i \tag{c}$$

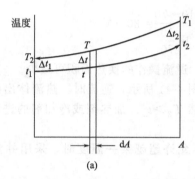 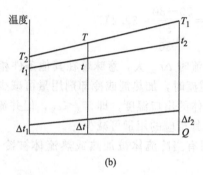

(a) (b)

图 4-40　Δt_m 的推导

由式（a）得 $\dfrac{dQ}{dT}=W_h c_{ph}=$ 常量，由式（b）得 $\dfrac{dQ}{dt}=W_c c_{pc}=$ 常量。则在图 4-40（b）中，T-Q，t-Q 皆呈直线关系，即

$$T=mQ+k, t=m'Q+k'$$

有 $\Delta t=T-t=(m-m')Q+(k-k')=\alpha Q+b$

即 Δt-Q 亦呈直线关系。

所以

$$\frac{d(\Delta t)}{dQ}=\frac{\Delta t_2-\Delta t_1}{Q} \tag{d}$$

将式（c）代入式（d），得

$$\frac{d(\Delta t)}{K_i \Delta t dA_i}=\frac{\Delta t_2-\Delta t_1}{Q}$$

积分

$$\frac{1}{K_i}\int_{\Delta t_1}^{\Delta t_2}\frac{d(\Delta t)}{\Delta t}=\frac{\Delta t_2-\Delta t_1}{Q}\int_0^{A_i}dA_i$$

即

$$\left.\begin{aligned} Q&=K_i A_i \frac{\Delta t_2-\Delta t_1}{\ln\dfrac{\Delta t_2}{\Delta t_1}}\\[2em] Q&=K_o A_o \frac{\Delta t_2-\Delta t_1}{\ln\dfrac{\Delta t_2}{\Delta t_1}} \end{aligned}\right\} \tag{4-76}$$

同理可得

式（4-76）与式（4-75）对比，可得

$$\Delta t_{\mathrm{m}} = \frac{\Delta t_2 - \Delta t_1}{\ln \dfrac{\Delta t_2}{\Delta t_1}} \tag{4-77}$$

式(4-77)表示换热器的平均温差是换热器两端温差的对数平均值。

应说明的是,式(4-77)虽由逆流换热条件导出,但同样适用于并流换热及两流体中一种流体恒温,另一种流体变温时的换热。

(3)逆流与并流传热的优缺点比较

① 逆流操作的平均温差大。例如,热流体 90℃→70℃,冷流体 20℃→60℃。

逆流:90℃——→70℃   并流:90℃——→70℃

60℃←——20℃   20℃——→60℃

$\Delta \overline{t_1} = 30℃ \qquad \Delta \overline{t_2} = 50℃ \qquad\qquad \Delta \overline{t_1} = 70℃ \qquad \Delta \overline{t_2} = 10℃$

$\Delta t_{\mathrm{m}} = \dfrac{50-30}{\ln \dfrac{50}{30}} = 39.2℃ \qquad\qquad \Delta t_{\mathrm{m}} = \dfrac{10-70}{\ln \dfrac{10}{70}} = 30.8℃$

可见,逆流时 Δt_{m} 大,意味着在其他条件相同时,逆流操作的换热面积可减少。

② 逆流时,加热剂或冷却剂用量可减少。如图 4-41 所示,逆流时,热流体出口温度可低于冷流体的出口温度,即 $T_2 < t_2$,但并流时必然 $T_2 > t_2$。加热剂或冷却剂的进出口温差大意味着其相应的用量可减少。

③ 只有当冷流体被加热或热流体被冷却而不允许超越某一温度时,采用并流才是可靠的。

(4)错流、折流时平均温差 冷、热流体垂直交叉流动称为错流。一种流体只沿一个方向流动,而另一流体反复改变流向,时而逆流,时而并流,称为折流,情况如图 4-42 所示。

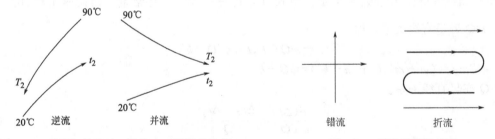

图 4-41 逆流与并流时,流体出口温度的比较   图 4-42 错流及折流示意

对于错流和折流的平均温差的计算,常采用鲍曼(Bowman)提出的算图法。该法是先按逆流计算对数平均温差 $\Delta t'_{\mathrm{m}}$,再乘以考虑流动型式的温差校正系数 $\Psi_{\Delta t}$,即

$$\Delta t_{\mathrm{m}} = \Psi_{\Delta t} \Delta t'_{\mathrm{m}} \tag{4-78}$$

温差校正系数 $\Psi_{\Delta t}$ 根据理论推导得出,$\Psi_{\Delta t}$ 值为 P 和 R 两个参数的函数。即

$$\Psi_{\Delta t} = f(P,R)$$

其中

$$\left. \begin{aligned} P &= \frac{t_2 - t_1}{T_1 - t_1} = \frac{\text{冷流体的温升}}{\text{两流体最初温差}} \\[2mm] R &= \frac{T_1 - T_2}{t_2 - t_1} = \frac{\text{热流体的温降}}{\text{冷流体的温升}} \end{aligned} \right\} \tag{4-79}$$

$\Psi_{\Delta t}$ 的值可根据换热器的型式,由图 4-43 查取。一般要求 $\Psi_{\Delta t}$ 值在 0.8 以上。

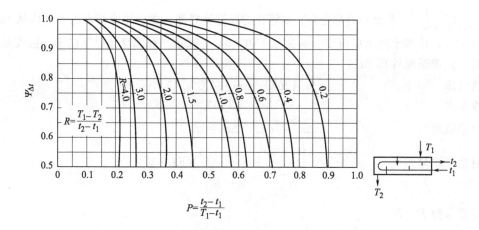

(a)单壳程,两管程或两管程以上

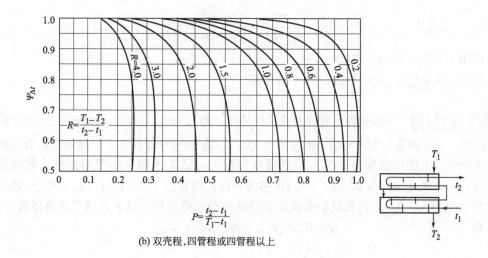

(b) 双壳程,四管程或四管程以上

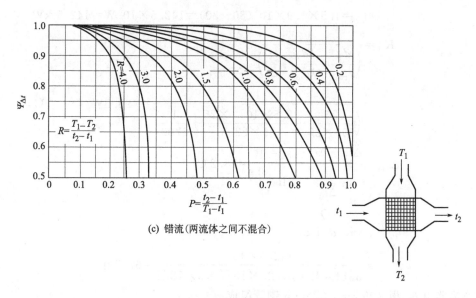

(c) 错流(两流体之间不混合)

图 4-43　几种流动形式的 Δt_m 修正系数 $\Psi_{\Delta t}$ 值

【例 4-12】 设计一台单壳程、双管程的列管换热器，要求用冷却水将热气体从 120℃冷却到 60℃，冷却水进出口温度分别为 20℃和 50℃，试求在此温度条件下的平均温度差。

解 先按逆流计算 $\Delta t'_m$

热气体   120℃ ——→ 60℃

冷却水   50℃ ←—— 20℃

两端温差 $\Delta t_1 = 70℃$ $\Delta t_2 = 40℃$

对数平均温差 $\Delta t'_m = \dfrac{\Delta t_2 - \Delta t_1}{\ln \dfrac{\Delta t_2}{\Delta t_1}} = \dfrac{40 - 70}{\ln \dfrac{40}{70}} = 53.6℃$

计算参数 P，R

$$P = \frac{t_2 - t_1}{T_1 - t_1} = \frac{50 - 20}{120 - 20} = 0.30$$

$$R = \frac{T_1 - T_2}{t_2 - t_1} = \frac{120 - 60}{50 - 20} = 2.0$$

由图 4-43(a) 查得 $\Psi_{\Delta t} = 0.88$

则 $\Delta t_m = \Psi_{\Delta t} \Delta t'_m = 0.88 \times 53.6 = 47.2℃$

【例 4-13】 一单壳程单管程列管式换热器，由长 3m，直径为 $\phi 25mm \times 2.5mm$ 的钢管束组成。苯在换热器管内流动，流量为 1.5kg/s，由 80℃冷却到 30℃。冷却水在管外和苯呈逆流流动。水进口温度为 20℃，出口温度为 50℃。已知水侧和苯侧的给热系数分别为 1700W/(m²·℃) 和 900W/(m²·℃)，苯的平均比热容为 1.9×10^3 J/(kg·℃)，钢的热导率为 45W/(m·℃)，污垢热阻和换热器的热损失忽略不计。试求该列管换热器管子数。

解 $Q = K_o A_o \Delta t_m = K_o n \pi d_o L \Delta t_m$

其中 $Q = W_h c_{ph} (T_1 - T_2)$

$$= 1.5 \times 1.9 \times 10^3 (80 - 30) = 142.5 \times 10^3 \text{W} = 142.5 \text{ kW}$$

$$K_o = \frac{1}{\left(\dfrac{d_o}{\alpha_i d_i} + \dfrac{b d_o}{\lambda d_m} + \dfrac{1}{\alpha_o} \right)}$$

$$= \frac{1}{\left(\dfrac{25}{900 \times 20} + \dfrac{2.5 \times 10^{-3} \times 25}{45 \times 22.5} + \dfrac{1}{1700} \right)} = 490.5 \text{W/(m}^2 \cdot ℃)$$

$$\Delta t_m = \frac{\Delta t_2 - \Delta t_1}{\ln \dfrac{\Delta t_2}{\Delta t_1}} = \frac{30 - 10}{\ln \dfrac{30}{10}} = 18.2℃$$

所以 $n = \dfrac{Q}{\pi K_o d_o L \Delta t_m}$

$$= \frac{142.5 \times 10^3}{3.14 \times 490.5 \times 25 \times 10^{-3} \times 3 \times 18.2} = 67.7 \text{ 根}$$

即该换热器由 68 根 $\phi 25mm \times 2.5mm$ 钢管组成。

【例 4-14】 某单壳程单管程列管换热器，壳程为水蒸气冷凝，蒸汽温度为 140℃，管程为空气，空气由 20℃ 被加热到 90℃，现将此换热器由单管程改为双管程，设空气流量、物性不变，空气在管内呈湍流，略去管壁及污垢热阻。试求空气出口温度 t_2'。

解 因水蒸气冷凝 $\alpha_o \gg$ 空气给热系数 α_i，且管壁及污垢热阻忽略不计，故 $K_i \approx \alpha_i$。

原工况

$$W_c c_{pc} (t_2 - t_1) = \alpha_i A_i \frac{(T - t_1) - (T - t_2)}{\ln \dfrac{T - t_1}{T - t_2}}$$

即

$$W_c c_{pc} \ln \frac{T - t_1}{T - t_2} = \alpha_i A_i \qquad\qquad ①$$

现工况

$$W_c c_{pc} \ln \frac{T - t_1}{T - t_2'} = \alpha_i' A_i \qquad\qquad ②$$

式②/式①得

$$\frac{\ln \dfrac{T - t_1}{T - t_2'}}{\ln \dfrac{T - t_1}{T - t_2}} = \frac{\alpha_i'}{\alpha_i} \qquad\qquad ③$$

因空气在管内作强制湍流流动，则

$$\frac{\alpha_i'}{\alpha_i} = \left(\frac{u'}{u}\right)^{0.8} = 2^{0.8}$$

将已知值代入式③，得

$$\frac{\ln \dfrac{140 - 20}{140 - t_2'}}{\ln \dfrac{140 - 20}{140 - 90}} = 2^{0.8}$$

解得

$$t_2' = 113.9℃$$

解此题时应注意到，当换热器内一侧流体为蒸汽冷凝且凝液在饱和温度下排出，则蒸汽侧为恒温。这时，若另一侧流体无相变，则两流体间相对流向无逆、并流或折流之分，且可整理得上述式①、式②的形式，使计算简化。

4.7.5 传热效率法

上面介绍了换热器的传热速率方程 $Q = \Psi_{\Delta t} K_i A_i \Delta t_m'$ 的推导过程。这种计算 Q 的方法称为"对数平均温度差法"，此外还有"传热效率法"。下面对传热效率法作简要介绍。

以下讨论只局限在冷、热流体均无相变，且作逆流或并流换热的情况。

4.7.5.1 基本方程组

由于换热器内不同部位传热通量的差异，所以应从对某局部建立有关传热的微分方程组着手，来分析换热器的传热速率问题。现根据逆流条件，对图 4-44 中的 dA 传热面建立基本方程组如下

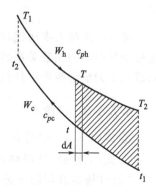

图 4-44 传热效率法参考

$$dQ = W_h c_{ph}(-dT) \tag{a}$$

$$dQ = K_i dA_i(T-t) \tag{b}$$

$$t = \frac{W_h c_{ph}(T-T_2)}{W_c c_{pc}} + t_1 \tag{c}$$

和对数平均温度差法的基本方程组不同的只是式(c)。这里以 $t = f(T)$ 的关系式代替 $dQ = W_c c_{pc}(-dt)$ 式。

4.7.5.2 传热效率法的积分式

把 (a)、(c) 两式代入式(b) 并沿整台换热器积分，可得

$$A_i = \frac{W_h c_{ph}}{K_i} \int_{T_2}^{T_1} \frac{dT}{T - \left(\frac{W_h c_{ph}}{W_c c_{pc}} T - \frac{W_h c_{ph}}{W_c c_{pc}} T_2 + t_1\right)}$$

当 $\dfrac{W_h c_{ph}}{W_c c_{pc}} \neq 1$，最后解得

$$\frac{A_i K_i}{W_h c_{ph}} = \frac{1}{1 - \dfrac{W_h c_{ph}}{W_c c_{pc}}} \ln \frac{1 - \left(\dfrac{W_h c_{ph}}{W_c c_{pc}}\right)\left(\dfrac{T_1 - T_2}{T_1 - t_1}\right)}{1 - \dfrac{T_1 - T_2}{T_1 - t_1}} \tag{4-80a}$$

式(4-80a) 中出现三个无量纲数群。现分别给每个无量纲数群确定名称及代表符号。

令 $\dfrac{A_i K_i}{W_h c_{ph}} = (NTU)_1$，$NTU$ 称为传热单元数 (the number of transfer units)，显然

$$(NTU)_1 = \frac{T_1 - T_2}{\Delta t_m}$$

令 $\dfrac{W_h c_{ph}}{W_c c_{pc}} = R_1$，$R_1$ 称为热容量流量比，$R_1 = \dfrac{t_2 - t_1}{T_1 - T_2}$；

令 $\dfrac{T_1 - T_2}{T_1 - t_1} = \varepsilon_1$，$\varepsilon_1$ 称为传热效率。

于是，式(4-80a) 可写成

$$(NTU)_1 = \frac{1}{1 - R_1} \ln \frac{1 - R_1 \varepsilon_1}{1 - \varepsilon_1} \tag{4-80b}$$

或

$$\varepsilon_1 = \frac{1 - \exp[NTU_1(1 - R_1)]}{R_1 - \exp[NTU_1(1 - R_1)]} \tag{4-80c}$$

可见，传热效率法把与整台换热器传热有关的参量组合成 3 个无量纲数群，并以这三个无量纲数群间的函数关系表达各参量间变化规律，即 $f(NTU_1, R_1, \varepsilon_1) = 0$。于是，只要知道三个无量纲数群中任两个的值，就能按公式算得余下的无量纲数群的值。

4.7.5.3 讨论

① 式(4-80a) 中的 $K_i A_i$ 可为 $K_i A_i$ 或 $K_o A_o$。

② 式(4-80a) 是以热流体温度 T 为自变量积分求得的，各无量纲数群的下标皆为"1"。如对基本方程组作适当改变，积分时改用冷流体温度 t 为自变量，亦可得到与式(4-80) 类似的关联式，这时出现的无量纲数群，可用带下标"2"的 NTU_2、R_2、ε_2 表示。详见表 4-10。

表 4-10　流体无相变的传热效率法计算式

定义式	$R_1 = \dfrac{W_h c_{ph}}{W_c c_{pc}}$ $(NTU)_1 = \dfrac{K_i A_i}{W_h c_{ph}} \quad \varepsilon_1 = \dfrac{T_1 - T_2}{T_1 - t_1}$	$R_2 = \dfrac{W_c c_{pc}}{W_h c_{ph}}$ $(NTU)_2 = \dfrac{K_i A_i}{W_c c_{pc}} \quad \varepsilon_2 = \dfrac{t_2 - t_1}{T_1 - t_1}$
逆流	$\varepsilon_1 = \dfrac{1 - \exp[NTU_1(1 - R_1)]}{R_1 - \exp[NTU_1(1 - R_1)]}, (R_1 \neq 1)$	$\varepsilon_2 = \dfrac{1 - \exp[NTU_2(1 - R_2)]}{R_2 - \exp[NTU_2(1 - R_2)]}, (R_2 \neq 1)$
并流	$\varepsilon_1 = \dfrac{1 - \exp[-NTU_1(1 + R_1)]}{1 + R_1}$	$\varepsilon_2 = \dfrac{1 - \exp[-NTU_2(1 + R_2)]}{1 + R_2}$

③ 逆流时，当 $W_h c_{ph} < W_c c_{pc}$，则 $(T_1 - T_2) > (t_2 - t_1)$。这时，热流体出口温度下降的极限温度是冷流体进口温度 t_1。于是，热流体实际的温降程度与最大温降极限之比便表示热效率，即 $\varepsilon_1 = \dfrac{T_1 - T_2}{T_1 - t_1}$。同样，逆流时若 $W_h c_{ph} > W_c c_{pc}$，冷流体实际温升与最大温升极限之比表示热效率，即 $\varepsilon_2 = \dfrac{t_2 - t_1}{T_1 - t_1}$。这是最初引入热效率概念时的基本观点，按此观点，在传热效率法中 ε_1 与 ε_2 不会同时出现。但目前已把 $\varepsilon_1 = \dfrac{T_1 - T_2}{T_1 - t_1}$ 及 $\varepsilon_2 = \dfrac{t_2 - t_1}{T_1 - t_1}$ 作为定义式，即使在并流时这些定义式仍适用，仍称 ε 为传热效率。

④ 表示 $\varepsilon = f(NTU, R)$ 的关系，除解析式外，还可采用图线。对于流体无相变的逆流或并流情况，解析式较简单，查图读数不易读准，故通常用解析式计算。当把传热效率法应用于折流、错流及一侧流体有相变的其他情况时，传热学工作者已分别导出了其解析式，并制成图线供查用。图 4-45～图 4-47 即为单程逆流、并流和折流的 $\varepsilon = f(NTU, R)$ 图。

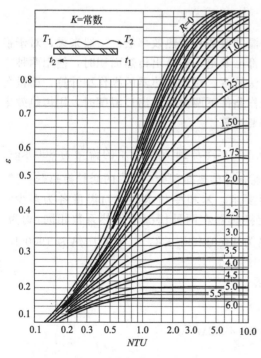

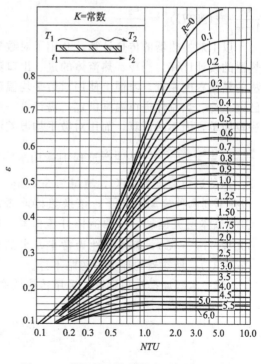

图 4-45　单程逆流换热器中 ε 与 NTU 关系　　　图 4-46　单程并流换热器中 ε 与 NTU 关系

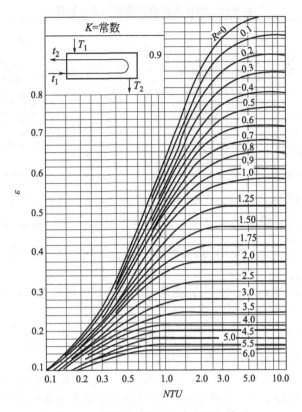

图 4-47 折流换热器中 ε 与 NTU 关系

⑤ 当流体无相变逆流时，若 $W_h c_{ph} = W_c c_{pc}$，式（4-80）不能用，这时，$(NTU)_1 = \dfrac{\varepsilon_1}{1-\varepsilon_1}$ 或 $(NTU)_2 = \dfrac{\varepsilon_2}{1-\varepsilon_2}$。

以上对换热器的传热计算，介绍了对数平均温度差法和传热效率法。一般来说，对于换热器的设计计算，当冷、热流体的进、出口温度都已确定，需算出传热面积时，使用两种方法的繁简程度相近，习惯上使用对数平均温度差法较多。对于换热器的操作型计算，即设备已定，冷、热流体进口温度已定，需计算一定操作条件下两流体的出口温度时，用传热效率法较简单，因不必试算，而用对数平均温差法需要试算。

【例 4-15】 某生产过程中需用水将苯从 100℃冷却到 70℃，苯的流量为 8000kg/h。水的进口温度为 20℃，流量为 3000kg/h。现有一传热面积为 10m² 的套管换热器，试问在下列两种流动型式下，该换热器能否满足要求，苯和冷却水的出口温度各为多少？①两流体逆流流动。②两流体并流流动。假定换热器在两种情况下传热系数相同，均为 300W/(m²·℃)，流体物性为常量，水的比热为 4180J/(kg·℃)，苯的比热为 1900 J/(kg·℃)。换热器的热损失忽略不计。

解 本题属操作型计算，采用传热效率法解。

（1）逆流

$$W_h c_{ph} = \frac{8000}{3600} \times 1900 = 4222 \text{W/℃}$$

$$W_c c_{pc} = \frac{3000}{3600} \times 4180 = 3483 \text{W/}℃$$

$$R_2 = \frac{W_c c_{pc}}{W_h c_{ph}} = \frac{3483}{4222} = 0.825 \neq 1$$

$$NTU_2 = \frac{KA}{W_c c_{pc}} = \frac{300 \times 10}{3483} = 0.861$$

所以　　$$\varepsilon_2 = \frac{1 - \exp[NTU_2(1-R_2)]}{R_2 - \exp[NTU_2(1-R_2)]} = \frac{1 - \exp[0.861(1-0.825)]}{0.825 - \exp[0.861(1-0.825)]} = 0.482$$

由于　　$$\varepsilon_2 = \frac{t_2 - t_1}{T_1 - t_1}$$

即　　$$0.482 = \frac{t_2 - 20}{100 - 20}, \text{解得 } t_2 = 58.5℃$$

又　　$$W_h c_{ph}(T_1 - T_2) = W_c c_{pc}(t_2 - t_1)$$

即　　$$4222(100 - T_2) = 3483 \times (58.5 - 20), \text{得 } T_2 = 68.2℃$$

由计算结果知，该换热器采用逆流操作，可满足把苯降温至70℃的要求。

(2) 并流

R_2 及 NTU_2 的值与逆流时的相同。

$$\varepsilon_2 = \frac{1 - \exp[-NTU_2(1+R_2)]}{1 + R_2} = \frac{1 - \exp[-0.861(1+0.825)]}{1 + 0.825} = 0.434$$

$$\varepsilon_2 = \frac{t_2 - t_1}{T_1 - t_1} = 0.434 = \frac{t_2 - 20}{100 - 20}, \text{解得 } t_2 = 54.7℃$$

$$4222(100 - T_2) = 3483 \times (54.7 - 20), \text{解得 } T_2 = 71.4℃$$

可见，该换热器采用并流操作时不能把苯降温至70℃。

【例 4-16】　某套管换热器，两流体逆流，管长为 l，管内热流体温度由 280℃冷却到 160℃，管外冷流体温度由 20℃升高到 80℃，现将套管的长度增加 20%，设两流体流量、进口温度、流体物性不变，试分别用对数平均温差法和传热效率法求冷流体的出口温度。

解　(1) 对数平均温差法

原工况　　$$Q = W_h c_{ph}(280 - 160) = W_c c_{pc}(80 - 20) = KA\Delta t_m \qquad ①$$

$$\Delta t_m = \frac{\Delta t_2 - \Delta t_1}{\ln \dfrac{\Delta t_2}{\Delta t_1}} = \frac{200 - 140}{\ln \dfrac{200}{140}} = 168.2℃$$

现工况　　$$Q' = W_h c_{ph}(280 - T_2') = W_c c_{pc}(t_2' - 20) = K \times 1.2A\Delta t_m' \qquad ②$$

由式①、式②得　$$\begin{cases} \dfrac{W_h c_{ph}}{W_c c_{pc}} = \dfrac{80 - 20}{280 - 160} = \dfrac{t_2' - 20}{280 - T_2'} \\[3mm] \dfrac{Q'}{Q} = \dfrac{\dfrac{1.2 \times [(280 - t_2') - (T_2' - 20)]}{\ln \dfrac{280 - t_2'}{T_2' - 20}}}{168.2} \end{cases}$$

经试算得冷流体出口温度 t'_2 为 87.12℃

（2）ε-NTU 法

原工况
$$R_2 = \frac{W_c c_{pc}}{W_h c_{ph}} = \frac{T_1 - T_2}{t_2 - t_1} = \frac{280 - 160}{80 - 20} = 2$$

$$(NTU)_2 = \frac{KA}{W_c c_{pc}} = \frac{t_2 - t_1}{\Delta t_m} = \frac{80 - 20}{168.2} = 0.357$$

现工况
$$R'_2 = \frac{W_c c_{pc}}{W_h c_{ph}} = R_2 = 2$$

$$(NTU)'_2 = \frac{KA'}{W_c c_{pc}} = 1.2(NTU)_2 = 1.2 \times 0.357 = 0.428$$

由于
$$\varepsilon'_2 = \frac{t'_2 - t_1}{T_1 - t_1} = \frac{1 - \exp[(NTU)'_2(1 - R'_2)]}{R'_2 - \exp[(NTU)'_2(1 - R'_2)]}$$

即
$$\frac{t'_2 - 20}{280 - 20} = \frac{1 - \exp[0.428 \times (1 - 2)]}{2 - \exp[0.482 \times (1 - 2)]}$$

解得　冷流体出口温度 t'_2 为 87.15℃。

由此例可见，对于操作型传热计算，传热效率法比对数平均温差法简便些。

4.8　换热器

换热器种类很多，其中以间壁式换热器应用最为普遍，以下讨论仅限于此类换热器。

4.8.1　间壁式换热器

间壁式换热器按传热壁面特点可分为管式、板式和板翅式 3 种类型，分述如下。

4.8.1.1　管式换热器

（1）沉浸式换热器　这种换热器多以金属管弯成与容器相适应的形状（因多为蛇形，故又称蛇管），并沉浸在容器中。两种流体分别在蛇管内、外流动并进行热交换。几种常用的蛇管形式如图 4-48 和图 4-49 所示。

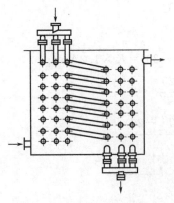

图 4-48　沉浸式蛇管换热器

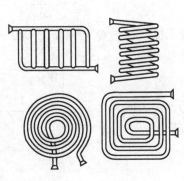

图 4-49　蛇形管

沉浸式换热器的优点是结构简单，价格低廉，能承受高压，可用耐腐蚀材料制造。其缺点是蛇管外流体湍流程度低，给热系数小。欲提高管外流体的给热系数，可在容器内安装机械搅拌器或鼓泡搅拌器。

（2）喷淋式换热器　喷淋式换热器的结构与操作如图 4-50 所示。这种换热器多用作冷却器。热流体在管内自下而上流动，冷水由最上面的淋水管流出，均匀地分布在蛇管上，并沿其表面呈膜状自上而下流下，最后流入水槽排出。喷淋式换热器常置于室外空气流通处。冷却水在空气中汽化亦可带走部分热量，增强冷却效果。其优点是便于检修，传热效果较好。缺点是喷淋不易均匀。

（3）套管式换热器　套管式换热器的基本部件由直径不同的直管按同轴线相套组合而成。内管用 180° 的回弯管连接，外管亦需连接，结构如图 4-51 所示。每一段套管为一程，每程有效长度为 4～6m。若管子太长，管中间会向下弯曲，使环隙中的流体分布不均匀。

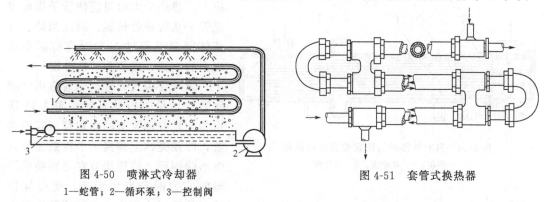

图 4-50　喷淋式冷却器
1—蛇管；2—循环泵；3—控制阀

图 4-51　套管式换热器

套管换热器的优点是构造简单，内管能耐高压，传热面积可根据需要增减，适当选择两管的管径，两流体皆可获得适宜的流速，且两流体可作严格逆流。其缺点是管间接头较多，接头处易泄漏，单位换热器体积具有的传热面积较小。故适用于流量不大、传热面积要求不大但压强要求较高的场合。

（4）列管式换热器　列管式（又称管壳式）换热器是目前化工生产中应用最广泛的换热设备，其用量约占全部换热设备的 90%。与前述几种换热器相比，它的突出优点是单位体积具有的传热面积大，结构紧凑、坚固、传热效果好，而且能用多种材料制造，适用性较强，操作弹性大。在高温、高压和大型装置中多采用列管式换热器。

列管换热器有多种型式。

① 固定管板式　结构如图 4-52 所示。管子两端与管板的连接方式可用焊接法或胀接法。壳体则同管板焊接。从而管束、管板与壳体成为一个不可拆的整体。这就是固定管板式名称的由来。

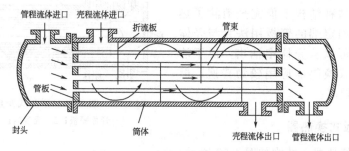

图 4-52　固定管板式列管换热器

折流板主要有圆缺形与盘环形两种，其结构如图 4-53 所示。

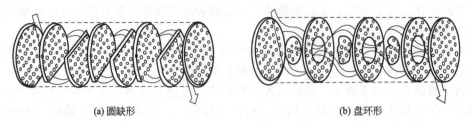

(a) 圆缺形　　　　　　　　　(b) 盘环形

图 4-53　折流板

操作时，管壁温度是由管程与壳程流体共同控制的，而壳壁温度只与壳程流体有关，与管程流体无关。管壁与壳壁温度不同，二者线膨胀度不同，又因整体是固定结构，必产生热应力。热应力大时可能使管子压弯或把管子从管板处拉脱。所以当热、冷流体间温差超过 50℃ 时应有减小热应力的措施，这称为"热补偿"。

固定管板式列管换热器常用"膨胀节"结构进行热补偿。图 4-54 所示的为具有膨胀节的固定管板式换热器，即在壳体上焊接一个横断面带圆弧形的钢环。该膨胀节在受到换热器轴向应力时会发生形变，使壳体伸缩，从而减小热应力。但这种补偿方式仍不适用于热、冷流体温差较大（大于 70℃）的场合，且因膨胀节是承压薄弱处，壳程流体压强不宜超过 6at。

为更好地解决热应力问题，在固定管板式的基础上，又发展了 U 形管式及浮头式列管换热器。

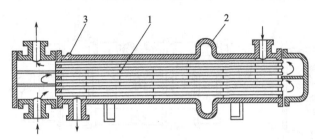

图 4-54　具有补偿圈的固定管板式换热器

1—挡板；2—补偿圈；3—放气嘴

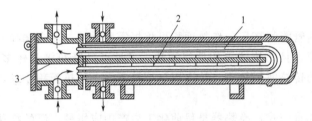

图 4-55　U 形管换热器

1—U 形管；2—壳程隔板；3—管程隔板

② U 形换热器　如图 4-55 所示，U 形管式换热器每根管子都弯成 U 形，管子的进出口均安装在同一管板上。封头内用隔板分成两室。这样，管子可以自由伸缩，与壳体无关。这种换热器结构适用于高温和高压场合，其主要不足之处是管内清洗不易，制造困难。

③ 浮头式换热器　结构如图 4-56 所示。其特点是有一端管板不与外壳相连，可以沿轴向自由伸缩。这种结构不但完全消除了热应力，而且由于固定端的管板用法兰与壳体连接，整个管束可以从壳体中抽出，便于清洗和检修。浮头式换热器应用较为普遍，但结构复杂，造价较高。

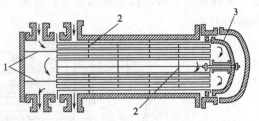

图 4-56　浮头式换热器

1—管程隔板；2—壳程隔板；3—浮头

4.8.1.2　板式换热器

（1）夹套式换热器　结构如图 4-57 所示，

夹套空间是加热介质或冷却介质的通路,这种换热器主要用于反应过程的加热或冷却。当用蒸汽进行加热时,蒸汽由上部接管进入夹套,冷凝水由下部接管流出。作为冷却器时,冷却介质(如冷却水)由夹套下部接管进入,由上部接管流出。夹套式换热器结构简单,但由于其加热面受容器壁面限制,传热面较小,且传热系数不高。

(2)螺旋板式换热器 结构如图 4-58 所示。螺旋板式换热器是由两块薄金属板分别焊接在一块分隔板的两端并卷成螺旋体而构成的,两块薄金属板在器内形成两条螺旋形通道。螺旋体两侧面均焊死或用封头密封。冷、热流体分别进入两条通道,在器内作严格逆流,并通过薄板进行换热。

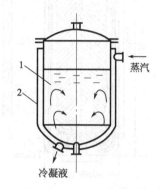

图 4-57 夹套式换热器
1—容器;2—夹套

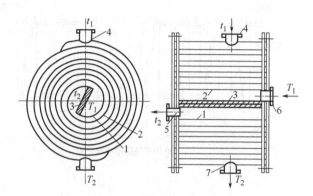

图 4-58 螺旋板式换热器
1,2—金属片;3—隔板;4,5—冷流体连接管;
6,7—热流体连接管

螺旋板式换热器的直径一般在 1.6m 以内,板宽 200~1200mm,板厚 2~4mm。两板间的距离由预先焊在板上的定距撑控制,相邻板间的距离为 5~25mm。常用材料为碳钢和不锈钢。

螺旋板式换热器的优点如下。

① 传热系数高 螺旋流道中的流体由于离心惯性力的作用,在较低雷诺数下即可达到湍流(一般在 $Re=1400~1800$ 时即为湍流),并且允许采用较高流速(液体 2m/s,气体 20m/s),所以传热系数较大。如水与水之间的换热,其传热系数可达 2000~3000W/(m² · ℃),而列管式换热器一般为 1000~2000W/(m² · ℃)。

② 不易结垢和堵塞 由于对每种流体流动都是单通道,流体的速度较高,又有离心惯性力的作用,湍流程度高,流体中悬浮的颗粒不易沉积,故螺旋板换热器不易结垢和堵塞,宜处理悬浮液及黏度较大的流体。

③ 能利用低温热源 由于流体流动的流道长和两流体可完全逆流,故可在较小的温差下操作,充分回收低温热源。据有关资料介绍,热流体出口端热、冷流体温差可小至 3℃。

④ 结构紧凑 单位体积的传热面积约为列管式的 3 倍。

螺旋板式换热器的主要缺点如下。

① 操作压强和温度不宜太高 目前最高操作压强不超过 2MPa(20atm),温度在 400℃以下。

② 不易检修 因常用的螺旋板换热器被焊成一体,一旦损坏,修理很困难。

(3)平板式换热器 平板式换热器(通常称为板式换热器)主要由一组冲压出一定凹凸波纹的长方形薄金属板平行排列,以密封及夹紧装置组装于支架上构成。两相邻板片的边缘衬有垫片,压紧后可以达到对外密封的目的。操作时要求板间通道冷、热流体相间流动,即一个通道走热流体,其两侧紧邻的流道走冷流体。为此,每块板的 4 个角上各开一个圆孔。

通过圆孔外设置或不设置圆环形垫片可使每个板间通道只同两个孔相连。板式换热器的组装流程如图 4-59(a) 所示。由图可见，引入的流体可并联流入一组板间通道，而组与组间又为串联机构。换热板的结构如图 4-59(b) 所示，板上的凹凸波纹可增大流体的湍流程度，亦可增加板的刚性。波纹的形式有多种，图 4-59(b) 中所示的是人字形波纹板。

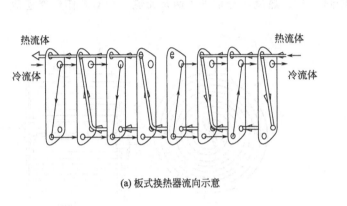

(a) 板式换热器流向示意

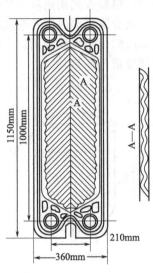

(b) 板式换热器板片

图 4-59 板式换热器

板式换热器的优点如下。

① 传热系数高 因板面上有波纹，在低雷诺数（$Re=200$ 左右）下即可达到湍流，而且板片厚度又小，故传热系数大。热水与冷水间换热的传热系数可达 1500～4700W/(m^2 • ℃)。

② 结构紧凑 一般板间距为 4～6mm，单位体积设备可提供的传热面积为 250～1000 m^2/m^3（列管换热器只有 40～150m^2/m^3）。

③ 具有可拆结构 可根据需要，用调节板片数目的方法增减传热面积，故检修、清洗都比较方便。

板式换热器的主要缺点如下。

① 操作压强和温度不能太高 压强过高容易泄漏，操作压强不宜超过 20atm。操作温度受垫片材料耐热性能限制，一般不超过 250℃。

② 处理量小 因板间距离仅几毫米，流速又不大，故处理量较小。

4.8.1.3 翅片式换热器

(1) 翅片管换热器 翅片管换热器是在管的表面加装翅片制成。常用的翅片有横向和纵向两类，图 4-60 所示的是工业上广泛应用的几种翅片形式。

翅片与管表面的连接应紧密，否则连接处的接触热阻很大，影响传热效果。常用的连接方法有热套、镶嵌、张力缠绕和焊接等方法。此外，翅片管也可采用整体轧制、整体铸造或机械加工等方法制造。

(2) 板翅式换热器 板翅式换热器是一种更为高效、紧凑、轻巧的换热器，应用甚广。板翅式换热器的结构形式很多，但其基本结构元件相同，即在两块平行的薄金属板之间，夹入波纹状或其他形状的金属翅片，并将两侧面封死，即构成一个换热基本单元。将各基本元

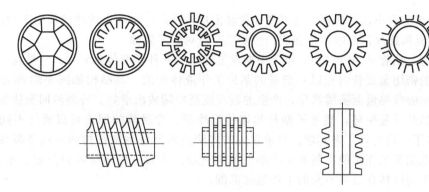

图 4-60　常见的几种翅片形式

件进行不同的叠积和适当的排列，并用钎焊固定，即可制成并流、逆流或错流的板束（或称芯部）。其结构如图 4-61 所示。将带有流体进、出口接管的集流箱焊在板束上，就成为板翅式换热器。我国目前常用的翅片型式有光直型、锯齿形和多孔形翅片 3 种，如图 4-62 所示。

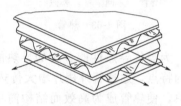

图 4-61　板翅式换热器的板束

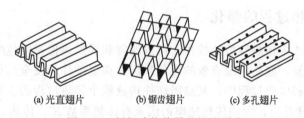

(a) 光直翅片　　　(b) 锯齿翅片　　　(c) 多孔翅片

图 4-62　板翅式换热器的翅片形式

板翅式换热器的优点如下。

① 传热系数高、传热效果好　因翅片在不同程度上促进了湍流并破坏了传热边界层的发展，故传热系数高。空气强制对流给热系数为 $35\sim350W/(m^2 \cdot ℃)$，油类强制对流时给热系数为 $115\sim1750W/(m^2 \cdot ℃)$。冷、热流体间换热不仅以平隔板为传热面，而且大部分通过翅片传热（二次传热面），因此提高了传热效果。

② 结构紧凑　单位体积设备提供的传热面积一般能达到 $2500\sim4300m^2/m^3$。

③ 轻巧牢固　通常用铝合金制造，板质量轻。在相同的传热面积下，其质量约为列管式换热器的 $\frac{1}{10}$。波形翅片不单是传热面，亦是两板间的支撑，故其强度很高。

④ 适应性强、操作范围广　因铝合金的热导率高，且在 0℃ 以下操作时，其延伸性和抗拉强度都较高，适用于低温及超低温的场合，故操作范围广。此外，既可用于两种流体的热交换，还可用于多种不同介质在同一设备内的换热，故适应性强。

板翅式换热器的缺点如下。

① 设备流道很小，易堵塞，且清洗和检修困难，所以，物料应洁净或预先净制。

② 因隔板和翅片都由薄铝片制成，故要求介质对铝不腐蚀。

（3）热管 热管是 20 世纪 60 年代中期发展起来的一种新型传热元件。它是在一根抽除不凝性气体的密闭金属管内充以一定量的某种工作液体构成，其结构如图 4-63 所示。工作液体因在热端吸收热量而沸腾汽化，产生的蒸汽流至冷端放出潜热。冷凝液回至热端，再次沸腾汽化。如此反复循环，热量不断从热端传至冷端。冷凝液的回流可以通过不同的方法（如毛细管作用、重力等）来实现。目前常用的方法是将具有毛细结构的吸液芯装在管的内壁上，利用毛细管的作用使冷凝液由冷端回流至热端。热管工作液体可以是氨、水、丙酮、汞等。采用不同液体介质有不同的工作温度范围。

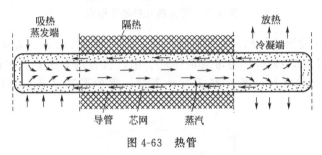

图 4-63　热管

热管传导热量的能力很强，为最优导热性能金属的导热能力的 $10^3 \sim 10^4$ 倍。因充分利用了沸腾及冷凝时给热系数大的特点，通过管外翅片增大传热面，且巧妙地把管内、外流体间的传热转变为两侧管外的传热，使热管成为高效而结构简单、投资少的传热设备。目前，热管换热器已被广泛应用于烟道气废热的回收过程，并取得了很好的节能效果。

4.8.2　换热器传热过程的强化

传热强化是一种改善传热性能的技术，可以改善和提高热传递的速率，达到用最经济的设备来传递一定的热量，或是用最有效的冷却来保护高温部件的安全运行。对流换热普遍地存在于许多换热设备和生产过程中，其热阻往往构成整个传热过程的主要部分。从传热速率方程 $Q = K A \Delta t_m$ 不难看出，影响传热速率的因素有传热系数 K、传热面积 A 及平均温度差 Δt_m。以下从这三个方面进行分析：

（1）增大传热面积 A 增加单位体积内的换热面积实现强化传热是目前研究最多、最有效的强化传热方式。如采用肋片管、螺旋管、横纹管、缩放管、翅片管、板肋式传热面、多孔介质结构等，不仅增加了单位体积内的换热面积，还改善了流体的流动状态。通过改变换热器结构来增加换热面积或提高传热系数是强化传热的核心，在不同流动状态下，要根据实际需要综合考虑各种因素，选用合适的换热器结构，达到强化传热的目的。

（2）增大传热平均温度差 Δt_m 增大平均传热温差的方法有两种。第一种方法是在工艺条件允许情况下，提高热流体的进口温度或降低冷流体的进口温度，以增大冷、热流体进出口温差；第二种方法可通过改变换热面的布置方式来改变温差以实现强化传热的目的。当换热器中冷、热流体均无相变时，应尽可能在结构上采用逆流或接近于逆流的流动排布形式以增大平均传热温差。也可以增加换热器的壳程数增加平均温差。不过不能一味追求传热温差的增加，需兼顾整个系统能量的合理利用，在增加传热温差时应综合考虑技术可行性和经济合理性。

（3）增大传热系数 K 在实际的工程中，换热面积和平均传热温差往往受到限制，不能作太大改变，在给定的换热面积和平均传热温差的条件下，只能通过提高总传热系数来强化传热。根据总传热系数 K 的表达式，整个传热过程热阻是由对流给热热阻、壁面导热热阻和污垢热阻构成，由于各项热阻所占比例不同，应该设法减小其中的关键热阻。

在换热设备中，金属壁面一般较薄且热导率高，故其热阻一般不会成为关键热阻。污垢热阻是一个可变因素。换热器刚使用时污垢热阻很小，不可能成为关键热阻。随着使用时间增加，污垢热阻逐渐加大，有可能成为关键热阻，这时应考虑清除污垢。因此，在通常情况下，对流热阻是阻碍传热的主要因素，壁面导热热阻为次要因素，污垢热阻为可变因素，随着时间的增加，污垢热阻会从非主要因素转化为阻碍传热的主要因素。需要根据实际应用分析最大热阻，采取相应的措施，减小热阻，强化传热。强制对流传热是最常用的传热强化方法，下面重点进行讲述。

传热介质的物理性质与采用何种传热强化方法是密切相关的。高黏度流体在流道中常常呈现层流流动，流体和传热壁面间的温差发生在整个流动截面上，因此对层流换热所采取的强化措施必须使流体产生强烈的径向运动以加强整个流体的混合。例如采用旋流流动、翅化表面以增加换热面积、机械振动等方法。黏性不高的流体很容易形成湍流流动。在湍流流动中，流动阻力和热阻主要存在于贴壁的流体层流底层。因此，对湍流流动的主要传热强化是：①提高流速，增强流体湍动程度以减小层流底层的厚度；②增加对边界层的扰动，减薄层流边界层的厚度，最适合的方法是采用壁面扰流元件，增加壁面粗糙度。对于气体，由于气体的密度和热导率均很低，即使湍流换热其传热膜系数也不高，因此，对气体的传热强化方法往往是增加传热面积，如增加翅片等。

应予指出，强化传热要全面考虑，不能顾此失彼。例如，在提高流速，增强流体扰动程度的同时，必然伴随着流动阻力的增加。因此，在采取具体强化措施时，应对设备结构、制造费用、动力消耗、检修操作等全面衡量，以提高换热器的综合性能，实现换热器设备节能。评价传热强化效果的方法，通常是在输送功耗相等的条件下，比较传热系数的大小。

4.8.3　列管式换热器设计与选型原则

（1）流体通道的选择　流体通道的选择有以下几个原则可供参考。

① 易结垢和不清洁的流体走管内，以便于机械清洗（U 形管束除外）。

② 腐蚀性流体走管内，以节省耐腐蚀材料用量。

③ 毒性物料走管内，以减少泄漏机会。

④ 高压流体走管内，以减小外壳厚度。

⑤ 高温且要求特殊材料的流体走管内，以节省材料。

⑥ 高黏度流体走壳程，以易于形成湍流，扰动程度大，提高给热系数。

⑦ 若两流体温差较大，应选给热系数大的流体走壳程，以减小管壁与壳体的温差，减小热应力。若两流体温差不大，而给热系数相差很大，则应选给热系数大的流体走管程，因在管外加翅片比较方便。

⑧ 饱和蒸汽走壳程，以便于及时排除冷凝液。被冷却的流体走壳程，利于散热，增强冷却效果。

（2）流体流速的选择　若增大流速，不仅给热系数增大，同时也可减少污垢在管子表面沉积的可能性，从而可提高总传热系数，减小传热面积，降低设备投资费用。但流速增大后，动力消耗增加，操作费用增大。常用的流速范围如表 4-11～表 4-13 所列。

表 4-11 列管式换热器中常用的流速范围

流体的种类		一般液体	易结垢液体	气体
流速/(m/s)	管程	0.5～3.0	>1	5～30
	壳程	0.2～1.5	>0.5	9～15

表 4-12 列管式换热器中不同黏度液体的常用流速

液体黏度/mPa·s	>1500	1500～500	500～100	100～35	35～1	<1
最大流速/(m/s)	0.6	0.75	1.1	1.5	1.8	2.4

表 4-13 列管式换热器中易燃、易爆液体的安全允许速度

液体名称	乙醚、二硫化碳、苯	甲醇、乙醇、汽油	丙　酮
安全允许速度/(m/s)	<1	<2～3	<10

(3) 冷却介质或加热介质终温的选择　在换热器中进行换热的冷、热介质，其进口温度常为已知，而出口温度则须由设计者确定。如用冷却水冷却某流体，水的进口温度可根据当地气候条件做出估计，而冷却水的出口温度则应根据技术经济指标权衡比较后决定。为了节省用水，可令水的出口温度高一些，以节省动力消耗，但这样会使传热温差减小、换热面积增大。若水的出口温度取低些，情况则相反。通常根据经验，冷却水的温升可取为 5～10℃。缺水地区可选用较大温升，水源丰富地区可选用较小温升。因此，冷却水的出口温度必然有个最经济的数值，在这个温度下得出的冷却器设备费和冷却水费的总费用为最小。此外，还应考虑到温度对污垢的影响，比如未经处理的河水作为冷却剂时，其出口温度一般不得超过 50℃，否则污垢明显增多，会大大增加传热阻力。

(4) 管子规格和排列方式　小直径管的单位体积换热器传热面积大，因此，在结垢不很严重及压降允许的情况下，管径可取小些；反之则应取大管径。我国目前试行的列管换热器系列标准中只采用 $\phi25mm\times2.5mm$ 和 $\phi19mm\times2mm$ 两种规格的管子。

管长的选择是以清洗方便和合理使用管材为原则。在系列标准中管长有 1.5m、2m、3m 和 6m 4 种，其中以 3m 和 6m 应用的最为普遍。列管换热器长径之比在 4～25 之间，但以 6～10 最为常见。细长换热器的投资较小。竖直放置时，应考虑其稳定性，长径之比以 4～6 为宜。

管子的排列方式有正三角形排列、正方形直列和正方形错列 3 种，如图 4-64 所示。正三角形排列比较紧凑，管外流体湍动程度高，给热系数大，应用最广。正方形直列管子排列便于管外清洗，但给热系数较正三角形排列时低。正方形错列的情况则介于正三角形排列和正方形直列之间。

相邻两管的管中心距离 x 和管子与管板的连接方法有关。通常，胀管法 $x=(1.3\sim1.5)d_o$，且相邻两管外壁间距不应小于 6mm。焊接法取 $x=1.25d_o$。

(5) 分程　为提高管程流体的流速以增大其给热系数，可采用多管程。同理，为提高壳程流体的流速，亦可采用多壳程。但流体分程的温差校正系数 $\Psi_{\Delta t}$ 以不小于 0.8 为宜。

多壳程换热器纵向隔板制造和检修困难，所以一般采用两个（或多个）换热器串联使用，如图 4-65 所示。

(6) 折流板　弓形折流板由于能引导流体按近于垂直方向流过管束，有利于传热，故应用的比盘环形折流板广泛。

弓形折流板的切口高度与直径之比，无相变时一般为 20%～25%，对冷凝或蒸发可达 45%。折流板之间的距离一般为壳径的 0.2～1 倍。我国系列标准中采用的板间距为：固定

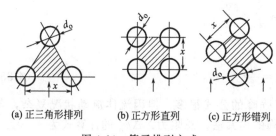

图 4-64 管子排列方式

(a) 正三角形排列　(b) 正方形直列　(c) 正方形错列

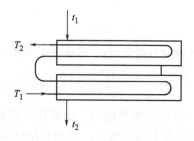

图 4-65 串联列管式换热器示意

管板式有 150mm、300mm 和 600mm 3 种；浮头式有 150mm、200mm、300mm、480mm 和 600mm 5 种。

（7）外壳直径的确定　初步设计中壳体内径可按式(4-81) 计算

$$D=x(n_c-1)+2b' \tag{4-81}$$

式中，D 为壳体内径，m；b' 为管束中心线上最外层管的中心至壳体内壁的距离，一般 $b'=(1\sim1.5)d_o$，m；n_c 为位于管束中心线上的管数，管子按正三角形排列时 $n_c=1.1\sqrt{n}$；管子按正方形排列时 $n_c=1.19\sqrt{n}$（n 为换热器的总管数）。

最后，可根据 D 值选取一个相近尺寸的标准壳体内径，壳体标准尺寸示于表 4-14 中。

表 4-14　壳体标准尺寸

壳体外径/mm	325	400	500	600	700	800	900	1000	1100	1200
最小壁厚/mm	8		10				12			14

（8）换热器进、出口管设计　换热器管、壳两侧流体的进、出口管若设计不当，会对传热和流动阻力带来不利影响。

① 管程进、出口管设计　实践表明，换热器平卧时水平布置的进、出口管不利于管程流体的均匀分布。换热器竖立时进、出口管布置在换热器底部和顶部使流体向上流动，则流体分布较均匀。

进、出口管的直径按所采用的流速来确定。一般流速可按式(4-82) 估算。

$$\rho u^2<3300 \tag{4-82}$$

式中，u 为进、出口管内流体流速，m/s。

② 壳程进、出口管设计　壳程接管设计的优劣对管束寿命影响较大。壳程流体在入口处横向冲刷管束，令管束发生磨损和振动。当流速高且含固体颗粒时尤为严重，故宜安装防冲板。壳程流体进、出口管的流速可按式(4-83) 估算。

$$\rho u^2<2200 \tag{4-83}$$

（9）流体流动阻力（压强降）的计算　流体流经列管换热器的阻力，须按管程和壳程分别进行计算。

① 管程流体阻力　多管程换热器的管程总阻力 $\sum\Delta p_i$ 等于各程直管阻力 Δp_1，回弯阻力 Δp_2 及进出口阻力之和。其中进出口阻力项常可忽略不计，故管程总阻力的计算式为

$$\sum\Delta p_i=(\Delta p_1+\Delta p_2)F_tN_sN_p \tag{4-84}$$

式中，F_t 为结垢校正系数，无量纲，对于 $\phi25\text{mm}\times2.5\text{mm}$ 的管子，$F_t=1.4$，对于 $\phi19\text{mm}\times2\text{mm}$ 的管子，$F_t=1.5$；N_p 为管程数；N_s 为串联的壳程数。

上式中直管压强降 Δp_1 可按第 1 章介绍的公式计算，即

$$\Delta p_1 = \lambda \frac{l}{d_i} \times \frac{\rho u_i^2}{2}$$

回弯的阻力损失 Δp_2 可由下面经验公式估算

$$\Delta p_2 = \frac{3\rho u_i^2}{2} \tag{4-85}$$

② 壳程流体阻力 用来计算壳程流体压强降的公式很多，但因流体流动状况复杂，各式计算结果相差较大。下面介绍计算壳程压降的埃索法。总阻力 $\sum \Delta p_o$ 的计算式为

$$\sum \Delta p_o = (\Delta p_1' + \Delta p_2') F_s N_s \tag{4-86a}$$

其中

$$\Delta p_1' = F f_o n_c (N_B + 1) \frac{\rho u_o^2}{2} \tag{4-86b}$$

$$\Delta p_2' = N_B \left(3.5 - \frac{2h}{D}\right) \frac{\rho u_o^2}{2} \tag{4-86c}$$

式中，$\Delta p_1'$ 为流体横过管束的压强降，Pa；$\Delta p_2'$ 为流体通过折流板缺口的压强降，Pa；F_s 为壳程压降结垢校正系数，无量纲，对液体可取 1.15，对气体或可凝蒸汽可取 1.0；N_s 为串联的壳程数；F 为管子排列方式对压降的校正系数，正三角形排列 F 为 0.5，正方形错列 F 为 0.4，正方形直列 F 为 0.3；f_o 为壳程流体的摩擦系数，当 $Re_o > 500$ 时，$f_o = 5.0 Re^{-0.228}$，其中 $Re_o = \dfrac{u_o d_o \rho}{\mu}$；$n_c$ 为横过管束中心线的管子数，与式(4-81) 中 n_c 计算相同；N_B 为折流板数；h 为折流挡板间距，m；u_o 为按壳程最大流通截面积 A_o 计算的流速，$A_o = h(D - n_c d_o)$，m/s。

一般来说，液体流经换热器的压降为 $10 \sim 100\text{kPa}$，气体为 $1 \sim 10\text{kPa}$。设计时，换热器的工艺尺寸应在压降与传热面积之间予以权衡，使之既满足工艺要求，又经济合理。

【例 4-17】 某合成氨厂变换工段为回收变换气的热量以提高进饱和塔的热水温度，需设计一台列管式换热器。已知：变换气流量为 $8.78 \times 10^3 \text{kg/h}$，变换气进换热器温度为 230℃，压力为 0.6MPa。热水流量为 $45.5 \times 10^3 \text{kg/h}$，热水进换热器温度为 126℃，压力为 0.65MPa。要求热水升温 8℃。设变换气出换热器时压力为 0.58MPa。

解 (1) 估算传热面积

① 查取物性数据 水的定性温度为 $\dfrac{126+134}{2} = 130℃$。变换气的平均压力 $= \dfrac{0.6+0.58}{2} = 0.59\text{MPa}$，设变换气出换热器温度为 134℃，则变换气的平均温度 $= (230+134)/2 = 182℃$。查得水与变换气的物性数据如下。

介 质	密度 $\rho/(\text{kg/m}^3)$	比热容 $c_p/(\text{kJ/kg} \cdot ℃)$	黏度 $\mu/[\text{kg/(s} \cdot \text{m)}]$	热导率 $\lambda/[\text{W/(m} \cdot ℃)]$
水	934.8	4.266	21.77×10^{-5}	0.686
变换气	2.98	1.86	1.717×10^{-5}	0.0783

② 热量衡算 热负荷

$$\begin{aligned} Q &= W_c c_{pc}(t_2 - t_1) \\ &= 45.5 \times 10^3 \times 4.266 \times (134 - 126) \\ &= 1.55 \times 10^6 \text{kJ/h} \end{aligned}$$

变换气出口温度

$$T_2 = T_1 - \frac{Q}{W_h c_{ph}}$$

$$T_2 = 230 - \frac{1.55 \times 10^6}{8.78 \times 10^3 \times 1.86} = 135℃$$

此 T_2 值与原设 $T_2 = 134℃$ 相近，故不再试算，以上物性数据有效。

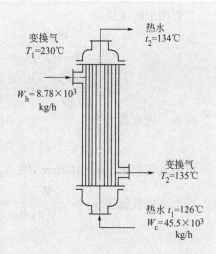

③ 确定换热器的材料及压力等级　考虑到腐蚀性不大，合成氨厂该换热器一般采用碳钢材料，故本设计中也采用碳钢材料。本设计中压力稍大于 0.59MPa，为安全考虑，采用 1.0MPa 的公称压力等级。

④ 流体通道的选择　合成氨厂此换热器中一般是热水走管程，变换气走壳程，这是因为变换气流量比水大得多，走壳程流道截面大且易于提高其 α 值之故。本设计亦采用此管、壳程流体的方案。其流程如图 4-66 所示。

图 4-66　[例 4-17] 附图

⑤ 计算传热温差　首先计算逆流时平均温差

$$\Delta t'_m = \frac{\Delta t_1 - \Delta t_2}{\ln \dfrac{\Delta t_1}{\Delta t_2}} = \frac{(230-134)-(135-126)}{\ln \dfrac{230-134}{135-126}} = 36.8℃$$

考虑到管程可能是 2 程、4 程或 6 程，但壳程数为 1，

$$P = \frac{t_2 - t_1}{T_1 - t_1} = \frac{134-126}{230-126} = 0.077$$

$$R = \frac{T_1 - T_2}{t_2 - t_1} = \frac{230-135}{134-126} = 11.9$$

按 6 管程查得 $\Psi_{\Delta t} = 0.89 > 0.8$，所以两流体的平均温差 $\Delta t_m = 0.89 \times 36.8 = 32.8℃$

⑥ 选 K 值，估算传热面积　根据生产经验，取 $K = 200 \text{W}/(\text{m}^2 \cdot ℃)$，则

$$A = \frac{Q}{K \Delta t_m} = \frac{1.55 \times 10^6 \times 10^3}{200 \times 32.8 \times 3600} = 65.6 \text{m}^2$$

⑦ 初选换热器型号　由于两流体温差小于 50℃，故可采用固定管板式换热器。由附录 23 初选 G800Ⅵ—10—100 型换热器，有关参量列于表 4-15 中。

表 4-15　G800Ⅵ-10-100 型固定管板式换热器主要参数

项　目	参　数	项　目	参　数
外壳直径 D/mm	800	管子尺寸/mm	$\phi 25 \times 2.5$
公称压强/MPa	1.0	管长 l/m	3
公称面积/m²	100	管数 n/根	444
管程数 N_p	6	管心距 t/mm	32
管子排列方式	正三角形		

按上列数据核算管程、壳程的流速及 Re。

管程　流通截面积　$A_i = \dfrac{\pi}{4} d_i^2 \dfrac{n}{n_p} = \dfrac{\pi}{4} \times 0.02^2 \times \dfrac{444}{6} = 0.02324 \text{m}^2$

管内水的流速

$$u_i = \frac{W_c}{3600\rho_c A_i} = \frac{45.5 \times 10^3}{3600 \times 934.8 \times 0.02324} = 0.582\text{m/s}$$

$$Re_i = \frac{d_i u_i \rho_c}{\mu_c} = \frac{0.02 \times 0.582 \times 934.8}{21.77 \times 10^{-5}} = 4.99 \times 10^4$$

壳程 流通截面积 $\qquad A_o = h(D - n_c d_o)$

$$n_c = 1.1\sqrt{n} = 1.1\sqrt{444} = 23.2, \ \text{取} \ n_c = 24$$

取折流板间距 $h = 400\text{mm}$，则 $A_o = 0.4 \times (0.8 - 24 \times 0.025) = 0.08\text{m}^2$

壳内变换气流速 $u_o = \dfrac{W_h}{3600\rho_h A_o} = \dfrac{8.78 \times 10^3}{3600 \times 2.98 \times 0.08} = 10.2\text{m/s}$

当量直径 $\qquad d_e = \dfrac{4\left[\dfrac{\sqrt{3}}{2}x^2 - \dfrac{\pi}{4}d_o^2\right]}{\pi d_o}$

$$= \frac{4\left(\dfrac{\sqrt{3}}{2} \times 0.032^2 - \dfrac{\pi}{4} \times 0.025^2\right)}{\pi \times 0.025} = 0.0202\text{m}$$

$$Re_o = \frac{u_o \rho_h d_e}{\mu_h} = \frac{10.2 \times 2.98 \times 0.0202}{1.717 \times 10^{-5}} = 3.58 \times 10^4$$

(2)计算流体阻力

① 管程流体阻力

$$\sum \Delta p_i = (\Delta p_1 + \Delta p_2)F_t N_p N_s$$

设管壁粗糙度 ε 为0.1mm，则 $\dfrac{\varepsilon}{d} = \dfrac{0.1}{20} = 0.005$

$Re_i = 4.99 \times 10^4$，查得摩擦系数 $\lambda = 0.032$

$$\Delta p_1 = \lambda \frac{l}{d_i} \frac{\rho_c u_i^2}{2}, \quad \Delta p_2 = \frac{3\rho_c u_i^2}{2}$$

$$\Delta p_1 + \Delta p_2 = \left(\lambda \frac{l}{d_i} + 3\right)\frac{\rho_c u_i^2}{2} = \left(\frac{0.032 \times 3}{0.02} + 3\right) \times \frac{934.8 \times 0.582^2}{2}$$

$$= 1235\text{Pa}$$

$\sum \Delta p_i = (\Delta p_1 + \Delta p_2)F_t N_s N_p = 1235 \times 1.4 \times 6 \times 1 = 1.04 \times 10^4\text{Pa}$ 符合一般要求。

② 壳程流体阻力

$$\sum \Delta p_o = (\Delta p_1' + \Delta p_2')F_s N_s$$

$$\Delta p_1' = \frac{Ff_o n_c(N_B + 1)\rho_h u_o^2}{2}, \quad \Delta p_2' = \frac{N_B(3.5 - 2h/D)\rho_h u_o^2}{2}$$

因 $Re_o = 3.58 \times 10^4 > 500$，故 $f_o = 5.0 Re_o^{-0.228} = 5.0\,(3.58 \times 10^4)^{-0.228} = 0.458$

管子排列为正三角形排列，取 $F = 0.5$

挡板数 $N_B = \dfrac{l}{h} - 1 = \dfrac{3}{0.4} - 1 = 6.5$，取为 7

$$\Delta p'_1 = \frac{0.5 \times 0.458 \times 24 \times (7+1) \times 2.98 \times 10.2^2}{2} = 6816\text{Pa}$$

$$\Delta p'_2 = \frac{7 \times (3.5 - 2 \times \frac{0.4}{0.8}) \times 2.98 \times 10.2^2}{2} = 2713\text{Pa}$$

取污垢校正系数 $F_s = 1.0$

则　　　　　　$\sum \Delta p_o = (6816 + 2713) \times 1.0 \times 1 = 9529\text{Pa} < 0.02\text{MPa}$

故管、壳程压力损失均符合要求。

（3）计算传热系数，校核传热面积

① 管程对流给热系数 α_i

$$Re_i = 4.99 \times 10^4$$

$$Pr_i = \frac{c_{pc}\mu_c}{\lambda_c} = \frac{4.266 \times 10^3 \times 21.77 \times 10^{-5}}{0.686} = 1.35$$

$$\alpha_i = 0.023 \frac{\lambda_c}{d_i} Re_i^{0.8} Pr_i^{0.4}$$

$$= 0.023 \times \frac{0.686}{0.02} \times (4.99 \times 10^4)^{0.8} \times 1.35^{0.4} = 5100\text{W}/(\text{m}^2 \cdot \text{℃})$$

② 壳程对流给热系数 α_o

$$Re_o = 3.58 \times 10^4$$

$$Pr_o = \frac{c_{ph}\mu_h}{\lambda_h} = \frac{1.86 \times 10^3 \times 1.717 \times 10^{-5}}{0.0783} = 0.408$$

壳程采用弓形折流板，故

$$\alpha_o = 0.36 \frac{\lambda_h}{d_e} Re_o^{0.55} Pr_o^{(1/3)} \left(\frac{\mu}{\mu_w}\right)^{0.14}$$

$$= 0.36 \times \frac{0.0783}{0.0202} \times (3.58 \times 10^4)^{0.55} \times (0.408)^{\frac{1}{3}} \times 1.0 = 330\text{W}/(\text{m}^2 \cdot \text{℃})$$

③ 计算传热系数

取污垢热阻　　$Rs_i = 0.30\text{m}^2 \cdot \text{℃/kW}$，$Rs_o = 0.50\text{m}^2 \cdot \text{℃/kW}$

以管外面积为基准

则　　　$K_计 = \cfrac{1}{\cfrac{d_o}{\alpha_i d_i} + Rs_i \cfrac{d_o}{d_i} + \cfrac{bd_o}{\lambda d_m} + Rs_o + \cfrac{1}{\alpha_o}}$

$$= \left(\frac{25}{5100 \times 20} + 0.30 \times 10^{-3} \times \frac{25}{20} + \frac{2.5 \times 10^{-3} \times 25}{45 \times 22.5} + 0.50 \times 10^{-3} + \frac{1}{330}\right)^{-1}$$

$$= 237\text{W}/(\text{m}^2 \cdot \text{℃})$$

④ 计算传热面积

$$A_需 = \frac{Q}{K_计 \Delta t_m} = \frac{\cfrac{1.55 \times 10^6 \times 10^3}{3600}}{237 \times 32.8} = 55.4\text{m}^2$$

所选换热器实际面积为

$$A = n\pi d_o l = 444 \times 3.14 \times 0.025 \times 3 = 104.6 \text{m}^2$$

$$\frac{A - A_{需}}{A_{需}} = \frac{104.6 - 55.4}{55.4} = 88.7\%$$

计算结果说明所选用的换热器面积余量较大，宜改选其他型号换热器。

重新选型 G600-I-10-60 型换热器，其主要参量及计算结果列于表 4-16 中。

表 4-16　G600-I-10-60 型换热器主要参量及计算结果

主 要 参 数		计 算 结 果	
外壳直径/mm	600	热负荷/(kJ/h)	1.55×10^6
公称压强/MPa	1.0	传热温差/℃	36.8
公称面积/m²	60	管内液体流速/(m/s)	0.160
管程数	1	管外气体流速/(m/s)	16.24
管子排列方式	正三角形	管内液体雷诺数	1.37×10^4
管子尺寸/mm	φ25×2.5	管外气体雷诺数	5.69×10^4
管长/m	3	管内液体压降/Pa	140
管数 n	269	管外气体压降/Pa	9643
管中心距 x/mm	32	管内液体对流给热系数/[W/(m²·℃)]	1.82×10^3
管程通道截面积/m²	0.0845	管外气体对流给热系数/[W/(m²·℃)]	448
折流板间距/mm	600	传热系数计算值/[W/(m²·℃)]	264
壳程通道截面积/m²	0.0504	传热面积需要值/m²	44.3

安全系数 $\dfrac{A_{供}}{A_{需}} = \dfrac{60.0}{44.3} = 1.35$

以上计算表明，选用 G600-I-10-60 固定管板式列管换热器可用于合成氨变换工段的余热回收。

<<<<< **本章主要符号** >>>>>

a——温度系数，℃$^{-1}$；吸收率。

A——面积，m²。

A_m——内外壁面积的对数平均值，m²。

A_w——散热面积，m²。

C_o——黑体的辐射系数，W/(m²·K⁴)。

c_p——比热容，J/(kg·℃)。

c_{ph}——热流体比热容，J/(kg·℃)。

c_s——过热蒸汽的比热容，J/(kg·℃)。

d——管径，m；透过率。

d_i——内径，m。

d_o——外径，m。

d_e——当量直径，m。

D——换热器的外壳内径，m。

e——自然对数的底数。

E——物体的辐射能力，W/(m²·m)。

$E_{b\lambda}$——黑体的单色辐射能力，W/(m²·m)。

E_b——黑体的辐射能力，W/m²。

E_λ——实际物体的单色辐射能力，W/(m²·m)。

f_o——壳程流体的摩擦系数。

F——管子排列方式对压降的校正系数。

F_s——壳程压降结垢校正系数。

Gr——格拉斯霍夫数，无量纲。

h——两挡板间距离，m。

H——单位质量流体的焓，J/kg。

l——代表换热面几何特征的长度，m；相邻两管的中心距，m。

L——垂直管或板的高度，m。

K——传热系数，W/(m^2 · K)。

N_B——折流板数。

n_c——横过管束中心线的管子数。

N_p——管程数。

N_s——串联的壳程数。

NTU——传热单元数。

Nu——努塞尔数，无量纲。

p——压强，Pa。

p_1——气泡外的液体压力，Pa。

p_v——蒸气泡内的蒸气压力，Pa。

P——温度校正系数的参量。

$\Delta p_1'$——流体横过管束的压强降，Pa。

$\Delta p_2'$——流体通过折流板缺口的压强降，Pa。

Pr——普朗特数，无量纲。

q——传热通量，W/m^2。

Q——换热器的热负荷，W。

Q_a——被物体吸收的能量，W。

Q_d——透过物体的能量，W。

Q_r——被物体反射的能量，W。

r——饱和蒸汽的冷凝潜热，J/kg；半径，m。

r'——过热蒸汽的冷凝潜热，J/kg。

R——气泡半径，m；热容量流量比；温度校正系数的参量。

R_i——管道内表面污垢热阻，m^2 · K/W。

R_o——管道外表面污垢热阻，m^2 · K/W。

Re——雷诺数，无量纲。

x——相邻两管的中心距，m。

t——温度，℃。

t_s——饱和蒸汽温度，℃。

t_v——过热蒸汽温度，℃。

t_w——壁面温度，℃。

Δt_m——对数平均温度差，℃。

T——热力学温度，K。

u——流速，m/s。

v——比体积，m^3/kg。

W——流体质量流量，kg/s。

W_c——冷流体质量流量，kg/s。

W_h——热流体质量流量，kg/s。

α——给热系数，W/(m^2 · ℃)。

β——流体的体积膨胀系数，1/℃。

δ——有效层流膜的厚度，m。

ε——灰体的黑度，无量纲；传热效率。

ε_s——辐射系统的系统黑度。

φ——角系数。

$\Psi_{\Delta t}$——温度校正系数。

λ——热导率，W/(m · ℃)；波长，m。

μ——流体黏度，Pa · s。

θ——润湿角。

ρ——密度，kg/m^3。

τ——时间，s。

σ——表面张力，N/m。

<<<<< 习　题 >>>>>

4-1　用平板法测定材料的热导率，其主要部件为被测材料构成的平板，其一侧用电热器加热，另一侧用冷水将热量移走，同时板的两侧用热电偶测量其表面温度。设平板的导热面积为 0.03m^2，厚度为 0.01m。测量数据如下。

电　热　器		材料的表面温度/℃	
安培数/A	伏特数/V	高温面	低温面
2.8	140	300	100
2.3	115	200	50

　　试求：①该材料的平均热导率。②如该材料热导率与温度的关系为线性，即 $\lambda = \lambda_0(1+at)$ 则 λ_0 和 a 值为多少？　　　　　　　［①0.6533W/(m · ℃)；②$\lambda_0 = 0.4786$W/(m · ℃)；$a = 0.001825$］

4-2　三层平壁热传导中，若测得各面的温度 t_1、t_2、t_3 和 t_4 分别为 500℃、400℃、200℃和 100℃，试求各平壁层热阻之比，假定各层壁面间接触良好。　　　　　　　　　　　　　　　　　［1:2:1］

4-3　某燃烧炉的平壁由耐火砖、绝热砖和普通砖 3 种砖砌成，它们的热导率分别为 1.2W/(m · ℃)，0.16W/(m · ℃) 和 0.92W/(m · ℃)，耐火砖和绝热砖厚度都是 0.5m，普通砖厚度为 0.25m。已知炉内壁温度为 1000℃，外壁温度为 55℃，设各层砖间接触良好，求每平方米炉壁散热速率。

[247.81W/m²]

4-4 在外径 100mm 的蒸汽管道外包绝热层。绝热层的热导率为 0.08W/(m·℃)，已知蒸汽管外壁 150℃，要求绝热层外壁温度在 50℃ 以下，且每米管长的热损失不应超过 150W/m，试求绝热层厚度。

[19.9mm]

4-5 ϕ38mm×2.5mm 的钢管用作蒸汽管。为了减少热损失，在管外保温。第 1 层是 50mm 厚的氧化锌粉，其平均热导率为 0.07W/(m·℃)；第 2 层是 10mm 厚的石棉层，其平均热导率为 0.15W/(m·℃)。若管内壁温度为 180℃，石棉层外表面温度为 35℃，试求每米管长的热损失及两保温层界面处的温度？

[47.1W/m；41.8℃]

4-6 通过空心球壁导热的热流量 Q 的计算式为：$Q=\Delta t/[b/(\lambda A_m)]$，其中 $A_m=\sqrt{A_1 A_2}$，A_1、A_2 分别为球壁的内、外表面积，试推导此式。

[略]

4-7 有一外径为 150mm 的钢管，为减少热损失，今在管外包两层绝热层。已知两种绝热材料的热导率之比 $\lambda_2/\lambda_1=2$，两层绝热层厚度相等皆为 30mm。试问应把哪一种材料包在里层时，管壁热损失小。设两种情况下两绝热层的总温差不变。

[λ 值小的应包在里面]

4-8 试用量纲分析法推导壁面和流体间强制对流给热系数 α 的特征数关联式，已知 α 为下列变量的函数：$\alpha=f(\lambda, c_p, \rho, \mu, u, l)$。式中 λ, c_p, ρ, μ 分别为流体的热导率、等压比热容、密度、黏度，u 为流体流速，l 为传热设备定性尺寸。

[$\alpha(l/\lambda)=K(lu\rho/\mu)^c(c_p\mu/\lambda)^b$]

4-9 水流过 ϕ60mm×3.5mm 的钢管，由 20℃ 被加热至 60℃。已知 $l/d>60$，水流速为 1.8m/s，试求水对管内壁的给热系数。

[6622W/(m²·℃)]

4-10 空气流过 ϕ36mm×2mm 的蛇管，流速为 15m/s，从 120℃ 降温至 20℃，空气压强 4×10^5 Pa（绝压）。已知蛇管的曲率半径为 400mm，$l/d>50$，试求空气对管壁的给热系数。空气的密度可按理想气体计算，其余物性可按常压处理。

[209.6W/(m²·℃)]

4-11 苯流过一套管换热器的环隙，自 20℃ 升至 80℃，该换热器的内管规格为 ϕ19mm×2.5mm，外管规格为 ϕ38mm×3mm。苯的流量为 1800kg/h。试求苯对内管壁的给热系数。

[1794W/(m²·℃)]

4-12 冷冻盐水（25% 的氯化钙溶液）从 ϕ25mm×2.5mm、长度为 3m 的管内流过，流速为 0.3m/s，温度自 −5℃ 至 15℃。假设管壁平均温度为 20℃，试计算管壁与流体之间的平均对流给热系数。已知定性温度下冷冻盐水的物性数据如下：密度为 1230kg/m³，黏度为 4×10^{-3}Pa·s，热导率为 0.57W/(m·℃)，比热容为 2.85kJ/(kg·℃)。壁温下的黏度为 2.5×10^{-3}Pa·s。

[354.7W/(m²·℃)]

4-13 室内分别水平放置两根长度相同，表面温度相同的蒸汽管，由于自然对流两管都向周围散失热量，已知小管的 $(GrPr)=10^8$，大管直径为小管的 8 倍，试求两管散失热量的比值为多少？

[8]

4-14 某烘房用水蒸气通过管内对外散热以烘干湿纱布。已知水蒸气绝压为 476.24kPa，设管外壁温度等于蒸汽温度。现室温及湿纱布温度均为 20℃，试作如下计算：①使用一根 2m 长、外径 50mm 水煤气管，管子竖直放与水平放置单位时间散热量为多少？②若管子水平放置，试对比直径 25mm 和 50mm 水煤气管的单位时间单位面积散热之比（管外只考虑自然对流给热）。

[①296.4W；②1.189]

4-15 油罐中装有水平蒸汽管以加热罐内重油，重油温度为 20℃，蒸汽管外壁温度为 120℃，在定性温度下重油物性数据如下：密度为 900kg/m³，比热容 1.88×10^3J/(kg·℃)，热导率为 0.175W/(m·℃)，运动黏度为 2×10^{-6} m²/s，体积膨胀系数为 3×10^{-4} 1/℃，管外径为 68mm，试计算蒸汽对重油的热通量（W/m²）。

[26570W/m²]

4-16 有一双程列管换热器，煤油走壳程，其温度由 230℃ 降至 120℃，流量为 25000kg/h，内有 ϕ25mm×2.5mm 的钢管 70 根，每根管长 6m，管中心距为 32mm，正方形排列。用圆缺形挡板（切去高度为直径的 25%），试求煤油的给热系数。已知定性温度下煤油的物性数据为：比热为 2.6×10^3J/(kg·℃)，密度为 710kg/m³，黏度为 3.2×10^{-4}Pa·s，热导率为 0.131W/(m·℃)，$\left(\dfrac{\mu}{\mu_w}\right)^{0.14}=0.95$。挡板间距 $h=240$mm，壳体内径 $D=480$mm。

[218.3W/(m²·℃)]

4-17 饱和温度为 100℃的水蒸气在长为 2.5m,外径为 38mm 的竖直圆管外冷凝。管外壁温度为 92℃。试求每小时蒸汽冷凝量。又若将管子水平放置每小时蒸汽冷凝量又为多少。

[① 24.73kg/h;② 45.18kg/h]

4-18 由 $\phi25mm\times2.5mm$、225 根长 2m 的管子按正方形直列组成的换热器,用 1.5×10^5 Pa 的饱和蒸汽加热某液体,换热器水平放置。管外壁温度为 88℃,试求蒸汽冷凝量。 [2.375kg/s]

4-19 设有 A、B 两平行固体平面,温度分别为 T_A 和 T_B ($T_A>T_B$)。为减少辐射散热,在这两平面间设置 n 片很薄的平行遮热板,设所有平面的表面积相同,黑度相等,平板间距很小,试证明设置遮热板后 A 平面的散热速率为不装遮热板时的 $1/(n+1)$ 倍。 [略]

4-20 用热电偶测量管内空气温度,测得热电偶温度为 420℃,热电偶黑度为 0.6,空气对热电偶的给热系数为 35W/(m^2·℃),管内壁温度为 300℃,试求空气温度。 [539.4℃]

4-21 外径为 60mm 的管子,其外包有 20mm 厚的绝热层,绝热层材料热导率为 0.1W/(m·℃),管外壁温度为 350℃,外界温度为 15℃,试计算绝热层外壁温度。若欲使绝热层外壁温度再下降 5℃,绝热层厚度再增加多少。 [0.6mm]

4-22 设计一燃烧炉,拟用 3 层砖,即耐火砖、绝热砖和普通砖。耐火砖和普通砖的厚度为 0.5m 和 0.25m。3 种砖的热导率分别为 1.02W/(m·℃)、0.14W/(m·℃) 和 0.92W/(m·℃),已知耐火砖内侧为 1000℃,外壁温度为 35℃。试问绝热砖厚度至少为多少才能保证绝热砖温度不超过 940℃,普通砖不超过 138℃。 [0.25m]

4-23 为保证原油的管道输送,在管外设置蒸汽夹套。对一段管路来说,设原油的给热系数为 420W/(m^2·℃),水蒸气冷凝给热系数为 10^4 W/(m^2·℃)。管子规格为 $\phi35mm\times2mm$ 钢管。试分别计算 K_i 和 K_o,并计算各项热阻占总热阻的分率。 [$K_i=398.3$W/(m^2·℃),$K_o=352.7$W/(m^2·℃)]

4-24 某列管换热器,用饱和水蒸气加热某溶液,溶液在管内呈湍流。已知蒸汽冷凝给热系数为 10^4 W/(m^2·℃),单管程溶液给热系数为 400W/(m^2·℃),管壁导热及污垢热阻忽略不计,试求:①传热系数;②若把单管程改为双管程,其他条件不变,此时总传热系数又为多少?

[① 384.6W/(m^2·℃);② 651.1W/(m^2·℃)]

4-25 一列管换热器,管子规格为 $\phi25mm\times2.5mm$,管内流体的对流给热系数为 100W/(m^2·℃),管外流体的对流给热系数为 2000W/(m^2·℃),已知两流体均为湍流流动,管内外两侧污垢热阻均为 0.00118m^2·℃/W。试求:①传热系数 K_o 及各部分热阻的分配;②若管内流体流量提高一倍,传热系数有何变化?

[①64.84W/(m^2·℃),15.3%,3.24%,81.1%,0.41%;②98.99W/(m^2·℃)]

4-26 在列管换热器中,用热水加热冷水,热水流量为 4.5×10^3 kg/h,温度从 95℃冷却到 55℃,冷水温度从 20℃升到 50℃,传热系数为 2.8×10^3 W/(m^2·℃)。试求:①冷水流量;②两种流体作逆流时的平均温度差和所需要的换热面积;③两种流体作并流时的平均温度差和所需要的换热面积;④根据计算结果,对逆流和并流换热作一比较,可得到哪些结论。

[①6010kg/h;②1.89m^2;③2.89m^2;④略]

4-27 有一台新的套管换热器,用水冷却油,水走内管,油与水逆流,内管为 $\phi19mm\times3mm$ 的钢管,外管为 $\phi32mm\times3mm$ 的钢管。水与油的流速分别为 1.5m/s 及 0.8m/s,油的密度、比热容、热导率及黏度分别为 860 kg/m^3,1.90×10^3J/(kg·℃),0.15W/(m·℃) 及 1.8×10^{-3} Pa·s。①水的进出口温度为 10℃和 30℃,油的进口温度为 100℃,热损失忽略不计,试计算所需要的管长;②若管长增加 20%,其他条件不变,则油的出口温度为多少?设油的物性数据不变;③若该换热器长期使用后,水侧及油侧的污垢热阻分别为 3.5×10^{-4}(m^2·℃)/W 和 1.52×10^{-3}(m^2·℃)/W,其他条件不变,则油的出口温度又为多少? [①14.5m;②32.1℃;③63.0℃]

4-28 在逆流换热器中,管子规格为 $\phi38mm\times3mm$,用初温为 15℃的水将 2.5kg/s 的甲苯由 80℃冷却到 30℃,水走管内,水侧和甲苯侧的给热系数分别为 2500W/(m^2·℃),900W/(m^2·℃),污垢热阻忽略不计,热导率 $\lambda=45$W/(m·℃)。若水的出口温度不能高于 45℃,试求该换热器的传热面积。

[15.8m^2]

4-29 两种流体在一列管换热器中逆流流动,热流体进口温度为 100℃,出口温度为 60℃,冷流体从 20℃

加热到 50℃，试求下列情况下的平均温差。①换热器为单壳程，四管程；②换热器为双壳程，四管程。 ［①40.8℃；②43.5℃］

4-30 在逆流换热器中，用水冷却某液体，水的进出口温度分别为 15℃和 80℃，液体的进出口温度分别为 150℃和 75℃。现因生产任务要求液体的出口温度降至 70℃，假定水和液体进口温度、流量及物性均不发生变化，换热器热损失忽略不计，试问此换热器管长增为原来多少倍才能满足生产要求？ ［1.15］

4-31 某厂拟用 120℃的饱和水蒸气将常压空气从 20℃加热至 80℃，空气流量为 1.20×10^4 kg/h。现仓库有一台单程列管换热器，内有 $\phi25mm\times2.5mm$ 的钢管 300 根，管长 3m。若管外水蒸气冷凝的对流给热系数为 10^4 W/($m^2 \cdot$ ℃)，两侧污垢热阻及管壁热阻均可忽略。试计算此换热器能否满足工艺要求。 ［满足］

4-32 某单壳程单管程列管换热器，用 1.8×10^5 Pa 饱和水蒸气加热空气，水蒸气走壳程，其给热系数为 10^4 W/($m^2 \cdot$ ℃)，空气走管内，进口温度 20℃，要求出口温度达 110℃，空气在管内流速为 10m/s。管子规格为 $\phi25mm\times2.5mm$ 的钢管，管数共 269 根。试求：①换热器的管长；②若将该换热器改为单壳程双管程，总管数减至 254 根，水蒸气温度不变，空气的质量流量及进口温度不变，设各物性数据不变，换热器的管长亦不变，试求空气的出口温度。 ［①3m；②115.7℃］

4-33 一套管换热器，用热柴油加热原油，热柴油与原油进口温度分别为 155℃和 20℃。已知逆流操作时，柴油出口温度 50℃，原油出口 60℃，若采取并流操作，两种油的流量、物性数据、初温和传热系数皆与逆流时相同，试问并流时柴油可冷却到多少温度？ ［64.7℃］

4-34 一套管换热器，冷、热流体的进口温度分别为 55℃和 115℃。并流操作时，冷、热流体的出口温度分别为 75℃和 95℃。试问逆流操作时，冷、热流体的出口温度分别为多少？假定流体物性与传热系数均为常量。 ［93.7℃，76.3℃］

4-35 一列管换热器，管外用 2.0×10^5 Pa 的饱和水蒸气加热空气，使空气温度从 20℃加热到 80℃，流量为 20000kg/h，现因生产任务变化，如空气流量增加 50%，进、出口温度仍维持不变，问在原换热器中采用什么方法可完成新的生产任务？ ［调节饱和蒸气压至 234.3kPa］

4-36 在一单管程列管式换热器中，将 2000kg/h 的空气从 20℃加热到 80℃，空气在钢质列管内做湍流流动，管外用饱和水蒸气加热。列管总数为 200 根，长度为 6m，管子规格为 $\phi38mm\times3mm$。现因生产要求需要设计一台新换热器，其空气处理量保持不变，但管数改为 400 根，管子规格改为 $\phi19mm\times1.5mm$，操作条件不变，试求此新换热器的管子长度为多少米。 ［3m］

4-37 在单程列管换热器内，用 120℃的饱和水蒸气将列管内的水从 30℃加热到 60℃，水流经换热器的压降为 3.5kPa。列管直径为 $\phi25mm\times2.5mm$，长为 6m，换热器的热负荷为 2500kW。试计算：①列管换热器的列管数；②基于管子外表面积的传热系数 K_o。假设：列管为光滑管，摩擦系数可按伯拉修斯方程计算，$\lambda=0.3164/Re^{0.25}$。 ［①64 根；②1120W/($m^2 \cdot$ ℃)］

4-38 有一立式单管程列管换热器，其规格如下：管径 $\phi25mm\times2.5mm$，管长 3m，管数 30 根。现用该换热器冷凝冷却 CS_2 饱和蒸气，从饱和温度 46℃冷却到 10℃。CS_2 走管外，其流量为 250kg/h，冷凝潜热为 356kJ/kg，液体 CS_2 的比热容为 1.05kJ/(kg·℃)。水走管内与 CS_2 呈逆流流动，冷却水进出温度分别为 5℃和 30℃。已知 CS_2 冷凝和冷却时传热系数（以外表面积计）分别为 $K_1=232.6$ W/($m^2 \cdot$ ℃) 和 $K_2=116.8$ W/($m^2 \cdot$ ℃)。问此换热器是否合用？ ［合用］

4-39 现有两台规格完全一样的单管程列管换热器，其中一台每小时可以将一定量气体自 80℃冷却到 60℃，冷却水温度自 20℃升到 30℃，气体在管内与冷却水呈逆流流动，已知总传热系数（以内表面积为基准）K_i 为 40W/($m^2 \cdot$ ℃)。现将两台换热器并联使用，忽略管壁热阻、垢层热阻、热损失及因空气出口温度变化所引起的物性变化。试求：①并联使用时总传热系数；②并联使用时每个换热器的气体出口温度；③若两换热器串联使用，其气体出口温度又为多少？可略去水侧对流热阻，气体在管内高度湍流。 ［①22.97W/($m^2 \cdot$ ℃)；②57.9℃；③48.2℃］

4-40 拟设计一台列管换热器，20kg/s 的某油品走壳程，温度自 160℃降至 115℃，热量用于加热 28 kg/s 的原油。原油进口温度为 25℃，两种油的密度均为 870 kg/m^3。其他物性数据如下：

名　　称	$c_p/[kJ/(kg \cdot ℃)]$	$\mu/Pa \cdot s$	$\lambda/[W/(m^2 \cdot ℃)]$
原油	1.99	$2.9×10^{-3}$	0.136
油品	2.20	$5.2×10^{-3}$	0.119

［略］

<<<<< **复习思考题** >>>>>

4-1 传热是以_____为推动力的能量传递过程。

4-2 传热的基本方式有_____、_____、_____三种。

4-3 热冷流体热交换的类型有三种，即_____式、_____式及_____式。

4-4 常见的加热剂有_____、_____及_____等。常用的冷却剂有_____、_____及_____等。

4-5 对某换热设备，单位时间热冷流体间传递的热量称为_____，常以 Q 表示，单位为 W。单位时间、单位传热面积传递的热量称为_____，常以 q 表示，单位是 W/m^2。

4-6 某传热过程测得控制体内某一点位置的温度随时间而变，即可判断该传热过程为_____过程。

4-7 定态、一维导热时，傅里叶定律的表达式为 $dQ=$_____。

4-8 导热系数 λ 的单位是_____。使用此单位时，普通碳钢、不锈钢及空气在常温、常压下的 λ 值分别为_____、_____、_____。

4-9 对于大多数物质，导热系数 λ 与温度 t（℃）的关系为 $\lambda_t=$_____。

4-10 温度升高，金属的导热系数 λ 值_____，液体的 λ 值_____，空气的 λ 值_____。

4-11 面积 $A=0.05m^2$、壁厚为 3.0mm 的金属平壁，其导热系数 $\lambda=45W/(m \cdot ℃)$。若壁的两侧面温度分别为 104℃和 103.6℃，则传热速率 $Q=$_____W。

4-12 $\phi48mm×3.5mm$ 钢管外包以 8mm 厚的保温层，保温层的导热系数 $\lambda=0.12W/(m \cdot ℃)$，管内壁及保温层外侧温度分别为 120℃及 60℃，则每米管长的散热速率 $Q/L=$_____W/m。

4-13 对流给热共分为四种类型，即_____、_____、_____和_____给热。

4-14 对于无相变的对流给热，以特征数表示的一般函数式为 $Nu=f($_____，_____，_____$)$。

4-15 $Gr=$_____，表示_____对给热过程的影响。

4-16 $Pr=$_____，表示_____对给热过程的影响。

4-17 $Nu=$_____，表示_____。

4-18 水从 $\phi60mm×3.5mm$ 钢管内流过且被加热，已知水的 $Pr=4.32$，$Re=1.44×10^5$，$\lambda=0.634W/(m \cdot ℃)$，则水对管壁的给热系数 $\alpha=$_____$W/(m^2 \cdot ℃)$。

4-19 第 4-18 题中，若管子不变，水流速增加至原来的 1.5 倍，物性数据不变，则 $\alpha'=$_____$W/(m^2 \cdot ℃)$。

4-20 第 4-19 题中，若水流量不变，改用 $\phi68mm×3mm$ 钢管，物性数据不变，则 $\alpha''=$_____$W/(m^2 \cdot ℃)$。

4-21 某流体经过一直管后流入同一内径的弯管，则 $\alpha_弯>\alpha_直$ 的原因是_____。

4-22 某金属导线，直径为 0.50mm，电阻为 $0.16\Omega/m$，通过 1.6A 电流。导线发热速率 $Q=I^2RW$。导线外包绝热层，厚 0.8mm，其 $\lambda=0.16W/(m \cdot ℃)$。外围是 20℃的空气，空气 $\alpha=12W/(m^2 \cdot ℃)$，过程定态。则金属线与绝热层间的界面温度为_____℃。

4-23 某蒸汽管外包有厚度为 δ 的绝热材料。现将该保温层划分成厚度为 $\delta/2$ 的内外两层，略去保温层导热系数 λ 随温度的变化，则内保温层热阻_____于外包保温层热阻。

4-24 某钢管外壁温度高于外界空气温度，为减少散热，拟在管外包厚度均为 δ 的两层保温层。现有导热系数分别为 λ_1 和 λ_2 的两种绝热材料，$\lambda_2>\lambda_1$ 则把 λ_1 的绝热材料包在_____层的保温效果好。

4-25 某小口径钢管，外半径为 r_1，外壁温度为 T，外界空气温度为 t_0，空气给热系数为 α。$T>t_0$，为减小散热，拟在管外包导热系数为 λ 的保温层，保温层厚度为 δ，保温层外半径为 r_2。设 T、λ 均为恒值。在实践中发现，单位管长散热速率 Q/L 随 δ 的增大出现先升后降的现象，如图所示，Q/L 最大时的 δ 为临界保温层厚 δ_c，可推导出，Q/L 最大时保温层外半径 $r_{2,c}=$ _____。

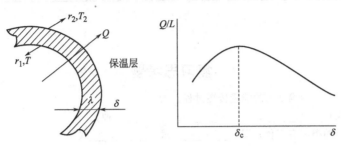

复习思考题 4-25 附图

4-26 大容器内液体沸腾给热随液体过热度 Δt（即加热壁壁温 t_w 与液体饱和温度 t_s 之差）增加，可向后出现_____、_____及_____给热三种状况。正常操作应在_____给热状况。

4-27 第 4-26 题中，_____给热状况是不允许发生的，若发生则属生产事故，故正常操作的过热度必须严控在_____以下。

4-28 液体沸腾的必要条件是_____和_____。

4-29 蒸汽冷凝分膜状与滴状冷凝两种类型。对于同一蒸汽、同一冷凝温度 t_s，滴状冷凝 α 值常取为_____ $W/(m^2 \cdot ℃)$。

4-30 水蒸气冷凝时，若水蒸气中混有 1% 的空气（不凝性气体），其 α 值会比纯水蒸气 α 值下降_____%。

4-31 蒸汽膜状冷凝液在壁面层流流下，若蒸汽饱和温度与壁温之差 $(t_s - t_w)$ 增大，则 α 值_____。

4-32 靠自然抽风的烟囱，在烟囱内烟气与烟囱壁间的给热是自然对流还是强制对流给热？
答：_____。

4-33 黑体是_____。黑体的辐射能力 $E_b = C_o \left(_____ \right)^4 W/m^2$，其中，$C_o$ 是黑体的辐射系数，其值为_____ $W/(m^2 \cdot K^4)$。

4-34 某种物体在某温度下对任一波长的单色辐射能力与同温同波长的黑体单色辐射能力之比为 $E_\lambda/E_{b\lambda} = \varepsilon$，若 ε 值不随波长而变，该物体称为_____，ε 称为该物体的_____。

4-35 空间中面积分别为 A_1 及 A_2 的两平面，其间相对位置是任意的。角系数 φ_{12} 表示_____，$A_1 \varphi_{12}$ _____ $A_2 \varphi_{21}$。

4-36 两灰体为透热体，则由 1 面至 2 面的净辐射传热速率 $Q_{12} = C_o \varepsilon_s \left[_____ \right]$（W）。式中，$\varepsilon_s$ 为系统黑度。对于很大的物体 2 包住凸面物体 1，则上式中 $\varepsilon_s =$ _____。

4-37 设有温度分别为 T_A 和 T_B 的两平行平面，$T_A > T_B$，为减少辐射传热，在两平板间设置几块平行遮热板，所有板的黑度相等，各板面积相同，间距很小，则设置遮热板后的辐射传热速率为未装遮热板时_____。

4-38 用热电偶测量某管道内流动气体的温度。由仪表中读得热电偶温度为 780℃。热电偶的黑度为 0.06，输气管管壁温度为 600℃。气体的给热系数为 65W/$(m^2 \cdot ℃)$ 若把热电偶温度视为气体温度，按热力学温度计算的相对误差是_____。减小测温误差的方法有_____。

4-39 常见的间壁式换热器有以下类型：_____式、_____式及_____式等。

4-40 用套管换热器以冷水使饱和甲苯蒸气冷凝为饱和液体。甲苯走环隙，温度 $T = 100℃$，流量 $W_h = 2200 kg/h$，其冷凝潜热 $r_h = 363 kJ/kg$，冷凝水走内管，进出口水温分别是 $t_1 = 15℃$，$t_2 = 43℃$，水的比热容为 $c_p = 4.174 kJ/(kg \cdot ℃)$。则该换热器的热负荷 $Q =$ _____ kJ/h，平均传热温差 $\Delta t_m =$ _____℃。

4-41 第 4-40 题中，已知内管规格为 $\phi 57mm \times 3.5mm$，内管内冷凝水给热系数 $\alpha_i = 3738 W/(m^2 \cdot ℃)$，环

隙中甲苯冷凝的给热系数 $\alpha_o = 5200 \text{W}/(\text{m}^2 \cdot \text{℃})$，若略去管壁及污垢热阻，则以内管壁面为基准的传热系数 $K_i =$ ＿＿＿＿＿＿ $\text{W}/(\text{m}^2 \cdot \text{℃})$，该换热器的长度 $L =$ ＿＿＿＿＿ m。

4-42 第 4-41 题中，若其他条件不变，只是因气候变化，冷水进口温度为 20℃，设物性数据不变，则冷水出口温度 $t_2' =$ ＿＿＿＿＿＿℃。

4-43 列管换热器有三种类型，即＿＿＿＿式、＿＿＿＿式及＿＿＿＿式。

4-44 列管换热器内设置折流板的目的是＿＿＿＿＿＿＿＿＿＿。

4-45 折流板有两种形式，即＿＿＿＿＿式和＿＿＿＿式。

4-46 某单管程、单壳程列管换热器，壳程为水蒸气冷凝，蒸汽温度为 $T = 140℃$，管程走空气，由 $t_1 = 20℃$ 升至 $t_2 = 90℃$。若将此换热器改为双管程，空气流量不变，设空气物性不变，空气原来在管内湍流，管壁及污垢热阻均可略去，改为双管程后换热管数不变，则改为双管程后空气出口温度 $t_2' =$ ＿＿＿＿＿＿℃。

4-47 螺旋板换热管的特点是＿＿＿＿＿＿＿。

4-48 如图所示，当 W_c 下降，其他条件不变，则＿＿＿＿＿＿＿。

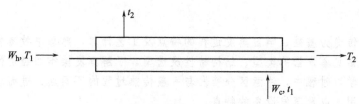

复习思考题 4-48 附图

(A) Q 降低，t_2 升高，T_2 升高　　　　(B) Q 不变，t_2、T_2 均不变

(C) Q 升高，t_2 降低，T_2 升高　　　　(D) Q 降低，t_2 降低，T_2 升高

4-49 有一加热釜，内有质量为 W（kg）、比热容为 c_p 的液体。用蛇管加热器加热液体，蛇管内通温度为 T 的饱和蒸汽，凝液为饱和水。釜内有搅拌器，故液体温度均匀。蒸汽与釜液之间传热系数为 K_1，蛇管换热器面积为 A_1。外界空气温度为 t_0，釜液与外界空气的传热系数为 K_2，釜液温度升至 t_{max} 时，便维持恒温。写出釜液升温阶段由 t_1 升至 t_2 所需时间的计算式及 t_{max} 的计算式。

第 5 章
蒸 发

学习指导

本章以热量传递为基础，学习蒸发过程的特点及工艺计算，熟悉单效蒸发及多效蒸发工程的特性。掌握常见蒸发器的类型、结构特性及选型，了解蒸发操作的经济性评价、过程强化及节能方法。学习过程中，注意区分蒸发与一般传热过程的不同点，进而理解传热知识在蒸发过程中的应用，以及蒸发设备的特点。

蒸发是用加热方法使溶液沸腾，其中溶剂汽化，而溶质不具挥发性，从而达到溶液浓缩目的的操作。

蒸发操作在化工、医药、食品等行业应用广泛。例如，电解烧碱液经蒸发浓缩，再结晶得到固体 NaOH；尿素溶液经蒸发浓缩，再干燥得到固体尿素颗粒；纸浆黑液蒸发浓缩后燃烧其中有机物以达到回收固体碱的目的；中药渗漉液蒸发浓缩，并回收酒精以及海水淡化等。综上所述，蒸发或以获得浓缩液为目的（一般浓缩液还需进一步加工处理），或以获得纯净溶剂为目的，或两者兼具。

图 5-1 为典型的单效蒸发装置示意。蒸发过程实质为传热过程，蒸发器相当于一个列管换热器。原料液送入蒸发室，从加热管内通过，被管间加热蒸汽（又称生蒸汽）加热而沸腾，汽化产生的蒸汽叫二次蒸汽。二次蒸汽中通常夹带较多的雾沫和液滴，因此加热室上端有一较大分离室。往往分离室中还有除沫装置。二次蒸汽应及时移走，如不再利用则送入冷凝器中冷凝。料液被浓缩到规定浓度后排出，排出液称为完成液。

蒸发操作可以间歇进行也可以连续进行。

蒸发是对含有不挥发溶质的溶液的沸腾传热过程，它具有不同于一般传热过程的特殊性。这些特性是选择和设计蒸发器必须考虑的问题。

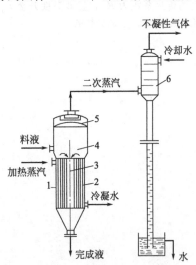

图 5-1 单效蒸发装置示意
1—加热室；2—加热管；3—中央循环管；
4—蒸发室；5—除沫器；6—冷凝器

（1）溶液特点
① 溶液的沸点高于同压强下纯溶剂的沸点，因此要使溶液沸腾就需要更高温度的加热蒸汽。
② 溶液含有溶质，易发泡，使气液分离更为困难，浓缩过程中易结垢、结晶，影响传热。

③ 通常溶液比纯溶剂黏度大，不利于传热。

④ 有些溶液是热敏性或腐蚀性的。

以上溶液特性往往随着浓度增加变得更为显著。

（2）传热性质 传热壁面一侧为加热蒸汽冷凝放热，另一侧为溶液吸热沸腾，溶剂汽化，两侧均有相变化，两侧流体温度基本恒定。

对少数沸点较高的溶液，可用水蒸气以外的其他高温载热体，如融盐、烟道气等，也可用电加热。

（3）节约能源 蒸发过程是溶剂汽化的相变过程，要耗费大量热能，因此节能非常重要。

① 单效蒸发和多效蒸发 为了节能，工业生产中多采用多效蒸发而不是单效蒸发。单效蒸发只采用一个蒸发器，而多效蒸发是将多个蒸发器串联，令前一效蒸发器产生的二次蒸汽作为后一效蒸发的加热蒸汽，从而节省了生蒸汽的用量。

② 加压蒸发和真空蒸发 多效蒸发中第 1 效生蒸汽和最后一效二次蒸汽要有足够大的温度差，以保证每一效冷热流体间有足够大的温度差，以维持正常传热。通常第 1 效为加压蒸发，末效为真空蒸发。真空蒸发有利于处理热敏性物质，散热少，但其缺点是溶液温度降低使黏度增大，总传热系数降低。

工业生产中大多用饱和水蒸气作为加热蒸汽，所处理的物料大多为水溶液，而且大量物料的蒸发通常是连续的定态蒸发。本章讨论仅限于上述常见情况。

5.1 单效蒸发

5.1.1 溶液沸点和温度差损失

蒸发计算需要知道蒸发器中溶液的沸点。纯水的沸点由压强决定，而水溶液的沸点不仅与压强有关，还取决于溶质性质和溶液浓度。在蒸发设备中，溶液的沸点还受到加热管内液柱静压强的影响。

（1）溶液沸点升高 一定温度下，溶质的存在使水溶液的蒸气压比纯水蒸气压低，亦即一定压强下水溶液的沸点高于纯水的沸点，溶液沸点升高的数值以 Δ' 表示。不同性质的溶液 Δ' 不同，无机盐溶液高于有机胶体溶液。溶液浓度越高，Δ' 越高。

溶液沸点可从有关文献中查到。图 5-2 是 NaOH 水溶液的杜林线图。图中浓度 W 是 NaOH 的质量分数。该图显示出一定压强下纯水沸点与一定浓度 NaOH 溶液的沸点间的线性关系。由该图可以得出 3 个结论：①浓度升高，溶液沸点显著增加；②只要已知两个不同压强下溶液的沸点，则其他压强下溶液的沸点可按水的沸点线性内插求得；③在中低含量范围内，各含量杜林线与 0％含量（纯水）线近似平行，说明 Δ' 与压强关系不大。因此，在中低浓度范围内 Δ' 可取常压下数据 Δ'_a，Δ'_a 在文献中较易查到，也可由实验测定。

图 5-3 是纸浆生产中产生的硫酸盐黑液沸点升高与浓度的关系曲线（常压下）。

另外也可用下面经验公式估算 Δ'

$$\Delta' = f\Delta'_a \tag{5-1}$$

$$f = \frac{0.0162(T' + 273)}{r'} \tag{5-2}$$

式中，f 为校正系数；T' 为操作压强下二次蒸汽温度，℃，根据水的饱和蒸气压表由操作压强查出；r' 为操作压强下二次蒸汽的汽化热，kJ/kg。

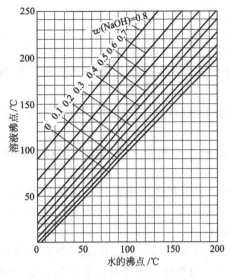

图 5-2　NaOH 水溶液的杜林线图

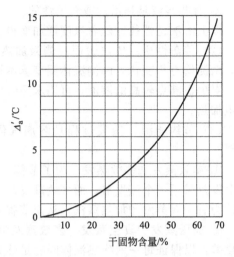

图 5-3　硫酸盐黑液沸点升高与浓度关系曲线

（2）加热管液柱静压强　某些蒸发器的加热管内积有一定高度液层，溶液压强沿管长自上而下增加，相应的沸腾温度也增加，液柱静压引起的液温升高用 Δ'' 表示。管内液体的平均压强 p_m 估算法为

$$p_m = p + \frac{1}{2}\rho g l \tag{5-3}$$

式中，p 为液面上方二次蒸汽压强（通常用冷凝器压强代替），Pa；l 为蒸发器加热管液层高度，m；ρ 为溶液密度，kg/m^3。

查出 p_m 和 p 所对应的纯水的沸点 t_{pm} 和 t_p，取

$$\Delta'' = t_{pm} - t_p \tag{5-4}$$

（3）二次蒸汽阻力损失　如果沸腾溶液上方的压强（分离室二次蒸汽压强）已知，并根据上述方法计算 Δ' 和 Δ''，便可求出溶液沸点。但在蒸发器的设计和操作计算中，往往规定加热蒸汽（生蒸汽）和冷凝器的压强，须根据冷凝器二次蒸汽压强确定溶液沸点。二次蒸汽由分离室流至冷凝器须克服管路阻力损失，使二次蒸汽压强降低，相应的二次蒸汽温度也降低。降低值以 Δ''' 表示，通常取 $\Delta''' = 1 \sim 1.5℃$。

若规定了单效蒸发中加热蒸汽压强和冷凝器压强，则其对应的饱和蒸汽温度可查出，分别为 T 和 T_K。由于上述原因，溶液沸点 t 为

$$t = T_K + \Delta' + \Delta'' + \Delta''' \tag{5-5}$$

令

$$\Delta = \Delta' + \Delta'' + \Delta''' \tag{5-6}$$

则

$$t = T_K + \Delta \tag{5-7}$$

蒸发过程的有效传热温度差 Δt 为

$$\Delta t = T - t = (T - T_K) - \Delta \tag{5-8}$$

由式（5-8）可知，有效传热温度差 Δt 比总温度差 $(T - T_K)$ 少了 Δ，因此称 Δ 为温度差损失。Δ'、Δ''、Δ''' 分别是由溶液沸点升高、液柱静压、蒸汽阻力损失引起的温度差损失。

【例 5-1】 用中央循环管式蒸发器将 NaOH 水溶液增浓至 50%（质量分数，下同），50% 溶液的密度为 $1500kg/m^3$，加热管内液层高 1.6m，加热蒸汽压强 400kPa，冷凝器压强为 50kPa（均为绝压），求溶液沸点、有效传热温度差。

解 由附录7饱和蒸汽表查出

400kPa下加热蒸汽温度 $T=143.4℃$，

50kPa下冷凝器二次蒸汽温度 $T_K=81.2℃$

循环式蒸发器内液体充分混合，器内溶液浓度即为完成液浓度。由图5-2查得50kPa下（水的沸点为81.2℃）50%NaOH溶液的沸点为120℃，则

$$\Delta'=120-81.2=38.8℃$$

液面高度为1.6m，则

$$p_m=p+\frac{1}{2}\rho g l=50+\frac{1}{2}\times1500\times9.81\times1.6\times10^{-3}=61.8kPa$$

查此压强下 $t_{pm}=86.5℃$，则

$$\Delta''=t_{pm}-t_p=86.5-81.2=5.3℃$$

设二次蒸汽温度由蒸发器至冷凝器温度降低1℃，即 $\Delta'''=1℃$

总温度差损失 $\quad\Delta=\Delta'+\Delta''+\Delta'''=38.8+5.3+1=45.1℃$

溶液沸点 $\quad t=T_K+\Delta=81.2+45.1=126.3℃$

有效传热温度差 $\quad\Delta t=T-t=143.4-126.3=17.1℃$

5.1.2 单效蒸发的计算

单效蒸发在给定生产任务（原料液流量、浓度、完成液浓度）和确定操作条件（加热蒸汽压强、冷凝器压强）后，主要计算项目有3个，即水分蒸发量、加热蒸汽消耗量、蒸发器传热面积，这些可由物料衡算、热量衡算、传热速率方程来解决。

5.1.2.1 物料衡算

设备流程如图5-4所示，因溶质在蒸发过程中不汽化，可写出对溶质的物料衡算式

$$Fx_0=(F-W)x_1 \tag{5-9}$$

由此可求得水分蒸发量

$$W=F\left(1-\frac{x_0}{x_1}\right) \tag{5-10}$$

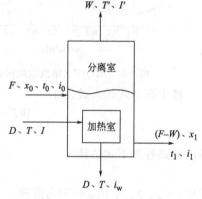

图5-4 单效蒸发物料衡算、热量衡算示意

式中，F 为原料液流量，kg/h；W 为水分蒸发量，kg/h；x_0 为原料液中溶质的质量分数；x_1 为完成液中溶质的质量分数。

5.1.2.2 热量衡算

蒸发操作中，加热蒸汽放出的热量一般消耗于将溶液加热至沸点、将水分蒸发为蒸汽以及向周围散热。对于某些溶液，若蒸发过程浓度变化显著，还需要提供一定量的浓缩热。

（1）溶液浓缩热不可忽略 如图5-4所示的蒸发器，各物料带入的焓等于各物料带出的焓

$$DI+Fi_0=WI'+(F-W)i_1+Di_w+Q_L \tag{5-11}$$

$$D = \frac{WI' + (F-W)i_1 - Fi_0 + Q_L}{I - i_w} \quad (5\text{-}12)$$

式中，D 为加热蒸汽消耗量，kg/h；I 为加热蒸汽的焓，kJ/kg；i_0 为原料液的焓，kJ/kg；I' 为二次蒸汽的焓，kJ/kg；i_1 为完成液的焓，kJ/kg；i_w 为冷凝水的焓，kJ/kg；Q_L 为热损失，kJ/h。

若加热蒸汽的冷凝液在蒸汽的饱和温度下排出，则

$$I - i_w = r$$

式中，r 为加热蒸汽的汽化热，kJ/kg。

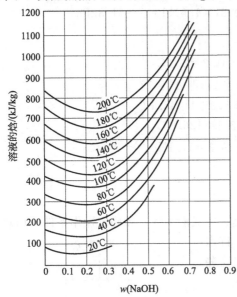

图 5-5　NaOH 水溶液的焓浓

则式(5-12) 变为

$$D = \frac{WI' + (F-W)i_1 - Fi_0 + Q_L}{r} \quad (5\text{-}13)$$

根据上式，只要能查出该种溶液在一定温度、浓度下的焓 i_1、i_0，不难求出加热蒸汽消耗量。图 5-5 为 NaOH 水溶液的焓浓图。

(2) 溶液浓缩热可以忽略　上述计算方法虽然较为准确，但有关溶液焓浓图的资料不多。所以，对浓缩热不大的溶液，一般忽略浓缩热，溶液的焓就由比热容及温度近似算出。

$$i_0 = c_{p0} t_0 \quad (5\text{-}14)$$
$$i_1 = c_{p1} t_1 \quad (5\text{-}15)$$

式中，c_{p0}、c_{p1} 分别为原料液与完成液的比热容，kJ/(kg·℃)；t_0 为原料液进料温度，℃；t_1 为完成液温度，即蒸发器内溶液温度，℃。

将上面二式代入式(5-13)

$$D = \frac{WI' + (F-W)c_{p1}t_1 - Fc_{p0}t_0 + Q_L}{r} \quad (5\text{-}16)$$

溶液比热容按下式估算

$$c_p = c_{pw}(1-x) + c_{pB}x$$

式中，c_p、c_{pw}、c_{pB} 分别为溶液、水、溶质的比热容，kJ/(kg·℃)。

$$c_{p0} = c_{pw}(1-x_0) + c_{pB}x_0 \quad (5\text{-}17)$$
$$c_{p1} = c_{pw}(1-x_1) + c_{pB}x_1 \quad (5\text{-}18)$$

联立式(5-17)、式(5-18)，消去 c_{pB}，得

$$(c_{p0} - c_{pw})x_1 = (c_{p1} - c_{pw})x_0 \quad (5\text{-}19)$$

由式(5-9)知 $x_1 = \dfrac{Fx_0}{F-W}$，代入式(5-19)，整理得

$$(F-W)c_{p1} = Fc_{p0} - Wc_{pw} \quad (5\text{-}20)$$

将式(5-20)代入式(5-16)，整理得

$$D = \frac{W(I' - c_{pw}t_1) + Fc_{p0}(t_1 - t_0) + Q_L}{r} \quad (5\text{-}21)$$

其中　　　　$I' - c_{pw}t_1 = (I' - c_{pw}T') + c_{pw}(T' - t_1) = r' + c_{pw}(T' - t_1) \quad (5\text{-}22)$

式中，T' 为二次蒸汽温度，℃；r' 为二次蒸汽的汽化热，kJ/kg。

因 $c_{pw}(T'-t_1) \ll r'$，式(5-22)可简化为

$$I'-c_{pw}t_1 \approx r' \tag{5-23}$$

代入式(5-21)，得

$$D = \frac{Wr'+Fc_{p0}(t_1-t_0)+Q_L}{r} \tag{5-24}$$

式(5-24)说明加热蒸汽冷凝放出的热量用于水分汽化、原料液升温至沸点和热损耗。

式(5-24)若忽略原料液升温至沸点消耗的热量和热损耗，则可将其简化为

$$D = \frac{Wr'}{r} \tag{5-25}$$

令

$$e = \frac{D}{W} = \frac{r'}{r} \tag{5-26}$$

则 e 表示蒸发 1kg 水分所消耗生蒸汽的量，称为单位蒸汽消耗量，单位 kg/kg。

由于蒸汽的汽化潜热随温度变化不大，$r \approx r'$，故单效蒸发操作中 $e \approx 1$，即蒸发 1kg 水分约需 1kg 的生蒸汽。考虑到 r 和 r' 的实际差别以及热损失等因素，e 约为 1.1 或稍多。e 值表示生蒸汽利用的经济程度。

5.1.2.3 传热速率方程

因为

$$Q = K_o A_o \Delta t \tag{5-27}$$

所以

$$A_o = \frac{Q}{K_o \Delta t} \tag{5-28}$$

式中，A_o 为蒸发器传热管外表面积，m^2；Q 为蒸发器的热流量或热负荷，W

$$Q = Dr \tag{5-29}$$

Δt 为传热温度差，℃，当加热蒸汽温度为 T，溶液沸点为 t，则

$$\Delta t = T - t \tag{5-30}$$

K_o 为基于管外表面积的总传热系数，$W/(m^2 \cdot ℃)$。

由第 4 章，若不计加热管内外径差别，忽略蒸汽侧污垢热阻，则有

$$K_o = \cfrac{1}{\cfrac{1}{\alpha_o}+\cfrac{\delta}{\lambda}+R_i+\cfrac{1}{\alpha_i}} \tag{5-31}$$

蒸汽冷凝热阻 $\frac{1}{\alpha_o}$、管壁热阻 $\frac{\delta}{\lambda}$ 一般较小，溶液侧污垢热阻 R_i、沸腾传热热阻 $\frac{1}{\alpha_i}$ 是构成热阻的主要部分。由于沸腾给热系数难于精确计算，一般参考经验数据选择 K 值。表 5-1 列出了不同类型蒸发器 K 值的大致范围。

表 5-1 常用蒸发器总传热系数经验值

蒸发器的型式	总传热系数/[W/(m²·℃)]	蒸发器的型式	总传热系数/[W/(m²·℃)]
标准式(自然循环)	600~3000	外加热式(强制循环)	1200~7000
标准式(强制循环)	1200~6000	升膜式	1200~6000
外加热式(自然循环)	1200~6000	降膜式	1200~3500

【例 5-2】 用中央循环管式蒸发器浓缩浓度为 20% 的 NaOH 水溶液，原料液流量为 5400kg/h，温度为 60℃，比热容为 3.4kJ/(kg·℃)。单效蒸发器总传热系数为

$1560W/(m^2 \cdot ℃)$。其他条件同[例 5-1]。加热蒸汽冷凝水在饱和温度下排除，热损失可忽略。求：(1) 加热蒸汽消耗量及单位蒸汽消耗量；(2) 传热面积。

解 查附录 6 得出的加热蒸汽及二次蒸汽有关参量如下：

400kPa 条件下　蒸汽的焓 $I = 2742.1kJ/kg$，汽化热 $r = 2138.5kJ/kg$，温度 $T = 143.4℃$

50kPa 条件下　蒸汽的焓 $I' = 2644.3kJ/kg$，汽化热 $r' = 2304.5kJ/kg$，温度 $T' = 81.2℃$

由 [例 5-1] 知，溶液沸点 $t = 126.3℃$。

(1) 考虑浓缩热　由图 5-5 查出

60℃时 20%NaOH 溶液的热焓　$i_0 = 210kJ/kg$；

126.3℃时 50%NaOH 溶液的热焓　$i_1 = 620kJ/kg$。

蒸发量

$$W = F\left(1 - \frac{x_0}{x_1}\right) = 5400 \times \left(1 - \frac{0.2}{0.5}\right) = 3240kg/h$$

加热蒸汽消耗量

$$D = \frac{WI' + (F-W)i_1 - Fi_0}{r}$$

$$= \frac{3240 \times 2644.3 + (5400 - 3240) \times 620 - 5400 \times 210}{2138.5}$$

$$= 4102kg/h$$

单位蒸汽消耗量

$$e = \frac{D}{W} = \frac{4102}{3240} = 1.27$$

传热面积

$$A_0 = \frac{Q}{K_0 \Delta t} = \frac{Dr}{K_0(T-t)} = \frac{4102 \times 2138.5 \times 10^3 / 3600}{1560 \times (143.4 - 126.3)} = 91.3m^2$$

(2) 忽略浓缩热

$$D = \frac{Wr' + Fc_{p0}(t_1 - t_0)}{r}$$

$$= \frac{3240 \times 2304.5 + 5400 \times 3.4 \times (126.3 - 60)}{2138.5}$$

$$= 4060kg/h$$

$$e = \frac{D}{W} = \frac{4060}{3240} = 1.25$$

$$A_0 = \frac{Dr}{K_0(T-t)} = \frac{4060 \times 2138.5 \times 10^3 / 3600}{1560 \times (143.4 - 126.3)} = 90.4m^2$$

两种计算方式结果差距不大，因此在误差允许范围内可以忽略浓缩热。

由计算可知，由于溶液沸点比原料液温度高许多，加热原料液也消耗一定量的加热蒸汽。

5.2 多效蒸发

5.2.1 多效蒸发操作流程

前面谈到单效蒸发的 $e = \dfrac{D}{W} \approx 1.1$，即每蒸发 1kg 水需消耗加热蒸汽 1.1kg。在大规模工业蒸发中，溶剂汽化量很大，要消耗大量加热蒸汽，故操作费用很高。为了提高加热蒸汽利用率，大多采用多效蒸发。

多效蒸发是将若干蒸发器连成一组。第 1 个蒸发器通入加热蒸汽（生蒸汽），由其产生的二次蒸汽作为第 2 个蒸发器的加热蒸汽，这时第 2 个蒸发器充当了第 1 个蒸发器的冷凝器；第 2 个蒸发器产生的二次蒸汽作为第 3 个蒸发器的加热蒸汽……依次类推，有几个蒸发器就称为几效。多效蒸发中，各效的加热蒸汽温度和操作温度依次降低，为了获得必要的传热温度差，要求生蒸汽的压力较高或末效采用真空条件。

多效蒸发的多个蒸发器中，只有第 1 效使用生蒸汽，故生蒸汽的使用量大为减少。若忽略热损失且沸点进料，单效蒸发的单位蒸汽消耗量 e 约为 1，n 效蒸发的 e 约为 $\dfrac{1}{n}$。

多效蒸发操作中料液的流向可以有多种方式，现以三效蒸发为例加以说明。

（1）并流加料　如图 5-6 所示，料液的流向和蒸汽流向相同，即由第 1 效顺序流至末效。并流法优点：①因为蒸发器压强逐级降低，故料液在各效间流动不需泵输送，自动由前一效流入后一效；②因为前一效料液温度高于后一效，所以溶液自前一效流入后一效时，呈过热状态，引起自蒸发，可以多产生一部分二次蒸汽。并流蒸发的缺点是由于后效溶液较前效溶液浓度高，且温度低，溶液黏度增大很多，使传热系数大幅降低。这种情况在最末一、二效尤为严重，使整个蒸发系统的生产强度降低。

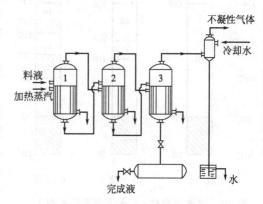

图 5-6　并流加料三效蒸发装置流程

（2）逆流加料　如图 5-7 所示，料液流向与蒸汽流向相反。料液由末效加入，用泵逐级送入前一效。逆流法的优点是料液的浓度逐级升高，温度也随之升高，浓度、温度对黏度的影响大致相抵消，各效传热系数接近。逆流法尤其适用于黏度随温度、浓度变化大的物系。逆流法的缺点是溶液在各效间输送必须用泵。

（3）错流加料　溶液在各效间有些采用并流，有些采用逆流，这样可以吸取以

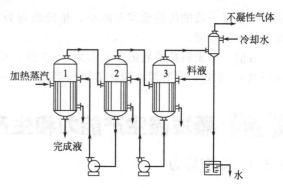

图 5-7　逆流加料三效蒸发装置流程

上两法优点，但操作较复杂。例如纸浆黑液蒸发，采用五效蒸发装置。蒸汽的流向为 1 效→2 效→3 效→4 效→5 效，而料液的流向为 3 效→4 效→5 效→2 效→1 效。

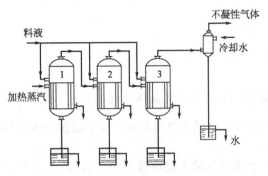

图 5-8 平流加料三效蒸发装置流程

（4）平流加料 如图 5-8 所示，原料液分别加入各效中，完成液分别自各效底部取出。这种加料法主要用在蒸发过程有晶体析出、不便于效间输送的情况。

多效蒸发的计算参见参考资料，在此不再赘述。

5.2.2 多效蒸发效数的限制

从单位蒸汽消耗量 D/W 看，随着效数的增加，D/W 值下降，即生蒸汽利用的经济性提高。表 5-2 是根据经验得的最小的 D/W 值。

表 5-2 单位蒸汽消耗量

效数	单效	双效	三效	四效	五效
$(D/W)_{min}$	1.1	0.57	0.4	0.3	0.27

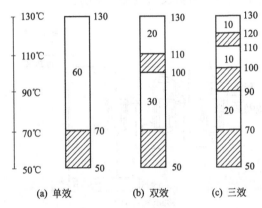

图 5-9 单效、双效、三效蒸发温度差损失

由表 5-2 看出，将单效改为双效，节省蒸汽约 50%，而将四效改为五效，节省蒸汽 10%。当多增加一个蒸发器的费用不能与所节省加热蒸汽的收益相抵时，便达到效数的最大限。

效数限制的另一原因是多效蒸发温度差损失大。图 5-9 表示单效、双效、三效蒸发温度差损失的数值。3 种情况具有相同的生蒸汽温度（130℃）和冷凝器温度（50℃），阴影代表由于各种原因引起的温度差损失，空白部分代表有效温度差。

由图 5-9 可见，多效蒸发在每一效都有温度差损失，总温度差损失较单效蒸发大，使分配给每一效的传热温度差减小。按经验每效传热温度差应不小于 5～7℃。这也是限制效数的一个原因。

目前，对无机盐溶液的蒸发常为 2～3 效；对糖、造纸黑液的蒸发，因其沸点上升不大，可用至 4～6 效；只有海水淡化等极稀溶液的蒸发才用到 6 效以上。

5.3 蒸发器生产能力和生产强度

5.3.1 生产能力

蒸发器生产能力用单位时间水分蒸发量 W 表示。由于蒸发过程中蒸发水分量取决于蒸发器的热流量，所以也可用热流量 Q 来衡量蒸发器的生产能力。

根据传热方程，单效蒸发的热流量为

$$Q_单 = KA\Delta t \tag{5-32}$$

对各效传热面积相等的 n 效蒸发器热流量为

$$Q_{多} = A \sum_{i=1}^{n} (K_i \Delta t_i) \tag{5-33}$$

假设多效蒸发和单效蒸发的生蒸汽压强、冷凝器压强均相同，又近似假定多效蒸发器的各效传热系数均与单效蒸发器的传热系数相同。则

$$Q_{多} = AK \sum \Delta t \tag{5-34}$$

比较式(5-32)和式(5-34)两式，如前所述在总温度差相同的情况下，由于多效蒸发的总温度差损失较单效大，即总有效传热温度差较单效小，因此 $Q_{多} < Q_{单}$，即多效蒸发的生产能力小于单效。

5.3.2 生产强度

蒸发器的生产强度简称蒸发强度，是指单位时间、单位传热面积上所蒸发的水量，用 U 表示。

$$U = \frac{W}{\sum_{i=1}^{n} A_i} \tag{5-35}$$

式中，W 为总水分蒸发量，kg/h；$\sum_{i=1}^{n} A_i$ 为各效传热面积之和。

多效蒸发的生产能力既比单效蒸发小，而传热面积又是单效蒸发的 n 倍，因此多效蒸发的生产强度较单效蒸发小得多。可见，采用多效蒸发提高生蒸汽的经济性，是以降低其生产能力、尤其是降低生产强度为代价的。

生产强度是衡量蒸发器技术经济特性的一项重要指标，生产强度越大，则完成一定生产任务需要的传热面积就越小，设备投资费就越少。多效蒸发虽然节省了生蒸汽的用量（减少了操作费用），却增加了设备费用，故设计蒸发器时应以设备费和操作费之和最小为最优方案。

5.3.3 提高生产强度的途径

假设各效蒸发器面积相等，均为 A，则式(5-35)为

$$U = \frac{W}{nA} \tag{5-36}$$

假设热损失可忽略，料液沸点进料，各效蒸发器二次蒸汽汽化潜热近似相等，均为 r'，则总热流量

$$Q = Wr' \tag{5-37}$$

由式(5-34)、式(5-36)和式(5-37)得

$$U = \frac{K \sum \Delta t}{nr'} \tag{5-38}$$

由式(5-38)看出，对一定效数的蒸发器，其生产强度取决于总传热系数 K 和有效传热温度差 $\sum \Delta t$。

有效温度差除与温度差损失有关外，主要取决于加热蒸汽压强和冷凝器压强之差。提高加热蒸汽的压强往往受到锅炉能力的限制，一般为 $300 \sim 500 kPa$，降低冷凝器压强，也要考虑维持较高真空度会消耗较大功率，同时由于溶液沸点降低，黏度增大，也会对溶液的沸腾

传热产生不利影响，所以一般冷凝器的压强不低于 $10\sim20\text{kPa}$。

一般来说，提高蒸发器的生产强度关键在于提高传热系数 K 值。影响 K 值的因素可由式(5-31) 分析。

① 管外蒸汽冷凝热阻 $1/\alpha_o$ 一般很小，但须注意及时排除加热室中的不凝性气体。

② 加热管壁热阻 δ/λ 一般可以忽略。

③ 管内溶液一侧的污垢热阻 R_i，在许多情况下是影响总传热系数的重要因素。在蒸发过程中，从溶液中析出的固体物会附着在加热管壁形成垢层。降低垢层热阻的方法是定期清理加热管；加快流体的循环运动速度；加入微量阻垢剂，以延缓垢层生成；在处理有结晶析出的物料时可加少量晶种，使结晶尽可能在溶液主体而不是在加热面上析出等。

④ 管内沸腾给热热阻 $1/\alpha_i$ 对于清洁的传热面，是影响总传热系数的主要因素。影响 α_i 的因素有蒸发器的结构、蒸发溶液的循环情况、加热蒸汽与溶液间的有效温度差、液面高度及加热管的清洁度等。管内沸腾比加热管完全浸没在溶液中的管外沸腾机理更复杂。设计计算时一般采用经验数据，最好结合现场实测 K 值。

5.4 蒸发操作的强化

5.4.1 额外蒸汽引出

蒸发操作中要消耗大量生蒸汽。若单效蒸发中产生的二次蒸汽能作为其他设备的热源加以利用（如加热料液），则能量得到最大限度的利用。对多效蒸发，末效多为真空操作，末效二次蒸汽因温度过低，难以作为热源再利用，但是，可以在前几效蒸发器中引出部分温度适中的二次蒸汽移作他用，这称为额外蒸汽引出。如图 5-10 所示。

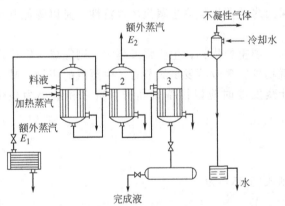

图 5-10 引出额外蒸汽的蒸发流程

若从第 i 效产生的二次蒸汽中引出数量为 E_i 的额外蒸汽，在相同蒸发任务下必然要向第 1 效多供应一部分生蒸汽。如果生蒸汽补加量 ΔD 与额外蒸汽引出量 E_i 相等，则额外蒸汽引出并无经济价值。事实上补加量 ΔD 总是少于引出量 E_i，而且越是从后几效引出额外蒸汽，须补加的蒸汽量越少，下面以三效为例说明之。为讨论方便，假设每 1kg 加热蒸汽能蒸发 1kg 水。

由于
$$W_1=D$$
$$W_2=W_1-E_1=D-E_1$$
$$W_3=W_2-E_2=D-E_1-E_2$$

则总蒸发量
$$W=W_1+W_2+W_3=3D-2E_1-E_2$$

加热蒸汽用量
$$D=\frac{W}{3}+\frac{2E_1}{3}+\frac{E_2}{3}$$

从上式看出，在总蒸发量一定的情况下，若不引出额外蒸汽，加热蒸汽消耗量为 $W/3$；若从第 1 效引出数量为 E_1 的额外蒸汽，则须补加 $2E_1/3$ 的生蒸汽量，若从第 2 效引出数量

为 E_2 的额外蒸汽，则只须补加 $E_2/3$ 的生蒸汽量。

因此从多效蒸发中引出额外蒸汽移作他用，比直接使用生蒸汽更为节省。这就是引出额外蒸汽的意义。

5.4.2　二次蒸汽的再压缩

在单效蒸发中，二次蒸汽经绝热压缩，压强和温度都升高，可送回原来蒸发器中作为加热蒸汽，这样，只要补充一定量的压缩功，便可以循环利用二次蒸汽的大量潜热了，这种操作方式称为热泵蒸发。

二次蒸汽再压缩的方式有两种，图 5-11(a) 所示为机械压缩，一般可用轴流式或离心式压缩机完成。图 5-11(b) 所示为蒸汽动力压缩，即使用蒸汽喷射泵以少量高压蒸汽为动力将部分二次蒸汽压缩并与之混合一起进入加热室作加热蒸汽用。

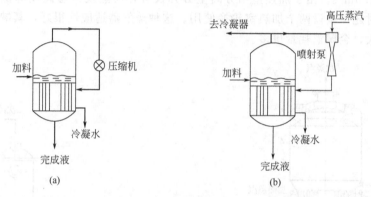

图 5-11　二次蒸汽再压缩蒸发流程

理论上，采用热泵蒸发是经济的，但是须考虑到，压缩机的投资费用较大，需要维修保养，而且通过压缩机绝热压缩，二次蒸汽温度提高也有限。当要求过高的温升（即压缩机压缩比很大）时，使用热泵在经济上就会变得不合理了。因此热泵蒸发适用于温度差损失不是很大的情况，经常在缺水地区、船舶上使用。

5.4.3　冷凝水热量的利用

多效蒸发中，前效加热蒸汽冷凝水的压强、温度都较高，可以加以利用，如用作原料液预热热源，也可送入冷凝水自蒸发器，使其压强降低到下一效加热室压强，则此冷凝水在此过程中产生自蒸发，产生的蒸汽与前效二次蒸汽一并进入下一效的加热室。在实际操作中，由于少量加热蒸汽难免会通过冷凝水排出器而泄漏，因此采用冷凝水自蒸发的实际效果比预计的还要大。

5.5　蒸发设备

5.5.1　蒸发器

5.5.1.1　循环型蒸发器

（1）中央循环管式（标准型）蒸发器　这种蒸发器的结构如图 5-12 所示。加热室由竖直管束组成，在管束中间有一根直径较大的管子，称为中央循环管。由于中央循环管截面积大，其中一定体积溶液所具有的传热面积比周围细管同样体积溶液所具有的传热面积小。当加热蒸汽通入管外间隙进行加热时，管内溶液受热沸腾，产生气泡。中央粗管含气率低，周围细管含气率高，由于密度不同，溶液产生由中央粗管下降而由细管上升的循环运动，从而提高了蒸发器的传热效果。

为了保证溶液在蒸发器内的良好循环，中央循环管的截面积一般为细加热管总截面积的40％～100％。细管多采用 25～75mm 直径的管子，加热管高度一般为 0.6～2m，循环速度可达 0.1～0.5m/s。因溶液在蒸发器内循环情况较好，且加热管又不长，故可用于处理黏度稍大且结垢、沉淀不严重的溶液。

(2) 外加热式蒸发器　外加热式蒸发器如图 5-13 所示。加热室管束较长，循环管与加热管分开。这样，循环管不受热，循环管内与加热管内溶液的密度差更大，循环情况更好，循环速度可达 1.5m/s。由于加热室与分离室分开设置，使蒸发器总高度降低，也便于检修和清洗，必要时还可装设两个加热室轮换使用。这种蒸发器适应性很好，其缺点是设备不够紧凑，热损失大，金属消耗量也多。

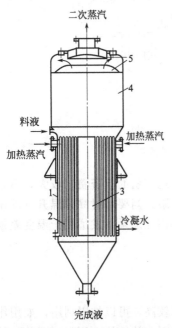

图 5-12　中央循环管式蒸发器

1—外壳；2—加热室；3—中央循环管；

4—蒸发室；5—除沫器

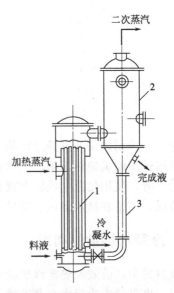

图 5-13　外加热式蒸发器

1—加热室；2—蒸发室；3—循环管

(3) 列文蒸发器　列文蒸发器如图 5-14 所示，其结构特点是加热室上端设置一段高度为 2.7～5m 的圆筒作为沸腾室。由于加热管内溶液较一般蒸发器多承受一段液柱静压力，于是，溶液在加热室不会沸腾汽化，不会增加浓度，避免了结垢和析出晶体，待溶液升至压强较低的沸腾室才沸腾汽化。纵向隔板的作用是限制气泡长大。循环管不受热，管内溶液密度大，且其直径远超过加热管，流动阻力小，加大了循环推动力，循环速度可达 2～3m/s，从而提高了传热系数。

列文蒸发器适于处理有晶体析出、易结垢的溶液。缺点是设备本身很高（一般达 14m以上），耗材多。此外，这种蒸发器液柱静压强大，要求有较高温度的加热蒸汽。

上述 3 种蒸发器均为自然循环型蒸发器。

（4）强制循环蒸发器　强制循环蒸发器依靠外加动力（例如用泵）迫使流体沿一定方向循环，其结构如图 5-15 所示。强制循环蒸发器的循环速度可高达 2～3.5m/s，避免了溶液因生垢层和析出晶体而堵塞管子的情况。强制循环蒸发器沸腾传热系数高，非常适合于黏度大、易结晶结垢的物料。其缺点是设备费用高，能量消耗大。

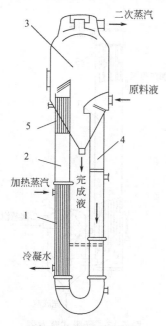

图 5-14　列文蒸发器

1—加热室；2—沸腾室；3—分离室；
4—循环管；5—纵向隔板

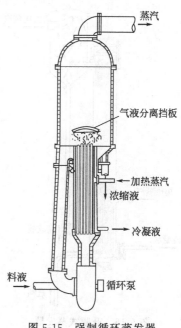

图 5-15　强制循环蒸发器

5.5.1.2　膜式（单程型）蒸发器

上述蒸发器都属于多次循环型蒸发器。在这些蒸发器中，由于溶液的充分混合，各处溶液浓度接近或等于完成液的浓度，以致溶液的沸点上升，降低了传热温度差。同时，在循环型蒸发器中，溶液停留时间较长，不适于处理热敏性物料。膜式蒸发器则与循环型蒸发器不同，溶液沿管壁呈膜状流动，不作循环，一次达到所要求浓度。按物料在蒸发器内的流动方向分类，可分为升膜式、降膜式和升降膜式。

（1）升膜式蒸发器　升膜式蒸发器如图 5-16 所示，溶液由加热管底部进入，经一段距离加热、汽化后，管内气泡逐渐增多，最终液体被上升蒸汽拉成环状薄膜，沿管壁向上运动。汽液混合物由管口高速冲出，被浓缩的液体经汽液分离后即被排出蒸发器。

升膜式蒸发器需要妥善设计和操作。蒸发器加热管束长 3～10m。加热管中上升的二次蒸汽应具有较高速度，在常压下管上端出口速度以保持在 20～50m/s 为宜，真空时则速度更大。这种蒸发器适于处理蒸发量较大的稀溶液，不适于处理高黏度、易结垢、易结晶的溶液。

（2）降膜式蒸发器　若蒸发浓度或黏度较大的溶液，可采用如图 5-17 所示的降膜式蒸发器，它的加热室与升膜蒸发器类似。原料液由加热室顶部加入，经管端的液体分布器均匀地流入加热管内，在溶液本身的重力作用下，溶液沿管内壁膜状流下，并进行蒸发。为了使溶液能在壁上均匀布膜，且防止二次蒸汽由加热管顶端直接窜出，加热管顶部必须设置加工良好的液体分布器。图 5-18 所示的是 3 种最常用的液体分布器。图 5-18 (a)所示的分布器为有螺旋形沟槽的圆柱体；图 5-18(b)所示的分布器下端为圆锥体，且底面为凹面，以防止沿锥体斜面流下的液体向中央聚集；图 5-18(c)所示的分布器是将管端周边加工成齿缝形。

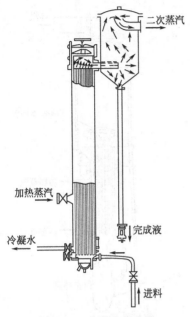

图 5-16　升膜式蒸发器

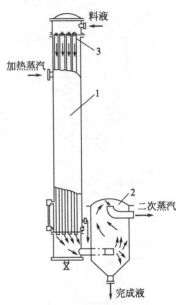

图 5-17　降膜式蒸发器

1—加热室；2—分离器；3—液体分布器

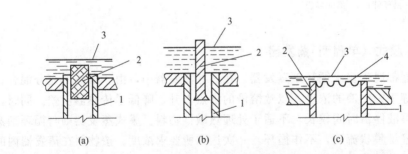

图 5-18　液体分布器

1—加热管；2—分布器；3—液面；4—齿缝

降膜式蒸发器也适用于处理热敏性物料，但不适于处理易结晶、易结垢或黏度很大的溶液。

（3）升降膜式蒸发器　它是将升膜蒸发器和降膜蒸发器装置在一个外壳中，如图 5-19 所示。这种蒸发器往往用于溶液在浓缩过程中黏度变化大或厂房高度有一定限制的场合。

料液由预热器加热至高于加热管底部溶液的沸腾温度后送入，使料液在管子底部即出现沸腾状态。汽液混合物在顶部端盖室内分离，并在下降途中得到重新分配。在上升途中生成的蒸汽不仅能帮助下降液膜途中的再分配，而且能加速搅动下降的液膜。下降后的汽液混合物进入分离器中分离。

（4）刮板式搅拌薄膜蒸发器　刮板搅拌薄膜蒸发器的结构如图 5-20 所示。加热管是一根垂直的空心圆管，圆管外有夹套，内通加热蒸汽；圆管内装有可以旋转的搅拌叶片，叶片边缘与管内壁的间隙为 0.25～1.5mm。原料液沿切线方向进入管内。由于受离心力、重力以及叶片的刮带作用，在管壁上形成旋转下降的薄膜，并不断地蒸发。完成液由底部排出。

刮板式搅拌薄膜蒸发器是利用外加动力成膜的单程蒸发器，适用于高黏度、易结垢或热敏性溶液的蒸发。缺点是结构复杂、动力消耗大、传热面积较小（一般为 3～4m²/台），处理能力不大。

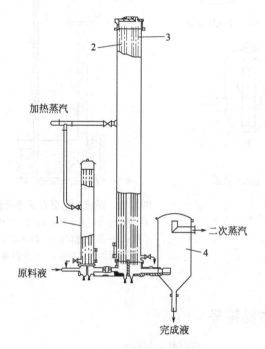

图 5-19　升降膜式蒸发器
1—预热器；2—升膜加热管束；3—降膜加热管束；4—分离器

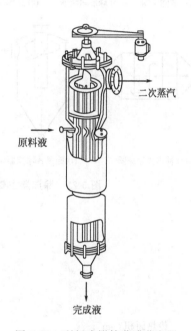

图 5-20　刮板式搅拌薄膜蒸发器

5.5.2　蒸发辅助设备

（1）除沫器　蒸发器内产生的二次蒸汽挟带着许多液沫，尤其是处理易产生泡沫的液体，挟带现象更为严重。为了防止损失有用的产品或污染冷凝液，蒸发器上部要有足够大的汽液分离空间，使液滴借重力沉降下来。此外，常在蒸发器中设置各种型式的除沫器，以尽可能地分离液沫。图 5-21 所示为经常采用的一些除沫器型式。图 5-21 中（a）～（d）可直接安装在蒸发器分离室的顶部，图（e）～（g）安装在蒸发器外部。

（2）冷凝器　蒸发器中产生的二次蒸汽若不再利用则必须加以冷凝。第 4 章中所述的各种间壁式冷凝器固然可用，但因二次蒸汽多为水蒸气，故使用混合式冷凝器居多。

图 5-22 为逆流高位混合式冷凝器。顶部用冷却水喷淋，使之与二次蒸汽直接接触将其冷凝。冷凝器内装有圆缺形的淋水板，淋水板上钻有直径为 2～5mm 的小孔。冷凝器一般均处于负压操作，为将混合冷凝后的水排向大气，冷凝器的安装必须足够高。冷凝器底部所连接的长管称为大气腿。不凝性气体由导管引入分离器，将所挟带的液滴分出后，用真空泵抽出。

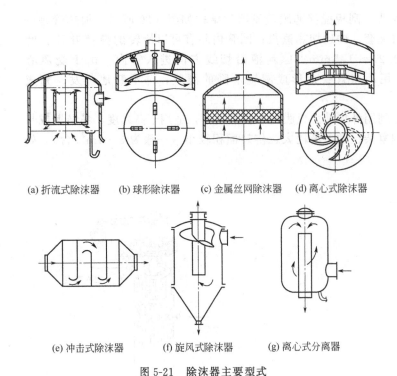

(a) 折流式除沫器　(b) 球形除沫器　(c) 金属丝网除沫器　(d) 离心式除沫器

(e) 冲击式除沫器　(f) 旋风式除沫器　(g) 离心式分离器

图 5-21　除沫器主要型式

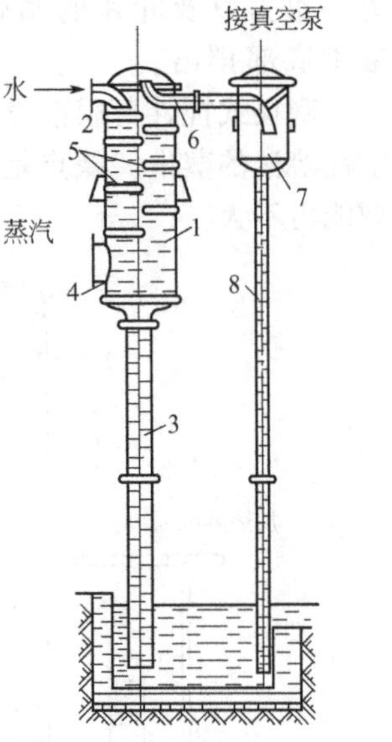

图 5-22　逆流高位混合式冷凝器
1—外壳；2—进水口；3，8—气压
管；4—蒸汽进口；5—淋水板；
6—不凝性气体导管；7—分离器

<<<<< **本章主要符号** >>>>>

A——传热面积，m^2。

c_p——溶液比热容，$kJ/(kg \cdot ℃)$。

D——加热蒸汽流量，kg/h，kg/s。

E——额外蒸汽引出流量，kg/h，kg/s。

F——原料液流量，kg/h，kg/s。

I——蒸汽热焓，kJ/kg。

i——液体热焓，kJ/kg。

K——总传热系数，$W/(m^2 \cdot ℃)$。

l——蒸发器内加热管的液层高度，m。

n——效数。

p——压强，Pa。

Q——蒸发器传热速率，W。

R_i——管内侧垢层热阻，$m^2 \cdot ℃/W$。

r——汽化热，kJ/kg。

T——加热蒸汽温度，$℃$。

T'——二次蒸汽温度，$℃$。

t——溶液温度，$℃$。

Δt——有效传热温度差，$℃$。

U——蒸发器生产强度，$kg/(m^2 \cdot s)$。

W——水分蒸发流量，kg/h，kg/s。

x——溶液质量分数。

α——给热系数，$W/(m^2 \cdot ℃)$。

λ——热导率，$W/(m \cdot ℃)$。

δ——加热管壁厚，m。

Δ——传热温度差损失，$℃$。

ρ——溶液密度，kg/m^3。

<<<<< **习　题** >>>>>

5-1　在单效蒸发器内，将 NaOH 稀溶液浓缩至 50%，蒸发器内液面高度为 2.0m，溶液密度为 1500kg/m^3，加热蒸汽绝对压强为 300kPa，冷凝器真空度为 90kPa，问蒸发器的有效传热温度差为多少？若冷凝器真空度降为 30kPa，其他条件不变，有效传热温度差有何变化？

[32℃]

5-2 一常压蒸发器，每小时处理 2700kg 浓度为 7% 的水溶液，溶液的沸点为 103℃，加料温度为 15℃，加热蒸汽的表压为 196kPa，蒸发器的传热面积为 50m²，传热系数为 930W/(m²·℃)。求溶液的最终浓度和加热蒸汽消耗量。 [21.5%；2.32×10³kg/h]

5-3 需要将 1000kg/h 的某溶液从 15% 蒸浓至 35%，现有传热面积为 10m² 的小型蒸发器可供利用，冷凝器可维持 79kPa 的真空度。估计操作条件下的温度差损失为 8℃，总传热系数可达 930W/(m²·℃)，若溶液在沸点下进料，试求加热蒸汽压强至少应为多少才能满足需要？ [143kPa]

5-4 欲设计一组三效并流蒸发装置，以将 NaOH 水溶液从 10% 浓缩到 50%，进料量为 22700kg/h，原料液温度 40℃，比热容取 4.19 kJ/(kg·℃)。加热蒸汽压强为 500kPa，末效二次蒸汽压强为 14kPa，各效传热系数分别为 $K_1 = 2840$W/(m²·℃)，$K_2 = 1700$W/(m²·℃)，$K_3 = 1135$W/(m²·℃)。各效汽化热均取 2326kJ/kg。假设静压引起的温度差损失、热损失可忽略。求加热蒸汽消耗量及蒸发器的传热面积（各效面积相等）。 [9551kg/h；183m²]

5-5 计算蒸发硫酸盐黑液用的四效长管液膜式蒸发器。黑液处理量为 14m³/h（密度为 1158kg/m³），要求从 25% 浓缩到 50%。料液流向为：3 效→4 效→1 效→2 效，3 效及 1 效的料液经预热至沸点。各效蒸发量之比可设为 $W_1 : W_2 : W_3 : W_4 = 1 : 1.1 : 1 : 1.1$。加热蒸汽压强为 202.6kPa（表压），末效真空度为 76kPa。各效传热系数分别为 $K_1 = 810$W/(m²·℃)，$K_2 = 1160$W/(m²·℃)，$K_3 = 1160$W/(m²·℃)，$K_4 = 1280$W/(m²·℃)。原料液比热容为 3.77kJ/(kg·℃)。 [$D = 1857$kg/h；$A = 92$m²]

5-6 将 2.0%（质量分数）的盐溶液，在 28℃ 下连续加入一单效蒸发器中浓缩至 3.0%。蒸发器的传热面积为 69.7m²，加热蒸汽为 110℃ 饱和水蒸气。加料量为 4500kg/h，料液的比热容为 4100J/(kg·℃)。因是稀溶液，沸点升高可以忽略，操作在 101.3kPa 下进行。100℃ 水的汽化潜热为 2258kJ/kg，110℃ 水的汽化潜热为 2218kJ/kg。试求：①蒸发的水分量和蒸发器的传热系数；②在上述蒸发器中，将加料量提高至 6800kg/h，其他操作条件（加热蒸汽及进料温度、进料浓度、操作压强）不变时，可将溶液浓度浓缩至多少？ [①0.417kg/s，1.81×10³W/(m²·℃)；②2.4%]

<<<<< 复习思考题 >>>>>

5-1 蒸发是＿＿＿＿＿＿＿＿＿＿＿＿＿＿的操作。

5-2 蒸发的目的包括＿＿＿＿＿＿、＿＿＿＿＿＿、＿＿＿＿＿＿。

5-3 蒸发操作不同于一般换热过程的主要特点是＿＿＿＿＿＿、＿＿＿＿＿＿、＿＿＿＿＿＿。

5-4 蒸发操作中，所指的生蒸汽为＿＿＿＿＿＿；二次蒸汽为蒸发过程中＿＿＿＿＿＿。

5-5 单效蒸发中，二次蒸汽温度低于生蒸汽温度，这是由于＿＿＿＿＿＿和＿＿＿＿＿＿造成的。

5-6 多效蒸发的原理是＿＿＿＿＿＿。

5-7 蒸发操作中，加入蒸汽放出的热量主要用于＿＿＿＿＿＿、＿＿＿＿＿＿、＿＿＿＿＿＿。

5-8 蒸发器的生产强度是指＿＿＿＿＿＿。提高蒸发器生产强度的主要途径是＿＿＿＿＿＿。

5-9 多效蒸发的效数受＿＿＿＿＿＿和＿＿＿＿＿＿限制。

第6章
气体吸收

 学习指导

本章以质量传递（分子扩散、对流传质）为基础，学习气体吸收的原理与流程、气体吸收过程的平衡关系与速率关系、低浓度气体吸收过程的计算方法，重点掌握填料层高度的方法。质量传递与动量传递、热量传递具有类似性，都可以表示为以下形式：通量＝－扩散系数×浓度梯度，学习过程中应抓住问题的本质，实现知识迁移。此外，吸收剂的选择及用量应遵循技术上可行、经济上合理的原则。

6.1 概述

6.1.1 吸收与传质

气体溶解于液体的过程称为吸收，如 HCl（气）溶于水生成盐酸，SO_3 溶于水生成硫酸，NO_2 溶于水生成硝酸等都是气体吸收的例子。然而，实际上应用更广、更重要的气体吸收操作，是选用合适的液体分离某气体混合物，利用气相中各组分在该液体中溶解度的差异，实现气相各组分的分离。气体吸收是气体混合物中一种（或多种）组分从气相转移到液相的过程。转移方法是物质借扩散（分子扩散或对流扩散）作用而传递，从机理上看，吸收属于传质过程。

气体吸收在工业及环保中的应用目的可分为三种。

① 回收气相中的有用组分，如用洗油（焦化工厂生产中的副产品，数十种碳氢化合物的混合物）吸收焦炉煤气中的苯、甲苯、二甲苯，以液态烃吸收裂解气中的乙烯、丙烯等。

② 气体净化，如合成氨厂进合成塔的原料气中 CO、CO_2 及 H_2S 等杂质的去除，以防止催化剂中毒。硫酸厂排空气体中 SO_2 的去除，磷肥厂排空气体中 HF 的去除等。

③ 废气的治理，工业生产排放的废气通常包括有害气体成分，如发电厂排放废气中 SO_2、NO_x 的去除，汽车厂喷涂车间排放的挥发性有机废气（VOCs）的去除等。

也有一些气体吸收操作兼有上述两种目的。

由于气体吸收过程含有组分自一相到另一相的转移，故属传质过程。一般来说，凡在混合物中存在着组分浓度差异，发生自发的组分从其浓度高处向浓度低处转移，该过程便为传质过程或扩散过程。实际的传质操作多用于均相混合物组分分离的目的。

有关运用传质操作实现均相混合物组分分离的方法与特点，可以从空气与氨均匀混合气中除去氨为例说明。设原来气相中氨的浓度分布均匀，令此混合气与清水接触，由于氨易溶于水而空气难溶于水，在气相中靠近水面处的氨浓度就低于远离水面处氨的浓度，在气相中形成氨浓度差异。氨便由气相主体向气液界面转移，并越过界面溶于液相。随着吸收过程的进行，气相中氨浓度不断减小，水中氨浓度不断增大，氨转移速率逐渐降低。当氨在气相与液相的浓度处于平衡态时，氨的转移速率便为零。由此例可见，以吸收操作实现均相混合物组分分离有如下的特点。

① 需加入另一物质，使该物质与原均相混合物接触构成并存的两相。

② 要判断是否发生组分的相际转移，可设想每一相中各组分的浓度都均匀一致。若转移的组分在两相中的浓度偏离平衡态愈远，则该组分的转移速率愈大。

③ 当转移的组分在两相中呈平衡态，则该组分的转移速率为零。

在气体吸收操作中，由气相较易转移至液相的组分叫易溶组分或溶质气体，气相中不易转移至液相的组分叫难溶组分或惰性气体。液体吸收剂称为溶剂，吸收剂吸收了溶质气体则成为溶液。当溶质气体为多种组分，该吸收为多组分吸收，若溶质气体为单组分，则为单组分吸收。

6.1.2　物理吸收与化学吸收

溶质气体溶于液相中不发生显著化学反应的吸收过程为物理吸收，如用水吸收 CO_2、HCl 或丙酮等。

若液相中含有某种组分，该组分能与已溶解在液相中的溶质气体进行化学反应的吸收过程为化学吸收。如用 K_2CO_3 水溶液吸收 CO_2，由于化学反应"消耗"了部分溶入液相的 CO_2，使液相中 CO_2 浓度降低，促使气相中 CO_2 更快、更多地转移至液相，故化学吸收能增强吸收效果。

6.1.3　吸收与解吸

从溶液中释放出溶解的溶质气体的操作叫解吸。解吸是吸收的逆过程。

溶质气体在液体溶剂中的溶解度与温度密切相关。一般温度低时溶解度大，利于吸收，故吸收操作通常在较低温度下进行。但温度过低液体黏度增加，对吸收操作不利，故低温要适度。吸收后的溶液可在提高温度条件下使已溶的溶质气体释出。若令吸收与解吸联合操作，一方面可从气相中吸收浓度很低的某溶质气体并通过解吸获得纯度很高的该溶质产品，同时又可将吸收剂循环使用，故这种联合操作被广泛采用。

下面介绍以吸收与解吸联合操作从焦炉煤气中回收粗苯（苯、甲苯、二甲苯等）的生产流程。参看图 6-1。焦炉煤气在吸收塔内与洗油逆流接触，气相中粗苯蒸气被洗油吸收，脱苯煤气从塔顶排出。吸收后的洗油称为富油，从塔底排出。富油经换热器升温后从塔顶进入解吸塔，经解吸后的洗油称为贫油，贫油经换热器降温后再进吸收塔循环使用。过热水蒸气从解吸塔底部进塔。在解吸塔顶排出的气相为过热水蒸气与粗苯蒸气的混合物，该混合物冷凝后因两种凝液不互溶，并依密度不同而分层，粗苯在上，水在下，分别引出则可得到粗苯产品。实现解吸操作一般可采用加热、减压或令惰性气体与溶液逆流接触等方法，图 6-1 中解吸所用的开口过热水蒸气即为惰性气体。解吸操作常可采用上述 3 种方法的不同联合方案进行。

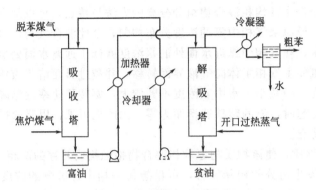

图 6-1　吸收与解吸联合操作

6.1.4　溶剂的选择

溶剂选择的原则是要求溶剂对溶质气体的溶解度大，选择性好（对要求吸收的组分溶解度很大而对不希望吸收的组分溶解度很小），溶解度对温度的变化率大（利于吸收与解吸联合操作），蒸气压低（溶剂不易挥发，随气流带出塔的损耗小），化学稳定性好，无毒，价廉，黏度小及不易起泡（利于操作）等。

为了更简明地阐述吸收过程原理，本章只介绍物理吸收，而且仅限于单组分吸收，同时，还假设吸收剂对惰气完全不溶，溶剂不挥发。

6.2　气液相平衡

6.2.1　平衡溶解度图

图 6-2 所示的就是最简单的气液相平衡状况：在一个密闭容器内存在着平衡的气液两相，体系的压强为 p，温度为 t。图中以 A 表示溶质气体，B 表示惰气，S 表示溶剂。

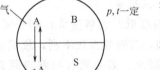

图 6-2　气液相平衡

由相律知，自由度＝组分数－相数＋2。图 6-2 中情况，组分数为 3，相数为 2，故自由度是 3。若各组分在气、液相的浓度皆以摩尔分数表示，且以 x 表示组分在液相的浓度，以 y 表示组分在气相的浓度（下同），则 $x_A + x_S = 1$，$y_A + y_B = 1$。在上述条件下，对于一定的体系，在 p、t、x_A、y_A 4 个独立变量中只需确定 3 个变量的值，一个气液相平衡状况便被确定。

不同体系的气液相平衡数据均由实验测得。图 6-3～图 6-5 所示的即为 3 例。各图中均有多条等温线。通过查图线可比较同一种溶剂在相同温度下对不同溶质的溶解度大小。例如，在 20℃，溶质 A 在气相中的分压 p_A 为 60kPa，查图可知，对应的 A 在液相中的平衡浓度 $(x')^*$，对氨-水体系为 390g(NH_3)/1000g(H_2O)，对二氧化硫-水体系为 68g(SO_2)/1000g(H_2O)，对氧-水体系为 0.0255g(O_2)/1000g(H_2O)。由此数据可见，氨在水中的溶解度比氧在水中的溶解度大 15000 倍以上。通常认为氨在水中是易溶的，氧在水中是难溶的，二氧化硫在水中的溶解度居中。

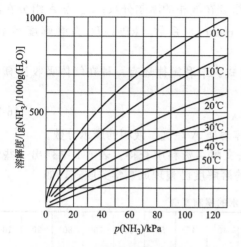

图 6-3　氨在水中的溶解度

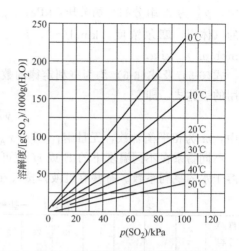

图 6-4　二氧化硫在水中的溶解度

溶质 A 在液相的浓度有多种表示方式，除 x g(A)/1000g(S)外，常用的尚有体积摩尔浓度 c 及摩尔分数 x'。A 在气相的浓度除以分压 p_A 表示外，常用摩尔分数 y_A 表示。

若以 M_i 表示某组分的摩尔质量，溶液密度为 ρ，则各种浓度间的换算关系如下。

$$x = \frac{\dfrac{x'}{M_A}}{\dfrac{x'}{M_A} + \dfrac{1000}{M_S}} \tag{6-1}$$

$$c = \frac{\dfrac{x'}{M_A}}{\dfrac{x' + 1000}{\rho}} \tag{6-2}$$

及

$$c = \frac{x}{\dfrac{xM_A + (1-x)M_S}{\rho}} \tag{6-3}$$

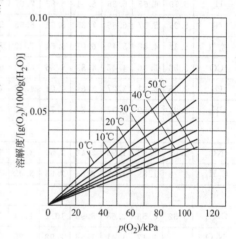

图 6-5　氧在水中的溶解度

若理想气体定律及道尔顿分压定律对气相适用，总压为 p，p 与 p_A 单位一致，则

$$y_i = \frac{p_i}{p} \tag{6-4}$$

气液相平衡关系可用 p_i-x'、p_i-c、p_i-x 或对于一定总压 p 的 y-x 等温图线表示，图线一般为曲线。

由于大多数气体吸收问题只涉及溶质气体在液相中浓度很低的范围，故稀溶液的气液相平衡关系尤为重要。由图 6-3～图 6-5 可知，把 p-x' 等温线的低浓度范围曲线近似看成通过原点的直线是允许的，从 p-c 气液相平衡等温曲线同样可得到上述结论。因此，稀溶液的气液相平衡关系可表达为

$$p_A^* = Ex_A \tag{6-5}$$

或

$$p_A^* = \frac{c_A}{H} \tag{6-6}$$

式中，p_A^* 为 A 组分的平衡分压，kPa；x_A 为 A 组分在液相的摩尔分数；c_A 为 A 组分在液相的（体积）摩尔浓度，$kmol/m^3$；E 为亨利（Henry）系数，kPa；H 为溶解度系数，$(kmol/m^3)/kPa$。

式(6-5)及式(6-6)均为亨利定律的数学表达式。亨利定律还有一种在气体吸收计算中常用的表达式，即

$$y_A^* = mx_A \tag{6-7}$$

式中，m 为相平衡常数，无量纲；y_A^*、x_A 为气体溶质 A 在气、液相的摩尔分数。

不同物系在不同温度下的 E 或 H 值可从有关文献、资料中查得。表 6-1 中列出一些气体溶于水的亨利系数。有些有机液体蒸气在水中的溶解度已整理成数学关联式，如

表 6-1　一些气体溶于水的亨利系数

温度/℃ 气体	0	5	10	15	20	25	30	35	40	45	50	60	70	80	90	100
$E \times 10^{-4}$/atm																
H_2	5.79	6.08	6.36	6.61	6.83	7.07	7.29	7.42	7.51	7.60	7.65	7.65	7.61	7.55	7.51	7.45
N_2	5.29	5.97	6.68	7.38	8.04	8.65	9.24	9.85	10.4	10.9	11.3	12.0	12.5	12.6	12.6	12.6
空气	4.32	4.88	5.49	6.07	6.64	7.20	7.71	8.23	8.70	9.11	9.46	10.1	10.5	10.7	10.8	10.7
CO	3.52	3.96	4.42	4.89	5.36	5.80	6.20	6.59	6.96	7.29	7.61	8.21	8.45	8.45	8.46	8.46
O_2	2.55	2.91	3.27	3.64	4.01	4.38	4.75	5.07	5.35	5.63	5.88	6.29	6.63	6.87	6.99	7.01
CH_4	2.24	2.59	2.97	3.37	3.76	4.13	4.49	4.86	5.20	5.51	5.77	6.26	6.66	6.82	6.92	7.01
$E \times 10^{-4}$/atm																
NO	1.69	1.93	1.93	2.42	2.64	2.87	3.10	3.31	3.52	3.72	3.90	4.18	4.28	4.48	4.52	4.54
C_2H_6	1.26	1.89	1.55	2.86	2.63	3.02	3.42	3.83	4.23	4.63	5.00	5.65	6.23	6.61	6.87	6.92
$E \times 10^{-3}$/atm																
C_2H_4	5.52	6.53	7.68	8.95	10.2	11.4	12.7	—	—	—	—	—	—	—	—	—
N_2O	—	1.17	1.41	1.66	1.98	2.25	2.59	3.02	—	—	—	—	—	—	—	—
CO_2	0.728	0.876	1.04	1.22	1.42	1.64	1.86	2.09	2.33	2.57	2.83	3.41	—	—	—	—
C_2H_2	0.72	0.84	0.96	1.08	1.21	1.33	1.46	—	—	—	—	—	—	—	—	—
Cl_2	0.268	0.33	0.394	0.455	0.53	0.596	0.66	0.73	0.79	0.85	0.89	0.96	0.98	0.96	0.95	—
H_2S	0.268	0.315	0.367	0.413	0.483	0.545	0.609	0.676	0.745	0.814	0.884	1.03	1.19	1.35	1.44	1.048
$E \times 10^{-2}$/atm																
Br_2	0.213	0.275	0.366	0.466	0.593	0.737	0.905	1.09	1.33	1.58	1.91	2.51	3.21	4.04	—	—
SO_2	0.165	0.20	0.242	0.29	0.35	0.408	0.479	0.56	0.652	0.753	0.86	1.10	1.37	1.68	1.98	

注：1atm=101.3kPa。

丙酮蒸气（$x<0.01$，$t=15\sim45℃$）

$$\lg E = 7.165 - \frac{2040}{T} \tag{6-8}$$

甲醇蒸气（$x<0.10$，$t=10\sim50℃$）

$$\lg E = 5.478 - \frac{1550}{t+230} \tag{6-9}$$

乙醇蒸气（$x<0.01$，$t=20\sim80℃$）

$$\lg E = 7.580 - \frac{2390}{T} \tag{6-10}$$

在式(6-8)～式(6-10)中，E 为亨利系数，atm；T 为热力学温度，K；t 为温度，℃。当查到 E 或 H 值，需转换为 m 时，可按以下方法换算

因

$$p^* = Ex \quad \text{且} \quad y = \frac{p_A}{p}$$

则

$$m = \frac{E}{p} \tag{6-11}$$

令 c_m 表示 $1m^3$ 溶液中溶质气体与溶剂的物质的量(kmol)之和，

由于

$$p^* = \frac{c}{H} \quad \text{且} \quad c = c_m x$$

所以

$$m = \frac{c_m}{Hp} \tag{6-12}$$

对于稀溶液，可近似由溶剂的密度 ρ_s 及溶剂的摩尔质量 M_s 计算 c_m，即

$$c_m \approx \frac{\rho_s}{M_s} \tag{6-13}$$

一般认为总压在 5atm（0.49MPa）以下，亨利系数 E 与溶解度系数 H 值与总压无关。

6.2.2　过程方向判断与过程推动力

对于一定体系，当温度 t、总压 p 及相平衡常数 m 值已定，溶质 A 的气相浓度 y_1 与液相浓度 x_1 间的关系可能出现 3 种情况。

（1）$y_1 = mx_1$　气液相平衡，过程推动力为零。

（2）$y_1 > mx_1$　气液相不平衡。现以 y_1^* 表示与液相浓度 x_1 相平衡的气相浓度，即 $y_1^* = mx_1$。由于 $y_1 > y_1^*$，故可判断组分 A 的转移方向是从气相至液相，过程为吸收，过程推动力为 $(y_1 - y_1^*)$。

（3）$y_1 < mx_1$　气液相不平衡。过程为解吸，过程推动力为 $(y_1^* - y_1)$。

参看图 6-6，图中任一点均具有 x、y 两个坐标，分别表示液相与气相浓度。当气液浓度决定的点为图中的 a 点，处在平衡线上，这时气液呈平衡态。当气液浓度决定的点为图中的 b 点，位于平衡线上方，$y_1 > y_1^*$，则过程为吸收，过程推动力为 $(y_1 - y_1^*)$，如图中 $\overline{ba}$ 线段所示。若气液浓度如图中 c 点所示，则为解吸，过程推动力为 $(y_1^* - y_1)$，如线段 $\overline{ac}$ 所示。

在以上分析中，推动力是以气相浓度差 Δy 表示的。过程推动力同样可以液相浓度差 Δx 表示。

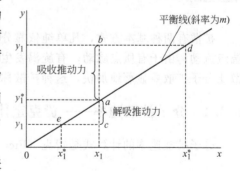

图 6-6　过程方向判断与过程推动力

仍参看图 6-6。令 $x_1^* = \dfrac{y_1}{m}$。在 b 点时，过程为吸收，推动力为 $(x_1^* - x_1)$，如 $\overline{db}$ 线段所示。在 c 点时，过程为解吸，推动力为 $(x_1 - x_1^*)$，如 $\overline{ce}$ 线段所示。

【**例 6-1**】 某气液体系，气相是空气与 SO_2 的混合物，SO_2 的浓度 $y_1 = 0.03$，溶剂是水，液相中 SO_2 的浓度 $x_1 = 4.13 \times 10^{-4}$。$p = 1.2atm$，$t = 10℃$。问：过程是吸收还是解吸？过程推动力为多少？以 Δy 与 Δx 表示。

又，若 $t = 70℃$，其他条件不变，过程是吸收还是解吸？过程推动力为多少？以 Δy 与 Δx 表示。

解 （1）查表 6-1 知，$t = 10℃$ 时，$E = 24.2atm$

已知：$y_1 = 0.03$，$x_1 = 4.13 \times 10^{-4}$，$p = 1.2atm$

则
$$m = \frac{E}{p} = \frac{24.2}{1.2} = 20.17$$

$$y_1^* = mx_1 = 20.17 \times 4.13 \times 10^{-4} = 8.33 \times 10^{-3}$$

由于 $y_1 > y_1^*$，故过程为吸收。

吸收推动力 $\quad \Delta y = y_1 - y_1^* = 0.03 - 8.33 \times 10^{-3} = 2.17 \times 10^{-2}$

吸收推动力 $\quad \Delta x = x_1^* - x_1 = \frac{y_1}{m} - x_1 = \frac{0.03}{20.17} - 4.13 \times 10^{-4} = 1.07 \times 10^{-3}$

（2）查表 6-1 知，$t = 70℃$ 时，$E = 137atm$

所以
$$m = \frac{E}{p} = \frac{137}{1.2} = 114.2$$

$$y_1^* = mx_1 = 114.2 \times 4.13 \times 10^{-4} = 0.0472$$

由于 $y_1 < y_1^*$，故过程为解吸。

解吸推动力 $\quad \Delta y = y_1^* - y_1 = 0.0472 - 0.03 = 0.0172$

解吸推动力 $\quad \Delta x = x_1 - x_1^* = x_1 - \frac{y_1}{m} = 4.13 \times 10^{-4} - \frac{0.03}{114.2} = 1.50 \times 10^{-4}$

6.3 分子扩散

扩散有两种基本方式，凡单纯依靠分子热运动引起的组分扩散称为分子扩散；当流体作湍流流动，由于有质点脉动，有旋涡发生，在传质方向上有流体质点的宏观运动，组分的扩散比分子扩散要显著地加快，这种扩散称为涡流扩散。本节只讨论分子扩散。

6.3.1 分子扩散速率——费克定律

分子扩散速率的计算式是费克（Fick）于 1855 年提出的。此式为

$$J_A = -D_{AB} \frac{dc_A}{dz} \tag{6-14}$$

式中，$\dfrac{dc_A}{dz}$ 为组分 A 的浓度梯度，$kmol/(m^3 \cdot m)$；D_{AB} 为组分 A 在 A、B 混合物中的分子扩散系数，m^2/s；J_A 为组分 A 的分子扩散速率，$kmol/(s \cdot m^2)$。

在介绍导热中的傅里叶定律时，曾讨论过温度场、等温面和温度梯度等概念。分子扩散与热传导相类似，分子扩散过程同样有浓度场、等浓度面与浓度梯度等概念。为避免重复，

此处不再叙述这些内容。这里只对式(6-14)说明一点，该式适用于二元物系中的一维分子扩散过程，是描述空间一点位置组分 A 的分子扩散速率的计算式。

6.3.2　分子扩散传质速率

由于对气相中定态分子扩散现象研究得较多，结论较可靠，故以下着重介绍气相中定态分子扩散导致的传质速率。至于液相中定态分子扩散传质速率，可仿照气相导出的结论写出相应的计算式。

6.3.2.1　等摩尔相向分子扩散

设有两个密闭容器，一个容器内充有纯气体 A，另一容器内充有纯气体 B，二者气压相等皆为 p，且温度相等。二者不发生化学反应。两容器用细的直管相连，管中心有一隔膜将两侧气体分开。一旦抽掉隔膜，细管内即发生两气体的相向分子扩散，如图 6-7 所示。因两容器的容积很大，连接管很细且传质甚慢，故过程可近似看成为定态。

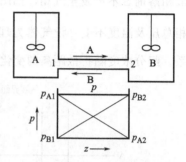

图 6-7　等摩尔相向分子扩散

在管内的定态二组分相向扩散过程中，总压 p 并不因组分扩散而改变，管内任一横截面处 $p_A + p_B = p =$ 常量，温度亦为常量。当按理想气体计，$c_A = \dfrac{p_A}{RT}$，$c_B = \dfrac{p_B}{RT}$，可见，在管内任一横截面处 $c_A + c_B = c_m =$ 常量。在容器 A 或 B 内 c_m 亦为此常量。容器 A 内每 1mol A 的扩散离去所空出的空间必为反向扩散的 1mol B 所占据，所以，管内 $J_A = -J_B$。现以 z 作为管长的坐标。

因

$$c_A + c_B = 常量 \quad 即 \quad \frac{dc_A}{dz} = -\frac{dc_B}{dz}$$

$$J_A = -J_B \quad 即 \quad D_{AB}\frac{dc_A}{dz} = -D_{BA}\frac{dc_B}{dz}$$

所以

$$D_{AB} = D_{BA} = D \tag{6-15}$$

费克定律表明组分 A 的分子扩散速率 J_A 是以含 A、B 的混合物为参照系的，现令传质速率 N_A 为以地球为参照系来考察的 A 的传递速率。在上述反向扩散条件下，因并无气体的宏观运动发生，气体整体是静止的，故 J_A 与 N_A 相等。

若扩散为定态，则由费克定律计算 J_A 的微分式通过积分可写出计算 J_A 的积分式。积分限为

$$z = z_1, \ c_A = c_{A1}; \ z = z_2, \ c_A = c_{A2}。令 \ \delta = z_2 - z_1$$

考虑到 D 与 J_A 为常量，则

$$J_A \int_{z1}^{z2} dz = -D \int_{c_{A1}}^{c_{A2}} dc_A$$

所以

$$N_A = J_A = D \frac{c_{A1} - c_{A2}}{z_2 - z_1} = D \frac{c_{A1} - c_{A2}}{\delta}$$

同理可得

$$N_B = J_B = D \frac{c_{B1} - c_{B2}}{\delta}$$

由于

$$c_{A1} - c_{A2} = c_{B2} - c_{B1}$$

则

$$N_A = -N_B = D \frac{c_{A1} - c_{A2}}{\delta} = \frac{D}{RT} \times \frac{p_{A1} - p_{A2}}{\delta} \tag{6-16}$$

式(6-16)即为理想气体气相中定态二组分相向分子扩散引起的传质速率积分式。因 $N_A = -N_B$，二组分传质速率数值相等但方向相反，故通常称为等摩尔相向分子扩散。

等摩尔相向扩散主要例子是上述两种气体在一有限空间的混合及精馏过程中两组分的相向扩散。

6.3.2.2 分子扩散单向传质

设有气相中二元组分定态分子扩散过程，气相中组分 A 转入液相而组分 B 不转入液相，液相溶剂 S 不挥发至气相，如图6-8所示，这种情况叫分子扩散单向传质。扩散过程中，气相总压及温度不变，设气体为理想气体，故 $c_A + c_B = c_m =$ 常量，且必有 $\dfrac{dc_A}{dz} = -\dfrac{dc_B}{dz}$ 的关系。组分浓度随扩散距离的变化关系如图6-9所示。

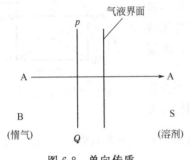

图 6-8　单向传质

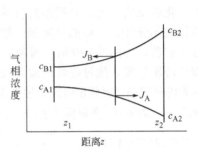

图 6-9　吸收时组分的浓度分布

对于组分 B 的浓度分布存在着一个须探讨的问题，即因 $c_{B2} > c_{B1}$，由费克定律可知，$|J_B| > 0$，B 由气液界面向气相主体扩散，而液相不会释出 B，故 c_B-z 曲线似应变化。但实际操作正如假设条件所述，过程定态，c_B-z 曲线不随时间而变。应如何解释这对矛盾的现象呢？

对分子扩散单向传质情况，可作如下推理：在紧邻气液界面的气相处，由于 A 组分溶入液相，B 因反向扩散而离开界面，必造成近界面的气相局部低压。于是，在气相主体与近界面处气相间的压差推动下，气相有一个推至界面的"主体流动"（bulk motion）。主体流动的效果正好抵消组分 B 的背离界面的扩散，使 c_B-z 曲线不随时间变化。可见，要回答上述问题，还需引入第 3 个因素——主体流动。

主体流动的发生不仅使 B 的传质速率为零，且使 A 的传质速率大于扩散速率。设主体流动速率为 N_M，则 A、B 的传质速率分别为

$$N_A = J_A + N_M \frac{c_A}{c_m}$$

$$N_B = J_B + N_M \frac{c_B}{c_m} = -J_A + N_M \frac{c_B}{c_m}$$

因

$$N_B = 0, \quad 即 \quad N_M = J_A \frac{c_m}{c_B}$$

故

$$N_A = J_A + J_A \frac{c_m}{c_B} \times \frac{c_A}{c_m} = J_A \left(1 + \frac{c_A}{c_B}\right) = J_A \frac{c_m}{c_B} \tag{6-17}$$

J_A 与 N_A 的关系如图6-10所示。式(6-17)是定态气相二元物系分子扩散引起的 A 的单向传质速率微分式，适用于平行于气液界面的气相内任一平面。对于主体流动的效果，有

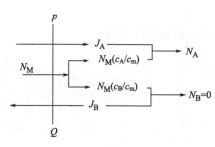

图 6-10 J_A 与 N_A 的关系

人说"好比一条鱼在逆水游动，其游速和水流速相同，对空间一固定地点来说，$N_B=0$。"

下面便由微分式(6-17) 导出积分式。

参看图 6-9。设 $z_1 \rightarrow z_2$ 段 A 与 B 均为分子扩散，A 由 $z_1 \rightarrow z_2$ 单向传质。

因

$$N_A = -D\frac{c_m}{c_B}\times\frac{dc_A}{dz} = D\frac{c_m}{c_B}\times\frac{dc_B}{dz}$$

对上式积分。积分限：$z=z_1$，$c_B=c_{B1}$；$z=z_2$，$c_B=c_{B2}$，考虑到 N_A、D、c_m 为常量，则

$$N_A\int_{z_1}^{z_2}dz = Dc_m\int_{c_{B1}}^{c_{B2}}\frac{dc_B}{c_B}$$

得

$$N_A(z_2-z_1) = Dc_m\ln\frac{c_{B2}}{c_{B1}}$$

令 $\delta = z_2 - z_1$，并引入 $c_{A1}-c_{A2}=c_{B2}-c_{B1}$ 的关系式，

则得

$$N_A = \frac{D}{\delta}c_m\frac{c_{A1}-c_{A2}}{\dfrac{c_{B2}-c_{B1}}{\ln\dfrac{c_{B2}}{c_{B1}}}}$$

令：$c_{Bm}=\dfrac{c_{B2}-c_{B1}}{\ln\dfrac{c_{B2}}{c_{B1}}}$，则

$$N_A = \frac{D}{\delta}\left(\frac{c_m}{c_{Bm}}\right)(c_{A1}-c_{A2}) \tag{6-18}$$

若气体是理想气体，$c=\dfrac{p}{RT}$，式(6-18) 可改写成

$$N_A = \frac{D}{\delta RT}\left(\frac{p}{p_{Bm}}\right)(p_{A1}-p_{A2}) \tag{6-19}$$

在式(6-18) 与式(6-19) 中出现的 $\dfrac{c_m}{c_{Bm}}$ 或 $\dfrac{p}{p_{Bm}}$ 称为"漂流因子"(drift factor)，其值恒大于 1。当以摩尔分数 y 表示时，则"漂流因子"为 $\dfrac{1}{(1-y)_m}$。

当浓度以摩尔分数 x 表示时，"漂流因子"为 $\dfrac{1}{(1-x)_m}$。

【例 6-2】 欲测苯蒸气在空气中的分子扩散系数。装置如图 6-11 所示。将液态苯装入附图的垂直管中。已知操作温度为 25℃，操作压强为 1atm，查得在操作温度时苯的蒸气压为 95.33mmHg。苯蒸气借分子扩散通过垂直管段至水平管口，即被惰性气流带走，可假设在该水平管口处苯蒸气压为零。现取 z 轴如图 6-11 所示。由实验测定知：自 $z_a=20.00$mm 增至 $z_b=21.82$mm（注意：z 轴正向朝下），经过 147.53min。试计算在 25℃时苯蒸气在空气中的

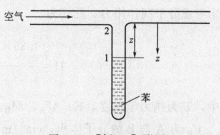

图 6-11 ［例 6-2］附图

分子扩散系数。

解 如附图所示，当液位为 z 时，苯蒸气通过 $1\sim2$ 段的传质速率为

$$N_A = \frac{D}{zRT}\left(\frac{p}{p_{Bm}}\right)(p_{A1} - p_{A2}) \tag{a}$$

又根据物料衡算，可知

$$N_A d\tau = \frac{\rho_L}{M_A} dz \tag{b}$$

式中，ρ_L 为 25℃液态苯的密度，kg/m^3；M_A 为苯的摩尔质量。

由式(a)、式(b) 可得

$$\frac{D}{RT} \times \frac{p}{p_{Bm}}(p_{A1} - p_{A2})d\tau = \frac{\rho_L}{M_A} z dz \tag{c}$$

对式(c) 积分，积分限：$\tau=0$，$z=z_a$；$\tau=\tau_1$，$z=z_b$，得

$$\frac{D}{RT}\frac{p}{p_{Bm}}(p_{A1} - p_{A2})\tau_1 = \frac{\rho_L}{M_A}\frac{z_b^2 - z_a^2}{2} \tag{d}$$

已知：$p_{A1}=95.33mmHg$，$p_{A2}=0$，$p=760mmHg$

则 $p_{B1}=(760-95.33)=664.7mmHg$，$p_{B2}=760mmHg$，$p_{Bm}=\dfrac{760-664.7}{\ln\dfrac{760}{664.7}}=711.3mmHg$。

查得 $\rho_L=872kg/m^3$。将各已知值代入式(d)，并注意到单位换算，可写出下式

$$\frac{D}{8314 \times 298} \times \frac{760}{711.3} \times 95.33 \times \left(\frac{1.013 \times 10^5}{760}\right) \times 147.53 \times 60$$

$$= \frac{872}{78} \times \frac{1}{2} \times \left[(0.02182)^2 - (0.020)^2\right]$$

解得 $\qquad D=8.77 \times 10^{-6} m^2/s = 0.0877 cm^2/s$

6.3.3 组分在气相中的分子扩散系数

已有多种计算组分在气相中分子扩散系数的公式发表。这些式子都是半理论、半经验式，即假设混合物中气体分子为相同的刚性小圆球，因分子热运动而作相互无规则的碰撞，在考虑或不考虑相互间作用（吸引力或排斥力）条件下由理论导出的式子再经实验修正而得。实验说明，气体的分子扩散系数 D 值与组分浓度有关，但在低压（约总压 $p<5atm$）下可认为 D 值与组分浓度无关。

下面只介绍气相分子扩散系数的粗估方法，即吉利兰（Gilliland）公式。该式理论推导中未考虑分子间作用力。此式为

$$D = \frac{4.36 \times 10^{-5} T^{1.5}\left(\dfrac{1}{M_A} + \dfrac{1}{M_B}\right)^{\frac{1}{2}}}{p\left(V_A^{\frac{1}{3}} + V_B^{\frac{1}{3}}\right)^2} \tag{6-20}$$

式中，T 为热力学温度，K；M_A、M_B 为 A 与 B 的摩尔质量；p 为总压强（绝压），kPa；V_A、V_B 为 A 与 B 的分子体积，cm^3/mol。

分子体积指 1mol 单质在正常沸点下液态时所具有的体积（cm^3）。某些气体的分子体积

可由表 6-2 查得。若查不到分子体积，可按气体的分子式由组成原子的种类与数量按原子体积加和法算得，一些元素的原子体积值载于表 6-3 中。

表 6-2　一些气体的分子体积　　　　单位：cm^3/mol

气体	分子体积	气体	分子体积	气体	分子体积	气体	分子体积
空气	29.9	H_2S	32.9	CO_2	34.0	NO	23.6
Br_2	53.2	I_2	71.5	COS	51.5	N_2O	36.4
Cl_2	48.4	N_2	31.2	H_2	14.3	O_2	25.6
CO	30.7	NH_3	25.8	H_2O	18.9	SO_2	44.8

表 6-3　一些元素的原子体积　　　　单位：cm^3/mol

H	3.7	Cl(在末端如 R—Cl)	21.6	O(在醛和酮中)	7.4
F	8.7	Cl(在中间如 R—CHCl—R′)	24.6	O(在甲酯中)	9.1
I	37	N	15.6	O(在高级醚和酯中)	11.0
P	27	N(在伯胺中)	10.5	O(在酸中)	12.0
S	25.6	N(在叔胺中)	12.0	O(与 S，P，N 联结)	8.3
Br	27	O	12.8	Si	32.0
C	14.8	O(双键)	7.4	Hg	19.0

注：六环（在苯、环己环、吡啶中），减去 15；萘环，减去 30。

在表 6-4 中载有一些组分在空气中的分子扩散系数的实验值，是在 $p=1atm$，$t=0℃$ 条件下测得的。若气体的压强、温度与上述的不同，可根据式（6-20）的关系：$D \propto \dfrac{T^{1.5}}{p}$，由表 6-4 的实验值换算成所需压强、温度下的分子扩散系数值。只有在缺乏实验参考值时，才使用吉利兰公式对 D 值进行估算。

表 6-4　某些组分在空气中的分子扩散系数值（101.3kPa，0℃）

组分	$D/(cm^2/s)$	组分	$D/(cm^2/s)$	组分	$D/(cm^2/s)$
H_2	0.611	SO_2	0.103	C_7H_8	0.076
N_2	0.132	SO_3	0.095	CH_3OH	0.132
O_2	0.178	NH_3	0.17	C_2H_5OH	0.102
CO_2	0.138	H_2O	0.220	CS_2	0.089
HCl	0.130	C_6H_6	0.077	$C_2H_5OC_2H_5$	0.078

【例 6-3】　试计算 35℃，2.5at（表压）时苯蒸气在空气中的分子扩散系数。用吉利兰公式计算和根据实验值按吉利兰公式换算，并进行比较。

解　（1）按吉利兰公式计算（令苯为 A，空气为 B）

查表 6-2，$V_B=29.9$。查表 6-3，按原子体积加和法算，

$$V_A=(6×14.8)+(6×3.7)-15=96$$
$$p=101.3+2.5×98.1=346.6kPa$$

$$D = \frac{4.36 \times 10^{-5} T^{1.5} \left(\frac{1}{M_A} + \frac{1}{M_B}\right)^{\frac{1}{2}}}{p \left(V_A^{\frac{1}{3}} + V_B^{\frac{1}{3}}\right)^2}$$

$$= \frac{4.36 \times 10^{-5} \times (273.2 + 35)^{1.5} \times \left(\frac{1}{78} + \frac{1}{29}\right)^{\frac{1}{2}}}{346.6 \times \left(96^{\frac{1}{3}} + 29.9^{\frac{1}{3}}\right)^2} = 2.51 \times 10^{-6} \, \text{m}^2/\text{s}$$

（2）根据实验值按吉利兰公式换算

查得 $p_0 = 1\text{atm}$，$T_0 = 273.2\text{K}$ 时，$D_0 = 0.077\text{cm}^2/\text{s}$

所以

$$D = D_0 \left(\frac{T}{T_0}\right)^{1.5} \times \left(\frac{p_0}{p}\right)$$

$$= 0.077 \times \left(\frac{273.2 + 35}{273.2}\right)^{1.5} \times \frac{101.3}{346.6}$$

$$= 0.0270\text{cm}^2/\text{s} = 2.70 \times 10^{-6} \, \text{m}^2/\text{s}$$

第 2 个方法有实验值为依据，比较可靠。二者相对误差为 $\frac{2.51 - 2.70}{2.70} = -7.04\%$

6.3.4　组分在液相中的分子扩散系数

对组分在液相中分子扩散系数的研究远不如对组分在气相分子扩散系数的研究深入，故对组分在液相中分子扩散系数的估算式更多依赖于实验，其准确性比计算气相分子扩散系数的公式差。表 6-5 中载有一些组分在水中的分子扩散系数实验值。

表 6-5　某些组分在水中的分子扩散系数（20℃，稀溶液）

组分	$D \times 10^9/(\text{m}^2/\text{s})$	组分	$D \times 10^9/(\text{m}^2/\text{s})$	组分	$D \times 10^9/(\text{m}^2/\text{s})$
O_2	1.80	HCl	2.64	CH_3COOH	0.88
CO_2	1.50	H_2S	1.41	CH_3OH	1.28
NH_3	1.76	NaCl	1.35	C_2H_5OH	1.00
Cl_2	1.22	NaOH	1.51	尿素	1.06
H_2	5.13	H_2SO_4	1.73	蔗糖	0.45

对于非电解质稀溶液，D_{AB} 值可由下式估算

$$D_{AB} = \frac{7.4 \times 10^{-8} (aM_B)^{0.5} T}{\mu V_A^{0.6}} \tag{6-21}$$

式中，D_{AB} 为组分 A 在液体中的分子扩散系数，cm^2/s；T 为热力学温度，K；M_B 为溶剂的摩尔质量，kg/kmol；μ 为溶液黏度，mPa·s；V_A 为组分 A 的分子体积，cm^3/mol，计算方法与式(6-20)的相同；a 为溶剂缔合因子。a 值：水为 2.6，甲醇为 1.9，乙醇为 1.5，苯、乙醚非缔合溶剂为 1.0。

6.4　对流传质

无论吸收或解吸过程均关系到溶质气体 A 在气、液两相间的相际转移。组分 A 在其中

一相的转移可能包含了分子扩散传质与涡流扩散传质的历程。仿照对流传热中"给热"的概念，一般把组分 A 从流体主体转移到气液界面或由气液界面转移到流体主体的传质统称为对流传质。

6.4.1　吸收过程中溶质气体由气相转移至液相的过程

吸收过程包括串联的三个步骤。

① 溶质气体自气相主体转移至气液界面——单相对流传质。

② 溶质气体在气液界面处溶解——一般认为，溶解阻力可略，界面气液处于相平衡状态。

③ 溶质气体自气液界面转移至液相主体——单相对流传质。

可见，吸收速率取决于单相对流传质，且受两单相对流传质中传质能力弱的一方控制。

对于对流传质的机理——单相对流传质的特点、规律以及气液界面处气液相浓度之间的关系等已开展了大量研究工作，至今已有三种著名的吸收机理模型提出。以下着重介绍其中最早提出、最简单的一种模型——膜模型，或称双膜论，对另外两种模型只作简单介绍。

6.4.2　吸收机理模型

6.4.2.1　双膜论

惠特曼（Whitman）于 1923 年提出了双膜论，其主要论点包括如下内容。

① 若流动流体的主体部分为湍流，在靠近气液界面处，涡流必消失。紧邻界面两侧的流体流动皆为层流。

② 假设气相传质的全部阻力均包含在气相层流层中，液相传质的全部阻力均包含在液相层流层中。这样的层流层是实际层流层的适当延伸，使之包含了湍流及过渡流的传质阻力，称为"虚拟层流膜"，简称气膜及液膜。气膜厚为 δ_G，液膜厚为 δ_L。在气液界面处气液浓度处于平衡态。

③ 在吸收操作中，若操作条件固定，假设设备内任一气液流动截面两相的稳定浓度分布状况在极短时间内建立，故可认为设备内是进行定态传质。

图 6-12 即为双膜论的示意，图中实线为气、液相中溶质气体的真实浓度分布曲线，虚线是修正的浓度分布曲线。由图 6-12 可见，在同一传质速率条件下，湍流区的浓度曲线较平缓而层流区的浓度曲线很陡，这是由于流体湍流部分因传质机理为涡流扩散，传质能力强，而层流部分靠分子扩散，传质能力弱。修正的浓度曲线的作法是将湍流部分修正浓度曲线画为水平线，该浓度值是假想把包含该气液流动截面的薄层气体及液体分别取出、搅匀，所得的气、液平均浓度；修正的层流层浓度曲线为实际层流浓度曲线的延伸。两修正浓度线交点离气液界面的距离即为虚拟层流膜的厚度。

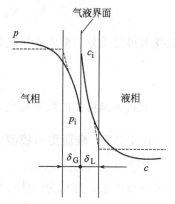

图 6-12　双膜论的示意

在流体层流层中溶质气体的传质机理是分子扩散，有可靠的传质速率计算方法，而在湍流部分流体质点的运动规律很复杂，至今尚未被充分掌握，故未能取得可靠的涡流传质速率计算式。由于在对流传质过程中层流层的传质阻力占总阻力的绝大部分，故双膜论中把湍流与过渡流的传质阻力"折算"为当量的层流层传质阻力，使对流传质的速率计算有了具有理论基础的计算式。

双膜论论点简明，在气液湍流程度不高时有一定准确性，至今仍被广泛采用，但对于任何情况下均存在稳定的气、液层流膜的假设一般认为缺乏实验根据。有人作过液体搅拌试验，搅拌桨叶置于液面以下稍深之处，搅拌时下部液体湍流但液面只作缓慢的回旋层流流动。实验中在液面撒上铝粉后发现，来自液层深处的旋涡会间歇地涌到液面，将局部液面铝粉卷入液体内部，使液面出现一块块缺铝粉的清液区。这试验表明，紧邻气、液界面两侧的流体未必是稳定的层流，故双膜论只是一种粗略的假说。

6.4.2.2 溶质渗透模型

黑格比（Higbie）于 1935 年提出了这个对流传质模型，其论点如下所述。

① 来自流体主体的旋涡必然到达两相界面，并在界面处停留短暂而固定的时间——暴露时间 $\tau_{\exp}$（exposure time），然后被另一旋涡取代而返回流体主体。

② 在一个旋涡把主体流体带至界面处后，界面附近发生非定态一维分子扩散。令下标"∞"表示远离界面的流体主体处，"i"表示界面处，且令 z 表示流体内各点位置与界面的距离。传质微分方程为

$$\frac{\partial c_A}{\partial \tau} = D_{AB} \frac{\partial^2 c_A}{\partial z^2}$$

起始条件：$\tau = 0$，$0 \leqslant z \leqslant \infty$，$c_A = c_{A,\infty}$
边界条件：$\tau > 0$，$z = 0$，$c_A = c_{A,i} =$ 常量
$\qquad\qquad \tau > 0$，$z = \infty$，$c_A = c_{A,\infty} =$ 常量

由上式可求得 $c_A = f(z, \tau)$ 的积分表达式，从而可得到 $\left(\dfrac{dc_A}{dz}\right)_{z=0} = \varphi(\tau)$ 的关系式，于是，可解得

$$N_A |_{z=0} = \left(\frac{D_{AB}}{\pi \tau}\right)^{\frac{1}{2}} (c_{A,i} - c_{A,\infty})$$

这说明界面处传质速率随两相接触时间 τ 的延长而减小。当两相接触 $\tau_{\exp}$ 时间后界面附近的流体即被来自主体、浓度为 $c_{A,\infty}$ 的流体所替换，由于

$$\int_0^{\tau_{\exp}} N_A |_{z=0} \, d\tau = 2(c_{A,i} - c_{A,\infty}) \left(\frac{D_{AB} \tau_{\exp}}{\pi}\right)^{\frac{1}{2}}$$

最终求得传质分系数的表达式为

$$k_c = 2 \left(\frac{D_{AB}}{\pi \tau_{\exp}}\right)^{\frac{1}{2}}$$

上式为黑格比的数学模型，适用于两相接触传质中的任一相流体传质分系数。

6.4.2.3 表面更新模型

邓克乌兹（Danckwerts）于 1951 年提出了此模型。他在基本同意黑格比论点基础上仅作了一点修正，即认为流体在界面的暴露时间 $\tau_{\exp}$ 并非定值，而是有一定概率分布规律的。以下以 τ 替代 $\tau_{\exp}$。设暴露时间为 τ 的传质速率为 $N_{A,\tau}$，暴露时间为 τ 至 $\tau + d\tau$ 的概率为 $\varphi(\tau) d\tau$，即 $\varphi(\tau)$ 为概率密度，满足下述关系

$$\int_0^{\infty} \varphi(\tau) \, d\tau = 1$$

邓克乌兹假设：$\varphi(\tau)=Se^{-S\tau}$。令 S 为表面更新部分速率（fractional rate of surface renewal）。对一定的湍流状态（Re 一定），S 为一定值；S 值随 Re 的增大而增大。于是，在黑格比数学模型基础上提出了下列计算传质速率的式子

$$N_A=\int_0^\infty \sqrt{\frac{D_{AB}}{\pi\tau}}(c_{A,i}-c_{A,\infty})Se^{-S\tau}d\tau$$

由此可得到表面更新数学模型为

$$k_c=(D_{AB}S)^{\frac{1}{2}}$$

溶质渗透与表面更新模型均导出 $k_c\propto D_{AB}^{\frac{1}{2}}$ 的结论，比起由膜模型导出的 $k_c\propto D_{AB}$ 的结论更符合实际，且界面两侧紧邻流体中存在旋涡活动的现象已被许多学者用不同测定方法所证实，足见这两种模型比膜模型对过程本质的探讨更深入。但在这两种模型中分别出现模型参量 τ_{exp} 及 S，而这两个参量尚不能预估，故这两个模型还不能用于 k_c 的计算。

应予指出，上述三种传质模型的不断改进，体现了由直观、简单的假设到瞬、微观的分析的认知发展过程。由于传质设备及机理的复杂性，目前尚未建立一种比较完善的传质模型，还在不断修正中。传质模型的建立，不仅方便了对流传质系数的确定，而且为操作条件的确定、传质设备的强化及高效传质设备的开发指明了方向，如缩短暴露时间 τ_{exp} 或增加表面更新部分速率 S。为了方便学习和理解，本章仍以双膜模型为基础进行讨论。

6.4.3　对流传质速率

对流传质包括涡流扩散与分子扩散。由于对涡流扩散的规律尚未充分掌握，至今未能提出其传质速率计算式，故对流传质速率方程亦未能从理论导出。通常采用如下的对流传质速率计算式：

气相　　　　　　　　　　$N_A=k_G(p_A-p_{Ai})$

液相　　　　　　　　　　$N_A=k_L(c_{Ai}-c_A)$　　　　　　　　　　　　（6-22）

式中，k_G 为气相传质分系数，$kmol/(s\cdot m^2\cdot kPa)$；$p_A$ 为组分 A 在气相的平均分压，kPa；p_{Ai} 为组分 A 在气液界面处气相中的分压，kPa；k_L 为液相传质分系数，$kmol/[s\cdot m^2\cdot(kmol/m^3)]$；$c_{Ai}$ 为组分 A 在气液界面处液相中的浓度，$kmol/m^3$；c_A 为组分 A 在液相的平均浓度，$kmol/m^3$。

如此处理，即把影响对流传质的诸多复杂因素都归结到 k_G 与 k_L 两个变量中去了。

对流传质速率方程的提出并不涉及传质机理，不同的传质机理学说都根据自身的学术观点提出了计算 k_G 与 k_L 的方法，以下介绍的是依双膜论推导 k_G、k_L 计算式的方法。

气相中　　　　　　　$N_A=\dfrac{D_G}{\delta_G RT}\left(\dfrac{p}{p_{Bm}}\right)(p_A-p_{Ai})$

所以　　　　　　　　$k_G=\dfrac{D_G}{\delta_G RT}\left(\dfrac{p}{p_{Bm}}\right)$

液相中　　　　　　　$N_A=\dfrac{D_L}{\delta_L}\left(\dfrac{c_m}{c_{Bm}}\right)(c_{Ai}-c_A)$

所以　　　　　　　　$k_L=\dfrac{D_L}{\delta_L}\left(\dfrac{c_m}{c_{Bm}}\right)$

由双膜论导出的计算 k_G、k_L 的计算式可以看出，$k\propto D$，但由实验得知，$k\propto D^{\frac{2}{3}}$，这

说明双膜论并未准确反映客观实际；再者，式中出现了 δ_G 与 δ_L，这些虚拟的层流层厚度的确定方法尚未解决，故难以将双膜论导出的 k_G、k_L 算式实际应用。其他传质机理的学说亦有类似情况，所以通常仍采用经验式求算传质分系数。

6.4.4 总传质系数

在计算 N_A 的式(6-22)中传质推动力是 (p_A-p_{Ai}) 或 $(c_{Ai}-c_A)$，其中包含了界面浓度 p_i 与 c_i。在吸收操作中，从设备各取样口取得气体或液体试样，测得的是气相或液相平均浓度 p 或 c，界面气液浓度难以测知。为了便于对流传质速率方程的应用，将式(6-22)进行变换，消去界面浓度，使之成为方便于计算的形式。

在吸收计算中，对流传质速率方程可改写成

$$N_A=k_y(y-y_i)$$

及
$$N_A=k_x(x_i-x) \tag{6-23}$$

下面推导用相际传质总推动力除以总阻力表示的传质速率方程，并分别按 Δy 为推动力及 Δx 为推动力进行推导。

6.4.4.1 以 Δy 表示总推动力

设平衡关系为 $y^*=mx$，气液界面处 $y_i=mx_i$

因为
$$N_A=\frac{y-y_i}{\dfrac{1}{k_y}}$$

又因为
$$N_A=\frac{x_i-x}{\dfrac{1}{k_x}}=\frac{m(x_i-x)}{\dfrac{m}{k_x}}=\frac{y_i-y^*}{\dfrac{m}{k_x}}$$

所以
$$N_A=\frac{y-y_i}{\dfrac{1}{k_y}}=\frac{y_i-y^*}{\dfrac{m}{k_x}}=\frac{y-y^*}{\dfrac{1}{k_y}+\dfrac{m}{k_x}}$$

令
$$N_A=K_y(y-y^*) \tag{6-24}$$

则
$$\frac{1}{K_y}=\frac{1}{k_y}+\frac{m}{k_x} \tag{6-25}$$

式中，K_y 为以 Δy 为推动力的总传质系数，$kmol/(s \cdot m^2)$。

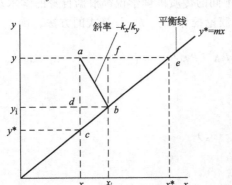

图 6-13 吸收总推动力与单相推动力

参看图 6-13。总传质推动力为 $(y-y^*)$，如 $\overline{ac}$ 所示，其中气相推动力为 $(y-y_i)$，如 $\overline{ad}$ 所示，液相推动力为 (y_i-y^*)，如 $\overline{dc}$ 所示。总传质阻力为 $\dfrac{1}{K_y}$，其中气相阻力为 $\dfrac{1}{k_y}$，液相阻力为 $\dfrac{m}{k_x}$。

由于推动力与阻力成正比，故 $\dfrac{\text{气相阻力}}{\text{总阻力}}=\dfrac{\dfrac{1}{k_y}}{\dfrac{1}{K_y}}$，

其他如 $\dfrac{\text{气相阻力}}{\text{液相阻力}}$，$\dfrac{\text{液相阻力}}{\text{总阻力}}$ 等均可照此原则计算。

以图 6-13 还可确定气液界面的气、液相浓度 y_i 与 x_i。由于 $k_y(y-y_i)=k_x(x_i-x)$，故 $\dfrac{y-y_i}{x-x_i}=-\dfrac{k_x}{k_y}$。这说明由气、液平均浓度 $(y，x)$ 确定的点 a 与界面处互呈平衡的气、液相浓度 $(y_i、x_i)$ 确定的点 b 相连的直线，其斜率为 $-\dfrac{k_x}{k_y}$。当气、液相浓度 y、x、平衡线及 k_y、k_x 值已知，便可确定界面浓度 y_i 与 x_i。

6.4.4.2 以 Δx 表示总推动力

设平衡关系为 $y^*=mx$。仍参看图 6-13。

因为
$$N_A=\frac{y-y_i}{\dfrac{1}{k_y}}=\frac{\dfrac{y-y_i}{m}}{\dfrac{1}{mk_y}}=\frac{x^*-x_i}{\dfrac{1}{mk_y}}$$

又因为
$$N_A=\frac{x_i-x}{\dfrac{1}{k_x}}$$

所以
$$N_A=\frac{x^*-x_i}{\dfrac{1}{mk_y}}=\frac{x_i-x}{\dfrac{1}{k_x}}=\frac{x^*-x}{\dfrac{1}{mk_y}+\dfrac{1}{k_x}}$$

令
$$N_A=K_x(x^*-x) \tag{6-26}$$

则
$$\frac{1}{K_x}=\frac{1}{mk_y}+\frac{1}{k_x} \tag{6-27}$$

式中，K_x 为以 Δx 为推动力的总传质系数，$kmol/(s \cdot m^2)$。

式(6-27) 中 $\dfrac{1}{K_x}=\dfrac{1}{mk_y}+\dfrac{1}{k_x}$ 为总传质阻力，$\dfrac{1}{mk_y}$ 为气相阻力，$\dfrac{1}{k_x}$ 为液相阻力。在图 6-13 中总传质推动力为 (x^*-x)，如 $\overline{ea}$ 所示，其中气相推动力为 (x^*-x_i)，如 $\overline{ef}$ 所示，液相推动力 (x_i-x)，如 $\overline{fa}$ 所示。

对以总传质系数与总推动力计算传质速率的两个公式，以 Δy 为推动力的式子适用于溶解度大即 m 值小的体系，如 HCl 溶于水，氨溶于水等。此时气相阻力比液相阻力大得多，主要阻力在气相，过程为气相控制。参看图 6-14(a)。气相推动力 $\overline{ad}$ 远大于当量的液相推动力 $\overline{dc}$，界面状况点 b 的位置甚低。采用以 Δy 为推动力的式子，能抓住问题的主要方面，只涉及居次要地位的液相推动力折合为当量的气相推动力问题，折合中只用到 $\overline{bc}$ 小段的 m 值，即使平衡线为曲线带来的误差也不大。

当以 Δx 为推动力的公式计算传质速率，情况恰好相反，适用于难溶即 m 值大的体系。这时相际传质主要阻力在液相，过程为液相控制，如空气溶于水，CO 溶于水等。

以上所讨论的对流传质情况都是对一组气、液浓度 $(y，x)$ 而言的，相当于气、液连续流过某吸收设备的某一横截面的情况，在此基础上可进而把对流传质方程应用于整个气体吸收设备。

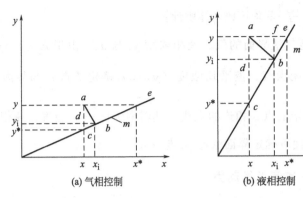

(a) 气相控制　　　　　　　　　(b) 液相控制

图 6-14　气相控制与液相控制两种吸收情况

6.5　填料塔中低浓度气体吸收过程的计算

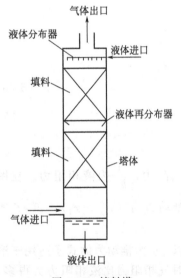

图 6-15　填料塔

图 6-16　拉西环

常用的气体吸收设备是塔器或称塔设备。塔器主要有填料塔和板式塔两种。本章只介绍在填料塔中进行气体吸收操作的计算方法。

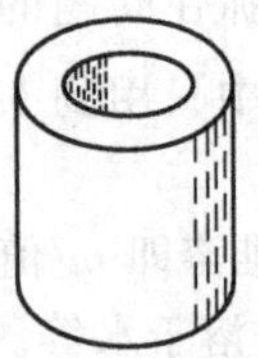

气体吸收计算可分为低浓度气体吸收与高浓度气体吸收两种类型。低浓度气体吸收指吸收设备内气、液相的溶质气体均为低浓度，这种类型计算不仅考虑的因素简单，而且是生产中常见的。一般进塔气相摩尔分数在 5％～10％以内可按低浓度气体吸收类型计算。高浓度气体吸收主要指进塔气体浓度高，塔内液相可能仍是低浓度。以下介绍低浓度气体吸收的特点，并结合填料塔讨论其计算方法。

6.5.1　填料塔简介

填料塔外壳一般是竖立的圆筒，上下加端盖，塔体上有气、液进出口接管。塔内装有填料，填料塔如图 6-15 所示。图 6-16 所示为一种典型的填料——拉西环。小填料在塔内是散堆的，而两英寸以上的大拉西环在塔内则是整齐装砌的。当前各种新型填料的开发进展很快，拉西环正逐渐被取代，但因拉西环使用年代最长，资料最全，其操作性能往往是新型填料性能对比的基准。

6.5.2　低浓度气体吸收的特点

低浓度气体吸收具有如下特点。

① 贯穿填料层（以后简称全塔）的气、液相摩尔流率 G、L/[kmol/(s·m²)] 均可视为常量。

② 可视为全塔等温吸收（略去溶解热效应）。

③ k_y、k_x 在全塔不同截面处均可视为常量（因 G、L 为常量，全塔恒温，塔内压强变化不大，流体物性基本不变，不同塔截面处流体的流动状况不变）。

6.5.3　物料衡算——操作线方程

设塔内气、液相的摩尔流率为 G 及 L；气体在塔底的进口浓度为 y_1，在塔顶的出口浓度为 y_2，液体在塔顶的进口浓度为 x_2，在塔底的出口浓度为 x_1。

参考图 6-17。对塔内某一横截面至塔顶的填料层作溶质气体的物料衡算（该截面处气、液相浓度为 y 与 x）可得

$$G(y-y_2)=L(x-x_2) \tag{6-28}$$

从该截面至塔底作溶质气体的物料衡算，得

$$G(y_1-y)=L(x_1-x) \tag{6-29}$$

式(6-28) 与式(6-29) 都称为操作线方程。在图 6-17 中表示为 $\overline{ac}$ 和 $\overline{bc}$ 直线，两直线斜率均为 $\dfrac{L}{G}$。

操作线方程是关联塔内任一横截面处 y 与 x 数量关系的方程。

6.5.4　填料层高度的计算式

设空塔的横截面积为 A，填料层高度为 H，单位体积塔内空间具有的气、液传质面积为 a，传质速率为 N_A，参看图 6-18。

对任一微小高度 dh 的塔段，可写出溶质气体的物料衡算方程与传质速率方程的联立式

$$-GA\,dy=N_A aA\,dh \tag{6-30}$$

$$-LA\,dx=N_A aA\,dh \tag{6-31}$$

式(6-30) 适用于以 Δy 为推动力，式(6-31) 适用于以 Δx 为推动力。

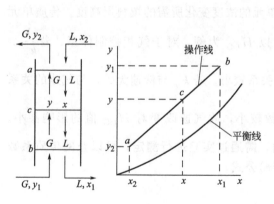

图 6-17　操作线图

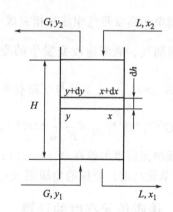

图 6-18　填料层高度计算参考图

（1）气相浓度（$\Delta y=y-y^*$）为推动力　将 $N_A=K_y(y-y^*)$ 代入式(6-30)，得

$$-G\,dy=K_y a(y-y^*)\,dh$$

积分得

$$H=\int_0^H dh=\frac{G}{K_y a}\int_{y_2}^{y_1}\frac{dy}{y-y^*} \tag{6-32}$$

令 $H_{OG}=\dfrac{G}{K_y a}$，称为气相总传质单元高度，单位为 m；$N_{OG}=\displaystyle\int_{y_2}^{y_1}\frac{dy}{y-y^*}$，称为气相总传质单元数，无量纲。则，填料层高度

$$H = H_{OG}N_{OG} \tag{6-33}$$

（2）液相浓度（$\Delta x = x^* - x$）为推动力　将 $N_A = K_x(x^* - x)$ 代入式(6-31)，得

$$-L\mathrm{d}x = K_x a(x^* - x)\mathrm{d}h$$

积分得

$$H = \int_0^H \mathrm{d}h = \frac{L}{K_x a}\int_{x_2}^{x_1} \frac{\mathrm{d}x}{x^* - x} \tag{6-34}$$

令 $H_{OL} = \dfrac{L}{K_x a}$，称为液相总传质单元高度，单位为 m；$N_{OL} = \displaystyle\int_{x_2}^{x_1} \dfrac{\mathrm{d}x}{x^* - x}$，称为液相总传质单元数，无量纲，则，填料层高度

$$H = H_{OL}N_{OL} \tag{6-35}$$

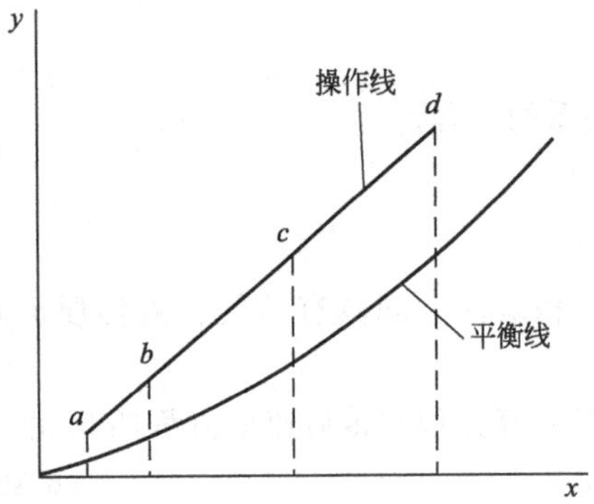

对于传质单元数的意义，以 N_{OG} 为例说明之。

参看图 6-19，若 $N_{OG} = \displaystyle\int_{y_a}^{y_b} \dfrac{\mathrm{d}y}{y - y^*} = 1$，必然（$y_b - y_a$）等于在 a、b 段的平均推动力（$y - y^*$）$_m$，这说明当气体通过一段填料层，其浓度变化量（$y_b - y_a$）等于在这段填料层中的平均传质推动力（$y - y^*$）$_m$，则气体经历了一个传质单元。同理，当 $N_{OG} = \displaystyle\int_{y_c}^{y_d} \dfrac{\mathrm{d}y}{y - y^*} = 1$，则气体由 y_d 降至 y_c 同样经历了一个传质单元。对比 $\overline{ab}$ 与 $\overline{cd}$，不难看出，同样是一个传质单元，在推动力大的填料段，气相浓度变化量亦大。

图 6-19　传质单元数的意义

传质单元高度是气相或液相完成一个传质单元的浓度变化所需的填料层高度。传质单元高度的值随气、液流速改变发生的变化较小。以 H_{OG} 为例，对于气相控制体系，若 $\dfrac{1}{k_y} \gg \dfrac{m}{k_x}$，则 $K_y = k_y$。k_y 主要与气速有关，与液速关系较小。若 k_y 与液速无关，与气速的关系是 $k_y \propto G^{0.8}$，则 $H_{OG} = \dfrac{G}{K_y a} \propto G^{0.2}$。$G$ 的指数较小，故气速改变对 H_{OG} 值的影响甚小。通常传质单元高度的值在 $0.2 \sim 1.2\mathrm{m}$ 的范围内，需通过实验进行测定，可以查阅传质系数（或传质单元高度）数据的曲线图或计算用的经验公式。

6.5.5　传质单元高度的计算

在气体吸收计算中，气、液相浓度通常以 y、x 表示，且经常用到 $H = H_{OG}N_{OG}$ 或 $H = H_{OL}N_{OL}$ 等算式。然而，从手册、文献查到的资料中一般不直接给出 H_{OG} 或 H_{OL} 之值，而是给出某些单相的传质速率参量，于是，存在着由这些参量计算 H_{OG} 或 H_{OL} 的问题。

6.5.5.1　由气、液相传质分系数计算总传质单元高度

当查到 k_G、k_L 时，

由于
$$N_A = k_G(p_A - p_i) = k_L(c_i - c)$$

且
$$p_A = py_A, \quad c = c_m x$$

所以
$$N_A = k_G p(y-y_i) = k_L c_m(x_i-x)$$

可见
$$k_y = k_G p \qquad k_x = k_L c_m \tag{6-36}$$

根据 $\dfrac{1}{K_y} = \dfrac{1}{k_y} + \dfrac{m}{k_x}$ 及 $\dfrac{1}{K_x} = \dfrac{1}{mk_y} + \dfrac{1}{k_x}$，即可算出 K_y 及 K_x，从而可算出 H_{OG} 及 H_{OL}。

6.5.5.2 由气、液相传质单元高度计算总传质单元高度

有时文献给出的是单相传质单元高度 H_G 与 H_L。这里首先要掌握 H_G 与 H_L 的意义。

因为
$$-G dy = k_y a(y-y_i)dh$$
$$-L dx = k_x a(x_i-x)dh$$

于是
$$H = \frac{G}{k_y a} \int_{y_2}^{y_1} \frac{dy}{y-y_i} \tag{6-37}$$

$$H = \frac{L}{k_x a} \int_{x_2}^{x_1} \frac{dx}{x_i-x} \tag{6-38}$$

令：$H_G = \dfrac{G}{k_y a}$ 为气相传质单元高度，m；$H_L = \dfrac{L}{k_x a}$ 为液相传质单元高度，m；$N_G = \displaystyle\int_{y_2}^{y_1} \frac{dy}{y-y_i}$ 为气相传质单元数；$N_L = \displaystyle\int_{x_2}^{x_1} \frac{dx}{x_i-x}$ 为液相传质单元数。

则
$$H = H_G N_G$$
$$H = H_L N_L$$

因为
$$\frac{1}{K_y a} = \frac{1}{k_y a} + \frac{m}{k_x a}$$

所以
$$\frac{G}{K_y a} = \frac{G}{k_y a} + \frac{\left(\dfrac{mG}{L}\right)L}{k_x a}$$

即
$$H_{OG} = H_G + \left(\frac{mG}{L}\right)H_L \tag{6-39}$$

同理

因为
$$\frac{1}{K_x a} = \frac{1}{mk_y a} + \frac{1}{k_x a}$$

所以
$$\frac{L}{K_x a} = \left(\frac{L}{mG}\right) \times \frac{G}{k_y a} + \frac{L}{k_x a}$$

即
$$H_{OL} = \left(\frac{L}{mG}\right)H_G + H_L \tag{6-40}$$

k_y、k_x 与物系、气液相物性与流速、填料种类及填料材质等有关，其经验计算式在第 8 章塔设备中介绍。

6.5.6 传质单元数的计算

下面介绍 4 种计算传质单元数的方法。

6.5.6.1 对数平均浓度差法

当平衡线、操作线都是直线（参看图 6-20），则推动力 $(y-y^*)$［推动力可用 Δy 表示］与 y 亦必呈直线关系，即

$$\frac{\mathrm{d}\Delta y}{\mathrm{d}y}=a \quad(常数) \tag{a}$$

当 $a \neq 0$，则

$$N_{OG}=\int_{y_2}^{y_1}\frac{\mathrm{d}y}{\Delta y}=\frac{1}{a}\int_{\Delta y_2}^{\Delta y_1}\frac{\mathrm{d}\Delta y}{\Delta y}=\frac{1}{a}\ln\frac{\Delta y_1}{\Delta y_2} \tag{b}$$

又因

$$a=\frac{\Delta y_1-\Delta y_2}{y_1-y_2}$$

所以

$$N_{OG}=\frac{y_1-y_2}{\Delta y_1-\Delta y_2}\ln\frac{\Delta y_1}{\Delta y_2}=\frac{y_1-y_2}{\dfrac{\Delta y_1-\Delta y_2}{\ln\dfrac{\Delta y_1}{\Delta y_2}}}=\frac{y_1-y_2}{\Delta y_m} \tag{6-41}$$

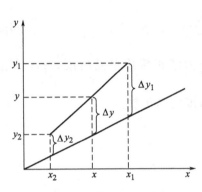

图 6-20 推导传质单元数计算式的参考

式（6-41）即为对数平均浓度差法计算 N_{OG} 的式子。此式同样适用于平衡线为曲线，但在 y_2 至 y_1 范围内涉及的平衡线可近似视为直线的情况。

6.5.6.2 吸收因数法

当平衡关系为 $y^*=mx$，m 为常数，操作线为直线且操作线与平衡线不平行，即 $a \neq 0$ 时，由上面得知：$N_{OG}=\frac{1}{a}\ln\frac{\Delta y_1}{\Delta y_2}$。对 a、Δy_1、Δy_2 具体展开，可得含有 y_1、y_2、x_2、m、L、G 等更多变量的式子。

其中

$$\frac{1}{a}=\frac{y_1-y_2}{(y_1-y_1^*)-(y_2-y_2^*)}=\frac{y_1-y_2}{(y_1-y_2)-m(x_1-x_2)}$$

$$=\frac{1}{1-m(x_1-x_2)/(y_1-y_2)}=\frac{1}{1-mG/L}$$

又

$$\frac{\Delta y_1}{\Delta y_2}=\frac{1}{\Delta y_2}[\Delta y_2+a(y_1-y_2)]=\frac{1}{\Delta y_2}\left[\Delta y_2+\left(1-\frac{mG}{L}\right)(y_1-y_2)\right]$$

将上式中 (y_1-y_2) 写成 $(y_1-mx_2-y_2+mx_2)$，即 $(y_1-mx_2-\Delta y_2)$，则

$$\frac{\Delta y_1}{\Delta y_2}=\frac{1}{\Delta y_2}\left[\Delta y_2+\left(1-\frac{mG}{L}\right)(y_1-mx_2)-\left(1-\frac{mG}{L}\right)\Delta y_2\right]=\left(1-\frac{mG}{L}\right)\frac{y_1-mx_2}{y_2-mx_2}+\frac{mG}{L}$$

所以

$$N_{OG}=\frac{1}{1-mG/L}\ln\left[\left(1-\frac{mG}{L}\right)\frac{y_1-mx_2}{y_2-mx_2}+\frac{mG}{L}\right] \tag{6-42}$$

令 $A=L/(mG)$，称为吸收因数，$1/A$ 称为解吸因数，则式（6-42）可写成：

$$N_{OG}=\frac{1}{1-(1/A)}\ln\left[\left(1-\frac{1}{A}\right)\frac{y_1-mx_2}{y_2-mx_2}+\frac{1}{A}\right] \tag{6-43}$$

另外，也可将相平衡关系式 $y^*=mx+b$ 代入式（6-28），得到

$$y^*=m\left[(y-y_2)\frac{G}{L}+x_2\right]$$

然后将上式代入 N_{OG} 的基本关系式，然后进行积分也可得到式（6-43），请自行推导。

N_{OG} 取决于 $\frac{1}{A}$ 和 $\frac{y_1-mx_2}{y_2-mx_2}$ 的大小，$\frac{1}{A}$ 值的大小反映出解吸的难易程度，$\frac{1}{A}$ 越大，越易

解吸；以 $\frac{1}{A}$ 为已知值，把 $\frac{y_1-mx_2}{y_2-mx_2}$ 和 N_{OG} 建立关系作图如图 6-21 所示，从图 6-21 可知，$\frac{y_1-mx_2}{y_2-mx_2}$ 反映了溶质吸收率的高低，在 $\frac{mG}{L}$、y_1、mx_2 一定的情况下，吸收率越大，y_2 越小，$\frac{y_1-mx_2}{y_2-mx_2}$ 的值越大，N_{OG} 值越大。

若平衡线是曲线，但自 x_2 至 x_1 的一段平衡线可视为直线，可用直线方程 $y^*=mx+b$ 表示，则

$$N_{OG}=\frac{1}{1-\frac{1}{A}}\ln\left[\left(1-\frac{1}{A}\right)\frac{y_1-mx_2-b}{y_2-mx_2-b}+\frac{1}{A}\right]$$

(6-44)

在相同于式(6-43)的推导条件下，同理可导得

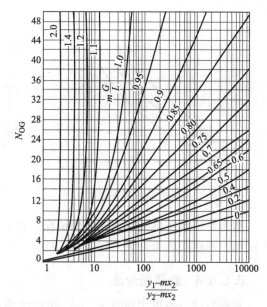

图 6-21 $\frac{y_1-mx_2}{y_2-mx_2}$ 和 N_{OG} 的关系

$$N_{OL}=\frac{1}{1-A}\ln\left[(1-A)\frac{y_1-mx_2}{y_1-mx_1}+A\right]$$ (6-45)

式(6-42)～式(6-45)均为吸收因数法计算传质单元数的计算式，称为柯尔本（Colburn）式。当操作线与平衡线平行，即 $a=0$，$\Delta y_1=\Delta y_2=$ 常数，无论对数平均浓度差法或吸收因数法均不能使用，这时 N_{OG} 的算法为

$$N_{OG}=\int_{y_2}^{y_1}\frac{\mathrm{d}y}{\Delta y}=\frac{y_1-y_2}{\Delta y_1}=\frac{y_1-y_2}{\Delta y_2}$$ (6-46)

以上两种计算传质单元数的方法是最常用的方法。若进行设计计算，各有关变量都有确定的值，用两种方法计算的繁简程度相近，但往往采用对数平均浓度差法更多。若进行操作型计算，在对传质单元数有影响的众多变量中，分析当某些变量维持不变而另一些变量变化对传质单元数的影响，则使用吸收因数法比使用对数平均浓度差法要简便得多。

6.5.6.3 图解法

前面讲过，一个传质单元意味着气体通过一段填料层，其浓度变化量（y_b-y_a）等于在该填料段以 Δy 表示的平均推动力（$y-y^*$）$_m$。按此理解，在 y-x 图中，在平衡线与操作线间可用几何作图法求出一定条件下所需的 N_{OG} 值，参看图 6-22。作图方法叙述如下。

① 在操作线与平衡线之间作中线 $\overline{MN}$，该中线由任意 x 值对应的（$y-y^*$）直线的中点连成。

② 由操作线下端 A 开始，作水平线 $\overline{AC}$，与中线交于 D，令 $\overline{AD}=\overline{DC}$。

③ 由 C 点向上作平行于 y 轴的直线，交操作线于 E 点。

在 $A\rightarrow C\rightarrow E$ 的阶梯中，气相浓度变化可用 $\overline{EC}$ 表示，在这段填料层中平均推动力可用 $\overline{FG}$ 表示。因 $\overline{EC}=2\overline{FD}=\overline{FG}$，所以这一阶梯表示气相浓度经历了一个传质单元。按此方法继续作阶梯至 B 点，总阶梯数即为 N_{OG} 值。N_{OG} 值一般带有分数。

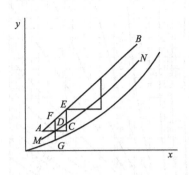

图 6-22 以图解法求 N_{OG}

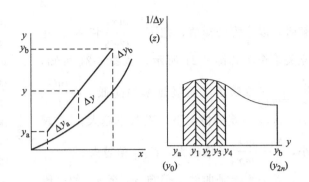

图 6-23 以图解积分法或数值积分法求 N_{OG}

图解法可用于平衡线为曲线的情况。对平衡线与操作线很靠近的范围，宜用局部放大图作阶梯。图解法称为贝克（Baker）方法。

6.5.6.4 数值积分法

平衡数据一般以多组 $(x，y)_i$ 数据给出。把这些数据在 y-x 图中标点并连成光滑曲线，即为平衡线。若吸收过程涉及的平衡线为曲线，可在操作线上找若干任意点，读得其 $(y，\Delta y)_i$ 值，然后在 $\dfrac{1}{\Delta y}$-y 图上标点出，连成光滑曲线，如图 6-23 所示。则在 y_a 至 y_b 范围内曲线与 y 轴间的面积就是 N_{OG} 之值，此法称为图解积分法。因算法较繁，故很少采用。通常采用的是辛普生（Simpson）数值积分法，该法简单，精确度高，辛普生法如下所述。

把 y_a 至 y_b 区间等分为 $2n$ 个小区间，从 y_a 起，每相邻两个小区间拼成一组。对一组的 3 套 $(y，1/\Delta y)_i$ 数据用拉格朗日法构造一连续函数，经积分、加和，并以 z 替代 $1/\Delta y$，最后可得

$$N_{OG} = \frac{y_b - y_a}{6n}(z_0 + 4z_1 + 2z_2 + 4z_3 + 2z_4 + \cdots + 2z_{2n-2} + 4z_{2n-1} + z_{2n})$$

6.5.7 填料吸收塔的设计型计算

以下沿着考虑问题的先后顺序，对各种计算中的环节分别叙述。

① 明确任务。欲分离的气体混合物种类，处理量 G'，进塔气相浓度 y_1，要求塔顶排气的浓度 y_2 或溶质气体的回收率 η。η 的定义式为

$$\eta = \frac{G'y_1 - G'y_2}{G'y_1} = 1 - \frac{y_2}{y_1} \tag{6-47}$$

② 吸收剂及操作温度，压强的确定。对给定的气体混合物，一般可选用数种不同的吸收剂。以 CO_2 的吸收为例，可用 Na_2CO_3、K_2CO_3、$NaOH$、乙醇胺或二乙醇胺的水溶液为吸收剂，亦可用清水为吸收剂。对于不同的吸收剂，各有其适用的操作温度、压强和浓度范围。为此，设计时应查阅资料，并对同类生产的实际情况作充分的调查，才能确定使用的吸收剂与操作温度、压强。

③ 吸收剂进塔浓度 x_2 的确定。若进塔液体为纯溶剂即 $x_2 = 0$，吸收效果固然好，但溶剂只能一次性使用，吸收完即弃之或把溶液作为产品。若需吸收剂循环使用，采用吸收与解吸联合操作，则降低 x_2 值势必提高对解吸的要求。因此，x_2 值的确定不能单纯从吸收的角度考虑，要从吸收和解吸两方面综合考虑确定。在塔顶气体浓度为 y_2 的条件下，x_2 的最大

值是 x_2^*（$x_2^* = y_2/m$）。参看图 6-24，操作中必须满足 $x_2 < x_2^*$ 的条件。假设塔顶气液相平衡，$x_2 = x_2^*$，塔顶传质推动力为零，按全塔平均吸收推动力为塔顶、底推动力的对数平均值计，全塔平均吸收推动力必为零，则气相在塔内的浓度不会改变，所以，要实现气体吸收，操作线不能与平衡线相交，在塔内任一截面处都不能存在气液相平衡。

可在 $x_2 < x_2^*$ 范围内经技术、经济比较确定 x_2 值。

④ 吸收剂用量 L 的确定。在 y_1，y_2，x_2 已定条件下，在 y-x 图中 a 点的位置已确定。因气量 G' 已定，随着液量 L' 的改变，则 $\dfrac{L'}{G'}$ 或 $\dfrac{L}{G}$ 改变，操作线便绕 a 点旋转。当 $\dfrac{L}{G}$ 降低到操作线首次与平衡线相交时，该 $\dfrac{L}{G}$ 即为最小液气流量比 $\left(\dfrac{L}{G}\right)_{\min}$，相应的 L 便是最小值 $L_{\min}$。在该液气流量比时所得到的塔底流出液体的浓度为其最大值 $x_{1,\max}$。由于操作线不能与平衡线相交，所以 $\dfrac{L}{G} > \left(\dfrac{L}{G}\right)_{\min}$ 是完成规定吸收任务的必须满足的条件之一。

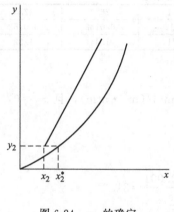

图 6-24 x_2 的确定

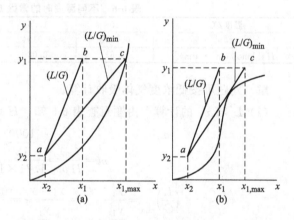

图 6-25 $\dfrac{L}{G}$ 的确定

图 6-25 示出可能遇到的决定 $\left(\dfrac{L}{G}\right)_{\min}$ 的两种情况。

两图最小液气流量比时的操作线都是 $\overline{ac}$。左图平衡关系是凹函数，c 点是平衡线与 $y = y_1$ 水平线的交点，右图由于平衡关系有一段是凸函数，直线为过 a 点对平衡线所作的切线。

在允许的操作范围内，若 $\dfrac{L}{G}$ 小，虽使用的液流量小，但操作线靠近平衡线，传质推动力小，所需填料层高度高；若 $\dfrac{L}{G}$ 大，则相反，推动力大但所需液流量大。若液流量大，不仅能耗大，而且吸收剂再生困难；若液流量小则所需填料层高，设备投资大。一般从技术经济角度综合考虑，推荐的液气比为

$$\frac{L}{G} = (1.1 \sim 2)\left(\frac{L}{G}\right)_{\min} \tag{6-48}$$

⑤ 填料与填料装填方式的确定以及传质速率数据的查取和计算。

⑥ 塔径的确定。

⑦ 填料层高度计算。首先应确定该吸收过程属于哪一相控制，以便确定相应的计算式。算出传质单元高度和传质单元数后即可确定所需的填料层高度。

⑧ 附属设备的选定与计算。

【例6-4】 在逆流填料吸收塔中，以清水吸收 SO_2 与空气混合物中的 SO_2。已知进塔混合气含 SO_2 量 y_1 为2.5%，要求尾气 SO_2 含量 y_2 为0.1%。混合气量为0.025kmol/s。操作压强为1atm，温度为21.1℃。塔径为1.5m。实际 $\frac{L}{G}$ 取 $\left(\frac{L}{G}\right)_{\min}$ 的1.5倍 [L、G 的单位是 kmol/(s·m²)]。试计算所需填料层高度。

传质系数计算式为：

$$\frac{1}{K'_L a} = \frac{1}{bW^{0.82}} + \frac{H}{0.099V^{0.7}W^{0.25}}$$

式中，$K'_L a$ 为液相总传质系数，kmol/[h·m³·(kmol/m³)]；b 为常数，见表6-6；H 为溶解度系数，kmol/(m³·atm)，见表6-6；W 为液体质量流率，kg/(h·m²)；V 为气体质量流率，kg/(h·m²)。

表6-6 不同温度时的常数 b 及溶解度系数

温度/℃	10	15.6	21.1	26.7	32.3
b	0.0093	0.0104	0.012	0.0132	0.0152
H/[kmol/(m³·atm)]	2.61	2.08	1.71	1.44	1.22

解 此题可按低浓度气体吸收计算。

(1) L' 与 x_1 的计算 由题意查表6-6知：$H=1.71$kmol/(m³·atm)，且 $x_2=0$，则

$$m = \frac{c_m}{Hp} = \frac{\dfrac{1000}{18}}{1.71 \times 1} = 32.5$$

$$\left(\frac{L}{G}\right)_{\min} = \frac{y_1 - y_2}{\dfrac{y_1}{m} - x_2} = \frac{y_1 - y_2}{\dfrac{y_1}{m}} = \frac{0.025 - 0.001}{\dfrac{0.025}{32.5}} = 31.2$$

$$\frac{L}{G} = 1.5\left(\frac{L}{G}\right)_{\min} = 1.5 \times 31.2 = 46.82 = \frac{L'}{G'}$$

所以 $\qquad L' = 46.8G' = 46.8 \times 0.025 = 1.17$kmol/s

由于 $\qquad G'(y_1 - y_2) = L'(x_1 - x_2)$

即 $\qquad 0.025 \times (0.025 - 0.001) = 1.17x_1$

所以 $\qquad x_1 = 5.13 \times 10^{-4}$

(2) $K'_L a$ 与 $K_x a$ 的计算

$$V = \frac{G' \times 3600 \times M_气}{A}$$

$$= \frac{0.025 \times 3600 \times (29 \times 0.975 + 64 \times 0.025)}{\dfrac{\pi \times 1.5^2}{4}} = 1522 \text{kg/(h·m}^2)$$

$$W = \frac{L' \times 3600 \times M_液}{A}$$

$$= \frac{1.17 \times 3600 \times 18}{\dfrac{\pi \times 1.5^2}{4}} = 4.29 \times 10^4 \text{kg/(h·m}^2)$$

由题意，查得 $b=0.012$，$H=1.71 \text{kmol}/(\text{m}^3 \cdot \text{atm})$

则
$$\frac{1}{K'_L a} = \frac{1}{bW^{0.82}} + \frac{H}{0.099V^{0.7}W^{0.25}}$$

$$= \frac{1}{0.012 \times (4.29 \times 10^4)^{0.82}} + \frac{1.71}{0.099 \times (1522)^{0.7} \times (4.29 \times 10^4)^{0.25}}$$

$$= \frac{1}{49.1}$$

所以
$$K'_L a = 49.1 \text{kmol}/[\text{h} \cdot \text{m}^3 \cdot (\text{kmol}/\text{m}^3)]$$

又因为
$$K'_L a(c^* - c) = K'_L a c_m (x^* - x) = K_x a(x^* - x) \times 3600$$

所以
$$K_x a = \frac{K'_L a \times c_m}{3600} = \frac{49.1 \times \dfrac{1000}{18}}{3600} = 0.758 \text{kmol}/(\text{s} \cdot \text{m}^3)$$

(3)填料层高度的计算

塔底推动力 $\quad \Delta x_1 = x_1^* - x_1 = \dfrac{y_1}{m} - x_1 = \dfrac{0.025}{32.5} - 5.13 \times 10^{-4} = 2.56 \times 10^{-4}$

塔顶推动力 $\quad \Delta x_2 = x_2^* - x_2 = x_2^* = \dfrac{y_2}{m} = \dfrac{0.001}{32.5} = 3.08 \times 10^{-5}$

$$\Delta x_m = \frac{\Delta x_1 - \Delta x_2}{\ln \dfrac{\Delta x_1}{\Delta x_2}} = \frac{2.56 \times 10^{-4} - 3.08 \times 10^{-5}}{\ln \dfrac{2.56 \times 10^{-4}}{3.08 \times 10^{-5}}} = 1.06 \times 10^{-4}$$

由于
$$N_{OL} = \frac{x_1 - x_2}{\Delta x_m} = \frac{5.13 \times 10^{-4}}{1.06 \times 10^{-4}} = 4.84$$

$$H_{OL} = \frac{L'}{K_x a A} = \frac{1.17}{0.758 \times \pi \times \dfrac{1.5^2}{4}} = 0.873 \text{m}$$

所以
$$H = H_{OL} N_{OL} = 0.873 \times 4.84 = 4.22 \text{m}$$

【例 6-5】 在填料塔内以清水逆流吸收空气与氨混合气中的氨。混合气质量流量为 $0.35 \text{kg}/(\text{s} \cdot \text{m}^2)$，进塔气体 $y_1 = 0.040$，回收率 $\eta = 0.96$，平衡关系为 $y^* = 0.92x$，$K_y a = 0.043 \text{kmol}/(\text{s} \cdot \text{m}^3)$。若令操作的液气摩尔流量比 $\dfrac{L}{G} = \beta \left(\dfrac{L}{G}\right)_{min}$，$\beta$ 取 1.40。试计算塔底液相浓度 x_1 及填料层高度 H。

解 进口气体摩尔质量 $M_{气} = 29 \times 0.96 + 17 \times 0.04 = 28.52$

则
$$G = \frac{0.35}{M_{气}} = \frac{0.35}{28.52} = 0.01227 \text{kmol}/(\text{s} \cdot \text{m}^2)$$

$$H_{OG} = \frac{G}{K_y a} = \frac{0.01227}{0.043} = 0.285 \text{m}$$

又
$$x_2 = 0$$

因为
$$\left(\frac{L}{G}\right)_{\min} = \frac{y_1 - y_2}{\dfrac{y_1}{m} - x_2} = \frac{y_1 - y_2}{\dfrac{y_1}{m}} = m\eta$$

所以
$$\frac{L}{G} = \beta\left(\frac{L}{G}\right)_{\min} = \beta m\eta = 1.40 \times 0.92 \times 0.96 = 1.236$$

由于 $(y_1 - y_2) = \dfrac{L}{G}(x_1 - x_2)$，即 $y_1\eta = \dfrac{L}{G}x_1$

则
$$0.04 \times 0.96 = 1.236 x_1$$

故塔底液相浓度
$$x_1 = 0.0311$$

由于
$$\frac{mG}{L} = \frac{m}{\dfrac{L}{G}} = \frac{m}{\beta m\eta} = \frac{1}{\beta\eta}, \quad 又\ \eta = 1 - \frac{y_2}{y_1}$$

所以
$$N_{OG} = \frac{1}{1 - \dfrac{mG}{L}} \ln\left[\left(1 - \frac{mG}{L}\right)\frac{y_1 - mx_2}{y_2 - mx_2} + \frac{mG}{L}\right]$$

$$= \frac{1}{1 - \dfrac{1}{\beta\eta}} \ln\left[\left(1 - \frac{1}{\beta\eta}\right)\frac{1}{1 - \eta} + \frac{1}{\beta\eta}\right] = \frac{\beta\eta}{\beta\eta - 1} \ln\left[\frac{\beta - 1}{\beta(1 - \eta)}\right]$$

$$= \frac{1.40 \times 0.96}{1.40 \times 0.96 - 1} \ln\left[\frac{1.40 - 1}{1.40 \times (1 - 0.96)}\right] = 7.68$$

所以填料层高
$$H = H_{OG} N_{OG} = 0.285 \times 7.68 = 2.19 \text{m}$$

6.5.8 填料吸收塔的操作型计算

对气体吸收塔操作的描述，应包括 4 个方面内容：①气液物系、温度、压强；②设备条件，即填料种类、尺寸与填装方式，塔径，填料层高度；③气、液摩尔流率 G、L 及进口含量 y_1、x_2；④吸收效果，即尾气含量 y_2 与出塔液体含量 x_1。

若吸收计算是以计算填料层高度和塔径为目的，所需的已知条件由设计任务给出及由设计者选定，这种类型的计算为设计型计算。若吸收计算是以某一定态吸收操作为出发点，考虑当某些条件改变而另外条件不变对吸收的影响，这种类型的计算属操作型计算。

掌握操作型计算方法是生产实际提出的要求。例如，气温变化会影响塔内操作温度，若某塔在冬天操作能取得满意的吸收效果但在夏天则未必能达到要求的指标。又如，生产中物料的流量，浓度可能波动等，都会对吸收效果产生影响。此外，从环保角度或经济角度考虑，要求有更高的回收率，需要对原塔进行更换填料或增高填料层的计算。这种计算固然带有设计计算的性质，但因计算中强调了前、后情况的对比，且塔径尺寸往往不能改变，有些参量仍沿用原来数据，不是重新设计一个塔，故一般认为仍属于操作型计算。

设计计算有较固定的计算程序，而操作型计算则因问题的类型多，解题方法更灵活。解操作型计算问题常采用对比计算法。采用对比计算法不仅仅为了解题简便，有时已知条件不齐全，只给出部分数据，这些数据只能供对比计算求出待求量，此时就必须采用对比计算法。

【例 6-6】 一填料塔，以清水逆流吸收空气、氨混合气中的氨。$y_1 = 0.050$，$y_2 = 0.004$，进气量 28.56m³/min，塔内压强为 1atm（绝压），温度为 25℃，用水量为 32kg/min。问：当填料层高度增加 10% 而其他操作条件不变，出口气体浓度为多少？

解 查得 25℃时亨利系数 $E = 1.003$atm，则 $m = \dfrac{E}{p} = \dfrac{1.003}{1} = 1.003$

计算 G' 根据 $pV = nRT$，计算式中各变量单位：V，m³/s；$n = G'$，kmol/s，则

$$G' = \frac{pV}{RT} = 1.013 \times 10^5 \times \frac{\dfrac{28.56}{60}}{8314 \times 298} = 0.0195 \text{kmol/s}$$

又

$$L' = \frac{32}{60 \times 18} = 0.0296 \text{kmol/s}$$

则

$$\frac{mG'}{L'} = \frac{mG}{L} = \frac{1.003 \times 0.0195}{0.0296} = 0.661$$

原塔填料层高度 $\qquad\qquad\qquad H = H_{OG} N_{OG}$

增加填料高度后的塔的填料层高 $\qquad H'' = H''_{OG} N''_{OG}$

因填料高度改变但塔内气、液流量不变，可略去物性变化，故前后的 $K_y a$ 维持恒值，故

$$H_{OG} = \frac{G'}{A K_y a} = H''_{OG}$$

又因为 $\qquad\qquad\qquad\qquad H'' = 1.1H$

所以 $\qquad\qquad\qquad\qquad \dfrac{N''_{OG}}{N_{OG}} = \dfrac{H''}{H} = 1.1$

原塔的传质单元数

$$N_{OG} = \frac{1}{1 - \dfrac{mG}{L}} \ln \left[\left(1 - \frac{mG}{L} \right) \frac{y_1}{y_2} + \frac{mG}{L} \right] = \frac{1}{1 - 0.661} \ln \left[(1 - 0.661) \times \frac{0.050}{0.004} + 0.661 \right] = 4.69$$

改后塔的传质单元数

$$N''_{OG} = 1.1 N_{OG} = 1.1 \times 4.69 = 5.16$$

依据 $\qquad 5.16 = \dfrac{1}{1 - 0.661} \ln \left[(1 - 0.661) \dfrac{0.050}{y''_2} + 0.661 \right]$

所以出口气体含量 $\qquad\qquad y''_2 = 3.33 \times 10^{-3}$

【例 6-7】 以清水在填料塔内逆流吸收空气-丙酮混合气中的丙酮，操作温度为 293K，操作压强为 1atm（绝压）。原来情况：$\dfrac{L}{G} = 2.1$，$\eta = 0.95$。已知 $y^* = 1.18x$，过程为气相控制，$K_y a \propto G^{0.8}$，$K_y a$ 与 L 无关。现因处理量增加，气量 $G'' = 1.2G$，若温度、压强不变，考虑到气量增加会使尾气浓度升高，故增高 10% 的填料高度。问：新情况下液流量 L'' 应为原来 L 的多少倍才能使回收率维持不变。

解 按题意，$H'' = 1.1H$，即

$$1.1 H_{OG} N_{OG} = H''_{OG} N''_{OG}$$

因

$$K_y a \propto G^{0.8}, \quad \text{即 } K_y a = \frac{1}{C} G^{0.8} \quad [C \text{ 为常量}]$$

故

$$H_{OG} = \frac{G}{K_y a} = \frac{GC}{G^{0.8}} = CG^{0.2}$$

则

$$N''_{OG} = 1.1 \frac{H_{OG}}{H''_{OG}} N_{OG} = 1.1 \left(\frac{G}{G''}\right)^{0.2} N_{OG} = 1.1 \times \left(\frac{1}{1.2}\right)^{0.2} \times N_{OG}$$

$$= 1.061 N_{OG}$$

当

$$x_2 = 0, \quad N_{OG} = \frac{1}{1 - \frac{mG}{L}} \ln\left[\left(1 - \frac{mG}{L}\right)\frac{1}{1-\eta} + \frac{mG}{L}\right]$$

则有

$$N_{OG} = \frac{1}{1 - \frac{1.18}{2.1}} \ln\left[\left(1 - \frac{1.18}{2.1}\right) \times \frac{1}{1 - 0.95} + \frac{1.18}{2.1}\right] = 5.10$$

$$N''_{OG} = 1.061 N_{OG} = 1.061 \times 5.10 = 5.41$$

$$= \frac{1}{1 - \left(\frac{mG}{L}\right)''} \ln\left\{\left[1 - \left(\frac{mG}{L}\right)''\right]\frac{1}{1 - 0.95} + \left(\frac{mG}{L}\right)''\right\}$$

经试差，得 $\left(\dfrac{mG}{L}\right)'' = 0.604$，而原来 $\left(\dfrac{mG}{L}\right) = \dfrac{1.18}{2.1} = 0.562$。则

$$\frac{\frac{mG}{L}}{\left(\frac{mG}{L}\right)''} = \frac{L''}{L} \times \frac{G}{G''} = \frac{0.562}{0.604}$$

即

$$\frac{L''}{L} = \frac{0.562}{0.604} \times 1.2 = 1.12$$

6.5.9 吸收塔的调节和操作

吸收塔的处理对象是气体，要使其达到指定的分离要求。若自前一工序入塔气体的组成或流量改变，或后一工序对出塔气体的组成有新的要求，就需要对塔的操作参数进行调节。对此，通常是改变吸收剂的入塔参数，即吸收剂用量 L、浓度 x_2 和温度 t。在操作条件改变后，找出吸收效果如何变化；或相反，指定吸收效果和某些参数，应如何改变操作条件，都属于吸收的操作型问题。

(1) 增大吸收剂用量，操作线斜率增大，出口气体浓度下降。

(2) 降低吸收剂温度，相平衡常数减小，平衡线下移，平均推动力增大。

(3) 降低吸收剂入口浓度，液相入口处推动力增大，全塔平均推动力亦随之增大。

上述的调节措施有其限度，如吸收剂用量的增大需以不破坏塔的正常操作（避免"液泛"等，见第 8 章）为前提。此外，虽可用提高总压的方法减小 y^* 值，增加传质推动力，但通常会因能耗过大及加压设备成本增加而不现实。对于常见的吸收-解吸联合流程，增大吸收剂用量、降低吸收剂入口浓度对吸收过程有利，但是还受到解吸过程的制约。

6.5.10 其他吸收流程

下面对气液并流、二吸收塔联合操作以及有液体再循环的吸收操作等 3 种流程进行简单介绍。

（1）并流吸收操作 气液并流的流程及其在 y-x 图中操作线的画法如图 6-26 所示。

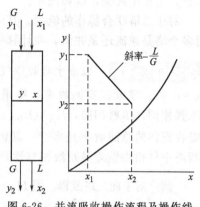

由于 $G(y-y_2)=L(x_2-x)$ 即 $\dfrac{y-y_2}{x-x_2}=-\dfrac{L}{G}$，可见其操作线的斜率为 $-\dfrac{L}{G}$，为负值。

并流时填料层高度的计算式仍为 $H=H_{OG}N_{OG}$，其中 $H_{OG}=\dfrac{G}{K_y a}$，$N_{OG}=\dfrac{y_1-y_2}{\Delta y_m}$，$\Delta y_m$ 同样是 $(y_1-y_1^*)$ 与 $(y_2-y_2^*)$ 的对数平均值。若用吸收因数法计算 N_{OG}，则 N_{OG} 的计算式为

图 6-26 并流吸收操作流程及操作线

$$N_{OG}=\frac{-1}{1+\dfrac{mG}{L}}\ln\left[\left(1+\frac{mG}{L}\right)\frac{y_2-mx_1}{y_1-mx_1}-\frac{mG}{L}\right] \tag{6-49}$$

并流操作因随着气体浓度降低却接触到浓度增高的液体，故塔顶推动力大而塔底推动力小。用对数平均浓度差法可判知，因全塔平均推动力主要受 Δy 小的一侧的值控制，故并流时全塔平均推动力小。这就是一般不采用并流操作的原因。但是，若体系的溶解度很大，即 m 很小，逆流与并流的平均推动力相差不大时可考虑采用并流。并流的优点是气、液的流速变化范围大于逆流，不受液泛限制。当气相浓度的降低或液相浓度的升高有一定限制时，用并流较适宜。

（2）二塔联合吸收操作 对二塔联合吸收操作的分析，是对多塔联合吸收操作分析的基础，现只讨论二塔问题。二塔操作可有多种流程，参看图 6-27，图 6-27(a) 中气体串联流过二塔，液体则由塔顶处即分成两股，分别流过二塔。设 $L_1=L_2$，其操作线在 y-x 图中的画法如下：因 $y_1>y_2>y_3$，可在图中任意画 3 条水平线，由上至下分别标以 y_1，y_2，y_3，再判断液相浓度，因 $x_A>x_B>x_2$，可画 3 条垂直线，由左至右分别标以 x_2，x_B，x_A。然后，连接 (x_2, y_2) 点与 (x_A, y_1) 点的直线即为 (A) 塔的操作线，连接 (x_2, y_3) 点与 (x_B, y_2) 点的直线即为 (B) 塔的操作线。在两个塔中均为逆流操作，且因 $\left(\dfrac{L}{G}\right)_A=\left(\dfrac{L}{G}\right)_B$，所以两

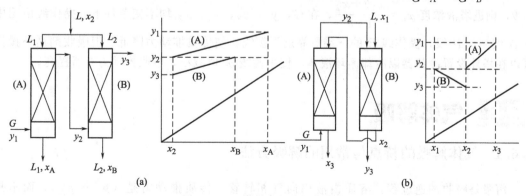

(a)　　　　　　　　　　　　　　　　　　(b)

图 6-27 二塔联合吸收操作流程

塔的操作线是平行的且斜率为正。

在图（b）中，（A）塔逆流，（B）塔并流。同样，根据 $y_1>y_2>y_3$ 及 $x_3>x_2>x_1$ 的判断，可作出两操作线如图示。

对于二塔联合操作的流程，其中任一塔的计算与前述的单塔计算方法相同。计算前需判明多个塔是逆流还是并流，在计算中要注意各塔间气液流量及浓度之间的关系。

【例 6-8】 以清水吸收空气-H_2S 混合气中的 H_2S。原来用单塔逆流操作，回收率 $\eta=0.85$。现欲提高回收率，拟采用图 6-27 中的图（a）流程。在该二塔间，操作温度、压强相同，填料相同，$L_A=L_B$，填料层高度 $H_A=H_B$，塔径 $D_A=D_B$。问：二塔联合吸收操作的总回收率是多少？新流程中（A）塔操作与原来情况相同。略去（A）、（B）两塔中气相物性差异及液相物性差异。

解 对于此二塔流程，因 $H_A=H_B$，$(H_{OG})_A=\dfrac{G}{K_y a}=(H_{OG})_B$，所以 $(N_{OG})_A=(N_{OG})_B$

因为

$$N_{OG}=\frac{1}{1-\dfrac{mG}{L}}\ln\left[\left(1-\frac{mG}{L}\right)\frac{1}{1-\eta}-\frac{mG}{L}\right]$$

可见，N_{OG} 只取决于 $\dfrac{mG}{L}$ 与 η。现二塔的 N_{OG} 及 $\dfrac{mG}{L}$ 各对应相等，必 $\eta_A=\eta_B$，所以总的回收率 $\eta=1-(1-\eta_A)(1-\eta_B)=1-(1-0.85)^2=97.8\%$

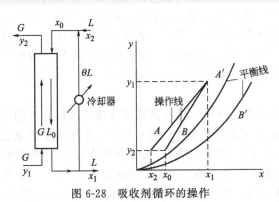

图 6-28　吸收剂循环的操作

（3）吸收剂循环的流程　对一定的填料塔，当 G，y_1，y_2，x_2 已定，则液体流率 L 愈小，出塔液体浓度 x_1 愈大。为此，欲取得较大的 x_1 值 L 必须小。

然而，液体流率小往往难以使填料表面充分润湿，使有效传质面积变小。为解决此问题，可采用吸收剂循环流程，如图 6-28所示。吸收剂通过塔内的真正流率为 L_0。吸收剂自塔底流出后，部分作为产品，部分循环液与浓度为 x_2 的补充吸收剂混合后进塔。从总的物料衡算知，$G(y_1-y_2)=L(x_1-x_2)$，仍可满足小的 L 值但高的 x_1 值，且塔内有足够大的喷淋密度。此流程的缺点是塔顶进液浓度提高了。设循环液量与补充液量之比为 θ，则进塔液浓度 $x_0=\dfrac{x_1\theta+x_2}{1+\theta}$，在 G，y_1，y_2，x_1，x_2 均不变条件下，操作线由图中的 A 线变为 B 线，操作线 B 的下端更靠近平衡线，使传质推动力降低。但吸收剂循环操作可以在塔外设置冷却器以冷却循环液体，使平衡线 m 值减小，吸收推动力有所提高。

6.6　气体解吸

6.6.1　气体解吸的特点与常用的解吸方法

解吸是吸收的逆过程，溶质由液相向气相转移，传质推动力是 (p^*-p_A)，而不是

$(p_A - p^*)$，或者推动力是 $(c_A - c^*)$，而不是 $(c^* - c_A)$。
当气液在塔内逆流解吸时，操作线在平衡线之下，如图 6-29
所示。

常用以下的两种解吸方法。

（1）通入惰性气体 惰气从塔底引入，溶液则自塔顶加

入，溶质自溶液传递至惰气。由 $m = \dfrac{E}{p}$ 可见，p 下降可使 m

增大，故采用降压操作有利于解吸。此外，升高溶液温度亦
可使 m 增大。

（2）通入过热水蒸气 当溶质是可凝性蒸汽，而且溶质
冷凝后与水不互溶，则气体从塔顶出来经冷凝后可得到分层
液体，便于溶质与水分离而取得较纯的溶质产品。

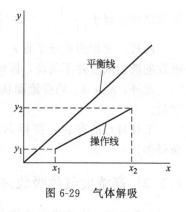

图 6-29 气体解吸

6.6.2 逆流气体解吸塔的计算

气液逆流解吸塔的计算与逆流吸收塔的计算方法相同，但过程推动力不同。填料层高度
计算式仍为 $H = H_{OG} N_{OG}$ 或 $H = H_{OL} N_{OL}$。

当平衡关系为 $y^* = mx$，以下标"1"表示塔底截面，"2"表示塔顶截面，则解吸的传
质单元数为

$$N_{OL} = \frac{1}{1-A} \ln \left[(1-A) \frac{x_2 - \dfrac{y_1}{m}}{x_1 - \dfrac{y_1}{m}} + A \right] \tag{6-50}$$

$$N_{OG} = \frac{1}{1 - \dfrac{1}{A}} \ln \left[\left(1 - \frac{1}{A} \right) \frac{y_1 - mx_2}{y_2 - mx_2} + \frac{1}{A} \right] \tag{6-51}$$

6.7 高浓度气体吸收

6.7.1 高浓度气体吸收的特点

当进入吸收塔的混合气体浓度较高（一般体积分数大于 10%），被吸收溶质量较多时，
称为高浓度气体吸收，前面的简化处理不再适用，高浓度气体吸收具有如下特点。

（1）G，L 沿塔高变化 在高浓度气体吸收过程中，气体流率 G，液相流率 L 不能再视
为常量，因其沿塔高有明显变化，但惰性气体流率 G_B 沿塔高不变。若不考虑溶剂挥发，纯
溶剂流率 L_S 也不变。

（2）吸收过程非等温 在高浓度气体吸收过程中，被吸收的溶质量较多，所产生的溶解
热使两相温度升高。液体温度升高将对相平衡产生较大影响。

（3）传质分系数与浓度有关 按双膜理论考虑，气相传质分系数 k_y 可表示为

$$k_y = \frac{D_G p}{RT\delta_G} \times \frac{1}{(1-y)_m} = k_y' \frac{1}{(1-y)_m} \tag{6-52}$$

式中，k_y' 为等分子反向扩散的传质分系数，其值与气相浓度 y 无关。高浓度气体吸收时不

能忽略漂流因子 $\dfrac{1}{(1-y)_{\mathrm{m}}}$ 的影响。

同理，液相传质分系数 k_x 也应与液体浓度 x 有关。但在一般情况下，许多高浓度气体吸收的液相浓度并不很高，因而通常将 k_x 看成与浓度 x 无关。

此外，k_x，k_y 均受流动状况（包括气、液流率 G、L）的影响，因而在全塔不再为一常量。

上述特点的存在，使得高浓度气体吸收过程计算比低浓度气体吸收过程计算要复杂得多。

6.7.2　高浓度气体吸收过程计算

6.7.2.1　绝热吸收平衡线

对于绝热吸收过程，可取微元塔高 $\mathrm{d}H$ 作热量衡算

$$溶解释放热＝液体的吸收热量（温升）$$

若溶解释放热以 Q_1 来表示，液体的吸收热量以 Q_2 来表示，则 $Q_1＝Q_2$

由于 $\quad Q_1=(L+\mathrm{d}L)(x+\mathrm{d}x)\varphi-Lx\varphi=Lx\varphi+L\mathrm{d}x\varphi+x\varphi\mathrm{d}L+\varphi\mathrm{d}L\mathrm{d}x-Lx\varphi$

$\qquad ＝\varphi L\mathrm{d}x+x\varphi\mathrm{d}L$（近似认为二阶项 $\varphi\mathrm{d}L\mathrm{d}x=0$）

$Q_2=C_{\mathrm{L}}(L+\mathrm{d}L)(T+\mathrm{d}T)-C_{\mathrm{L}}L_{\mathrm{T}}=C_{\mathrm{L}}LT+C_{\mathrm{L}}L\mathrm{d}T+C_{\mathrm{L}}T\mathrm{d}L+C_{\mathrm{L}}\mathrm{d}T\mathrm{d}L-C_{\mathrm{L}}LT$

$\qquad ＝C_{\mathrm{L}}L\mathrm{d}T+C_{\mathrm{L}}T\mathrm{d}L$（近似认为二阶项 $C_{\mathrm{L}}\mathrm{d}T\mathrm{d}L=0$）

故 $\qquad\qquad\qquad\qquad\qquad \varphi L\mathrm{d}x+x\varphi\mathrm{d}L=C_{\mathrm{L}}L\mathrm{d}T+C_{\mathrm{L}}T\mathrm{d}L$

通常吸收剂用量 L 与被吸收的溶质量相比很大，式中

$$\varphi L\mathrm{d}x\gg x\varphi\mathrm{d}L，\quad C_{\mathrm{L}}L\mathrm{d}T\gg C_{\mathrm{L}}T\mathrm{d}L$$

故后两项 $x\varphi\mathrm{d}L$ 和 $C_{\mathrm{L}}T\mathrm{d}L$ 可忽略。

热量衡算式可简化为 $\qquad\qquad\qquad \varphi L\mathrm{d}x=C_{\mathrm{L}}L\mathrm{d}T$

两边同除以 L 得 $\qquad\qquad\qquad\qquad \varphi\mathrm{d}x=C_{\mathrm{L}}\mathrm{d}T \qquad\qquad\qquad\qquad\qquad\text{(6-53)}$

如图 6-30(a) 所示，将吸收塔中液相组成 x 的变化范围分成若干等分段，每段变化为 Δx，据式(6-53)任意段 n 的热量衡算可近似写成

$$C_{\mathrm{L}}(t_n-t_{n-1})=\varphi(x_n-x_{n-1}) \qquad\qquad\qquad\text{(6-54a)}$$

$$t_n=t_{n-1}+\frac{\varphi}{C_{\mathrm{L}}}\Delta x \qquad\qquad\qquad\text{(6-54b)}$$

式中，t_n，t_{n-1} 为离开和进入该段的液相温度，单位为℃；φ 为溶质的微分溶解热，是溶液浓度 x 的函数，此处应由 x_{n-1} 至 x_n 之间的平均值查 φ 值，kJ/kmol；C_{L} 为溶液的平均比热容，kJ/(kmol·K)。

当塔顶的液相浓度 x_0，温度 t_0 已知，可用式 (6-54) 逐段算出不同溶液浓度 x 处的液相温度 t，即建立吸收塔中液相浓度 x 与温度 t 的对应关系，然后根据每一液相浓度 x 及对应温度 t，可从手册中找到与之呈平衡的气相浓度 y^*，塔内的实际平衡线随即确定。也可以作若干不同温度下的 y-x 平衡曲线，找到与 x 对应的温度点，联结这些点所得的曲线即为绝热吸收气液相平衡曲线，如图 6-30(b) 所示。

6.7.2.2　微分溶解热

可溶组分在溶解过程中所释热量大小可用微分溶解热 φ 来计算。微分溶解热 φ 是指每 1kmol 溶质溶解于浓度为 x 的大量溶液中所产生的热量，其值与溶液浓度有关。不同体系

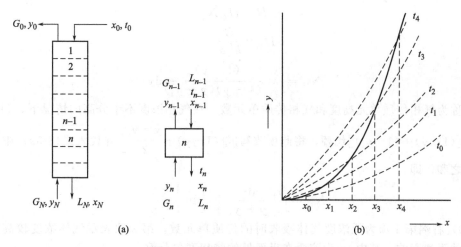

图 6-30　绝热吸收平衡曲线求法

微分溶解热的数据可从有关手册中查找，现列出几个体系微分溶解热数据供设计计算使用。

氨-水体系（如图 6-31 所示）

丙酮蒸气-水体系　　$\varphi_{均}=10450+冷凝潜热$　　（kJ/kmol）

甲醇蒸气-水体系　　$\varphi_{均}=6310+冷凝潜热$　　（kJ/kmol）

乙醇蒸气-水体系　　$\varphi_{均}=7775+冷凝潜热$　　（kJ/kmol）

需说明的是冷凝潜热根据溶质气体入塔温度查取，一般体系微分溶解热随液相浓度变化不大，故可取操作浓度范围内的平均值 $\varphi_{均}$。

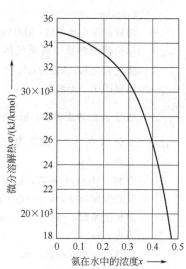

图 6-31　氨在水中微分溶解热

6.7.2.3　高浓度气体吸收时填料层高度的计算

采用传质分系数，塔内任一微分段 $\mathrm{d}h$ 的吸收速率式应为

$$\mathrm{d}(Gy)=k_y a(y-y_i)\mathrm{d}h$$

设 G_B 为惰性气体摩尔流率，则 $G_B=G(1-y)$，代入上式中，则得

$$\mathrm{d}(Gy)=G_B\mathrm{d}\left(\frac{y}{1-y}\right)=G_B\frac{\mathrm{d}y}{(1-y)^2}=G\frac{\mathrm{d}y}{1-y}$$

所以　　　　　$\dfrac{G\mathrm{d}y}{1-y}=k_y a(y-y_i)\mathrm{d}h$

即　　　　　$H=\displaystyle\int_{y_2}^{y_1}\dfrac{G\mathrm{d}y}{k_y a(y-y_i)(1-y)}$　　　　（6-55）

将式（6-52）代入式（6-55）中，

则得　　　　　$H=\displaystyle\int_{y_2}^{y_1}\dfrac{G(1-y)_{\mathrm{m}}}{k'_y a(y-y_i)(1-y)}\mathrm{d}y$　　　　（6-56）

根据式（6-56）进行图解积分，求算填料层高度 H 时，要用试差法，步骤较繁，在一般情况下，尽管 $k'_y a$ 和 G 均随塔截面位置而变化，但是两者的比值在整个填料层中变化不是很大，通常可将数群 $\dfrac{G}{k'_y a}$ 视为常数从积分号中移出。

于是式（6-56）可写成

$$H = H_G N_G \tag{6-57}$$

式中
$$H_G = \frac{G}{k'_y a} \tag{6-58}$$

$$N_G = \int_{y_2}^{y_1} \frac{(1-y)_m}{(1-y)(y-y_i)} dy \tag{6-59}$$

并分别称为气相传质单元高度和气相传质单元数。在气相浓度不十分高的情况下，$(1-y)_m$ 可用 $\frac{1}{2}[(1-y)+(1-y_i)]$ 代替，将此项改写成 $\left[(1-y)+\frac{y-y_i}{2}\right]$ 并代入式(6-59)中，可写成两项之和，即

$$N_G = \int_{y_2}^{y_1} \frac{dy}{y-y_i} + \frac{1}{2}\ln\frac{1-y_2}{1-y_1} \tag{6-60}$$

式(6-60)右端第 1 项为低浓度气体吸收时的传质单元数，第 2 项表示气体浓度较高时，漂流因子的附加影响。其中 y_i 为溶质在界面处的气相摩尔分数。

<<<<< **本章主要符号** >>>>>

A——空塔横截面积，m^2。

c_A——组分 A 在液相的摩尔浓度，$kmol/m^3$。

c_i——组分 A 在气液界面处液相中的浓度，$kmol/m^3$。

C_L——溶液的平均比热容，$kJ/(kmol \cdot K)$。

c_m——单位体积溶液中溶质气体与溶剂的物质的量之和，$kmol/m^3$。

c_m/c_{Bm}——漂流因子，无量纲。

$\dfrac{dc_A}{dz}$——组分 A 的浓度梯度，$kmol/(m^3 \cdot m)$。

D_{AB}——组分 A 在 A、B 混合物中的分子扩散系数，m^2/s。

E——亨利（Henry）系数，kPa。

G——气相摩尔流率，$kmol/(s \cdot m^2)$。

H——溶解度系数，$(kmol/m^3)/kPa$；填料层高度，m。

H_G——气相传质单元高度，m。

H_L——液相传质单元高度，m。

H_{OG}——气相总传质单元高度，m。

H_{OL}——液相总传质单元高度，m。

J_A——组分 A 的分子扩散速率，$kmol/(s \cdot m^2)$。

k_G——以气相分压为推动力的气相传质分系数，$kmol/(s \cdot m^2 \cdot kPa)$。

k_L——以液相摩尔浓度为推动力的液相传质分系数，$kmol/[s \cdot m^2 \cdot (kmol/m^3)]$。

k_x——以 Δx 为推动力的液相传质分系数，$kmol/(s \cdot m^2)$。

k_y——以 Δy 为推动力的气相传质分系数，$kmol/(s \cdot m^2)$。

K_x——以 Δx 为推动力的总传质系数，$kmol/(s \cdot m)$。

K_y——以 Δy 为推动力的总传质系数，$kmol/(s \cdot m)$。

L——液相摩尔流率，$kmol/(s \cdot m^2)$。

m——相平衡常数，无量纲。

N_G——气相传质单元数，无量纲。

N_L——液相传质单元数，无量纲。

N_M——主体流动速率，$kmol/(s \cdot m^2)$。

N_{OG}——气相总传质单元数，无量纲。

N_{OL}——液相总传质单元数，无量纲。

p_A——组分 A 的分压，kPa。

p——总压强，kPa。

p_i——组分 A 在气液界面 i 处气相中的分压，kPa。

p/p_{Bm}——漂流因子，无量纲。

S——单位时间内表面被更新的百分率。

t_n——离开吸收塔某段的液相温度，℃。

t_{n-1}——进入吸收塔某段的液相温度，℃。

T——热力学温度，K。

V——气体质量流率，$kg/(h \cdot m^2)$。

V_A——组分 A 的分子体积，cm^3/mol。

W——液体质量流率，$kg/(s \cdot m^2)$。

x——组分 A 在液相的摩尔分数。

y——溶质气体 A 在气相的摩尔分数。

a——溶剂缔合因子，单位设备体积的吸收　　　　η——溶质气体的回收率。

　　表面积。　　　　　　　　　　　　　　　　　φ——溶质的微分溶解热，kJ/kmol。

μ——溶液黏度，Pa·s。　　　　　　　　　　　*——平衡关系。

<<<<< **习　题** >>>>>

6-1　总压 100kPa，温度 25℃的空气与水长时间接触，水中 N_2 的浓度为多少？分别用摩尔浓度和摩尔分数表示。空气中 N_2 的体积分数为 0.79。　　　　　　　　$[c=5.01\times10^{-4}\ kmol/m^3；x=9.02\times10^{-6}]$

6-2　已知常压、25℃下某体系的平衡关系符合亨利定律，亨利系数 E 为 0.15×10^4 atm，溶质 A 的分压为 0.054atm 的混合气体分别与 3 种溶液接触：①溶质 A 浓度为 0.002mol/L 的水溶液；②溶质 A 浓度为 0.001mol/L 的水溶液；③溶质 A 浓度为 0.003mol/L 的水溶液。试求上述 3 种情况下溶质 A 在两相间的转移方向。

　　若将总压增至 3atm，气相溶质 A 的摩尔分数仍保持原来数值，与溶质 A 的浓度为 0.003mol/L 的水溶液接触，溶质 A 的传质方向又如何？　　　　[①平衡；②气相转移至液相；③液相转移至气相。气相转移至液相]

6-3　某气、液逆流的吸收塔，以清水吸收空气-硫化氢混合气中的硫化氢。总压为 1atm。已知塔底气相中含 H_2S 为 1.5%（摩尔分数），水中含 H_2S 的为 1.8×10^{-5}（摩尔分数）。试求塔底温度分别为 5℃及 30℃时的吸收过程推动力。　　$[\Delta y_1=0.0093；\Delta x_1=2.96\times10^{-5}；\Delta y_2=0.0040；\Delta x_2=6.63\times10^{-6}]$

6-4　总压为 100kPa，温度为 15℃时 CO_2 的亨利系数 E 值为 1.22×10^5 kPa。试计算：① H、m 的值（对稀水溶液密度为 1000kg/m³）；②若空气中 CO_2 的分压为 50kPa，试求与其相平衡的水溶液浓度，分别以摩尔分数和摩尔浓度表示。

$$[①H=4.5\times10^{-4}\ (kmol/m^3)/kPa，m=1220；②c=0.023kmol/m^3，x=4.10\times10^{-4}]$$

6-5　在总压为 100kPa、水温为 30℃鼓泡吸收器中，通入纯 CO_2，经充分接触后测得水中 CO_2 的平衡溶解度为 2.857×10^{-2} mol/L 溶液，溶液的密度可近似取为 1000kg/m³，试求亨利系数。

$$[H=2.857\times10^{-4}\ (mol/L)/kPa；E=1.945\times10^5\ kPa]$$

6-6　组分 A 通过另一停滞组分 B 进行扩散，若总压为 101.3kPa，扩散两端组分 A 的分压分别为 23.2kPa 和 6.5kPa。实验测得的传质系数 k_G 为 1.41×10^{-5} mol/(m²·s·Pa)。若在相同的操作条件和组分浓度下，组分 A 和 B 进行等分子反向扩散，试分别求传质系数 k'_G 和传质速率 N'_A。

$$[k'_G=1.2\times10^{-5}\ mol/(m^2\cdot s\cdot Pa)；N'_A=2.0\times10^{-4}\ kmol/(m^2\cdot s)]$$

6-7　已知：柏油路面积水 3mm，水温 20℃，空气总压 100kPa，空气中水汽分压 1.5kPa，设备面积水上方始终有 0.25mm 厚的静止空气层。问柏油路面积水吹干需多长时间？　　　　　　$[\theta=4.808\times10^3\ s]$

6-8　试分别计算 0℃及 101.3kPa 下 CO_2、SO_2 在空气中的扩散系数，并与实验值进行比较分析。

$$[D_{CO_2}=1.155\times10^{-5}\ m^2/s；D_{SO_2}=9.882\times10^{-6}\ m^2/s]$$

6-9　试计算 HCl 在 35℃水中的扩散系数，并与实验值进行比较分析。　　　$[D=3.11\times10^{-5}\ cm^2/s]$

6-10　某传质过程的总压为 300kPa，吸收过程传质分系数分别为 $k_y=1.07$ kmol/(m²·h)、$k_x=22$ kmol/(m²·h)，气液相平衡关系符合亨利定律，亨利系数 E 为 10.67×10^3 kPa，试求：①吸收过程传质总系数 K_y 和 K_x；②液相中的传质阻力为气相中的多少倍。　　　$[①K_y=0.3919，K_x=13.94；②1.73]$

6-11　在填料塔内以水吸收空气-氨混合气中的氨。已知：总压 p 为 1atm，温度 t 为 20℃，亨利系数 E 为 7.66×10^4 Pa，气相体积传质分系数 k_Ga 为 4.25×10^{-4} kmol/(s·m³·kPa)，液相体积传质分系数 k_La 为 5.82×10^{-3} 1/s。气相中含氨 5.4%（体积分数），液相中含氨 0.062（摩尔分数），液相可按稀溶液处理。试求气、液界面处平衡的浓度以及气相传质阻力占总阻力的分数。

$$[x_1=0.0629；y_1=0.0475；\eta=90.8\%]$$

6-12　若某组分在气相中的摩尔分数保持不变，将其总压增大一倍，但其质量流速不变，试分析 k_g、k_y 和 N_A 的变化情况？　　　　　　　　　　$[k'_G=\dfrac{1}{2}k_G；k'_y=k_y；N'_A=N_A]$

6-13 用填料塔进行逆流吸收操作，在操作条件下，气相、液相传质系数分别为 $0.013\text{kmol}/(\text{m}^2 \cdot \text{s})$ 和 $0.026\text{kmol}/(\text{m}^2 \cdot \text{s})$。①试分别计算相平衡常数 m 为 0.1 和 100 时，吸收传质过程的传质阻力分配情况；②若气相传质分系数 $k_y \propto G^{0.8}$，当气相流量 G 增加一倍时，试分别计算上述两种情况下总传质系数增大的倍数。

[①$m=0.1$ 时气液膜阻分别占 95.24％和 4.76％，$m=100$ 时气液膜阻分别占 1.96％和 98.04％；

②$m=0.1$ 时 k_y 增加了 0.784 倍，$m=100$ 时 k_x 增加了 0.008 倍]

6-14 对低浓度气体吸收，当平衡关系为直线时，试证明：

$$N_{OG} = \frac{1}{1-\dfrac{mG}{L}} \ln \frac{\Delta y_1}{\Delta y_2}$$

式中，Δy_1、Δy_2 分别为塔底与塔顶两端面上的气相吸收总推动力。 [略]

6-15 用纯溶剂对低浓度气体作逆流吸收，可溶组分的回收率为 η，实际液气比为最小液气比的 β 倍。物系平衡关系服从亨利定律。试以 η、β 两个参数列出计算 N_{OG} 的计算式。

$$[N_{OG} = \beta\eta\ln[(\beta-1)/\beta(1-\eta)]/(\beta\eta-1)]$$

6-16 在一逆流吸收塔中，用清水吸收混合气体中的 CO_2，标准状况下的气相流量为 $300\text{m}^3/\text{h}$，进塔气体中含 CO_2 6.0％（体积分数），要求回收率为 95％，操作条件下的平衡关系为 $y^*=1200x$，操作液气比为最小液气比的 1.6 倍。试求：①吸收剂用量和出塔液体组成；②写出操作线方程；③气相总传质单元数。 [①$x_1=3.125\times10^{-5}$；②$y=1824x+0.003$；③$N_{OG}=5.89$]

6-17 试按吸收因数法推导出以液相浓度差为推动力的吸收过程传质单元数计算式。

$$N_{OL} = \frac{1}{1-\dfrac{L}{mG}} \ln\left[\left(1-\frac{L}{mG}\right)\frac{y_1-mx_2}{y_1-mx_1}+\frac{L}{mG}\right]$$ [略]

6-18 以清水在填料塔内逆流吸收空气-氨混合气中的氨，进塔气中含氨 4.0％（体积分数），要求回收率 η 为 0.96，气相流率 G 为 $0.35\text{kg}/(\text{m}^2 \cdot \text{s})$。采用的液气比为最小液气比的 1.6 倍，平衡关系为 $y^* = 0.92x$，总传质系数 $K_y a$ 为 $0.043\text{kmol}/(\text{m}^3 \cdot \text{s})$。试求：①塔底液相 x_1；②所需填料层高度 H。

[①$x_1=0.0272$；②$H=1.83\text{m}$]

6-19 接上题，若气、液相接触改为并流操作，气、液流量及进口浓度都不变，填料层高度为上题算出的 H，操作温度、压强亦不变，问回收率 η 为多少？ [$\eta=60.6％$]

6-20 试在 y-x 图中定性画出下列各吸收流程的操作线和平衡线。 [略]

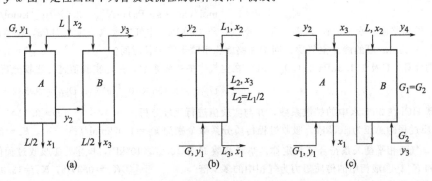

习题 6-20 附图

6-21 在一逆流接触的填料吸收塔中，用纯水吸收空气-氨混合气体中的 NH_3，入塔气体中含 NH_3 为 9％，要求吸收率为 95％，吸收剂用量为最小用量的 1.2 倍，操作条件下的平衡关系为 $y^*=1.2x$。传质单元高度为 0.8m。试求：①填料层高度 H；②若改用含 NH_3 0.05％（摩尔分数）的稀氨水作吸收剂，x_1 及其他条件均不变，吸收率为多少？ [①$H=7.84\text{m}$；②$\eta=94.24％$]

6-22 以清水在填料塔内逆流吸收空气-二氧化硫混合气中的 SO_2，总压为 1atm，温度为 20℃，填料层高为 4m。混合气流量为 $1.68\text{kg}/(\text{s} \cdot \text{m}^2)$，其中含 SO_2 为 0.05（摩尔分数），要求回收率 90％，塔底

流出液体浓度为 1.0×10^{-3}。试求：①总体积传质系数 $K_y a$。②若要求回收率提高至 95%，操作条件不变，要求的填料层高度为多少？　　　　　[①$K_y a = 0.068 \mathrm{kmol/(m^3 \cdot s)}$；②$H = 6.04\mathrm{m}$]

6-23 接上题，若液体流量增大 15%，其他操作条件不变。已知 $k_y a = 1.57 G^{0.7} L^{0.25} \mathrm{kmol/(s \cdot m^3)}$，$k_x a = 1.62 L^{0.82} \mathrm{kmol/(s \cdot m^3)}$。式中 G，L 的单位是 $\mathrm{kmol/(s \cdot m^2)}$）。问回收率 η' 为多少？　　　　　[$\eta' = 0.942$]

6-24 一逆流操作的吸收塔中，如果 $\dfrac{mG}{L}$ 为 0.75，相平衡关系为 $y^* = 2x$，吸收剂进塔 x_2 为 0.001（摩尔分数，下同），进气浓度为 0.05 时，其回收率为 90%，试求进气浓度为 0.04 时，其回收率为多少？若吸收剂进口浓度为零，其他条件不变，则其回收率又如何？　　　　　[①$\eta = 89.1\%$；②$\eta = 93.75\%$]

6-25 某混合气体中含溶质 5%（体积分数），要求回收率为 85%。吸收剂进塔浓度为 0.001（摩尔分数），在 20℃、101.3kPa 下相平衡关系为 $y^* = 40x$。试求逆流操作和并流操作时的最小液气比各为多少？由此可得到什么结论？　　　　　[逆：170；并：52.3]

6-26 用纯溶剂吸收某混合气体中的可溶组分。进塔气体浓度为 0.048（摩尔分数），要求回收率 η 为 92%。取液气比为最小液气比的 1.6 倍，气液逆流，平衡关系为 $y^* = 2.5x$，气相总传质单元高度为 0.62m。试求：①填料层高 H；②为增大填料润湿率，采用吸收剂再循环流程，气体流量及进、出塔的浓度不变，补充的纯溶剂流量和传质单元高度均不变，循环液流量与补充液流量之比为 0.10。试求此操作所需的填料层高度 H。　　　　　[①$H = 2.99\mathrm{m}$；②$H = 4.54\mathrm{m}$]

6-27 在填料塔中，用纯油吸收空气中的苯，标准状况下入塔混合气量为 $1200\mathrm{m^3/h}$，其中含苯 6%（体积分数），要求出塔气体中含苯不高于 0.5%（体积分数），操作条件下的平衡关系为 $y^* = 0.2x$，实际液气比取最小液气比的 1.5 倍。试求：①吸收剂用量及出塔液相浓度；②全塔对数平均推动力 Δy_m；③若采用吸收剂循环流程，在保证原吸收率不变的条件下，入塔液体浓度和循环液量最大应为多少？④画出两种情况下操作线示意图。　　　　　[①$x_1 = 0.2$；②0.0108；③2.106kmol/h；④略]

6-28 空气-四氯化碳混合气体中含四氯化碳 5%（体积分数，下同），气相流量 G 为 $0.042\mathrm{kmol/(m^2 \cdot s)}$，要求回收率 90%。吸收剂分两股，第 1 股含四氯化碳 0.002，从塔顶进入塔内；第 2 股含四氯化碳为 0.010，从塔中某处进入塔内。两股吸收剂用量相同，均为 $0.021\mathrm{kmol/(m^2 \cdot s)}$。已知操作条件下体系的相平衡关系为 $y^* = 0.5x$，试计算：①出塔液体浓度为多少？②若全塔传质单元高度为 0.8m，则第 2 股吸收剂加入的最适宜位置（加入口至塔底的高度）应在何处。　　　　　[①$x_1 = 0.051$；②$H = 2.9\mathrm{m}$]

6-29 矿石焙烧炉气中含 SO_2 4.5%（体积分数），其余惰性气体按空气计。炉气冷却后在填料塔中以清水逆流吸收炉气中的 SO_2。操作压强为 1atm，操作温度为 30℃。塔径为 0.8m，填料层高为 10m，要求回收率为 95%，进塔炉气标准状况下的流量为 $1150\mathrm{m^3/h}$。已知 $k_G a$ 为 $5 \times 10^{-4} \mathrm{kmol/(s \cdot m^3 \cdot kPa)}$，$k_L a = 5 \times 10^{-2} \mathrm{1/s}$。试求：①塔底液体浓度为多少？②若将炉气进一步降温后再吸收，其操作温度降至 20℃时，其回收率为多少？设其他操作条件不变，$k_G a$ 和 $k_L a$ 的值均不变。

[①$y'_2 = 0.0003095$；②$\eta' = 99.3\%$]

6-30 一正在操作的逆流吸收塔，进口气体中含溶质浓度为 0.05（摩尔分数，下同），吸收剂进口浓度为 0.001，实际液气比为 4，操作条件下平衡关系为 $y^* = 2.0x$，此时出口气相中含溶质为 0.005。若实际液气比下降为 2.5，其他条件均不变，计算时忽略传质单元高度的变化，试求此时出塔气体浓度及出塔液体浓度各为多少。　　　　　[$y'_2 = 0.0082$；$x'_2 = 0.01772$]

6-31 在一吸收塔内用洗油逆流吸收煤气中含苯蒸气。苯的初始浓度为 0.02（摩尔分数，下同），吸收时平衡关系为 $y^* = 0.125x$，液气比为 0.18，洗油进塔浓度为 0.006，煤气中苯出塔浓度降至 0.002。由吸收塔排出的液体升温后在解吸塔内用过热蒸汽逆流解吸。解吸塔内气液比为 0.4，相平衡关系为 $y^* = 3.16x$。在吸收塔内为气相控制，在解吸塔为液相控制。若现将液体循环量增加一倍，煤气及过热蒸汽流量等其他操作条件都不变。已知解吸塔中，$K_x a \propto L^{0.66}$。问此时吸收塔出塔煤气中含苯多少？题中流量皆为摩尔流量。　　　　　[$y_2 = 0.00372$；$x_2 = 0.02734$]

<<<<< 复习思考题 >>>>>

以下讨论只限于单组分吸收或解吸，即气相中只含有溶质气体 A 及惰性气体 B。气相中 A 的摩尔分数以 y 表示，液相中 A 的摩尔分数以 x 表示。设惰性气体完全不溶于液相，吸收剂完全不挥发。

6-1 吸收是＿＿＿＿＿＿＿的过程。

6-2 吸收最广泛的用途是通过适当的吸收剂以＿＿＿＿＿＿＿。

6-3 对吸收剂的要求主要是＿＿＿＿＿＿＿。

6-4 二元气相物系中，分子扩散系数 D_{AB} 与 D_{BA} 的关系是 D_{AB} ＿＿＿＿＿＿＿ D_{BA}。

6-5 气相分子扩散系数 D_{AB} 正比于热力学温度 T 的＿＿＿＿＿＿次方，反比于绝对压强 p 的＿＿＿＿＿＿次方。

6-6 液相分子扩散系数 D_{AB} 正比于热力学温度 T 的＿＿＿＿＿次方，反比于液相黏度 μ 的＿＿＿＿＿次方。

6-7 以 J_A、J_B 表示组分 A、B 的分子扩散通量，以 N_A、N_B 表示 A、B 的传质通量。在精馏操作中，$|J_A|$＿＿＿＿＿＿$|J_B|$，N_A＿＿＿＿＿J_A。

6-8 在吸收过程，存在着＿＿＿＿＿＿流动，N_A＿＿＿＿J_A，$|J_A|$＿＿＿＿$|J_B|$。

6-9 在气相中进行着组分 A 由截面 1 至截面 2 的分子扩散，组分 A 在 1、2 截面的摩尔分数分别是 y_1 与 y_2，则漂流因子的值＿＿＿＿＿＿＿。

6-10 对一定气液体系，温度升高，溶质气体的溶解度＿＿＿＿＿＿，相平衡常数 $m=$＿＿＿＿＿＿。

6-11 已知亨利系数 E，总压 p，二者单位相同，则相平衡常数 $m=$＿＿＿＿＿＿。

6-12 以水吸收空气、SO_2 混合物中的 SO_2，已知 $m=20.17$，$y=0.030$，$x=4.13\times10^{-4}$，当以 Δy 为推动力，则 $y-y^*=$＿＿＿＿＿＿，当以 Δx 为推动力，则 $x^*-x=$＿＿＿＿＿＿。

6-13 在对流扩散的吸收过程，在气相侧，A 的扩散通量 $N_A=k_y(y-y_i)$；在液相侧，$N_A=k_x(x_i-x)$。式中，下标 i 表示气液界面。已知相平衡常数为 m，则以 Δy 为推动力的相际总传热系数 K_y 的计算式为 $1/K_y=$＿＿＿＿＿＿，以 Δx 为推动力的相际总传热系数 K_x 的计算式为 $1/K_x=$＿＿＿＿＿＿。

6-14 在吸收过程中，当气相阻力＞液相阻力，（气相阻力/总阻力）可用＿＿＿＿＿＿或＿＿＿＿＿＿表示。当液相阻力＞气相阻力，（液相阻力/总阻力）可用＿＿＿＿＿＿或＿＿＿＿＿＿表示。

6-15 双膜理论的要点是：①临近界面的气液流动必为层流。②可把层流适当延伸，使之包含了湍流及过度流的传质阻力。这种延伸的层流层称为虚拟层流膜。可认为界面上气液处于平衡态。于是，吸收阻力全在于气液两层虚拟层流膜上。③＿＿＿＿＿＿。

6-16 某逆流填料吸收塔，塔截面积为 $0.8 m^2$，在常压、27℃下处理混合气流量为 $1200 m^2/h$，则气体的摩尔通量 $G=$＿＿＿＿＿＿ $kmol/(h\cdot m^2)$。

6-17 低浓度气体吸收的特点是：＿＿＿＿＿＿。

6-18 在填料吸收塔或解吸塔中，操作线表示＿＿＿＿＿＿。

6-19 某吸收操作情况如图所示。已知 $y^*=1.5x$，则 (L/G) 与 $(L/G)_{min}$ 的比值 $\beta=$＿＿＿＿＿＿。$H_{OG}=$＿＿＿＿＿＿ m。

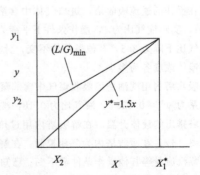

复习思考题 6-19 附图

6-20　在常压逆流填料吸收塔中，以清水吸收空气与某可溶组分 A 的混合气中的 A，$y_1=0.03$，吸收率 $\eta=0.95$，已知解吸因数为 0.80，物系服从亨利定律，与入塔气体成平衡的液相浓度为 0.030，则 $x_1=$_____。

6-21　在逆流填料吸收塔中，以纯溶剂吸收某气体混合物中的溶质气体，已知气相摩尔通量 $G=60.91\text{kmol}/(\text{h}\cdot\text{m}^2)$，气相体积总传质系数 $K_ya=100\text{kmol}/(\text{h}\cdot\text{m}^3)$，填料层高 4.0m，体系符合亨利定律且吸收因数为 1.20，则吸收率 $\eta=$_____。

6-22　某厂使用填料塔，以清水逆流吸收混合气中的有害组分 A，已知填料层高 8.0m，$y_1=0.060$，$y_2=0.0080$，$x_1=0.020$，$y^*=2.5x$。该厂要求尾气排放浓度降至 0.0050，准备另加一个塔径、填料与原塔相同的填料塔，两塔串联操作（气液均串联），气液流量及进塔浓度均不变，则新加塔的填料层高度为_____m。

6-23　在气相控制的逆流吸收塔中，若气、液流量保持原比例不变且同时增大，其他条件不变，则 η_____。

6-24　某气相控制逆流吸收塔，若其他操作条件不变，只是增大操作压强，设亨利系数与压强无关，则 y_2_____，x_1_____。

6-25　某液相控制逆流吸收塔，若气流量增大，其他操作线条件不变，则塔底液相 x_1_____，塔顶气相 y_2_____。

6-26　某逆流填料吸收塔，液相控制，若 y_1 增大，其他操作条件不变，则 y_2_____，x_1_____。

6-27　某逆流填料吸收塔，气相控制，若 G 增大，其他操作条件不变，则 y_2_____，x_1_____。

6-28　逆流吸收，$A=0.5$，若填料层无限高，则必会在塔_____平衡。

6-29　某填料塔，用纯的洗油逆流吸收空气中的苯，已知 $y_1=6.0\%$，$y_2=0.50\%$，$x_1=0.20$，$y^*=0.20x$。为了改善填料润湿情况，拟采用吸收剂循环流程，设气体处理量 G 及纯洗油用量 L 不变，吸收率不变，其他操作条件不变，令 θ 为循环液与纯洗油的摩尔流量之比，则最大的 θ 值为_____。

6-30　以洗油吸收苯的吸收与解吸联合流程如图所示。已知吸收塔内 $y^*=0.125x$，$L/G=0.18$，气相控制；解吸塔内 $G/L=0.40$，$y^*=3.16x$，液相控制，则 $x_1=$_____，吸收塔 $N_{OG}=$_____，解吸塔 $N_{OL}=$_____。

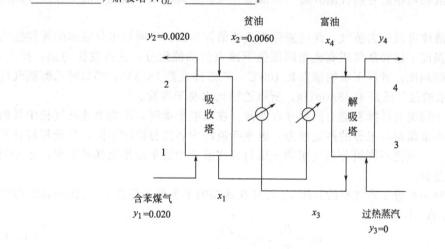

复习思考题 6-31 附图

6-31　第 6-31 题中，含苯煤气及过热蒸气流量均不变，把液体循环量增加一倍，其他操作条件不变，已知解吸塔内 $K_xa\propto L^{0.66}$，则 $x_2=$_____，$x_1=$_____，$y_2=$_____。

第 7 章
液体蒸馏

 学习指导

通过本章学习，应掌握蒸馏的原理，平衡蒸馏与简单蒸馏的计算，精馏过程的计算和优化，包括物料衡算和操作关系、操作压强的选择、进料热状况的影响、适宜回流比的确定等，重点进行理论板层数的计算，学会分析影响精馏过程主要因素。本章以板式塔为重点，引入"理论板"的概念和"恒摩尔流"的假定，以简化计算。确定理论板层数后，由总板效率便可求得实际塔板层数。

7.1 概述

7.1.1 蒸馏原理与蒸馏操作

蒸馏是分离液相均相混合物各组分的一种常用方法，分离的依据是混合液中各组分挥发能力存在差异。

已经知道，液体可汽化为蒸气，此性能称为液体的挥发性。不同纯组分液体的挥发能力有差别，在相同温度下饱和蒸气压高或相同压强下沸点低的纯组分，其挥发能力强；反之，则弱。以水和乙醇相比，常压下水的沸点是 100℃，乙醇沸点是 78.3℃；35℃时乙醇蒸气压是 100mmHg，水的蒸气压是 41.8mmHg，所以乙醇比水易于挥发。

在混合液中不同组分的挥发能力同样存在差异。在汽液平衡时，不能单纯从气相中各组分蒸气分压的大小来衡量各组分的挥发能力，因平衡液相中各组分浓度不同，从液相转移到气相的机会不一，应当把不同组分在气相的分压与其在液相中的平衡浓度联系起来，才能对比其挥发能力的差异。

令汽液平衡时某组分 i 在气相的分压 p_i 与其在液相的平衡摩尔分数 x_i 之比为该组分的"挥发度" v_i，对 A，B 组分有

$$v_A = \frac{p_A}{x_A}, \quad v_B = \frac{p_B}{x_B}$$ (7-1)

以 α_{AB} 表示 A、B 两组分挥发度之比，称 α_{AB} 为 A、B 组分的相对挥发度，则

$$\alpha_{AB} = \frac{v_A}{v_B} = \frac{\dfrac{p_A}{x_A}}{\dfrac{p_B}{x_B}}$$ (7-2)

若气相服从理想气体定律与道尔顿分压定律，并以 y_i 表示气相中 i 组分的摩尔分数，则

$$\alpha_{AB}=\frac{\dfrac{y_A}{x_A}}{\dfrac{y_B}{x_B}}=\frac{\dfrac{y_A}{y_B}}{\dfrac{x_A}{x_B}} \tag{7-3}$$

当 $\alpha_{AB}>1$，说明该条件下溶液中 A 比 B 的挥发能力强；若 $\alpha_{AB}<1$，则 B 比 A 挥发能力强。

在 A、B 两组分作挥发度对比中，根据习惯，令 A 表示纯组分时挥发能力强的组分，称 A 为易挥发组分，B 则为难挥发组分。通常情况是 $\alpha_{AB}>1$（例外情况在 7.2.2 中介绍）。以下就按 $\alpha_{AB}>1$ 的条件说明蒸馏分离原理。

设有 A、B 组分的二元混合液欲进行组分分离，将此溶液加热，使之部分汽化呈平衡的气液两相。当 $\alpha_{AB}>1$ 时，气相中组分 A 的"摩尔比" $\dfrac{y_A}{y_B}$（即 A 对 B 的相对浓度，或称比摩尔分数）高于液相中组分 A 的摩尔比 $\dfrac{x_A}{x_B}$，气液两相浓度不一。把气相引出并令其冷凝，便使原料液分成两种溶液，其中由蒸气冷凝所得溶液中 A 的浓度比原料液中 A 的浓度高，残留液中 A 的浓度比原料液中 A 的浓度低，遂实现了组分的初步分离。这种分离原理称为蒸馏分离。

凡根据蒸馏原理进行组分分离的操作都属蒸馏操作。蒸馏操作可简单分为如下一些类型。

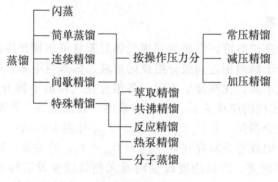

蒸馏操作的分类

常见的蒸馏操作有闪蒸、简单蒸馏、连续精馏、间歇精馏及特殊精馏等。精馏是在同一个设备内实现物料多次部分汽化与部分冷凝以取得较完善分离效果的一种蒸馏操作，可取得较纯的产品，应用最广。在各种类型的蒸馏操作中，又可按混合物的组分数的不同分为二元蒸馏与多元蒸馏，按操作压强的不同又可分为常压、加压或减压蒸馏（真空蒸馏）。此外，为提高组分的分离能力，还有在精馏操作中加入其他组分的，这种精馏叫特殊精馏，其中包括恒沸精馏、萃取精馏及加盐精馏。近年来还出现了化学反应与精馏分离相结合的反应精馏和真空度极高的分子蒸馏等。

蒸馏操作在化工及其相近工业部门中得到广泛应用，如炼油工业中由原油精馏取得不同品位的汽油、煤油、柴油等多种产品；空分工业中由液态空气精馏取得纯度很高的 O_2、N_2、Ar 等气体；食品、医药工业中由含低浓度乙醇的"乙醇-水"溶液精馏取得含乙醇浓度甚高的溶液及石油化工中用精馏来分离乙烯、乙烷等。近年来虽已开发、应用不少新型传质分离方法并取得相当的进展，但蒸馏如同吸收、吸附、萃取等操作一样，仍在传质分离中占

据着主导地位。

　　本章的重点是连续精馏，并把讨论范围局限于二元物系。

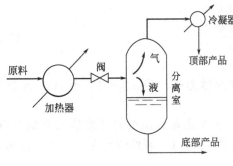

图 7-1　闪蒸流程示意

7.1.2　闪蒸

　　闪蒸亦称为平衡蒸馏，参看图 7-1。混合液通过加热器升温（未沸腾），在流过节流阀后因压强突然下降，液体即过热，于是发生自蒸发，最终产生相互平衡的气、液两相。气相中易挥发组分浓度较高，与之呈平衡的液相中易挥发组分浓度较低，在分离室内气、液两相分离后，气相经冷凝成为顶部液态产品，液相则作为底部产品。

　　闪蒸是直接运用蒸馏原理进行初步组分分离的一种操作，分离程度不高，可作为精馏的预处理步骤。

7.2　双组分物系的汽液平衡

7.2.1　理想物系的汽液平衡

7.2.1.1　理想物系

　　理想物系指液相为理想溶液，气相为理想气体且服从道尔顿分压定律的物系。

　　由实验得知，以分子结构相近的组分组成的溶液，如苯与甲苯，甲醇与乙醇，烃类同系物组成的溶液，当压强不高，在汽液平衡时，各组分在气相的平衡分压 p_i 与该组分在液相的摩尔分数 x_i 呈近似正比的简单关系。由此抽象出"理想溶液"的概念，即认为溶液中各组分分子间的吸引力完全相同。若以 f_{AA}、f_{BB}、f_{AB} 分别表示 A-A 分子间、B-B 分子间及 A-B 分子间的吸引力，则理想溶液存在着 $f_{AA}=f_{BB}=f_{AB}$ 的关系。因分子间吸引力并不因 A 与 B 的混合浓度改变而变，所以浓度改变时既无热效应也没有容积效应，即混合液容积是纯组分在混合前的容积之和。在理想溶液中，每个 A 分子受到其周围的 A 及 B 分子的作用力，如同受到纯 A 分子的作用力一样，其逸出至气相的能力依旧，只是由于溶液中 B 分子的存在占据了部分空间和液面面积，使 A 分子从溶液转移到气相的机会比纯 A 时少，同样，气相中 A 分子返回液相的机会亦因气相中 B 分子占有部分空间而机会减少，故汽液平衡时气相中 A 的平衡分压 p_A 与 A 在液相的摩尔分数 x_A 成正比，比例系数即为该温度下纯 A 的蒸气压 p_A°。B 分子情况亦如此，即

$$p_A = p_A^\circ x_A, \quad p_B = p_B^\circ x_B \tag{7-4}$$

式(7-4)为拉乌尔（Raoult）定律表达式。服从拉乌尔定律是理想溶液的一个最主要的特性。

7.2.1.2　平衡时气、液相各参量间的数量关系

　　若汽液平衡的温度为 t，压强为 p，对二元理想物系存在着如下关系

液相中
$$x_A + x_B = 1$$

气相中
$$p = p_A + p_B, \quad y_A = \frac{p_A}{p}$$

$$y_B = \frac{p_B}{p}, \quad y_A + y_B = 1$$

气、液相间　　　　　　　　$p_A = p_A^\circ x_A, \quad p_B = p_B^\circ x_B$

由以上关系导出　　　　　　$p = p_A^\circ x_A + p_B^\circ (1 - x_A)$

故
$$x_A = \frac{p - p_B^\circ}{p_A^\circ - p_B^\circ} \tag{7-5}$$

及
$$y_A = \frac{p_A^\circ x_A}{p} \tag{7-6}$$

由于 p_A°、p_B° 均为温度的函数，故双组分汽液平衡物系共有 p、t、x_A、y_A 4 个独立变量。根据相律，自由度＝组分数－相数＋2，故自由度＝2－2＋2＝2，即在上述 4 个独立变量中只须确定其中两个变量，汽液平衡状态便被确定。

各纯组分蒸气压 p° 与温度 t 的关系均由实验测得，已归纳成如下安托因（Antoine）方程形式

$$\lg p^\circ = A - \frac{B}{t + C} \tag{7-7}$$

式中，A、B、C 为常量，其值依组分而定，可由物性数据手册查得；t 为温度，℃；p° 是该组分在温度 t 时的饱和蒸气压，Pa（或 mmHg）。

【例 7-1】　苯（A）-甲苯（B）理想物系。二者的安托因方程为

$$\lg p_A^\circ = 6.906 - \frac{1211}{t + 220.8}$$

$$\lg p_B^\circ = 6.955 - \frac{1345}{t + 219.5}$$

式中，p° 的单位是 mmHg；t 的单位是℃。试求：$t = 105℃$、$p = 850\,\mathrm{mmHg}$ 时的平衡气、液相组成 x_A 与 y_A。

解　由于 $\lg p_A^\circ = 6.906 - \dfrac{1211}{105 + 220.8}$，所以 $p_A^\circ = 1545\,\mathrm{mmHg}$

又因为　　　　$\lg p_B^\circ = 6.955 - \dfrac{1345}{105 + 219.5}$，所以 $p_B^\circ = 645.9\,\mathrm{mmHg}$

则
$$x_A = \frac{p - p_B^\circ}{p_A^\circ - p_B^\circ} = \frac{850 - 645.9}{1545 - 645.9} = 0.227$$

$$y_A = \frac{p_A^\circ x_A}{p} = \frac{1545 \times 0.227}{850} = 0.413$$

【例 7-2】　苯（A）-甲苯（B）理想物系。试求：$p = 850\,\mathrm{mmHg}$、$y_A = 0.50$ 时的平衡温度 t 及平衡液相浓度 x_A。

解　由于 t 未知，p_A° 及 p_B° 无法计算，解此题宜用试差法。

设 $t = 102.6℃$

因　　　　　$\lg p_A^\circ = 6.906 - \dfrac{1211}{102.6 + 220.8}$，故 $p_A^\circ = 1450\,\mathrm{mmHg}$

$$\lg p_B^\circ = 6.955 - \frac{1345}{102.6 + 219.5}, \text{ 故 } p_B^\circ = 601.6 \text{mmHg}$$

则

$$x_A = \frac{p - p_B^\circ}{p_A^\circ - p_B^\circ} = \frac{850 - 601.6}{1450 - 601.6} = 0.293$$

$$y_A = \frac{p_A^\circ x_A}{p} = \frac{1450 \times 0.293}{850} = 0.50$$

可见，当设 $t = 102.6℃$ 时，算得的 y_A 与题给的 y_A 值一致，即平衡温度为 $102.6℃$，$x_A = 0.293$。

说明：试差时总需进行多次假设与计算，才能取得满意的结果。本例题为使题解简明，只列出最后一次试差的算式。

7.2.1.3 汽液平衡图线

对于一定的二元物系，通常物性数据手册用列表形式给出各平衡数据，为了使平衡关系更形象直观，或为了便于对问题的分析和结合工程上某些问题的求解，一般把平衡数据画成图线。以下介绍 3 种图线，以后提到的 x 及 y 都是指易挥发组分 A 在液相与气相的摩尔分数。

(1) p-x 图 由二元物系在温度一定条件下的汽液平衡数据描绘得到。图 7-2 即为 p-x 图，横轴为 x_A，范围 0～1，纵轴是压力 p。图中直线 A 为组分 A 的分压线，直线 B 为组分 B 的分压线。图示关系表示 A、B 组分皆服从拉乌尔定律。图线 C 是总压线。若物系温度与该图标明的一致，又已知总压 p，如图中水平虚线所示，由虚线与 C 线交点 D 即可由横轴读得平衡的液相浓度 x_A，再由该液相浓度 x_A 从 A 线可读得 A 组分分压 p_A，y_A 便可由 $\dfrac{p_A}{p}$ 算得。

由实际二元物系的 p-x 图可清楚看出该物系对拉乌尔定律的偏离方向与偏离程度，故这种图线广泛用于对不同物系平衡特性的研究。在精馏问题的分析中因塔内总压一般变化不大，可近似视为恒值，而塔内温度却有明显变化，故不宜用 p-x 图来分析塔内操作。

(2) t-x-y 图 由二元汽液平衡物系在总压 p 一定条件下的数据制作得到。纵轴是温度 t，横轴是 x 或 y。图中有两条曲线。上面一条 t-y 关系曲线，称为饱和蒸气线或露点线，下面一条曲线为 t-x 关系曲线，称为饱和液体线或泡点线，如图 7-3 所示。只要物系及 p 与图示的一致，在 t、x、y 三者中任知一个参量，就可从该图读出其他两个参量的值。

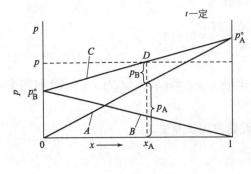

图 7-2 p-x 图

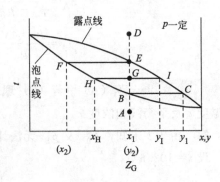

图 7-3 t-x-y 图

t-x-y 图是相图，图中泡点线以下（不包括泡点线）的区域表示过冷液体区，露点线以上（不包括露点线）的区域表示过热蒸气区。设有某二元混合液，物系与压强均与图 7-3 相同，根据已知浓度与温度确定其状态点为图中的 A 点，即可判断该液体是过冷液体。将此液体在恒压下加热至泡点（在一定压强下，单组分液体的沸腾温度称为沸点，多组分液体受热产生第一个气泡时的温度称为泡点，表示刚沸腾时的温度），在图中的位置为 B，这时，产生的微量平衡蒸气在图中的状态点为 C，浓度为 y_1。若平衡蒸气不移走，物系中无其他组分杂质，维持原压 p 继续对物系加热，则平衡的液、气相浓度均降低、温度升高，液相状态点沿泡点线朝 x 值减小的方向变化，气相状态点沿露点线亦朝 y 值减小的方向变化。在任一时刻，气、液相温度相同，即处于平衡状态。例如，图中液相状态点为 H，浓度为 x_H，气相状态点为 I，浓度为 y_I，H、I 便表示一个气、液相共存的平衡状态。这时，整个气液物系的平均浓度 Z_G 仍为 x_1，由该浓度与平衡温度确定的状态点为 G 点。此气、液平衡状态亦可由蒸气冷凝达到。若有浓度为 y_2（$y_2 = x_1$）的蒸气，状态点为 D，为过热蒸气。当此蒸气冷却至露点 E 时，即有微量液相冷凝出。在凝液不移走且维持恒压条件下继续使物系冷却，则物系同样可变化到液、气相及物系总状态点分别为 H、I 和 G 的状态。对于这个平衡态，令 m_I、m_H、m_G 分别表示平衡的气相、液相及整个物系的摩尔数，以 y_I、x_H、Z_G 表示平衡的气相、液相浓度及物系平均浓度（均以摩尔分数计），则存在着下列物料衡算关系

$$m_G = m_I + m_H \tag{a}$$
$$m_G Z_G = m_I y_I + m_H x_H \tag{b}$$

联立解式（a）、式（b），可得

$$\left.\begin{array}{l} \dfrac{m_I}{m_H} = \dfrac{Z_G - x_H}{y_I - Z_G} = \dfrac{\overline{GH}}{\overline{IG}} \\[3mm] \dfrac{m_I}{m_G} = \dfrac{Z_G - x_H}{y_I - x_H} = \dfrac{\overline{GH}}{\overline{IH}} \end{array}\right\} \tag{7-8}$$

式(7-8)表示的关系称为"杠杆规则"。

（3）y-x 图　对一定的二元物系，在总压一定时，把汽液平衡的各组 $(t, x, y)_i$ 数据中的 $(x, y)_i$ 在以 x 为横轴、y 为纵轴的图上标出，把各点连成光滑曲线，该曲线便是平衡曲线，如图 7-4 所示。在 y-x 图中均画出对角线作为辅助线。在 y-x 图中不能读出各平衡态的温度，需了解温度时要查有关平衡数据。y-x 图在作精馏塔的操作分析时，对求塔板数和定义塔板效率很有用。

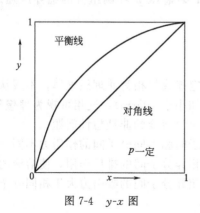

图 7-4　y-x 图

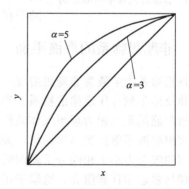

图 7-5　α 对平衡曲线的影响

对于二元理想物系的任一汽液平衡态，相对挥发度 $\alpha = \dfrac{\frac{y_A}{x_A}}{\frac{y_B}{x_B}}$，现以 $y_B = 1 - y_A$，$x_B = 1 - x_A$

关系代入上式，可得

$$y_A = \frac{\alpha x_A}{1 + (\alpha - 1) x_A} \tag{7-9}$$

由于各平衡态的 α 值不同，故式(7-9) 只适用于 y-x 图中平衡线上的任一点。考虑到

$\alpha = \dfrac{\frac{p_A}{x_A}}{\frac{p_B}{x_B}} = \dfrac{p_A^\circ}{p_B^\circ}$，当温度升高，$p_A^\circ$ 及 p_B° 均升高，α 值随温度改变的变化甚小，所以，一般允许

取操作温度范围内上、下限的 α_1 与 α_2 的平均值 α_m 作为常数处理，于是 $y = \dfrac{\alpha_m x}{1 + (\alpha_m - 1) x}$
（略去下标 A）便成为 y-x 图中该平衡线段的相平衡方程了。

一般，$\alpha_m = \dfrac{\alpha_1 + \alpha_2}{2}$。若 $x = 0$ 时的 α_1 与 $x = 1$ 时的 α_2 相差较大，但差别小于 30%，可
假设 α 随 x 呈线性变化，即 $\alpha = \alpha_1 + (\alpha_2 - \alpha_1) x$。

α 值愈大则在 y-x 图中平衡线偏离对角线愈远，如图 7-5 所示。α 值大表示平衡的气相浓度比液相浓度高出很多，亦即表明该物系组分愈易于用蒸馏法分离。

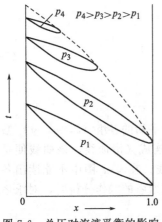

图 7-6　总压对汽液平衡的影响

7.2.1.4　总压改变对二元物系汽液平衡的影响

总压改变对二元物系汽液平衡的影响如图 7-6 所示。由图 7-6 可见：①p 增大，对同一 x 值来说，α 减小。表现在 t-x-y 图上，露点线与泡点线靠近。②p 增大，露点线与泡点线上移。这一情况可由压强升高则纯组分液体沸点升高判明。③总压 p 在两个纯组分的临界压强以下时，t-x-y 图的泡点线与露点线可跨越 x 及 y 由零至 1 的全范围；当总压 p 在难挥发组分临界压强之下，在易挥发组分临界压强之上，则气、液共存区缩小；若总压 p 在两组分的临界压强之上，则不存在气液共存区。

7.2.2　非理想物系的汽液平衡

非理想物系指溶液为非理想溶液，不服从拉乌尔定律或气相为非理想气体，不服从理想气体定律及道尔顿分压定律的物系。当总压强不大（如小于 10atm），气相可视为理想气体。生产上通常能满足气相为理想气体条件，故以下着重讨论溶液的非理想性问题。

非理想溶液不服从拉乌尔定律，关键在于相同分子间和不同分子间的作用力不同。当相异分子间的吸引力小于相同分子间的吸引力时，由于相异分子间的排斥作用，使溶液的蒸气压比按拉乌尔定律计算值高，这属于正偏差溶液；若相异分子间的吸引力大于相同分子间的吸引力时，则情况相反，属于负偏差溶液。

生产上遇到的非理想溶液多数是正偏差溶液。正偏差溶液在由纯组分混合形成时，体积

增大，伴有吸热效应。其 p-x 图如图 7-7(a) 所示。常压下甲醇与水的二元溶液就属正偏差溶液。由于对于一定的 x 值，其两组分的蒸气压均比按理想溶液计算的偏高，必然泡点比理想溶液的低，在 t-x-y 图中其泡点线除两端点外均下移，使泡点线与露点线的间距增大，亦即使 α 增大。常压下甲醇-水物系的 t-x-y 图与 y-x 图如图 7-8 所示。

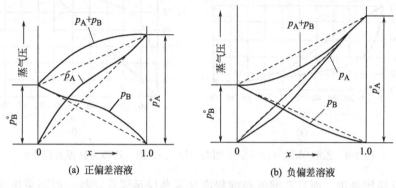

图 7-7 非理想溶液的 p-x 图

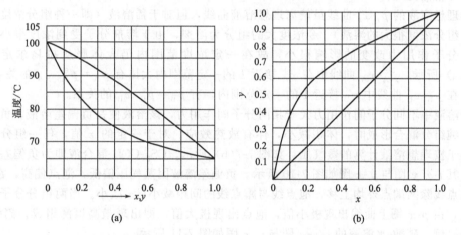

图 7-8 甲醇-水的 (a) t-x-y 图与 (b) y-x 图 (甲醇为易挥发组分)

若正偏差溶液中两组分的排斥倾向较大，在 p-x 图中 $(p_A + p_B)$-x_A 曲线出现极大点，在 t-x-y 图中露点线与泡点线出现极小值，露点线与泡点线重合在该极小点 M 处，M 处对应的温度称为最低恒沸点。图 7-9(a) 即为常压下乙醇-水混合液的 t-x-y 图，M 点处乙醇浓度 $x = 89.4\%$，温度为 78.15℃。因在恒沸点处平衡的气、液相浓度相等，所以在图 7-9(b) 中 M 点处在对角线上。图 7-9 还表明，当乙醇-水溶液中乙醇浓度小于恒沸物 M 的乙醇浓度，平衡时 $y > x$；若乙醇浓度高于 M 点的乙醇浓度，则平衡时 $y < x$。

恒沸物并非有固定化学组成的化合物，对一定物系，恒沸物组成随压强而变。以乙醇-水混合液为例，其恒沸物组成与压强的关系如下：

压强/kPa	100	50	25	12.5
恒沸物中乙醇摩尔分数	0.894	0.915	0.994	0.997

对于乙醇含量小于恒沸物乙醇浓度的乙醇-水溶液，用普通精馏方法使乙醇增浓的极限为恒沸物浓度。在恒沸物处，平衡的气、液浓度相同，即 $\alpha = 1$，不可能再增浓。若采用减压精馏方法使恒沸物浓度提高，可使精馏取得更大的分离程度，但考虑到使用真空操作需增

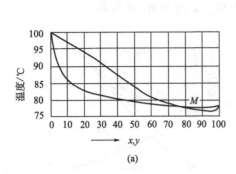

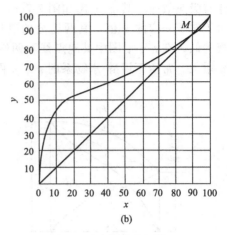

图 7-9　乙醇-水的（a）t-x-y 图与（b）y-x 图（乙醇为易挥发组分）

加设备投资及操作费用，而且乙醇的提纯程度又未必满足要求，故一般不采用此方法，通常采用特殊精馏提纯。

非理想溶液的 p_i-x_i 曲线虽偏离理想溶液曲线，但对于稀溶液（即一种组分浓度很小而另一种组分浓度很大的溶液），令浓度大的组分为溶剂，由于溶剂分子受到浓度很小的组分分子的分子作用力改变的影响很小，故在一定浓度范围内仍大体服从拉乌尔定律。如图 7-7(a) 所示，p_A-x_A 曲线中在 x_A 接近 1 的一定范围内大体有 $p_A = p_A^\circ\ x_A$ 的关系存在，同样，在 p_B-x_B 曲线中 x_B 接近 1 的一定范围内，有 $p_B = p_B^\circ\ x_B$ 的关系。

若溶液中不同分子间作用力大于相同分子间作用力，该溶液便是负偏差溶液。负偏差溶液在由纯组分混合形成时，体积减小，伴有放热效应。对于一定的 x 值，任一组分的蒸气压均小于按理想溶液计算的蒸气压，如图 7-7(b) 所示。CS_2-CCl_4 混合液即为负偏差溶液的一例，其 t-x-y 图与 y-x 图如图 7-10 所示。负偏差溶液因蒸气压偏低，泡点偏高，在 t-x-y 图上泡点线除两端点外均上移，泡点线与露点线的间距减小，α 减小。当两组分分子间吸引力很强，在 p-x 图上曲线出现极小值，泡点出现极大值，即出现最高恒沸组成。硝酸-水溶液即为一例。硝酸-水溶液的 t-x-y 图与 y-x 图如图 7-11 所示。

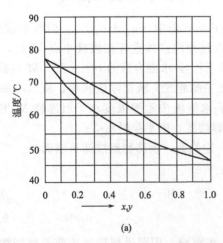

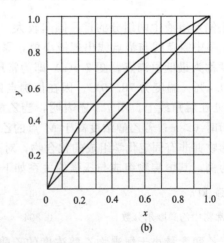

图 7-10　CS_2-CCl_4 混合液的 t-x-y 图与 y-x 图（CS_2 为易挥发组分）

非理想溶液的汽液平衡关系需经实验测定，当气相为理想气体，一般表达为

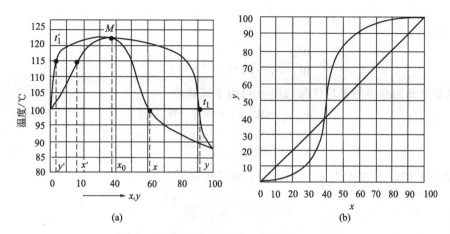

图 7-11　硝酸-水溶液的 $t\text{-}x\text{-}y$ 图与 $y\text{-}x$ 图

$$p_i = p_i^\circ \gamma_i x_i \tag{7-10}$$

式中，γ_i 为 i 组分的活度系数。对正偏差溶液，γ_i 大于 1，对负偏差溶液，γ_i 小于 1。

7.3　双组分简单蒸馏

　　在蒸馏釜内装有某二元混合液，以间接蒸汽加热溶液至泡点，溶液汽化，所产生的蒸气经冷凝器凝成液体收集于产品贮槽中。这就是简单蒸馏的操作，其设备流程如图 7-12 所示。

　　假定溶液的相对挥发度大于 1，在蒸馏过程中，由于任一时刻由溶液产生的平衡蒸气中易挥发组分浓度比溶液中易挥发组分的浓度高，随着蒸馏过程的进行，釜内溶液中易挥发组分含量愈来愈低，随之产生的蒸气中易挥发组分含量也愈来愈低。生产中往往要求得到不同浓度的产品，可用不同的贮槽收集不同时间的产品。

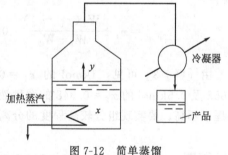

图 7-12　简单蒸馏

　　现分析经过无穷小时间间隔 $\mathrm{d}\tau$ 的简单蒸馏过程，以建立过程的微分式。

　　设某一瞬间釜内液量为 W，液体浓度为 x，则溶液中易挥发组分量为 Wx。经过 $\mathrm{d}\tau$ 时间，蒸发量为 $\mathrm{d}W$，溶液浓度降为 $(x-\mathrm{d}x)$，则溶液中易挥发组分的量为 $(W-\mathrm{d}W)(x-\mathrm{d}x)$。在 $\mathrm{d}\tau$ 时间内，虽然平衡的蒸气浓度 y 是变量，但因 $\mathrm{d}\tau$ 是无穷小量，按微积分原理，可取开始瞬时的 y 值作为 $\mathrm{d}\tau$ 时间内恒定不变的 y 值处理，所以，可列出下列微分式

$$Wx = y\,\mathrm{d}W + (W-\mathrm{d}W)(x-\mathrm{d}x)$$

其简化式为 $\dfrac{\mathrm{d}W}{W} = \dfrac{\mathrm{d}x}{y-x}$。

　　对上式积分，由 W_1、x_1 积至 W_2、x_2 得

$$\ln \frac{W_1}{W_2} = \int_{x_2}^{x_1} \frac{\mathrm{d}x}{y-x}$$

以 $y = \dfrac{\alpha x}{1+(\alpha-1)\,x}$ 代入上式，可得

$$\ln\frac{W_1}{W_2} = \frac{1}{\alpha-1}\Big(\ln\frac{x_1}{x_2} + \alpha\ln\frac{1-x_2}{1-x_1}\Big) \tag{7-11}$$

在这段时间内获得的平均气相浓度 $\bar{y}$ 可由下式算出

$$W_1 x_1 = W_2 x_2 + (W_1 - W_2)\bar{y}$$

所以

$$\bar{y} = \frac{W_1 x_1 - W_2 x_2}{W_1 - W_2} \tag{7-12}$$

若将式(7-12)的分子加 $(W_2 x_1 - W_2 x_1)$，该式可改写为

$$\bar{y} = x_1 + \frac{W_2(x_1 - x_2)}{W_1 - W_2} \tag{7-13}$$

【例 7-3】 用简单蒸馏法分离环氧乙烷与环氧丙烷，其中环氧乙烷为易挥发组分。已知常压下 $\alpha = 2.47$。釜内原来混合液浓度 x_1 为 0.50，今欲汽化釜液的 $\dfrac{1}{2}$（按 mol 计）。问：蒸馏后釜内余下液体的浓度 x_2 是多少？所得气相产物的平均浓度可为多少？

解 由式(7-11)

$$\ln\frac{W_1}{W_2} = \frac{1}{\alpha-1}\Big(\ln\frac{x_1}{x_2} + \alpha\ln\frac{1-x_2}{1-x_1}\Big)$$

代入数据，得

$$\ln 2 = \frac{1}{2.47-1}\Big(\ln\frac{0.50}{x_2} + 2.47\ln\frac{1-x_2}{1-0.50}\Big)$$

解得

$$x_2 = 0.348$$

$$\bar{y} = x_1 + \frac{W_2(x_1 - x_2)}{W_1 - W_2} = 0.50 + \frac{1}{2-1}\times(0.50 - 0.348) = 0.652$$

由［例 7-3］可见，1kmol 的 $x_1 = 0.50$ 的原料，经简单蒸馏，可得 0.5kmol 的 $\bar{y} = 0.652$ 及 0.5kmol 的 $x_2 = 0.348$ 的两种液相产品。简单蒸馏虽可一定程度地分离组分，但分离程度不高。要实现组分较高程度的分离，一般应采用精馏方法。

7.4 双组分液体连续精馏

前面介绍的闪蒸和简单蒸馏操作，只进行了一次部分汽化和冷凝，故只能部分分离液体混合物，达到组分的初步分离，而这远远满足不了工业生产的实际需要。如何利用两组分间挥发度的差异来实现连续的高纯度的分离呢？

7.4.1 精馏原理与过程分析

7.4.1.1 精馏原理

（1）多次部分汽化和部分冷凝 从闪蒸和简单蒸馏的单级分离中可以得到一些启示，能否采用多级分离的过程来实现双组分混合液体的更高程度分离呢？现以不能形成二元恒沸物的甲醇-水体系为例进行分析，将一次部分汽化和冷凝这样的单级分离过程加以组合成如图 7-13 所示的多级分离流程。

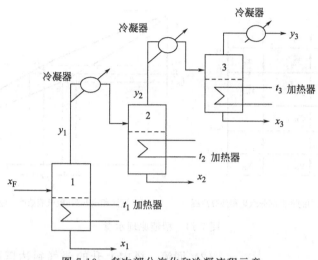

图 7-13　多次部分汽化和冷凝流程示意

① 组成为 x_F 的原料液在分离器 1 中于 t_1 温度下进行蒸馏而产生部分汽化，得到组成为 x_1 的液相产品和组成为 y_1 的气相产品；

② 从分离器 1 得到的组成为 y_1 的气相经冷凝器冷凝成液体后作为分离器 2 的原料，在 t_2 的温度下进行蒸馏而产生第 2 次部分汽化，得到组成为 x_2 的液相产品和组成为 y_2 的气相产品；

③ 从分离器 2 出来的组成为 y_2 的气相经冷凝器冷凝成液体后作为分离器 3 的原料，在 t_3 温度下进行蒸馏而产生第 3 次部分汽化，得到组成为 x_3 的液相产品和组成为 y_3 的气相产品。

分离次数越多，所得气相产品中轻组分的浓度就越高，最后可得到几乎纯态的轻组分产品。因此，多次部分汽化和冷凝是原料液得以高度分离的必要条件。

上述多次部分汽化和冷凝的多级分离会得到许多中间馏分，如组成为 x_1、x_2、x_3 的液相产品等，如把这些中间产品分别再去进行多次部分汽化和冷凝，则设备多、能耗大、产品得率低，在实际生产中是很不经济的。有无更好的方法使得分离过程设备投资少、能耗低且产品得率和纯度都很高呢？工业上常采用含多层塔板的塔设备来实现此目的，下面以淋降筛板塔操作为例说明工业实际操作中含多次部分汽化和冷凝的分离过程。

淋降筛板塔的塔板为一平板，板上开有许多按一定规则排列的小圆孔，此带孔的平板称为筛板。正常操作时筛板上有一定厚度的积液层，上升的气体通过筛孔以鼓泡的形式穿过积液层，而经过鼓泡后的液体从筛孔漏下。鼓泡过程即为气液接触过程。

如图 7-14 所示的第 n 层塔板为例，组成为 y_{n+1}、温度为 t_{n+1} 的蒸汽 A 到达第 n 块塔板后发生部分冷凝并放出潜热，把一部分重组分含量较高的液体留在塔板的积液层上，变成了轻组分浓度升高为 y_n、温度下降为 t_n 的气体而离开第 n 层塔板；与此同时，组成为 x_{n-1}、温度为 t_{n-1} 的液体 B 到达第 n 层塔板吸收热量而发生部分汽化，把一部分轻组分含量较高的气体汇入离开第 n 层的气相，变成了轻组分浓度下降为 x_n、温度上升为 t_n 的液体而离开第 n 层塔板。

这种温度、浓度不同的互不平衡的气液两相接触时，必然同时发生传热和传质的双重交换，即同时发生液体的部分汽化和气体的部分冷凝相结合的过程，不仅省去中间加热器，而且还消除了不必要的大量的中间产品。上升至塔内最下面一块塔板的蒸气由塔釜的再沸器产生，下降至塔顶第 1 块塔板的液体由塔顶冷凝器产生。

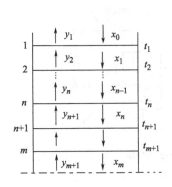

(a) 多层塔板中的多次部分汽化和部分冷凝

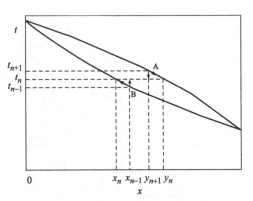

(b) 到达和离开第n板气液浓度、温度变化

图 7-14 精馏原理示意

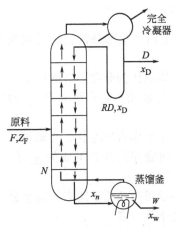

图 7-15 液、气回流实现精馏操作

（2）回流 塔内上升的蒸气到达塔顶后经冷凝器全部冷凝变成液体，一部分可作为产品，另一部分可引回塔内，这种把部分塔顶产品引回塔设备内的操作称为回流。塔内下降的液体到达塔底后经再沸器部分汽化，产生的蒸气沿塔上升，与下降的液体逆流接触，进行传质传热，部分液体从塔底排出作为塔底产品。回流是化工生产中保证精馏过程连续、稳定操作的必要操作条件之一。通常把含多次部分汽化与部分冷凝且有回流的蒸馏操作过程称为精馏，蒸馏与精馏的区别在于有无回流。应予指出，"回流"包括塔顶的液相回流和塔底的气相回流。

精馏塔操作的流程如图 7-15 所示。原料在适当的塔板处加入塔内。若原料为饱和液体，应在板上液相浓度与原料液浓度接近的板上加入。若原料为饱和蒸气，则应在板上气相浓度与原料浓度接近的板上进料。精馏是个组分分离的过程，减小因加料引起不同浓度物料的混合对分离是有利的。若加料流量为 F，进料浓度为 Z_F（因进料可能是液态也可能是气态，按液相浓度以 x 表示、气相浓度以 y 表示的习惯，在未明确进料的物态时，采用 Z_F 表示），塔顶、塔底产品流量分别为 D 及 W，塔顶产品浓度为 x_D，塔底产品浓度为 x_W，对于定态操作，必然

$$F = D + W \tag{7-14}$$

$$F Z_F = D x_D + W x_W \tag{7-15}$$

由式（7-14）及式（7-15）可解得

$$\left.\begin{array}{l} \dfrac{D}{F} = \dfrac{Z_F - x_W}{x_D - x_W} \\[3mm] \dfrac{D}{W} = \dfrac{Z_F - x_W}{x_D - Z_F} \end{array}\right\} \tag{7-16}$$

式（7-16）即为杠杆规则的数学表达式。

通常将加料的塔板以上的塔段称为精馏段，旨在使上升气流的浓度逐步提高。包括加料板在内的加料板以下塔段称为提馏段，旨在使下降液体中易挥发组分逐步被提出而浓度下降。塔顶回流液体流量为塔顶产品流量的 R 倍，故回流液流量为 RD。R 称为"回流比"。

7.4.1.2　精馏塔内的气、液流量间的关系

(1) 气、液恒摩尔流假设　下面对任一块非加料、非出料板作物料及热量衡算，以便找到该板上、下气相流量之间的关系和液相流量之间的关系。设塔壁绝热，于是，热量衡算可简化为物料的焓衡算。对流量及浓度下标的规定如下：来自哪一块塔板就用该塔板的编号作下标。塔板号码自上而下从第 1 号开始顺序编号。参看图 7-16 对第 n 块塔板作物料衡算。

$$L_{n-1}+V_{n+1}=L_n+V_n \qquad (a)$$

焓衡算　　　　$L_{n-1}i_{n-1}+V_{n+1}I_{n+1}=L_n i_n+V_n I_n \qquad (b)$

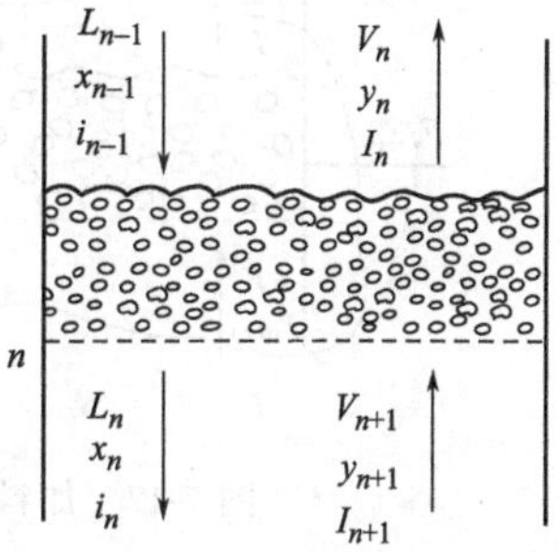

式中，L、V 为液相及气相摩尔流量，kmol/s；I、i 为气相及液相的摩尔焓，J/kmol。

设饱和液体的焓与浓度无关（亦即与温度无关），即

$$i_{n-1}=i_n=i_{n+1}=\cdots=i$$

又设汽化潜热与液体浓度无关，即

$$r_{n-1}=r_n=r_{n+1}=\cdots=r$$

因　　　　　　　　　　　$I=i+r$

故　　　　　　$I_{n-1}=I_n=I_{n+1}=\cdots=I$

将上述假设代入式(b)，得

$$i(L_{n-1}-L_n)=I(V_n-V_{n+1}) \qquad (c)$$

由式(a) 知　　　　　　$L_{n-1}-L_n=V_n-V_{n+1} \qquad (d)$

把式(d) 代入式(c)，考虑到 $I\neq i$，必然有下列关系

$$L_{n-1}-L_n=0 \qquad 即 L_{n-1}=L_n$$
$$V_n-V_{n+1}=0 \qquad 即 V_n=V_{n+1} \qquad (7\text{-}17)$$

图 7-16　恒摩尔流量

式(7-17) 说明：假设在绝热、摩尔饱和液体焓及摩尔汽化潜热均不随浓度变化而改变条件下，当进、出某塔板的蒸汽均为饱和蒸汽，进、出该塔板的液体均为饱和液体且该塔板为非加料、非出料板，则通过该塔板的气相与液相摩尔流量各自维持恒值。这一结论称为恒摩尔流假设。

恒摩尔流假设中的几项基本假设是有事实依据的。精馏塔的塔体外均包有隔热层，绝热的假设是可靠的。不少混合液，尤其是由化学性质相近的液体混合成的溶液，各组分的摩尔汽化潜热值相近，且 r 值与浓度变化的关系不大，故摩尔汽化潜热相等的假设是基本成立的。以乙醇-水物系为例，乙醇的汽化潜热为 3.93×10^4 kJ/kmol，水的汽化潜热为 4.07×10^4 kJ/kmol，二者比较接近。含乙醇 70%（质量分数）的乙醇-水溶液的汽化潜热为 4.01×10^4 kJ/kmol，可见溶液的摩尔汽化潜热与纯组分的摩尔汽化潜热很相近（假如组成溶液的各纯组分的质量汽化潜热相近，其结论将是恒质量流）。至于饱和液体摩尔焓与浓度无关，这一假设与事实有一定的偏离。但因显热与潜热相比要小得多，略去次要的因素（忽略显热）是允许的。

现将通过一块塔板汽、液均为恒摩尔流的假设扩展应用于没有加料与出料的塔段，则该塔段通过各块塔板的汽、液摩尔流量均各自维持恒摩尔流。

(2) 精馏段与提馏段气、液流量的关系

① 加料板的物料衡算与焓衡算　加料板的操作情况如图 7-17 所示。令 L、V 表示精馏段的液、气摩尔流量，L'、V' 表示提馏段的液、气摩尔流量，F 为进料流量，i_f 为进料的摩尔焓。

物料衡算　　　　　　　　　　$F+L+V'=L'+V \qquad (a)$

熵衡算 $$Fi_f + Li + V'I = L'i + VI \qquad \text{(b)}$$

$(a) \times I - (b)$，得

$$F(I - i_f) + L(I - i) = L'(I - i)$$

或

$$\frac{L' - L}{F} = \frac{I - i_f}{I - i}$$

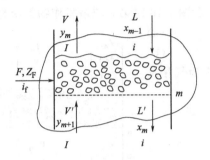

图 7-17　加料板

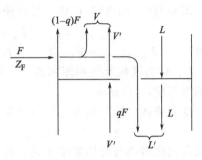

图 7-18　精馏段与提馏段的流量关系

令

$$q = \frac{I - i_f}{I - i} \qquad (7-18)$$

即 q 表示 1kmol 原料变为饱和蒸气所需之热与汽化潜热之比，则

$$L' = L + qF \qquad (7-19)$$

把式(7-19)代入式(a)，得

$$V = V' + (1 - q)F \qquad (7-20)$$

式(7-19)与式(7-20)说明了精馏段与提馏段的液相摩尔流量之间的关系及气相摩尔流量间的关系。可简单地把进料划分成两部分，一部分是 qF，表示由于进料而增加提馏段饱和液体流量之值，另一部分是 $(1 - q)F$，表示因进料而增加精馏段饱和蒸气流量之值。这两部分对流量的贡献示于图 7-18 中。

② 五种加料热状态　根据 q 的定义式，可判断不同加料热状态的 q 值，q 值范围如下：

泡点进料	饱和蒸汽进料	气液混合物进料	冷液进料	过热蒸汽进料
$q = 1$	$q = 0$	$0 < q < 1$	$q > 1$	$q < 0$

③ 各塔段的气、液流量计算　当进料流量、浓度、热状态参数 F、Z_F、q 已知，x_D、x_W 及回流比 R 亦已知，设回流液为饱和液体，即泡点回流，可按下述框图算出各塔段气、液流量。

$$\boxed{\text{已知}F, Z_F, x_D, x_W} \xrightarrow{\text{杠杆规则}} \boxed{D, W} \xrightarrow[\text{泡点回流}]{R} \boxed{L, V} \xrightarrow{q} \boxed{L', V'}$$

7.4.1.3　操作线方程

在对精馏塔的操作分析中，了解各塔段的气、液摩尔流量是最基本的。了解气、液流量后，须进一步掌握相邻两层塔板间的气、液浓度之间的数量关系。表达这种关系的数学式叫操作线方程。

(1) 精馏段操作线方程　图 7-19 表示对包括精馏段部分塔板及完全冷凝器在内的控制体取法。对控制体作物料衡算，得

$$Vy_{n+1} = Lx_n + Dx_D$$

即

$$y_{n+1} = \frac{L}{V}x_n + \frac{D}{V}x_D \tag{7-21}$$

式(7-21)便是精馏段操作线方程。当液体泡点回流，式(7-21)可写成

$$y_{n+1} = \frac{R}{R+1}x_n + \frac{x_D}{R+1} \tag{7-22}$$

因一般在无特别说明情况下都假定液体是泡点回流，故式(7-22)用得很普遍。

在 y-x 图中作精馏段操作线的方法如下：由于操作线为一直线，一般以操作线上两个特殊点作连线画出操作线。令 $x_n = x_0$，因 $x_0 = x_D$，代入式(7-21)可算得 $y_{n+1} = x_D$，即第 1 块塔板上方的气、液浓度相等，可知 (x_D, x_D) 是精馏段操作线上的一个特殊点。该点可在 y-x 图对角线上由 $x = x_D$ 方便地标出。另一个特殊点由操作线方程的截距求得，即 $\left(0, \dfrac{x_D}{R+1}\right)$ 为另一特殊点。图 7-20 表明由这两个特殊点连直线作出精馏段操作线的方法。

(2)提馏段操作线方程　图 7-21 表示对包括提馏段部分塔板及蒸馏釜在内的控制体取法。对控制体作物料衡算，得

$$L'x_{n-1} = V'y_n + Wx_W$$

即

$$y_n = \frac{L'}{V'}x_{n-1} - \frac{W}{V'}x_W \tag{7-23}$$

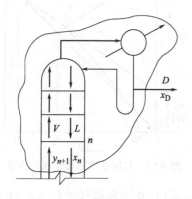

图 7-19　精馏段操作线方程的推导

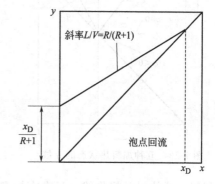

图 7-20　精馏段操作线

式(7-23)便是提馏段操作线方程。当 $x_{n-1} = x_W$，由式(7-23)算得 $y_n = x_W$，可知提馏段操作线上的一个特殊点是 (x_W, x_W)。按理，由此特殊点及斜率 $\dfrac{L'}{V'}$ 可作出提馏段操作线，但实际上一般不用这种方法，而是采用下面介绍的以 q 线来协助画提馏段操作线的方法。

(3)q 线方程　设精馏段与提馏段操作线交点的坐标为 (x_q, y_q)，现在考虑在进料浓度及热状态参数 Z_F、q 已定，且塔顶、底产品浓度 x_D、x_W 也已定条件下，随着回流比 R 的改变，两操作线交点 (x_q, y_q) 的变化轨迹。

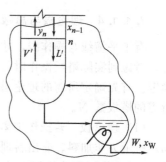

图 7-21　提馏段操作线方程的推导

已知，精馏段操作线方程　$Vy = Lx + Dx_D$

提馏段操作线方程　$V'y = L'x - Wx_W$

两操作线的交点必同时满足上列两个方程。令上面二式相减，得

$$(V'-V)y=(L'-L)x-(Wx_W+Dx_D)$$

化简，得

$$-(1-q)Fy=qFx-FZ_F$$

即

$$y=\frac{q}{q-1}x-\frac{Z_F}{q-1} \tag{7-24}$$

式(7-24)称为 q 线方程，该方程描述了精馏段、提馏段操作线交点的轨迹。

当 $x=Z_F$，由式(7-24)算得 $y=Z_F$，故 q 线通过 y-x 图对角线上的 (Z_F, Z_F) 点。q 线的斜率为 $\frac{q}{q-1}$，只取决于进料的热状态。

五种进料热状态的 q 线如图7-22所示。

(4) 利用 q 线画操作线   在 y-x 图中画操作线的方法是，首先由 (x_D, y_D) 点及 $\left(0, \frac{x_D}{R+1}\right)$ 点连直线，该直线就是泡点回流条件下的精馏段操作线。再根据 (Z_F, Z_F) 点和斜率 $\frac{q}{q-1}$ 作 q 线。令精馏段操作线与 q 线交点为 D，联结 D 点与 (x_W, x_W) 点的直线便是提馏段操作线，如图7-23所示。

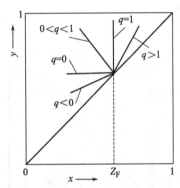

图7-22   五种加料热状态的 q 线

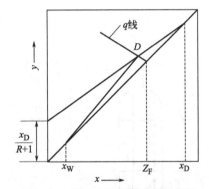

图7-23   利用 q 线画操作线的方法

利用 q 线协助画操作线，只有在饱和液体进料（$q=1$）及饱和蒸气进料（$q=0$）时才使画操作线更简易。一般情况下利用 q 线作提馏段操作线并不比直接画提馏段操作线简便，但利用 q 线的办法可使加料热状态的影响显示得更清楚。

7.4.1.4 理论板与总板效率

有了平衡线与操作线，才具备对于一定操作条件及分离要求确定所需塔板数的基础条件。考虑到实际塔板操作时传质情况的复杂性，对所需的塔板数，一般采用分两步走的方法确定。首先确定所需的理论塔板数 N_T，再考虑操作情况，引入总板效率 E_T，以确定实际所需的塔板数 N。

(1) 理论板   若操作中离开某块塔板的气、液相呈平衡态，则该塔板为理论板。图7-24(a)所示为非加料、非出料理论板的操作，y_n 与 x_n 平衡。图中把浓度为 y_n 的气体与浓度为 x_n 的液体以弯曲线相连，以弯曲线表示平衡关系。图7-24(b)所示为加料理论板，(c)所示为出料理论板，(b)、(c)中 y_m 与 x_m 均相互平衡。

理论板是一种假想操作状态的塔板，即气、液在塔板上接触，传质达到最大限度——汽液平衡后，气、液才离开该塔板。

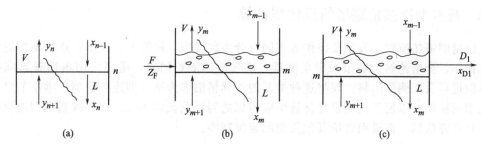

图 7-24 理论板

（2）**全塔理论塔板数的确定** 在求全塔理论塔板数前，须明确以下几点。

① 凡在 y-x 图上的一点，必表示一组液、气相浓度。

② 凡在同一块塔板之上（或之下）的液、气相浓度（x_n、y_{n+1}）点必位于操作线上。

③ 凡离开一块理论板的液、气相浓度（x_n、y_n）点皆位于平衡线上。

根据以上 3 点说明，现用作图法求理论板数。参看图 7-25。在 y-x 图中，a 点的坐标（x_0，y_1）表示塔顶第 1 块塔板上方液、气相的浓度。因 $x_0 = y_1 = x_D$，故 a 点在对角线上，同时是精馏段操作线的上端点。令 b 点坐标（x_1，y_1）表示离开第 1 块理论板的平衡液、气浓度，则 b 点必在平衡线上，且可由 a 点作等 y 线与平衡线交点确定该点位置。令 c 点坐标（x_1，y_2）表示第 1 块理论板与第 2 块理论板间的液、气相浓度，该点必位于精馏段操作线上，且可

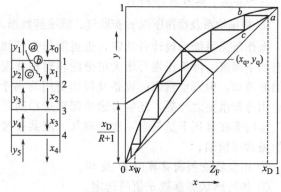

图 7-25 理论板数的确定

由 b 点作等 x 线与精馏段操作线交点确定其位置。可见，$a \rightarrow b \rightarrow c$，跨过了一个"梯级"，便跨越了一块理论板。按此方法逐级作梯级，并注意在梯级跨过两操作线交点（x_q，y_q）后便由精馏段操作线转为提馏段操作线并继续作梯级，直至最后一个梯级越过对角线上（x_W，x_W）点为止，便可确定全塔所需的理论板数。全塔理论板数一般带分数。最后的为分数的理论板，液相浓度的改变量与假如是一块理论板的液相浓度改变量之比就是该分数的值。越过（x_q，y_q）点的理论板为加料板。加料板属提馏段。

上述求理论板数的图解法叫麦开勃-蒂勒（McCabe-Thiele）图解法，简称 M. T. 图解法。

（3）**总板效率与全塔实际塔板数** 实际操作时离开一块塔板的气、液相浓度并未达到平衡，故需要有比理论板数更多的实际塔板才能实现规定的分离要求。可作出如下定义。

$$全塔效率\ E_T = \frac{N_T}{N} = \frac{全塔理论板数}{全塔实际板数}$$

于是，在求得全塔理论板数后，只需知道总板效率，便可算出全塔实际塔板数。全塔效率不仅与气液体系、物性及塔板类型、具体结构有关，而且与操作状况有关。全塔效率是个影响因素甚多的综合指标，难以从理论导出，一般均由实验测得，并将 E_T 与主要影响因素归纳、整理成曲线或计算式供估算之用。有关全塔效率的经验曲线将在第 8 章中介绍。

7.4.2　基本型连续精馏塔的设计型计算

连续精馏塔按流程、设备及操作等不同可分多种类型。最简单、最基本连续精馏的特点是定态操作，全塔绝热，塔顶采用全凝器，塔顶液体泡点回流，塔底采用蒸馏釜且间接加热，单股进料及无侧线出料。现将这种类型的连续精馏称为基本型连续精馏。本小节只介绍这种类型的精馏，以便于阐明设计计算中应考虑的问题及设计步骤。在掌握基本型连续精馏的设计计算方法后，再进而讨论其他类型的连续精馏。

7.4.2.1　已知条件及设计任务

进行设计计算的已知条件是：物系，加料组成 Z_F，加料流量 F，要求的塔顶产品浓度 x_D，塔底产品浓度 x_W。

设计任务是计算塔顶底产品流量 D、W，总的理论板数 N_T 及加料理论板位置。

7.4.2.2　设计计算内容

① 根据物系及操作压强 p 查取气、液平衡数据，依据查得的 $(t，x，y)_i$ 数据，作 y-x 图。

操作压强可能由设计者选定，也可能作为已知条件给出。若操作压强由设计者选定，应考虑如下因素：降低压强可增大组分的相对挥发度 α，降低釜液泡点温度，即降低对塔釜加热剂的要求，但真空精馏的设备及操作费用均高于常压精馏。此外，若塔顶蒸汽露点过低，不能用冷却水使之冷凝，还应考虑冷却剂选择问题，故需在技术、经济两方面比较后做出决定。若物系在常压下呈气态，欲出现气、液共存区须加压操作，则只能采用加压精馏。最常见的是常压精馏。

② 由全塔物料衡算算出 D 及 W。

③ 加料热状态参数 q 值的选定。

④ 回流比 R 值的选定，并算出 L，V，L'，V'。

⑤ 最佳加料板位置的选定。

⑥ 确定精馏段、提馏段的理论板数及加料板位置。可用 M. T. 作图法也可用逐板计算法求取。

在上述内容中，部分内容前已述及。下面着重讨论 q 值、R 值及最佳加料板位置的选择中应考虑的因素。有关逐板计算法拟通过例题介绍。

7.4.2.3　加料热状态参数 q 值的选定

加料热状态共有 5 种类型，只有确定 q 值才能准确地描述进料的热状态。

下面考虑 q 值改变对一定分离任务所需理论板数的影响。若物系、操作压强 p、进料组成 Z_F，塔顶、底产品浓度 x_D、x_W 均已知，回流比 R 亦已选定，则精馏段操作线便已确定。当进料 q 值改变，必导致两操作线交点 $(x_q，y_q)$ 位置改变，从而影响提馏段操作线位置。

参看图 7-26，进料 q 值愈大，两操作线交点的坐标 x_q、y_q 值愈高，两操作线愈远离平衡线，所需理论板数愈少。这似乎说明冷液进料最佳，但还需更全面地了解 q 值改变带来的其他影响。

参看图 7-27，对全塔作热量衡算，可写出下式

$$Fi_F + Q_F + Q_B = Di_D + Wi_W + Q_C \tag{7-25}$$

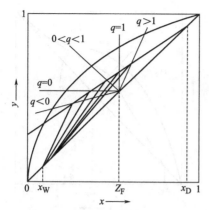

图 7-26　q 值改变对理论板数的影响

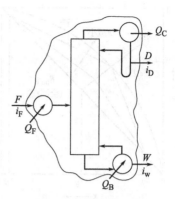

图 7-27　全塔热量衡算

式中，Q_B 为外界通过蒸馏釜输入的热量流率；Q_F 为由进料加热器输入的热量流率；Q_C 为由完全冷凝器输出的热量流率。

若操作条件已定，即 F、D、W、i_F、i_D、i_W、R 及 Q_C 等值均为定值，显然，$Q_F +Q_B=$ 常量。这说明，要实现此分离操作，需从外界输入的热量流率是个恒值，且可从蒸馏釜和进料加热器两个途径输入。进塔原料 q 值的不同意味着 Q_F 与 Q_B 的比值不同。

若进塔原料为过冷液体，q 值大，则热量主要由塔釜输入，必要求蒸馏釜的传热面积大，设备体积大，此外，因提馏段气、液流量大，提馏段塔径要加大。于是，冷液进塔虽可减少理论板数，使塔高降低，但蒸馏釜及提馏段塔径增大，亦有不利之处。一般设置原料加热器后可减轻塔釜的负荷，将原料加热至泡点进塔还有助于稳定塔的工艺操作情况。

进塔原料的热状态多与前一工序有关。若前一工序输出的是饱和蒸汽，一般就以饱和蒸汽进塔，不必冷凝成液态后再进塔。

7.4.2.4　回流比 R 值的选定

若物系、操作压强 p、进料和塔顶、底产品浓度 Z_F、x_D、x_W 及进料 q 值已确定，可单独考虑回流比 R 改变对所需理论板数及能耗的影响。

参看图 7-28，随着回流比 R 增大，精馏段操作线的斜率 $\dfrac{R}{R+1}$ 趋于 1，精馏段操作线朝对角线靠拢，提馏段操作线亦朝对角线靠拢。R 增大的极限，就是操作时既不进料，也无塔顶、底产品出料，塔顶全凝器的冷凝液全部回流进塔且定态操作，这种操作称为"全回流"操作。在精馏塔开工阶段或操作紊乱未能进入定态时往往都需进行一段时间的全回流操作，然后逐渐调节到正常操作状态。

随着回流比 R 的减小，操作线逐渐靠近平衡线。若以 (x_e, y_e) 表示平衡线与 q 线的交点，由图 7-28 可见，回流比 R 降低到一定程度，两操作线会在 (x_e, y_e) 点与平衡线首次相交。在操作线与平衡线相交点处，操作线上的 (x_n, y_{n+1}) 点与平衡线上的 (x_n, y_n) 点重合，亦即 $y_n = y_{n+1}$，表明气体通过塔板没有浓度改变，同理，液体通过塔板也没有浓度改变，于是，通过塔板后气、液相浓度若要求有任何有限量的变化便需要无穷多块塔板。这显然是不可能的。所以，当回流比 R 降低到操作线与平衡线首次相交时的回流比为回流比的最小极限值，称为最小回流比 R_{min}。操作时必须满足 $R > R_{min}$ 的条件。

若平衡线在某范围出现下凹的曲线段，如图 7-29 所示，随着 R 的减小，操作线首次与平衡线的重合点出现在两线相切处，此时对应的回流比即为最小回流比 R_{min}。

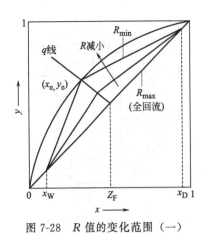

图 7-28 R 值的变化范围（一） 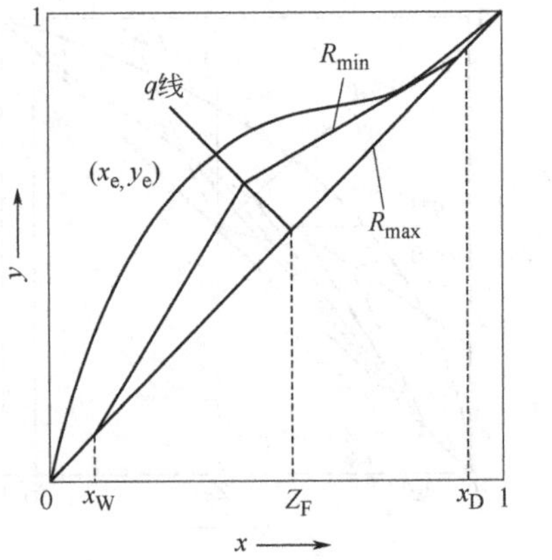　　　图 7-29 R 值的变化范围（二）

如图 7-28 的情况所示，最小回流比时精馏段操作线有 (x_D, x_D) 与 (x_e, y_e) 两个特殊点，该操作线斜率为 $\dfrac{R_{min}}{R_{min}+1}$，故有下列关系

$$\frac{R_{min}}{R_{min}+1}=\frac{x_D-y_e}{x_D-x_e}$$

则

$$R_{min}=\frac{x_D-y_e}{y_e-x_e} \tag{7-26}$$

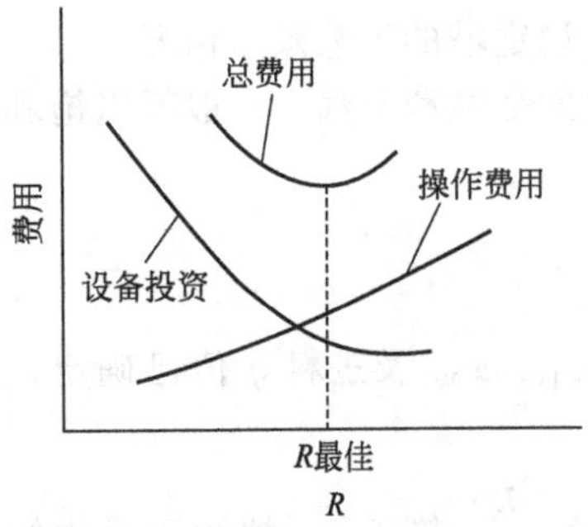

对于图 7-29 所示情况，R_{min} 只能用作图法求得。

以上讨论了 R 的取值范围问题。实际操作的 R 必须大于 R_{min}，R 值并无上限限制。在选定操作 R 值时应考虑到，随着 R 取值的增大，塔板数减少，设备投资降低，但因塔内气、液流量 L、V、L'、V' 增加，势必使蒸馏釜加热量及冷凝器冷却量加大，能耗增加，即操作费用增加。若 R 取值过大，即气液流量过大，则要求塔径增大，设备投资也随之有所增加。设备投资、操作费用与回流比之间的关系如图 7-30 所示意。由图可见，总费用随 R 的变化会出现最低点，该最低点对应的 R 值称为最佳回流比。设计时应根据技术经济核算确定最佳 R 值。常用的适宜 R 值范围为

$$R=(1.2\sim2)R_{min} \tag{7-27}$$

图 7-30 最佳 R 值的确定

7.4.2.5 最佳加料板位置的选定

在平衡线、操作线均已确定的条件下，选择哪一块塔板为加料板可使所需的总理论板数最少，是涉及设备投资的问题。若加料板位置选择不当，则所需理论板数增加，设计便不够合理。

对比图 7-31 中 3 种加料板位置的情况。令两操作线交点为 E。在图 (c) 中当第 5 个梯级一跨越 E 点后即转入提馏段操作线，以第 5 块理论板作为加料板所需的总理论板数最少。在图 (a) 中，当第 5 个梯级跨越 E 点后仍在精馏段操作线上继续跨过两个梯级，然后在第 7 个梯级时才转入提馏段，由于通过平衡线与操作线较靠近的区域，故每块理论板所取得的气相或液相浓度变化甚小，为完成同样的分离任务，此方案所需的理论板数比图 (c) 的多。同

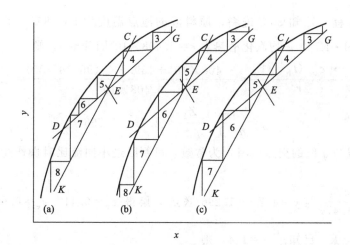

图 7-31 最佳加料板位置

理，如图(b)中过早地以第 4 块理论板为加料板，所需理论板数亦偏多。

综上可见，由 (x_D, x_D) 点开始，在精馏段操作线与平衡线间作梯级，当跨过第 m 块理论板后液相浓度首次出现 $x_m < x_q$（E 点的 x 坐标），则取第 m 块理论板为加料板可使所需总的理论板数最少。若跨过第 m 块理论板后，$x_m = x_q$，一般认为第 m 块理论板便是加料板。

【例 7-4】   拟用连续精馏方法分离苯-甲苯混合物。常压操作，物系的相对挥发度 $\alpha = 2.47$。原料中含苯 0.35，要求塔顶产品浓度为 0.88，原料处理量为 75kmol/h。要求苯的回收率 η 在 92% 以上。塔顶采用全凝器，泡点回流，塔底采用蒸馏釜，间接蒸汽加热。回流比为最小回流比的 1.4 倍。物料在 30℃ 进入塔内，已知原料液的泡点温度为 96.78℃，平均比热容为 139.7kJ/(kmol·K)，平均汽化潜热为 3.408×10^4 kJ/kmol。问全塔共需几块理论板？加料板是第几块？用逐板计算法计算。

解   (1) 由物料衡算求 x_W、D 与 W 已知 $F = 75$kmol/h，$Z_F = 0.35$，$\eta \geqslant 0.92$，$x_D = 0.88$。其中 $\eta \geqslant 0.92$ 是个不等式，为使计算简化，可按 $\eta = 0.92$ 计算所需的理论板数。

因为
$$\eta = \frac{D x_D}{F Z_F}$$

得
$$0.92 = \frac{D \times 0.88}{75 \times 0.35} \qquad D = 27.44 \text{kmol/h}$$

$$W = F - D = 75 - 27.44 = 47.56 \text{kmol/h}$$

又因
$$F Z_F = D x_D + W x_W$$

即
$$75 \times 0.35 = 27.44 \times 0.88 + 47.56 x_W \qquad \text{故} \ x_W = 0.0442$$

(2) 平衡线方程   已知 $\alpha = 2.47$

因为
$$y = \frac{\alpha x}{1 + (\alpha - 1)x} = \frac{2.47x}{1 + (2.47 - 1)x}$$

即
$$y = \frac{2.47x}{1 + 1.47x}$$

（3）q 线方程　已知 30℃进料，原料液的泡点温度为 96.78℃，平均比热容 $c_p=$ 139.7kJ/（kmol·K），平均汽化潜热为 $r=3.408\times10^4$kJ/kmol，则

$$q=\frac{r+c_p\,(t_b-t_F)}{r}=\frac{3.408\times10^4+139.7\times\,(96.78-30)}{3.408\times10^4}=1.27$$

q 线方程 $$y=\frac{qx}{q-1}-\frac{Z_F}{q-1}=4.7x-1.296$$

（4）平衡线与 q 线的交点　因 a 为常数，可判断最小回流比时操作线与平衡线相交，而不是相切

由 $y=\dfrac{2.47x}{1+1.47x}$ 与 $y=4.7x-1.296$ 联立，解得 $x_e=0.41$　$y_e=0.631$

（5）R_{min} 与 R　已知 $\dfrac{R}{R_{min}}=1.4$，则

$$R_{min}=\frac{0.88-0.631}{0.631-0.410}=1.127$$

$$R=1.4R_{min}=1.4\times1.127=1.578$$

（6）精馏段操作线方程

精馏段操作线方程 $$y_{n+1}=\frac{L}{V}x_n+\frac{D}{V}x_D$$

因为是泡点回流，故 $$L=RD，V=（R+1）D$$

则 $$y_{n+1}=\frac{R}{R+1}x_n+\frac{x_D}{R+1}$$

即 $$y_{n+1}=\frac{1.578}{2.578}x_n+\frac{0.88}{2.578}=0.612x_n+0.341$$

（7）提馏段操作线方程
提馏段操作线方程为

$$y_{m+1}=\frac{L'}{V'}x_m-\frac{W}{V'}x_W$$

其中
$$L'=L+qF=RD+qF=1.578\times27.44+1.27\times75=138.55\text{kmol/h}$$
$$V'=V-（1-q）F=（R+1）D-（1-q）F$$
$$=（1.578+1）\times27.44-（1-1.27）\times75=90.99\text{kmol/h}$$

所以提馏段操作线方程为

$$y_{m+1}=\frac{138.55}{90.99}x_m-\frac{47.56\times0.0442}{90.99}=1.523x_m-0.0231$$

（8）精馏段理论板

平衡关系 $$x=\frac{y}{\alpha-（\alpha-1）y}=\frac{y}{2.47-1.47y}$$ （a）

精馏段操作线方程 $$y_{n+1}=0.612x_n+0.341$$ （b）
由上而下逐板计算自 $x_0=0.88$ 开始到 x_i 首次低于 $x_q=0.41$ 时止

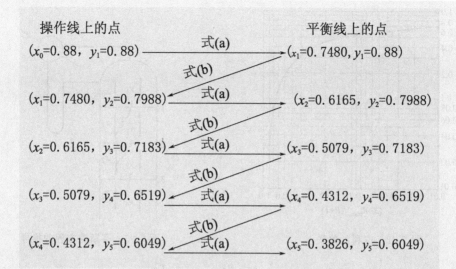

x_5 时首次出现 $x_i < x_q$，故第 5 块板为加料板，精馏段共有 4 块理论板。

（9）提馏段理论板数

已知 $x_5 = 0.3826$，由上而下计算，直至 x_i 首次低于 $x_W = 0.0442$ 时为止。

平衡关系

$$x = \frac{y}{\alpha - (\alpha - 1)y} = \frac{y}{2.47 - 1.47y} \tag{c}$$

提馏段操作线方程为

$$y_{m+1} = 1.523x_m - 0.0231 \tag{d}$$

由于到 x_{12}（0.0256）时首次出现 $x_i < x_W$，故总理论板数不足 12 块。

$$总的理论板数 = 11 + \frac{x_{11} - x_W}{x_{11} - x_{12}} = 11 + \frac{0.0552 - 0.0442}{0.0552 - 0.0256} = 11.37$$

蒸馏釜相当于一块理论板，故总的理论板数为 10.37，其中提馏段理论板数为 6.37。

在平衡线、操作线已确定的条件下，用作图法或逐板计算法求理论板数，原理是相同的。作图法的缺点是当平衡线与操作线较靠近时，画梯级的误差较大。逐板计算法计算结果则较精确，且可用计算机运算。α 变化大的平衡线，宜将平衡线划分为若干区段分别回归为曲线方程，分段计算。

7.4.2.6　吉利兰（Gilliland）快速估值法

除了作图法及逐板计算法外，尚有一种纯经验的求理论板数的快速估值法，即吉利兰法。吉利兰图是根据 8 种不同物系，在不同精馏条件下的实测数据绘制的，如图 7-32 所示。此图的横、纵坐标中：$R_{\min}$ 为最小回流比，R 为操作回流比，$N_{\min}$ 是全回流操作所需的最少理论板数，N 为操作的理论板数。由于在物系、压强、分离要求及加料浓度、热状态已定的条件下，$R_{\min}$ 与 $N_{\min}$ 均为定值，所以，吉利兰关联图是表明 $N = f(R)$ 的函数关系图线。

求 $R_{\min}$ 的方法前已述及。求 $N_{\min}$ 可用作图法，亦可用计算法。下面介绍计算 $N_{\min}$ 的芬斯克（Fenske）方程。

全回流操作时，$L = V$，操作线方程为 $y_{n+1} = x_n$。参看图 7-33。

因　　　　　　$x_0 = y_1$，且 $\dfrac{y_1}{1 - y_1} = \alpha_1 \dfrac{x_1}{1 - x_1}$ 所以 $\dfrac{x_1}{1 - x_1} = \dfrac{1}{\alpha_1} \times \dfrac{x_0}{1 - x_0}$ 　　　　(a)

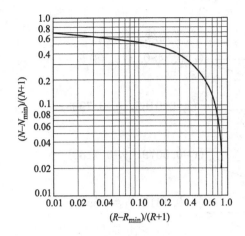

图 7-32　吉利兰关联

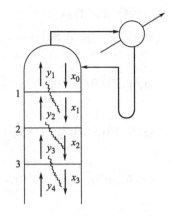

图 7-33　芬斯克方程的推导

又
$$x_1 = y_2, \ 且 \frac{y_2}{1-y_2} = \alpha_2 \frac{x_2}{1-x_2}$$

所以
$$\frac{x_2}{1-x_2} = \frac{1}{\alpha_2} \times \frac{x_1}{1-x_1} = \frac{1}{\alpha_1 \alpha_2} \times \frac{x_0}{1-x_0} \tag{b}$$

依此类推，可得对于第 N 块理论板的式子为

$$\frac{x_N}{1-x_N} = \frac{1}{\alpha_1 \alpha_2 \cdots \alpha_N} \left(\frac{x_0}{1-x_0} \right) \tag{c}$$

令：$\alpha_1 \alpha_2 \cdots \alpha_N = \alpha^N$，则

$$\alpha^N = \frac{x_0}{1-x_0} \times \frac{1-x_N}{x_N}$$

或
$$N = \frac{\lg \left(\frac{x_0}{1-x_0} \times \frac{1-x_N}{x_N} \right)}{\lg \alpha}$$

令 $x_0 = x_D$，$x_N = x_W$，则全回流时最少理论板数 N_{min} 的计算式为

$$N_{min} = \frac{\lg \left(\frac{x_D}{1-x_D} \times \frac{1-x_W}{x_W} \right)}{\lg \alpha} \tag{7-28}$$

式(7-28) 称为芬斯克方程，该式适用于 α 随液相浓度 x 变化较小的场合。

【例 7-5】 试用吉利兰快速估值法估算 ［例 7-4］所需的理论板数。可使用该例题中已解得的 x_W、R_{min} 及 R 数据。

解 已知 $\alpha = 2.47$，$x_D = 0.88$，$x_W = 0.0442$，$R_{min} = 1.127$，$R = 1.578$

① 由芬斯克方程计算 N_{min}

$$N_{min} = \frac{\lg \left(\frac{0.88}{1-0.88} \times \frac{1-0.0442}{0.0442} \right)}{\lg 2.47} = 5.60$$

② 使用吉利兰关联图估计 N 值

$$\frac{R - R_{min}}{R+1} = \frac{1.578 - 1.127}{1.578 + 1} = 0.175$$

查吉利兰关联图，得
$$\frac{N-N_{min}}{N+1}=0.47$$

代入数据，$\frac{N-5.60}{N+1}=0.47$　故得 $N=11.45$（包括蒸馏釜）

在［例 7-4］中用逐板计算法算得 $N=11.37$ 块，而［例 7-5］中用快速估值法算得 $N=11.45$ 块，二者十分接近。快速估值法在此题中误差仅 1.0%，可见快速估值法有相当的准确性。在选择 R 与 R_{min} 的比值时，用快速估值法可迅速找出 N-R 之间的关系，以帮助选定 $\dfrac{R}{R_{min}}$。

7.4.3　基本型连续精馏塔的操作分析与计算

7.4.3.1　操作因素分析

影响精馏操作的主要因素包括：操作压强、回流比、进料组成及进料热状态等。①精馏塔的设计和操作都是基于一定的压强下进行，操作压强的变化会影响相平衡关系，改变组分间的相对挥发度，从而引起操作温度和产品质量的改变。②回流比的变化直接影响产品质量和分离效果，生产中经常通过改变回流比来调节和控制产品质量。此外，回流比的变化会影响塔内气、液相流量，再沸器和冷凝器的传热量也会随之变化。③若进料组成及进料热状态发生变化，进料位置也应随之改变，因此精馏塔常设置几个进料位置，以保证进料位置适宜。

为了维持精馏塔的连续稳定操作，在保持上述参数稳定的基础上，还应保持精馏过程的物料平衡。由全塔物料衡算可知，精馏塔的塔顶、塔底产品采出率不能任意增加或减少，否则轻、重组分进、出塔的量不平衡，造成塔内组成变化，不能达到预期的分离要求。若生产中进料量发生改变，采出率应根据物料平衡的原则进行适当调节，并及时改变换热器的负荷，保证全塔热量平衡。

7.4.3.2　产品质量控制

在一定压力下，混合物的泡点和露点取决于混合物的组成。因此可以通过较易测量的温度来反映塔内组成的变化。塔顶温度（馏出液的露点）反映馏出液组成，用塔底温度（釜残液的泡点）反映釜残液组成。但对高纯度分离，在塔顶（或塔底）相当一段高度内，温度变化极小，典型的温度分布如图 7-34 所示。因此当塔顶（或塔底）温度有可觉察的变化时，产品的组成早已超出允许变化的范围。可见，通过测量塔顶（或塔底）温度来控制塔顶（或塔底）组成并不可行。

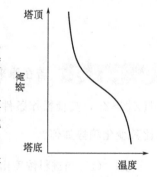

图 7-34　高纯度分离时沿塔高的温度分布

分析塔内沿塔高的温度分布可以看到，精馏塔某塔板上温度变化最显著，也就是说这些塔板的温度对于外界干扰最为灵敏，通常将之为灵敏板。因此生产上常用测量和控制灵敏板的温度来保证产品的质量，灵敏板一般靠近进料口位置。

7.4.3.3 操作型计算

精馏塔的设计计算是以精馏段、提馏段理论塔板数的确定为计算目标的。令 q_F 为进料热状态参数，设计计算的基本关系如图 7-35（a）所示。

操作型计算则是已知精馏段、提馏段的理论板数 N_n 与 N_m，以一定条件下 x_D 与 x_W 的求取为计算目标的。计算过程需用试差法，计算框图如图 7-35（b）所示。

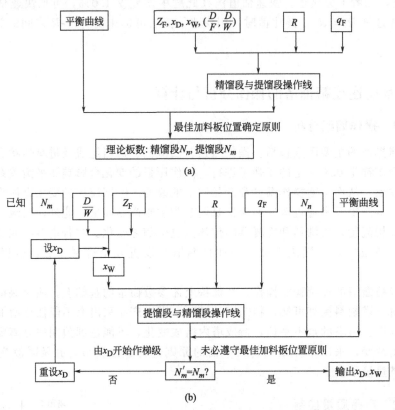

图 7-35 基本型连续精馏塔的操作型计算

【例 7-6】 若在原来操作情况的基础上，仅改变进料浓度，由原来的 Z_F 改为 Z'_F 且 $Z'_F > Z_F$，其他操作条件不变，$\dfrac{D}{F}$ 亦不变。问：改变后的 x'_D、x'_W 与原来的 x_D 与 x_W 相比其变化趋势如何？

解 （1）当进料浓度由 Z_F 增大至 Z'_F，设 $x'_D = x_D$。由于 $\dfrac{D}{F}$（即 $\dfrac{D}{W}$）不变，$\dfrac{x_D - Z_F}{Z_F - x_W} = \dfrac{x'_D - Z'_F}{Z'_F - x'_W} = $ 常数，所以，必然 $x'_W > x_W$。

作前、后情况的操作线对比如图 7-36 所示。由于 $x'_D = x_D$，$x'_W > x_W$，后来情况两操作线更远离平衡线。令 $N'_n = N_n$，则提馏段所需理论塔板数 N'_m 比原来的 N_m 减少了。而题给条件是 $N'_n = N_n$，$N'_m = N_m$，故 x'_D 与 x'_W 的变化趋势必然是沿着所需理论板数增多的方向变化。由此判断，必然 $x'_D > x_D$。

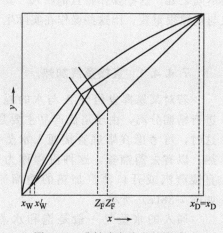

图 7-36　进料浓度改变的影响

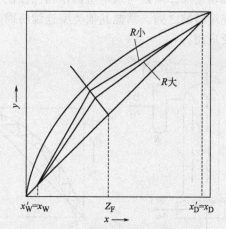

图 7-37　回流比改变的影响

（2）设 $x'_\mathrm{W}=x_\mathrm{W}$。由于 $Z'_\mathrm{F}>Z_\mathrm{F}$，$\dfrac{D}{W}$ 不变，则 $x'_\mathrm{D}>x_\mathrm{D}$。一般来说，$x_\mathrm{D}$ 的增大会使所需理论板数 N' 比原来理论板数 N 多，故 x'_D、x'_W 应朝 N' 减小的方向变化，由此判断，$x'_\mathrm{W}>x_\mathrm{W}$。

（3）x'_W 有最小值，其计算方法如下：设 $x'_\mathrm{D}=1$，根据 Z'_F 值及杠杆规则即可算得相应的 x'_W，该 x'_W 便是 $(x'_\mathrm{W})_\mathrm{min}$。

【例 7-7】　若在原来操作的基础上，仅改变回流比，即 R 增大至 R'，其他操作条件不变，$\dfrac{D}{F}$ 亦不变，问：改变后的 x_D、x_W 的变化趋势如何？

解　参看图 7-37。设 $x'_\mathrm{D}=x_\mathrm{D}$，则 $x'_\mathrm{W}=x_\mathrm{W}$，回流比增大。以后的操作线比改变以前的操作线更远离平衡线，为实现此分离任务所需的理论板数 N' 比原来的 N 少。要满足题给要求 $N'=N$，x'_D、x'_W 的变化趋向应是使所需理论板数增加的方向。

令 x'_D 增大的同时 x'_W 必减小，二者间满足 $\dfrac{x_\mathrm{D}-Z_\mathrm{F}}{Z_\mathrm{F}-x_\mathrm{W}}=\dfrac{x'_\mathrm{D}-Z'_\mathrm{F}}{Z'_\mathrm{F}-x'_\mathrm{W}}$ 的关系。由 x'_D 开始沿回流比为 R' 的精馏段操作线画 N_n 个梯级，然后转入提馏段操作线作梯级。当 $N'_m=N_m$，则所设 x'_D 的值正确。若原来操作时加料板位置符合最佳加料板位置原则，当 R' 增大后精馏段操作线斜率加大了，且 $x'_\mathrm{D}>x_\mathrm{D}$，同样在精馏段操作线作 N_n 个梯级，加料板一般不再是最佳加料板位置了。

本题结论：当 $R'>R$，其他操作条件不变，则 $x'_\mathrm{D}>x_\mathrm{D}$，$x'_\mathrm{W}<x_\mathrm{W}$。

无论是设计计算求理论板数 N_n 与 N_m，或操作型计算求 x'_D 与 x'_W，都必须有完备的（足够且不相矛盾的）条件才能有唯一、确定的解。对设计计算来说，除已知的条件外，还包括由设计者选定的条件，缺一不可。对操作型计算而言，则须首先弄清各规定条件的完备性。

7.4.4　其他类型的连续精馏

前面对基本型连续精馏的讨论，仅着眼于弄清原理，掌握计算方法，打好基础。而实际的连续精馏操作问题与基本型操作相比往往有某些不同之处，这些操作暂且都归入"其他类型"连续精馏之列。掌握其他类型连续精馏的特点与规律很重要，因这些操作在实际生产中被广泛应用。

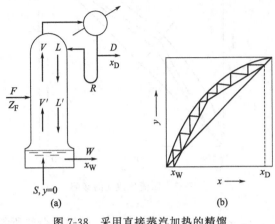

图 7-38　采用直接蒸汽加热的精馏

7.4.4.1　直接蒸汽加热

若对某易挥发组分 A 与水的混合物进行精馏分离，由于塔底产品主要是水，这时，可考虑在塔底直接通入水蒸气加热，以省去蒸馏釜。这种流程称为采用直接蒸汽或开口蒸汽加热的精馏流程，如图 7-38（a）所示。

通入的水蒸气一般是饱和水蒸气，设其流量为 S，按恒摩尔流假设，$S = V'$，$W = L'$。精馏段操作线方程与基本型的相同，只是提馏段操作线方程与基本型的稍有差异。

提馏段
$$V'y_{m+1} = L'x_m - Wx_W$$

故
$$y_{m+1} = \frac{L'}{V'}x_m - \frac{W}{V'}x_W = \frac{W}{S}x_m - \frac{W}{S}x_W \qquad (7\text{-}29)$$

式（7-29）为提馏段操作线方程。设 $y_{m+1} = 0$，代入式（7-29），解得 $x_m = x_W$，可见该提馏段操作线在 y-x 图上通过 $(x_W, 0)$ 点，同采用蒸馏釜间接加热时提馏段操作线通过 (x_W, x_W) 点稍有不同，如图 7-38（b）所示。

采用直接蒸汽加热操作，不仅输入了热量，而且输入了水。与采用间接蒸汽加热的流程相比，采用直接蒸汽加热流程的塔底产品流量 W 要大些，其浓度 x_W 要小些。

7.4.4.2　塔顶采用部分冷凝器（分凝器）

在精馏塔顶装置分凝器与全凝器的流程如图 7-39（a）所示。分凝器使塔顶出来的饱和蒸汽部分冷凝，冷凝的饱和液体回流到塔内，其饱和蒸汽则进入全凝器全部冷凝成塔顶产品。在分凝器中蒸汽部分冷凝所得的平衡液、气的流量比由流过分凝器的冷却剂流量与温度控制，亦即回流比由冷却剂控制。由于经过分凝器后蒸汽浓度又进一步提高，且离开分凝器的气、液呈平衡态，故分凝器相当于一块理论塔板。对于采用分凝器的精馏流程，精馏段操作线方程为

$$Vy_{n+1} = Lx_n + Dx_D$$

此方程与使用全凝器流程的完全相同。求理论板数时，同样由对角线上的 (x_D, x_D) 点开始作梯级，如图 7-39（b）所示。与只采用全凝器时相比，不同的是第 1 个梯级表示分凝器，第 2 个梯级才表示第 1 块理论板。

7.4.4.3　冷液回流

在前面介绍基本型连续精馏操作时，假设塔顶回流液体为饱和液体，这样假设只是为了使问题简化。实际操作时经全凝器冷凝后回流进塔的液体很可能是过冷液体。

精馏塔内恒摩尔流假设的几个基本条件中，应明确，进入该塔段最上面一块塔板的液体必须是饱和液体。进入该塔段最下面一块塔板的蒸汽必须是饱和蒸汽。

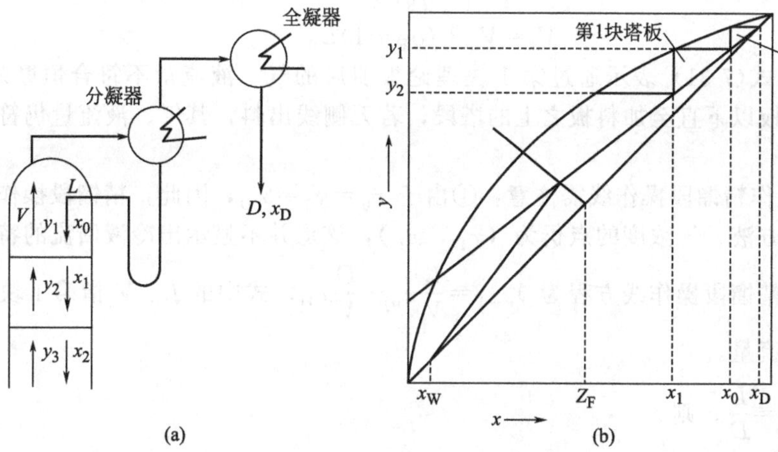

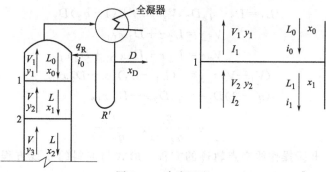

图 7-39 采用分凝器的精馏

对于冷液回流的情况，因未能满足导出恒摩尔流假设的条件，势必不能得到恒摩尔流的结论。

现对塔顶第 1 块理论板作物料衡算及热量衡算分析。参看图 7-40。设回流液摩尔流量为 L_0，回流液的焓为 i_0。

因
$$L_0 + V_2 = L_1 + V_1$$

即
$$V_2 - V_1 = L_1 - L_0 \tag{a}$$

又因
$$V_2 I_2 + L_0 i_0 = V_1 I_1 + L_1 i_1$$

其中，因 I_1 与 I_2 都是饱和蒸汽的焓，二者相等，故可不带下标，直接写成 I。又因 i_1 是饱和液体的焓，亦可不带下标而写成 i，则上式可写成

$$I(V_2 - V_1) = L_1 i - L_0 i_0 \tag{b}$$

将式(a) 代入式(b)，得

$$I(L_1 - L_0) = L_1 i - L_0 i_0$$

或
$$L_1(I - i) = L_0(I - i_0)$$

图 7-40 冷液回流

$$\frac{L_1}{L_0} = \frac{I - i_0}{I - i}$$

以汽化潜热 r 代替 $(I - i)$，令 $q_R = \dfrac{I - i_0}{r}$

则 $$L_1 = q_R L_0 \qquad (7\text{-}30)$$

可导得 $$V_2 = V_1 + (q_R - 1)L_0 \qquad (7\text{-}31)$$

式(7-30)及式(7-31)表示通过第1块理论板前后的气、液流量不符合恒摩尔流假设。但自第1块理论板以下直至加料板之上的塔段，若无侧线出料，其气、液流量仍符合恒摩尔流假设。

在 y-x 图上作精馏段操作线需注意：①由于 $x_0 = y_1 = x_D$，因此，精馏段操作线上表明第1块理论板上方液、气浓度的点仍为 (x_D, x_D)，该点并不显示出冷液回流的特点。②冷液回流情况下的精馏段操作线方程为 $y_{n+1} = \dfrac{L}{V} x_n + \dfrac{D}{V} x_D$，式中的 L、V 指第1块理论板以下的液、气摩尔流量。

令：$R' = \dfrac{L_0}{D}$，$R = \dfrac{L}{D}$，则

$$\frac{R}{R'} = \frac{L}{L_0} = q_R \qquad (7\text{-}32)$$

根据精馏操作实测的 R' 及 q_R 值，即可算得 R。精馏段操作线方程中斜率 $\dfrac{L}{V}$ 可用 $\dfrac{R}{R+1}$ 替代，但不能用 $\dfrac{R'}{R'+1}$ 替代。冷液回流的精馏段操作线如图 7-41 所示。

7.4.4.4 侧线出料

若精馏操作时除引出塔顶、底产品外，尚在塔内某些塔板处引出产品，就属于有侧线出料的精馏操作，其流程如图 7-42(a) 所示。

侧线出料的产品可能是饱和液体，也可能是饱和蒸

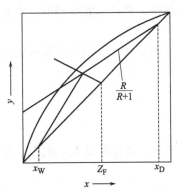

图 7-41　冷液回流的精馏段操作线

汽。对于图 7-42 所示的情况，由于有一股侧线出料，可将全塔分为 3 段，每段有其操作线。

现讨论图中 I、II 两段操作线交点的轨迹。侧线出料的热状态参数用 q_2 表示。在 I、II 段间，气、液摩尔流量的关系为

$$L_1 = L_2 + q_2 D_2, \quad V_2 = V_1 + (1 - q_2)D_2$$

则操作线 I $$V_1 y = L_1 x + D_1 x_{D1}$$

操作线 II $$V_2 y = L_2 x + D_1 x_{D1} + D_2 x_{D2}$$

两式相减，得 $$(V_1 - V_2)\,y = (L_1 - L_2)\,x - D_2 x_{D2}$$

即 $$(q_2 - 1)D_2 y = q_2 D_2 x - D_2 x_{D2}$$

或 $$y = \frac{q_2}{q_2 - 1} x - \frac{x_{D2}}{q_2 - 1} \qquad (7\text{-}33)$$

式(7-33)便是 I、II 段操作线交点轨迹的方程，形式与加料的 q 线方程完全相同，亦称 q 线方程。

根据 x_{D2} 与 q_2 作出侧线出料的 q 线，该线与第 I 段操作线的交点便是第 II 段操作线上的一个特殊点。通过此特殊点及第 II 段的液、气流量比 $\dfrac{L_2}{V_2}$，便可作出第 II 段操作线。第 III 段操作线即提馏段操作线，其作法如同前面所述。图 7-42(b) 所示的是有一股侧线饱和蒸气出料的情况。

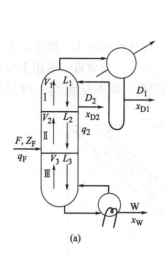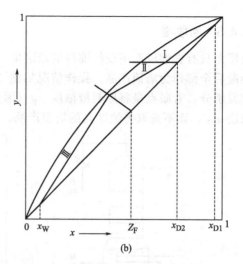

图 7-42　有侧线出料的精馏

【例 7-8】　某定态连续精馏操作，已知进料 $Z_F=0.50$，塔顶产品流量为 D_1，浓度 $x_{D1}=0.98$，回流比 $R'=2.40$，冷液回流，$q_R=1.05$。在加料板上方有一饱和液体侧线出料，侧线产品流量为 D_2，浓度 $x_{D2}=0.88$，$\dfrac{D_1}{D_2}=1.50$，塔底产品流量为 W，浓度 $x_W=0.02$，试求 $\dfrac{D_1}{W}$ 值并写出第 2 塔段的操作线方程。以上各流量单位皆为 kmol/s。

解　（1）计算 $\dfrac{D_1}{W}$　设进料流量为 F

因
$$F=D_1+D_2+W=D_1+\frac{D_1}{1.50}+W \tag{a}$$

又
$$0.50F=0.98D_1+0.88\frac{D_1}{1.50}+0.02W \tag{b}$$

将 (a)×0.5−(b)，得　$0=-0.733D_1+0.48W$　故 $\dfrac{D_1}{W}=0.655$

（2）写出第 2 塔段操作线方程
$$L_2=L_1-D_2=q_R R' D_1-D_2=1.05\times2.40\times1.50D_2-D_2=2.78D_2$$
$$V_2=V_1=L_1+D_1=q_R R' D_1+D_1=1.50(q_R R'+1)D_2=1.50\times(1.05\times2.40+1)D_2=5.28D_2$$
第 2 塔段的操作线可由下列物料衡算式算出
$$V_2 y=L_2 x+D_1 x_{D1}+D_2 x_{D2}$$

即
$$V_2 y=L_2 x+1.50D_2 x_{D1}+D_2 x_{D2}=L_2 x+(1.50x_{D1}+x_{D2})D_2$$
代入数据，得
$$5.28D_2 y=2.78D_2 x+(1.50\times0.98+0.88)D_2$$
故第 2 塔段的操作线方程为
$$y=\frac{2.78}{5.28}x+\frac{1.50\times0.98+0.88}{5.28}=0.527x+0.445$$

7.4.4.5 回收塔

回收塔是只有提馏段而不设精馏段的精馏塔，液态原料从塔顶加入，塔顶引出的蒸汽经全凝器冷凝后全部作为塔顶产品。操作情况如图 7-43(a) 所示。回收塔一般用于回收稀溶液中的易挥发组分，着眼点是将原料液浓度 x_F（因是液相进料，故不写成 Z_F）降至尽可能小的排液浓度 x_W，而不是取得纯度高的塔顶产品。

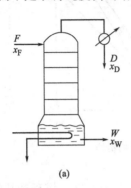
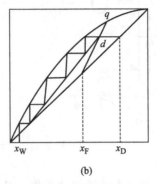

图 7-43　回收塔

进料可能是饱和液体，也可能是过冷液体。为使问题具有普遍性，以下按过冷液体讨论。

对塔顶第 1 块理论板作物料衡算与焓衡算，参看图 7-43(a)，得

$$F+V=D+L \tag{a}$$

及

$$Fi_F+VI=DI+Li \tag{b}$$

将 (a)$\times I -$ (b)，得 $\qquad \dfrac{L}{F}=\dfrac{I-i_F}{r}=q$（进料热状态参数）

故 $\qquad L=qF \qquad\qquad V=D+(q-1)F \tag{c}$

可见，第 1 块理论板上、下的气、液流量并非恒摩尔流，但第 1 块理论板以下的气、液流量各自符合恒摩尔流假设。对符合恒摩尔流假设的塔段，提馏段操作线方程为

$$y_{n+1}=\frac{L}{V}x_n-\frac{W}{V}x_W \tag{7-34}$$

设 $x_n=x_W$，由式(7-34) 解得 $y_{n+1}=x_W$，说明 (x_W,x_W) 是式(7-34) 的一个特殊点。该操作线的斜率 $\dfrac{L}{V}$ 为 $\dfrac{qF}{D+(q-1)F}$。该操作线的另一特殊点是进料 q 线与直线 $y=x_D$ 的交点，设此交点为 d (x_d,y_d)。可根据这两特殊点作操作线。

d 点是操作线上特殊点的理由如下

因 q 线方程为 $\qquad\qquad y=\dfrac{q}{q-1}x-\dfrac{x_F}{q-1} \tag{a}$

等 y 线方程为 $\qquad\qquad y=x_D \tag{b}$

联立式 (a)、式 (b) 解得交点 d 的坐标为

$$x_d=\frac{x_D(q-1)+x_F}{q},y_d=x_D$$

连接 (x_W,x_W) 点与 d 点的直线的斜率为

$$\frac{y_d-x_W}{x_d-x_W}=\frac{x_D-x_W}{\dfrac{x_D(q-1)+x_F}{q}-x_W}=\frac{q(x_D-x_W)}{q(x_D-x_W)-(x_D-x_F)}$$

由全塔物料衡算

$$\frac{W}{F}=\frac{x_{D}-x_{F}}{x_{D}-x_{W}}$$

所以

$$\frac{y_{d}-x_{W}}{x_{d}-x_{W}}=\frac{qF}{qF-W}=\frac{L}{V}\text{（操作线斜率）}$$

由于 (x_W, x_W) 点与 d 点所连直线的斜率即为回收塔操作线的斜率，故 d 点确是该操作线上的特殊点。

确定了操作线与平衡线后，用 M. T. 图解法即可求得所需理论板数。参看图 7-43（b）。应从平衡线上 (x_1, y_1) 点作为起点向下作梯级。因 $y_1 = x_D$，故一般由 d 点作为起点开始作梯级。d 点只是操作线上的一特殊点，并无物理意义，并不表示第 1 块塔板上方的气、液浓度间的操作关系，因回收塔操作线不适用于第 1 块板的上侧。

7. 4. 5　精馏过程强化

精馏是利用各组分间的沸点差异实现混合物中各组分分离的，汽化和冷凝是其主要的物理过程，因此需要大量的能量输入和输出。由于精馏过程的温度梯度、压力梯度和浓度梯度造成的不可逆性，一般精馏塔的热力学效率较低，通常有大量低位能量输出；再加上不良设计与操作，以及蒸汽泄漏、换热设备结垢、保温不良以及维护失当等问题的存在，精馏过程的能量利用率会进一步降低。据统计，在典型的石油化工厂中，精馏能耗占总能耗的 40% 左右。因此，如何进行精馏过程强化与节能，是重要的课题。

（1）精馏过程强化　向难分离混合液中加入第二种分离剂（适当的盐类萃取剂、螯合剂、夹带剂等）、加大化学作用对蒸馏过程的影响（如反应精馏）、采用外力场（如高强度磁场作用下的磁力精馏）的作用、降低操作压力等，都可有效地改变组分间的相对挥发度，有利于精馏分离，节能效果显著，这是蒸馏过程最有效的节能技术。

（2）选择合适的回流比　降低向再沸器提供的热量（热节减型）。精馏的核心在于回流，而回流必然消耗大量能量，因而选择经济合理的回流比是精馏过程节能的首要因素。一些新型板式塔和高效填料塔的应用，有可能使回流比大为降低。

（3）设置中间再沸器和冷凝器　减小再沸器与冷凝器的温度差，可减少向再沸器提供的热量，从而提高有效能效率。如果塔底和塔顶的温度差较大，则在精馏段中间设置冷凝器，在提馏段中间设置再沸器，可降低精馏的操作费用。这是因为精馏过程的热能费用取决于传热量和所用热载体的温位。在传热量一定的条件下，在塔内设置中间冷凝器，可用温位较高、价格较便宜的冷却剂，使上升蒸气部分冷凝，以减少塔顶低温冷却剂用量。同理，中间再沸器可用温位较低的加热剂，使下降液体部分汽化，从而减少塔底再沸器高温位加热剂的用量。另外，采用压降低的塔设备，也有利于减小再沸器与冷凝器的温度差。

（4）热泵精馏　采用热泵精馏流程（见 7.6.4），可大大减少向再沸器提供额外的热能。将塔顶蒸气绝热压缩后升温，重新作为再沸器的热源，把再沸器中的液体部分汽化。而压缩气体本身冷凝成液体，经节流阀后一部分作为塔顶产品抽出，另一部分作为塔顶回流液。这样，除开工阶段以外，可基本上不向再沸器提供另外的热源，同时省去了塔顶冷凝器及冷却介质的消耗，节能效果十分显著。应用此法虽然要增加热泵系统的设备费，但一般两年内可用节能省下的费用收回增加的投资。

（5）多效精馏　多效精馏，其原理如多效蒸发，即采用压力依次降低的若干个精馏塔串联，前一精馏塔塔顶蒸气用作后一精馏塔再沸器。

（6）热能的综合利用（热回收型）　回收精馏装置的余热，用于本系统或其他装置的加热热源，也是精馏操作节能的有效途径。其中包括用塔顶蒸气的潜热直接预热原料或将其用作其他热源；回收馏出液和釜残液的显热用作其他热源等。

对精馏装置进行优化控制，使其在最佳工况下运作，减小操作裕度，确保过程的能耗最低。多组分精馏中，设备的良好保温，也可达到降低能耗的目的。

7.5 双组分间歇精馏

7.5.1 间歇精馏过程特点

参看图 7-44，把原料一次性加入蒸馏釜内，在操作中不再加料、出料。将釜内的液体加热至沸腾，所生蒸汽经过各块塔板到达塔顶外的完全冷凝器。冷凝液全部回流进塔，于是，塔板上可建立泡沫层，各塔板可正常操作，这阶段属开工全回流阶段。在全回流操作稳定后，逐渐改为部分回流操作，可从塔顶采集产品。

对于 $\alpha > 1$ 的物系，塔顶产品中易挥发组分的浓度高于釜液浓度。随着精馏过程的进行，釜液浓度逐渐降低，各层塔板的气、液相浓度亦逐渐降低。可见，间歇精馏操作的特点是分批操作，过程非定态，只有精馏段，没有提馏段。

间歇精馏因在塔顶有液体回流，有多层塔板，故属精馏，而不是简单蒸馏。间歇精馏虽操作过程非定态，但各固定位置的气、液浓度变化是连续而缓慢的，故可视为"拟定态"过程。对任一瞬时，仍可用连续、定态精馏的分析方法进行分析。

间歇精馏适用于处理量小、物料品种常改变的场合。对于一种缺乏有关技术资料的物系的精馏分离开发，采用间歇精馏进行小试，操作灵活，可取得有用的数据。

常见的间歇精馏有两种典型的操作方式。一种是维持塔顶产品浓度 x_D 为定值而不断加大回流比的操作称为恒馏出液组成操作，另一种是维持回流比恒定但塔顶产品浓度 x_D 不断降低的操作称为恒回流比操作。

7.5.2 x_D 恒定的间歇精馏

这种间歇精馏过程的塔顶产品浓度 x_D 维持不变。在釜液浓度 x_W 不断下降情况下，若要维持 x_D 为恒值，须不断加大回流比。设起始时刻回流比为 $(R)_0$，终了时的回流比为 $(R)_e$。操作起始与终了时刻的操作线如图 7-45 所示。不同时刻的操作线与平衡线间所作的理论板数 N_T 均相等。

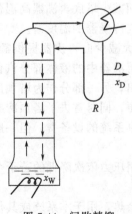

图 7-44 间歇精馏

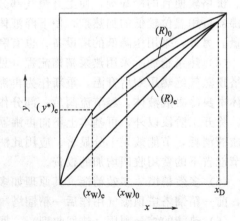

图 7-45 x_D 恒定的间歇精馏

7.5.3 R 恒定的间歇精馏

这种间歇精馏的特点是整个过程维持回流比 R 不变。由于回流比 R 为恒值，故操作过程不同时刻的操作线均平行。图 7-46 表示了起始、终了时刻及其间某一时刻的 3 条操作线。各操作线的一端点均在对角线上，x 坐标为 x_D；另一端点的 x 坐标为 x_W。任一操作时刻所需的理论板数 N_T 均等。

设计计算的已知条件是：物系相平衡关系，原料液量 F，原料液浓度 $(x_W)_0$，塔顶产品平均浓度 x_D，操作终了时的釜液浓度 $(x_W)_e$。欲求理论板数、回流比、每批操作时间及能耗。

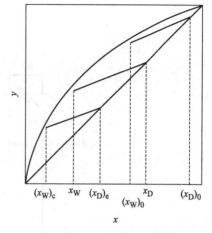

图 7-46 恒定的间歇精馏

7.6 特殊精馏

一般蒸馏分离是以被分离混合物中各组分挥发度的不同作为分离依据的。对于许多物系的组分分离，普通精馏操作确是有效的分离方法，但是，当混合物中组分间的相对挥发度接近 1，用普通精馏方法分离就很困难。例如，C_4H_8 的沸点为 $0.9℃$，nC_4H_{10} 的沸点为 $-0.5℃$，二者间相对挥发度 $\alpha=1.012$，分离难度很大。若两组分沸点相差 $3℃$ 以内，一般认为不宜采用普通精馏方法分离。此外，若物系有恒沸物，如常压下乙醇-水溶液，当乙醇浓度为 0.894，其泡点为 $78.15℃$，平衡的气液浓度相同，生成恒沸物，用一般精馏方法无法制取无水乙醇。遇到这些情况，通常在被分离溶液中另加第 3 组分，以改变原溶液中各组分间的相对挥发度，使精馏分离取得良好效果。这种精馏方法统称特殊精馏——如萃取精馏与恒沸精馏等。

7.6.1 萃取精馏

萃取精馏是在原溶液中添加较原溶液中各组分的沸点高，不与被分离物系中任何组分形成共沸物的萃取剂，有效改善原溶液组分间的相对挥发度，从而实现原溶液中组分有效分离的一种精馏操作。典型的萃取精馏流程如图 7-47 所示。A、B 两组分混合物进入塔 1，同时向塔内加入溶剂 S，降低组分 B 的挥发度，而使组分 A 变得易挥发。因溶剂的沸点比被分离组分高，为了使塔内维持较高的溶剂浓度，溶剂加入口一定要位于进料板之上，并需要与塔顶保持有若干块塔板，起回收溶剂的作用，塔 1 塔顶得到组分 A，组分 B 与溶剂 S 由塔釜流出，进入塔 2，组分 B 从塔 2 塔顶采出，溶剂从塔 2 塔釜排出，经与原料换热和进一步冷却，循环塔至 1。

7.6.1.1 萃取精馏原理和溶剂的选择

（1）萃取精馏原理　溶剂在萃取精馏中的作用是使原有组分的相对挥发度按所希望的方向改变，并有尽可能大的相对挥发度。溶剂的选择性定义为，在溶剂存在下，组分 A 对组分 B 的相对挥发度与原溶液中组分 A 对组分 B 的相对挥发度之比。溶剂的选择性是衡量溶剂效果的一个重要标志。它不仅决定于溶剂的性质和浓度，而且也和原溶液的性质及浓度有关。

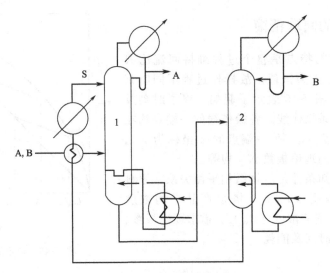

图 7-47　典型的萃取精馏流程

当被分离物系的非理想性较大，且在一定浓度范围难以分离时，加入溶剂后，原有组分的浓度均下降，而减弱了它们之间的相互作用，只要溶剂的浓度足够大，就突出了两组分气气压的差异对相对挥发度的贡献，实现了原物系的分离。在该情况下，溶剂主要起了稀释作用。以二甲基甲酰胺（DMF）为溶剂萃取精馏分离四氢呋喃（THF）/水属该类物系的典型示例。图 7-48 所示为不同 DMF 浓度下四氢呋喃（THF）/水的汽液平衡计算结果。THF 的沸点为 65.97℃，水的沸点为 100℃。常压下的共沸温度为 63.43℃，共沸中 THF 的摩尔分数为 0.8287。可见，该物系的非理想性较大。加入溶剂后 THF/水的相对挥发度从原溶液全浓度范围看得到改善，特别是在原共沸点处，随溶剂浓度的增加，相对挥发度显著增大。由图 7-49 可见，在共沸组成点（$x_S=0$），饱和蒸气压之比 $p_{THF}^S/p_{H_2O}^S=4.012$，活度系数之比 $\gamma_{THF}/\gamma_{H_2O}=0.249$，所以相对挥发度 $\alpha_{THF/H_2O}=(\gamma_{THF}/\gamma_{H_2O})(p_{THF}^S/p_{H_2O}^S)=1$，无法分离。随着 x_S 的增加，由于溶剂的稀释作用使 $\gamma_{THF}/\gamma_{H_2O}$ 趋近于 1，而 $p_{THF}^S/p_{H_2O}^S$ 仍远大于 1，故 α_{THF/H_2O} 显著增大。

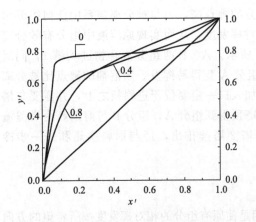
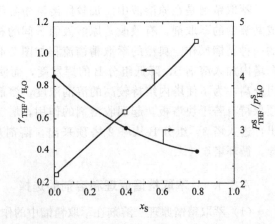

图 7-48　不同 DMF 浓度下四氢呋喃/水的汽液　　图 7-49　不同 DMF 浓度下活度系数之比和蒸气压之比
平衡关系（y'，x' 为四氢呋喃的相对浓度）

当原有两组分 A 和 B 的沸点相近，非理想性不大时，若相对挥发度接近于 1，则用普通精馏也无法分离。加入溶剂后，溶剂与组分 A 形成具有较强正偏差的非理想溶液，与组分 B 形成负偏差溶液或理想溶液，从而提高了组分 A 对组分 B 的相对挥发度，以实现原有两组分的分离。溶剂对不同组分相互作用的强弱有较大差异。以苯胺为溶剂萃取精馏分离环己烷（CH）/苯（B）属该类物系的典型示例。图 7-50 所示为溶剂苯胺存在下环己烷/苯的汽液平衡计算结果。环己烷的沸点为 80.78℃，苯的沸点为 80.13℃。共沸温度为 77.54℃，共沸组成含环己烷 0.4499（摩尔分数）。该物系的非理想性不大，但在原溶液全浓度范围内，环己烷对苯的相对挥发度都在 1 附近，用普通精馏难以分离。加入溶剂后环己烷对苯的相对挥发度明显提高，特别是在原共沸点处，随溶剂浓度的增加，相对挥发度显著增大。由图 7-51 可见，在共沸组成点（$x_S=0$），饱和蒸气压之比 $p_{CH}^S/p_B^S=0.98285$，活度系数之比 $\gamma_{CH}/\gamma_B=1.01745$，所以相对挥发度 $(\gamma_{CH}/\gamma_B)(p_{CH}^S/p_B^S)=1$，无法分离。随着 x_S 的增加，由于溶剂对不同组分相互作用的差异，使 γ_{CH}/γ_B 明显大于 1，而 p_{CH}^S/p_B^S 的比值基本无变化，故 $\alpha_{CH/B}$ 显著增大，通过精馏实现了原物系的分离。

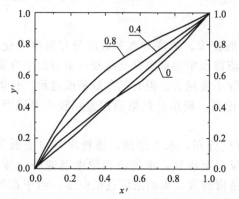

图 7-50　不同苯胺浓度下环己烷/苯的汽液平衡　　图 7-51　不同苯胺浓度活度系数之比和蒸气压之比
　　　　下原环己烷/苯共沸组成点的关系
　　　　（y'，x' 为环己烷的相对浓度）

于一个具体的萃取精馏过程，溶剂对原溶液关键组分的相互作用和稀释作用是同时存在的，均对相对挥发度的提高有贡献，但到底哪个作用是主要的，随溶剂的选择和原溶液的性质不同而异。

还应该指出，在原溶液全浓度范围的不同区域，溶剂的加入使组分之间相对挥发度的改变情况不同。若组分 A 与组分 B 形成正偏差溶液，那么当原溶液浓度 x_A 较小时，有可能在加入溶剂后，在这一浓度区域，相对挥发度反而变小，图 7-48 所示就属于该种情况。然而，由于这些区域不是原溶液中组分相对挥发度接近于 1 或形成共沸物的区域，因此所选溶剂是可行的。对原溶液为负偏差的系统，类似情况将发生在 x_A 值较大的区域。

（2）溶剂的选择　考虑被分离组分的极性有助于溶剂的选择。常见的有机化合物按极性增加的顺序排列为：烃、醚、醛、酮、酯、醇、二醇、水。选择在极性上更类似于重关键组分的化合物作溶剂，能有效地减小重关键组分的挥发度。例如，分离甲醇（沸点 64.7℃）和丙酮（沸点 65.5℃）的共沸物，若选择烃为溶剂，则丙酮为难挥发组分；若选择水为溶剂，则甲醇为难挥发组分。

Ewell 认为，选择溶剂时考虑组分间能否生成氢键比极性更重要。显然，若生成氢键，必须有一个活性氢原子（缺少电子）与一个供电子的原子相接触，氢键强度取决于与氢原子配位的供电子原子的性质。Ewell 根据液体中是否具有活性氢原子和供电子原子，将全部液体分成五类。第 I 类是生成三维氢键网络的液体：水、乙二醇、甘油、氨基醇、羟胺、含氧酸、多酚和氨基化合物等。第 II 类是含有活性氢原子和其他供电子原子的其余液体：酸、酚、醇、伯胺、仲胺、含氢原子的硝基化合物和氰化物，氨、联氨、氮化氢、氢氰酸等。第 III 类是分子中仅含供电子原子（O，N，F），而不含活性氢原子的液体；醚、酮、酚、酯、叔胺。第 IV 类为由仅含有活性氢原子，不合有供电子原子的分子组成的液体：$CHCl_3$，CH_2Cl_2，$CH_2Cl-CHCl_2$ 等。第 V 类为其他液体，即不能生成氢键的化合物：烃类、二硫化碳、硫醇、非金属元素等。各类液体混合形成溶液时的偏差情况不同。当形成溶液时仅有氢键生成则呈现负偏差，若仅有氢键断裂，则呈现正偏差；若既有氢键生成又有断裂，则情况比较复杂。从氢键理论出发将溶液划分为五种类型，并预测不同类型溶液的混合特征，对选择溶剂是有指导意义的。例如，选择某溶剂来分离相对挥发度接近 1 的二元物系，若溶剂与组分 2 生成氢键，降低了组分 2 的挥发度，使组分 1 对组分 2 的相对挥发度有较大提高，那么该溶剂是符合基本要求的。

7.6.1.2　萃取精馏过程分析

萃取精馏塔内由于有大量溶剂存在，使塔内汽液流率、浓度分布和温度分布发生变化。一船规律是，由于溶剂的沸点高，流率较大，在下流过程中溶剂温升会冷凝一定量的上升蒸汽，导致塔内汽相流率越往上走越小，液相流率越往下流越大。但有的萃取精馏过程，可能由于溶剂沸点还不够高，或塔板上溶剂浓度不要求很高，或组分热焓值的差别较小等原因，气液流率分布不够典型。

图 7-52 所示为丙酮/甲醇萃取精馏塔内液相浓度分布，水为溶剂。塔板序号自上而下数。1～6 板是溶剂回收段，从溶剂加入板（第 7 板）至塔顶，水的液相浓度迅速降至零。该段对丙酮和甲醇没有明显的分离作用。7～21 板是精馏段，水的浓度近似恒定。由于在第 22 板有液相进料，提馏段塔板上水的液相浓度明显降低。第 30 板为再沸器，由于进入塔内的溶剂基本上从塔釜出料，故再沸器中水的浓度突然增大，造成溶剂浓度分布在再沸器中跃升。这一特点表明，不能以釜液溶剂浓度作为塔板上的溶剂浓度。

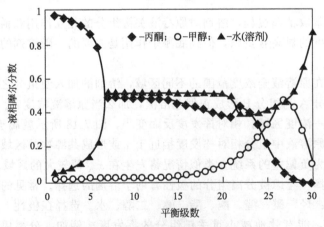

图 7-52　丙酮/甲醇萃取精馏塔内液相浓度分布

在精馏段和提馏段，由于塔板上溶剂浓度足够高，增大了丙酮对甲醇的相对挥发度，使其得到有效的分离，因而丙酮和甲醇的液相浓度分布曲线单调反方向变化。接近再沸器时，出于溶剂浓度突增，甲醇的液相浓度分布出现拐点。

按照萃取精馏原理，适宜的溶剂进料流率和进料位置保证了塔板上液相中有比较高的基本恒定的溶剂浓度，实现了原溶液组分间的分离。正因为如此，萃取精馏塔的回流比特性不同于普通精馏塔，增大回流比会降低塔板上液相中溶剂的浓度而不利于分离，对于一定的溶剂/进料比，通常有一个最佳回流比，它是考虑回流比和溶剂浓度对分离程度综合影响的结果。图 7-53 所示为丙酮/甲醇萃取精馏塔的其他设备和工艺参数，所得到的分离程度随回流比变化的规律，图中显示了最佳回流比的存在。

图 7-54 所示为丙酮/甲醇萃取精馏塔中，非溶剂/溶剂的相对挥发度在回收段塔不同塔板上的变化。它提醒人们注意，若用图解法确定溶剂回收段塔的理论塔板数，关键是恰当地选择回收段平均的非溶剂/溶剂的相对挥发度数据，否则计算的板数偏差较大。

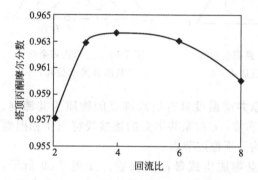

图 7-53　丙酮/甲醇萃取精馏塔溶剂
回收段分离程度与回流比的关系

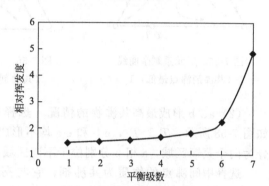

图 7-54　丙酮/甲醇萃取精馏塔非溶剂/
溶剂的相对挥发度分布

7.6.2　共沸精馏

对于近沸点或共沸混合物系，往往采用加入共沸剂的共沸精馏来实现原混合物的分离，共沸剂在影响原溶液组分的相对挥发度的同时，还与它们中的一个或数个组分形成共沸物。对于二元物系，共沸剂可能与原溶液的组分形成一个或两个共沸物，也可能形成三元共沸物，并且又有均相和非均相共沸物之分。不同的共沸剂对精馏区域的划分和精馏边界的走向有决定性作用，共沸剂的选择与分离流程的设计和工艺参数的确定紧密相关。

7.6.2.1　共沸剂的选择

在共沸精馏中，要谨慎地选择共沸剂，通过它与系统中某些组分形成共沸物，使汽液平衡向有利于原组分分离的方向转变。加入共沸剂的目的或是分离沸点相近的组分，或是从共沸物中分离出一个组分。

当组分 a 和 b 形成二元共沸物时，加入共沸剂的作用是在分离塔顶或塔釜分离出较纯的产品 a 和 b。这只有在三角相图上剩余曲线开始或终止于 a 和 b，即 a 和 b 分别为稳定节点或不稳定节点时，才能成为可能。下面简述共沸剂必须满足的基本要求。

（1）a、b 形成最低共沸物的情况　　选择比原共沸温度更低的低沸点物质为共沸剂。如图 7-55 所示，$T_e < T_a < T_b$，e-b 和 e-a 均不形成共沸物，e 的加入将三角相图分成两个蒸馏区域，a、b 分别位于不向区域，为稳定节点。

选择中间沸点的物质为共沸刑，它与低沸点组分生成最低共沸物。如图 7-56 所示，$T_a < T_e < T_b$，e-a 生成最低共沸 $T_2 < T_a$，e 的加入形成了两个蒸馏区域，边界线是两个二元共沸物点的连接线，a 和 b 均为稳定的节点。纯组分 a 和 b 作为不同精馏塔的釜液采出。

选择高沸点物质为共沸剂，它与原两组分均生成最低共沸物。如图7-57所示，$T_e >$ $T_b > T_a$，e-a和e-b生成最低共沸物，在图上分别标以c和d点，有三个蒸馏区域，边界线为cz和dz，顶点a和b是稳定节点。

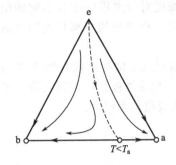

图7-55　三元系剩余曲线
（共沸剂沸点最低）1

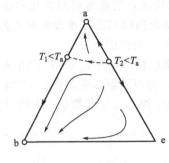

图7-56　三元系剩余曲线
（共沸剂沸点居中）1

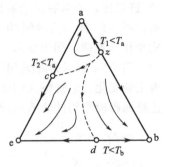

图7-57　三元系剩余曲线
（共沸剂沸点最高）1

（2）a、b形成最高共沸物的情况　选择比原共沸温度具有更高沸点的物质为共沸剂。如图7-58所示，$T_a > T_e$，e-b和e-a均不形成共沸物，e和原共沸点的连接线将三角相图划分为两个蒸馏区域，a相b分别位于不同区域，均为不稳定节点。

选择中间沸点的物质为共沸剂，它与高沸点物质生成最高共沸物。如图7-59所示，$T_b > T_e > T_a$，e-b生成最高共沸物$T_1 > T_b$，三角相图划分为两个蒸馏区域，边界为两共沸点的连接线。a和b均为不稳定的节点。纯组分a和b以馏出液形式采出。

选择低沸点物质为共沸剂，它与原两组分形成最高共沸物。如图7-60所示，$T_e < T_a < T_b$，e-a和e-b都形成最高共沸物，有三个蒸馏区域，两个蒸馏边界，顶点a、b分属两个区域，均为不稳定节点。纯组分a和b以馏出液形式采出。

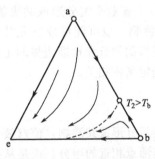

图7-58　三元系剩余曲线
（共沸剂沸点最高）2

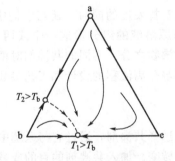

图7-59　三元系剩余曲线
（共沸剂沸点居中）2

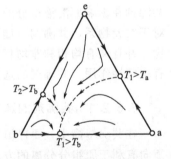

图7-60　三元系剩余曲线
（共沸剂沸点最低）2

上述共沸剂选择的原则可进一步概括为：只有当某一剩余曲线连接所希望得到的产品时，一个均相共沸物才能被分离成接近纯的组分。若满足这一条件，对于二元最低共沸物系，共沸剂应该是一个低沸点组分或能形成新的二元或三元最低共沸物的组分；对于二元最高共沸物系，共沸剂应该是一个高沸点组分或能形成新的二元或三元最高共沸物的组分，这是选择适宜共沸剂的必要条件。

理想的共沸剂应具备以下特性：①显著影响关键组分的汽液平衡关系；②容易分离和回收；③用量少，汽化热低；④与进料组分互溶，不生成两相，不与进料中组分起化学反应；⑤无腐蚀、无毒；⑥价廉易得。

7.6.2.2 共沸精馏流程

由于共沸物的性质差别较大，如均相和非均相共沸物，人们一般根据其性质分为下列四类流程。

(1) **非均相共沸精馏流程** 对于某些二元共沸物，可通过加入的挟带剂与其形成三元非均相共沸物（难挥发组分含量要低）而使原二元共沸物得到分离。该流程通常为三塔流程，也有简化的二塔流程，如乙醇-水＋苯（其中苯为共沸剂）的共沸精馏流程（图7-61）。近于共沸液的乙醇-水料液进入塔1，塔1为共沸精馏塔，塔釜得到无水乙醇，塔顶蒸出三组分共沸物（苯0.538、乙醇0.228、水0 234、共沸温度61.86 ℃），经冷凝后分层，富苯层（苯0.767、水0.038、乙醇0.195）作为共沸剂返回塔1；富水层（水0.596、苯0.054、乙醇0.35）进入苯回收塔2，塔2塔釜得到稀乙醇水溶液进入乙醇回收塔（塔3），塔顶得到三元共沸物，与塔1的三元共沸物混合；塔3塔釜得到近似纯的水，塔3顶蒸出乙醇水共沸物进入塔1。乙醇-水的分离也可采用双塔流程。该流程的特点是挟带剂苯在流程中循环使用，无需再进行分离，适用于二元混合物与挟带剂能形成三元非均相共沸物的情况。

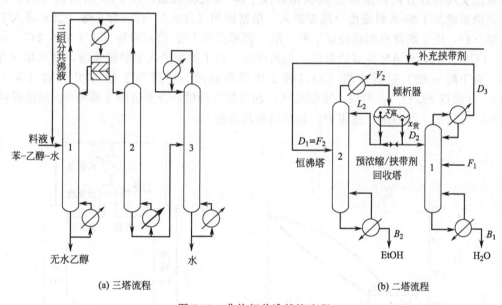

(a) 三塔流程   (b) 二塔流程

图 7-61 非均相共沸精馏流程

(2) **均相共沸精馏流程** 挟带剂与易挥发组分任何比例完全混合的共沸精馏。如烷烃—甲苯＋甲醇，甲醇为共沸剂的精馏（图7-62）：甲苯-戊烷料液与来自甲苯回收塔4顶的产品——甲醇-甲苯共沸物（作为共沸剂）一起进入共沸精馏塔1，塔釜得到粗甲苯，塔顶温度为30.8℃并得到甲醇-戊烷共沸物；塔1塔顶产品进入水洗塔2，水由塔2顶加入，利用甲醇溶于水、戊烷不溶于水的特性，塔顶得到戊烷产品、塔釜得到含水和少量戊烷的甲醇溶液，并作为甲醇脱水塔塔3的进料；粗甲醇在甲醇脱水塔中经过精馏，塔釜得到的水进入塔2塔顶作为水洗液，塔顶得到甲醇-戊烷混合物，作为塔1塔顶回流进入塔1；塔1底部的含少量甲醇的甲苯溶液进入甲苯回收塔4，经过精馏塔釜得到甲苯，塔顶得到温度为67.8℃的甲醇-甲苯共沸物物与料液一起进入塔1。该流程特点是利用两个均相二元共沸物分离原料，适用于均相共沸物的分离。

(3) **自挟带共沸精馏流程** 某些能形成非均相共沸物的二元共沸物无需挟带剂利用双塔

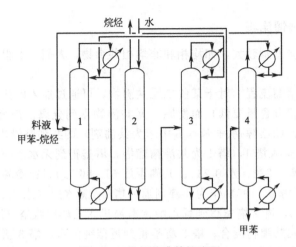

图 7-62　均相共沸精馏流程

流程就能实现良好分离，如苯-水共沸精馏及丁醇-水共沸精馏。以丁醇-水为例（图 7-63）：接近共沸组成的丁醇-水料液由分层器进入，随富醇相（含水 0.65、含丁醇 0.35）进入丁醇精馏塔（1），塔 1 底部得到高纯度丁醇，塔 1 顶部蒸出丁醇-水共沸物（含丁醇 0.247、共沸点 92.7℃），丁醇-水蒸气冷凝后分层，如前所述，富丁醇相进入丁醇精馏塔，富水相（含水 0.98、含丁醇 0.02）进入水塔（2），塔 2 塔釜得到水，塔顶为丁醇-水共沸物（含丁醇 0.247、共沸点 92.7℃），与塔 1 顶部蒸气一起冷凝后分层，分别进塔 1 和塔 2。该流程特点是简单、无需加入挟带剂，适用于二元非均相共沸物系。

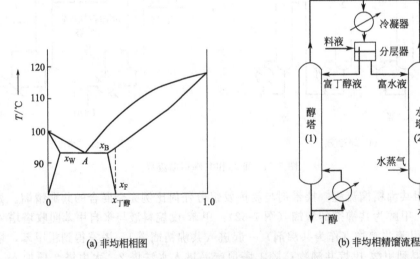

(a) 非均相相图　　　　　　　　　　　　　(b) 非均相精馏流程

图 7-63　自挟带共沸精馏流程

　　（4）变压精馏流程　对于均相二元共沸物可以通过改变塔的操作压力实现有效分离。根据相律：二元共沸物自由度为 1，不同的压力，必然对应不同的共沸点及组成。因此，使得两塔采用不同的压力就能实现分离，从而得到纯度较高的产品。以乙醇-苯为例（图 7-64），设进料乙醇含量为 0.67、塔 1 的操作压力为 30 kPa，此条件下，塔釜得到质量纯度为 0.99的乙醇，塔顶温度为 35℃，得到乙醇含量为 0.36 的乙醇-苯共沸物；将该物料作为塔 2 进料，且塔 2 操作压力为 106 kPa，塔釜得到质量纯度为 0.99 的苯，塔顶温度为 68℃，得到

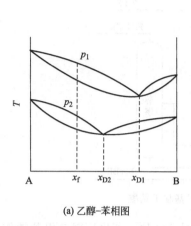

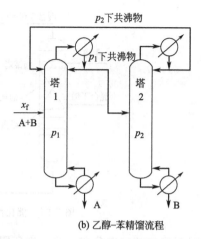

(a) 乙醇–苯相图　　　　　　　(b) 乙醇–苯精馏流程

图 7-64　变压精馏流程

乙醇含量为 0.448 的乙醇-苯共沸物，可以作为塔 1 的进料。该流程的特点流程简单、但操作复杂，适用于二元均相共沸物的分离。

7.6.3　反应精馏

化学反应和精馏是化工生产中常用的两个单元操作，它们通常是在两个独立的设备中进行的，即原料先在反应器中进行化学反应，反应产生的包括反应物、产品及副产品在内的混合物则被输送至精馏塔内进行分离。而反应精馏（reaction distillation）是伴有化学反应的精馏过程，是将化学反应与精馏分离耦合在同一个反应精馏塔内的操作过程。反应精馏按生产过程是否采用催化剂可分为催化反应精馏和无催化剂的反应精馏。反应精馏在工业上的应用主要可分为两大类。

7.6.3.1　反应型反应精馏

反应型反应精馏主要用于连串反应和可逆反应。在连串反应中，由于精馏的作用使目标产物连续地从反应区离开，从而抑制了副反应的发生，反应的选择性得以提高；对于可逆反应，由于精馏的作用使目标产物不断地被移走，从而破坏了化学平衡，反应可趋向完全，反应的转化率得以大大提高。1981 年，美国 Charter International Oil 公司首先开发了甲基叔丁基醚（MTBE）的催化反应精馏技术，并实现了工业化生产，其生产流程简图如图 7-65 所示。反应精馏技术已被完全工业化的工艺还有乙酸乙酯的生产、甲缩醛的生产、乙酸甲酯的生产等。

参看图 7-65 所示，原料甲醇和混合丁烯（异丁烯 15％～17％）分别从反应精馏塔的催化填料层上、下面引入，催化剂填料层上、下面的塔盘起分离甲醇和丁烯的作用，从反应精馏塔底部得到很纯的 MTBE，从反应精馏塔顶排出的甲醇与废丁烯混合物经水洗塔和甲醇塔以回收甲醇。由于异丁烯的转化率达 99％，因此塔顶排出的废丁烯不再循环利用。

7.6.3.2　精馏型反应精馏

精馏型反应精馏主要用于极难分离的恒沸物体系，此时反应精馏过程是非常有效的分离方法。其原理是在反应精馏过程中加入一种反应挟带剂，使其与某一组分发生快速可逆化学反应，从而增大欲被分离体系的相对挥发度而达到分离的目的。如对二甲苯和间二甲苯体

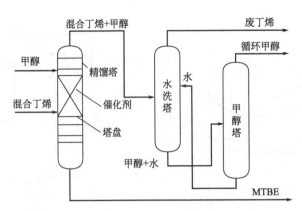

图 7-65 催化反应精馏生产甲基叔丁基醚

系，若采用传统的精馏分离工艺，则所需理论板数超过 200 块；若采用对二甲苯钠作为反应挟带剂，则只需 6 块理论板就可获得满意的分离效果。

反应精馏有以下几方面优点。

① 选择性好、转化率高　由于精馏的存在使目标产物及时蒸出，从而抑制了副反应的发生，提高了产品的选择性；又由于精馏的作用使反应产物及时移走，从而破坏了化学平衡，加速了化学反应速率，提高了反应的转化率，也提高了设备的生产能力。

② 易控制　由于混合物的泡点只和压力、组成有关，外界热量输入的变化只改变液体的汽化速度，只要体系的压力、组成不发生变化，反应温度也不发生改变，因此反应温度易于控制，减少了因温度波动而带来的副产物的生成。

③ 减少物料循环　对于某一反应物大量过剩的反应过程，若采用反应精馏则可以大大减少过剩反应物量，减少物料因大量循环而带来的费用。

④ 节能　在放热反应中，反应热可直接用于精馏过程液体的汽化，减少了外供热量，节约了能量的消耗。

⑤ 节省投资　由于反应器和精馏塔耦合在一个设备中，节省了设备投资，并简化了生产工艺流程。

由于反应精馏具有以上的优点而在化工生产中越来越受到重视。但并不是所有的反应过程和精馏过程都可以实现反应精馏，反应精馏过程要求反应操作条件和精馏操作条件相匹配，即在较低的温度和压力下能获得较满意的反应速率。

7.6.4　热泵精馏

通过外加功将热量自低位传至高位的系统称为热泵系统。热泵是以消耗一定量的机械功为代价，把低温位热能温度提高到可以被利用的程度。由于所获得的可利用热量远远超过输入系统的能量，因而可以节能。

热泵精馏的出发点是提高精馏过程中一部分能量的品位，用于自身的再沸器加热需要。热泵精馏尤其适用于低沸点物质的精馏，即塔顶汽相需要用冷冻水或其他制冷剂冷凝的系统，通常不用于多组分精馏或相对挥发度较大的系统。

根据热泵所消耗的外界能量不同，热泵精馏分为汽相（蒸汽）压缩式热泵精馏和吸收式热泵精馏。根据压缩机工质的不同，汽相压缩式热泵精馏又分为塔顶汽相直接压缩式、塔底液体闪蒸式和间接蒸汽压缩式三种类型。汽相压缩式热泵精馏流程结构如图 7-66 所示，吸收式热泵精馏流程结构如图 7-67 所示。

7.6.4.1　汽相压缩式热泵精馏

塔顶汽相直接压缩式热泵精馏见图 7-66（a），以塔顶汽相为工质，利用压缩机使塔顶汽相的温度提高一个能级，从而能够给塔底物料的汽化提供能量。汽相压缩式热泵精馏结构通常可用于：

① 塔顶和塔底温差较小的精馏塔；

② 被分离物质沸点相近的难分离系统；

③ 低压下精馏时塔顶产品需要用冷冻剂冷凝的系统。

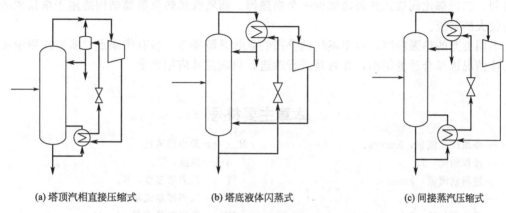

(a) 塔顶汽相直接压缩式　　　　(b) 塔底液体闪蒸式　　　　(c) 间接蒸汽压缩式

图 7-66　汽相压缩式热泵精馏的结构简图

塔底液体闪蒸式热泵精馏见图 7-66（b），以塔底液体为工质，塔底液体经减压阀减压闪蒸降温后，与塔顶汽相换热，使之冷凝，同时使自身汽化，然后经压缩机压缩到与塔底温度、压力相同的状态后送入塔底作为塔釜加热热源，塔顶汽相冷凝后作为回流。

间接蒸汽压缩式热泵精馏见图 7-66（c），利用单独封闭循环的工质（冷剂）工作，塔顶汽相的能量传给工质，工质在塔底将能量释放出来，用于加热塔底物料。该形式主要适用于精馏介质具有腐蚀性、对温度敏感的情况。

7.6.4.2　吸收式热泵精馏

由图 7-67 的所示的吸收式热泵精馏结构由吸收器、发生器、冷凝器和蒸发器等设备组成，常用溴化锂水溶液或氯化钙水溶液为工质。当塔顶、塔底温差较大时，使用吸收式热泵具有明显的优势。若以溴化锂水溶液为工质，由发生器送来的浓溴化锂溶液在吸收器中遇到从蒸发器送来的水蒸气，发生强烈的吸收作用，溶液升温且放出热量，该热量即可作为精馏塔塔釜再沸器的热源，实际上吸收式热泵的吸收器即为精馏塔的再沸器。浓溴化锂溶液吸收了水蒸气之后浓度变稀，即泵送发生器增浓。发生器增浓所耗用的热能 $Q_入$ 是吸收式热泵的原动力。从发生器中蒸发出来的水蒸气在冷凝器中冷却、冷凝成液态水，经节流阀送入

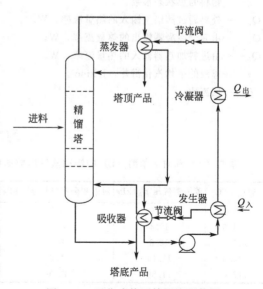

图 7-67　吸收式热泵精馏流程简图

蒸发器汽化，汽化热取自塔顶馏出物，使塔顶馏出物被冷凝，重新蒸发的水汽进入吸收器进行下一个循环。

由此可见，吸收式热泵系统的吸收器也是精馏塔的再沸器，吸收式热泵系统的蒸发器也是精馏塔的冷凝器。吸收式热泵的优点是：可以利用温度不高的热源作为动力，如工厂废汽、废热。除功率不大的溶液泵外没有转动部件，设备维修方便，耗电量小，无噪声。缺点是热效率低，需要较高的投资，使用寿命不长。因此只有在产热量很大、而温度提升要求不高，并且可用废热直接驱动的情况下，吸收式热泵的工业应用才具有较大的吸引力。

一般地，塔底液体闪蒸式结构在塔压较高时有利，塔顶汽相直接压缩式结构在塔压较低时有利，二者都比间接式热泵精馏少一个换热器。而吸收式热泵精馏结构适用于塔顶和塔底温差较大的系统。

不同类型的热泵精馏，对于不同的分离物系和热源特点，各有优缺点，实际应用中应根据具体情况选择合适的结构，并对其进行改进，以满足其应用要求。

<<<<< **本章主要符号** >>>>>

D——塔顶产品流量，kmol/s。

E——操作能耗，J。

F——进料量流量，kmol/s。

f——分子间的作用力。

i——液相摩尔焓，J/kmol。

I——气相摩尔焓，J/kmol。

L——液相摩尔流量，kmol/s。

M——摩尔质量，kg/kmol。

N——实际塔板数。

N_T——理论塔板数。

p——压强，Pa。

$p°$——饱和蒸气压，Pa。

q——物料的热状态参数。

Q_B——外界通过蒸馏釜输入的热量流率，W。

Q_C——由完全冷凝器输出的热量流率，W。

Q_F——由进料加热器输入的热量流率，W。

r——釜液的平均汽化潜热，J/kmol。

R——回流比。

R_{min}——最小回流比。

t——温度，℃。

T——热力学温度，K。

V——气相摩尔流量，kmol/s。

W——塔底产品流量，kmol/s。

x_i——液相中 i 组分的摩尔分数。

x_D——塔顶产品浓度。

x_W——塔底产品浓度。

y_i——气相中 i 组分的摩尔分数。

Z_F——进料浓度。

α——组分的相对挥发度。

γ——组分的活度系数。

η——回收率。

τ——操作时间，s。

λ——分子平均自由程长度，m。

μ——气体的黏度，Pa·s。

υ——物料的挥发度。

<<<<< **习 题** >>>>>

7-1 苯酚（A）和对甲苯酚（B）的饱和蒸气压数据如下：

温度 t/℃	苯酚蒸气压 $p°_A$/kPa	对甲苯酚蒸气压 $p°_B$/kPa	温度 t/℃	苯酚蒸气压 $p°_A$/kPa	对甲苯酚蒸气压 $p°_B$/kPa
113.7	10.0	7.70	117.8	11.99	9.06
114.6	10.4	7.94	118.6	12.43	9.39
115.4	10.8	8.2	119.4	12.85	9.70
116.3	11.19	8.5	120.0	13.26	10.0
117.0	11.58	8.76			

试按总压 p＝75mmHg（绝压）计算该物系的 t-x-y 数据。此物系为理想体系。

$$[x/y: 1/1, 0.837/0.871, 0.692/0.748, 0.558/0.624, 0.440/0.509, 0.321/0.385, 0.201/0.249,$$
$$0.0952/0.122, 0/0]$$

7-2 承习题 7-1，利用各组数据计算：①在 $x=0$ 至 $x=1$ 范围内各点的相对挥发度 α_i，取各 α_i 的算术平均值 α，算出 α 对 α_i 的最大相对误差；②以平均 α 作为常数代入平衡方程算出各点的 "y-x_i" 关系，算出由此法得出各组 y_i 值的最大相对误差。 ［①最大误差＝1.46％；②最大误差＝-2.60×10^{-3}］

7-3 已知乙苯（A）与苯乙烯（B）的饱和蒸气压与温度的关系可按下式算得：
$$\ln p_A^\circ = 16.0195 - 3279.47/(T-59.95)$$
$$\ln p_B^\circ = 16.0193 - 3328.57/(T-63.72)$$

式中 p° 的单位是 mmHg，T 的单位是 K。问：总压为 60mmHg（绝压）时，A 与 B 组分的沸点各为多少度？在上述总压和 65℃时，该物系可视为理想物系。此物系的平衡气、液相浓度各为多少摩尔分数？ ［①$T_A=61.8$℃ $T_B=69.7$℃；②$x_A=0.557$，$y_A=0.639$］

7-4 苯（A）和甲苯（B）混合液可作为理想溶液，其各纯组分的蒸气压计算式为
$$\lg p_A^\circ = 6.906 - 1211/(t+220.8)$$
$$\lg p_B^\circ = 6.955 - 1345/(t+219.5)$$

式中 p° 的单位是 mmHg，t 的单位是℃。试计算总压为 850mmHg（绝压）下含苯 25％（摩尔分数）的该物系混合液的泡点。 ［104.15℃］

7-5 试计算总压为 760mmHg（绝压）下，含苯 0.37、甲苯 0.63（摩尔分数）的混合蒸汽的露点。若令该二元物系降温至露点以下 3℃，求平衡的气、液相摩尔之比。 ［102.25℃；0.828］

7-6 有苯（A）、甲苯（B）、空气（C）的混合气体，其中空气占 2％，苯与甲苯浓度相等（均指摩尔分数），气体压强为 760mmHg（绝压）。若维持压强不变，令此三元物系降温至 95℃，求所得平衡气相的组成。A、B 组分均服从拉乌尔定律。已知 95℃时 $p_A^\circ=1163$mmHg，$p_B^\circ=475$mmHg。 ［$x_A=0.376$；$y_A=0.575$；$y_C=0.0346$］

7-7 常压下将含苯（A）60％，甲苯（B）40％（均指摩尔分数）的混合液闪蒸（即平衡蒸馏），得平衡气、液相，气相摩尔数占总摩尔数的分数——汽化率（$1-q$）为 0.30。物系相对挥发度 $\alpha=2.47$，试求：①闪蒸所得平衡气、液相的浓度；②若改用简单蒸馏，令残液浓度与闪蒸的液相浓度相同，馏出物中苯的平均浓度为多少？ ［①$x=0.539$ $y=0.742$；②0.767］
提示：若原料液、平衡液、气相中 A 的摩尔分数分别以 x_F、x、y 表示，则存在如下关系：$y=qx/(q-1)-x_F/(q-1)$。

7-8 某二元物系，原料液浓度 $x_F=0.42$，连续精馏分离得塔顶产品浓度 $x_D=0.95$。已知塔顶产品中易挥发组分回收率 $\eta=0.92$，求塔底产品浓度 x_W。以上浓度皆指易挥发组分的摩尔分数。 ［0.0567］

7-9 某二元混合液含易挥发组分 0.35，泡点进料，经连续精馏塔分离，塔顶产品浓度 $x_D=0.96$，塔底产品浓度 $x_W=0.025$（均为易挥发组分的摩尔分数），设满足恒摩尔流假设。试计算塔顶产品的采出率 D/F。若回流比 $R=3.2$，泡点回流，写出精馏段与提馏段操作线方程。
［精：$y=0.762x+0.229$；提：$y=1.447x-0.0112$］

7-10 某二元混合物含易挥发组分 0.24，以热状态参数 $q=0.45$ 的气、液混合物状态进入连续精馏塔进行分离。进料量为 14.5kmol/h，塔顶产品浓度 $x_D=0.95$，塔底产品浓度 $x_W=0.03$。若回流比 $R=2.8$，泡点回流，提馏段 L'/V' 为多少？试计算塔顶全凝器的蒸汽冷凝量及蒸馏釜的蒸发量。以上浓度皆指易挥发组分的摩尔分数。 ［12.58；4.604kmol/h］

7-11 用常压精馏塔连续分离苯和甲苯混合液。进料中苯的摩尔分数为 0.30。操作条件下苯的汽化潜热为 380kJ/kg，甲苯的汽化潜热为 355kJ/kg。试求以下各种情况下的 q 值：①进料温度为 25℃；②98.6℃的液体进料；③98.6℃的蒸汽进料。 ［①1.374；②1；③0］
苯-甲苯体系在常压下的部分汽液平衡数据如下：

温度 t/℃	110.6	104	102.2	98.6	95.2	80.1
液相组成 x	0.000	0.152	0.200	0.300	0.397	1.0
气相组成 y	0.000	0.300	0.370	0.500	0.618	1.0

7-12 已知某精馏塔操作以饱和蒸汽进料，操作线方程分别如下：

精馏线 $y = 0.7143x + 0.2714$

提馏线 $y = 1.25x - 0.01$

试求该塔操作的回流比、进料组成及塔顶、塔底产品中轻组分的摩尔分数。

[2.5；0.647；0.95；0.04]

7-13 用一连续精馏塔分离甲醇和水的混合物，进料量为100kmol/h，进料中甲醇的摩尔分数为0.10，以饱和蒸汽形式连续进入塔底。要求塔顶产品中甲醇含量为0.90，塔釜产品中甲醇含量为0.05。试求：①该精馏塔操作回流比及塔内的液气比；②塔顶全凝器的蒸汽冷凝量。

[①16，0.941；②100kmol/h]

7-14 以连续精馏分离正庚烷（A）与正辛烷（B）。已知相对挥发度 $\alpha = 2.16$，原料液浓度 $Z_F = 0.35$（正庚烷的摩尔分数，下同），塔顶产品浓度 $x_D = 0.94$，加料热状态 $q = 1.05$，馏出产品的采出率 $D/F = 0.34$。在确定回流时，取 $R/R_{min} = 1.40$。设泡点回流。试写出精馏段与提馏段操作线方程。

[精：$y = 0.745x + 0.240$；提：$y = 1.477x - 0.0220$]

7-15 承习题7-14，按最佳加料板位置加料，试用作图法求总理论板数，并指明加料板的序号。

[13.4块，7块]

7-16 承习题7-14，试用逐板计算法计算离开塔顶第2块理论塔板的液体浓度 x_2。 [0.7973]

7-17 承习题7-14，试用快速估算法计算总理论板数和确定加料板序号。 [14.47；8.77]

7-18 以常压操作的连续精馏塔分离乙醇-水溶液。原料液含乙醇0.10（摩尔分数，下同），进料热状态 $q = 1.10$，塔顶产品浓度0.80，釜液浓度0.01。塔顶用全凝器，泡点回流，塔底用蒸馏釜，间接加热，操作回流比为最小回流比的2.0倍。试用作图法求总理论板数和确定加料板序号。 [12.6；11]

7-19 已知塔顶、塔底产品及进料组成中苯的摩尔分数分别为 $x_D = 0.98$，$x_W = 0.05$，$x_F = 0.60$，泡点进料和回流，取回流比为最小回流比的1.5倍，体系的相对挥发度为2.47。试用简捷算法计算苯和甲苯体系连续精馏理论塔板数。 [15]

7-20 用一连续精馏塔分离甲醇和水的混合物。已知原料中甲醇的摩尔分数为0.35，进料量为100kmol/h，泡点进料。塔顶馏出液中甲醇含量为0.95，塔底产品中甲醇浓度为0.04。操作回流比为1.5，泡点回流，间接蒸汽加热。用作图法求完成分离任务所需的理论塔板数，并计算甲醇的回收率和塔釜蒸发量。 [$N_T = 7$（含塔釜）；92.46%；85.175kmol/h]

7-21 在用作图法求理论板数时，可能遇到局部区域平衡线与操作线均为直线且两直线甚靠近，不易求准梯级数的情况。设平衡线为 $y = Kx + C$，操作线为 $y = ax + b$（K、C、a、b 均为常数），试推导由操作线上 x_0 至 x_N 所需理论板数的数学解析式。 [略]

7-22 在某二元混合物连续、基本型精馏操作的基础上，若进料组成及流量不变，总理论板数及加料板位置不变，塔顶产品采集比 D/F 不变。试考虑在进料热状态参数 q 增大，回流比 R 不变的情况下 x_D、x_W 和塔釜蒸发量的变化趋势。只需定性分析。 [增大；减小；增大]

7-23 以连续精馏塔分离某二元混合物。塔顶采用全凝器。已知：$x_D = 0.90$，$D = 0.02$kmol/s，回流比 $R' = 2.5$，在操作中回流液有一定程度过冷。已知回流液体泡点为83℃汽化潜热 $r = 3.2 \times 10^4$ kJ/kmol，该液体比热容 $c_p = 140$kJ/(kmol·℃)，但回流液温度为75℃。试求精馏段操作线方程。

[$y = 0.721x + 0.251$]

7-24 以连续精馏塔分离某二元混合物。进料 $x_F = 0.50$（摩尔分数，下同），$q = 1$，塔顶产品 $D = 50$kmol/h，$x_D = 0.95$，塔顶馏出液中易挥发组分回收率 $\eta = 0.96$。塔顶采用一个分凝器及一个全凝器。分凝器液体泡点回流。已知回流液浓度 $x_0 = 0.88$，离开第1块塔板的液相浓度 $x_1 = 0.79$。塔底间接蒸汽加热。塔板皆为理论板，相对挥发度 α 为常数。试求：①加料流量 F；②操作回流比是 R_{min} 的倍数；③精馏段、提馏段气相流量。 [①98.96kmol/h；②1.55；③130.1kmol/h，130.1kmol/h]

7-25 在常压下用一连续精馏塔分离某两组分混合液，已知进料量为200kmol/h，其中轻组分的含量为0.40（摩尔分数），泡点进料。塔顶产品流量为100kmol/h。体系在常压下的相对挥发度为2.0。若精馏塔的理论塔板数为无限多，试求：①当回流比为1.0时，塔顶、塔底产品中轻组分的含量各为多少？②当回流比为2.0时，塔顶、塔底产品中轻组分的含量各为多少？③画出两种情况下的精馏段、提馏段操作线和 q 线示意图。   [①0.742，0.058；②0.8，0；③略]

7-26 某一精馏塔有 4 块理论板（含塔釜）用来分离苯-甲苯混合物。进料量为 100kmol/h，其中轻组分的含量为 0.40（摩尔分数），以泡点状态连续加入到第 3 块塔板上（从塔顶数起）。塔顶产品的流量为 20kmol/h，泡点回流，操作回流比 $R=2.8$。已知体系的相对挥发度为 2.47。求塔顶和塔底产品的组成（提示：用 $x_W=0.2878$ 作为试差初值）。   [0.8488；0.2878]

7-27 在常压连续回收塔中分离甲醇-水混合溶液。进料为饱和液体，其组成为 0.10（摩尔分数），要求塔顶产品中甲醇的回收率为 0.90，塔底直接水蒸气加热。试求：①当塔板数为无穷多时，塔顶、塔底产品组成及每摩尔进料消耗的水蒸气量；②若蒸气用量为最小用量的两倍时，完成分离任务时所需理论塔板数及塔顶、塔底产品组成。   [①0.418，0.01，0.215；②2，0.209，0.01]

常压下甲醇-水体系部分汽液平衡数据列于下表：

液相组成 x	0.000	0.060	0.080	0.100
气相组成 y	0.000	0.304	0.365	0.418

7-28 有两股丙酮（A）与水（B）的混合物分别加入塔内进行连续精馏分离。第 1 股进料摩尔流量为 F_1，$q_1=1$，$x_{F,1}=0.80$（摩尔分数，下同），在塔的上部加入；第 2 股进料摩尔流量为 F_2，$q_2=0$，$y_{F,2}=0.40$，且 $F_2=4F_1$。塔顶产品浓度 $x_D=0.93$，塔底产品浓度 $x_W=2.6\times10^{-3}$，塔顶采用全凝器，液体泡点回流，塔釜间接加热，常压操作。试求 R_{min}。当 $R=2.0R_{min}$ 时，写出第 2 塔段的操作线方程。常压下丙酮-水的平衡数据如下。   [$y=0.720x+0.283$]

温度 $t/℃$	液相中丙酮摩尔分数 x	气相中丙酮摩尔分数 y	温度 $t/℃$	液相中丙酮摩尔分数 x	气相中丙酮摩尔分数 y
100	0.0	0.0	60.4	0.40	0.839
92.7	0.01	0.253	60.0	0.50	0.849
86.5	0.02	0.425	59.7	0.60	0.859
75.8	0.05	0.624	59.0	0.70	0.874
66.5	0.10	0.755	58.2	0.80	0.898
63.4	0.15	0.798	57.5	0.90	0.935
62.1	0.20	0.815	57.0	0.95	0.963
61.0	0.30	0.830	56.13	1.0	1.0

7-29 常压下，用一块理论板、全凝器与塔釜组成的连续精馏塔分离某二元混合液。已知：进料 $x_F=0.20$，$q=1$，进料从塔上方加入。塔顶产品浓度 $x_D=0.30$，塔顶用全凝器，泡点回流，回流比为 3.0。易挥发组分回收率 $\eta=0.85$，若平衡关系可用 $y^*=Ax$ 表示，试估算 A 值。   [2.18]

7-30 以回收塔回收某水溶液中的易挥发组分。$\alpha=2.50$，进料 $x_F=0.20$（摩尔分数，下同），$q=1.10$，操作中控制塔底排出液浓度 $x_W=0.002$。要求馏出液浓度为 0.36。试计算所需的理论板数。   [12.9块]

<<<<< 复习思考题 >>>>>

本章只讨论 A、B 二元体系，气相中易挥发组分 A 的摩尔分数以 y 表示，液相中则以 x 表示。在精馏操作中，进料、塔顶产品及塔底产品摩尔流量分别以 F、D 和 W 表示，回流比以 R 表示。A 对 B 的相对挥发度以 α 表示。

7-1 蒸馏分离的依据是_____。

7-2 以汽液平衡时的 y、x 表示 A 对 B 的相对挥发度，则 $\alpha_{AB}=$_____。

7-3 精馏操作的特点是_____。

7-4 精馏操作时，在塔板上气液接触的泡沫层中，液相进行着_____，气相进行着_____。

7-5 精馏操作对于非加料、非出料板，恒摩尔流假设的基本条件是＿＿＿＿＿＿＿。

7-6 精馏段操作线方程的推导，须以＿＿＿＿＿＿为控制体，并对组分 A 作＿＿＿＿＿＿求得。

7-7 对于板式塔，操作线方程表示＿＿＿＿＿＿＿。

7-8 A、B 混合物 j 的热状态参数 q 的定义是 $q=$＿＿＿＿＿＿＿（以 I、i 分别表示饱和蒸汽与饱和液体的摩尔焓，以 i_j 表示该混合物的摩尔焓）。

7-9 过冷液体 q ＿＿＿ 1，过热液体 q ＿＿＿ 1

7-10 对于单股进料、无侧线出料的精馏塔，q 线表示＿＿＿＿＿＿＿。

7-11 苯-甲苯精馏分离操作，已知 $x_f=0.35$，$q=1$，$x_D=0.88$，$x_W=0.0442$，$R=1.96$，泡点回流，则精馏段操作线方程为＿＿＿＿＿＿＿，提馏段操作线方程为＿＿＿＿＿＿＿。

7-12 已知某精馏塔操作为饱和蒸汽进料，泡点回流，其操作线方程如下：精馏段 $y=0.7143x+0.2714$，提馏段 $y=1.25x-0.01$，则其 $R=$＿＿＿＿，$x_D=$＿＿＿＿，$x_W=$＿＿＿＿，$y_f=$＿＿＿＿。

7-13 某精馏塔，$F=100\text{kmol/h}$，$x_f=0.41$，$x_D=0.95$，$x_W=0.05$，则 $D=$＿＿＿＿ kmol/h。

7-14 某二元物料精馏分离，已知 $F=100\text{kmol/s}$，$x_f=0.40$，$x_D=0.90$，$x_W=0.010$，泡点回流，$V=130\text{kmol/h}$，则 $R=$＿＿＿＿。

7-15 若精馏塔回流进塔的液体是过冷液体，该回流液的 q 以 q_R 表示，则精馏段液相摩尔流量 L ＿＿＿＿＿＿ 于全凝器回流液相的摩尔流量 L_R，且 $L/L_R=$＿＿＿＿＿＿＿。

7-16 理论板是＿＿＿＿＿＿＿。

7-17 除理论板外，＿＿＿＿＿＿亦各自相当于一块理论板。

7-18 理论板的概念不仅适用于非加料、非料出板，而且适用于＿＿＿＿＿＿板。

7-19 全回流操作的特点是＿＿＿＿＿＿＿。

7-20 某二元混合物进行全回流精馏操作，塔板均为理论板，已知 $\alpha=3.0$，$x_n=0.3$，$y_{n-1}=$＿＿＿＿＿＿＿。

7-21 苯-甲苯混合液，组成 $x_f=0.44$，经闪蒸分成组成分别为 y 与 x 的平衡气、液相，气、液相摩尔流量比为 $1/2$，已知 $\alpha=2.50$，则 $x=$＿＿＿＿＿＿＿。

7-22 苯-甲苯物系进行精馏操作，进料 $Z_f=0.44$。进料为气液混合物，其中气/液（摩尔比）＝$1/2$，要求 $x_D=0.96$，已知 $\alpha=2.50$，则 $R_{min}=$＿＿＿＿＿＿＿。

复习思考题 7-20 附图

7-23 某二元体系精馏塔采用分凝器，如图所示，已知 $\alpha=2.0$，$y_1=0.96$，$x_0=0.95$，则 $x_D=$＿＿＿＿＿＿＿，$L/D=$＿＿＿＿＿＿＿。

7-24 某二元混合物采用带分凝器的精馏流程，如图所示。已知 $\alpha=2.0$，$L=V/2$，$x_D=0.90$，则 $y_1=$＿＿＿＿＿＿，$y_2=$＿＿＿＿＿＿＿。

复习思考题 7-23 附图

复习思考题 7-24 附图

7-25 某二元混合物进行精馏操作，已知 $F=10\text{kmol/s}$，进料为饱和蒸汽，$y_f=0.5$，$x_D=0.95$，$x_W=0.10$，$\alpha=2.0$，采用全凝器，泡点回流，塔釜间接蒸汽加热，塔釜汽化量 V' 是 V'_{min} 的 1.5 倍，则回

流比 $R=$ _____。

7-26 苯-甲苯混合物精馏操作，饱和液体进料，$D=75\text{kmol/h}$，泡点回流，精馏段操作线方程为 $y=0.72x+0.25$，蒸馏釜采用间接蒸汽加热。汽化潜热以 r 表示，釜液 $r=41900\text{kJ/kmol}$，加热蒸汽 $r_0=2140\text{kJ/kg}$，则加热蒸汽耗量为 _____ kg/h。

7-27 在某二元混合物精馏操作基础上，R 增大，保持 D/W 不变，则 x_D 的变化趋势是 _____。

7-28 附图所示为使用 5 块理论板的定态双组分物系精馏的 $M\text{-}T$ 图。若回流比由原来的 R 提高至 $1.5R$，且维持原 Q_b 值不变，Q_c 值则调节到保证蒸汽恰好完全冷凝，试求重新建立的定态操作的 D 及 W 值。说明确定 x_D 与 x_W 的定性方法。

7-29 间歇精馏有两种典型的操作方式，即 _____ 与 _____。

7-30 对于 $\alpha=1$ 或有恒沸物的二元物系，用常规精馏方法分离，效果很差，这时宜用特殊精馏方法，简言之，特殊精馏是 _____。

7-31 萃取精馏的特点是 _____。

7-32 恒沸精馏的特点是 _____。

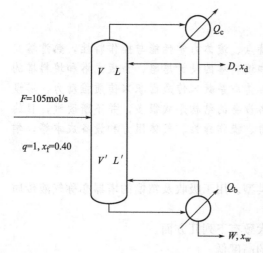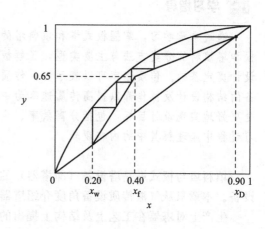

复习思考题 7-28 附图

第8章

塔 设 备

学习指导

通过本章学习，掌握板式塔和填料塔的结构特点、流体力学性能与操作特性，熟悉塔式板和塔填料的分类方法与主要类型，了解板式塔和填料塔的设计思路，为板式塔和填料塔的设计奠定基础。传质速率可以表示为：传质速率＝传质系数×传质面积×传质推动力，塔设备的结构设计及操作都以提高传质速率为中心。塔设备的结构形式很多，并不断改进，目的是更好地实现设计目标，包括分离效率、生产能力、操作弹性、气体阻力和设备成本等，学习过程中应理解其中的内在逻辑。

填料塔与板式塔是塔设备（即塔器）的两大类型。用于吸收及精馏的塔器亦称气液传质设备。本章只从气液传质设备角度介绍塔器。

生产上对塔器在工艺上及结构上提出的要求大致有下列几方面。

(1) 分离效率高　达到一定分离程度所需塔的高度低。

(2) 生产能力大　单位塔截面积处理量大。

(3) 操作弹性 (flexibility) 大　对一定的塔器，操作时气液流量（亦称气液负荷）的变化会影响分离效率。若将分离效率最高时的气液负荷作为最佳负荷点，可把分离效率比最高效率下降15%的最大负荷与最小负荷之比称为操作弹性。工程上常用的是液、气负荷比$\frac{L}{V}$为某一定值时，气相与液相的操作弹性。操作弹性大的塔必然适应性强，易于稳定操作。

(4) 气体阻力小　气体阻力小可使气体输送的功率消耗小。对真空精馏来说，降低塔器对气流的阻力可减小塔顶、底间的压差，降低塔底操作压强，从而可降低塔底溶液泡点，降低对塔釜加热剂的要求，还可防止塔底物料的分解。

(5) 结构简单，设备取材面广　便于加工制造与维修，价格低廉，适用面广。

8.1 填料塔

8.1.1 填料塔简介

填料塔是化工过程中最为常用的气液接触设备之一，广泛用于蒸馏、吸收、直接换热等单元操作。填料塔主要由塔体、填料以及塔内件构成。液体通过液体分布器均匀分布于填料层顶部，在重力作用下沿填料表面向下流动，与在填料空隙中流动的气体相互接触，发生传质与传热。填料塔通常在气液两相逆流状态下操作，用于吸收、传热操作时也有采用并流操作的。填料塔的塔体一般采用金属制造，也有采用塑料或其他材料制造，根据所处理物系的腐蚀性、操作温度等选择。当所需材料比较昂贵时，亦可用塔壁内衬的办法降低制造成本。塔壁的厚度主要由操作压力决定，塔高则由填料高度和内件所占的高度决定。塔体一般采用圆筒形。填料是填料塔的核心，整个填料塔性能的好坏主要取决于填料的流体力学性能、传质性能以及流体在填料层分布的均匀性等。填料大致可以分为散装填料和规整填料两大类，其中散装填料可以乱堆，也可以整砌。除了操作参数、物性以外，填料本身的性能主要取决于填料的尺寸大小、几何形状、表面特性和材质等。

　　填料塔内件除了最为重要的液体分布器以外，还包括填料支承与压紧装置、液体收集器等，必要时还需要加设气体分布器，其作用为均布液体和气体，固定填料层。塔内件的合理设计是充分发挥填料性能的重要保证。

　　与板式塔相比，单位理论板的压降非常低是填料塔最为显著的优点，此外还有结构简单、便于采用耐腐蚀材料制造等优点。

　　填料塔最初出现在 19 世纪中叶，在 1881 年用于精馏操作。

　　填料塔的塔体横截面有圆形、矩形及多边形等，但绝大部分是圆形。塔壳材料可以是碳钢、不锈钢、聚氯乙烯、玻璃钢或砖等。

　　塔内放置着填料（packings）。填料种类很多，用于制造填料的材料有碳钢、不锈钢、陶瓷、聚丙烯、增强聚丙烯等。由于填料与塔体取材面广，故易于解决物料腐蚀问题。

　　填料在填料塔操作中起着重要作用。液体润湿填料表面便增大了气液接触面积，填料层的多孔性不仅促使气流均匀分布，而且促进了气相的湍动。

　　以气液两相的流动情况作对比，气相湍动较好，而液相呈膜状流下，湍动甚差。可幸液体在流过一个填料的表面后，经填料与填料间的接触点流至下一个填料的表面，在接触点处液体经历了混合与再铺展，使液相传质显著增强。其机理解释如下。参看图 8-1，当液相通过在填料间的接触点处混合均匀后，浓度为 c_0，在刚流至下一个填料的表面时，只有在气液界面处因汽液平衡，液相浓度跃增为 c_i 以外，其余液相浓度仍保持为 c_0，如图 8-1 中 τ_0 时浓度分布曲线所示。随着液体沿该填料表面向下流动，设气液界面处液相浓度 c_i 不变，由于组分扩散，液相浓度逐渐变化，如

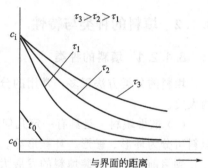

图 8-1　填料表面液层内浓度随时间及界面距离的变化

τ_1、τ_2、τ_3 等时刻的浓度分布曲线所示。因传质速率随液相浓度差（c_i-c）的减小而减小，所以，传质速率是随着液体沿该填料向下流动而逐渐降低的。当液体流至该填料与下一个填料的接触点进行混合时，液体似受到一次强制性的扰动，气液界面处的组分迅速传递到液相内部，便又一次实现液相浓度的均匀一致。第二次液相的均匀浓度明显地要高于前次的液相均匀浓度。这就说明填料对液相传质的重要促进作用。

　　填料塔的发展史中最主要的是填料的发展史。早期以碎石为填料，碎石比表面积小，空隙率低，堆积密度大，造成塔体很重，逐渐暴露出其缺点。自 20 世纪初至 20 世纪中叶，曾兴起了对填料开发、研制的热潮。在这时期，先后出现了拉西环、Stedman 金属纱网规则填料、弧鞍形填料、鲍尔环及矩鞍形填料等。这些新型填料的出现，使填料塔的操作性能得到显著改进。

填料塔操作时存在着气、液相在塔横截面上分布不均匀的问题，即气、液产生偏流，其结果必减少气、液接触机会，影响传质效果。液体的偏流称为"沟流"（channeling）。产生沟流的原因可从两方面考虑，一方面因操作时液体并不能全部润湿填料表面，于是，液体只沿润湿表面流下，形成沟流；另一方面是因为每个填料与相邻填料都有若干个接触点，该填料自某些接触点得到液体，又从某些接触点流走液体，液体来去之间总优先走近路。可见，即使填料表面全部润湿，仍存在液流不均匀问题。另一影响液流分布均匀性的现象是液体有朝塔壁汇集的趋向，即存在"塔壁效应"。液体自一个填料流至下一个填料的过程中，有向四周流开的可能。虽对一个填料来看，液体流向有倾向性，但对填料层整体来说，若不受其他因素影响，液流方向可认为是随机的。但在紧靠塔壁处情况则不同，液体通过填料与塔壁的接触点流至塔壁后，即顺塔壁流下，基本上不再返回填料层中。于是，近塔壁的填料处液体往塔壁流动，便导致填料层中液体向塔壁流动。液体流过一段填料层后，填料层中心部位液流量明显减小，甚至出现干填料区。而气体流过填料层时，本来就有优先流过空隙大、阻力小的区域的趋势，液流分布不匀则更加剧这种趋势。

实践说明，随着填料塔塔径的增大，塔内气液分布不匀现象更趋严重，这称为填料塔的"放大效应"，或称"放大问题"。长久以来，填料塔"放大问题"一直是限制填料塔向大型化方向发展的障碍。

解决填料塔"放大效应"的常见措施，有改进塔顶液体原始喷淋的均匀性，多设喷淋点，以及在填料层中设置液体再分布器及控制塔径与填料尺寸的比值等。此外，人们对于填料形状对减小沟流的作用已给予了足够的重视，新型高效填料的采用使气液分布情况得到改善。由于采用多种有效措施，目前填料塔的放大问题已得到一定程度的解决，塔径超过10m的填料塔当前已并不鲜见。

8.1.2 填料的种类与特性

8.1.2.1 填料的种类

填料的分类方法很多，常用的分类方法是按填料的堆放形式，分为散堆填料和规整填料两大类。

（1）散堆填料 是具有一定几何形状和尺寸的颗粒体，在塔内以散堆的方式堆积。散堆填料可分为环形、鞍形、环鞍形等。

到目前为止，散装填料的发展大致经历了四代（图 8-2、图 8-3）：20 世纪初至 50 年代，拉西环和弧鞍环为代表的第一代；20 世纪 50～70 年代初，鲍尔环与矩鞍环为代表的第二代；20 世纪 70 年代末至 20 世纪末，阶梯环与环鞍形填料（Intalox）为代表的第三代；21 世纪第四代以超级 Intalox 与 Nex 环等为代表。

① 拉西环及其改进型

a. 拉西环 是最早开发的一种定型颗粒填料，是由外径与高度相等的薄壁圆环组成。拉西环可用金属、塑料、陶瓷、石墨等制成。早期应用于许多工艺过程，研究充分，数据资料多，可为其他新型填料借鉴。由于拉西环填料乱堆填充时填料间容易产生架桥、空穴等现象，影响了填料层液体的流动，造成填料层内液体的偏流、沟流、股流甚至严重的壁流现象，恶化了填料层的操作工况，目前在工业中已基本被淘汰。

b. θ 环、十字环、螺旋环 属于拉西环的一种改进，是采用增大填料比表面积的方法来提高它的分离效率。θ 环填料又称勒辛环填料，是在拉西环内加一个竖直隔板；十字环填料是在拉西环内加一个十字形隔板；螺旋环填料是在拉西环内加单头、双头或三头螺旋形隔

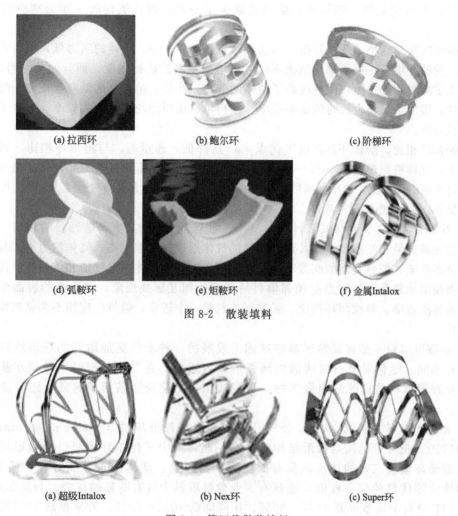

(a) 拉西环	(b) 鲍尔环	(c) 阶梯环
(d) 弧鞍环	(e) 矩鞍环	(f) 金属Intalox

图 8-2　散装填料

(a) 超级Intalox	(b) Nex环	(c) Super环

图 8-3　第四代散装填料

板。以上改进后的填料总体性能与拉西环相比并没有显著的改善，目前一般很少使用。

c. 短拉西环　属于拉西环的另一种改进，采用减小高径比。短拉西环高度与外径之比是 1∶2，与相同直径的拉西环相比具有较小的压降和较高的分离效率。但短拉西环的综合性能没有超过当时已经发展起来的其他更新型的填料，所以短拉西环填料的开发，仅证明了环形填料高度对填料性能的影响，未能得到工业上的推广应用。

② 鲍尔环　于 20 世纪 50 年代在德国及欧洲开始工业应用，它是针对拉西环的一些缺点进行改进而得到的。在环的周壁开两层长方形槽，每层有 5 个槽，每槽的叶片一端与环壁相连，另一端弯向环中心。5 叶片与环中心相搭，上下两层槽孔交错排列。开槽面积占整个环壁面积的 35％ 左右。材料有金属、塑料和陶瓷等。

虽然同样尺寸的鲍尔环和拉西环具有相同的比表面积和空隙率，但由于鲍尔环在环壁上开有许多长方形槽，使得气液两相可以从中通过，环的内表面润湿率大大提高，气体绕流路径减短，因此鲍尔环不仅具有较大的生产能力和较低的压力降，而且具有较高的分离效率，所以鲍尔环的性能全面优于拉西环。填料壁面开槽是填料发展中一个重大的进展。

③ 阶梯环　是英国传质公司在 20 世纪 70 年代初应用价值分析技术研制的一种开孔

环形填料，其结构类似于鲍尔环，但高度减少了一半，而且填料的一端为喇叭口形状的翻边。

阶梯环的高径比小，壁面开槽，因而气体绕流的路径短，气体的阻力低，填料表面的润湿率高。阶梯环填料一端的翻边结构不仅可以增加填料的机械强度，而且使得填料堆积时，不仅增大了填料间的空隙，而且改善了液体的分布。此外，阶梯环的低高径比和一端翻边的非对称性，增加了填料投放时的定向概率，使得填料床层的均一性大大提高，减少了气液两相的不良分布。

与鲍尔环相比，阶梯环具有以下优点：a. 压降低，通量高，与鲍尔环相比，同样的液体流量下，气体液泛速度高 $10\%\sim20\%$；同样气速下，压降降低 $30\%\sim40\%$；b. 效率高，与规格相同的鲍尔环相比，效率提高约 $5\%\sim10\%$；c. 操作弹性大，液气比 L/G 可在 $0.05\sim50$ 范围内操作；d. 最小润湿速率小。

④ 弧鞍形填料　又称马鞍填料，是一种表面全部展开的具有马鞍形状的填料。弧鞍形填料装填在塔内呈相互搭接状态，形成弧形的气体通道，空隙率高，气体阻力小，具有较好的液体分布性能，填料表面的润湿率比拉西环高，因此其流体力学性能和传质性能都优于拉西环。弧鞍形填料最大的缺点是相邻填料易于发生相互套叠现象，被重叠的表面得不到利用，影响传质效率。与拉西环相比，弧鞍形填料是一个进步，但推广应用不久就被矩鞍形填料所取代。

⑤ 矩鞍形填料　是在弧鞍形填料基础上发展的一种形状更加敞开的鞍形填料。与弧鞍形填料不同，矩鞍形填料的两端由圆弧形改为矩形，克服了弧鞍形填料相互叠合的缺点。瓷矩鞍形填料是目前采用最多的一种瓷质填料，除瓷矩鞍形填料外，还有塑料矩鞍形填料。

⑥ 环鞍形填料　美国 Norton 公司开发的金属环鞍形填料（intalox metal tower packing，IMTP），把环形结构与鞍形结构结合在一起，集中了鲍尔环填料、矩鞍形填料、低高径比阶梯环填料三者的优点，具有低压降、高通量、液体分布性能好、传质效率高、操作弹性大等优良的综合性能，在现有工业散装填料中占有明显的优势。与鲍尔环相比，金属 IMTP 填料的通量提高 $15\%\sim30\%$，压降降低 $10\%\sim70\%$，效率提高 10% 左右。

⑦ 共轭环填料　共轭环填料是 1992 年由我国自行开发、试验成功的，结合了环形和鞍形填料优点，采用共轭曲线肋片结构、两端外卷边及合适的长径比，填料间或填料与塔壁间均为点接触，不会产生叠套。孔隙均匀，阻力小，乱堆时取定向排列，故可具有规整填料的特点。有较好的流体力学和传质性能，可用塑料、金属和陶瓷做成。

(2) 规整填料　规整填料也称结构填料，是由丝网、薄板或栅格等构件制成的具有一定几何形状的单元体，在塔内规则、整齐地排放。规整填料的特点为：

① 分离效率高。可根据需要制造成具有较大的比表面积，提高单位高度的理论板数，如金属丝网填料每米高的理论板数可达 10 块以上。

② 通量及操作弹性大。规整填料允许的气、液通量较大，与相同塔径的板式塔相比，其产量一般可大幅度增加。同时，允许通量在较大的范围内变化，规整填料本身的弹性比可高达 100。

③ 压降小。即使在较大负荷下规整填料的压降也是比较小的，这是其显著特点。

④ 放大效应低。与散堆填料不同，规整填料用于大型塔时，其效率降低较少。

根据规整填料几何结构可分为波纹填料、格栅填料、脉冲填料等，常见规整填料见图 8-4。

① 波纹填料　目前工业上应用的规整填料绝大部分为波纹填料。按结构可分为网波纹填料和板波纹填料两大类，其材质有金属、塑料和陶瓷等。波纹填料发展趋势是：a. 日趋

(a) 金属丝网波纹填料

(b) 金属孔板波纹填料

(c) 金属压延刺孔板波纹填料

(d) 格里奇格栅填料

(e) 脉冲填料

图 8-4　常见规整填料

大型化，最大直径已达 ϕ10m；b. 代替其他填料及部分塔板，进行节能技术改造，提高产量与质量；c. 由金属网波纹填料发展到塑料网波纹填料，具有塑料、金属及陶瓷板波纹填料材质多品种类型；d. 适用于真空精馏发展到更适用于常压和加压精馏、吸收、萃取、混合、反应、传热等单元操作及热泵精馏节能装置。

波纹填料是由彼此平行、垂直排列的波纹状丝网或板条片组成的一种盘状规则填料。每盘填料高度 40～200mm，波纹方向与塔轴倾斜角为 30°或 45°，相邻网片波纹方向相反，在波纹片上隔一定距离可以开小孔。填料盘直径比塔径小几毫米，紧密地装满塔截面，每盘填料外侧有翻边，相邻两盘交错 90°排列起来。原则上讲，凡能加工成波纹的丝网材料或板材均可制成波纹填料，目前主要材质有不锈钢、铜、蒙乃尔（Monel）、铁、镍、塑料以及陶瓷等。主要型式为 AX 型、BX 型、CY 型金属丝网波纹填料、塑料丝网波纹填料、墨拉帕克（Mellapak，Sulzer 苏尔寿公司）填料和凯雷帕克（Kerapak）填料等。

金属丝网波纹填料是网波纹填料的主要形式，它是由金属丝网制成的［见图 8-4（a）］。金属丝网波纹填料的压降低，分离效率很高，特别适用于精密精馏及真空精馏装置，为难分离物系、热敏性物系的精馏提供了有效的手段。尽管其造价高，但因其性能优良仍得到了广泛的应用。

金属孔板波纹填料是板波纹填料的另一种主要形式［见图 8-4（b）］。该填料的波纹板片上冲压有许多 ϕ5mm 左右的小孔，可起到粗分配板片上的液体、加强横向混合的作用。波纹板片上轧有细小沟纹，可起到细分配板片上的液体、增强表面润湿性能的作用。金属孔板波纹填料强度高、耐腐蚀性强，特别适用于大直径塔及气液负荷较大的场合。

金属压延刺孔板波纹填料是另一种有代表性的板波纹填料［见图 8-4（c）］。它与金属孔板波纹填料的主要区别在于板片表面不是冲压孔，而是刺孔，用辊轧方式在板片上辊出很密的孔径为 0.4～0.5mm 的小刺孔。其分离能力类似于网波纹填料，但抗堵能力比板波纹填料强，并且价格便宜，应用较为广泛。

② 格栅填料　格栅填料（grid packings）是以条状单元体经一定规则组合而成的，具有多种结构形式。格栅填料层整体性好，空隙率高，能防止气液急流突然冲击导致的变形与松动。又因构件可自由膨胀，故适用于石油减压及催化裂化主精馏塔等易堵塞而温度又很高的场合，缺点是比表面积较低。工业上应用最早的格栅填料为木格栅填料。以格里奇格栅填料最具代表性［见图 8-4（d）］。

格栅填料主要是以板片作为主要传质构件，板片垂直于塔截面，与气流和液流方向平行，上下两层呈 45°旋转，气体和液体有固定的通道，流体在板片之间不断冲刷接触，使得含有固体颗粒或含尘气体和液体不会在填料表面停滞、沉积、淤积和堵塞，因此，格栅填料是一种高效、大通量、低压降、不堵塔的新型规整填料。塑料格栅填料主要用于煤气的冷却除尘和水煤气、半水煤气等的脱硫塔中。

③ 脉冲填料　脉冲填料（pulsed packings）是由带缩颈的中空棱柱形个体，按一定方式拼装而成的一种规整填料［见图 8-4（e）］。脉冲填料组装后，会形成带缩颈的多孔棱形通道，其纵面流道交替收缩和扩大，气液两相通过时产生强烈的湍动。在缩颈段，气速最高，湍动剧烈，从而强化传质。在扩大段，气速减到最小，实现两相的分离。流道收缩、扩大的交替重复，实现了"脉冲"传质过程。

脉冲填料的特点是处理量大、压降小，是真空精馏塔和液液萃取分离塔的理想填料。因其优良的液体分布性能使放大效应减少，故特别适用于大塔径的场合，国内现已在苯乙烯、乙苯、丙烯酸、乙二醇、MTBE（甲基叔丁基醚）、甲醇、乙醇、1-丁烯、DMAC（N,N-二甲基乙酰胺）、三乙胺、丁辛醇等众多装置成功应用。

8.1.2.2　填料的特性

（1）比表面积 a　塔内单位体积填料层具有的填料表面积，单位为 m^2/m^3。填料比表面积的大小是气液传质比表面积大小的基础条件。须说明两点：第一，操作中有部分填料表面不被润湿，以致比表面积中只有某个分率的面积才是润湿面积；据资料介绍，填料真正润湿的表面积只占全部填料表面积的 20%～50%；第二，有的部位填料表面虽然润湿，但液流不畅，液体有某种程度的停滞现象。这种停滞的液体与气体接触时间长，气液趋于平衡态，在塔内几乎不构成有效传质区。为此，须把比表面积与有效的传质比表面积加以区分，但比表面积 a 仍不失为重要的参量。

（2）空隙率 ε　塔内单位体积填料层具有的空隙体积，单位为 m^3/m^3。ε 值大则气体通过填料层的阻力小，故 ε 值以高为宜。

对于散堆填料，当塔径 D 与填料尺寸 d 之比大于 8 时，因每个填料在塔内的方位是随机的，填料层的均匀性较好，这时填料层可视为各向同性，填料层的空隙率 ε 就是填料层内任一横截面的空隙截面分率。

当气体以一定流量流过填料层时，按塔横截面积计的气速 u 称为"空塔气速"（简称空速），而气体在填料层孔隙内流动的真正气速为 u_1。二者关系为 $u_1 = \dfrac{u}{\varepsilon}$。

（3）塔内单位体积具有的填料个数 n　根据计算出的塔径与填料层高度，再根据所选填料的 n 值，即可确定塔内需要的填料数量。

一般要求塔径与填料尺寸之比 $\dfrac{D}{d} > 8$（此比值在 8～15 之间为宜），以便气、液分布均匀。若 $\dfrac{D}{d} < 8$，在近塔壁处填料层空隙率比填料层中心部位的空隙率明显偏高，会影响气液

的均匀分布。若 $\dfrac{D}{d}$ 值过大，即填料尺寸偏小，气流阻力增大。

几种常用填料的特性数据列于表 8-1～表 8-4 中。

表 8-1 几种常用填料的特性数据

填料名称	尺寸/mm	材质及堆积方式	比表面积 a/(m²/m³)	空隙率 ε/(m³/m³)	填料/(个/m³)	堆积密度/(kg/m³)	干填料因子 (a/ε^3)/(1/m)	填料因子 φ/(1/m)	注
拉西环	10×10×1.5	瓷质散堆	440	0.70	720×10³	700	1280	1500	
	10×10×0.5	钢质散堆	500	0.88	800×10³	960	740	1000	
	25×25×2.5	瓷质散堆	190	0.78	49×10³	505	400	450	
	25×25×0.8	钢质散堆	220	0.92	55×10³	640	290	260	（直径）
	50×50×4.5	瓷质散堆	93	0.81	6×10³	457	177	205	×（高）
	50×50×4.5	瓷质整砌	124	0.72	8.83×10³	673	339		×（厚）
	50×50×1	钢质散堆	110	0.95	7×10³	430	130	175	
	80×80×9.5	瓷质散堆	76	0.68	1.91×10³	714	243	280	
	76×76×1.5	钢质散堆	68	0.95	1.87×10³	400	80	105	
鲍尔环	25×25	瓷质散堆	220	0.76	48×10³	505		300	（直径）×（高）
	25×25×0.6	钢质散堆	209	0.94	61.5×10³	480		160	
	25	塑料散堆	209	0.90	51.1×10³	72.6		170	（直径）
	50×50×4.5	瓷质散堆	110	0.81	6×10³	457		130	
	50×50×0.9	钢质散堆	103	0.95	6.2×10³	355		66	
阶梯环	25×12.5×1.4	塑料散堆	223	0.90	81.5×10³	97.8		172	（直径）×（高）
	33.5×19×1.0		132.5	0.91	27.2×10³	57.5		115	×（厚）
弧鞍形	25	瓷质	252	0.69	78.1×10³	725		360	
	25	钢质	280	0.83	88.5×10³	1400			
	50	钢质	106	0.72	8.87×10³	645		148	
矩鞍形	25×3.3	瓷质	258	0.775	84.6×10³	548		320	（名义尺寸）
	50×7		120	0.79	9.4×10³	532		130	×（厚）
θ网形	8×8	镀锌铁丝网	1030	0.936	2.12×10⁶	490			40 目丝径 0.23～0.25mm
鞍形网	10		1100	0.91	4.56×10⁶	340			
压延孔环	6×6		1300	0.96	10.2×10⁶	355			60 目丝径 0.152mm

表 8-2 共轭环填料的特性数据

名称	高×径×厚/mm	比表面积/(m²/m³)	空隙率/(m³/m³)	填料/(个/m³)	堆积密度/(kg/m³)	干填料因子/(1/m)
不锈钢 ϕ16	23×16×0.4	313	0.96	211250	340	354
不锈钢 ϕ25	25×25×0.7	185	0.95	75001	363.6	216
不锈钢 ϕ38	38×38×0.9	116	0.96	19500	332.7	131
不锈钢 ϕ50	50×50×0.8	86	0.96	9772	268	97
不锈钢 ϕ76	76×76×0.8	81	0.95	3980	246.8	94.5
塑料 ϕ38 Ⅰ型	34×40×1.5	130	0.93	18650	61.3	162
塑料 ϕ38 Ⅱ型	38×37×1.5	142	0.91	16321	80.0	188
塑料 ϕ39 Ⅲ型	38×37×1.5	143	0.91	16973	76.9	190
塑料 ϕ50 Ⅰ型	40×50×1.4	104	0.86	9200	84.8	164
陶瓷 ϕ44	40×44×5.0	118	0.84	12132	380.2	199

表 8-3 压延孔板波纹填料几何特性参量

填料型号	材质	峰高/mm	空隙率/%	比表面积/(m²/m³)	动能因子 F/[(m/s)·(kg/m³)⁰·⁵]	压力降/(mmHg/m)	理论板数
700y	1Cr18Ni9Ti	4.3	85	700	1.6	7	5～7
500x	1Cr18Ni9Ti	6.3	90	500	2.1	2	3～4
250y	1Cr18Ni9Ti		97	200	2.6	2.25	2.5～3

表 8-4 丝网波纹填料几何特性参量

填料型号	材质	峰高/mm	空隙率/%	比表面积/(m²/m³)	倾斜角度	水力直径/mm	动能因子 F/[(m/s)·(kg/m³)⁰·⁵]	每米压力降/(mmHg/m)	每米理论板数
CY	不锈钢	4.3	87～90	700	45°	5	1.3～2.4	5	6～9
BX		6.3	95	500	30°	7.3	2～2.4	1.5	4～5

8.1.3 填料层内气液逆流的流体力学特性

8.1.3.1 气液流速与气体通过填料层压降的关系

填料在塔内散堆，给气流构成了弯曲、分支及变截面的复杂几何形状的流道。这样的流道促使气流发生扰动，从而使气流在实际操作气速范围内均为湍流。

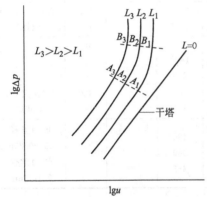

图 8-5 填料塔的压降-流速曲线

在对填料塔内气、液流体力学特性作测定时，通常气速以空塔气速 u 表示，液体喷淋密度 L 的单位是 $m^3/(h·m^2)$，气体流过一定高度填料层的压降为 Δp。

对一定高度的填料层，在不同喷淋密度下实验测得的 $\lg\Delta p$-$\lg u$ 曲线如图 8-5 所示。

当 $L=0$，即干填料时，因气体在填料层呈湍流，$\Delta p \propto u^{1.8\sim2.0}$，在 $\lg\Delta p$-$\lg u$ 图中为一直线。

当喷淋密度为 L_1 时，在气速较低时，气体向上流动对液体沿填料表面膜状流下的曳力很小，$\lg\Delta p$ 与 $\lg u$ 的关系仍呈直线，且该直线与干填料时的直线平行，只是由于液膜有一定厚度使气体流道变小，故该条件下的 $\lg\Delta p$-$\lg u$ 直线段要高于干填料条件下相应的直线，如图 8-5 中 A_1 点以下线段。

在 A_1 点以上，气流对液膜流动产生影响，使液膜增厚，而液膜增厚又使气体通道变窄流速增大，故在 $\lg\Delta p$-$\lg u$ 图上出现 Δp 随 u 的增加而较快增长的线段，如图中 $A_1\sim B_1$ 线段。在此阶段，液流虽遇到阻碍，但液体仍可沿填料表面流下，未发生液体停滞或积液现象。

在 B_1 点，因液膜已足够厚，四周的液膜几乎封闭气体通道，此刻，塔内的部分区域发生"转相"，即液膜变为连续相，气相成为分散相。若气速再稍增大，气体对液体的曳力迅速增加，$\lg\Delta p$-$\lg u$ 曲线呈现为垂直向上的直线。这时，因塔顶不断进液，塔内液体又不能畅流而下，塔内积液，液位不断上升，于是液体由气体出口泛滥出去，塔的正常操作便受到破坏。这种状况称为"液泛"（flooding）。一般把对应于液泛开始状况的空塔气速叫做液泛气速，简称"泛速"，图 8-5 中 B_1 点对应的空速即为泛速。

在图 8-5 中还画了喷淋密度为 L_2、L_3 时的 $\lg\Delta p$-$\lg u$ 曲线，其曲线形状与 L_1 时的曲线形状相像，只因 $L_3 > L_2 > L_1$，故与其相应的曲线中 L_3 曲线的位置最高，L_2 的次之，L_1 的最低。

A 点称为"载点"（loading point），B 点称为"泛点"。一般认为正常操作的空速应在载点气速之上，在泛点气速的 0.8 倍之下。因载点从理论上讲是在 $\lg\Delta p\text{-}\lg u$ 图中当 L 为定值时随气速增大由直线转为曲线的转折点，但载点气速时的压降变化不明显，而泛点气速时的压降变化明显，易于辨认，故通常由实验数据整理成计算泛速的经验关联图。根据经验，一般推荐的操作气体空速 u 的数值范围是

$$u = (0.5 \sim 0.8)u_f \tag{8-1}$$

式中，u_f 为空塔液泛气速，m/s。

8.1.3.2　泛点与压降的经验关联图

埃克特（Eckert）在 Sherwood 和 Leva 工作的基础上提出的经验泛点关联图如图 8-6 所示。

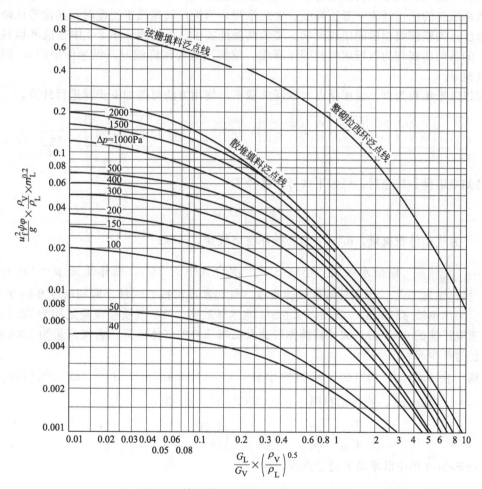

图 8-6　填料塔泛点及压降普遍化关联图

图中最上面的 3 条曲线为散堆填料、整砌填料及弦栅填料的泛点关联图线。该图采用双对数坐标。横轴为 $\dfrac{G_L}{G_V} \times \left(\dfrac{\rho_V}{\rho_L}\right)^{0.5}$，纵轴为 $\left(u_f^2 \dfrac{\psi}{g}\right)\varphi \dfrac{\rho_V}{\rho_L}\mu_L^{0.2}$。各符号意义如下：

u_f——空塔液泛气速，m/s；

g——重力加速度，9.81m/s^2；

φ——填料因子（packing factor），m^2/m^3；

ρ_V，ρ_L——气、液相密度，kg/m^3；

$\psi = \dfrac{\rho_{水}}{\rho_L}$——水的密度与液体密度之比；

G_L，G_V——液相与气相的质量流量，$\text{kg/(s·m}^2)$；

μ_L——液相黏度，mPa·s。

最初提出的泛点关联图纵轴数群中出现干填料因子 $\dfrac{a}{\varepsilon^3}$，但数据归纳规律性不够理想，考虑到操作时填料表面有液膜，使用干填料参量 a、ε 欠妥，后改用"填料因子" φ 替代，效果较好。

实验中发现，散堆填料液泛时单位填料层高度的气体压降基本上为一恒值，亦即 Eckert 图中散堆填料的泛点线为一等压降线。由此推测，当操作气速低于泛速时，其他等压降曲线会有与泛点关联图线相像的曲线形状。实验结果证实了这一推测。图 8-6 中在散堆填料泛点线以下的系列曲线均为散堆填料的等压降线。使用这些等压降线时，纵坐标中的 u_f 须改为操作气速 u。

现以散堆填料为例，说明泛点与压降关联图的使用方法可按如下步骤进行计算。

已知空塔操作气速后，可按下式计算塔径 D

$$V = \frac{\pi}{4}D^2 u \tag{8-2}$$

式中，V 为气相体积流量，m^3/s；u 为操作空塔气速，m/s。

【例 8-1】 以清水吸收"空气-SO_2"混合气中的 SO_2。操作压强 $p = 1\text{atm}$（绝压），操作温度 20℃。因属低浓度气体吸收，气相密度可按空气计，液相密度及黏度可按水计。采用钢质 $\phi 25\text{mm} \times 25\text{mm} \times 0.6\text{mm}$ 鲍尔环散堆。液、气质量流量之比为 30.1，操作气速取泛速的 0.65 倍，试计算操作气速及每米填料的气体压降。若气流量为 200kg/h，问塔径为多少米？

解 在 1atm 及 20℃ 时，液相按水计，$\rho_L = 1000\text{kg/m}^3$，$\mu_L = 1\text{cP}$，气相按空气计，$\rho_V = 1.20\text{kg/m}^3$。查得填料因子 $\varphi = 160\text{m}^2/\text{m}^3$，$\psi = 1$

$$\frac{G_L}{G_V} \times \left(\frac{\rho_V}{\rho_L}\right)^{0.5} = 30.1 \times \left(\frac{1.20}{1000}\right)^{0.5} = 1.043$$

查 Eckert 图中散堆填料的泛点线，得

$$\left(u_f^2 \frac{\psi}{g}\right)\varphi \frac{\rho_V}{\rho_L}\mu_L^{0.2} = 0.021$$

即

$$u_f^2 \times 1 \times \frac{160}{9.81} \times \frac{1.20}{1000} \times 1^{0.2} = 0.021$$

所以
$$u_f = 1.036 \text{m/s}$$
$$u = 0.65 u_f = 0.65 \times 1.036 = 0.673 \text{m/s}$$

又
$$\frac{u^2 \psi \varphi}{g} \times \frac{\rho_V}{\rho_L} \mu_L^{0.2} = 0.021 \times 0.65^2 = 0.00887$$

且
$$\frac{G_L}{G_V} \times \left(\frac{\rho_V}{\rho_L}\right)^{0.5} = 1.043$$

查 Eckert 图中的散堆填料压降线，得 $\dfrac{\Delta p}{\Delta z} = 235.2 \text{Pa/m}$ 填料

因
$$V = \frac{\pi}{4} D^2 u$$

即
$$\frac{200}{1.2} = 0.672 \frac{\pi}{4} D^2 \times 3600$$

所以
$$D = 0.296 \text{m}，\text{取 } D = 0.3 \text{m}$$

8.1.3.3　填料塔逆流操作时的持液量

填料塔在逆流操作时，在填料间的空隙中以及在填料表面所积存的液量称为持液量（liquid holdup），单位为 m^3 液/m^3 塔容积。持液量由两部分组成。

（1）动持液量　是指在填料塔正常操作时突然停止喷淋液体和输入气体，由填料层流出的液体体积与填料层体积之比。动持液量的液体能连续流过填料层，可不断地被上面流下来的液体置换。

（2）静持液量　是指当停止喷淋液体和输入气体后经过一段时间仍然滞留在填料层内的液体体积与填料层体积之比。静持液量的液体多数是不流动的，只能缓慢地被新鲜液体置换。

填料层中静持液量的液体因与气相接触时间长而趋近平衡，几乎失去传质效能，而动持液量液体对传质有效。持液量大则塔体质量增加，气流通道变狭阻力增大，而且会延长所需由开工至稳定操作的时间，故一般认为持液量以小为宜。对持液量至今没有成熟的计算式，只能查到少数特定填料及物系的持液量经验曲线。

8.1.4　填料层内的气液传质

8.1.4.1　气液传质面积

干填料比表面积为 a，实际操作中润湿的填料比表面积为 a_W，由于只有在润湿的填料表面才可能发生气、液传质，故 a_W 值具有实际意义。下面介绍计算 $\dfrac{a_W}{a}$ 的恩田（Onda）公式，该公式为

$$\frac{a_W}{a} = 1 - \exp\left[-1.45 \left(\frac{\sigma_C}{\sigma}\right)^{0.75} \times \left(\frac{G_L}{a\mu_L}\right)^{0.1} \times \left(\frac{G_L^2 a}{\rho_L^2 g}\right)^{-0.05} \times \left(\frac{G_L^2}{\rho_L \sigma a}\right)^{0.2}\right] \tag{8-3}$$

式中，σ 为液体表面张力，N/m；σ_C 为填料上液体铺展开的最大表面张力，N/m，要求 $\sigma < \sigma_C$，σ_C 的值见表 8-5；G_L 为液体空塔质量流量，$\text{kg/(s·m}^2)$；μ_L 为液体的黏度，Pa·s；ρ_L 为液体密度，kg/m^3。

表 8-5　不同填料材质的 σ_C 值

材　质	$\sigma_C \times 10^3/(N/m)$	材　质	$\sigma_C \times 10^3/(N/m)$	材　质	$\sigma_C \times 10^3/(N/m)$
碳	56	聚氯乙烯	40	涂石蜡的表面	20
陶瓷	61	聚乙烯	33		
玻璃	73	钢	75		

【例 8-2】　某气体吸收体系、温度、压强与[例 8-1]的相同。液相的密度、黏度与表面张力可按水计。液体空塔质量流速为 20.2kg/(s·m²)。试比较采用 25mm×25mm 瓷质鲍尔环散堆及 25mm 聚丙烯鲍尔环散堆两方案的 $\dfrac{a_W}{a}$ 值。

解　① 采用瓷鲍尔环方案

已知：$G_L = 20.2$kg/(s·m²)，查得 $\sigma = 72.67 \times 10^{-3}$N/m，$\mu_L = 0.001$N·s/m²，$\rho_L = 998.2$kg/m³，$a = 220$m²/m³，$\sigma_C = 61 \times 10^{-3}$N/m

所以

$$\frac{a_W}{a} = 1 - \exp\left[-1.45\left(\frac{\sigma_C}{\sigma}\right)^{0.75} \times \left(\frac{G_L}{a\mu_L}\right)^{0.1} \times \left(\frac{G_L^2 a}{\rho_L^2 g}\right)^{-0.05} \times \left(\frac{G_L^2}{\rho_L \sigma a}\right)^{0.2}\right]$$

$$= 1 - \exp\left[-1.45 \times \left(\frac{61}{72.67}\right)^{0.75} \times \left(\frac{20.2}{220 \times 10^{-3}}\right)^{0.1} \times \left(\frac{20.2^2 \times 220}{998.2^2 \times 9.81}\right)^{-0.05} \times \right.$$

$$\left. \left(\frac{20.2^2}{998.2 \times 72.67 \times 10^{-3} \times 220}\right)^{0.2}\right] = 70.3\%$$

② 采用聚丙烯鲍尔环方案

查得：$a = 209$m²/m³，$\sigma_C = 33 \times 10^{-3}$N/m（按聚乙烯查取 σ_C 值）。

$$\frac{a_W}{a} = 1 - \exp\left[-1.45 \times \left(\frac{33}{72.67}\right)^{0.75} \times \left(\frac{20.2}{209 \times 10^{-3}}\right)^{0.1} \times \left(\frac{20.2^2 \times 209}{998.2^2 \times 9.81}\right)^{-0.05} \times \right.$$

$$\left. \left(\frac{20.2^2}{998.2 \times 72.67 \times 10^{-3} \times 209}\right)^{0.2}\right]$$

$$= 54.1\%$$

由[例 8-2]计算结果知，只有 50%～70% 的填料表面被润湿，有效的传质表面分率则更低，由此可见提高填料表面利用率的重要性。由恩田公式可见到，加大液体喷淋密度可提高 $\dfrac{a_W}{a}$ 值，但液体喷淋密度增高使气流阻力增大，增加液体输送的能耗，且容易造成液泛，故喷淋密度有一定限度。[例 8-2]中的液相喷淋密度是偏高的，若降低液相喷淋密度，$\dfrac{a_W}{a}$ 值还要减小。液相喷淋密度若过小，会严重影响填料表面的润湿，故喷淋密度有下限值。对水溶液来说，液相喷淋密度的下限值为 7.3m³/(h·m²)。

8.1.4.2　气液传质分系数的经验关联式

迄今已有不少气、液传质分系数的经验关联式发表。各关联式都是在特定的气液体系和填料条件下，在一定的气液质量流量范围内由实测数据整理得到的。但这些经验式的使用范围有相当局限性。

气液传质过程有关物理量同样可采用特征数来关联。有关的特征数是 Sh、Re、Sc 及表示流体流动通道几何特点的特征数(如 ad_p)等。以特征数形式表达的计算传质分系数的图线、公式具有普遍性。

下面介绍计算气、液传质分系数的恩田特征数关联式。

(1) 计算 k_L 的关联式

$$k_L \left(\frac{\rho_L}{\mu_L g}\right)^{\frac{1}{3}} = 0.0051 \left(\frac{G_L}{a_w \mu_L}\right)^{\frac{2}{3}} \left(\frac{\mu_L}{\rho_L D_L}\right)^{-\frac{1}{2}} (ad_p)^{0.4} \tag{8-4}$$

式中，k_L 为液相传质分系数，$kmol/[s \cdot m^2 \cdot (kmol/m^3)]$；$d_p$ 为填料的名义尺寸，m。如 1in 的填料，$d_p = 0.025m$；G_L 为液相质量流速，$kg/(s \cdot m^2)$。

(2) 计算 k_G 的关联式

$$k_G \left(\frac{RT}{aD_G}\right) = C \left(\frac{G_V}{a\mu_G}\right)^{0.7} \left(\frac{\mu_G}{\rho_G D_G}\right)^{\frac{1}{3}} (ad_p)^{-2} \tag{8-5}$$

式中，k_G 为气相传质分系数，$kmol/(s \cdot m^2 \cdot kPa)$；$C$ 为系数，对大于 15mm 的填料，$C = 5.23$，小于 15mm 的填料，$C = 2.0$；G_V 为气相质量流速，$kg/(s \cdot m^2)$。

天津大学于 1978 年发表了计算 k_L 的修正的恩田公式，把原式中的 (ad_p) 改为由实验测得的 ψ，并改变公式的常系数，使修正后的恩田公式对当前常用的各种填料的实验数据吻合得更好。修正的恩田公式为

$$k_L \left(\frac{\rho_L}{\mu_L g}\right)^{\frac{1}{3}} = 0.0095 \left(\frac{G_L}{a_w \mu_L}\right)^{\frac{2}{3}} \left(\frac{\mu_L}{\rho_L D_L}\right)^{-\frac{1}{2}} \psi^{0.4} \tag{8-6}$$

各种填料的 ψ 值如表 8-6 所示。

表 8-6　各种填料的 ψ 值（无量纲）

填料种类	拉西环	弧　鞍	鲍尔环（米字筋）	阶梯环	鲍尔环（井字筋）
ψ	1	1.19	1.36	1.47	1.53

又，$k_L a = k_L a_w$，$k_G a = k_G a_w$（注意：k 需乘以 a_w，而不是 a）。现在有许多实验整理得的经验式中把 $k_L a$ 或 $k_G a$ 作为一个整体的物理量处理，这样做，既准确，计算也简便。

【例 8-3】　试分析总压 p 在 15atm 范围内，p 对吸收操作的影响。

解　① p 对相平衡常数 m 的影响。在 $p < 5atm$ 范围内，平衡关系 $p^* = Ex$ 中的 E 值可由化工手册查得，且为恒量。因为 $y^* = \dfrac{E}{p} x = mx$，可见 p 增大，m 减小。

② p 对 k_y 的影响。根据恩田公式判断

$$k_G RT/(aD_G) = C[G_V/(a\mu_G)]^{0.7} [\mu_G/(\rho_G D_G)]^{\frac{1}{3}} (ad_p)^{-2} \Rightarrow k_G \propto \frac{1}{p}$$

$$\begin{array}{cccc}
| & | & \rho \propto p & | \\
& & D_G \propto 1/p & \\
D_G \propto 1/p & 与 p 无关 & \mu_G 与 p 无关 & 与 p 无关 \\
& & 与 p 无关 &
\end{array}$$

又 $k_y = pk_G$，故 k_y 与 p 无关。

③ p 对 k_x 的影响。由恩田公式判断

$$k_L \left(\frac{\rho_L}{\mu_L g}\right)^{\frac{1}{3}} = 0.0051 \left(\frac{G_L}{a_W \mu_L}\right)^{\frac{2}{3}} \left(\frac{\mu_L}{\rho_L D_L}\right)^{-\frac{1}{2}} (a d_p)^{0.4}$$

$$\frac{a_W}{a} = 1 - \exp\left[-1.45 \left(\frac{\sigma_C}{\sigma}\right)^{0.75} \times \left(\frac{G_L}{a\mu_L}\right)^{0.1} \times \left(\frac{G_L^2 a}{\rho_L^2 g}\right)^{-0.05} \times \left(\frac{G_L^2}{\rho_L \sigma a}\right)^{0.2}\right]$$

因液体的物性 μ_L、D_L、ρ_L、σ 均不受 p 影响，故 k_L 与 p 无关。

又 $k_x = C_M k_L$，C_M 与 p 无关，故 k_x 与 p 无关。

④ p 对传质速率 N_A 的影响。$N_A = K_y (y-y^*)$，当 p 增大时，m 减小，故传质推动力 $(y-y^*)$ 增大。又 $\frac{1}{K_y} = \frac{1}{k_y} + \frac{m}{k_x}$，$p$ 增大，m 减小，k_y 与 k_x 不变，则 K_y 增大。可见，p 增大使 N_A 增大。即增大操作压强对吸收有利。

当 $p > 0.5$MPa 时，在一般手册中查不到亨利系数 E 值。但是，对一些特定条件下的吸收操作，如 $p = 1.96$MPa 时以水吸收 CO_2，在 $p = 12.3$MPa 时用铜氨溶液吸收 CO 等，都是在合成氨生产中被采用的操作，其有关平衡数据及传质分系数数据已经实测整理出来，可从合成氨生产工艺类书籍中查到。这样的吸收情况，仍可按上述方法进行判断。

温度对吸收操作的影响：若 p 不变，t 减小，则 m 减小。从平衡关系来看，t 减小使吸收推动力增大，对吸收有利。温度改变对传质分系数的影响同样可根据恩田公式作判断。当对比的是 t_1 与 t_2 两个温度，压强不变，则可按该压强查取在这两个温度下的全部有关物性数据，算出相应的 k 值进行对比。一般来说，温度降低液相黏度增大，液相分子扩散系数减小，则液体传质分系数减小。可见，温度降低可增大吸收推动力但减小传质系数，故适宜操作温度应权衡这两方面利弊再确定。

8.1.4.3　液体精馏的 HETP 经验关联式

以填料塔作为精馏操作的设备亦属常见。所需的填料层高度 H 为

$$H = (HETP) N_T \tag{8-7}$$

式中，$HETP$ 为相当于一块理论板的填料层高度，即等板高度，m；N_T 为理论板数。

下面介绍计算 $HETP$ 的一个经验公式——默奇（Murch）式，即

$$HETP = 38A(0.205G)^B (39.4D)^C Z_0^{\frac{1}{3}} \left(\frac{\alpha\mu_L}{\rho_L}\right) \tag{8-8}$$

式中，G 为气相质量流量，kg/(h·m²)；D 为塔径，m；Z_0 为每段填料（相邻两个液相再分布器之间）的高度，m；α 为被分离组分的相对挥发度；μ_L 为液相的黏度，mPa·s；ρ_L 为液相的密度，kg/m³；A，B，C 为系数，如表 8-7 所示。

表 8-7　Murch 公式的系数

填料种类	填料尺寸/mm	A	B	C
拉西环	6.4			1.24
	10	2.10	−0.37	1.24
	13	8.53	−0.24	1.24
	25	0.57	−0.10	1.24
	50	0.42	0	1.24

续表

填料种类	填料尺寸/mm	A	B	C
弧鞍形填料	13	5.62	−0.45	1.11
	25	0.76	−0.14	1.11
弧鞍形网	6.4	0.017	+0.50	1.00
	10	0.20	+0.25	1.00
	13	0.33	+0.20	1.00
压延孔环	4	0.39	+0.25	0.30
	6	0.076	+0.50	0.30
	12	0.45	+0.30	0.30
	25	3.06	+0.12	0.30

式(8-8)的适用范围是：①常压操作。操作气速为（0.25～0.85）×泛速；②塔径为 500～800mm，填料层高度为 1～3m，塔径与填料尺寸之比大于 8；③高回流比或全回流操作，气、液摩尔流量近似相等；④体系的相对挥发度 α 在 3～4 以内。物系的扩散系数相差不大。

Murch 公式用于低回流比时误差较大。

8.1.4.4　轴向混合对传质过程的影响

在第 6 章中对气、液相流过填料层的情况分析是基于假想的状态，即液相沿各填料的壁面均匀膜状流下，在填料层内任一塔截面上，各处液膜流速相同。同时，气相沿填料间的孔隙均匀向上流动，在填料层内任一塔截面上各处气体流速也相同。然而，在实际操作中，液相存在沟流现象，气相在同一塔截面上分布亦不均匀。气液相流动的不均匀，再加上涡流因素，导致气液相中部分反主流方向流动即"返混"（back mixing）或"轴向混合"（axial mixing）现象发生。当上升气流夹带部分液体向上流动时产生液相返混，下降液体夹带部分气体向下流动则产生气相返混。

由于返混，塔内气液浓度随塔高的变化曲线与假想情况发生差异。以逆流吸收为例，液体在塔顶加入后，旋即由于填料层内液相返混而浓度增大，气体进入填料层后因气相返混而浓度很快降低。图 8-7 中实线是假想的无返混的气液浓度随填料层高度变化的曲线，虚线则是实际有返混的气液浓度随填料层高度变化的曲线。可见，返混使传质推动力减小，故应设法减小返混程度。

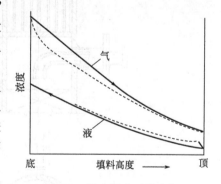

图 8-7　轴向混合对塔内气
液浓度分布曲线的影响

8.1.5　填料塔的附属设备

填料塔的附属设备主要有液体喷淋装置、除沫装置、液体再分布器及填料支承装置等。

8.1.5.1　液体喷淋装置与除沫装置

(1) 液体喷淋装置　填料塔操作要求液体沿同一塔截面均匀分布。为使液流分布均匀，液体在塔顶的初始分布须均匀。经验表明，对塔径为 0.75m 以上的塔，每平方米塔横截面上应有 40～50 个喷淋点；对塔径在 0.75m 以下的塔，喷淋点密集度至少应为 160 个/m² 塔截面。

常见的液体喷淋装置有多孔管式、槽式及挡板式等，如图 8-8 所示。管式布液器是令液体从总管流进，分流至各支管，再从支管底部及侧面的小孔喷出。这种装置要求液体洁净，以免发生小孔堵塞，影响布液的均匀性。槽式分布器不易堵塞，布液较均匀，但因液体是由分槽的 V 形缺口流出，故对安装的水平度有一定要求。挡板式是将管内流出的液体经挡板反溅洒开的液体喷淋装置，其结构简单，不会堵塞，但布液不够均匀。

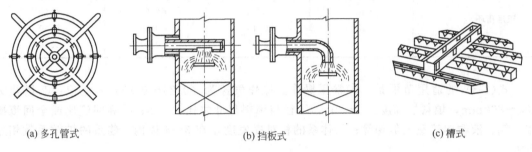

(a) 多孔管式   (b) 挡板式   (c) 槽式

图 8-8   液体喷淋装置

（2）除沫装置   气体从塔顶流出时，总会带少量液滴出塔。为使气体挟带的液滴能新返回塔内，一般在塔内液体喷淋装置上方装置除沫器。常用的除沫器有折流板式与填料层式。

图 8-9(a) 所示为折流板式除沫器。气体流过曲折通道时，气流中挟带的液滴因惯性附于折流板壁，然后流回塔内。

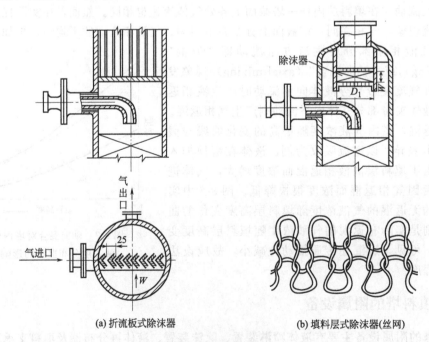

(a) 折流板式除沫器   (b) 填料层式除沫器(丝网)

图 8-9   除沫器

图 8-9(b) 所示的是填料层式除沫器。当气流通过填料层时，气流中挟带的液滴附于填料表面流回塔内。过去曾用拉西环除沫，但其阻力大，效果不理想，现在一般采用金属丝网

或尼龙丝网填料层，填料层高 $0.1\sim0.15$m，压降小于 245.2Pa（25mmH$_2$O），可除去大于 5μm 的液滴，效率达 $98\%\sim99\%$。

8.1.5.2　液体再分布器与填料支承装置

（1）液体再分布器　为使流向塔壁的液体能重新流回塔中心部位，一般在液体流过一定高度的填料层后装置一个液体再分布器。液体再分布器形状如漏斗，如图 8-10 所示。在液体再分布器侧壁装有若干短管，使近塔壁的上升气流通过短管与中心气流汇合，以利气流沿塔截面均匀分布。

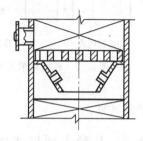

图 8-10　液体再分布器

通常将整个填料层分为若干段，段与段间设置液体再分布器。如令每段填料层的高度为 Z，塔径为 D，对散堆拉西环，取 $\dfrac{Z}{D}\approx3$。随着填料性能的改进，$\dfrac{Z}{D}$ 之值可增大，该值一般在 $3\sim10$ 之间。

（2）填料支承装置　填料支承装置如图 8-11 所示。结构最简单的是栅板，由竖立的扁钢焊在钢圈上制成。为防止在栅板处积液导致液泛，栅板的自由截面率应大于 50%。此外，效果较好的是具有圆形或条形升气管的筛板式支承板，液体从板上筛孔流下，气体通过升气管由管壁的小孔流出，气液分布较均匀，又因在支承装置处逆流的气液相各有通道，可避免因支承装置而引起的积液现象。

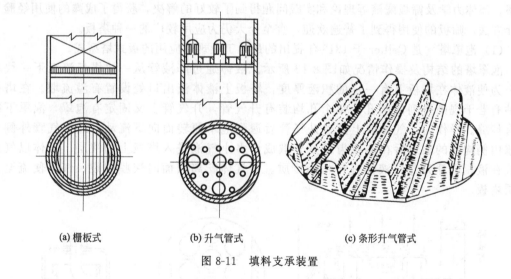

| (a) 栅板式 | (b) 升气管式 | (c) 条形升气管式 |

图 8-11　填料支承装置

8.2　板式塔综述

8.2.1　板式塔的气液流动类型

对于一块塔板，气液间的相对流向有两种类型，见图 8-12 所示。

（1）错流式　液体沿水平方向横过塔板，气体则沿与塔板垂直方向由下而上穿过板上的孔通过塔板，气液呈错流，筛板塔、浮阀塔及泡罩塔等的操作均属此类型。这种类型塔的结

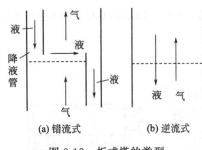

图 8-12 板式塔的类型

(a) 错流式　(b) 逆流式

构特点是具有降液管，降液管提供了液体从一块塔板流至其下一块塔板的通道。

（2）逆流式　气液皆沿与水平塔板相垂直的方向穿过板上的孔通过塔板，气体由下而上，液体由上而下，气液呈逆流。淋降筛板塔即属此类型，此类型塔板没有降液管。

这两种类型的塔，就全塔而言，气液皆呈逆流。两种类型的塔在操作时板上都有积液，气体穿过板上小孔后在液层内生成气泡，板上泡沫层便是气液接触传质的区域。

8.2.2　几种主要板式塔型简介

有泡罩板、筛板、浮阀板、网孔板、舌形板等。历史上应用最早的有泡罩板及筛板，20世纪50年代前后开发了浮阀板。目前应用最广的是筛板和浮阀板，其他不同类型的塔板也有应用。一些新型的塔板或改进型的传统塔板也在陆续开发和研究中，如网孔塔板、垂直筛板、斜孔塔板、立体传质筛板等类型。

筛板也是一种应用历史较长的塔板，它构造简单、成本低廉、性能良好，优于同时使用的泡罩塔板。但筛板在气速较小时有较严重的塔板漏液，板效率明显降低，气速大时压力降增加，故其应用一直受到限制。自20世纪50年代起，筛板的试验研究甚为活跃，有关筛板效率、流体力学及筛板漏液等理论和实践问题得到了较好的解决，获得了成熟的使用经验和设计方法，筛板的使用得到了普遍欢迎，直至今天仍为应用较广的一种塔板。

（1）泡罩塔　是 Cellier 于 1813 年提出的最早工业规模应用的板式塔型式。

泡罩塔的结构及操作情况如图 8-13 所示。液体通过降液管从一块塔板流至下一块塔板，为使液体在塔板上有一定的积液厚度，塔板上液体流出口处设置有溢流堰。在塔板上钻有若干规则排列的圆孔，每个孔均装有升气管，升气管上又固定有泡罩，泡罩下缘开有齿缝。操作时，气体向上流过升气管后遇到泡罩便转而向下流动，经升气管外侧与泡罩内侧构成的通道后在泡罩齿缝处分散成许多小气泡进入塔板上的液层。气体以气泡形式在液相中浮升并与液体进行相际传质。当气体跃离液面时液膜破裂，气体便流至上一层塔板。

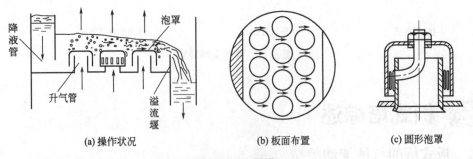

(a) 操作状况　(b) 板面布置　(c) 圆形泡罩

图 8-13　泡罩塔

泡罩塔最大的优点是易于操作，操作弹性大。当液体流量变化时，由于塔板上液层厚度主要由溢流堰高度控制，使塔板上液层厚度变化很小。若气体流量变化，泡罩齿缝开启度会随气体流量改变自动调节，故气体通过齿缝的流速变化亦较小。于是，塔板操作平稳，气液接触状况不因气液负荷变化而显著改变，换言之，维持较高传质效率的气液负荷变化范围很大。

泡罩塔的弱点是结构复杂，造价高，气体通过每层塔板的压降大等。由于泡罩塔的这些弱点，使之在与当今多种优良塔板型式的比较中处于劣势，所以现在泡罩塔的应用已较少了。

（2）筛板塔　筛板塔约于 1832 年开始用于工业生产。

筛板塔与泡罩塔的相同点是都有降液管，塔板上都钻有若干小圆孔，但筛板塔没有升气管及泡罩。筛板塔操作时液体横过塔板，气体则自板上小孔（筛孔）鼓泡进入板上液层。当气速过低时筛孔会漏液；若气速过高，气体会通过筛孔后排开板上液体径自向上方冲出，造成过量液沫挟带即严重轴向混合。所以，筛板塔长期以来被认为操作困难、操作弹性小而受到冷遇，然而，筛板塔具有结构简单的明显优点。

针对筛板塔操作中存在的问题，美国 Celanese 公司于 1949 年对筛板塔进行了大量研究。其中 Mayfield 等人的研究结论表明，过去由于对筛板塔操作性能掌握得不充分，设计不佳，致使筛板塔不易稳定操作，只要筛板塔设计合理，操作得当，筛板塔不仅可稳定操作，而且操作弹性可达 2～3，能满足生产要求。在对筛板塔做出改进后，自 20 世纪 50 年代至今，筛板塔一直是世界各国广泛应用的塔型。生产实践说明，筛板塔比起泡罩塔，生产能力可增大 10％～15％，板效率约提高 15％，单板压降可降低 30％左右，造价可降低 20％～50％。

（3）浮阀塔　是 20 世纪 50 年代初开发的一种新塔型，其特点是在筛板塔基础上，在每个筛孔处安置一个可上下移动的阀片。当筛孔气速高时，阀片被顶起、上升，孔速低时，阀片因自重而下降。阀片升降位置随气流量大小作自动调节，从而使进入液层的气速基本稳定。又因气体在阀片下侧水平方向进入液层，既减少液沫挟带量，又延长气液接触时间，故收到很好的传质效果。

浮阀的形状如图 8-14 所示。浮阀有 3 条带钩的腿。将浮阀放进筛孔后，将其腿上的钩扳转 90°，可防止操作时气速过大将浮阀吹脱。此外，浮阀边沿冲压出 3 块向下微弯的"脚"，当筛孔气速降低浮阀降至塔板时，靠这 3 只"脚"使阀片与塔板间保持 2.5mm 左右的间隙；而在浮阀再次升起时，浮阀不会被粘住，可平稳上升。

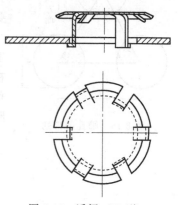

图 8-14　浮阀（F1 型）

浮阀塔的生产能力比泡罩塔大 20％～40％，操作弹性可达 7～9，板效率比泡罩塔约高 15％，制造费用为泡罩塔的 60％～80％，为筛板塔的 120％～130％。

浮阀一般都用不锈钢制成。

国内常用的浮阀有 3 种，即图 8-14 所示的 F1 型及图 8-15 所示的 V-4 型与 T 型。V-4 型的特点是阀孔被冲压成向下弯的喷嘴形，气体通过阀孔时因流道形状渐变可减小阻力。T 型阀则借助固定于塔板的支架限制阀片移动范围。3 类浮阀中，F1 型浮阀最简单，该类型浮阀已被广泛使用，按行业标准（JB 1118—2001）选用。F1 型阀又分重阀与轻阀两种，重阀用厚度 2mm 钢板冲成，阀质量约 33g，轻阀用厚度 1.5mm 钢板冲成，质量约 25g。阀重则阀的惯性大，操作稳定性好，但气体阻力大。一般采用重阀，只有要求压降很小的场合，如真空精馏时才使用轻阀。表 8-8 是这 3 种浮阀主要尺寸一览表。

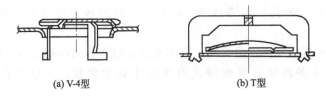

(a) V-4型   (b) T型

图 8-15 浮阀

表 8-8 3 种常用浮阀的主要尺寸

主要尺寸	F1型（重阀）	V-4 型	T 型
筛孔直径/mm	39	39	39
阀片直径/mm	48	48	50
阀片厚度/mm	2	1.5	2
最大开度/mm	8.5	8.5	8
静止开度/mm	2.5	2.5	1.0～2.0
阀片质量/g	32～34	25～26	30～32

8.3 筛板塔

8.3.1 筛板塔的结构

8.3.1.1 筛板塔的主要部件

（1）筛板 开有筛孔的板叫筛板，筛孔起均匀分散气体的作用。若孔径小，要求单位面积的孔数多，则加工麻烦且小孔易堵，但孔小不易漏液，操作弹性大；孔径大则反之。一般孔径为 3～8mm，现在也有采用孔径为 12～25mm 大筛孔的筛板，但操作弹性小，操作要求高。

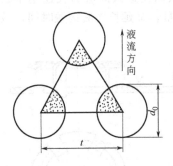

图 8-16 筛孔的排列

筛孔的排列是有规则的，以便气泡分布均匀，并使塔板强度好。通常筛孔是按正三角形方式排列的，如图 8-16 所示。在开孔区，筛孔总面积与开孔区面积之比称为开孔率 φ。φ 值可按一个小单元计算得到。参看图 8-16，令孔径为 d_0，孔心距为 t，则

$$\varphi = \frac{\frac{1}{2} \times \frac{\pi}{4} d_0^2}{\frac{1}{2} t^2 \sin 60°} = 0.907 \left(\frac{d_0}{t}\right)^2 \qquad (8-9)$$

若 $\frac{t}{d_0}$ 值过小，开孔过密，塔板强度下降，且气泡容易经碰撞生成大气泡，传质面积减小，对传质不利。若 $\frac{t}{d_0}$ 值过大，板上产生气泡的点分布太疏，塔板利用率过低，亦不适宜。

一般采用 $\frac{t}{d_0} = 2.5～5$，常用值是 3～4。

（2）溢流堰 在液体横向流过塔板的末端，设有溢流堰，溢流堰是一块直条形板，溢流堰高 h_w 对板上积液的高度起控制作用。h_w 值大，则板上液层厚，气液接触时间长，对传质有利，但气体通过塔板的压降亦大。常压操作时，一般 $h_w = 20～50mm$。真空操作时为

$10\sim20$mm，加压操作时为 $40\sim80$mm。

（3）降液管 降液管是液体自上一层塔板流至其下一层塔板的通道。降液管横截面有弓形与圆形两种。因塔体多数是圆筒体，弓形降液管可充分利用塔内空间，使降液管在可能的条件下截面积最大，通液能力最强，故被普遍采用。

降液管下边缘在操作时必须浸没在液层内，以保证液封，即不允许气体通过降液管"短路"流至上一层塔板的液层上方空间。降液管下缘与下一块塔板的距离称为降液管底隙高度 h_o，h_o 为 $20\sim25$mm，若 h_o 值过小则液体流过降液管底隙时阻力太大。为保证液封，要求 (h_w-h_o) 大于 6mm。

筛板塔的结构如图 8-17 所示。

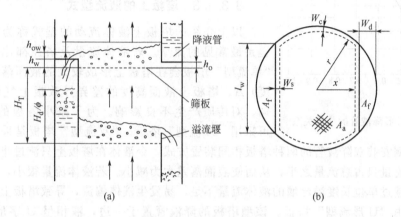

图 8-17 筛板塔的结构

8.3.1.2 筛板的板面布置

参看图 8-17，筛板的板面可划分为若干区域，各区的名称、作用及面积算法如下。

（1）有效传质区 塔板上布置有筛孔的区域，称有效传质区，面积为 A_a，即图 8-17（b）中虚线以内的部分。有效传质区面积的计算式为

$$A_a=2\left(x\sqrt{r^2-x^2}+\frac{\pi r^2}{2\pi}\times2\sin^{-1}\frac{x}{r}\right) \tag{8-10}$$

式中 $\sin^{-1}\dfrac{x}{r}$ 以弧度为单位。

（2）降液区 每根降液管所占用的塔板区域，称降液区，面积为 A_f。降液区内不开孔。弓形降液管的降液区面积 A_f 可通过几何计算求得。若溢流堰长为 l_w，塔内径为 D，塔的横截面积为 A_T，则由 $\dfrac{l_w}{D}$ 可算出 $\dfrac{A_f}{A_T}$。计算结果示于图 8-18 中。应用时只需查图线即可。图 8-18 还绘有由 $\dfrac{l_w}{D}$ 值查取弓形降液管最大宽度 W_d 与塔径 D 之比的曲线供查用。

若降液区增大，即 $\dfrac{l_w}{D}$ 值增大，则有效传质区占全塔截面的比值减小。一个合理的设计方案，应兼顾有效传质区与降液区两方面的需要。一般 $\dfrac{l_w}{D}=0.6\sim0.8$。

（3）入口安定区 塔板上液流的上游部位有狭长的不开孔区，叫入口安定区，其宽度为 W_s。此区域不开孔是为了防止因这部位液层较厚而造成倾向性漏液，同时也防止气泡窜入

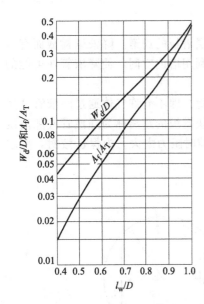

图 8-18　弓形降液管的几何关系

降液管。一般 $W_s=50\sim100\text{mm}$。

（4）出口安定区　在塔板上液流的下游靠近溢流堰部位也有狭长的不开孔区，叫出口安定区，其宽度与入口安定区相同，亦为 W_s。这部分不开孔是为了减小因流进降液管的液体中含气泡太多而增加液相在降液管内排气的困难。

（5）边缘固定区　在塔板边缘有宽度为 W_c 的区域不开孔，这部分用于塔板固定。一般 $W_c=25\sim50\text{mm}$。

8.3.1.3　塔板上的液流型式

以上介绍的塔板上液体流动的型式称为"单流型"，也是最常见的流型。若液体流量及塔径都比较大，采用"单流型"塔板会在塔板上形成较大的液面落差（水力坡度）Δ。塔板上液面高度的差异导致板上气体分布不均匀，对传质产生不良影响。为了减小塔板的液面落差，可采用"双流型"塔板。"双流型"塔板是采取中间安装降液管与两侧安装双降液管的两种塔板相间装置方式，令液体在塔板上只流过半程距离，而且每侧液体流量只占总流量之半，从而使液面落差大为减小。若液体流量很小，采用"单流型"塔板，越过单位长度溢流堰的液体流量不足，易发生液体偏流，导致塔板上液流分布不均匀，可采用"U 形流型"塔板。该型塔板的降液管置于一边，液相呈 U 字形流过塔板，溢流堰长度减小。3 种液流型的液流方式示于图 8-19。推荐的液体负荷、塔径与液流型式的选择关系示于表 8-9。

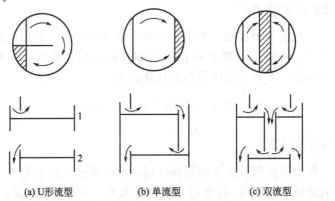

(a) U 形流型　　　(b) 单流型　　　(c) 双流型

图 8-19　塔板液流型式

表 8-9　液体负荷、塔径与液流型式的选择关系

塔径 D/mm	液体流量 $L_h/$（m^3/h)		
	U 形流	单溢流	双溢流
1000	7 以下	45 以下	
1400	9 以下	70 以下	
2000	11 以下	90 以下	$90\sim160$
3000	11 以下	110 以下	$110\sim200$
4000	11 以下	110 以下	$110\sim230$
5000	11 以下	110 以下	$110\sim250$

8.3.1.4 板间距

相邻两层塔板间的距离叫板间距 H_T。板间距的大小关系到正常操作气液流量的高限值，也和塔高度相关。若板间距取得大，允许的气液流量也大，但对一定塔板数而言，需要的塔体亦高。气液流量大意味着生产能力大，而塔的高度大意味着设备投资大，设计时应从这两方面权衡比较后确定板间距。一般可按表 8-10 所示的经验值选取板间距的初值。

表 8-10　板间距参考值（单流型）

塔径 D/m	0.6～1.0	1.2～1.6	1.8～2.4
板间距 H_T/mm	300～600	350～800	450～800

注：当 $H_T < 500mm$，H_T 按 50mm 幅度变化；$H_T \geqslant 500mm$，按 100mm 幅度变化。

本章只介绍"单流型"塔的计算方法，其他流型塔的计算可参看有关书籍。

8.3.2　筛板塔正常操作的气液流量范围

以下计算式中气体流速因不同核算面积有 a、o、n 三种不同下标，应注意区分。

8.3.2.1　液相流量下限

液体流过塔板存在着液流分布不均匀的问题，由于塔壁是圆柱面，更增加液流的不均匀性。经验表明，在液流量小时，平溢流堰安装的微小偏差便会引起越过溢流堰顶液体的偏流，堰顶液体偏流必导致塔板上液体的偏流。在液流严重不均匀时，靠壁处液体甚至会倒流而产生旋涡，其余区域的液流则加速。对于流得快的液体，气液接触时间短，传质不充分；对于流得慢甚至产生旋涡的液体，因气液接触时间长，液体浓度趋近汽液平衡，传质速率低，故液流量小对操作不利。但当液流量增大到一定程度后，液体越过溢流堰顶偏流现象减弱，液体在塔板上的旋涡消除，液流不均匀性明显改善，故正常操作的液流量有下限值。一般要求，平溢流堰顶上的液层厚度 h_{ow} 须大于 6mm。

计算 h_{ow} 的半经验公式为

$$h_{ow} = 2.84 \times 10^{-3} E \left(\frac{L_h}{l_w} \right)^{\frac{2}{3}} \tag{8-11}$$

式中，h_{ow} 为平溢流堰顶上的液层厚度，m；L_h 为液相体积流量，m^3/h；E 为考虑到圆筒塔壁的液流收缩系数，其值可由图 8-20 查得。

顶部呈锯齿形的溢流堰，适于小液流量操作。其 h_{ow} 计算法可参看《气液传质设备》。

8.3.2.2　液相流量上限

液体离开塔板进入降液管时总挟带有气泡，这些本应进入该塔板上方空间的气体被液体挟带到该板下方空间，形成气相返混，削弱传质效果。为减轻气相挟带程度，要求液体在降液管内流动时能排除气体，为此，液体在降液管内应有充分的停留时间。一般规定，液体在降液管内的停留时间 τ 须满足下述表达式

$$\tau = \frac{A_f H_T}{L_s} \geqslant 3 \sim 5 \tag{8-12}$$

式中，L_s 为液相体积流量，m^3/s。τ 值应根据不同液体的性质在 3～5s 内定值。

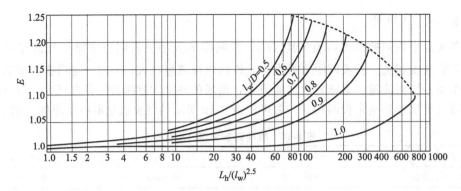

图 8-20　液流收缩系数

8.3.2.3　漏液限

正常操作时，液体应横贯塔板，在与气体进行充分接触传质后流入降液管。但有少量液体会由筛孔漏下，这少量漏下的液体如同"短路"，传质不充分，故操作中应尽可能减少漏液。当液体流量一定，气体流量降到一定程度时漏液量会明显增多。一般将漏液量明显增多时的空塔气速称为在该液体流量下的漏液点空速 $u_{a,w}$，由于人们对漏液点判别的定量指标不同，所以不同研究者提出的计算漏液点的经验式亦不同。

漏液现象分两种类型，一种叫倾向性漏液，一种叫随机性漏液。倾向性漏液指液体刚流进塔板时因液层最厚，该部位的筛孔在操作中产生的漏液现象。塔板上安排不开孔的入口安定区或把塔板冲压成局部突起的形状，以减小液体刚进入塔板时的液层厚度，都是为了避免倾向性漏液。随机性漏液指操作中时而某些筛孔漏液，时而另一些筛孔漏液，即漏液区域带有不定性的漏液现象。产生随机性漏液的原因是对于某一液体流量，气体空速偏低；其表现特点是漏液位置与液面波动密切相关。在液面波峰处，液层厚，液体位能大，波峰下面的筛孔漏液；在液面波谷处，液层薄，气体集中由波谷下面的筛孔通过。由于液面起伏的随机性，导致漏液的随机性。因倾向性漏液的消除或减弱涉及塔板结构，在塔板结构改进后可不考虑此因素，故一般对漏液问题的讨论只集中在随机性漏液问题上。

随机性漏液同气体通过筛板的阻力（干板阻力）与通过塔板上液层的阻力之比值有关。气体通过各筛孔及液层属并联流动。若干板阻力在总阻力（干板阻力与液层阻力之和）中所占比例增加，液面波动因素对气体分布不匀的影响就减小，漏液可减轻。这说明，研究漏液问题应同干板阻力及液层阻力相联系。

戴维斯（Davies）等对漏液点问题进行研究并提出了漏液点操作状况下干板阻力与液层阻力的经验关联线，如图 8-21 所示。图中 h'_d 与 h_C 的计算式如下

$$h'_d = \frac{1}{2g} \times \frac{\rho_V}{\rho_水} \left(\frac{u_{0,w}}{C_0}\right)^2 \qquad (8-13)$$

式中，h'_d 为干板阻力，mH_2O；$u_{0,w}$ 为漏液点时的筛孔气速，m/s；C_0 为干板孔流系数，无量纲。C_0 值可由图 8-22 查得。图中 δ 为塔板厚，d_0 为筛孔孔径，单位都是 mm。开孔率可按式(8-9)计算，或按塔板上所有筛孔的总面积除以有效传质区面积（$A_T - 2A_f$）算得。

h_c 是漏液点时塔板上泡沫层厚度按等压降原则折算的清液层厚度，单位为 m，其经验计算式为

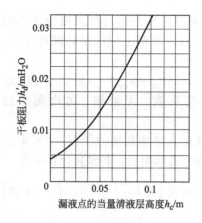

图 8-21 漏液点关联线

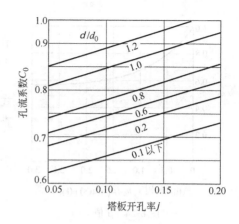

图 8-22 干板孔流系数

$$h_c = 0.0061 + 0.725h_w - 0.006F_a + 1.23 \frac{L_s}{L_w} \tag{8-14}$$

式中，F_a 为气相动能因子，$F_a = u_{a,w}\sqrt{\rho_V}$，$u_{a,w}$ 是以面积 $(A_T - 2A_f)$ 计的漏液点空塔气速，m/s；L_s 为液相体积流量，m^3/s。

8.3.2.4 溢流液泛限

当降液管排液能力不足，液体仍不断加入，降液管内液位上升至上层塔板溢流堰顶，影响上层塔板的排液，导致塔板上积液增加直至淹塔，这现象称为液泛。发生液泛时气体通过塔板的压降急剧上升，出塔气体大量带液，正常操作受到破坏。可见正常操作的塔设备不允许发生液泛。

液泛产生的原因：①气流量或液流量过大。②气体中挟带过量的液体，增加降液管的排液负荷。③某块塔板的降液管下端堵塞，造成该塔板以上塔段液泛。

由堵塞引起的液泛可通过塔的清洗及对进塔液体预滤解决。由过量液沫挟带引起的液泛可通过下面将介绍的把液沫挟带量控制在允许范围内的方法予以避免。以下只讨论由于气液流量过大导致的液泛即溢流液泛问题。

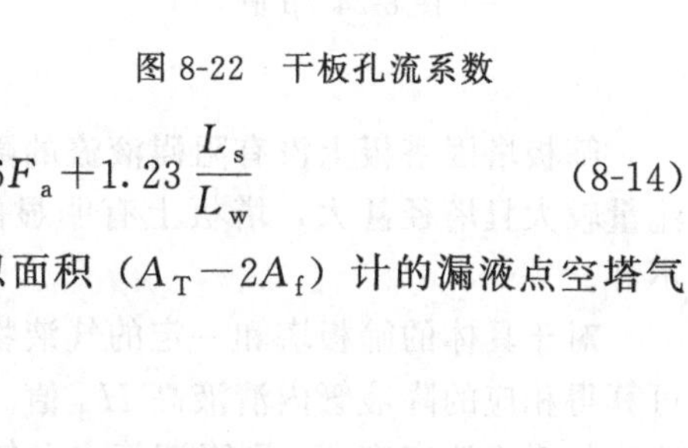

参看图 8-23。降液管内清液（不含气泡）高度 H_d 可按下式算得

图 8-23 液泛分析

$$H_d = h_w + h_{ow} + \Delta + H_f + \sum H_f \tag{8-15}$$

式中，H_f 为气体通过一层塔板的压降折算成的清液高度（即通过一块塔板的阻力），m；$\sum H_f$ 为液体流过降液管进入塔板的阻力，m。

气体通过一块塔板的阻力 H_f 是干板阻力 h_d、塔板上液层阻力 h_1 与在液相中生成气泡所需克服液体表面张力的阻力 h_σ 3 项之和。因 h_σ 比其他两项阻力小得多，可略去不计，故

$$H_f = h_d + h_1 \tag{8-16}$$

$$h_d = \frac{1}{2g} \times \frac{\rho_V}{\rho_L} \times \left(\frac{u_0}{C_0}\right)^2 \tag{8-17}$$

式中，u_0 为筛孔气速，m/s；C_0 为塔板的干板孔流系数，可由图 8-22 查得。

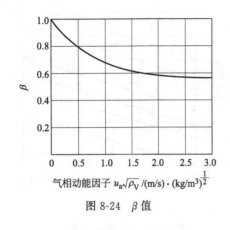

图 8-24 β 值

h_1 是塔板上泡沫层高度按等压降原则折算得的清液层高度，单位为 m，塔板上泡沫层高度可按 h_w+h_{ow} 计，二者关系为

$$h_1=\beta(h_w+h_{ow}) \qquad (8\text{-}18)$$

式中，β 为液层充气系数，无量纲，可由图 8-24 查得。

液相流过降液管进入塔板的阻力 $\sum H_f$ 主要取决于液相在降液管底隙的流动阻力，其经验计算式为

$$\sum H_f=0.153\left(\frac{L_s}{l_w h_0}\right)^2 \qquad (8\text{-}19)$$

$\dfrac{L_s}{l_w h_0}$ 值一般为 0.07～0.25m/s。

筛板塔因塔板上没有阻碍液流的障碍物，液面落差 Δ 值很小，故 Δ 可略去不计。若液流量较大且塔径甚大，塔板上有明显的水力坡度时，一般采用"双流型"塔板，Δ 值也可不计。

对于具体的筛板塔和一定的气液物系，相应于一组气、液流量 $(L_s,\ V_s)_i$，由式(8-15)可算得相应的降液管内清液高 H_d 值。降液管内液相中含有气泡，令泡沫密度与清液密度之比为相对泡沫密度 φ，则降液管内含气泡的液位高度 H 为

$$H=\frac{H_d}{\varphi} \qquad (8\text{-}20)$$

对于一般物系，φ 值可取 0.5；对于不易起泡物系，φ 值为 0.6～0.7；对于易起泡物系，φ 可取值 0.3～0.4。

当降液管内液位高度 H 小于板间距与溢流堰高之和 (H_T+h_w) 时，降液管内液位的上下移动使塔对气液负荷变化具有自动调节功能。当 $H=H_T+h_w+h_{ow}$ 时，降液管内液面与上一层塔板下游液面齐平，这时，似乎降液管的排液能力恰好满足排液的需要，但若气相或液相流量再有微小的增量，必引起降液管内液位上升，导致上一块塔板液层再增厚，其结果又使气相通过塔板的阻力 H_f 增大，使降液管内液位再上升。如此相互影响，形成恶性循环，最后必导致液泛。所以，$H=H_T+h_w+h_{ow}$ 是从溢流液泛角度计算气、液流量上限的关联式。因 h_{ow} 值远小于 (H_T+h_w)，一般规定溢流液泛限的关联式为

$$\frac{H_d}{\varphi}=H_T+h_w \qquad (8\text{-}21)$$

8.3.2.5 过量液沫挟带限

气泡通过板上液层到达液面时，气泡破裂，气体向上冲出。气体冲出时总会把部分拉成薄膜的液体向上抛起，被抛起的液体呈大小不一液滴状。液滴在上升过程中经相互碰撞，滴径还会增大，其中较大的液滴上升到一定高度，在尚未到达上一层塔板前会沉降下来。较小的液滴则随向上流动的气体被带至上一块塔板。上升气流把液滴挟带到上一块塔板的现象叫液沫挟带。

液沫挟带有 3 点不利影响。①形成液体返混，削弱传质效果。②增大降液管负荷，增加塔板上液层厚度，从而使气相通过塔板的阻力增大。液沫挟带严重时会造成过量液沫挟带液泛。③出塔气体带液，可能对下一工序产生不良后果。例如，若出塔气体要经压缩机压缩，气体带液易造成事故。

一般规定,液沫挟带量 $e_V \geqslant 0.1$kg 液/kg 干气时属过量液沫挟带,为不正常操作状况。因操作中液沫挟带不可避免,故对不正常操作的液沫挟带特加上"过量"二字。

下面推荐使用的有关液沫挟带的经验关联图是费尔(Fair)关联图,如图 8-25 所示。

图中的横坐标 $\dfrac{L_s}{V_s}\sqrt{\dfrac{\rho_L}{\rho_V}}$ 为两相流动参数,可用 F_{LV} 表示。L_s、V_s 为液相与气相的体积流量(m³/s),"泛点百分率"指操作空塔气速与过量液沫挟带液泛空塔气速之比。一般泛点百分率为 80%～85%,对易起泡物系可取值 75%。ψ 为液沫挟带分数,表示液沫挟带量占液相总流量的分率,kg/kg。$\psi = \dfrac{e_V}{\dfrac{L}{V} + e_V}$,其中 L、V 为

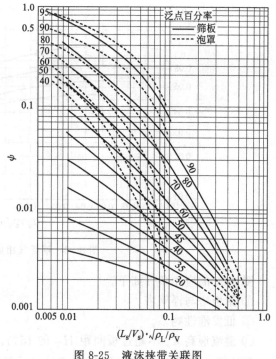

图 8-25 液沫挟带关联图

液、气质量流量,kg/s。e_V 与 ψ 的关系亦可写成 $e_V = \dfrac{\psi L}{(1-\psi) V}$。

使用图 8-25 涉及过量液沫挟带液泛的空塔气速,下面介绍费尔关于求取该液泛空塔气速的方法。

如前所述,筛板塔操作时液沫挟带现象不可避免,气相挟带的液滴大小不一。假设液滴都是球形,在液滴中有一个"分割"球径,凡大于该分割球径的液滴都返回原塔板,小于此分割球径的液滴则被气流带到上一块塔板。

令刚发生过量液沫挟带液泛时的分割球径为 d_p。苏德士和勃朗(Souders and Brown)对悬浮停留在空间、球径为 d_p 的液滴写出力平衡式

$$\frac{\pi}{6} d_p^3 (\rho_L - \rho_V) g = \zeta \frac{\pi}{4} d_p^2 u_{n,f}^2 \frac{\rho_V}{2} \tag{8-22}$$

式中,$u_{n,f}$ 为气相以 $(A_T - A_f)$ 为流通截面的空塔液泛气速,m/s;ζ 为气相与液滴相对运动的阻力系数,无量纲。

根据上述力平衡式,定义了液泛气相负荷因子 C_f,即

令　　　　　　　$C_f = \sqrt{\dfrac{4 d_p g}{3 \zeta}} = u_{n,f} \sqrt{\dfrac{\rho_V}{\rho_L - \rho_V}}$

由 $C_f = \sqrt{\dfrac{4 d_p g}{3 \zeta}}$ 式可知,求分割液滴球径 d_p 的问题转化为求 C_f 的问题了。又因求 C_f 关系到阻力系数 ζ,而 ζ 值只能通过实验取得,所以 C_f 值亦只能由实验取得。若 C_f 值被确定,则可由 $C_f = u_{n,f} \sqrt{\dfrac{\rho_V}{\rho_L - \rho_V}}$ 算出液泛空塔气速 $u_{n,f}$。

费尔把刚发生过量液沫挟带液泛的大量实验数据整理为图 8-26 所示的图线。

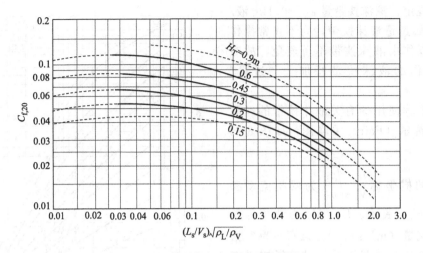

图 8-26　液泛气相负荷因子关联图

图 8-26 的应用条件如下。

① 筛板塔与浮阀塔。

② 低发泡性物系。

③ 溢流堰高 h_w 不超过板间距 H_T 的 15%。

④ 该图是根据液相表面张力 $\sigma=20\times10^{-3}\text{N/m}$ 的关联图，故 C_f 带有下标"20"。若液相的表面张力不等于 $20\times10^{-3}\text{N/m}$，可按下式校正

$$\frac{C_f}{C_{f,20}}=\left(\frac{\sigma}{20}\right)^{0.2} \tag{8-23}$$

式中液相表面张力 σ 的单位是 dyn/cm。

⑤ 应用该图规定塔板开孔率 $\varphi\geqslant10\%$，若 φ 小于 10%，查得的 $C_{f,20}$ 须乘以 k 值进行校正。$\varphi=0.08$，$k=0.9$；$\varphi=0.06$，$k=0.8$。

⑥ 对于筛孔，孔径不大于 6mm。

8.3.2.6　筛板塔操作负荷性能图

综上所述，筛板塔操作受到多方面约束，因此，当筛板塔结构、尺寸及物系、气液相物性确定后，可作出正常操作的气液负荷范围图，即负荷性能图。负荷性能图如图 8-27 所示，图中各条线的名称、意义及作法表述如下。

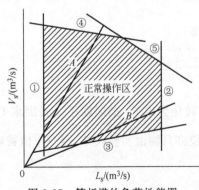

图 8-27　筛板塔的负荷性能图

① 液相下限线　正常操作的最低液相负荷称为液相下限，若液相负荷低于此下限值则塔板上液流分布严重不均匀。此线由 $h_{ow}=0.006\text{m}$ 算得，为一与气相负荷无关的直线，垂直于图 8-27 的横轴。正常操作区在①线右侧。

② 液相上限线　液相上限指液体在降液管内停留时间等于规定的最小停留时间的液相负荷。若液相负荷超过此上限值则液体在降液管内停留时间不足，气泡排除不充分。可由式(8-12)算出此上限值。②线亦是与气相负荷无关的垂直于横轴的直线，正常操作区

在②线左侧。

③ 漏液线　对任一液相负荷，根据 Davies 关联图，必有一气相负荷与之对应，这时操作刚发生漏液现象。如气相负荷低于上述对应气相负荷，则必漏液。漏液线即由刚发生漏液的液、气负荷组合的点 $(L_s, V_s)_i$ 连成。该线作法：在图 8-21 的曲线上任选一点，读出相应的 (h'_d, h_c)，由 h'_d 值算出 V_s，再由此 V_s 及 h_c 值算出 L_s。于是，该 (L_s, V_s) 就是漏液线上一点的坐标。一般只需由两点连成直线表示漏液线。正常操作区在漏液线上方。

④ 过量液沫挟带线　对任一液相负荷，根据 Fair 的两张关联图，必能算得液沫挟带量是 $e_V = 0.1$kg 液/kg 干气的对应的气相负荷。若气相负荷超过此对应值则发生过量液沫挟带。按 $e_V = 0.1$kg/kg 原则得到的各组 $(L_s, V_s)_i$ 数据在负荷性能图中标点并连成的曲线便是过量液沫挟带线。该线作法：任定一液、气体积流量比 $\dfrac{L_s}{V_s}$，由 Fair 图 8-26 算出泛速，再按 $e_V = 0.1$kg/kg 由 Fair 图 8-25 取得泛点百分率，即可进而算得一组液、气负荷 $(L_s, V_s)_i$。在负荷性能图上只需有两组按上述方法算得的液、气负荷组合标出的点连成直线，便可作出过量液沫挟带线。正常操作区在④线下方。

⑤ 溢流液泛线　降液管内液面达到上一层塔板溢流堰顶时的各组液、气负荷组合 $(L_s, V_s)_i$ 在负荷性能图中标绘的点的连线便是溢流液泛线。对任一 L_s 值而言，若 V_s 大于由溢流液泛线查出的对应气相负荷，则发生液泛。该线作法：根据物系发生气泡的特性确定相对泡沫密度 φ 值，按式（8-21）算出刚液泛时降液管内清液高度 H_d，因 $H_d = f(L_s, V_s)$，由此即可任设一 L_s 值算出相应的 V_s 值，从而找到⑤线上一点的坐标，⑤线可由两点连成直线得到。正常操作区在⑤线左下侧。

关于负荷性能图的几点说明。

a. 负荷性能图是针对某一特定塔板作出的，作图依据是该塔板的结构、尺寸、板间距及通过该塔板的气液相物性。不能取某塔段的气液相平均物性作为作负荷性能图的依据。作负荷性能图与实际操作中通过该塔板的气液流量 V_s、L_s 无关。

b. 作出负荷性能图后，应根据实际操作的液气负荷 (L_s, V_s) 在图中确定"操作点"位置，操作点应位于正常操作区内。考虑到操作中应有一定的液气负荷波动余地，操作点不应太靠近正常操作区的任一边线，如通常要求气体操作孔速 u_0 与漏液点气体孔速 $u_{0,w}$ 之比（筛板的稳定系数）不得小于 1.5~2。

c. 通过在负荷性能图中作实际液、气流量比 $\dfrac{L_s}{V_s}$ 的辅助线，可判明在该 $\dfrac{L_s}{V_s}$ 条件下决定操作弹性大小的因素，从而可确定塔结构改进的方向。如在图 8-27 中，A 线表明过量液沫挟带与液流不均匀是两个限制因素，B 线则表明降液管排气能力不足与漏液是两限制因素。

8.3.3　筛板塔的设计

(1) 筛板塔设计须知

① 筛板塔设计是在有关工艺计算已完成的基础上进行的。对于气、液恒摩尔流的塔段，只须任选其中 1 块塔板进行设计，并可将该设计结果用于此塔段中。例如，全塔最上面一段塔段，通常选上面第 1 块塔板进行设计；全塔最下面一段塔段，通常选最下面一块塔板进行设计。这样计算便于查取气液相物性数据。

② 若不同塔段的塔板结构差别不大，可考虑采用同一塔径，但不同塔段塔板的筛孔数、

孔心距与筛孔直径之比 $\dfrac{t}{d_0}$ 可能有差异。对筛孔少、塔径大的塔段，为减少近塔壁处液体"短路"，可在近塔壁处设置挡板。只有当不同塔段的塔径相差较大时才考虑采用不同塔径，即异径塔。

(2) 筛板塔的设计程序

① 选定塔板液流型式（以下只按单流型考虑）、板间距 H_T、溢流堰长与塔径之比 $\dfrac{l_w}{D}$、降液管型式及泛点百分率。

② 塔径计算。计算方法如下面框图所示：

$$\boxed{\text{已知 } L_s,V_s} \to \boxed{F_{LV}} \xrightarrow{\boxed{H_T}} \boxed{C_{f,20}} \to \boxed{C_f} \to \boxed{u_{n,f}} \xrightarrow{\boxed{\text{泛点百分率}}} \boxed{u_n} \xrightarrow{\boxed{V_s}} \boxed{A_T-A_f} \xrightarrow{\boxed{l_w/D}} \boxed{A_T} \to \boxed{D} \to \boxed{D\text{圆整}}$$

③ 塔板板面布置设计及降液管设计。

④ 塔板操作情况的校核计算——作负荷性能图及确定操作点。

若校核计算后对设计方案不满意，应修改设计方案，再作校核计算，直到满意为止。

【例 8-4】 欲设计乙醇-水筛板精馏塔，采用单流型，弓形降液管。试按最下面一块塔板的操作条件初估塔径。操作条件：液相流量 $L_s=1.35\times10^{-3}\ \mathrm{m^3/s}$，气相流量 $V_s=0.915\ \mathrm{m^3/s}$，液相密度 $\rho_L=954.7\ \mathrm{kg/m^3}$，气相密度 $\rho_V=0.7037\ \mathrm{kg/m^3}$，液相表面张力 $\sigma=57.86\ \mathrm{dyn/cm}$。

设计中确定的结构参量：

溢流堰高 $h_w=30\ \mathrm{mm}$，$\dfrac{\text{堰长}}{\text{塔径}}=\dfrac{l_w}{D}=0.7$，板间距 $H_T=0.45\ \mathrm{m}$，孔心距/孔径 $=\dfrac{t}{d_0}=3$，孔径 $d_0=3\ \mathrm{mm}$，液泛百分率 $\dfrac{u_n}{u_{n,f}}=0.8$。

解 $F_{LV}=\dfrac{L_s}{V_s}\sqrt{\dfrac{\rho_L}{\rho_V}}=\dfrac{1.35\times10^{-3}}{0.915}\sqrt{\dfrac{954.7}{0.7037}}=0.05434$

按 $H_T=0.45\ \mathrm{m}$，$F_{LV}=0.05434$，查图 8-25，得 $C_{f,20}=0.080$

表面张力校正

$$C_f=C_{f,20}\left(\dfrac{\sigma}{20}\right)^{0.2}=0.080\left(\dfrac{57.86}{20}\right)^{0.2}=0.0989$$

校核使用该图的其他条件

$$\varphi=0.907\left(\dfrac{d_0}{t}\right)^2=0.907\times\left(\dfrac{1}{3}\right)^2=10.1\%\ (>10\%)$$

$$d_0=3\ \mathrm{mm}<6\ \mathrm{mm},\quad \dfrac{h_w}{H_T}=\dfrac{30}{450}=6.67\%\ (<15\%)$$

气、液属低发泡性物料。其他条件均符合该图使用条件，故不再校正。

由于 $C_f=u_{n,f}\sqrt{\dfrac{\rho_V}{\rho_L-\rho_V}}$，即 $0.0989=u_{n,f}\sqrt{\dfrac{0.7037}{954.7-0.7037}}$，所以

$$u_{n,f}=3.64\ \mathrm{m/s},\quad u_n=0.8u_{n,f}=0.8\times3.64=2.91\ \mathrm{m/s}$$

由 $\dfrac{l_{\mathrm{w}}}{D}=0.7$，查图 8-17，得 $\dfrac{A_{\mathrm{f}}}{A_{\mathrm{T}}}=0.088$，又

$$A_{\mathrm{n}}=A_{\mathrm{T}}-A_{\mathrm{f}}=\frac{V_{\mathrm{s}}}{u_{\mathrm{n}}}=\frac{0.915}{2.91}=0.314\mathrm{m}^2$$

$$\frac{A_{\mathrm{f}}}{A_{\mathrm{T}}}=0.088=\frac{A_{\mathrm{T}}-A_{\mathrm{n}}}{A_{\mathrm{T}}}=1-\frac{A_{\mathrm{n}}}{A_{\mathrm{T}}}$$

所以

$$A_{\mathrm{T}}=\frac{A_{\mathrm{n}}}{1-0.088}=\frac{0.314}{1-0.088}=0.344\mathrm{m}^2$$

由 $A_{\mathrm{T}}=\dfrac{\pi}{4}D^2$，即 $0.344=\dfrac{\pi}{4}D^2$，算得 $D=0.662\mathrm{m}$，圆整取 $D=0.80\mathrm{m}$。

【例 8-5】　承 [例 8-4] 给出的条件及计算结果，取塔板厚 $\delta=3\mathrm{mm}$，两侧安定区宽度 W_{s} 皆为 50mm，塔板边缘不开孔区宽度 $W_{\mathrm{c}}=30\mathrm{mm}$，试按图 8-20 读得的数据（$h_{\mathrm{c}}=0.025\mathrm{m}$，$h_{\mathrm{d}}'=0.008\mathrm{m}H_2O$）计算负荷性能图中漏液线上一点的 L_{s}、V_{s} 值。

解　因为

$$h_{\mathrm{d}}'=\frac{1}{2g}\times\frac{\rho_{\mathrm{V}}}{1000}\left(\frac{u_{0,\mathrm{w}}}{C_0}\right)^2$$

由 $\dfrac{\delta}{d_0}=\dfrac{3}{3}=1$，$\varphi=0.101$，查图 8-21 得 $C_0=0.85$，则

$$0.008=\frac{1}{2\times9.81}\times\frac{0.7037}{1000}\left(\frac{u_{0,\mathrm{w}}}{0.85}\right)^2$$

所以

$$u_{0,\mathrm{w}}=12.69\mathrm{m/s}$$

计算塔板上筛孔面积的总值 A_0，参看图 8-16。

因为

$$x=\frac{D}{2}-W_{\mathrm{d}}-W_{\mathrm{s}}，以 \frac{l_{\mathrm{w}}}{D}=0.7 由图 8-17 查得$$

$\dfrac{W_{\mathrm{d}}}{D}=0.145$，则 $W_{\mathrm{d}}=0.145D=0.145\times0.8=0.116\mathrm{m}$。题给 $W_{\mathrm{s}}=0.050\mathrm{m}$

所以

$$x=\frac{0.8}{2}-0.116-0.050=0.234\mathrm{m}$$

又因为

$$r=\frac{D}{2}-W_{\mathrm{c}}，题给 W_{\mathrm{c}}=0.030\mathrm{m}，$$

所以

$$r=\frac{0.8}{2}-0.030=0.37\mathrm{m}，$$

则有效传质区面积 A_{a} 为

$$A_{\mathrm{a}}=2\left(x\sqrt{r^2-x^2}+\frac{\pi r^2}{2\pi}\times2\sin^{-1}\frac{x}{r}\right)$$

$$=2\left(0.234\sqrt{0.37^2-0.234^2}+\frac{\pi\times0.37^2}{2\pi}\times2\sin^{-1}\frac{0.234}{0.37}\right)=0.322\mathrm{m}^2$$

故筛孔总面积　　$A_0=\varphi A_{\mathrm{a}}=0.101\times0.322=0.0325\mathrm{m}^2$

于是　　　　　$V_{\mathrm{s}}=A_0u_{0,\mathrm{w}}=0.0325\times12.69=0.412\mathrm{m}^3/\mathrm{s}$

计算气相动能因子 F_{a}　$F_{\mathrm{a}}=u_{\mathrm{a,w}}\sqrt{\rho_{\mathrm{V}}}$，其中 $u_{\mathrm{a,w}}$ 以 $(A_{\mathrm{T}}-2A_{\mathrm{f}})$ 即 A_{a}' 为计算面积。

因为
$$A'_a = \left(1 - 2\frac{A_f}{A_T}\right)A_T = (1 - 2 \times 0.088) \times \frac{\pi}{4} \times 0.8^2 = 0.414\,\mathrm{m}^2$$

所以
$$F_a = u_{a,w}\sqrt{\rho_V} = \frac{V_s}{A'_a}\sqrt{\rho_V} = \frac{0.412}{0.414}\sqrt{0.7037} = 0.835$$

则相应的 L_s 可由下式算得

$$h_c = 0.0061 + 0.725h_w - 0.006F_a + 1.23\frac{L_s}{L_w}$$

即
$$0.025 = 0.0061 + 0.725 \times 0.030 - 0.006 \times 0.835 + 1.23\frac{L_s}{0.7 \times 0.8}$$

所以
$$L_s = 9.83 \times 10^{-4}\,\mathrm{m}^3/\mathrm{s}$$

可知，漏液线上的一点的数据为：$L_s = 9.83 \times 10^{-4}\,\mathrm{m}^3/\mathrm{s}$，$V_s = 0.412\,\mathrm{m}^3/\mathrm{s}$

8.4　浮阀塔

概述中已对浮阀塔作了简单的介绍。以下只拟讨论最常用的 F1 型重阀浮阀塔的性能。

8.4.1　浮阀塔的结构

浮阀塔的塔板即孔径 $\phi 39\mathrm{mm}$ 的大筛孔筛板。浮阀塔有关液流型式的分类、降液管型式、塔板上各区的分布及各区面积的计算方法均与筛板塔的相同。

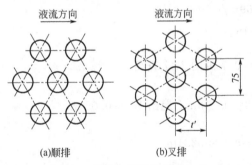

液流方向　　　　　液流方向

(a)顺排　　　　(b)叉排

图 8-28　筛孔与阀孔的排列方式

浮阀塔板与筛板塔板的开孔方式均为三角形排列叉排式。参看图 8-28，筛孔或阀孔的叉排方式比起顺排方式可使液相在流过塔板时有更充分的气液接触机会。筛板塔板的筛孔均采用正三角形排列，而浮阀塔板的阀孔有两种排列形式，若塔板是整块的，多采用正三角形叉排，孔心距 t 为 $75\sim125\mathrm{mm}$；若塔径较大，采用分块式塔板，则多采用等腰三角形排列方式，第 1 排阀孔中心距 t 为 $75\mathrm{mm}$，各排阀孔中心线间的距离 t' 可取为 $65\mathrm{mm}$，$80\mathrm{mm}$，$100\mathrm{mm}$，可见阀孔排列的疏密程度有较大的变化范围。下面介绍阀孔数 N 的确定原则。

经验表明，浮阀处在刚升到最大开度时其操作性能最佳，这时漏液少，传质情况好，气液负荷有较大的变动余地，故将该操作状态定为"设计点"。

浮阀的开度与穿过阀孔的气相动压有关。该动压可用气相动能因子 F_0 表示。$F_0 = u_0\sqrt{\rho_V}$，其中 u_0 为阀孔气速（m/s）。

对于 F1 型重阀，实验测得在阀刚全开时 $F_0 = 9\sim12$，选定合适的 F_0 值后，可按下式算出相应的阀孔气速，即

$$u_{0,c} = \frac{F_0}{\sqrt{\rho_V}} \tag{8-24}$$

则塔板上阀孔数 N 为

$$N = \frac{V_s}{\frac{\pi}{4}d_0^2 u_{0,c}} \tag{8-25}$$

8.4.2　浮阀塔正常操作的气液流量范围

浮阀塔正常操作气液流量范围的表示方法与筛板塔相同，也用负荷性能图表示，图上同样有 5 条限制线。其中，液相下限线、液相上限线的作法与筛板塔相同，计算溢流液泛线亦用式(8-15)，但计算气相通过塔板的阻力、计算漏液线及过量液沫挟带线的方法则与筛板塔不同。下面仅介绍浮阀塔与筛板塔计算方法不同的内容。

(1) 气相通过一块塔板的阻力　操作时，气相通过一块塔板的阻力可由干板阻力、液层阻力及克服液相表面张力的阻力加和求得。一般因克服表面张力的阻力比其他阻力小得多，可略去，故只需计算干板阻力与液层阻力。

① 由实验结果知，对于 F1 型重阀，干板阻力的经验计算式为

阀全开前
$$h_d = \frac{19.9 u_0^{0.175}}{\rho_L}$$

阀全开后
$$h_d = \frac{5.34 u_0^2 \rho_V}{2\rho_L g} \tag{8-26}$$

由式(8-26)的两个计算式联立解，可算得浮阀刚升到最高位置时的阀孔气速 $u_{0,c}$。$u_{0,c}$ 的算式为

$$u_{0,c} = \sqrt[1.825]{\frac{73.1}{\rho_V}} \tag{8-27}$$

对比由式(8-27)与式(8-24)算出的 $u_{0,c}$ 后，确定 $u_{0,c}$ 值，并计算干板阻力。

② 塔板上液层阻力可按式(8-28)计算

$$h_1 = \varepsilon(h_w + h_{ow}) \tag{8-28}$$

式中，ε 为液层充气系数，无量纲。若液相为水，$\varepsilon = 0.5$；液相为油，$\varepsilon = 0.2 \sim 0.35$；液相为碳氢化合物时，$\varepsilon = 0.4 \sim 0.5$。

(2) 漏液线　浮阀塔要求漏液量小于正常液相流量的 10%。由实验可知，漏液量为正常液流量的 10% 时，阀孔动能因子 $F_0 = 5 \sim 6$，故可按 $F_0 = u_{0,w}\sqrt{\rho_V} = 5 \sim 6$ 算出漏液线气速及气相流量。

(3) 过量液沫挟带线　过量液沫挟带线仍按 $e_V = 0.1 \text{kg}$ 液/kg 干气作出。浮阀塔的液沫挟带量通常以泛点百分率作为指标来控制，根据经验，$e_V < 0.1 \text{kg}$ 液/kg（干气）相当于：大塔——泛点百分率<80%，$D < 0.9 \text{m}$ 的塔——泛点百分率<70%，减压塔——泛点百分率<75%，而

$$泛点百分率 = \frac{V_s \sqrt{\frac{\rho_V}{\rho_L - \rho_V}} + 1.36 L_s Z_1}{KC_f A_a'} \times 100\% \tag{8-29}$$

或
$$泛点百分率 = \frac{V_s \sqrt{\frac{\rho_V}{\rho_L - \rho_V}}}{0.78 KC_f A_T} \times 100\% \tag{8-30}$$

式(8-29)、式(8-30)中，Z_1 为板上液流长度，对单流型塔板，$Z_1 = D - 2W_d$；A_T 为塔板截面积，$A_T = \frac{\pi}{4}D^2$，m^2；A_a' 为 $A_a' = A_T - 2A_f$；K 为物性系数，其值可由表 8-11 查得；

C_f 为泛点负荷系数，可由图 8-29 查得。

计算过量液沫挟带线时，可根据塔的大小确定泛点百分率（如为大塔，泛点百分率取 80％）。用式(8-29)及式(8-30)分别计算，作出两条过量液沫挟带线。为安全计，取其低限作为过量液沫挟带线。

表 8-11　物性系数 K 值

系　　统	物性系数 K
无泡沫，正常系统	1.0
氟化物（如 BF_3，氟利昂）	0.90
中等起泡沫（如油吸收塔，胺及乙二醇再生塔）	0.85
重度起泡沫（如胺和乙二醇吸收塔）	0.73
严重起泡沫（如甲乙酮装置）	0.60
形成稳定泡沫系统（如矸再生塔）	0.30

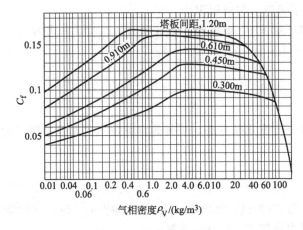

图 8-29　泛点负荷系数

8.5　塔板效率

板式塔是以塔板效率表示传质效率的。

8.5.1　塔板效率的不同表示方法及其应用

塔板效率通常有三种定义形式。

(1) 总板效率 E_T

定义
$$E_T = \frac{N_T}{N} \tag{8-31}$$

式中，N_T 为理论板数；N 为实际板数。

总板效率表示全塔的平均效率。由理论板数 N_T 除以 E_T 即得实际所需的塔板数，使用十分方便，故总板效率被广泛采用。但总板效率并不区分同一个塔中不同塔板的传质效率差别，所以在塔器研究与改进操作中不能满足要求。

(2) 默弗里板效率　以气相浓度变化表示的默弗里板效率的定义式为

$$E_{mV} = \frac{y_n - y_{n+1}}{y_n^* - y_{n+1}} \tag{8-32}$$

式中，y_n，y_{n+1} 为离开第 n 块塔板及第 $n+1$ 块塔板的气相组成，摩尔分数；y_n^* 为与离开第 n 块塔板的液相组成 x_n 呈平衡的气相组成，摩尔分数。

以液相浓度变化表示的默弗里板效率的定义式为

$$E_{\mathrm{mL}}=\frac{x_{n-1}-x_n}{x_{n-1}-x_n^*}\qquad(8\text{-}33)$$

式中，x_{n-1}，x_n 为离开第 $n-1$ 块塔板及第 n 块塔板的液相平均组成，摩尔分数；x_n^* 为与离开第 n 块塔板的气相平均组成 y_n 呈平衡的液相组成，摩尔分数。

默弗里板效率用以标明一块塔板的传质效率。欲测定默弗里板效率，只需在塔板的上、下方取样测其浓度，即可按定义算出，由此可判断该塔板操作状况的优劣。

当液相流过塔板时，若传质效率高且液相返混程度小，塔板上液相有明显的浓度差，则默弗里板效率值可能大于 1；若液相返混严重，塔板上液相浓度比较均匀，默弗里板效率则小于 1。通常因液相总存在返混，所以默弗里板效率小于 1。默弗里板效率又称单板效率。

参看图 8-30。图（a）表示通过第 n 块塔板前后的气液浓度。图（b）中 a-c-b 表示一个实际的"梯级"。E_{mV} 是 $\overline{ac}$ 长度与 $\overline{ad}$ 长度之比，E_{mL} 是 $\overline{bc}$ 长度与 $\overline{be}$ 长度之比。

根据默弗里板效率可直接用作图法求取实际塔板数。现已知不同液相浓度时的 E_{mV} 值为例说明之。

在 y-x 图中在操作线与平衡线间任意作数条垂直于 x 轴的直线，并按已知默弗里板效率值在这些直线中取内分点。如图 8-31 中在 $\overline{ab}$ 直线中取 c 点，c 点位置须满足 $E_{\mathrm{mV}}=\dfrac{\overline{ac}}{\overline{ab}}$（注意 E_{mV} 依不同 x 而异）。连接这些内分点，描绘成光滑的虚线。然后，由对角线上 $(x_{\mathrm{D}},x_{\mathrm{D}})$ 点出发，在操作线与虚线间画梯级，梯级数即为所求实际塔板数。

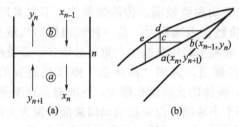

图 8-30　默弗里板效率

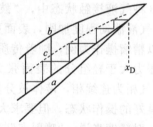

图 8-31　由默弗里板效率求实际塔板数

（3）点效率　是为考察塔板在操作时不同板面部位的局部传质效率所采用的一种塔效率，主要用于塔板结构研究。点效率 E_{OG} 的定义式为

$$E_{\mathrm{OG}}=\frac{y-y_{n+1}}{y^*-y_{n+1}}\qquad(8\text{-}34)$$

式中，y_{n+1} 为进入第 n 块塔板的气相平均组成，摩尔分数；y 为离开第 n 块塔板上某点的气相组成，摩尔分数；y^* 为与被考察点的液相浓度呈平衡的气相组成，摩尔分数。在塔板上任一点位置，液层在铅垂方向上由于气泡的搅拌，可认为液相组成是均匀的。

对图 8-32 中液相组成为 x 的位置，现分析气相经历了在液相中组成由 y_{n+1} 逐渐变为 y 的传质过程。设气相的摩尔流速为 G，气相的体积传质系数为 K_ya，

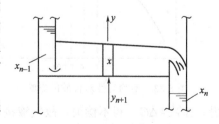

图 8-32　点效率示意

泡沫层高为 H_f，与液相 x 呈平衡的气相组成为 y^*，对精馏操作来说

$$G\mathrm{d}y = K_y a(y^* - y)\mathrm{d}H_f \tag{8-35}$$

将上式沿泡沫层高度积分，可得

$$\frac{K_y a H_f}{G} = \int_{y_{n+1}}^{y} \frac{\mathrm{d}y}{y^* - y} = -\ln\frac{y^* - y}{y^* - y_{n+1}}$$

则

$$E_{OG} = \frac{y - y_{n+1}}{y^* - y_{n+1}} = \frac{(y^* - y_{n+1}) - (y^* - y)}{y^* - y_{n+1}} = 1 - \frac{y^* - y}{y^* - y_{n+1}} = 1 - \exp\left(-\frac{K_y a H_f}{G}\right)$$

$$\tag{8-36}$$

式(8-36)表明，要提高点效率，则泡沫层 H_f 要高，泡沫的比表面积 a 要大，传质系数 K_y 要大，气相流速 G 要低。

对点效率的分析结果指明了强化板式塔传质效果的途径，但由于塔器的传质问题十分复杂，目前，对塔板效率尚不能完全进行理论分析，只能依靠实验测定。

8.5.2 提高塔器操作传质效果须注意的问题

为提高塔器操作的传质效果，应注意三个问题。

① 尽可能减少气相与液相的轴向混合。

② 对于不同的物系，应选用适宜的气液接触状态。气体通过液层时，随着气速的增大，会出现不同的气液接触状态。气速低时，气泡生成的频率低，液层较清晰，这时属"鼓泡态"操作。气速增大后，气泡生成频率增加，属"泡沫态"操作。当气速增大到一定程度后，气体呈气流状喷出，将液体排开，部分液体被气流冲击成液滴并被抛上属"喷射态"操作。

在这3种气液接触状态中，"鼓泡态"因气液湍动程度较弱，传质效果差，不宜采用。"泡沫态"气液湍动程度加剧，表面更新好，气液接触比表面积大，是一种较理想的气液接触状态。以精馏操作为例，随着传质过程的进行，液膜上轻组分减少，重组分增多。若重组分的表面张力大于轻组分的表面张力，则液膜不易破裂，采用"泡沫态"操作是适宜的。"喷射态"气相为连续相，液体被分散成细小液滴，液体的比表面积很大，气液湍动程度高，也是一种良好的操作状态，但要求大液滴能分成若干小液滴，以对抗液滴因碰撞而聚为大液滴的趋势。对精馏来说，"喷射态"适于重组分的表面张力小于轻组分表面张力的物系。

③ 减小塔板上气液流动的不均匀性 在传质过程中，传质量随时间的延续而增加。开始时传质推动力大，传质速率高，但随着时间的推移，推动力变小，传质速率降低，如图 8-33 所示。图中的 G-τ 函数关系属"凸函数"型。

对于凸函数型传质过程，若气液平均接触时间为 τ，传质量为 G，但由于部分气液"短路"，这部分气液接触时间降为 $\tau - \Delta\tau$，传质量为 $G - \Delta G'$，另一部分气液发生滞留现象，则其气液接触时间增为 $\tau + \Delta\tau$，传质量为 $G + \Delta G$。由图可见，从传质量来看，$\Delta G' > \Delta G$，得不偿失，故气液接触时间不均匀对传质是不利的。为使气液接触时间均匀，应力求塔板上气液流动均匀。

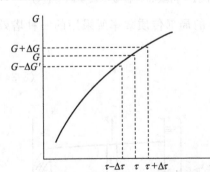

图 8-33 不均匀性对传质的影响

8.5.3　总板效率的经验图线

塔板效率是个影响因素甚多的复杂指标，已有不少研究成果发表。有的研究者立足于全面考察各有关影响因素，如 A. I. Ch. E 预测板效率法，这种计算方法甚繁。有的研究者只着重考察一些重要因素对塔板效率的影响，而略去次要因素，如奥肯奈尔（O'connell）的关联图等。下面只介绍 O'connell 关联图，它是由实验数据归纳得到的。

① 精馏操作全塔效率　精馏操作的全塔效率关联图如图 8-34 所示。图中横坐标为 $\alpha\mu_L$。α 是塔顶、底平均温度下物系的相对挥发度，如为多元精馏，α 是关键组分间的相对挥发度。μ_L 是塔顶、底平均温度下按进料组成计算的液相黏度，单位是 mPa·s。该黏度可用加和法估算：$\mu_L = \sum x_i\mu_{Li}$，式中 x_i 是组分 i 的摩尔分数，μ_{Li} 是 i 组分的液相黏度，mPa·s。

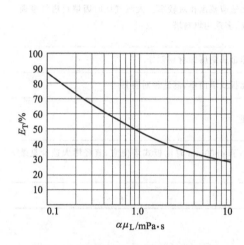

图 8-34　精馏操作总板效率关联图

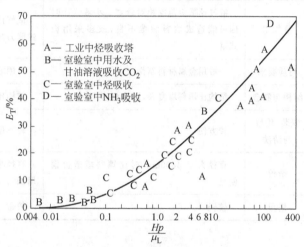

图 8-35　吸收操作全塔效率关联图

② 吸收操作全塔效率　吸收操作全塔效率关联图如图 8-35 所示。图中横坐标为 $\dfrac{Hp}{\mu_L}$，其中 H 为溶质的溶解度系数 $\left(p^* = \dfrac{c}{H}\right)$，kmol/(m³·atm)，$p$ 为总压，atm，μ_L 为液相黏度，mPa·s。

8.6　板式塔和填料塔的性能比较

对于多数精馏塔、吸收塔等气液传质设备，塔板与填料都可以选用，二者的区别取决于物系的特点、设备投资及操作费用等因素。板式塔与填料塔的结构存在显著差异，气液两相的流动形式不同，因而对于不同特征的物系具有不同的适用性。板式塔和填料塔的性能比较见表 8-12。

表 8-12　板式塔和填料塔的性能比较

项目	塔型	
	板式塔	填料塔
生产能力	塔板的开孔率一般占塔截面积的 7%～13%，单位塔截面积上的生产能力低	塔内件的开孔率通常在 50% 以上，而填料层的空隙率则超过 90%，一般液泛点较高，单位塔截面积上的生产能力高

项目	塔型	
	板式塔	填料塔
分离效率	一般情况下,常用板式塔每米理论级最多不超过 2 级。在高压操作下,板式塔的分离效率略优于填料塔	一般情况下,工业上常用填料塔每米理论级为 2~8 级。在减压、常压和低压(压力小于 0.3MPa)操作下,填料塔的分离效率明显优于板式塔
塔压降	较大,每个理论级压降约为 0.4~1.1kPa	较小,每个理论级压降约为 0.01~0.3kPa。压降低不仅能降低操作费用,节约能耗;而且可降低塔釜温度,适用于热敏性物料的分离
持液量	较大,约为塔体积的 8%~12%	较小,约为塔体积的 1%~6%
液气比	液气比适应范围相对较宽。小液气比时因可能造成填料润湿不良,故多采用板式塔	液气比适应范围相对较窄。大液气比时因填料塔气液通过能力高,多采用填料塔
材质要求	一般用金属材料制作	可用非金属耐腐蚀材料制作
结构与制造	结构比填料塔复杂,制造相对不便	结构比板式塔简单,制造相对容易
安装、维修与清洗	较方便	较不便
造价	直径大于 ϕ800mm 时比填料塔造价偏便宜	直径小于 ϕ800mm 时比板式塔便宜,直径增大造价显著增加
塔重	较轻	较重

<<<<< 本章主要符号 >>>>>

a——填料的比表面积,m^2/m^3。

a_W——实际操作中润湿填料的比表面积,m^2/m^3。

A_a——筛板塔的有效传质面积,m^2。

A_f——筛板塔的降液区面积,m^2。

A_T——塔板截面积,m^2。

C_f——筛板塔的液泛气相负荷因子。

C_F——浮阀塔的泛点负荷系数。

C_0——筛板塔的干板孔流系数,无量纲。

d——填料尺寸,m。

d_p——液滴分割球径,m。

d_0——筛孔孔径,m。

D——塔径,m。

e_V——液沫挟带量,kg液/kg 干气。

E_{mV}——以气相浓度变化表示的默弗里板效率。

E_{mL}——以液相浓度变化表示的默弗里板效率。

E_{OG}——点效率。

E_T——总板效率。

F_a——筛板塔气相动能因子。

F_{LV}——两相流动参数。

F_0——浮阀塔气相动能因子。

G——质量流量,kg/(s·m^2)。

h_0——降液管底隙高度,m。

h_C——漏液点时塔板上泡沫层厚度按等压降原则折算的清液层厚度,m。

h_d——干板阻力,m。

h_d'——筛板塔漏液点操作状况下的干板阻力,mH_2O。

h_1——塔板上泡沫层高度按等压降原则折算的清液层高度,m。

h_w——溢流堰高,m。

h_{ow}——溢流堰顶上的液层厚度,m。

H——降液管内含气泡的液位高度,m。

H_d——降液管内清液(不含气泡)高度,m。

H_f——气体通过一层塔板的压降折算成的清液高度(即通过一块塔板的阻力),m。

H_f——板间距，m。

$HETP$——等板高度，m。

k_L——液相传质分系数，kmol/[s·m²·(kmol/m³)]。

k_G——气相传质分系数，kmol/(s·m²·kPa)。

L——液体喷淋密度，m³/(h·m²)。

L_h——液相体积流量，m³/h。

L_s——液相体积流量，m³/s。

l_w——溢流堰长，m。

N_T——理论板数。

t——孔心距，m。

u——空塔气速，m/s。

u_f——空塔气体泛速，m/s。

u_0——浮阀塔阀孔气速，m/s。

$u_{0,w}$——漏液点时的筛孔气速，m/s。

V_s——气相体积流量，m³/s。

Z_0——每段填料的高度，m。

α——被分离组分的相对挥发度。

β——液层充气系数。

ε——空隙率，m³/m³；液层充气系数。

ψ——液沫挟带分数。

φ——填料因子，m²/m³；开孔率；相对泡沫因子。

σ——液体表面张力，N/m。

σ_C——填料上液体铺展开的最大表面张力，N/m。

ρ——密度，kg/m³。

μ——黏度，Pa·s。

τ——液体在降液管内停留时间，s。

ζ——气相与液滴相对运动的阻力系数，无量纲。

<<<<< 习　题 >>>>>

8-1　拟用清水吸收空气与丙酮混合气中的丙酮。混合气含丙酮 4.5%（体积分数）。操作条件：常压，25℃，塔底液相质量流速 $G_L=6.34$kg/(s·m²)，液相与气相质量流量之比为 2.50，取操作气速为泛点气速的 70%。试比较采用 25mm×25mm×2.5mm 瓷质拉西环散堆与采用 25mm×3.3mm 瓷质矩鞍形填料两种方案的空塔气速及每米填料层压降。按塔底条件计算，液相物性按水计。

[1.64m/s；1.945m/s；900Pa/m]

8-2　承习题 8-1，试计算采用瓷矩鞍形填料时的 k_Ga，该填料的名义尺寸为 25mm。

[1.596×10⁻³ kmol/(s·m³·kmol·m⁻³)]

8-3　承习题 8-1，试计算采用瓷矩鞍形填料时的 k_La，该填料的名义尺寸为 25mm。

[0.0158 kmol/(s·m³·kmol·m⁻³)]

8-4　某乙醇-水精馏塔，塔顶、底温度分别为 78.2℃ 与 102℃，进料中含乙醇 16%（摩尔分数），试求取全塔效率。

[37.5%]

8-5　某苯-甲苯精馏塔，进料含苯 20%（摩尔分数，下同），塔顶产品含苯 98%，塔底产品含苯 2.0%，泡点进料，泡点回流，塔顶用全凝器，物系相对挥发度 $\alpha=2.47$。操作回流比为最小回流比的 1.5 倍。已知气相默弗里单板效率 E_{mV} 随液相浓度变化不大，可按 0.55 计。试确定所需实际塔板数及加料板位置。

[27 块；第 16 块]

<<<<< 复习思考题 >>>>>

8-1　塔器分两大类，即_____塔与_____塔。

8-2　对塔器的一般要求是_____。

8-3　常用的板式塔类型有_____。

8-4　有降液管的板式塔，气液的相对流向，对全塔而言为_____流，对每块塔板而言为_____流。

8-5　常用的塔填料种类有_____。

8-6　2 英寸以下填料在塔内的堆放方式是_____。

8-7　令塔内径为 D，填料尺寸为 d，为使塔内各处空隙率较均匀且气流阻力不至太大，一般 $D/d=$_____。

8-8 对一定的液体喷淋密度，气体的载点气速指_____。

8-9 对一定的液体喷淋密度，气体的泛点气速指_____。

8-10 通常填料塔的泛速是依据_____经验关联图算出的，其中体现不同尺寸的各种填料操作特性的参量是_____。

8-11 轴向混合——气流把液滴往上带及液流把气泡往下带，对汽液逆流传质过程是_____利因素。

8-12 HETP 是指_____。

8-13 令 u_f 为气体泛速，u 为气体操作气速（二者均为空速），一般推荐 $u=$_____ u_f。

8-14 筛板塔的孔径 d_0 一般为_____ mm。

8-15 筛板塔上筛孔的排列方式常用_____。

8-16 筛板塔上液流的型式有 3 种，即_____、_____、_____。

8-17 令塔的内径为 D，溢流堰长为 l_w，推荐的 $l_w/D=$_____。

8-18 当液体从降液管流出，刚进入筛板时，板上设计有一窄长的不开孔区，其目的是_____。

8-19 当液体横向流过塔板，在流进降液管前，板上设计有一窄长的不开孔区，其目的是_____。

8-20 限定筛板塔正常操作气液流量的有 5 条线，即_____、_____、_____、_____、_____，作简图示意。

8-21 若液流量小于液流下限，会发生_____。确定液流量下限线的依据是_____。

8-22 若液流量大于液流上限，会发生_____。确定液流量上限线的依据是_____。

8-23 漏液线是依据_____经验关联图线作的。其基本观点是_____。

8-24 过量液沫挟带是指每千克量，干气夹带的液滴的千克量，e_V 大于等于_____的情况。

8-25 溢流液泛指_____，对一定结构的塔板，溢流液泛一般发生在_____情况。

8-26 若液流量在正常操作范围内，但气相流量过大，可能发生_____。

8-27 气相默弗里板效率 $E_{mV}=(y_n-y_{n+1})/(y_n^*-y_{n+1})$，其中 y_n^* 是与_____平衡的气相组成。

8-28 液相默弗里板效率 $E_{mL}=(x_{n-1}-x_n)/(x_{n-1}-x_n^*)$，其中 x_n^* 是与_____平衡的液相组成。

第9章
液液萃取

学习指导

通过萃取过程的学习，重点掌握萃取分离的原理和流程，萃取过程的相平衡关系，单级萃取及多级萃取过程的计算。萃取与吸收过程都是利用溶解度的差异实现组分的分离，因此两种单元操作具有许多相仿之处。但是两者分别涉及气液两相和液液两相系统，在物理性质相差很大，因此在设备结构和操作方面存在显著差异，学习过程中应注意比较两者的异同。

9.1 概述

9.1.1 液液萃取原理

与精馏一样，液液萃取也是分离液体混合物的一种单元操作。在吸收章中已经论述了利用气体各组分在溶剂中溶解度的差异，可对气体混合物进行分离。基于同样的原理，可向液体混合物中加入外加溶剂，利用混合物中各组分在溶剂中溶解度的差异来分离液体混合物，这就是液-液萃取，简称萃取。

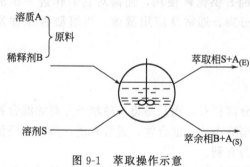

图 9-1　萃取操作示意

萃取的基本过程如图 9-1 所示。原料中含有溶质 A 和溶剂 B，为使 A 与 B 尽可能地分离完全，需选择一种溶剂，称为萃取剂 S，要求它对 A 的溶解能力要大，而与原溶剂（或称为稀释剂）B 的相互溶解度则愈小愈好。萃取的第 1 步是使原料与萃取剂在混合器中保持密切接触，溶质 A 通过两液相间的界面由原料液向萃取剂中传递。在充分接触、传质之后，第 2 步是使两液相在分层器中因密度的差异而分为两层。其中一层以萃取剂 S 为主，并溶有较多的溶质 A，称为萃取相；另一层以原溶剂 B 为主，还含有未被萃取完的部分溶质 A，称为萃余相。

由上述过程可知，萃取过程所用的溶剂必须满足以下四个基本要求。

① 溶剂不能与被分离混合物完全互溶，只能部分互溶；否则，充分搅拌后只存在一个液相，不可能实现任何分离。

② 溶剂对 A、B 两组分有不同的溶解能力，或者说，溶剂具有选择性。若溶剂 S 对 A、

B 两组分等比例溶解，也不可能达到分离的目的。

也就是说，萃取剂 S 应为原料液中溶质 A 的良溶剂，同时又为原溶剂 B 的不良溶剂。这种对选择性溶解度的要求，可以定量地用一个选择性系数 β 表示

$$\beta = (y_A/y_B)/(x_A/x_B) = (y_A/x_A)/(y_B/x_B) \tag{9-1}$$

式中，y_A/y_B 为萃取相中 A、B 组分的摩尔分数比；x_A/x_B 为萃余相中 A、B 组分的摩尔分数比；显然，β 越大，萃取分离效果越好。

③ 溶剂与被分离混合物需有一定的密度差，这样，萃取相与萃余相才能比较容易地得到分离。

④ 溶剂易于回收。分层后的萃取相及萃余相，通常是以蒸馏法分别进行分离，回收萃取溶剂 S 供循环使用，故要求 S 与其他组分的相对挥发度大，特别是不应有恒沸物形成。

9.1.2 工业萃取过程

对于萃取过程而言，最理想的情况是稀释剂 B 与溶剂 S 完全不互溶，此时，如果溶剂 S 也完全不溶于被分离混合物，那么，萃取过程的数学计算与工业实现都与吸收过程十分类似。但在实际生产通常遇到的体系中，被分离组分都或多或少地溶解于溶剂，溶剂也少量溶解于被分离混合物。这样，3 个组分都将在两相中出现，这也使萃取过程的工业实现显得比较复杂。

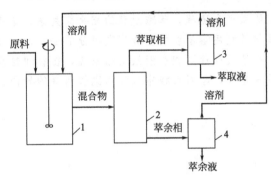

图 9-2 单级工业萃取过程
1—混合器；2—分层器；3—萃取相分离设备；
4—萃余相分离设备

图 9-2 所示为一个典型的单级工业萃取过程。由于萃取后的萃取相和萃余相都是均相混合物，为了得到产品 A，并回收溶剂 S 供循环使用，还需对它们作进一步的分离。通常是应用蒸馏，当溶质很难挥发时，也可用蒸发。

9.1.3 萃取过程的经济性

由上例可知，萃取过程本身并没有直接完成分离任务，而只是将一种难于分离的混合物转变为两种易于分离的混合物。因此，同样是分离液态均相混合物，通常来说，蒸馏的经济性更好，但对于下述几种情况，采用萃取过程较为有利。

① 当溶质 A 的浓度很稀，而且 A 与 B 都是易挥发组分时，以蒸馏法回收 A 的单位热耗很大。这时可用萃取先将 A 富集在萃取相中，然后对萃取相进行蒸馏，可使耗热量显著降低。例如从稀苯酚水溶液回收苯酚，就以应用先萃取再蒸馏的方法为佳。

② 当所需分离的组分是恒沸物或沸点相近时，一般的蒸馏方法不适用。除可采用恒沸蒸馏或萃取蒸馏外，有些场合以应用先萃取再蒸馏的方法较为经济。例如，使重整油中的芳烃与未转化的烷烃分离就是如此——炼油工业中称这一萃取过程为"芳烃抽提"。

③ 当需要提纯或分离的组分不耐热时，若直接用蒸馏，往往需要在高真空之下进行，而应用常温下操作的萃取过程，通常更为经济。

近年来，由于能源紧缺，能够节约热耗的萃取过程得到较快的发展；同时，萃取在资源开发（如湿法冶金使许多贫矿的开采和稀有金属的提取成为可行）和治理环境污染（如废水

脱酚）等方面的应用也日益广泛。

9.2 液液相平衡原理

9.2.1 三角形相图

9.2.1.1 三元组成的表示法

萃取过程与吸收、蒸馏一样，其基础是相平衡关系。萃取过程中至少要涉及 3 个组分，即溶质 A、原溶剂（稀释剂）B 和萃取剂 S。对于这种较为简单的三元物系，若 S 与 B 的相互溶解度在操作范围内小到可以忽略，则萃取相 E 和萃余相 R 都只含有两个组分，其相平衡关系类似于吸收中的溶解度曲线，可在直角坐标上标绘。但这种较为理想的溶剂并不常见，常见的情况是 S 与 B 部分互溶，于是 E 和 R 都含有 3 个组分。这种三元体系的平衡关系通常用三角形相图表示。

三角形相图可分为正三角形与直角三角形两种。

正三角形相图如图 9-3 所示。三角形 ABS 的 3 个顶点代表各纯物质，习惯上以三角形上方的顶点代表溶质 A，左下顶点代表原溶剂 B，右下顶点代表溶剂 S。3 条边都分为 100 等分，并通过各边的等分点作平行于 3 条边的直线。处于各边上的点表示某个二元组分，如边 BA 上的点 Q 代表一 A、B 的二元混合液，其中含 60％A、40％B 而不含 S（组分 A 的百分率用线段 QB 表示，而组分 B 的百分率则用线段 QA 代表）。

三角形内的任一点 P 代表一个三元混合物，其组成可用各条边上的长度表示。通过点 P 作底边 SB 的平行线 PE，交边 BA 于点 E，以线段 BE 代表溶质 A 的含量（顶点 A 与底边 SB 相对）；同理，作 $PF\parallel AS$、$PG\parallel AB$，以线段 AG 及 SF 分别代表组分 S 和 B 的含量。那么，图中点 P 的组成按上述线段的长度，可从标尺读出为 30％A、20％S、50％B。

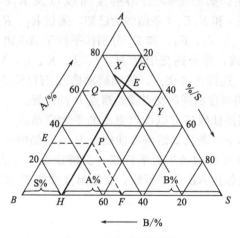

图 9-3　正三角形相图

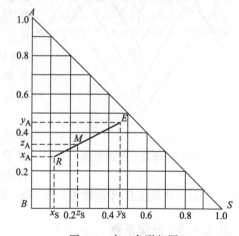

图 9-4　直三角形相图

直三角形相图（如图 9-4 所示）与上述正三角形相图的不同，除边 BA 与底边 BS 垂直外，还有萃取剂 S 的标尺改写在底边上；原溶剂 B 的含量并不另标出，而由两坐标轴上查得 S％及 A％后，按式 B％＝100％－A％－S％计算。如图中 R 点可由图读出：$x_A=0.27$、$x_S=0.12$，从而计算出 $x_B=0.61$。

混合物的组成可以用体积分数、质量分数或摩尔分数来表示。

9.2.1.2 溶解度曲线

溶解度曲线也称双结点曲线。如图 9-5 所表示的是在一定温度条件下，形成一对部分互溶液相的三元体系的双结点曲线。

在溶质、原溶剂和溶剂所组成的三元体系中，若 3 组分混合形成一个均相溶液，则不能进行萃取操作，显然只有形成互不相溶的液相才有实际的意义。除了形成一对部分互溶液相的情况外，还有形成二对、三对部分互溶液相的，另外，还有形成固相的情形。本章只讨论形成一对部分互溶液相的情况，最典型的是如图 9-5 所示的双结点曲线 $RR_1R_2R_3PE_3E_2E_1E$。

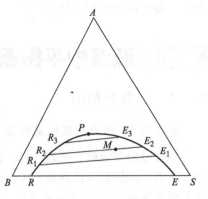

图 9-5　溶解度曲线

图中位于曲线所包围区域外的点表示该混合物为均相，而曲线以内及 RE 线上的点表示该混合物可形成两个组成不同的相，故称这范围为两相区。该曲线代表了饱和溶液的组成。例如一个组成为 M 的混合物，形成两个液相，其组成分别为 R_2 和 E_2，这两个液相称为共存相（也称为共轭相）。在一定的温度条件下，两液相处于平衡状态。连接 R_2 和 E_2 的线称为结线，由于在两相区内任一混合物都可分成两个平衡液相，故原则上可以得到无数条结线，如图中的 R_1E_1、R_3E_3 等。

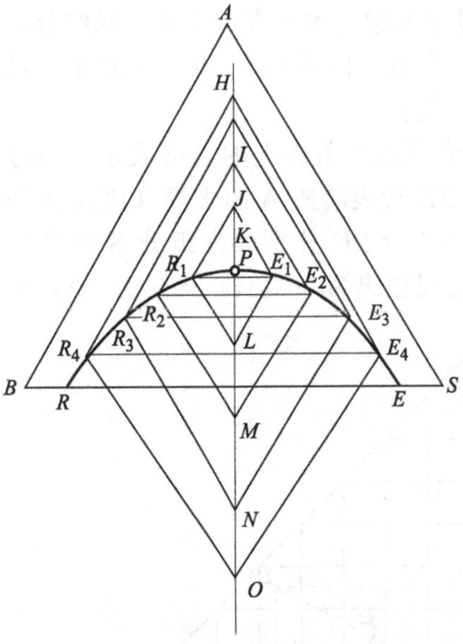

图中的 P 点称为褶点（也称为临界混溶点），它位于溶解度曲线上。在该点上，两相消失而变为一相，即两个共存相的组成相同。显然，褶点处的三元混合物已不能用萃取方法进行分离。褶点位置可以通过作图法来确定。如图 9-6，若溶解度曲线以及 R_1E_1、R_2E_2、R_3E_3 和 R_4E_4 4 条结线为已知，通过 R_1、R_2、R_3、R_4、E_4、E_3、E_2 和 E_1 分别作平行于 AB 边和 AS 边的直线，并分别交于点 H、I、J、K、L、M、N 和 O 点，连接这些交点，得到辅助曲线 $HIJKLMNO$，它与溶解度曲线的交点就是褶点 P 的位置。

使用辅助曲线还可以作出更多的平衡联结线，其方法举例如下：若已知溶解度曲线上 P 点左侧的任一点 R，由该 R 作边 AS 的平行线，交辅助线于 e 点，再由该 e 点作边 AB 的平行线，交溶解度曲线 P 点右侧的一点 E。联结 RE 就是欲求的平衡联结线。

图 9-6　辅助曲线的作法

9.2.1.3 分配系数

在平衡共存的两液相中，溶质 A 的分配关系可用分配系数 k_A 表示

$$k_A = \frac{\text{溶质 A 在萃取相（}E\text{）中的浓度 } y}{\text{溶质 A 在萃余相（}R\text{）中的浓度 } x} \tag{9-2}$$

式中的溶质常用质量浓度（kg/m^3）或质量分数表示，k_A 值愈大，则每次萃取所能取得的分离效果愈好。当浓度的变化范围不大，恒温下的 k_A 可作为常数。

显然，对于 S 与 B 互不相溶的体系，分配系数 k_A 相当于汽液平衡中的亨利系数。对于

S 与 B 部分互溶的物系，k_A 与联结线的斜率有关。如以质量分数 y、x 代表溶质 A 在萃取相、萃余相中的浓度，当 $k_A = 1$，则 $y = x$，联结线与底边 BS 平行，其斜率为零；如 $k_A > 1$，得 $y > x$，联结线的斜率大于零；也有时 $k_A < 1$，则 $y < x$，斜率小于零。显然，联结线的斜率愈大，k_A 也愈大，愈有利于萃取分离。

【例 9-1】 丙酮和醋酸乙酯的混合液具有恒沸点，不能直接以蒸馏法得到较完全的分离，可以选择最易得到的溶剂——水，先进行萃取。此物系在 30℃ 下的相平衡数据如表 9-1 所示。试在正三角形相图中作出联结线和溶解度曲线，并求出各对平衡数据相应的选择性系数 β 和分配系数 k_A，再求酯相中丙酮 $x = 30\%$ 时的平衡数据。

表 9-1　丙酮（A）-醋酸乙酯（B）-水（S）在 30℃ 下的平衡数据（质量分数）

序　号	醋酸乙酯相			水　相			选择性系数	分配系数
	A/%	B/%	S/%	A/%	B/%	S/%		
1	0	96.5	3.5	0	7.4	92.6		
2	4.8	91.0	4.2	3.2	8.3	88.5	7.309	0.667
3	9.4	85.6	5.0	6.0	8.0	86.0	6.830	0.640
4	13.5	80.5	6.0	9.5	8.3	82.2	6.825	0.704
5	16.6	77.2	6.2	12.8	9.2	78.0	6.470	0.771
6	20.0	73.0	7.0	14.8	9.8	75.4	5.512	0.740
7	22.4	70.0	7.6	17.5	10.2	72.3	5.362	0.781
8	26.0	65.0	9.0	19.8	12.2	68.0	4.057	0.762
9	27.8	62.0	10.2	21.2	11.8	67.0	4.007	0.763
10	32.6	51.0	13.4	26.4	15.0	58.6	2.753	0.810

解　按表 9-1 给出的平衡数据，在正三角形相图中标绘出溶解度曲线和序号为 2，4，5，7，9，10 的 6 条联结线，如图 9-7 所示。

在图 9-7 的溶解度曲线的左支中标出 $x = 30\%$ 的点，其相邻的两条联结线近于平行，可不必作辅助线，而如图近似作出通过 R 的联结线 RE，查图得知此一平衡组成为

酯相：30%A，　　59%B，　　11%S
水相：24%A，　　13%B，　　63%S

选择性系数 β 可应用式（9-1）计算。如对序号 2 的数据有

$$\beta = (y_A/x_A)/(y_B/x_B)$$
$$= (3.2/4.8)/(8.3/91.0)$$
$$= 7.309$$

依此，可对其他序号的数据进行计算。

分配系数 k_A 按式（9-2）计算，如对序号 2

$$k_A = y_A/x_A = 3.2/4.8 = 0.667$$

其他序号的 k_A 值经计算后，都列在表 9-1 的最后一行中。

由 β 与 k 的定义可以看出

$$\beta = k_A/k_B \qquad (9-3)$$

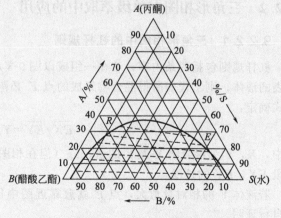

图 9-7　[例 9-1] 附图

这表明了分配系数与选择性系数间的关系。

所得 β 都比 1 大得较多，可知从选择性来说，可以用水从醋酸乙酯相中萃取丙酮，但所得 k_A 都小于 1，故水对此物系并不是一个优良的萃取剂，考虑用它，是因为价廉易得。

9.2.1.4　测定相平衡的实验方法

由上述内容可知，得到充分的、可信的液液相平衡数据，并绘出相平衡曲线，是萃取操作的基础。相平衡数据须通过实验方法测定。

相平衡实验通常在玻璃制液液平衡釜中进行，实验需保持恒温。实验分为相比变化法和相比不变法两种。

(1) 相比变化法　实验时先配制一系列不同料液与溶剂体积比例的三元溶液，在液液平衡釜中经充分振荡混合使达到平衡并分层后，分别对各实验点的两相溶液分析组成，可得到一系列实验点的两相组成，即两相平衡浓度。一般认为，上述比例范围大致在 $1/10 \sim 10/1$ 之间。在进行实验配制时，应事先大致估计出溶质在原溶剂和溶剂中的浓度，以便选择合适的比例，减少实验工作量。

(2) 相比不变法　此方法需事先选择一个合适的相比，使含有溶质和原溶剂的料液相与溶剂相经充分接触达到平衡后分层，分离两相，分别对两相进行取样分析，得到平衡浓度。然后弃去料液相，保留溶剂相，再按同样的相比加入新鲜的料液相与保留的溶剂相接触，进行同样的实验过程，再得到一平衡浓度。以此类推，直到得到所有需要的平衡浓度为止。此方法的缺点是合适的相比事先不易选择，实验中要保持相同的条件比较困难。

9.2.1.5　液液相平衡数据的预测、关联及检索

在液液平衡研究中，自行通过实验方法一般只能获得有限物系的平衡数据及相应的结线，这往往并不能满足实际设计计算的需要。要获得更多的数据，读者可检索查阅有关专著和手册，也可以通过热力学方法对液液相平衡数据进行预测和关联。尽管如此，与汽液相平衡数据相比，液液相平衡数据目前仍然是十分匮乏的，这也直接影响了萃取操作的应用与发展，这就需要我们在液液相平衡数据的测定、预测、关联等方面做更多的工作。

9.2.2　三角形相图在单级萃取中的应用

9.2.2.1　三角形相图中的杠杆规则

杠杆规则包括两条内容，若在一组成以图 9-3 点 X 代表的液体中，加入另一组成以点 Y 代表的液体，则①代表所得混合物组成的点 E 必落在直线 XY 上，②点 E 的位置按以下比例式确定：

$$\overline{EX}/\overline{EY}=Y/X \tag{9-4}$$

式中，X，Y 为混合物 X 及 Y 的量，kg（但在相图中 X、Y 表示混合物组成）；$\overline{EX}$，$\overline{EY}$ 为线段 EX，EY 的长度。

若液体 Y 的相对量愈大，点 E 就愈靠近图中代表它的点 Y。以上第 2 条可应用物料衡算自行证明。

若相反，混合物 E 分为 X 和 Y 两部分，例如在分层器内进行的过程，三角形相图中代表 3 种混合物组成的点 E、X、Y，按杠杆规则具有以下性质：①点 E、X、Y 必落在一条

直线上，即 3 点共线；②混合物 X、Y 间量的比例符合式 (9-4)。通常称相图中点 E 为 X 与 Y 的"和点"，而点 X（或 Y）为 E 与 Y（或 X）的"差点"。

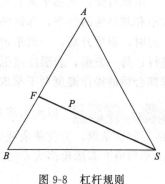

图 9-8　杠杆规则

杠杆规则的应用可举例说明如下。有 A，B 二元溶液的组成以图 9-8 上的点 F 代表，将溶剂 S 加入其中，所得三元混合液的总组成将以连线 FS 上的一点 P 代表，而点 P 的位置符合以下的比例关系

$$\overline{PF}/\overline{PS}=S/F$$

当逐渐增加溶剂 S 的量，点 P 将按这一比例关系沿 FS 线朝向顶点 S 移动，混合液中 A 与 B 的比例不变——与原二元溶液相同。

9.2.2.2　单级萃取过程在三角形相图上的表示

完整的单级萃取流程如图 9-9 所示。萃取相 E，萃余相 R 在除去萃取剂 S 后，称为萃取液 E' 和萃余液 R'。

应用三角形相图，可对上述萃取过程作出计算。为此，先根据指定温度下的平衡数据在图中作出联结线和溶解度曲线（参看图 9-9，但联结线未在图中绘出）。原料液的组成 x_F 在图 9-9 中以 BA 边上的点 F 代表。萃取剂的加入量应使得总组成 M 落在两相区中。点 M 应在线 FS 上，其位置按比例式 $\overline{MF}/\overline{MS}=S/F$，由萃取剂量 S 与原料液量 F 的比例决定。

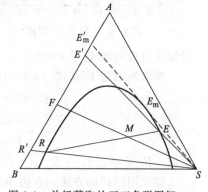

图 9-9　单级萃取的正三角形图解

若萃取设备相当于一个理论级，分层后的萃取相和萃余相将互成平衡，两相的组成可由通过点 M 的联结线 RE 从图中读出，两相的量 R 和 E 可由总物料衡算和杠杆规则决定

$$R+E=F+S$$
$$R/E=\overline{ME}/\overline{MR} \tag{9-5}$$

由萃取相分出萃取剂后得到萃取液，其溶质浓度 y'（溶质 A 在萃取液中的含量）可根据杠杆规则在图 9-9 中连直线 SE，并延长使之交边 BA 于点 E' 而确定。同理，从萃余相脱除萃取剂后得到萃余液，其溶质浓度 x' 可如图 9-9 用类似的方法在边 BA 上确定点 R' 而得。由图中的点 E'、F、R'，可见 $y'>x_F>x'$，这显示出一个理论萃取级所作出的部分分离效果。萃取液、萃余液的量 E'、R' 可由总物料衡算和杠杆规则计算

$$E'+R'=F$$
$$E'/R'=\overline{FR'}/\overline{FE'} \tag{9-6}$$

9.2.2.3　单级萃取过程分析

显然，上述单级萃取的分离效果取决于图 9-9 中点 E' 及 R' 的位置。萃取液能达到的最高浓度与线 SE' 与溶解度曲线相切相对应。图中示出这一切线 SE_m 及代表最高浓度 $y_{m'}$ 的点 $E_{m'}$，萃取相的相应组成用图中的点 E_m 来代表。而萃余液的相应浓度 $x_{m'}$ 则与联结线的斜率有关，斜率愈大，使代表萃余液浓度的点 $R_{m'}$ 愈低，则 $x_{m'}$ 愈小。

由此可知，从相平衡的角度分析，影响萃取分离效果的主要因素是物系相图中两相区的大小和联结线的斜率，而这两个因素又为所选择的萃取溶剂和操作温度所决定。当萃取溶剂一定时，温度升高，一般来说溶解度将增大，两相区会缩小，故萃取过程不宜在高的温度下进行；另一方面，若温度过低，又会使液体黏度过大，扩散系数减小，不利于传质。所以，选择合适的操作温度对于萃取过程来说，十分重要。

【例 9-2】 以水为溶剂，对 $x_F = 30\%$ 的丙酮-醋酸乙酯溶液进行单级（一个理论级）间歇萃取，为使萃余液的溶质浓度 x' 降至 15%，每千克原料需加多少水？能得到多少萃取液？其浓度多大？若需使 x' 降至 5%，结果又如何？

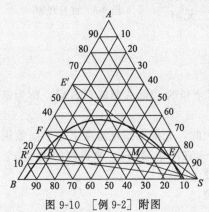

图 9-10 ［例 9-2］附图

解 应用［例 9-1］已作出的正三角形相图。如图 9-10 所示，在边 BA 上标明原料及所要求萃余液浓度的点 F 及 R'。点 R' 与点 S 相连的直线交溶解度曲线的左支于点 R，作通过 R 的联结线 RE，与连线 FS 的交点 M 代表原料加入适量的水后应达到的总组成。这一水量 S 可按杠杆规则计算如下

$$S/F = \overline{MF}/\overline{MS} = \frac{56}{44} = 1.27 \text{kg 水/kg 料液}$$

式中的 44 及 56 是按底边上 B% 的标尺（与 $\overline{MF}$ 及 $\overline{MS}$ 成比例）读出。

图 9-10 还示出连线 SE 的延长线交边 BA 于 E'，得知萃取液的浓度 $y' = 60\%$。

萃取液的量 E' 按式（9-6）计算

$$E'/R' = \overline{FR'}/\overline{FE'} = (x_F - x')/(y' - x_F)$$
$$= (30 - 15)/(60 - 30) = 1/2$$
$$F = E' + R' = E' + 2E' = 3E'$$

所以 $E'/F = 1/3$, $R'/F = 2/3$ (kg/kg)

如果用同样的方法，在边 BA 上定出萃余液浓度 $x' = 5\%$ 的点 R'，则所作联结线与 FS 的交点已落在两相区之外（即在均相区内），说明单级萃取不能使萃余液中 A 的浓度降到 5%，对此，需应用多级萃取。

9.3 萃取过程计算

上节已介绍了单级萃取的流程和计算，也提到若需对原料液进行较完全的分离，单级萃取往往达不到要求（见［例 9-2］），而需要应用多次萃取。工业上常见的多次萃取有多级错流萃取、多级逆流萃取、连续接触逆流萃取。本章主要介绍级式萃取过程。

9.3.1 萃取级内过程的数学描述

和精馏过程一样，级式萃取过程的数学描述也应以每一个萃取级作为考察单元，即原则上应对每一级写出物料衡算式、热量衡算式及表示级内传递过程的特征方程式。但是，萃取过程所产生的热效应一般较小，萃取过程基本上是等温的，故无需作热量衡算。

（1）单一萃取级的物料衡算 在级式萃取设备内任取第 m 级作为考察对象，进、出该级的各物料流量及组成如图 9-11 所示。对此萃取级作物料衡算可得

总物料衡算式 $R_{m-1}+E_{m+1}=R_m+E_m$ 　　　　　　　　　　　　　　　　　　　（9-7）

溶质 A 衡算式 $R_{m-1}x_{m-1,A}+E_{m+1}y_{m+1,A}=R_m x_{m,A}+E_m y_{m,A}$ 　　　　　　　　（9-8）

溶剂 S 衡算式 $R_{m-1}x_{m-1,S}+E_{m+1}y_{m+1,S}=R_m x_{m,S}+E_m y_{m,S}$ 　　　　　　　　（9-9）

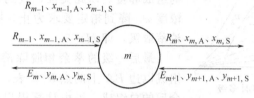

图 9-11 萃取级的物料衡算

（2）萃取级内传质过程的简化——理论级和级效率 萃取中所发生的液液相际传质过程是非常复杂的，其速率与物系性质、操作条件及设备结构等多种因素有关。为避免直接写出传质速率方程式的困难可引入理论级的概念，即假定进入一个萃取级的两股物流 R_{m-1} 和 E_{m+1}，不论组成如何，经过传质之后的最终结果均可使离开该级的两股物流 R_m 和 E_m 达到平衡状态。这样的一个萃取级称为理论级。当然，一个实际萃取级的分离能力不同于理论级，理论级数与实际级数之比称为级效率。

和精馏过程一样，理论级这一概念的建立，可将级式萃取过程的计算分为理论级的计算和级效率的计算两部分，其中理论级的计算可在设备决定之前通过解析方法解决，而级效率则必须结合具体的设备通过实验研究确定。

9.3.2 多级错流萃取

这种萃取流程如图 9-12 所示。图中每个圆圈代表一个理论级，它包括使原料液与萃取剂密切接触、充分传质的混合器以及继而使混合液进行机械分离的分层器。原料液在第 1 级被萃取剂处理后的萃余相 R_1，继续在第 2 级中为新鲜的萃取剂所萃取，使第 2 次萃余相 R_2 中的溶质浓度进一步降低。依此，直到第 N 级的萃余相 R_N 的浓度低于指定值。将这一最终萃余相在溶剂回收设备中脱除萃取剂，得到萃余液 R'，作为产品或送至下一工序。由各个萃取级所得到的萃取相 E_1、E_2、…

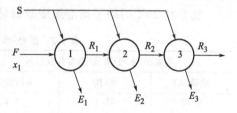

图 9-12 多级错流萃取

E_N，可在汇总后经溶剂回收设备，得到萃取液 E'。两处回收的萃取溶剂 S 分别加入各个级，循环使用。

这一流程既可用于间歇操作，也可用于连续操作。现讨论萃取剂与原溶剂部分互溶时多级错流萃取的情况。

对于这种情况需应用三角形相图进行图解，其基本原理是按照前述单级萃取的图解法，串联地对第 1、2…N 级依次求出萃余相和萃取相的组成。

如图 9-13 所示，量为 F、浓度为 x_F 的原料液与量为 S_1 的纯萃取剂在第 1 级中混合后，混合液的组成以图中的点 M_1 代表，点 M_1 在图中的连线 FS 上，且 $\overline{M_1F}/\overline{M_1S}=S_1/F$。达到相平衡并经过分层后，得到萃余相和萃取相，其组成分别以通过点 M_1 的联结线的端点

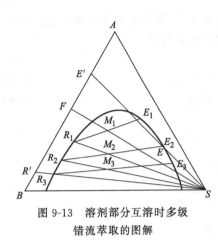

图 9-13 溶剂部分互溶时多级
错流萃取的图解

R_1 及 E_1 代表，其量 R_1 及 E_1 按式(9-5)计算。

第 1 级的萃余相再在第 2 级中与量为 S_1 的纯溶剂混合，混合液的组成以连线 R_1S 上的点 M_2 代表，点 M_2 的位置按 $\overline{M_2R_1}/\overline{M_2S}=S_1/R_1$ 确定。通过点 M_2 作联结线，可得经过第 2 级萃取后的萃余相、萃取相的组成和量。以此类推，直到第 N 级萃余相中溶质的浓度 x_N 降到指定要求为止，图 9-13 中共用了 3 个理论萃取级，即 $N=3$。

最后一级的萃余相脱除溶剂后得到的萃余液，其组成以边 BA 上的点 R' 代表。各级所得的萃取相在混合后的总组成，可由计算得出，然后在图上以点 E 代表（点 E 为点 E_1、E_2、E_3 的和点）。而脱除溶剂后的萃取液，其组成以边 BA 上的点 E' 代表。萃取液、萃余液的量 E' 和 R'，按式(9-6)计算。

采用多级错流萃取流程时，由于每一级都加入新鲜的萃取剂，一方面有利于降低最后萃余相中的溶质浓度，而得到高的溶质回收率，但另一方面，萃取剂的需用量（循环量）则要得多，使溶剂回收和输送所消耗的能量大，故使这一流程的应用受到限制。只有当物系的分配系数较大，或萃取剂为水，无需回收等情况下才较为适用。对其缺点，下述的多级逆流萃取流程有所改进。

【例 9-3】 单级萃取与两级错流萃取的比较

含醋酸 35%（质量分数）的醋酸水溶液，在 20℃下用异丙醚为溶剂进行萃取，料液的处理量为 100kg/h，试求：(1) 用 100kg/h 纯溶剂作单级萃取，所得的萃余相和萃取相的数量与醋酸浓度；(2) 每次用 50kg/h 纯溶剂作两级错流萃取，萃余相的最终数量和醋酸浓度；(3) 比较两种操作所得的萃余相中醋酸的残余量与原料中醋酸量之比（萃余百分数 φ）。

物系在 20℃时的平衡溶解度数据见表 9-2。

表 9-2 醋酸-水-异丙醚液液平衡数据 (20℃)

萃余相(水相)组成(质量分数)/%			萃取相(异丙醚相)组成(质量分数)/%		
醋酸(A)	水(B)	异丙醚(S)	醋酸(A)	水(B)	异丙醚(S)
0.69	98.1	1.2	0.18	0.5	99.3
1.41	97.1	1.5	0.37	0.7	98.9
2.89	95.5	1.6	0.79	0.8	98.4
6.42	91.7	1.9	1.93	1.0	97.1
13.30	84.4	2.3	4.82	1.9	93.3
25.50	71.1	3.4	11.40	3.9	84.7
36.70	58.9	4.4	21.60	6.9	71.5
44.30	45.1	10.6	31.10	10.8	58.1
46.40	37.1	16.5	36.20	15.1	48.7

解 (1) 单级萃取：由表中数据在三角形相图上作出溶解度曲线及若干条平衡联结线，同时画出辅助曲线［参见图 9-14(a)］。

原料液中含醋酸 35%，可在图上找出 F 点。联结 FS，因料液量 F 与溶剂量 S 相等，混合点 M 位于 FS 线的中点。

　　总物料流量　　　　　　　　$M=F+S=100+100=200\mathrm{kg/h}$

　　利用辅助曲线，过 M 点作一条平衡联结线，找出单级萃取的萃取相 E 与萃余相 R 的组成点。从图上量出线段 $\overline{RE}$、$\overline{ME}$ 的长度，可得

$$R=M(\overline{ME}/\overline{RE})=200\times(18.5/42)=88.1\mathrm{kg/h}$$

　　萃取相流量　　　$E=M-R=200-88.1=111.9\mathrm{kg/h}$

从图 9-14(a) 读得萃取相的醋酸浓度 $y=0.11$，萃余相的醋酸浓度 $x=0.25$。

　　(2) 两级错流萃取：进入第 1 级萃取器的总物料量为

$$M_1=S_1+F=50+100=150\mathrm{kg/h}$$

表示混合物组成的点 M_1 的位置 [参见图 9-14(b)] 是

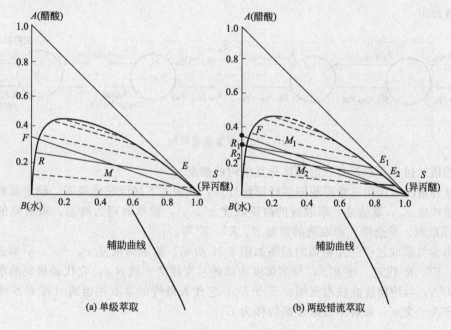

(a) 单级萃取　　　　　　　　　　　　(b) 两级错流萃取

图 9-14　[例 9-3] 附图

$$\overline{SM_1}=(F/M_1)\overline{FS}=(100/150)\times54=36$$

利用辅助曲线，过 M_1 点作一条平衡联结线，找出离开第 1 级萃取器的萃余相组成 R_1 与萃取相组成 E_1。

　　萃余相流量　$R_1=M_1(\overline{M_1E_1}/\overline{R_1E_1})=150\times(23.5/39)=90.4\mathrm{kg/h}$

　　进入第 2 级萃取器的总物料流量

$$M_2=R_1+S_2=90.4+50=140.4\mathrm{kg/h}$$

　　点 M_2 的位置为

$$\overline{SM_2}=(R_1/M_2)\overline{R_1S}=(90.4/140.4)\times51=32.8$$

　　过点 M_2 作一平衡联结线，找出第 2 级的萃余相与萃取相的组成点 R_2、E_2。萃余相中的醋酸浓度为 $x_2=0.22$

　　萃余相量　$R_2=M_2(\overline{M_2E_2}/\overline{R_2E_2})=140.4\times(24/42)=82.2\mathrm{kg/h}$

（3）两种操作萃余百分数的比较

单级萃取 $\varphi_1 = (Rx)/(Fx_F) = 88.1 \times 0.25/(100 \times 0.35) = 0.629$

两级错流萃取 $\varphi_2 = (R_2 x_2)/(Fx_F) = 82.2 \times 0.22/(100 \times 0.35) = 0.504$

值得注意的是，本例题中采用了直三角形相图。可以看出，其与正三角形相图基本道理是一致的。

9.3.3 多级逆流萃取

多级逆流萃取流程如图 9-15 所示。原料液仍加入第 1 级，顺次通过第 2、3、…、N 级，萃余相最后由末级（第 N 级）排出；萃取剂则从末级加入，沿相反方向依次通过各级，从第 1 级排出。

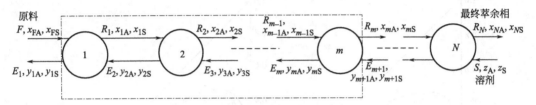

图 9-15 多级逆流萃取

下面依然讨论萃取剂与原溶剂部分互溶时的情况。

对这种情况可应用三角形相图进行图解计算，现通过下述问题作说明，给定原料液流量 F 和溶质浓度 x_F，萃余液、萃取液的溶质浓度 x'、y'，设萃取剂为纯态。求所需的理论级数 N，萃取剂、萃余液、萃取液的流量 S、R'、E' 等。

作出参与萃取过程三元物系的相图如图 9-16 所示，给定的浓度 x_F、x'、y' 以边 BA 上的点 F、E'、R' 代表。连 $R'S$，与溶解度曲线的左支相交于点 R_N，它代表最终的萃余相组成；连 $E'S$，与溶解度曲线右支相交于点 E_1，它代表最终的萃取相组成（若 $E'S$ 线与溶解度曲线有两个交点，取含溶质浓度高的作为 E_1）。

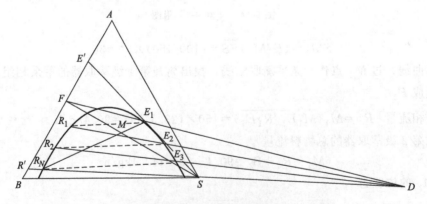

图 9-16 溶剂部分互溶时多级逆流萃取的图解

将图中 N 个理论级作为一个整体，列出总物料衡算式，得到

$$F + S = E_1 + R_N = M$$

式中，M 既是输入这一系统的物料 F 与 S 之和，又是输出的 E_1 与 R_N 之和。根据杠杆规则，代表其组成的点 M 是图中连线 FS 与 $R_N E_1$ 的交点（注意 $R_N E_1$ 不是联结线）；且可求

得萃取剂流量 $S = F (\overline{MF}/\overline{MS})$ 和 R_N 与 E_1 的比例关系

$$E_1/R_N = \overline{MR_N}/\overline{ME_1}$$

于是可以得出第 1 级萃取相和第末级萃余相的流量 E_1 和 R_N。至于萃取液和萃余液的流量 E' 和 R'，可用式 (9-6) 解出。

为求得所需的理论级数，希望能找到为各级所共有的不变基准。现对图中各萃取级分别作物料衡算

第 1 级　　　　　　　　　　$F + E_2 = R_1 + E_1$

即　　　　　　　　　　　　$F - E_1 = R_1 - E_2$

第 2 级　　　　　　　　　　$R_1 - E_2 = R_2 - E_3$

第 3 级　　　　　　　　　　$R_2 - E_3 = R_3 - E_4$

……

第 N 级　　　　　　　　　　$R_{N-1} - E_N = R_N - S$

故有　　　　$F - E_1 = R_1 - E_2 = R_2 - E_3 = \cdots = R_N - S = D$ 　　　　(9-10)

式 (9-10) 表明，任一级离去的萃余相流量 R_i 与进入的萃取相流量 E_{i+1} 之差，为一常量 D，故可作为各级所共有的计算基准，它代表图 9-15 中各级由左向右的净流量。在三角形相图中，根据杠杆规则，点 D 分别为点 F 与 E_1、R_1 与 E_2、R_2 与 $E_3 \cdots R_N$ 与 S 的差点，故可提出 D 的作法，即从已定出的点 F、S、E_1、R_N 连直线 FE_1 和 $R_N S$ 并延长，两线的交点即为 D，如图 9-16 所示。而且，对任一级，点 R_i 与 E_{i+1} 也都与 D 共线，故只要得知点 R_i 与 E_{i+1} 之一，就可定出另一点。这一将第 i 级与第 $i+1$ 级相联系的性质与操作线的用途类似，故称点 D 为操作点。

应当指出，对图 9-16 来说，点 D 的位置在三角形相图的右边，有时，点 D 的位置会在三角形相图的左边。从点 D 的组成来说，由于在三角形相图之外的组成实际上并不存在，故它所代表的是一个虚拟组成。

还应说明，图 9-16 及图 9-13 所示的图解法，都是交替地应用物料衡算和相平衡两关系，与精馏过程以图解法求理论板数相比，具体作图法有所不同，但这一基本原理则是相同的。又若萃取剂不是纯态，则在三角形相图中，代表溶剂组成的点将在三角形之内，而不是顶点 S。

【例 9-4】 多级逆流萃取所需理论级的计算

用 25℃ 的纯水为溶剂萃取丙酮-氯仿溶液中的丙酮。原料液中含丙酮 40%（质量分数），操作采用的溶剂比 (S/F) 为 2，要求最终萃余相中含丙酮不大于 11%，求逆流操作所需要的理论级数。物系的平衡数据如表 9-3 所示。

表 9-3　丙酮 (A)-氯仿 (B)-水 (S) 的液-液平衡数据 (25℃)

萃余相质量分数/%			萃取相质量分数/%		
A	B	S	A	B	S
0.090	0.900	0.010	0.030	0.010	0.960
0.237	0.750	0.013	0.083	0.012	0.905
0.320	0.664	0.016	0.135	0.015	0.850
0.380	0.600	0.020	0.174	0.016	0.810
0.425	0.550	0.025	0.221	0.018	0.761
0.505	0.450	0.045	0.319	0.021	0.660
0.570	0.350	0.080	0.445	0.045	0.510

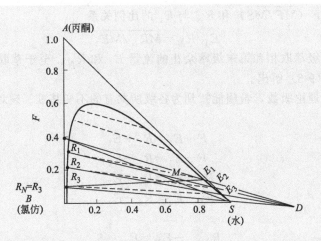

图 9-17 ［例 9-4］附图

解 ① 按原料组成 $x_f = 0.40$ 在相图上定出 F 点，并作连线 FS（参见图 9-17）。

溶剂比
$$S/F = \overline{MF}/\overline{MS} = (\overline{FS}/\overline{MS}) - 1$$

线段
$$\overline{MS} = \overline{FS}/(1+S/F) = 54/(1+2) = 18$$

由此在图上找出和点 M。

② 按末级萃余相浓度 $x_N = 0.11$，在溶解度曲线上找出 R_N 点，连接 $R_N M$ 并延长与溶解度曲线相交，定出离开第一级的萃取相浓度点 E_1。

③ 将连线 FE_1 及 $R_N S$ 延长，得交点 D。

④ 过 E_1 点作平衡联结线得 R_1，此为第 1 级。

⑤ 作直线 $R_1 D$，与溶解度曲线相交为点 E_2；过 E_2 作平衡联结线找出 R_2，此为第 2 级。

⑥ 作直线 $R_2 D$ 找出 E_3，过 E_3 作平衡联结线得 R_3，此为第 3 级。因第 3 级萃余相的溶质浓度 $x_3 \approx 0.11$，故所需要理论级数为 3 级。

9.3.4 连续接触逆流萃取

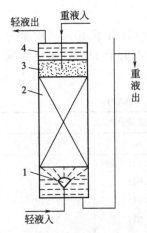

图 9-18 填料萃取塔
1—喷洒器；2—填料层；
3—轻液液滴并聚层；
4—轻液层

连续接触式的逆流萃取过程又称为微分逆流萃取过程，通常在塔设备内进行，例如，可用图 9-18 所示意的填料塔作为萃取塔。

重液、轻液各从塔的顶、底进入，可选择两液相之一作为分散相，以扩大两相间的接触面积。图 9-18 是使轻液被塔底的喷洒器 1 分散成液滴，在填料层 2 中曲折上升并撞击填料时，液滴将变形以致破碎，从而增大两相间的传质系数和相界面积。液滴浮出填料层后，在液层 3 中逐渐合并、集聚，并在塔顶形成轻液层 4，流出塔外。重液则为连续相，由上而下通过填料层，与轻液液滴接触、传质，到塔底段成为澄清的重液层，经溢流管排出。

也可以选择重液为分散相，为此，将喷洒器改置于塔顶重液入口处。不同的选择往往导致萃取效果和处理能力产生差别，需在试验后进行最佳的选择。在缺乏试验数据时，以下的论点可作参考。

① 分散相不宜与填料或塔壁材料相润湿，以免液滴在壁面上并聚，形成膜状流动，减小传质面积。

② 由于分散相在塔内所占的体积较小，通常选择昂贵或易燃的液体作分散相，较为经济、安全。

两液相在塔内的逆流流动，是因其密度的不同而导致其所受重力之差。通常两液相间的密度差比气液两相小很多，故萃取塔的允许空速比气液接触塔要小得多。

连续接触式萃取塔的计算主要是对给定的任务定出塔径和塔高。塔径的大小取决于两液相的流量及其适宜的相对流速，其计算有些相当繁的经验公式，此处从略。若需进一步了解，可阅读参考读物。

填料高度可以应用两种原理不同的方法进行计算。

（1）等级高度法　类似于吸收、精馏过程中填料塔计算的等板高度法，当已由试验数据得到一个理论级的当量高度 h_e（即 HETS），再乘上逆流萃取所需的理论级数 N，即为所需用的填料层高度 H。

$$H = N h_e \tag{9-11}$$

此法虽然简便，但缺乏理论根据，HETS 随物系的物性、浓度、流量和塔的结构而变，变化范围相当大，故在应用时需有与这些条件基本一致的数据，局限性较大。

（2）传质方程法　类似于吸收过程中对填料层高度的计算法。以萃取相的溶质总浓度差为推动力的传质方程为

$$N_A = K_y (y^* - y) \tag{9-12}$$

式中，N_A 为溶质 A 由萃余相向萃取相传递的速率，$kgA/(m^2 \cdot s)$；y 为萃取相中溶质的质量分数；y^* 为与萃余相平衡的萃取相溶质的质量分数；K_y 为以萃取相溶质浓度差为推动力的总传质系数，$kg/(m^2 \cdot s)$。

对塔微分高度 dh 内的传质，有

$$N_A a A dh = E dy \tag{9-13}$$

式中，a 为单位塔体积中的相界面面积，m^2/m^3；A 为塔截面积，m^2；E 为萃取相的流量，kg/s。

当溶质浓度低，E 可作为常量。将式（9-12）代入式（9-13）并积分，可得所需的有效高度

$$H = [E/(K_y a A)] \int_{y_a}^{y_b} dy/(y^* - y) = H_{OE} N_{OE} \tag{9-14}$$

式中，y_a、y_b 为萃取相在入塔、出塔时溶质的质量分数；N_{OE} 为萃取相为稀溶液时的总传质单元数；H_{OE} 为萃取相为稀溶液时的总传质单元高度，m。

当萃取相的溶质浓度高时，可按照吸收过程同样方法得到

$$H = H_{OE,c} N_{OE,c} \tag{9-15}$$

式中，$N_{OE,c}$ 为萃取相为浓溶液时的总传质单元数；$H_{OE,c}$ 为萃取相为浓溶液时的总传质单元高度，m。

同理，也可对萃余相列出传质方程和物料衡算，得到填料层高度的计算式。

应当指出，在吸收过程中推导上述类似公式时，是认为两流体完全作平推式逆流流动，并没有考虑到实际存在的"返混"影响。返混是指在流体沿主流方向运动的同时，由于涡流、搅拌等原因，使一部分流体沿相反方向运动的现象。返混使得浓度较高处的流体为低浓流体所稀释，低浓流体也为高浓流体所增浓，因而使传质的推动力减小。

　　计算萃取塔高的关键，在于传质数据 $HETS$、K_y 或 H_{OE} 等能否取得，以及对返混影响的考虑。这些数据或影响在文献中也有所介绍，但总的来说，有关的知识还比较缺乏，往往要进行专门的试验。

9.3.5　萃取过程进展及强化

　　随着过程工程的发展，尤其是各类产品的深度加工、生物制品的精细分离、资源的综合利用、环境污染的深度治理等都对分离提纯技术提出了更高的要求。为适应各类工艺的需要，相继出现了一些新的萃取分离技术，如超临界流体萃取、回流萃取、液膜萃取、化学萃取、反向胶团萃取、双溶剂萃取、双水相萃取、凝胶萃取和膜萃取等，这些萃取分离技术都有其各自的优点。本节将对超临界流体萃取、液膜萃取和外场强化萃取做简要介绍，至于其他萃取技术，可查阅有关专著。

　　超临界流体萃取，是利用在接近或超过临界点的低温、高压条件下具有高密度的气体作为溶剂，以萃取所需的有效成分，然后采取恒压升温或恒温降压等方法，将溶剂与萃取到的有效成分分离的单元操作，特别适用于提取和分离难挥发和热敏性的物质。

　　液膜萃取是萃取和反萃取同时进行的过程，原液相（待分离的液液混合物）中的溶质首先溶解于液膜相（主要组成为溶剂），经过液膜相又传递至回收相，并溶解于其中。溶质从原液相向液膜相传递的过程即为萃取过程；溶质从液膜相向回收相传递的过程即为反萃取过程。液膜萃取主要利用欲分离物质在液膜中的渗透速度不同而实现。采用液膜法进行金属分离，最早主要用于湿法冶金和废水处理。近年来，随着液膜技术的提高，目前逐步向稀土元素及金属的分离发展。

　　为了提高化工分离过程的分离效率，可以利用外场来强化，如传统分离过程中多使用机械能或热能来强化传质。随着人们对外场性质的认识逐步深入，将这些外场应用到化工分离过程中已成为可能，搅拌、离心力、微波、超声、电场、磁场等外力的加入可以加速萃取传质过程，通过设备实现萃取强化。如将静电场、交变电场和直流电场加到液-液萃取体系中，能强化扩散系数，或强化两相的分散与澄清过程，从而达到提高分离效率的目的。超声场强化萃取过程是将超声场加到萃取或浸取体系中，存在于液体中的微气核（空化核）在超声场作用下振动、生长和崩溃闭合，即超声空化过程，引起的声冲流及微射流等可以使传质边界层变薄，达到强化传质的效果。

9.4　萃取设备

　　液液萃取过程中，首先需要使两相间充分分散混合，形成较大的接触面积，以促进相际传递间传质；然后聚合分层，使两相进行较完全的分离。因此，萃取设备必须同时满足这两方面的要求。在液液两相接触过程中，由于两相间的密度差较小，界面张力也不大。为了提高萃取设备的效率，通常要补给能量，如搅拌、脉冲、振动等，而为了达到两相逆流和两相分离的目的，常需借助于重力或离心力。为此，发展了多种多样的萃取设备，适用于不同的场合，可以根据不同的原则进行分类。

　　① 根据两液相是否连续接触分为逐级接触式和连续接触式　前者既可用于间歇操作，又可用于连续操作，后者一般为连续操作。对于逐级接触式萃取设备，要求每一级都为两相提供良好的接触，然后使两相分层而得到相当完全的分离；对于连续接触式萃取设备，也要求分散相在连续相中通过时有良好的两相接触，直到接触的最后才分层，对这种设备，在接

触区减少返混为重要的考虑因素。

② 根据设备构造特点和形状，可分为组件式和塔式 组件式设备一般为逐级式，可以根据需要灵活地增减级数；塔式设备可以是逐级式，如筛板塔，也可以是连续接触式，如填料塔。

③ 根据是否从外界输入机械能量来划分 图 9-18 示出的填料塔未从外界加入能量，塔内两相液体的相对运动和液滴的表面更新都是由于密度差导致的重力差所致，故不输入机械能的设备也称为重力设备。但这一重力差相当小，当两液相间的界面张力较大时，液滴易于合并而难于破裂，使两相接触面积小且传质效果差，故常需以不同的方式输入机械能，如进行搅拌、振动等，这是与气液传质设备的不同之处。

本节中将介绍几种典型萃取设备的基本情况。

9.4.1 常用萃取设备

9.4.1.1 混合-澄清槽

混合-澄清槽是一种组件式的级式萃取设备，如图 9-19 所示，它分为混合室和澄清室。原料液和萃取剂进入混合室后受搅拌而良好接触，在室内存留一定时间，经充分传质后流入澄清室。两液相混合物在澄清室因密度不同而分为轻、重两液层，使萃取相和萃余相得以分别流出。

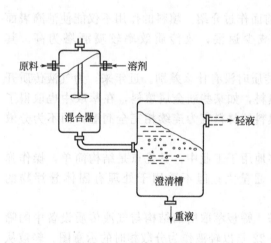

图 9-19 混合-澄清槽

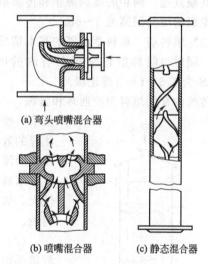

图 9-20 流动混合器

混合室大多应用机械搅拌，有时也可将压缩气体通入室底进行气流式搅拌，还可以应用如图 9-20 所示的流动混合器或静态混合器。这些混合器本身并没有活动部件，而是利用流体的动能使两液体得到良好的混合。

根据生产需要，可以将多个混合-澄清级串联起来组成多级逆流或错流的流程。多级设备一般是前后排列，但也可以将几个级上下重叠。

混合-澄清槽的优点：能为两液相提供良好的接触机会，级效率高于 75%；放大设计和经常操作都相当可靠；易于开工、停工，不致损害成品的质量；易实现多级连续操作，便于调整级数；两液相的流量之比可在较大范围内变化，如可达 10 以上；不需要高的厂房和复杂的辅助设备。

混合-澄清槽的缺点：所需的搅拌功率颇大，为 $1.2 \sim 7.5 \mathrm{kW/m^3}$ 液体；而且在级与级之间通常要用泵来输送两种液体之一，故动力消耗可观；占地面积大；设备内的存液量大，使溶剂及有关的投资大。

混合-澄清槽对大、中、小型生产都适用，特别在湿法冶金中得到广泛的应用。

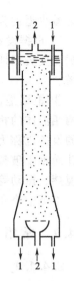

图 9-21　喷洒塔
1—重液；2—轻液

9.4.1.2　重力流动的萃取塔

两液相靠重力作逆流流动而不输入机械能的萃取塔，结构简单，适用于界面张力不大、要求的理论级数不多（如不超过 3～4 级）的场合，主要有以下一些类型。

（1）喷洒塔　这是一种结构最简单的塔型，图 9-21 为其中效果较好的一种。图中以重液 1 为连续相，分两路由塔顶进入，由塔底流出；轻液 2 通过塔底的喷洒器分散为液滴后，在连续相内浮升，到达塔顶并聚成轻液层后流出。塔顶、底的扩大部分的设置，是为了使轻、重液相能得到较长的澄清时间，以进行较完全的分离。若改用轻液为连续相，则应将图 9-21 中的塔倒置，重相通过置于塔顶的喷洒器分散成液滴，在作为连续相的轻液内沉降到塔底，合并成重液层后流出。

喷洒塔的优点是：结构简单、投资少、易于维护。

其缺点是：两相的接触面积和传质系数不大，轴向返混颇为严重，故传质效率低。相当一理论级的填料层高为 3～6m。

（2）填料塔　填料萃取塔的基本情况已在前面作过介绍。填料的作用不仅能使液滴表面更新，同时也能抑制连续相在塔内的回流而减少返混，故传质效率较喷洒塔为高。其 *HETS* 为 1.5～6m/（理论级）。

传统的常用填料为拉西环和弧鞍，与气液传质时没有什么差别。近年来，为气液传质开发了一些高效填料，如某些新金属填料，在萃取中也取得了优异的效果。填料的材料宜为连续相完全润湿，而不为分散相所润湿。

填料塔较多地用于工业中，其优点是结构简单，操作弹性大，效率高，通量大；但不适用于处理有固体悬浮物的料液。

（3）筛板塔　筛板萃取塔的结构与气液传质设备中的筛板塔类似，图 9-22 是以轻液作为分散相时的示意图。轻液从塔的近底部处进入，从筛板之下因浮力作用通过筛孔而被分散；液滴浮升到上一层筛板之下，合并，集聚成轻液层，又通过上层筛板的筛孔而被分散。依此，轻液每通过一层筛板就分散-合并一次，直到塔顶集聚成轻液层后引出。作为连续相的重液则在筛板之上横向流过，与轻液液滴进行传质，然后沿溢流管流到下一层筛板，逐板与轻液传质，直到塔的底段后流出。与气液传质设备不同，萃取塔筛板的特点是溢流管不设置溢流堰。

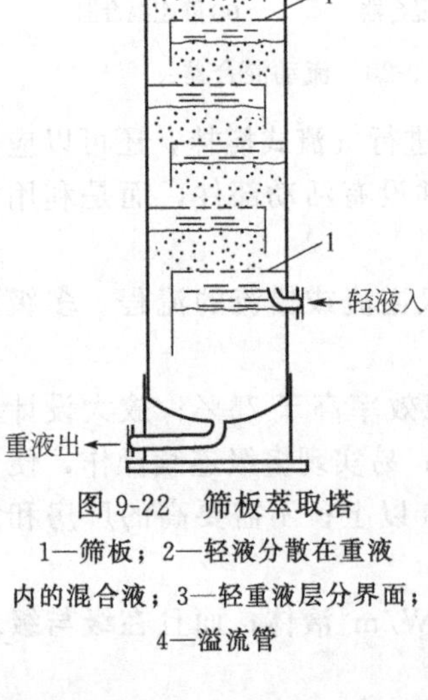

图 9-22　筛板萃取塔
1—筛板；2—轻液分散在重液内的混合液；3—轻重液层分界面；4—溢流管

如要求重液作为分散相，需使塔身放在倒转的位置上，即溢流管应改装在筛板之上成为升液管，使作为连续相的轻液沿管上升。

筛板具有使分散相反复地分散与合并的作用，使用一层筛板即相当于一个实际萃取级。除此之外，还基本上消除了筛板上下空间的返混，故筛板塔可视为一系列矮的喷洒塔重叠而构成，能达到较高的传质效率或相当于较多的理论级数。

推动轻液通过筛板的压差，正比例于重液与轻液的密度差和板下轻液层的厚度。轻液层的下界面不能低于降液管底，否则塔的操作就被破坏。增大板间距虽然可以增加这一压差，因而也增大塔的处理能力，但会使得塔高相应增大。在液滴刚产生时的传质速率特别高，这一现象称为"端效应"。从希望液滴在一定塔高内能较多次地合并和分散的角度看，板间距不宜过大，工业塔板间距一般取为 300mm 左右。筛板上的筛孔按正三角形排列，通常孔径为 3～8mm，孔心距为孔径的 3～4 倍。界面张力较大的物系宜用较小的孔径，以促使生成较小的液滴。

9.4.1.3　输入机械能量的萃取塔

对于两液相界面张力较大的物系，为改善塔内的传质状况，需要从外界输入机械能量来产生较大的传质面积，并进行表面更新。输入能量的常用方式有转动式和脉冲（或振动）式两种，前者主要有转盘塔和搅拌填料塔，后者有脉冲筛板塔、脉冲填料塔等。

（1）转盘塔　转盘萃取塔示意于图 9-23 中。在塔的内壁从上到下装设有一组等距离的固定环，塔的轴线上装设有中心转轴，轴上固定着一组水平圆盘，每只转盘都位于两相邻固定环的正中间。操作时，转轴由电动机驱动，连带转盘旋转，使两液相也随着转动。两相液流中因而产生相当大的速度梯度和剪切应力，一方面使连续相产生旋涡运动，另一方面也促使分散相的液滴变形、破裂及合并，故能提高传质系数，更新及增大相界面积。固定环则起到抑制轴向返混的作用，使旋涡运动大致被限制在两固定环之间的区域。转盘和固定环都较薄而光滑，故液体中不会有局部的高应力区，易于避免乳化现象的产生，有利于轻重液相的分离。

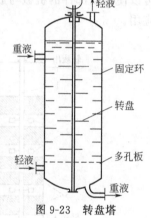

图 9-23　转盘塔

由于转盘能分散液体，故塔内无需另设喷洒器。只是对于大直径的塔，液体宜顺着旋转方向从切线进口引入，以免冲击塔内已经建立起来的流动状况。塔的顶段和底段各装置一层固定的栅板，以使塔顶、底澄清区不受转盘的影响。

转盘塔主要结构参量间的关系一般在下述范围内

塔径/转盘直径＝1.5～2.5；

塔径/固定环开孔直径＝1.3～1.6；

塔径/盘间距＝2～8。

在转盘塔中，最重要的操作参量和设计参量是转速。若转速偏低，输入的机械能不足以克服界面张力，传质性能得不到明显的改善；若转速偏高，不仅消耗的机械能量大，而且由于分散相的液滴很细，澄清很慢，使塔的生产能力明显下降；当转速过高，分散相将过于细小而乳化，塔的操作会被破坏。适宜的转速主要取决于物系的性质和转盘的大小，也与上述结构参量有关。重要的物性有界面张力、密度差和两液体的施米特数等。显然，界面张力或密度差愈大，适宜的转速和所需的功率也愈大。

（2）搅拌填料塔　搅拌填料塔是最早工业化的一种转动式输入能量的萃取塔。如图 9-24 所示，填料沿塔高分为好多等分，在两段填料之间的区域进行搅拌。搅拌器用涡轮式，都装在同一根中心转轴上。填料为空隙率达 98％的丝网填料，其作用：一方面促使液滴合并、轻液上浮、重液下沉；另一方面抑制轴向返混。由于填料分段而且在填料段之间进行搅拌，这种设备已属于逐级接触式而不再是连续接触式的塔设备了。实际上，一个搅拌区加填料段，就相当于一级"搅拌-澄清槽"。

搅拌填料塔也称为夏贝尔（Scheibel）塔，与转盘塔相比，从转动装置输入机械能量以促进传质的原理和选用转速考虑，彼此相同。填料的装设使得搅拌填料塔的结构较为复杂，但填料促使两液相分离的作用，使其效果优于转盘塔，但它不适用于含有悬浮固体的物料。

（3）脉冲萃取塔 对萃取塔输入机械能量的方式，还可以在塔的底部设置脉冲发生器，将脉冲输入塔内，使轻重液体在塔内流动的同时叠加着上下脉动的运动。脉冲的输入可以采用不同的方法，图 9-25 示出其中较常用的两种。图 9-25(a) 是直接将发生脉冲的往复泵连接在轻液入口管中，图 9-25(b) 则是使往复泵发生的脉冲通过隔膜输入塔底。以聚四氟乙烯制成的波纹管作箱状的隔膜，因其耐腐蚀及强度性能优越，还有对脉冲振幅及频率的可调范围大，而得到较广泛的应用。脉冲萃取塔适用于有腐蚀性或含有悬浮固体的液体，特别是可以使活动部件的机械与放射性液体隔开必要的距离，故在原子能材料的生产中得到广泛的应用。

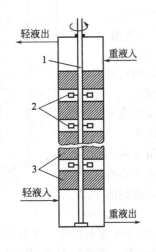

图 9-24 搅拌填料塔
1—转轴；2—搅拌器；3—填料

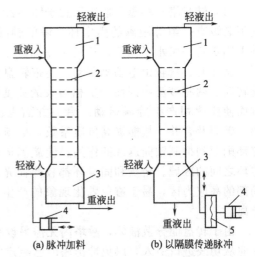

图 9-25 脉冲萃取塔
1—塔顶分层段；2—无溢流筛板；
3—塔底分层段；4—脉冲发生器；5—隔膜

前述喷洒式、填料式和筛板式萃取塔，都可以加上脉冲发生器来改善其传质效果。但应注意，常用的散堆填料会在脉冲的长期作用下发生有序性的重排，引起沟流，故要求填料塔设置适当的内部再分配器；筛板塔输入脉冲后，液体的上下运动使得轻液重液都能通过筛孔，并被分散，于是溢流管就没有必要了，有了反而会造成短路，故塔内一般都不设置溢流装置，图 9-25 中示出的，即为这种无溢流的筛板萃取塔。

脉冲萃取塔的重要操作参量是脉冲的频率 f 和振幅 A，通常可用两者之积 Af 作为输入机械能大小的指标。Af 称为脉冲速度，其单位常用 m/min 表示。

脉冲筛板塔内的传质，随脉冲速度的增大在开始时明显改善；当 Af 增加到某一数值后传质情况就几乎保持不变；若 Af 继续增大到一定程度，分散得过于细小的液滴会来不及合并、澄清而使传质急剧恶化。工业塔推荐使用的脉冲速度较大，频率 f 50～200min^{-1}，振

幅 A 为 6～25mm。

脉冲填料塔的操作特性与脉冲筛板塔类似，试验表明，采用较高的频率和较小的振幅，将使得同样能耗下的传质效果更好。对脉冲喷洒塔的试验表明：只有在频率高于 200min 时，才能观察到脉冲的加入对传质效果的改善。

对于大塔径的萃取塔，使液体产生所需的脉冲运动较为困难，这时可采用使筛板作上下运动的往复筛板塔。塔内的筛板都固定在同一根（或几根）可做上下往复运动的轴上，用筛板的上下往复运动来代替流体的上下脉冲运动，以取得类似的效果。

（4）自控周期式萃取塔 以上各种输入机械能的萃取塔都有一个共同的缺点，即在传质效果得到提高的同时，处理能力却会或多或少地下降。其原因是机械能的输入既使连续相加剧湍动，又使液滴分散得较细，故混合液难于澄清，液滴易被带走，亦即其液泛速度较同样结构参量的重力流动式萃取塔为小。可以设想，如机械能的输入是间歇的，给予适当的澄清时间，将有助于解决这一矛盾。近年来发展的一种自控周期式萃取塔，即属从这一角度出发。其操作原理可参看图 9-26 示意的这种无溢流筛板塔，在每两层筛板间的区域内都有轻液和重液，并已部分分层，而筛孔的直径较小，使液体不能靠重力产生的压差通过。操作时，每一周期分为以下 4 个步骤。

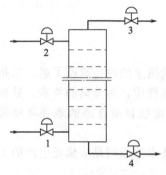

图 9-26 自控周期式筛板萃取塔
1，3—轻液进出口控制阀；
2，4—重液进出口控制阀

① 在重液阀 2、4 关闭的情况下，开轻液阀 1、3，使轻液通入塔内从塔顶流出，并将每层筛板下的轻液层向上压过筛孔，使轻液分散在重液内。

② 全部阀关闭，让筛板间的混合液进行澄清、分层。

③ 开重液阀 2、4，仍关闭轻液阀 1、3，让重液通入塔内从塔底流出，并将每层筛板上的重液层向下压过筛孔，分散在轻液层内。

④ 全部阀关闭，再让筛板间的混合液进行澄清分层。

各个步骤所占的时间，根据系统的物性由实验决定。举例说，对醋酸（A）-水（B）-甲基异丁基酮（S）系统，宜选通液时间各为 2s，澄清时间为 4s。各步骤的时间决定后，由自动机构控制阀门的启闭，进行周期性操作。

自控周期式筛板萃取塔在处理能力和传质效果两方面，均优于其他输入机械能的萃取塔。同样，自控周期操作，也可用于其他塔型。

9.4.1.4 离心萃取机

当参与萃取的两液体密度差很小，或界面张力甚小而易于乳化，或黏度很大时，两相的接触状况不佳，特别是很难靠重力使萃取相与萃余相分离，这时，可以利用比重力大得多的离心力来完成萃取所需的混合和澄清两过程。

图 9-27 所示的离心萃取机——波特别尼亚克（Podbielniak）萃取机，是这类萃取机中应用较广的一种。它的转子具有螺旋形通道，由多孔的长带卷成，转速 2000～5000r/min，产生的离心力为重力的 500～2000 倍。转轴内设置中心管和中心管外的

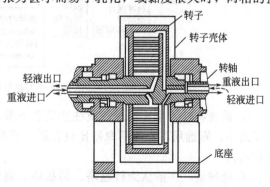

图 9-27 离心萃取机

套管，供轻液、重液的进和出。操作时，重液由左边的中心管进入转子的内层，轻液则由右边的中心管进入转子的外层，在离心力场的作用下，重液由内层流向外层，而轻液则靠压差由外层流向内层。同时，流体通过螺旋带上的小孔被分散，两液体在逆流流动中进行密切接触，并能有效地分层，故传质效率甚高。另一方面，由于受到机械强度的限制，转子不能做得很大，故单机一般只能提供 3～7 个理论级。单机的处理能力每小时能达数十立方米。

离心萃取机除了能处理其他萃取设备不能处理的物系以外，还具有以下优点：结构紧凑，能提高空间利用率；持液量小，机内存留时间短，适用于处理贵重、易于变质的物料，如抗菌素等。

离心萃取机的缺点是结构复杂，造价高，维修费和能耗大，故其推广应用颇受限制。

9.4.2 萃取设备的选择

工业萃取设备的分类情况如图 9-28 所示。

在选择萃取设备时，需要了解或掌握两种情况，一是对可供挑选的设备有所了解，二是要掌握所要解决问题的复杂性和多因素性，包括体系的各种物理性质，对分离的要求、处理量大小等。甚至还应包括投资条件，技术与操作的可靠性，建设项目所在地的地理环境等因素。

尽管选择萃取设备因素繁杂，但还是有一些原则可循。最基本的原则是应满足生产的工艺要求和条件，然后从经济的角度衡量，使成本趋于最低。

以下将几点通常选择萃取设备必须遵循的原则提供给设计者考虑。

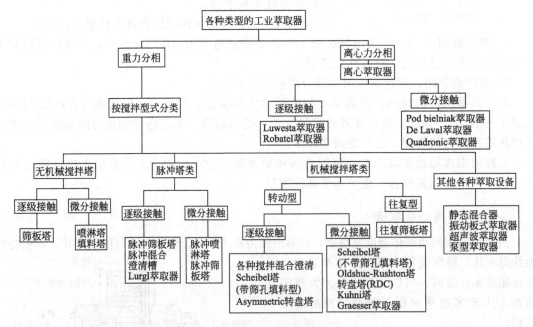

图 9-28　工业萃取设备的分类

① **系统特性**　系统物理性质往往是首先要考虑的因素之一。如果系统稳定性差或两相密度差小，则选用离心式萃取器比较合适；若黏度高、界面张力大，可选用有补充能量的萃取设备。

② **处理量**　一般认为转盘塔、筛板塔、高效填料塔和混合澄清槽的处理能力较大，而离心式萃取设备处理量最小。

　　③ 理论级数　所选萃取设备必须能满足完成给定分离任务的要求。通常若级数在 5 级以上，则不应考虑填料塔、筛板塔等无外加能量的设备。而当级数相当多时（如几十级甚至上百级），则混合澄清槽是合适的选择，如在稀土工业中就有极成功的典型例子。

　　④ 设备投资、操作周期和维修费用　设备制造费用、日常操作运转费用及检修费用也是需要考虑的。当这几个因素产生矛盾时，应与其他因素一起进行综合考虑，再对设备进行选型。

　　⑤ 生产场地　生产场地通常是指厂区能给所选设备提供的面积和高度。显然，塔型设备占地小但高度大，混合澄清槽类设备则占地较大而高度小。

　　⑥ 生产操作者的经验　一般来说混合澄清槽类设备比较容易操作，因为其过程比较直观，而塔型设备的操作难度相对大一些。随着先进控制技术的日益发展，这种差别已逐步缩小，但同时也对操作者的素质提出了更高的要求。

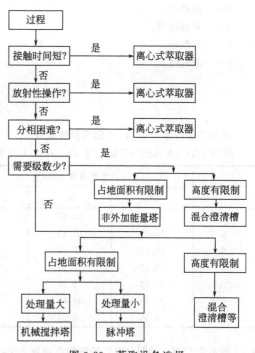

图 9-29　萃取设备选择

　　除了以上因素之外，设计者必须对各种萃取设备的性能有较全面的了解，从这个角度来看，往往设计者的经验和实践是十分重要的。

　　图 9-29 为一种可供参考的萃取设备选择的流程。

<<<<< 本章主要符号 >>>>>

A——萃取塔（器）的截面面积，m^2。

a——单位体积中的有效传质面积，m^2/m^3。

B——原溶剂量，质量或质量流量，kg 或 kg/s。

b——萃取因数。

E——萃取相量，质量或质量流量，kg 或 kg/s。

E'——萃取液量，质量或质量流量，kg 或 kg/s。

F——原料液量，质量或质量流量，kg 或 kg/s。

H_{OE}——萃取相总传质单元高度（稀溶液），m。

$H_{OE,C}$——萃取相总传质单元高度（浓溶液），m。

H——萃取塔的有效高度，m。

K_g——以萃取相溶质浓度差 Δy 为推动力的总传质系数，$kg/m^2 \cdot s$。

k_A——溶质 A 在两平衡液相间的分配系数。

M——混合液量，质量或质量流量，kg 或 kg/s。

m——平衡线的斜率。

N——理论级数。

N_{OE}——萃取相总传质单元数（稀溶液）。

$N_{OE,C}$——萃取相总传质单元数（浓溶液）。

R——萃余相量，质量或质量流量，kg 或 kg/s。

R'——萃余液量，质量或质量流量，kg 或 kg/s。

S——萃取剂量，质量或质量流量，kg 或 kg/s。

X——原料液或萃余相中溶质 A 的质量比。

x——原料液或萃余相中溶质 A 的质量分数。

Y——萃取剂或萃取相中溶质 A 的质量比。

y——萃取剂或萃取相中溶质 A 的质量分数。

β——选择性系数。

下标

A——溶质。

a——萃取溶质。

B——原溶质。　　　　　　　　　　　　k——终了。

b——萃取溶质。　　　　　　　　　　　m——最大值。

E——萃取相。　　　　　　　　　　　　R——萃余相。

F——原料液。　　　　　　　　　　　　S——萃取剂。

<<<<< **习 题** >>>>>

9-1 求出下表中序号1、4、7的选择性系数。　　　　　　　　　　　　$[429；87.5；7.03]$

丙酮（A）-水（B）-三氯乙烷（S）在25℃下的平衡数据如下。

序　号	水相质量分数/%			三氯乙烷相质量分数/%		
	A	B	S	A	B	S
1	5.96	93.52	0.52	8.75	0.32	90.93
2	10.00	89.40	0.60	15.00	0.60	84.40
3	13.97	85.35	0.68	20.78	0.90	78.32
4	19.05	80.16	0.79	27.66	1.33	71.01
5	27.63	71.33	1.04	39.39	2.40	58.21
6	35.73	62.67	1.60	48.21	4.26	47.53
7	46.05	50.20	3.75	57.40	8.90	33.70

9-2 现有含15%（质量分数）醋酸的水溶液30kg，用60kg纯乙醚在25℃下作单级萃取，试求：①萃取相、萃余相的量及组成；②平衡两相中醋酸的分配系数，溶剂的选择性系数。

在25℃，水（B）-醋酸（A）-乙醚（S）系统的平衡数据如下。

水层各组分质量分数/%			乙醚层各组分质量分数/%		
水	醋酸	乙醚	水	醋酸	乙醚
93.2	0	6.7	2.3	0	97.7
88.0	5.1	6.9	3.6	3.8	92.6
84.0	8.8	7.2	5.0	7.3	87.7
78.2	13.8	8.0	7.2	12.5	80.3
72.1	18.4	9.5	10.4	18.1	71.5
65.0	23.1	11.9	15.1	23.6	61.3
55.7	27.9	16.4	23.6	28.7	47.7

$[①E=63.2kg；R=26.8kg；y_A=0.056；y_B=0.043；y_S=0.901；x_A=0.069；x_B=0.860；x_S=0.071；$
$②k=0.812；β=16.23]$

9-3 醋酸水溶液100kg，在25℃用纯乙醚为溶剂作单级萃取，原料液含醋酸$x_f=0.20$，欲使萃余相中醋酸$x_A=0.1$（均为质量分数）。试求：①萃余相及萃取相的量和组成；②溶剂用量S。

已知25℃时物系的平衡关系为　　　　　$y_A=1.356x_A^{1.201}$

$$y_S=1.618-0.6399e^{1.96y_A}$$

$$x_S=0.067+1.43x_A^{2.273}$$

式中，y_A为与萃余相醋酸浓度x_A成平衡的萃取相醋酸质量分数；y_S为萃取相中溶剂的质量分数；x_S为萃余相中溶剂的质量分数。

$[①E=150.6kg；B=84.4kg；y_A=0.0854；y_B=0.0532；y_S=0.8614；x_A=0.1；$
$x_B=0.8254；x_S=0.0746；②S=135kg]$

9-4 将［例9-2］中的萃取剂分为2等份，即每次0.75kg水/kg原料液，进行两级错流萃取，将所得结果与［例9-2］对比。　　　　　$[x'=13\%，y'=63\%，E'=0.34F，R'=0.66F]$

9-5 若［例9-2］中改用两级逆流萃取，萃取剂的用量不变，求所得结果，并与上题比较。

$[x'=8\%，y'=64\%，E'=0.39F，R'=0.61F]$

9-6 以二异丙醚在逆流萃取器中使醋酸水溶液的醋酸含量由 30％降到 5％（质量分数），萃取剂可以认为是纯态，其流量为原料液的 2 倍，应用三角形图解法求出所需的理论级数。操作温度为 20℃，醋酸（A）-水（B）-二异丙醚（S）在 20℃的平衡数据如下。

序 号	水相各组分质量分数/％			二异丙醚相各组分质量分数/％		
	A	B	S	A	B	S
1	0.69	98.1	1.2	0.18	0.5	99.3
2	1.4	97.1	1.5	0.37	0.7	98.9
3	2.7	95.7	1.6	0.79	0.8	98.4
4	6.4	91.7	1.9	1.9	1.0	97.1
5	13.30	84.4	2.3	4.8	1.9	93.3
6	25.50	71.1	3.4	11.40	3.9	84.7
7	37.00	58.6	4.4	21.60	6.9	71.5
8	44.30	45.1	10.6	31.10	10.8	58.1
9	46.40	37.1	16.5	36.20	15.1	48.7

[N＝7]

9-7 请将［例 9-3］、［例 9-4］分别用正三角形相图表示，解一遍。

第10章
固体干燥

 学习指导

通过本章的学习，掌握湿空气和湿物料的性质，学习对流干燥的原理及特点，重点掌握干燥的物料衡算、热量衡算及干燥时间的计算，了解提高干燥效率的措施。对流干燥是热、质同时反向传递的过程，而且涉及水分在湿物料内的传递，影响因素较为复杂。干燥过程要将湿分从液态变为气态，需要供给较大的汽化潜热，是能量消耗较大的单元操作，干燥过程的节能降耗非常重要。

许多化工产品或半成品为固态，这些物料中常含有许多水分或其他液体（如有机溶剂），这些水分或液体称为湿分（moisture content），为了便于储存、运输或下一步生产工艺的要求，工业生产中往往要求除去湿分。

化学工业中去湿的方法有3类：①机械去湿法；②加热去湿法（又称干燥）；③化学去湿法。机械去湿法是通过沉降、过滤、离心分离、挤压等方法去除湿分，比较经济，但一般去湿后湿分含量还较高，往往不能满足工艺要求。加热去湿法是借助于热能除去固体物料中湿分，这种操作是采用某种加热方式将热量传给物料，使湿物料中湿分汽化并被分离，从而获得含湿分较少的固体干物料。化学去湿法是利用吸湿剂去除物料中少量湿分，这种去湿方法因吸湿剂吸湿能力有限，只适用于除去物料中的微量湿分。

加热去湿法除湿彻底，但能耗较高。为节省能源，工业上往往先用比较经济的机械方法除去湿物料中大部分湿分，然后再利用干燥方法继续除湿，以获得湿分符合要求的产品。如，工业用精对苯二甲酸（PTA）的含水率不能超过0.2%，聚酯切片含水率应不大于0.007%（纺制长纤维）。干燥操作广泛应用化工、医药、食品、纺织、建材等行业。

本章重点讨论加热去湿法。

干燥操作可按不同原则进行分类。按操作压力分可分为常压干燥和真空干燥，后者适用于处理热敏性、易氧化或要求产品含湿量很低的物料。按操作方式分可分为连续式干燥和间歇式干燥，前者的特点是生产能力大、产品质量均匀、热效率高及劳动条件好，后者的特点是干燥过程易于控制，较适用于小批量、多品种或要求干燥时间较长的物料干燥。按热能传给湿物料的方式分可分为传导干燥、对流干燥、辐射干燥、介电加热干燥及由上述两种或三种方式组合的联合干燥。目前化工生产中使用最广泛的是对流干燥，故本章以对流干燥为主要讨论内容。

图10-1所示为对流干燥流程示意。预热后的气体与湿物料接触，气体中的热量以对流

图 10-1　对流干燥流程示意

方式传给湿物料，使其湿分汽化，而汽化的湿分又被气体带走。

　　在上述干燥过程中，气体将热量传给物料，为传热过程；物料将湿分传给气体，为传质过程，所以，对流干燥过程是兼有热、质传递的过程，干燥过程的速率与传热和传质速率有关。进行干燥过程的必要条件是物料表面所产生的湿分（如水汽）分压大于气体中湿分的分压，两者的分压差愈大，干燥进行得愈快。干燥过程中使气体及时将汽化的湿分带走是为了保持一定的传质推动力。热空气与湿物料间的传热和传质情况如图 10-2 所示。

　　干燥过程中的气体称为干燥介质，干燥介质既是载热体（带来热量），又是载湿体（带走湿分）。工业上最常用的干燥介质是空气，高温干燥时，可用烟道气作为干燥介质。本章所讨论的范围只限于以空气作为干燥介质，以水分为被除去的湿分。

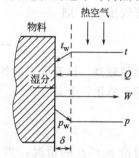

图 10-2　热空气与湿物料间的传热和传质
t—空气主体温度；t_w—物料表面温度；
p—空气中的水汽分压；p_w—物料表面的水汽分压；
Q—由气体传给物料的热流量；W—由物料汽化水分的质量流量

10.1　湿空气的性质和湿度图

10.1.1　湿空气的性质

　　人类周围的大气为干空气和水汽的混合物，称为湿空气。在对流干燥过程中，湿空气预热后与湿物料发生热量和质量交换，湿空气的水汽含量、温度及焓都会发生变化。因此，在讨论干燥器的物料与热量衡算之前，应首先了解表示湿空气性质或状态的参量及它们相互之间的关系。

　　作为干燥介质的湿空气是不饱和的，即空气中的水汽分压低于同温度下水的饱和蒸气压，此时，湿空气中的水汽呈过热状态。因干燥过程操作压强较低，故可将湿空气按理想气体处理。

　　在干燥过程中，湿空气中的水汽含量是不断变化的，而其中绝干空气作为载体，其质量流量是不变的。为了计算方便，下列湿空气的各项参量都以单位质量绝干空气为基准。湿空气具有以下的一些主要性质。

　　（1）湿度 H　湿度是表示湿空气中水汽含量的参量，又称湿含量或绝对湿度，其定义为湿空气中单位质量绝干空气所含有的水汽质量，即

$$H = \frac{湿空气中水汽质量}{湿空气中绝干空气质量} = \frac{M_w n_w}{M_a n_a} = \frac{18 n_w}{29 n_a} \tag{10-1}$$

式中，H 为空气的湿度，kg 水汽/kg 绝干空气；M_w 为水的摩尔质量，kg/kmol；M_a 为空气的摩尔质量，kg/kmol；n_w 为水汽的物质的量，kmol；n_a 为绝干空气的物质的量，kmol。

　　设湿空气的总压为 p，其中水汽分压为 p_w，由道尔顿分压定律可知，气体混合物中各

组分的摩尔比应等于其分压之比，则式(10-1) 可表示为

$$H=\frac{18p_w}{29(p-p_w)}=0.622\frac{p_w}{p-p_w} \qquad (10-2)$$

式(10-2) 表明，空气的湿度与湿空气的总压及其中的水汽分压有关，当总压一定时，湿度仅与水汽分压有关。

（2）相对湿度 φ　在一定的总压下，湿空气中水蒸气分压 p_w 与同温度下湿空气中水汽分压可能达到的最大值之比为相对湿度。

当总压为 0.1MPa，空气温度低于 100℃时，空气中水汽分压的最大值应为同温度下水汽的饱和水蒸气压 p_s，则

$$\varphi=\frac{p_w}{p_s}\times100\% \, (当 \, p_s\leqslant p) \qquad (10-3a)$$

当空气温度较高，该温度下的饱和水蒸气压 p_s 大于总压，但空气总压已给定，水汽分压的最大值等于总压，于是

$$\varphi=\frac{p_w}{p}\times100\% \, (当 \, p_s>p) \qquad (10-3b)$$

以下只讨论 $p_s<p$ 的情况，当 $\varphi=100\%$ 时，湿空气中的水汽达到饱和，没有除湿能力，此时水汽分压为同温度下水的饱和蒸气压。若相对湿度 φ 值愈低，即表示该湿空气偏离饱和程度愈远，容纳水汽能力愈强。可见，湿度 H 只能表示湿空气中水汽含量的绝对值，而相对湿度 φ 才表示湿空气中水汽含量与最大水汽含量相比的相对值，反映了湿空气干燥能力的大小。

由式(10-3a)可知，在总压一定时，相对湿度 φ 随着湿空气中水汽分压及温度而变。

将式(10-3a)改写成 $p_w=\varphi p_s$，代入式(10-2)得

$$H=0.622\frac{\varphi p_s}{p-\varphi p_s} \qquad (10-4)$$

式(10-4) 表明，总压 p 一定时，空气的湿度 H 随着空气的相对湿度及温度 [因 $p_s=f(t)$]而变。

（3）焓 I　湿空气的焓为干空气的焓与水汽的焓之和。以每千克干空气为基准计，湿空气的焓为

$$I=I_a+HI_v \qquad (10-5)$$

式中，I 为湿空气的焓，kJ/kg 干空气；I_a 为绝干空气的焓，kJ/kg 干空气；I_v 为水蒸气的焓，kJ/kg 水汽；H 为空气的湿度，kg 水汽/kg 干空气。

取 0℃的绝干空气及液态水的焓为零，则绝干空气的焓就是其显热，而水汽的焓为由 0℃的水经汽化为 0℃的水汽所需的潜热及水汽在 0℃以上的显热之和，所以，对温度为 t、湿度为 H 的湿空气，其焓的计算式可表示为

$$\begin{aligned} I&=c_at+H(r_0+c_vt)\\ &=(c_a+Hc_v)t+r_0H\\ &=c_Ht+r_0H=(1.01+1.88H)t+2500H \end{aligned} \qquad (10-6)$$

式中，c_a 为绝干空气的比热容，其值为 1.01kJ/(kg 干空气・℃)；c_v 为水汽的比热容，其值为 1.88kJ/(kg 水汽・℃)；c_H 为湿空气的比热容，kJ/(kg 干空气・℃)；r_0 为 0℃时水的汽化潜热，其值约为 2500kJ/kg 水。

由式 (10-6) 可知，湿空气的焓随空气的温度及湿度而变。

（4）比体积 v_H　每千克绝干空气和其所带有的 Hkg 水汽所共同占有的容积称为湿空气的比体积 v_H。

$$v_H = v_a + v_w H \tag{10-7}$$

式中，v_H 为湿空气的比体积，m^3/kg 干空气；v_a 为干空气的比体积，m^3/kg 干空气；v_w 为水汽的比体积，m^3/kg 水汽。

绝干空气的比体积 v_a 为

$$v_a = \frac{22.4}{29} \times \frac{273+t}{273} \times \frac{1.013 \times 10^5}{p}$$

水汽的比体积 v_w 为

$$v_w = \frac{22.4}{18} \times \frac{273+t}{273} \times \frac{1.013 \times 10^5}{p}$$

式中，t 的单位是℃；p 的单位是 Pa。

对温度为 t、湿度为 H 的湿空气，其比体积可表示为

$$v_H = (0.772 + 1.244H)\frac{273+t}{273} \times \frac{1.013 \times 10^5}{p} \tag{10-8}$$

根据比体积的数值，可将绝干空气的质量流量换算成湿空气的体积流量，以此作为输送机械选型的依据之一。由式(10-8)可知，在总压一定时，湿空气的比体积随空气温度和湿度而变。

（5）干球温度 t　在湿空气中，用普通温度计所测得的温度称为湿空气的干球温度。

（6）露点 t_d　在总压 p 及湿度 H 保持不变的情况下，将不饱和空气冷却而达到饱和状态时的温度称为该不饱和空气的露点温度 t_d，简称露点。当达到露点时，空气的相对湿度 $\varphi = 100\%$，此时式(10-4)可写为

$$H = 0.622\frac{p_s}{p-p_s} \tag{10-9}$$

以 H 与 p 作为已知值，由上式便可算出露点时水的饱和蒸气压 p_s，亦即

$$p_s = \frac{Hp}{0.622+H} \tag{10-10}$$

显然，当空气的总压一定时，露点 t_d 仅与空气湿度 H 有关。如已知空气的总压和露点，由露点查得该温度下的水蒸气压 p_s，据式(10-9)可算得空气的湿度。此即露点法测定空气湿度的依据。

（7）湿球温度 t_w　如图 10-3 所示的两支温度计，左边一支温度计的感温球暴露在空气中，这支温度计称为干球温度计，所测得的温度为空气的干球温度 t。另一支温度计的感温球用纱布包裹，纱布下端浸在水中，由于毛细管作用，纱布完全被水润湿。这支温度计称为湿球温度计，在避免热辐射影响条件下，它在空气中所达到的平衡温度称为空气的湿球温度 t_w。

将湿球温度计置于具有一定线速度（大于 4m/s）的空气流中，若空气是大量且不饱和的，湿纱布中水分就要汽化到空气中去。水分汽化所需热量首先取自湿纱布中水的显热，因而水温下降，当水温低于空气的干球温度时，空气以对流方式把热量传递给湿纱布，其传热速率随着两者温差的增大而提高，即随着水温继续下降，对流传热量增加。最后，当空气传给湿纱布的热量恰好等于湿纱布表

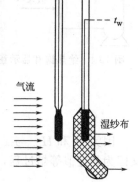

图 10-3　干、湿球温度计

面汽化水分所需的热量时，湿纱布中的水分温度不再下降，达到一个稳定的温度，这个稳定或平衡的温度称为空气的湿球温度 t_w，湿球温度并不代表空气的真实温度，而是表明空气状态或性质的一种参量。

上述大量不饱和空气与少量水接触的过程可认为空气的干球温度和湿度保持不变。当达到平衡时，空气向纱布表面的传热速率为

$$Q = \alpha A\ (t - t_w) \tag{10-11}$$

式中，Q 为传热速率，W；α 为空气对湿纱布的给热系数，W/(m² · ℃)；A 为空气与湿纱布接触的表面积，m²；t 为空气的干球温度，℃；t_w 为空气的湿球温度，℃。

同时，湿纱布中水分向空气中汽化，水汽向空气的传质速率为

$$N = k_H A (H_{s,w} - H) \tag{10-12}$$

式中，N 为传质速率，kg/s；k_H 为以湿度差为推动力的传质系数，kg/(m² · s)；$H_{s,w}$ 为空气在湿球温度下的饱和湿度，kg 水/kg 干空气；H 为空气的湿度，kg 水/kg 干空气。

在达到稳定状态后，湿纱布与空气间进行的传质、传热过程可用式（10-13）表示

$$\alpha A(t - t_w) = k_H A (H_{s,w} - H) r_w \tag{10-13}$$

整理得

$$t_w = t - \frac{k_H r_w}{\alpha}(H_{s,w} - H) \tag{10-14}$$

式中，r_w 为湿球温度下水的汽化潜热，kJ/kg。

式（10-14）中 $\dfrac{k_H}{\alpha}$ 为同一气膜传质系数与给热系数之比，凡能改变气膜厚度的任何因素，都会引起这两个系数以相同比例变化。对于空气和水系统，$\dfrac{\alpha}{k_H} = 1.09 \text{kJ}/(\text{kg} \cdot ℃)$，所以，湿球温度是空气干球温度和湿度的函数。

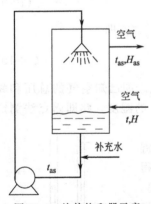

图 10-4　绝热饱和器示意

（8）绝热饱和温度 t_{as}　图 10-4 所示的为一绝热饱和器。当大量的循环水与连续流过、状态一定的不饱和空气长期接触后，水温稳定为 t_{as}。这以后，该状态的湿空气流过饱和器会有下列变化：①水不断地汽化，使空气的湿含量增加，直至饱和；②水汽化所需潜热来自空气显热使空气温度下降。在整个绝热增湿过程中，空气将显热传给水，而水汽化后又将潜热带回空气，尽管空气的温度和湿度随过程进行而变化，但空气的焓却基本上保持不变。

湿空气在上述条件下达到饱和时的温度称为湿空气的绝热饱和温度，以 t_{as} 表示，对应的饱和湿度为 H_{as}。

设进入和离开绝热饱和器时湿空气的焓值分别为 I_1 和 I_2，则

$$I_1 = c_H t + H r_0 = (1.01 + 1.88H)t + H r_0 \tag{10-15}$$

$$I_2 = c_{H,as} t_{as} + H_{as} r_0 = (1.01 + 1.88 H_{as}) t_{as} + H_{as} r_0 \tag{10-16}$$

因为 H 和 H_{as} 与 1 相比都很小，故可认为 c_H 及 $c_{H,as}$ 均不随湿度而变化，$c_H = c_{H,as}$。又因为是近似等焓过程，$I_1 = I_2$，则式（10-15）式（10-16）可简化为

$$t_{as} = t - \frac{r_0}{c_H}(H_{as} - H) \tag{10-17}$$

由式（10-17）可知，空气的绝热饱和温度 t_{as} 随着空气的干球温度和湿度不同而异。

与式（10-14）相比，可认为 $H_{as} \approx H_{s,w}$，$r_0 \approx r_w$，且 $c_H \approx \dfrac{\alpha}{k_H}$，所以 $t_w \approx t_{as}$，即空气的湿球温度与空气的绝热饱和温度在数值上是近似相等的。这是一个重要的关系，给干燥计算

带来方便。

绝热饱和温度和湿球温度的相同点是，这两个温度都不是湿空气本身的温度，但又都与 t 和 H 有关。对空气和水系统，它们在数值上近似相等。两者不同之处在于：①湿球温度是大量空气与少量水接触后，水的稳定温度，而绝热饱和温度是大量水与少量空气接触后，空气的稳定温度；②水温达到湿球温度时汽、水处于动态平衡，依然存在着质、热传递，而气体达到绝热饱和温度时的平衡是静态平衡，没有质、热传递。

上述表示湿空气性质的 3 个温度，即干球温度 t、湿球温度 t_w（或绝热饱和温度 t_{as}）和露点 t_d 之间关系如下。

对不饱和湿空气 $\qquad\qquad\qquad\qquad t > t_w > t_d$

对于饱和湿空气 $\qquad\qquad\qquad\qquad t = t_w = t_d$

【例 10-1】 已知湿空气的总压为 $1.013 \times 10^5 \mathrm{Pa}$，相对湿度为 60%，干球温度为 $30\,^\circ\mathrm{C}$。试求该空气的①水汽分压；②湿度；③焓；④露点，如将该空气预热至 $100\,^\circ\mathrm{C}$ 进入干燥器，空气流率为 $100\mathrm{kg}$ 干空气/h，其所需的传热速率为多少 （kJ/h）。

解 （1）水汽分压 p_w

已知 $\varphi = 60\%$，$t = 30\,^\circ\mathrm{C}$，查水的饱和蒸气压表得在 $30\,^\circ\mathrm{C}$ 时，$p_s = 4247.4\mathrm{Pa}$，则水汽分压为：

$$p_w = \varphi p_s = 60\% \times 4247.4 = 2548.4 \ \mathrm{Pa}$$

（2）湿度 H　由式（10-4）得

$$H = 0.622 \frac{\varphi p_s}{p - \varphi p_s} = 0.622 \times \frac{2548.4}{1.013 \times 10^5 - 2548.4} = 0.0161 \mathrm{kg} \ \text{水/kg} \ \text{干空气}$$

（3）焓 I　由式（10-6）得

$$I = (1.01 + 1.88H)t + 2500H = (1.01 + 1.88 \times 0.0161) \times 30 + 2500 \times 0.0161$$
$$= 71.5 \mathrm{kJ/kg} \ \text{干空气}$$

（4）露点 t_d　露点 t_d 是空气湿度或水汽分压不变时冷却到饱和时的温度，所以由 $p_w = 2548.4\mathrm{Pa}$，查水的饱和蒸气压表，得 $t_d = 20.6\,^\circ\mathrm{C}$。

（5）将 $100\mathrm{kg}$ 干空气/h 从 $30\,^\circ\mathrm{C}$ 预热到 $100\,^\circ\mathrm{C}$ 所需的传热速率为

$$Q = L\Delta I = 100(1.01 + 1.88H)(t_2 - t_1)$$
$$= 100 \times (1.01 + 1.88 \times 0.0161) \times (100 - 30)$$
$$= 7282 \mathrm{kJ/h}$$

10.1.2　湿空气的 *I-H* 图及其应用

10.1.2.1　湿空气的 *I-H* 图

进行干燥过程计算时，常需用湿空气的各种参量，如相对湿度、湿含量、焓、干球温度、湿球温度、露点等，而这些参量用公式计算则比较麻烦。为减少计算量，将各参量之间的关系制成图表，利用图表查取各种参量，对于干燥过程计算显得十分方便。

图 10-5 为湿空气的湿度图（humidity chart），它以焓与湿度为坐标，所以，通常称为 *I-H* 图。此外，还有湿空气的温度-湿度图等。图 10-5 是根据总压为 $1.013 \times 10^5 \mathrm{Pa}$ 为基础而绘制的。为了使图上绘出的曲线更清楚，采用夹角为 135° 的斜角坐标系。为了读数方便，作一水平辅助横轴来标记湿含量 H 的数值，纵坐标为焓。在 *I-H* 图中，有下列 5 条线。

① 等湿度线（等 H 线）　等 H 线为一系列平行于纵轴的直线。

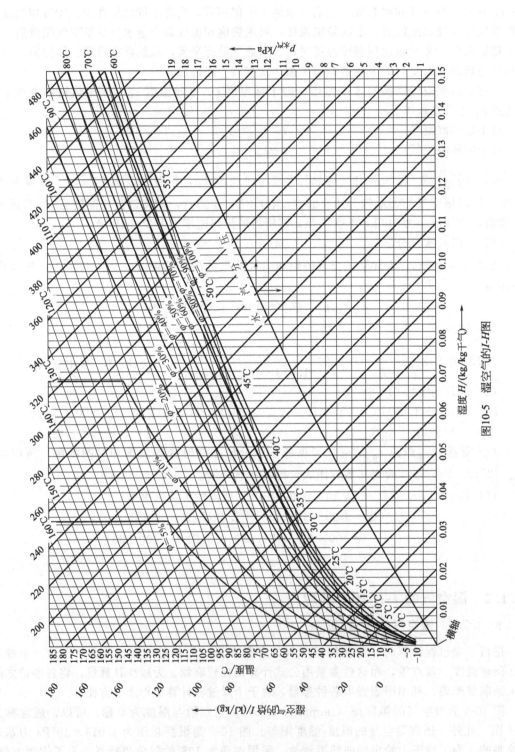

图10-5 湿空气的I-H图

② 等焓线（等 I 线）　等 I 线为一系列平行于横轴（不是辅助轴）的直线。

③ 等温线（等 t 线）　将式（10-6）改写成

$$I=1.01t+(1.88t+2500)H \tag{10-18}$$

由式（10-18）可见，若 t 为定值，则 I 与 H 成直线关系。由于直线的斜率（$1.88t+2500$）随着 t 的不同而异，所以一系列等 t 线并不平行。

④ 等相对湿度线（等 φ 线）　由式（10-4）得

$$H=0.622\frac{\varphi p_s}{p-\varphi p_s}$$

当总压 p 一定时，对某一固定的 φ 值，由任一个温度 t，可查到一个对应的饱和水蒸气压 p_s，根据上式可算出对应的 H 值。将许多（t，H）点连接起来，即成为一条等 φ 线。图 10-5 中标绘了由 $\varphi=5\%$ 至 $\varphi=100\%$ 的一系列等 φ 线。

$\varphi=100\%$ 的等 φ 线称为饱和空气线，此时空气完全被水汽所饱和。饱和线以上（$\varphi<100\%$）为不饱和空气区域，显然，只有位于不饱和区域的湿空气才能作为干燥介质。由图 10-5 可见，当湿空气的 H 一定时，温度愈高，其相对湿度 φ 值愈低，即用作干燥介质其去湿能力愈强，所以，湿空气在进入干燥器之前必须先经预热以提高温度。预热空气除了可提高湿空气的焓值使其作为载热体外，同时也是为了降低其相对湿度而作为载湿体。

⑤ 水汽分压线　式（10-2）改写成

$$p_w=\frac{pH}{0.622+H} \tag{10-19}$$

当总压 p 一定时，水汽分压 p_w 仅随湿度 H 而变，因 $H\ll0.622$，故 p_w 与 H 近似成直线关系。此直线关系标绘在饱和空气线的下方。

10.1.2.2　I-H 图的应用

I-H 图上的 5 种线能用来确定湿空气的状态及进行干燥器的物料与热量衡算。根据湿空气的两个独立参量，可在 I-H 图上定出一个交点，这个交点即表示湿空气所处的状态，由此点即可查出其他各参量值。必须指出，（t_d-H）、（t_d-p_w）、（t_w-I）或（p_w-H）都是重复的条件，它们彼此均不独立，都在同一条等 H 线或等 I 线上，故不能由这样的两个参量来确定湿空气的状态。

在 I-H 图上，已知湿空气的状态点 A 求各种参量的方法，如图 10-6 所示。由 A 点可直接读得温度 t、湿度 H、焓 I、相对湿度 φ 及水汽分压 p_w。露点是在湿空气的湿度 H 不变条件下冷却至饱和时的温度，所以，由已知点 A 的等 H 线与相对湿度 $\varphi=100\%$ 曲线定出交点，此交点所示的温度，即为露点 t_d。对空气-水系统湿球温度 t_w 即为绝热饱和温度 t_{as}，由已知的空气状态点 A 沿等 I 线与相对湿度 $\varphi=100\%$ 曲线定出交点，此交点所示的温度即为湿球温度 t_w。

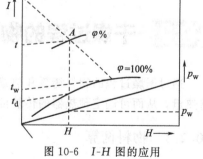

图 10-6　I-H 图的应用

通常，湿空气的已知参量组合为：①干、湿球温度；②干球温度和露点；③干球温度和相对湿度。3 种条件下确定状态点的方法分别如图 10-7 中(a)、(b)、(c)所示。

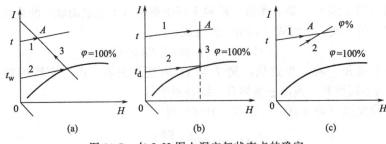

图 10-7 在 I-H 图上湿空气状态点的确定

【例 10-2】 利用湿空气的 I-H 图，求 [例 10-1] 中湿空气的状态点及有关参量。

解 由 $t=30℃$ 的等 t 线与 $\varphi=60\%$ 的等 φ 线相交的点 A 即为湿空气的状态点，如图 10-8 所示。

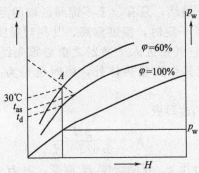

图 10-8 [例 10-2] 附图

根据点 A 的位置，在 I-H 图上读得：① $p_w=2.6kPa$。② $H=0.016kg$ 水/kg 干空气。③ $I_0=72kJ/kg$ 干空气。④ $t_d=20℃$。

又，在 A 点的等 H 线上，$100℃$ 的焓 $I_1=145kJ/kg$ 干空气，$30℃$ 的焓 $I_0=72kJ/kg$ 干空气，则传热速率为

$$Q=L(I_1-I_0)=100\times(145-72)=7300kJ/h$$

[例 10-2] 表明，采用 I-H 图求算湿空气的各参量，与 [例 10-1] 相比，不仅结果十分相近，且计算速度快，物理意义清楚。

10.2 干燥过程的物料衡算和热量衡算

通过干燥过程的物料衡算和热量衡算，可求取干燥过程中水分蒸发量、空气消耗量及所需热量，从而可确定预热器的传热面积、干燥器的工艺尺寸、辅助设备尺寸及选择风机等。

10.2.1 物料衡算

(1) 湿物料中含水量表示方法　湿物料中含水量通常有两种表示方法。

① 湿基含水量 w　湿基含水量 w 以湿物料为计算基准，即

$$w=\frac{湿物料中水分的质量}{湿物料的总质量}\times100\% \tag{10-20}$$

这种表示法常用于湿物料中水分的分析。

② 干基含水量 X 干基含水量 X 以绝干物料为计算基准，即

$$X=\frac{湿物料中水分质量}{湿物料中绝干物料的质量}\times100\% \tag{10-21}$$

这种表示法常用于干燥过程的计算。

上述两种含水量表示法的换算关系为

$$X=\frac{w}{1-w} \tag{10-22}$$

$$w=\frac{X}{1+X} \tag{10-23}$$

(2) 物料衡算 在干燥过程中，若无物料损失，则湿物料中蒸发的水分 W 必等于空气中的水分增加量，即

$$W=G_c(X_1-X_2)=L(H_2-H_1)$$

则

$$L=\frac{W}{H_2-H_1} \tag{10-24}$$

$$l=\frac{L}{W}=\frac{1}{H_2-H_1} \tag{10-25}$$

式中，W 为水分蒸发量，kg/s；G_c 为绝干物料质量流量，kg 绝干物料/s；X_1，X_2 为湿物料进、出干燥器时的干基含水量，kg 水/kg 绝干物料；L 为绝干空气的流量，kg 绝干空气/s；H_1，H_2 为空气进、出干燥器时的湿度，kg 水/kg 干空气；l 为单位空气消耗量，kg 干空气/kg 水。

干燥装置所需风机的风量根据湿空气的体积流量 $V'(\mathrm{m^3/s})$ 而定。V' 可由下式计算，即

$$V'=Lv_H=L(0.772+1.244H)\frac{273+t}{273}\times\frac{1.013\times10^5}{p} \tag{10-26}$$

式中空气温度 t、湿度 H 及压强 p 由风机进口处的空气状态决定。

【例 10-3】 有一连续操作干燥器，每小时处理湿物料 1000kg，干燥前后物料的含水量由 20％降至 3％（均为湿基），干燥介质为热空气，初始湿度为 0.001kg 水/kg 干空气，离开干燥器时湿度为 0.051kg 水/kg 干空气，试求：（1）水分蒸发量（kg/h）；（2）空气消耗量（kg 干空气/h）；（3）若干燥物料收率为 90％，求产品量（kg/h）。

解 （1）水分蒸发量 W 物料的干基含水量为

$$X_1=\frac{w_1}{1-w_1}=\frac{0.2}{1-0.2}=0.25\text{kg 水/kg 绝干物料}$$

$$X_2=\frac{w_2}{1-w_2}=\frac{0.03}{1-0.03}=0.0309\text{kg 水/kg 绝干物料}$$

绝干物料量为

$$G_c=G_1(1-w_1)=1000\times(1-20\%)=800\text{kg/h}$$

故水分蒸发量 W 为

$$W=G_c(X_1-X_2)=800\times(0.25-0.0309)=175.3\text{kg/h}$$

（2）空气消耗量 L

$$L=\frac{W}{H_2-H_1}=\frac{175.3}{0.051-0.001}=3506\text{kg 干空气/h}$$

（3）产品量 G_2'

$$干燥收率\ \eta=\frac{实际获得产品量}{理论获得产品量}\times100\%=\frac{G'_2}{G_2}\times100\%$$

$$G_2=\frac{1-w_1}{1-w_2}G_1$$

$$G'_2=\eta G_2=\frac{1-w_1}{1-w_2}G_1\eta=\frac{1-0.20}{1-0.03}\times1000\times0.90=742.3\text{kg/h}$$

10.2.2 热量衡算

图 10-9 中冷空气初始状态为 t_0、H_0、I_0，流经预热器后被加热至 t_1，空气湿度不变，即 $H_0=H_1$，但其他各项参量都发生变化，如焓为 I_1 等。热空气通过干燥器时空气的湿度增加而温度下降，离开干燥器时有关参量为 t_2、H_2、I_2。绝干空气的质量流量 L（kg 干空气/s）不变。物料进入干燥器时质量流量为 G_1，湿基含水量为 w_1，温度为 θ_1，焓为 I'_1。离开干燥器时相应参量为 G_2、w_2、θ_2 与 I'_2。预热器的传热速率为 Q_P，干燥器中补充热量速率为 Q_D，干燥器的热损失为 Q_L。

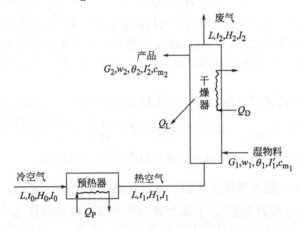

图 10-9 干燥过程的热量衡算

（1）预热器的热量衡算　若忽略预热器的热损失，则预热器的热量衡算为

$$LI_0+Q_P=LI_1$$
$$Q_P=L(I_1-I_0) \tag{10-27}$$

或

$$Q_P=L(1.01+1.88H_0)(t_1-t_0) \tag{10-28}$$

可根据 Q_P 计算预热器的传热面积和加热剂用量。

（2）干燥器的热量衡算　干燥器的热量衡算为

$$LI_1+G_cI'_1+Q_D=LI_2+G_cI'_2+Q_L$$
$$Q_D=L(I_2-I_1)+G_c(I'_2-I'_1)+Q_L \tag{10-29}$$

式中，物料的焓 I' 是指以 0℃ 为基准温度时 1kg 绝干物料及其所含水分两者焓值之和，以 kJ/kg 绝干物料表示。

若物料的温度为 θ，则以 1kg 绝干物料为基准的湿物料焓 I' 为

$$I'=c_s\theta+Xc_w\theta=(c_s+Xc_w)\theta=c_m\theta \tag{10-30}$$

式中，c_s 为绝干物料的比热容，kJ/(kg 绝干物料·℃)；c_w 为水分的比热容，其值为 4.187 kJ/(kg 水·℃)；c_m 为湿物料的比热容，kJ/(kg 绝干物料·℃)。

将式(10-27)和式(10-29)相加，得

$$Q = Q_P + Q_D = L(I_2 - I_0) + G_c(I'_2 - I'_1) + Q_L \tag{10-31}$$

式中，Q 为整个干燥系统所需的传热速率，kW。

为了便于应用，可通过以下分析得到更为简明的形式。

加热干燥器的热量 Q_D 被用于：

① 将新鲜空气 L（湿度为 H_0）由 t_1 加热至 t_2，所需热量为 $L(1.01 + 1.88H_0)$ $(t_2 - t_1)$；

② 原湿物料 $G_1 = G_2 + W$，其中干燥产品 G_2 从 θ_1 被加热至 θ_2 后离开干燥器，所耗热量为 $G_c c_{m2}(\theta_2 - \theta_1)$；水分 W 由液态温度 θ_1 被加热并汽化，至汽态温度 t_2 后随气流离开干燥系统，所需热量为 $W(2500 + 1.88t_2 - 4.187\theta_1)$；

③ 干燥系统损失的热量为 Q_L。

依据上述分析，式(10-29)可简化为

$$Q_D = L(1.01 + 1.88H_0)(t_2 - t_1) + G_c c_{m2}(\theta_2 - \theta_1) + \tag{10-32}$$
$$W(2500 + 1.88t_2 - 4.187\theta_1) + Q_L$$

以上所述对干燥器作热量衡算的分析法如图10-10所示。

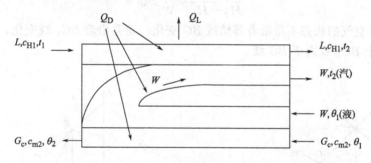

图 10-10　干燥器热量衡算的分析法示意

式(10-31)可简化为

$$Q = Q_P + Q_D = L(1.01 + 1.88H_1)(t_2 - t_0) + W(2500 + 1.88t_2 - 4.187\theta_1) + \\ G_c c_{m2}(\theta_2 - \theta_1) + Q_L \tag{10-33}$$

由式(10-33)可知，干燥系统中加入的热量消耗于4个方面：a. 加热空气使之由 t_0 升至 t_2；b. 蒸发水分；c. 加热物料由 θ_1 升温至 θ_2；d. 干燥系统热损失。通过热量衡算，可确定干燥过程所需热量及各项热量分配情况。干燥器的热量衡算是计算干燥器尺寸及干燥热效率的基础。

10.2.3　干燥器出口空气状态的确定

在干燥器设计中，干燥器的进口湿空气状态（t_1，φ_1，H_1，I_1）可以根据进预热器前湿空气的状态（t_0，t_{w0}）及出预热器时湿空气温度 t_1 确定。但是，因空气通过干燥器时有质和热的传递，可知干燥过程中湿空气的状态变化较为复杂。通常空气出口状态是根据工艺要求或规定的条件（如空气出口温度 t_2 不低于某值或相对湿度 φ_2 不高于某值等）通过计算求得。通常根据干燥过程中空气焓的变化情况将干燥过程分为等焓干燥过程和非等焓干燥过程。

(1) 等焓干燥过程　由式(10-29)得

$$L(I_2 - I_1) = Q_D - Q_L - G_c(I'_2 - I'_1) \tag{10-34}$$

或
$$\frac{I_2-I_1}{H_2-H_1}=\frac{1}{W}[Q_D-Q_L-G_c c_{m2}(\theta_2-\theta_1)] \tag{10-35}$$

令 $Q_D-Q_L-G_c c_{m2}(\theta_2-\theta_1)=\Delta$，则式（10-35）可写为

$$\frac{I_2-I_1}{H_2-H_1}=\frac{\Delta}{W} \tag{10-36}$$

显然，当 $\Delta=0$ 时，$I_2=I_1$，则对应的干燥过程为等焓过程，即湿空气在干燥器内经历等焓的变化过程。若满足以下 3 点则等焓干燥过程可实现。

① 干燥器内不补充热量，$Q_D=0$。

② 干燥器的热损失可忽略不计，$Q_L=0$。

③ 物料进、出干燥器时温度差可忽略，$\theta_2=\theta_1$。

在实际干燥过程中，等焓干燥过程是难以实现的，故又将其称为理想干燥过程。等焓干燥过程中空气状态变化过程如图 10-11 中 BC 线所示。

（2）非等焓干燥过程　实际干燥过程往往偏离等焓干燥过程，即 $\Delta\neq0$。

① 当 $\Delta>0$ 时，由式（10-36）可知

$$\frac{I_2-I_1}{H_2-H_1}=\frac{\Delta}{W}>0$$

则，$I_2>I_1$，即空气的状态不是沿着等焓线 BC 变化，而是沿着 BC_1 线变化，如图 10-12 所示。在 I-H 图上 BC_1 线高于 BC 线。

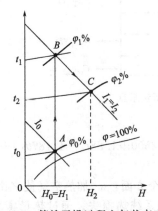

图 10-11　等焓干燥过程空气状态变化

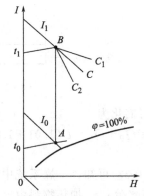

图 10-12　实际干燥过程空气状态变化

② 当 $\Delta<0$ 时，即 $I_2<I_1$，这时空气状态将沿 BC_2 线变化。在 I-H 图上，BC_2 线低于 BC 线。通常干燥器中不补充热量，所以 $\Delta<0$ 的情况在实际干燥过程中很普遍。

下面对非等焓干燥过程空气出口状态的确定方法进行简单说明。由式（10-36）得

$$\frac{(c_{H_2}t_2+r_0 H_2)-(c_{H_1}t_1+r_0 H_1)}{H_2-H_1}=\frac{\Delta}{W}$$

因空气的湿比热变化不大，故可设 $c_{H_2}=c_{H_1}$，则得

$$\frac{t_2-t_1}{H_2-H_1}=\left(\frac{\Delta}{W}-r_0\right)\frac{1}{1.01+1.88H_1} \tag{10-37}$$

式（10-37）表明干燥过程中温度与湿度之间的变化关系。若湿空气出口状态不沿等 I 线变化，且 Δ 值可知，则可根据已确定的 t_2 由式（10-37）求得 H_2，从而可在图 10-12 上依（t_2，H_2）值确定空气出口状态点 C_1 或 C_2。

10.2.4　干燥器的热效率和干燥效率

干燥器的热效率 η' 定义为

$$\eta' = \frac{\text{空气在干燥器内所放出的热量}}{\text{空气在预热器中所获得的热量}} \times 100\%$$

$$= \frac{L(1.01+1.88H_0)(t_1-t_2)}{L(1.01+1.88H_0)(t_1-t_0)} \times 100\%$$

$$= \frac{t_1-t_2}{t_1-t_0} \times 100\% \tag{10-38}$$

干燥效率 η 定义为

$$\eta = \frac{\text{干燥器中蒸发水分所需热量}}{\text{空气在干燥器内放出的热量}} \times 100\%$$

$$= \frac{W(2500+1.88t_2-4.187\theta_1)}{L(1.01+1.88H_0)(t_1-t_2)} \times 100\% \tag{10-39}$$

干燥操作中干燥器的热效率和干燥效率表示干燥器的操作性能，其值愈高表示热能利用率愈好。利用干燥器排出废气中的热量对于提高热效率具有重要意义，如采用废气循环使用、利用废气预热冷空气、冷物料以及对湿物料进行预干燥等，都可提高热能利用率。此外，还应加强干燥系统中设备及管道的保温，以减少热损失。

由式(10-24)、式(10-25)和式(10-38)可知，若能将离开干燥器的空气温度降低，湿度提高，则可节省空气消耗量并提高干燥器的热效率，同时也可减少输送空气的动力消耗。但是，空气中湿度的增高将使物料干燥的传质推动力 (H_w-H) 下降。对于吸湿性物料的干燥操作，通常要求空气出口温度高一些，湿度低一些，即空气通过干燥器的饱和程度低一些。如空气离开干燥器时的温度 t_2 须比热空气进入干燥器时的绝热饱和温度高 $20\sim50℃$，才能保证空气在进入干燥器以后的分离设备中不致析出水滴，否则，将会使产品返潮，且易造成管道堵塞和设备材料腐蚀等。

【例 10-4】　某常压连续干燥器，已知操作条件：①干燥器的生产能力为 200kg/h（按干燥产品计）。②空气状况为进预热器前 $t_0=20℃$，$\varphi_0=60\%$；离开干燥器时 $t_2=40℃$，$\varphi_2=60\%$；进干燥器前 $t_1=90℃$。③物料状况为进干燥器前 $\theta_1=20℃$，$X_1=0.25$kg 水/kg 干料；出干燥器时 $\theta_2=35℃$，$X_2=0.01$kg 水/kg 干料；绝干物料比热容 $c_s=1.6$kJ/(kg 绝干物料·℃)。试求：(1) 水分蒸发量 (kg/h)；(2) 新鲜空气消耗量 (m^3/h)；(3) 预热器的传热量 Q_p(kJ/h)；(4) 干燥器需补充的热量 Q_D(kJ/h)；(5) 干燥器的效率 η' 和干燥效率 η。假定干燥器的热损失可忽略不计。

解　(1) 水分蒸发量 W
绝干物料量

$$G_c=G_2\left(1-\frac{X_2}{1+X_2}\right)=200\times\left(1-\frac{0.01}{1+0.01}\right)=198\text{kg 绝干物料/h}$$

水分蒸发量

$$W=G_c(X_1-X_2)=198\times(0.25-0.01)=47.5\text{kg 水/h}$$

(2) 新鲜空气消耗量 V　当 $t_0=20℃$，$\varphi_0=60\%$时，由 $I\text{-}H$ 图查得 $H_0=0.01$kg 水/kg 干空气；$t_2=40℃$、$\varphi_2=60\%$时，$H_2=0.030$kg 水/kg 干空气。因空气经预热器湿度

保持不变，即 $H_1 = H_0$，则绝干空气量为

$$L = \frac{W}{H_2 - H_1} = \frac{47.5}{0.03 - 0.01} = 2375 \text{kg 干空气/h}$$

空气的体积消耗量 V（按进预热器前空气状态计）为

$$V = L\upsilon_H = L(0.772 + 1.244 H_0)\frac{t_0 + 273}{273}$$

$$= 2375 \times (0.772 + 1.244 \times 0.010) \times \frac{20 + 273}{273} = 2000 \text{m}^3/\text{h}$$

（3）预热器的传热量 Q_P

$$Q_P = L(I_1 - I_0) = L(1.01 + 1.88 H_0)(t_1 - t_0)$$

$$= 2375 \times (1.01 + 1.88 \times 0.010) \times (90 - 20)$$

$$= 1.71 \times 10^5 \text{kJ/h} = 47.5 \text{kW}$$

（4）干燥器内补充热量 Q_D

因为　　$Q = Q_P + Q_D = L(1.01 + 1.88 H_1)(t_2 - t_0) +$
$$W(2500 + 1.88 t_2 - 4.187 \theta_1) + G_c c_{m2}(\theta_2 - \theta_1) + Q_L$$

所以　　$Q_D = L(1.01 + 1.88 H_1)(t_2 - t_0) + W(2500 + 1.88 t_2 - 4.187 \theta_1) +$
$$G_c c_{m2}(\theta_2 - \theta_1) + Q_L - Q_P$$

$$= 2375 \times (1.01 + 1.88 \times 0.01) \times (40 - 20) + 47.5 \times (2500 + 1.88 \times 40 - 4.187$$

$$\times 20) + 198 \times (1.6 + 0.01 \times 4.187) \times (35 - 20) + 0 - 1.71 \times 10^5$$

$$= 1.09 \times 10^3 \text{kJ/h} = 0.30 \text{kW}(>0)$$

说明外界需向干燥器补充 0.30kW 热量。

（5）干燥器的热效率 η' 和干燥效率 η

干燥器的热效率 η' 为

$$\eta' = \frac{t_1 - t_2}{t_1 - t_0} \times 100\% = \frac{90 - 40}{90 - 20} = 71.4\%$$

干燥效率 η 为

$$\eta = \frac{W(2500 + 1.88 t_2 - 4.187 \theta_1)}{L(1.01 + 1.88 H_0)(t_1 - t_2)} \times 100\%$$

$$= \frac{47.5 \times (2500 + 1.88 \times 40 - 4.187 \times 20)}{2375 \times (1.01 + 1.88 \times 0.010) \times (90 - 40)} \times 100\% = 96.9\%$$

【例 10-5】 在常压连续逆流干燥器中将某种物料自湿基含水量 0.55 干燥至 0.03。采用废气循环操作，即由干燥器出来的一部分废气和新鲜空气相混合，混合气经预热器加热到必要的温度后再送入干燥器。循环的废气中绝干空气质量和混合气中绝干空气质量之比（称为循环比）为 0.8。设空气在干燥器中经历等焓过程。

已知新鲜空气的状态为 $t_0 = 25\text{℃}$、$H_0 = 0.005 \text{kg 水/kg 绝干气}$。废气的状况为 $t_2 = 40\text{℃}$，$H_2 = 0.034 \text{kg 水/kg 绝干气}$。试求每小时干燥 2000kg 湿物料所需的新鲜空气量及预热器的传热量。设预热器的热损失可忽略。

解 物料的干基含水量为 $X_1 = \dfrac{w_1}{1-w_1} = \dfrac{0.55}{1-0.55} = 1.222$ kg 水/kg 绝干物料

$$X_2 = \dfrac{w_2}{1-w_2} = \dfrac{0.03}{1-0.03} = 0.0309 \text{ kg 水/kg 绝干物料}$$

绝干物料量为 $G_c = G_1(1-w_1) = 2000 \times (1-0.55) = 900$ kg 绝干物料/h

则水分蒸发量为 $W = G_c(X_1 - X_2) = 900 \times (1.222 - 0.0309) = 1072$ kg 水/h

新鲜空气中绝干空气消耗量可由整个干燥系统的物料衡算求得，即

$$L = \dfrac{W}{H_2 - H_1} = \dfrac{1072}{0.034 - 0.005} = 3.70 \times 10^4 \text{ kg 绝干气/h}$$

故新鲜空气用量为 $L_0 = L(1+H_0) = 3.70 \times 10^4 \times (1+0.005) = 3.72 \times 10^4$ kg/h

$$I_0 = (1.01 + 1.88 \times 0.005) \times 25 + 2500 \times 0.005 = 37.94 \text{ kJ/kg 绝干气}$$

$$I_2 = (1.01 + 1.88 \times 0.034) \times 40 + 2500 \times 0.034 = 127.6 \text{ kJ/kg 绝干气}$$

新鲜空气与废气混合后

$$H_m = 0.2H_0 + 0.8H_2 = 0.2 \times 0.005 + 0.8 \times 0.034 = 0.0282 \text{ kg 水/kg 绝干气}$$

$$I_m = 0.2I_0 + 0.8I_2 = 0.2 \times 37.94 + 0.8 \times 127.6 = 109.7 \text{ kJ/kg 绝干气}$$

由于空气在干燥器中经历等焓过程，所以混合气经过预热器后

$$I_1 = I_2 = 127.6 \text{ kJ/kg 绝干气}$$

预热器的传热量为

$$Q_P = \dfrac{L}{0.2} \times (I_1 - I_m) = \dfrac{3.70 \times 10^4}{0.2} \times (127.6 - 109.7) = 3.32 \times 10^6 \text{ kJ/h}$$

10.3 干燥速率和干燥时间

前面介绍了湿空气的性质、干燥器的物料衡算和热量衡算，这些都属于干燥静力学范畴，由此可确定从湿物料中除去的水分量、干燥过程所需空气量和热量，这些数据可作为计算预热器和选用鼓风机的依据。而干燥器的尺寸和所需干燥时间则涉及干燥速率，这部分内容属于干燥动力学范畴。已经知道，干燥过程中所除去的水分，有的是由物料内部迁移到表面，然后由物料表面汽化而进入空气中，可见，干燥过程的干燥速率不仅取决于空气的性质和操作条件，而且还受到物料中所含水分性质的影响。

10.3.1 物料中所含水分的性质

（1）水分与物料结合的方式 水分与物料的结合方式，通常可分为表面吸着水分、毛细管水分和溶胀水分 3 种。此外，还有化学结合水分，如 $CuSO_4 \cdot 5H_2O$ 中的结晶水，属物质结构的一个组成部分，一般不属于干燥中除去水分的范围。以下是各种水分与物料结合方式的简介。

① 表面吸着水分 包括吸着或附着在湿物料外表面上的水分和物料大孔隙中的水分。其特征是在任何温度下，物料表面水分的平衡蒸气压等于纯水在同温度下的蒸气压。

② 毛细管水分 是多孔性物料的小孔隙中所含的水分。由于物料的孔隙甚小，故这种水分的平衡蒸气压小于同温度下水的蒸气压。

③ 溶胀水分 指物料细胞壁或纤维皮壁内的水分。其平衡蒸气压低于同温度纯水蒸气压。

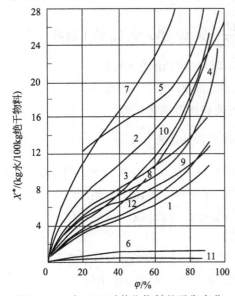

图 10-13 在 25℃时某些物料的平衡水分
X^* 与空气相对湿度 φ 的关系

1—新闻纸；2—羊毛，毛织物；3—硝化纤维；
4—丝；5—皮革；6—陶土；7—烟叶；
8—肥皂；9—牛皮胶；10—木材；
11—玻璃绒；12—棉花

（2）平衡水分与自由水分 根据物料在一定的干燥条件下所含水分能否用干燥方法除去来划分，可分为平衡水分和自由水分。

① 平衡水分 当某种物料与一定温度及湿度的空气相接触时，物料将会失去水分或吸收水分，直至物料表面所产生的水蒸气压与空气中的水汽分压平衡，此时，物料中的水分将不再因与空气接触时间的延长而有所变化。在此空气状态下，物料中所含的水分称为该物料的平衡水分。平衡水分随物料种类不同而有很大差别，对于同一种物料，又因所接触的空气状态不同而异。非吸水性物料如黄沙、陶瓷等，其平衡水分接近于零；吸水性物料如烟草、木材、纸张与皮革等，其平衡水分则较大，且主要取决于所接触空气的相对湿度。图 10-13 所示为某些物料在 25℃时平衡水分与空气相对湿度的关系。

以图 10-13 中曲线 10 所代表的木材为例，若将它置于相对湿度为 60％的空气中干燥，木材的平衡水分 $X^* = 0.12$kg 水/kg 绝干物料，此值即为木材在 25℃和 $\varphi = 60$％的空气状态下所能达到的干燥极限。

② 自由水分 物料中所含的水分大于平衡水分的那一部分，称为自由水分。自由水分是能被干燥方法除去的水分。

物料中所含有的总水分为自由水分与平衡水分之和。

（3）结合水分和非结合水分 根据物料中水分除去的难易来划分，物料中的水分可分为结合水分和非结合水分。

① 结合水分 包括物料细胞壁内的水分、物料内可溶固体物溶液中的水分及物料内毛细管中的水分等。由于这种水分与物料的结合力强，其蒸气压低于同温度下纯水饱和蒸气压，致使干燥过程中水分去除的传质推动力降低，故除去物料内结合水分较除去表面附着水分困难。

② 非结合水分 包括物料中附着的水分和较大孔隙中的水分，它主要是以机械方式与物料结合，故结合力较弱。物料中的非结合水分的蒸气压与同温度下纯水的饱和蒸气压相同，因此，除去非结合水分比除去结合水分容易。

如图 10-14 所示，在一定温度下，实验测得某物料的平衡曲线与 $\varphi = 100$％的轴线交点以下的水分即为该物料的结合水分，而大于这交点的物料中的水分则为非

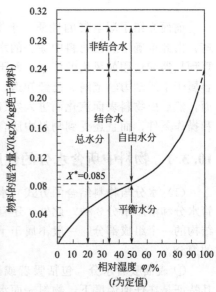

图 10-14 固体物料中所含
水分的性质

结合水分。因此在一定温度下，物料中结合水分和非结合水分的划分，只取决于物料本身的特性，而与空气的状态无关。物料中平衡水分和自由水分的划分不仅与物料性质有关，而且还取决于空气的状态，对同一种物料而言，若空气状态不同，则其平衡水分和自由水分的值也不相同。

上述几种水分的关系标绘在图 10-14 中。

10.3.2　干燥速率及其影响因素

10.3.2.1　干燥速率

干燥速率为单位时间、单位干燥表面积上汽化的水分量。即

$$u = \frac{dW}{A\,d\tau} \tag{10-40}$$

式中，u 为干燥速率，$kg/(m^2 \cdot s)$；W 为汽化水分量，kg；A 为干燥表面积，m^2；τ 为干燥时间，s。

因为

$$dW = -G_c dX$$

故式(10-40)改写为

$$u = -\frac{G_c\,dX}{A\,d\tau} \tag{10-41}$$

式中，G_c 为绝干物料的质量，kg；X 为湿物料干基含水量，kg 水/kg 绝干物料。

式(10-41)中的负号表示物料含水量随着干燥时间的增加而减少。

物料的干燥速率可由干燥实验测得。为了简化影响因素，设干燥实验在恒定的条件下进行，即干燥介质（如热空气）的温度、湿度、流速及与物料的接触方式在整个干燥过程中保持不变。采用大量空气干燥少量的湿物料时可接近恒定干燥条件。

在实验过程中，将每一时间间隔 $\Delta\tau$ 内物料的质量减少量 ΔW 及物料表面温度 θ 记录下来。实验进行至物料恒重为止，此时物料中所含水分即为该条件下物料的平衡水分。实验结束后取出物料并测出物料与空气的接触面积 A，再将物料放入电烘箱内烘干至恒重（烘箱温度应低于物料的分解温度），即可测得绝干物料的质量 G_c。

上述实验数据经整理，可绘制如图 10-15 所示的物料含水量 X 及物料表面温度 θ 与干燥时间 τ 的关系曲线，此曲线称为干燥曲线。干燥曲线表明在相同的干燥条件下将某物料干燥至某一含水量时所需的干燥时间及干燥过程中物料表面温度的变化情况。

由图 10-15 可见，图中 A 点表示物料初始含水量为 X_1，温度为 θ_1，当物料与热空气接触后，物料表面温度由 θ_1 升至 t_w，物料含水量下降至 X'，AB 段内，$-\dfrac{dX}{d\tau}$ 值逐渐增大。BC 段内物料含水量继续下降，$-\dfrac{dX}{d\tau}$ 值保持恒定，X 与 τ 的关系为直线，物料表面温度为空气的湿球温度 t_w，此段内热空气传递给物料的显热等于水分从物料中汽化所需的潜热。CDE 段内，物料逐渐升温，热空气传给物料的热量一部分用于加热物料使其温度由 t_w 升至 θ_2，一部分用于汽化水分。该段内 $-\dfrac{dX}{d\tau}$ 变化逐渐趋向平坦，直至物料含水量降到平衡水分 X^* 为止。

现将图 10-15 中的数据换算为 $u = -\dfrac{G_c\,dX}{A\,d\tau}$，则其与物料含水量 X 的关系曲线，即为如图 10-16 所示的干燥速率曲线。

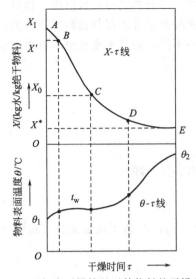

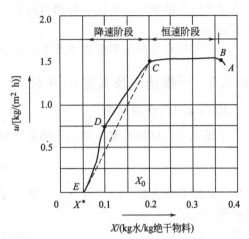

图 10-15　恒定干燥情况下某物料的干燥曲线　　　图 10-16　恒定干燥情况下的干燥速率曲线

由图 10-16 可见，干燥速率曲线分为 AB、BC 和 CDE 3 段。AB 段为物料预热段，此段所需干燥时间极短，通常归入 BC 段处理。BC 段内干燥速率保持恒定，基本上不随物料含水量变化而变化，称此段为恒速干燥阶段。CDE 段内干燥速率随物料含水量的减少而降低，称其为降速干燥阶段。图中 C 点是恒速和降速阶段的分界点，称为临界点，该点的干燥速率仍等于恒速阶段的干燥速率 u_0，该点的物料含水量 X_0 称为临界含水量。

10.3.2.2　干燥速率的影响因素

在恒速阶段与降速阶段内，物料干燥的机理不同，从而影响因素也不同，分别讨论如下。

(1) 恒速干燥阶段　恒速干燥阶段中，当干燥条件恒定时，物料表面与空气之间的传热和传质情况与测定湿球温度时相同，因此，可将式(10-11)和式(10-12)改写为

$$\frac{dQ'}{A\,d\tau}=\alpha(t-t_w) \tag{10-42}$$

$$\frac{dW}{A\,d\tau}=k_H(H_{s,w}-H) \tag{10-43}$$

式中，Q' 为空气传给物料的热量，kJ。其余符号意义同前。

在恒定干燥条件下，空气的温度、湿度、速度及气固两相的接触方式均应保持不变，故 α 和 k_H 亦应为定值。这阶段中，由于物料表面保持完全润湿，若不考虑热辐射对物料温度的影响，则湿物料表面达到的稳定温度即为空气的湿球温度 t_w，与 t_w 对应的 $H_{s,w}$ 值也应恒定不变。由式(10-42)和式(10-43)可知，这种情况湿物料和空气间的传热速率 $\dfrac{dQ'}{A\,d\tau}$ 和传质速率 $\dfrac{dW}{A\,d\tau}$ 均保持不变。湿物料以恒定的速率汽化水分，并向空气中扩散。

在恒速干燥阶段，空气传给湿物料的显热等于水分汽化所需的潜热，即

$$dQ'=r_w\,dW \tag{10-44}$$

式中，r_w 为 t_w 下水的汽化潜热，kJ/kg。

将式(10-44)代入式(10-42)和式(10-43)中，可得

$$u_0 = \frac{dW}{A d\tau} = \frac{dQ'}{r_w A d\tau} = k_H (H_{s,w} - H) = \frac{\alpha}{r_w}(t - t_w) \tag{10-45}$$

显然，干燥速率可根据给热系数 α 确定。

对于静止的物料层，α 的经验关联式如下，其单位为 $W/(m^2 \cdot ℃)$。

① 当空气平行流过物料表面时，则

$$\alpha = 0.0204 (\overline{L})^{0.8} \tag{10-46}$$

应用条件：空气的质量流速 $\overline{L} = 2450 \sim 29300 kg/(m^2 \cdot h)$；空气的温度为 $45 \sim 150℃$。

② 当空气垂直流过物料层时，则

$$\alpha = 1.17 (\overline{L})^{0.37} \tag{10-47}$$

应用条件：空气的质量流速 $\overline{L} = 3900 \sim 19500 kg/(m^2 \cdot h)$

在气流干燥器中，固体颗粒呈悬浮态，气体与颗粒间给热系数 α 可由下式估算，即

$$Nu = 2 + 0.54 Re_p^{0.5} \tag{10-48a}$$

或

$$\alpha = \frac{\lambda_g}{d_p} \left[2 + 0.54 \left(\frac{d_p u_t}{\nu_g} \right)^{0.5} \right] \tag{10-48b}$$

式中，d_p 为颗粒的平均直径，m；λ_g 为空气的热导率，$W/(m \cdot ℃)$；u_t 为颗粒的沉降速度，m/s；ν_g 为空气的运动黏度，m^2/s。

流化干燥的给热系数 α 可由下式估算，即

$$Nu = 4 \times 10^{-3} Re^{1.5} \tag{10-49a}$$

$$\alpha = 4 \times 10^{-3} \frac{\lambda_g}{d_p} \left(\frac{d_p w_g}{\nu_g} \right)^{1.5} \tag{10-49b}$$

式中，w_g 为流化气速，m/s。其他符号说明同式 (10-48a)。

恒速干燥阶段属物料表面非结合水分汽化过程，与自由液面汽化水分情况相同。这个阶段的干燥速率取决于物料表面水分的汽化速率，即决定于物料外部的干燥条件，故又称为表面汽化控制阶段。

由式 (10-42) 和式 (10-43) 可知，影响恒速干燥速率的因素有 α、k_H、$(t - t_w)$、$(H_{s,w} - H)$。提高空气流速能增大 α 及 k_H，提高空气温度、降低空气湿度可增大传热和传质的推动力 $(t - t_w)$ 及 $(H_{s,w} - H)$。此外，水分从物料表面汽化的速率与空气同物料接触方式有关，图 10-17 所示的 3 种接触方式，其中以 (c) 接触效果最佳，不仅 α 和 k_H 最大，而且单位质量物料的干燥面积也最大；(b) 次之，(a) 最差。应注意的是，干燥操作不仅要求有较大的汽化速率，而且还要考虑气流的阻力、物料的粉碎情况、粉尘的回收、物料耐温程度以及物料在高温、低湿度气流中的变形或收缩等问题。所以，对于具体干燥物系应根据物料特性及经济核算等来确定适宜的气流速度、温度和湿度等。

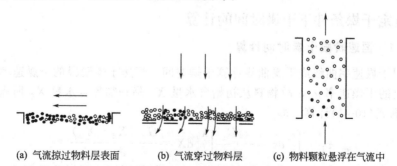

(a) 气流掠过物料层表面　　(b) 气流穿过物料层　　(c) 物料颗粒悬浮在气流中

图 10-17　空气与物料的接触方式

（2）降速干燥阶段　由图 10-16 所示，当物料的含水量降至临界含水量 X_0 以下，物料的干燥速率则随其含水量的减小而降低。此时，因水分自物料内部向表面迁移的速率低于物料表面水分汽化速率，所以湿物料表面逐渐变干，汽化表面逐渐向内部移动、表面温度逐渐上升。随着物料内部水分含量的不断减少，物料内部水分迁移速率不断降低，直至物料的含水量降至平衡含水量 X^* 时，物料的干燥过程便停止。

在降速干燥阶段中，干燥速率的大小主要取决于物料本身结构、形状和尺寸，与外界干燥条件关系不大，故降速干燥阶段又称为物料内部迁移控制阶段。

干燥速率曲线的形状随物料内部结构的不同而异。图 10-16 是根据颗粒状多孔物料实验结果绘制的，这类物料内部水分迁移是借毛细管作用而到达物料表面的。

综上所述，恒速干燥阶段和降速干燥阶段速率的影响因素不同，因此，在强化干燥过程时，首先要确定在某一定干燥条件下物料的临界含水量 X_0，再区分干燥过程属于哪个阶段，然后采取相应措施以强化干燥操作。

临界含水量随物料的性质、厚度及干燥速率不同而异。对同一种物料，如干燥速率增大，则其临界含水量值亦增大；对同一干燥速率，物料层愈厚，X_0 值也愈高。物料的临界含水量通常由实验测定，在缺乏实验数据的条件下，可按表 10-1 所列的 X_0 值估计。

表 10-1　不同物料的临界含水量范围

有 机 物 料		无 机 物 料		临界含水量
特　征	实　例	特　征	实　例	（干基）/%
很粗的纤维	未染过羊毛	粗粒无孔的物料大于 50 目	石英	3～5
		晶体的、粒状的、孔隙较少的物料，颗粒大小为 50～325 目	食盐、海砂、矿石	5～15
晶体的、粒状的、孔隙较小的物料	鞣酸结晶	细晶体有孔物料	硝石、细砂、黏土料、细泥	15～25
粗纤维细粉	粗毛线、醋酸纤维、印刷纸、碳素颜料	细沉淀物、无定形和胶体状态的物料、无机颜料	碳酸钙、细陶土、普鲁士蓝	25～50
细纤维、无定形的和均匀状态的压紧物料	淀粉、亚硫酸、纸浆、厚皮革	浆状，有机物的无机盐	碳酸钙、碳酸镁、二氧化钛、硬脂酸钙	50～100
分散的压紧物料、胶体状态和凝胶状态的物料	鞣制皮革、糊墙纸、动物胶	有机物的无机盐、媒触剂、吸附剂	硬脂酸锌、四氯化锡、硅胶、氢氧化铝	100～3000

10.3.3　恒定干燥条件下干燥时间的计算

10.3.3.1　恒速阶段干燥时间计算

（1）利用干燥速率曲线或干燥曲线计算干燥时间　恒速干燥阶段的干燥速率为常量，且等于临界点上的干燥速率 u_0，故物料从初始含水量 X_1 降到临界含水量 X_0 所需要的干燥时间 τ_1，可根据式(10-41)计算，即

$$\tau_1 = \int_0^{\tau_1} \mathrm{d}\tau = -\frac{G_c}{Au_0}\int_{X_1}^{X_0} \mathrm{d}X = \frac{G_c\,(X_1 - X_0)}{Au_0} \tag{10-50}$$

根据干燥速率曲线查得 u_0 后，再用式(10-50)即可得到恒速干燥阶段所需干燥时间 τ_1，

或者根据干燥曲线直接求 τ_1。

(2) 利用给热系数计算干燥时间　由式(10-45)知

$$u_0 = \frac{\alpha}{r_w}(t - t_w)$$

将上式代入式(10-50)得

$$\tau_1 = \frac{G_c r_w (X_1 - X_0)}{\alpha A (t - t_w)} \tag{10-51}$$

若已知空气与物料表面间的给热系数 α，即可用式(10-51)计算恒速干燥阶段所需干燥时间 τ_1。

10.3.3.2　降速阶段干燥时间计算

(1) 图解积分法求降速干燥阶段时间　降速干燥阶段物料中含水量由 X_0 下降到 X_2 所需的时间 τ_2 可由式(10-41)求得，即

$$\tau_2 = \int_0^{\tau_2} d\tau = -\frac{G_c}{A} \int_{X_0}^{X_2} \frac{dX}{u} = \frac{G_c}{A} \int_{X_2}^{X_0} \frac{dX}{u} \tag{10-52}$$

在降速干燥阶段，干燥速率 u 是变量，不论干燥曲线形状如何，均可采用图解积分法求解。以 X 为横坐标，$\frac{1}{u}$ 为纵坐标，将 $\frac{1}{u}$ 对各相应的 X 进行标绘，由 $X = X_0$、$X = X_2$、横轴及关系曲线所包围的面积即为积分项的值。

(2) 解析法求降速干燥阶段干燥时间　用图解积分法求取降速干燥阶段的干燥时间尽管较为准确，但计算较繁。当降速阶段的干燥速率曲线随物料的含水量 X 呈线性变化时，干燥时间可采用解析法计算。即

$$u = -\frac{G_c \, dX}{A \, d\tau} = K_x (X - X^*) \tag{10-53}$$

式中，K_x 为比例系数，$kg/(m^2 \cdot s)$，当把图 10-16 中的 CE 线看成直线时，$K_x = \frac{u_0}{X_0 - X^*}$。

将式(10-53)整理并积分，得

$$\tau_2 = \int_0^{\tau_2} d\tau = -\frac{G_c}{A K_x} \int_{X_0}^{X_2} \frac{dX}{X - X^*} = \frac{G_c}{A K_x} \ln \frac{X_0 - X^*}{X_2 - X^*} \tag{10-54}$$

物料干燥所需的总时间 τ 为

$$\tau = \tau_1 + \tau_2 \tag{10-55}$$

【例 10-6】 已知某物料在恒定干燥条件下从初始含水量 0.4kg 水/kg 干料降至 0.08kg 水/kg 干料，共需 6h，物料的临界含水量 $X_0 = 0.15$kg 水/kg 干料，平衡含水量 $X^* = 0.04$kg 水/kg 干料，降速阶段的干燥速率曲线可作为直线处理。试求：(1) 恒速干燥阶段所需时间 τ_1 及降速阶段所需时间 τ_2 分别为多少？(2) 若在同样条件下继续将物料干燥至 0.05kg 水/kg 干料，还需多少时间？

解 (1) X 由 0.4kg 水/kg 干料降至 0.08kg 水/kg 干料经历两个阶段

据式(10-50)

$$\tau_1 = \frac{G_c (X_1 - X_0)}{A u_0}$$

据式(10-54)
$$\tau_2 = \frac{G_c(X_0 - X^*)}{Au_0} \ln \frac{X_0 - X^*}{X_2 - X^*}$$

$$\frac{\tau_1}{\tau_2} = \frac{X_1 - X_0}{(X_0 - X^*)\ln \dfrac{X_0 - X^*}{X_2 - X^*}} = \frac{0.4 - 0.15}{(0.15 - 0.04)\ln \dfrac{0.15 - 0.04}{0.08 - 0.04}} = 2.247$$

又因
$$\tau_1 + \tau_2 = 6h$$

解得
$$\tau_1 = 4.15h, \quad \tau_2 = 1.85h$$

(2) 继续干燥时间

设从临界含水量 $X_0 = 0.15$ kg 水/kg 干料降至 $X_3 = 0.05$ kg 水/kg 干料所需时间为 τ_3，则

$$\frac{\tau_3}{\tau_2} = \frac{\ln \dfrac{X_0 - X^*}{X_3 - X^*}}{\ln \dfrac{X_0 - X^*}{X_2 - X^*}} = \frac{\ln \dfrac{0.15 - 0.04}{0.05 - 0.04}}{\ln \dfrac{0.15 - 0.04}{0.08 - 0.04}} = 2.37$$

继续干燥所需时间为 $\tau_3 - \tau_2 = 1.37\tau_2 = 1.37 \times 1.85 = 2.54h$。

10.3.4　干燥过程节能与强化

干燥过程要将湿分从液态变为气态，需要供给较大的汽化潜热，而且能量利用率很低（对流式干燥器尤其如此），是能量消耗较大的单元操作。据统计，干燥过程的能耗占我国整个加工过程能耗的 10% 左右。因此，有必要选择热效率高的干燥装置，优化干燥设备的操作条件，回收排出的废气中的部分热量来节能能源。同时考虑工艺系统排放三废的处理，保护环境。

(1) 降低蒸发负荷　物料进入干燥器前，通过过滤、离心分离或蒸发器的蒸发等预脱水处理，可增加物料中的固含量，降低干燥器的蒸发负荷，是干燥器节能的最有效方法之一。对于溶液、悬浮液、乳浊液等液体物料，干燥前进行预热也可以节能，对于喷雾干燥，预热还有利于料液雾化。

(2) 提高入口空气温度、降低出口废气温度　提高干燥器入口空气温度 t_1 有利于提高干燥器的热效率，但是入口温度受产品允许温度限制。在并流颗粒悬浮干燥器中，颗粒表面温度比较低，因此，干燥器入口空气温度可以比产品允许温度高得多。

对流式干燥器废气带走的热量约占 15%～40%，因此降低出口废气温度比提高入口空气温度更经济，既可以提高干燥器的热效率，又可以增加生产能力。但是出口废气温度过低会导致干燥产品湿含量增加，甚至返潮，干燥达不到产品湿含量的要求。

(3) 采用废气部分循环　充分利用废气中的余热，可提高干燥器的热效率。但是热空气的湿含量随废气循环量的提高而增加，干燥速率将随之降低，使湿物料干燥时间的延长而带来干燥设备费用的增加，因此，存在一个最佳废气循环量。一般的废气循环量为 20%～30%。

(4) 采用组合干燥　采用组合干燥不仅可提高产品质量，同时节省能量，尤其对热敏性物料最为适用。例如牛奶干燥系统由喷雾干燥和流化床两级干燥组成，可节能 20% 左右，同时提高奶粉的速溶性。

(5) 利用内换热器　在干燥器内设置内换热器不仅减少了热量供给，而且减少了空气用量，可节能和提高生产能力 30% 以上，如回转圆筒干燥器内的蒸汽加热管、流化床干燥器

内的蒸汽管式换热器等。

（6）减少热损失 一般来说，干燥器的热损失不会超过10％，大中型生产装置若保温适宜，热损失为5％左右。因此，要做好干燥系统的保温工作，但也不是保温层越厚越好，应确定一个最佳保温层厚度。为防止干燥系统的渗漏，一般采用鼓风机和引风机串联使用，经合理调整使系统处于零压状态操作，避免因干燥介质的漏出或环境空气的漏入而造成能量损失。

10.4 干燥器

工业生产中由于被干燥物料的形态、物性各异，干燥程度和处理量等要求又不尽相同，因而，所采用的干燥方法及干燥器型式是多种多样的。通常干燥器按加热方式不同进行分类，分类情况如图10-18所示。

无论什么型式的干燥器，都应具备以下特性。①保证产品的质量要求。产品质量要求系指达到规定的干燥程度，如有的产品要求保持一定的结晶形状和色泽，有的产品要求不变形或不发生龟裂等。②干燥速率高，干燥时间短，以减小设备尺寸。③干燥器的热效率高，降低能耗是干燥器的主要技术经济指标。④干燥系统的流体阻力小，以降低动力消耗。⑤操作方便，易于控制，劳动条件好，附属设备简单等。

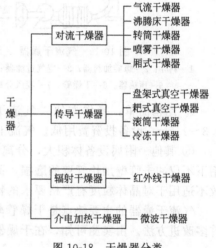

图10-18 干燥器分类

10.4.1 干燥器的主要型式

下面简单介绍几种常用干燥器。

10.4.1.1 气流干燥器

气流干燥器广泛应用于粉状物料的干燥，其流程如图10-19所示。被干燥的物料直接由加料器加入气流干燥管中，空气由鼓风机吸入，通过过滤器去除其中的尘埃，再经预热器加热至一定温度后送入气流干燥管。高速的热气流使粉粒状湿物料加速并分散地悬浮在气流中，在气流加速和输送湿物料的过程中同时完成对湿物料的干燥。如果物料是滤饼状或块状，则需在气流干燥装置前安装湿物料分散机或块状物料粉碎机。

在气流干燥装置中，加料和卸料操作对于保证连续定态操作及保证干燥产品的质量十分重要。图10-20所示的是几种常用的加料器，这几种加料器均适用于散粒状物料。其中(b)、(d)两种还适用于硬度不大的块状物料，(d)也适用于膏状物料。

气流干燥器具有如下一些主要特点：

① 体积给热系数大 由于被干燥的物料分散地悬浮在气流中，物料的全部表面都参与传热，因而传热面积大，体积给热系数大。体积给热系数值为2300～7000W/(m³·℃)，比转筒干燥器高20～30倍。

② 适用于热敏性物料的干燥 对于分散性良好的物料，操作气速通常为10～40m/s，物料在干燥器中的停留时间短，为0.5～2s，故可用于干燥热敏性物料，如煤粉的干燥等。

③ 热效率较高 气流干燥器的散热面积小，热损失低。干燥非结合水分时，热效率可达60％左右，但在干燥结合水分时，由于进干燥器的空气温度较低，热效率约为20％。

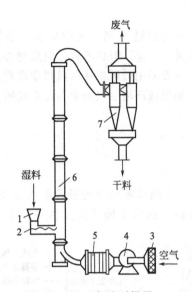

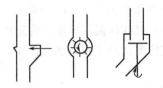

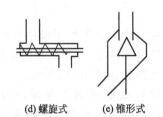

图 10-19　气流干燥器
1—料斗；2—螺旋加料器；3—空气过滤器；4—风机；
5—预热器；6—干燥管；7—旋风分离器

图 10-20　常用加料器

④ 结构简单，操作方便　气流干燥器主体设备是根空管，管高为 6～20m，管径为 0.3～1.5m，设备投资费用低。气流干燥器可连续操作，容易实现自动控制。

⑤ 其他　附属设备体积大，分离设备负荷大。又因操作气速高，物料在高速气流的作用下不仅冲击管壁加快管壁的磨损，而且物料间的相互碰撞摩擦，易将产品磨碎产生微粉，故不适用于对晶体粒度有严格要求的物料的干燥。

气流干燥器的主要缺点是干燥管较高，一般都在 10m 以上。为降低其高度，已研究出许多改进方法。由实测可知，在干燥器加料口至其上 1m 左右范围内，干燥速率最高，气体传给物料的热量约占整个干燥管内传热量的 $\frac{1}{2}\sim\frac{3}{4}$。这是因为干燥管底部的温度差较大，在物料刚进入干燥管底部的瞬间，气流与颗粒间的相对运动速度也最大。物料颗粒在刚进干燥管时，其上升速度 u_m 为零，被气流吹动后 u_m 便从零逐渐加速到某恒定速度，即气流速度 u_g 与颗粒沉降速度 u_t 之差。综上可见，颗粒在干燥管中的运动情况可分为加速运动段和恒速运动段。通常加速段在加料口以上 1～3m 内。加速段内气体与颗粒的相对运动速度最高，因而给热系数也最大。又因在干燥管底部颗粒最密集，即单位体积干燥管中颗粒的表面积最大，所以在加速段内体积给热系数也最大。在一高度为 14m 的干燥管内，用 30～40m/s 的气速对粒径在 100μm 以下的聚氯乙烯颗粒进行干燥试验，测得的体积给热系数 α_a 随干燥管高度 Z 而变化的关系如图 10-21 所示。由图 10-21 可见，α_a 随干燥管高度增加而降低，在干燥管的底部 α_a 最大。

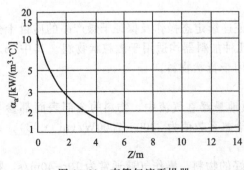

图 10-21　直管气流干燥器
中 α_a 与 Z 的关系

从上面分析可知，欲提高气流干燥器的效能或降低干燥管的高度，应尽量发挥干燥管底部加速段的作用，即增加该段内气体和颗粒间的相对速度，为此可采用以下改进措施。

（1）多级气流干燥器 把干燥管改为多级串联管，即把一段较高的干燥管改为若干段较低的管，这样就增加了加速段的数目，但此法需增加气体输送机械及分离设备。目前工业生产上淀粉及聚氯乙烯干燥多采用二级气流干燥管，对含水量较高的物料，如硬脂酸盐及口服葡萄糖等，多采用二级以上的气流干燥管。

（2）脉冲式气流干燥器 采用直径交替缩小和扩大的脉冲管代替直管。图10-22所示为脉冲管的一段。管内气速交替地变大变小，而颗粒由于惯性作用其运动速度跟不上气速变化，两者的相对速度也就比在等径管中的大，从而强化了传热和传质过程。脉冲干燥管在我国已被较多采用，如用于聚氯乙烯、糠氯酸及药品等的干燥。

（3）旋风式气流干燥器 这是一种利用旋风分离器分离原理的干燥器。热空气与颗粒沿切线方向进入旋风气流干燥器中，在内管与外管之间作螺旋运动，使颗粒处于悬浮和旋转运动状态。由于颗粒的惯性作用，气固两相相对速度较大，又由于旋转运动颗粒易于粉碎，传热面积增大，从而能在很短时间内达到干燥的要求。对于

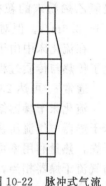

图10-22 脉冲式气流
干燥器的一段

不怕磨碎的热敏性物料，采用旋风式干燥器较适宜，但对含水量高、黏性大、熔点低、易爆炸及易产生静电效应的物料则不合适。我国目前使用的旋风式气流干燥器直径大都为300～500mm。有时，也可将两级旋风干燥器串联使用，或将旋风气流干燥器与直管气流干燥器串联使用。

10.4.1.2 沸腾床干燥器（流化床干燥器）

流化床干燥器类型较多，主要有单层流化床干燥器、多层流化床干燥器和卧式多室流化床干燥器等。

图10-23所示为单层圆筒流化床干燥器。在分布板上加入待干燥的颗粒物料，热空气通过多孔分布板进入床层与物料接触，分布板起均匀分布气体的作用。当气速较低时，颗粒床层呈静止状态称为固定床，这时，气体在颗粒空隙中通过。当气速继续增加，颗粒床层开始松动并略有膨胀，颗粒开始在小范围内变换位置。当气速再增高时，颗粒即悬浮在上升的气流中，此时形成的床层称为流化床。由固定床转为流化床时的气速称为临界流化速度。气速愈大，流化床层愈高。

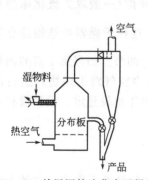

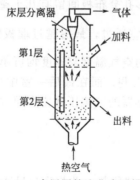

图10-23 单层圆筒流化床干燥器 图10-24 多层圆筒流化床干燥器 图10-25 卧式多室流化床干燥器
1—多孔分布板；2—挡板；3—物料
通道（间隙）；4—出口堰板

颗粒在流化床内与热空气进行着速率较高的传热和传质过程，当气速增大到颗粒的自由沉降速度 u_t 时，颗粒就从干燥器的顶部被吹出，成为气流干燥了。故 u_t 亦称为流化床的带出速度，所以，流化床适宜的气速应在临界流化速度与带出速度之间。在流化床干燥器内，当静止物料层的高度在 0.05～0.15m、粒径大于 0.5mm 时，通常采用操作气速为（0.4～0.8）u_t。对于粒径较小的颗粒，由于颗粒间会结块，故应采用比上述速度更大的气速，如聚氯乙烯粉末的粒径为 0.13mm，颗粒的沉降速度 u_t 为 0.33m/s，适宜的流化气速可取 0.5～0.6m/s。但对于较小颗粒的操作气速则应由实验测定。

在流化床中由于颗粒被热空气卷起后颗粒间猛烈地冲撞，且冲撞速度不断变化，从而强化了传热与传质过程，又因空气与颗粒间的接触表面积很大，所以具有较大的体积给热系数 α_a。通常 α_a 可达 2300～7000W/(m³·℃)。

流化床干燥器结构简单，造价低，可动部分少，维修费用低。与气流干燥器相比，流化床干燥器中气流压强较低，物料磨损较小，气固分离方便且热量利用合理（对非结合水分的干燥，热量利用率可达 60%～80%，对结合水分的干燥也能达 30%～50%），体积给热系数与气流干燥器相当，物料在干燥器内的停留时间可任意调节，因此，可根据工艺要求调整产品的含水量。但是，流化床干燥器操作控制要求较高，且颗粒在床层中混合剧烈，可能会引起物料的返混和短路，致使物料在干燥器中停留时间不均匀。此外，在降速干燥阶段，从流化床排出的气体温度较高，被干燥物料带走的显热也较大，导致干燥器的热量利用率降低。通常单层圆筒流化床干燥器用于处理量大，且对干燥要求不高的产品，特别适用于除去物料表面水分的干燥操作，如硫化铵及氯化铵的干燥等。

为了克服单层圆筒流化床的不足，对于干燥要求较高的物料，可采用多层圆筒流化床干燥器。如图 10-24 所示，物料从上部第 1 层加入，热空气由底部送入，在床层内与颗粒逆流接触后从器顶排出，颗粒由第 1 层经溢流管流入第 2 层。每层上的颗粒均剧烈混合，但层与层之间不混合。颗粒停留时间长，热量利用程度较高，干燥产品含水量较低，如国内某厂采用有 5 层流化床的干燥器干燥涤纶切片，干燥后产品含水量仅为 0.03%。多层流化床干燥器存在的问题是如何将物料定量地依次送入下一层，且阻止热空气不致沿溢流管"短路"上升。

多层流化床的流体阻力高于单层流化床干燥器，为了降低流体阻力，保证物料干燥均匀和操作上的方便，对干燥药品、尼龙、农药及有机中间体等物料已广泛采用如图 10-25 所示的卧式多室流化床干燥器。该流化床横截面为长方形，器内在长度方向上用垂直挡板分隔成多室（一般 4～8 室）。挡板下沿与多孔分布板间留有几十毫米的间隙（一般取为流化床静止时物料高度的 $\frac{1}{4}$～$\frac{1}{2}$），使颗粒能逐室通过，最后越过堰板卸出。这种干燥器的结构特点是令热空气分别通过各室，则各室中的空气温度与速度均可单独进行调节。如当第 1 室的物料较湿时，可使该室所用热空气流量大些，而在最后一室中可通入冷空气对干燥物料进行冷却，以便于产品收藏。卧式多室干燥器的气流压降比多层式低，操作也较稳定，但热量利用程度比多层式差。

10.4.1.3 转筒干燥器

图 10-26 所示为用热空气直接加热物料，并与物料呈逆流操作的转筒干燥器。这种干燥器的主体是一个与水平略成倾斜的可转动的圆筒，物料从圆筒较高的一端送入，与由较低端进入的热空气呈逆流接触。随着圆筒的转动，物料在重力作用下在移至较低的一端的同时被干燥成成品。圆筒内壁上装有若干块抄板，其作用是把物料抄起来再撒下，以增加物料与气

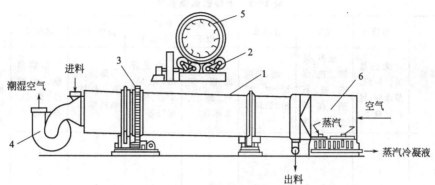

图 10-26 热空气直接加热的逆流操作转筒干燥器

1—圆筒；2—支架；3—驱动齿轮；4—风机；5—抄板；6—蒸汽加热器

流的接触面积，增大干燥速率，同时还能促使物料自圆筒的一端移至另一端。常用抄板的型式如图 10-27 所示。直立式抄板适用于处理黏性或较湿的物料，45°和 90°抄板适用于处理粒状或较干的物料。在物料入口端的抄板可作成螺旋形，以促进物料的初始移动。

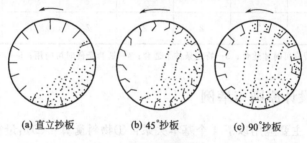

| (a) 直立抄板 | (b) 45°抄板 | (c) 90°抄板 |

图 10-27 常用抄板的型式

干燥器内物料与气流的相对流向应根据物料性质和最终含水量的要求而定。通常在处理含水量较高、允许快速干燥而不致发生裂纹或焦化、产品不耐高温且吸湿性又很小的物料时，常采用并流干燥。当处理不允许快速干燥但产品能耐高温的物料时，可采用逆流干燥。逆流干燥时干燥器内传热与传质推动力比较均匀，产品的含水量比并流时低。

为了减少粉尘飞扬，转筒干燥器内所采用的气体速度不宜太高。对于粒径在 1mm 左右的物料，气速可选 $0.3 \sim 1.0 \text{m/s}$；对于粒径在 5mm 左右的物料，气速宜在 3m/s 以下。转筒干燥器的体积给热系数值较低，为 $200 \sim 500 \text{W/(m}^3 \cdot \text{℃)}$。有时，为防止转筒中粉尘外流，可采用真空操作。

转筒干燥器不仅适用于干燥散粒状物料而且也可用于干燥黏性膏状物料或含水量较高的物料。我国使用的转筒干燥器，直径一般为 $0.4 \sim 3 \text{m}$，个别的达 5m。长度一般为 $2 \sim 30 \text{m}$，甚至更长。所处理物料的含水量范围为 3%～50%，产品含水量可降至 0.5% 左右，最低可降到 0.1%。物料在干燥器内停留时间约为 5min 至 2h，一般在 1h 以内。

转筒干燥器的优点是机械化程度高，生产能力大，流体阻力小，操作弹性大，操作方便和产品质量均匀等。缺点是钢材耗量多，热效率低，结构复杂，占地面积大等。

10. 4. 1. 4 干燥器选型

干燥器的选型，首先根据被干燥物料的性质及工艺要求，选择几种适用的干燥器，然后进行干燥实验，确定干燥动力学和传递特性以及干燥设备的工艺尺寸，对所选干燥器的设备费和操作费进行技术经济核算，最后选择其中最佳者。选择干燥器时可参考表 10-2。

表 10-2　干燥器选型参考

加热方式	干燥器	溶液 无机盐类、牛奶、萃取液、橡胶乳液等	泥浆 颜料、纯碱、洗涤剂、碱、石灰、高岭土、黏土等	膏糊状 滤饼、沉淀物、淀粉、染料等	粒径100目以下 离心机滤饼、颜料、黏土、水泥等	粒径100目以上 合成纤维、结晶、矿砂、合成橡胶等	特殊形状 陶瓷、砖瓦、木材、填料等	薄膜状 塑料薄膜、玻璃纸、纸张、布匹等	片状 薄板、泡沫塑料、照相、印刷材料、皮革、三夹板
对流加热	气流	5	3	3	4	1	5	5	5
	流化床	5	3	3	4	1	5	5	5
	喷雾	1	1	4	5	5	5	5	5
	转筒	5	5	3	4	1	5	5	5
	盘架	5	4	1	1	1	1	5	1
传导加热	耙式真空	4	1	1	1	1		5	5
	滚筒	1	1	4	4	5	5	适用于多滚筒	5
	冷冻	2	2	2	2	2	5	5	5
辐射加热	红外线	2	2	2	2	2	1	1	1
介电加热	微波	2	2	2	2	2	2	2	2

注：1—适合；2—经费许可时才适合；3—特定条件下适合；4—适当条件时可应用；5—不适合。

10.4.2　干燥器设计原则与举例

设计干燥器时，主要应用以下 4 个基本关系：①物料衡算；②热量衡算；③传热速率方程式；④传质速率方程式。因为给热系数 α 和传质系数 k_H 目前还没有通用的关联式，所以目前干燥器的设计还停留在经验或半经验的水平上。设计的基本原则是物料在干燥器中的停留时间必须等于或稍大于所需的干燥时间。

10.4.2.1　干燥操作条件的确定

干燥操作条件的确定与许多因素有关，而且各种操作条件之间又相互牵制，所以，在选择干燥操作条件时应综合考虑各种因素，下面简单介绍选择干燥条件的一般原则。

（1）干燥介质的选择　在对流干燥操作中，干燥介质可采用空气、惰性气体、烟道气和过热蒸汽。对干燥温度不太高且氧气的存在不影响被干燥物料性能的情况，采用热空气作为干燥介质较适宜。对易氧化物料或从物料中蒸发出易燃易爆气体的场合，则应采用惰性气体作为干燥介质。对干燥温度要求较高且被干燥物料不怕污染的场合，可采用烟道气作为干燥介质。

（2）流动方式的选择　干燥介质与物料在干燥器中的流动方式，一般可分为并流、逆流和错流。

物料的移动方向和干燥介质的流动方向相同的操作称为并流干燥。并流操作适用于：①物料允许快速干燥而不发生龟裂或焦化，对产品含水量要求不高的场合；②干燥后期不耐高温的物料（产品易发生变色、氧化或分解等）。

物料的移动方向和干燥介质的流动方向相反的操作称为逆流干燥。逆流操作适用于：①物料不允许快速干燥，且对产品含水量要求较高的场合；②干燥后期耐高温的物料。

物料与干燥介质间运动方向相互垂直的操作称为错流干燥。错流操作适用于：①允许快速干燥，且耐高温的物料；②并流或逆流操作不适宜的场合。

（3）干燥介质的进口温度　干燥介质的进口温度宜保持在物料允许的最高范围内，同时还应避免物料发生变色、分解。对同一种物料，介质的进口温度亦随干燥器型式不同而异，如厢式干燥器中，物料静止，故介质进口温度应选择低一些；在转筒、沸腾、气流等干燥器中，物料与介质接触较为充分，干燥速率快，时间短，故介质进口温度可选择高一些。

（4）干燥介质出口的温度和相对湿度　提高干燥介质的出口相对湿度，可以减少空气用量及传热量，即可降低操作费用；但同时介质中水蒸气分压也增高，从而使干燥过程中传质推动力降低，若要保持相同的干燥能力，必须增大干燥器的尺寸，即增加设备投资费用，所以最佳的介质出口相对湿度应通过经济核算来确定。

干燥介质出口温度 t_2 应该与介质出口相对湿度 φ_2 同时考虑。若提高 t_2 则热损失大，干燥热效率降低；若降低 t_2，则 φ_2 提高，此时湿空气可能在干燥器后面的设备和管道中析出水滴，从而影响正常操作。在气流干燥器中，一般要求 t_2 较物料出口温度高 $10\sim30℃$，较进口介质的绝热饱和温度高 $20\sim50℃$。

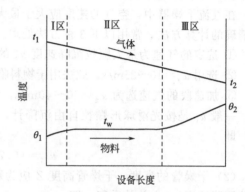

图 10-28　在连续并流干燥器中气体和物料的温度变化
Ⅰ区—预热阶段；Ⅱ区—恒速干燥阶段；
Ⅲ区—降速干燥阶段

（5）物料出口温度　在连续并流操作的干燥器中，气体和物料的温度变化如图 10-28 所示。恒速干燥阶段时，物料出口温度等于与它相接触的气体的湿球温度。降速干燥阶段时，物料温度不断升高，此时气体传给物料的热量一部分用于蒸发物料中的水分，一部分用于加热物料使其升温。

物料的出口温度 θ_2 与很多因素有关，但主要取决于物料的临界含水量 X_0 及降速干燥阶段的传质系数。关于 θ_2 的求法目前还没有理论公式，设计时可按下述方法进行估算。

① 按物料允许的最高温度 θ_{max} 估算

$$\theta_2 = \theta_{max} - （5\sim10） \tag{10-56}$$

式中，θ_2 及 θ_{max} 的单位均为℃。

② 选用实际数据　根据一定条件下的生产或实验数据，估计与物料含水量相对应的出口温度。应指出，干燥器的类型和操作条件应与设计所要求的一致。

③ 采用简化公式

$$\frac{t_2-\theta_2}{t_2-t_{w2}} = \frac{r_{t_{w2}}(X_2-X^*)-C_s(t-t_{w2})\left(\dfrac{X_2-X^*}{X_0-X^*}\right)^{\frac{r_{t_{w2}}(X_0-X^*)}{C_s(t_2-t_{w2})}}}{r_{t_{w2}}(X_0-X^*)-C_s(t_2-t_{w2})} \tag{10-57}$$

式中，t_{w2} 为出口气体状态下的湿球温度，℃；$r_{t_{w2}}$ 为温度在 t_{w2} 下的水汽化潜热，kJ/kg。

式（10-56）适用于气流干燥器，且物料临界含水量 $X_0<0.05$ 的情况。利用该式求 θ_2 时，需要采用试差法。

特别需要指出的是，上述各操作条件往往是相互联系的，不能任意确定。通常，物料的进、出口含水量 X_1、X_2 及进口温度 θ_1 由工艺条件规定，空气进口湿度 H_1 由大气状态决定。若物料的出口温度 θ_2 确定后，剩下的变量只有空气流量 L，空气进、出干燥器的温度 t_1、t_2 和出口湿度 H_2（或相对湿度 φ_2）。这 4 个变量中只能规定两个，其余两个由物料衡算和热量衡算确定。

10.4.2.2 气流干燥器的设计

气流干燥器设计的主要内容为干燥管的高度和直径。下面介绍气流干燥器的简化设计方法。

(1) 干燥管的直径 干燥管直径可按下式计算，即

$$D = (\frac{4L \upsilon_H}{\pi u_g})^{\frac{1}{2}} \tag{10-58}$$

式中，D 为干燥管直径，m；u_g 为干燥管中湿空气的速度，m/s；υ_H 为干燥管中湿空气的比体积，m^3/kg 绝干气。

在气流干燥器中，空气的速度应大于最大颗粒的沉降速度，但究竟大多少为宜，目前没有精确的计算方法，常用以下 3 种方法处理。

① 选定的气速为最大颗粒沉降速度 u_t 的两倍，或比 u_t 大 3m/s 左右。

② 选用 $u_g = 10 \sim 25$m/s。此法用于物料临界含水量不高或最终含水量 X_2 不很低的场合。

③ 加速段的气速选为 $u_g = 20 \sim 40$m/s，等速段 $u_g = u_t + 3$。此法用于处理难干燥的物料。一般 u_t 是按光滑球形颗粒自由沉降计，对于不规则颗粒的沉降速度 u'_t，可按下式校正，即

$$u'_t = (0.75 \sim 0.85) u_t \tag{10-59}$$

(2) 干燥管的高度 干燥管高度 Z 应为颗粒在干燥器中的停留时间 τ 与气体速度 u_g 和颗粒沉降速度 u_t 之差的乘积。即

$$Z = \tau(u_g - u_t) \tag{10-60}$$

关于 u_g 和 u_t 的计算前面已经介绍，现在介绍颗粒在干燥器中停留时间的计算。

根据传热速率方程

$$Q = \alpha A \Delta t_m = \alpha \tau S_{秒} \Delta t_m \tag{10-61}$$

式中，$S_{秒}$ 为每秒颗粒提供的表面积，m^2/s；A 为干燥器中颗粒的总表面积，m^2；Q 为空气传给物料的热量，kW；α 为空气与物料间的给热系数，kW/($m^2 \cdot ℃$)；Δt_m 为对数平均温度差，℃；τ 为颗粒在干燥器中的停留时间，s。

式(10-61)可改写为

$$\tau = \frac{Q}{\alpha S_{秒} \Delta t_m} \tag{10-62}$$

要计算 τ，必须分别计算出 Q、α、$S_{秒}$、Δt_m，现分述如下。

① Q 的计算 恒速阶段（包括预热段）的传热量 Q_c 为

$$Q_c = G_c[(X_1 - X_0)r_{t_w} + (c_s + c_w X_1)(t_w - \theta_1)] \tag{10-63}$$

降速阶段的传热量 Q_f 为：

$$Q_f = G_c[(X_0 - X_2)r_{av} + (c_s + c_w X_2)(\theta_2 - t_w)] \tag{10-64}$$

式中，t_w 为干燥器中空气的湿球温度，可近似取为常量，℃；r_{t_w} 为在 t_w 下水的汽化潜热，kJ/kg；r_{av} 为在 $\frac{t_w + \theta_2}{2}$ 下水的汽化潜热，kJ/kg。

$$Q = Q_c + Q_f$$

② α 的求法 对空气-水系统，α 可根据式（10-48）计算。

③ $S_{秒}$ 的计算

$$S_{秒} = n \pi d_p^2 \tag{10-65}$$

式中，n 为每秒钟通过干燥管的颗粒数。

对于球形颗粒

$$n = \frac{G_c}{\frac{1}{6}\pi d_p^3 \rho_s} \tag{10-66}$$

所以

$$S_{秒} = \frac{6G_c}{d_p \rho_s} \tag{10-67}$$

④ Δt_m 的求法　对干燥过程仅有恒速干燥阶段时，即 $X_2 > X_0$，此时物料出口温度 $\theta_2 = t_{w2}$。

则

$$\Delta t_m = \frac{(t_1 - t_{w1}) - (t_2 - t_{w2})}{\ln \dfrac{t_1 - t_{w1}}{t_2 - t_{w2}}} \tag{10-68a}$$

对干燥过程有降速干燥阶段时，

则

$$\Delta t_m = \frac{(t_1 - \theta_1) - (t_2 - \theta_2)}{\ln \dfrac{t_1 - \theta_1}{t_2 - \theta_2}} \tag{10-68b}$$

【例 10-7】 试设计一气流干燥器，用以干燥聚氯乙烯（PVC）树脂。基础数据如下。

干燥器的生产能力：4500kg 湿料/h。空气状况：进预热器 $t_0 = 15.0℃$，$H_0 = 0.007$kg 水/kg 绝干气，离开预热器 $t_1 = 160℃$，离开干燥器 $t_2 = 70℃$。物料状况：物料初始湿含量 $X_1 = 0.15$kg 水/kg 绝干物料，物料终了湿含量 $X_2 = 0.001$kg 水/kg 绝干物料，物料进出干燥器时温度 $\theta_1 = 30℃$，$\theta_2 = 50℃$，物料密度 $\rho_s = 1400$kg/m^3，绝干物料比热容 $c_s = 1.047$kJ/(kg · ℃)，颗粒平均直径 $d_p = 150 \times 10^{-6}$m。干燥器的热损失：干燥器热损失可取有效传热量（即用于蒸发水分的热量）的 10%。

解　(1) 水分蒸发量 W

$$G_c = \frac{G_1}{1 + X_1} = \frac{4500}{1 + 0.15} = 3913.04\text{kg/h} = 1.087\text{kg/s}$$

故

$$W = G_c(X_1 - X_2) = 1.087 \times (0.15 - 0.001) = 0.162\text{kg/s}$$

(2) 空气消耗量 L　由于干燥器无热量补充，空气消耗量可由热量衡算式(10-27)及式(10-33)联立求解得到。

即

$$Q_p = L(I_1 - I_0) = 1.01L(t_2 - t_0) + W(2500 + 1.88t_2) + G_c c_{m2}(\theta_2 - \theta_1) + Q_L$$

$$c_{m2} = c_s + c_w X_2 = 1.047 + 4.187 \times 0.001 = 1.051\text{kJ/(kg · ℃)}$$

所以　$L(1.01 + 1.88 \times 0.007) \times (160 - 15) = 1.01L(70 - 15) + 0.162 \times (2500 + 1.88 \times 70) +$

$1.087 \times 1.051 \times (50 - 30) + 0.162 \times (2500 + 1.88 \times 70) \times 0.1$

解得　$L = 5.299$kg 绝干气/s

离开干燥器时空气湿度 H_2 由物料衡算式 (10-24) 求得，即

$$L = \frac{W}{H_2 - H_0}$$

解得

$$H_2 = \frac{W}{L} + H_0 = \frac{0.162}{5.299} + 0.007 = 0.0376\text{kg 水/kg 绝干气}$$

(3) 干燥管直径 D　采用等直径干燥管，根据经验取干燥管入口空气速度 $u_g=25\text{m/s}$，则据式(10-58)得

$$D=\left(\frac{4L\upsilon_H}{\pi u_g}\right)^{\frac{1}{2}}$$

其中

$$\upsilon_H=(0.772+1.244\times0.007)\times\frac{273+160}{273}=1.24\text{m}^3/\text{kg}$$

所以

$$D=\left(\frac{4\times5.299\times1.24}{3.14\times25}\right)^{\frac{1}{2}}=0.58\text{m}$$

干燥管直径圆整为 0.6m，校正空气速度为 23.25m/s。

(4) 干燥管高度 Z　干燥管高度 Z 可据式（10-60）计算，即

$$Z=\tau(u_g-u_t)$$

空气的物性按绝干空气在平均温度 $t_m=\dfrac{160+70}{2}=115℃$下查取，由附录查得：$\lambda_g=3.306\times10^{-2}\text{W/(m}\cdot℃)$，$\mu_g=2.265\times10^{-5}\text{Pa}\cdot\text{s}$，$\rho=0.910\text{kg/m}^3$。

设颗粒沉降处于 $2<Re_p<500$ 范围内，可得

$$u_t=0.27\sqrt{\frac{gd_p(\rho_s-\rho)}{\rho}\left(\frac{d_pu_t\rho}{\mu}\right)^{0.6}}$$

$$=0.27\sqrt{\frac{9.81\times150\times10^{-6}\times(1400-0.91)}{0.91}\left(\frac{150\times10^{-6}\times u_t\times0.91}{2.265\times10^{-5}}\right)^{0.6}}$$

$$u_t=0.596\text{m/s}$$

校核

$$Re_p=\frac{d_pu_t\rho}{\mu}=\frac{150\times10^{-6}\times0.596\times0.91}{2.265\times10^{-5}}=3.59$$

由于 $2<Re_p=3.59<500$，所以所设 Re_p 的范围正确，$u_t=0.596\text{m/s}$，计算有效。

颗粒在干燥器中停留时间，可按式(10-62)计算，即

$$\tau=\frac{Q}{\alpha S_秒\,\Delta t_m}$$

其中

$$S_秒=\frac{6G_c}{d_p\rho_s}=\frac{6\times1.087}{150\times10^{-6}\times1400}=31.06\text{m}^2/\text{s}$$

$$\Delta t_m=\frac{(t_1-\theta_1)-(t_2-\theta_2)}{\ln\dfrac{t_1-\theta_1}{t_2-\theta_2}}=\frac{(160-30)-(70-50)}{\ln\dfrac{160-30}{70-50}}=58.77℃$$

$$\alpha=(2+0.54Re_p^{0.5})\frac{\lambda_g}{d_p}=(2+0.54\times3.59^{0.5})\times\frac{3.306\times10^{-2}}{150\times10^{-6}}$$

$$=666.3\text{W/(m}^2\cdot℃)$$

$$Q=Q_c+Q_f\approx Wr_{t_w}+G_cc_{m1}(t_w-\theta_1)+G_cc_{m2}(\theta_2-t_w)$$

由 $t_1=160℃$，$H_1=0.007\text{kg}$ 水/kg 绝干空气。查 $I\text{-}H$ 图得 $t_w=41℃$，在 $t_w=41℃$ 查得水的汽化潜热 $r_{t_w}=2398.8\text{ kJ/kg}$

所以　$Q=0.162\times2398.8+1.087\times(1.047+4.187\times0.15)\times(41-30)+$
$1.087\times1.051\times(50-41)=421.20\text{kW}$

$$\tau = \frac{421.20 \times 10^3}{666.3 \times 31.06 \times 58.77} = 0.35s$$

干燥管高度　$Z = 0.35 \times \left(\dfrac{23.25 \times \dfrac{273 + \dfrac{160 + 70}{2}}{273 + 160}}{} - 0.596 \right) = 7.08m$

由经验可知，若干燥管高度值太小，可以适当增加颗粒在干燥器中的停留时间，以确保干燥效果。

以上介绍关于气流干燥器高度 Z 的计算是一种近似算法，即按 $Z = \tau(u_g - u_t)$ 计算，只计及固体颗粒处于恒速向上运动阶段，未考虑颗粒加速运动段。在加速运动段中气、固两相间相对速度大，颗粒情况会发生变化，干燥情况较复杂。至今对加速运动段内颗粒实际运动情况尚缺乏实验观察或测定，只有在一定假设条件下的理论分析。本章介绍的气流干燥器计算方法是偏于安全的。

10.5　气体的增湿与减湿

增湿与减湿是指气体中湿分含量的增加和减少，化工生产中最常见的是空气中水蒸气的增加和减少。当不饱和湿空气与水接触时，由于温度差和湿度差的存在，气液两相之间既有热量传递，又有质量传递，是典型的热、质同时传递过程。在任何情况下，热量（显热）总是由高温位传向低温位，物质总是由高分压相传向低分压相。以下以空气和水系统为例，讨论增湿过程和减湿过程中的传热、传质情况，其基本原理同样适用于其他气液系统。

10.5.1　增湿过程与减湿过程

（1）增湿过程　凉水塔是典型的工业上空气直接冷却水和增湿过程的例子。在凉水塔内，热水被喷洒成水滴或分散成水膜自上而下流动，空气由下而上与水作逆流流动，空气在塔内被加热增湿，而水则被降温作为冷却水使用。沿塔由高到低方向，水温和液相的水汽分压不断下降，气相分压不断增加，而气体温度则可能先降低后增加，在塔的某处存在气液两相温度相等的截面，如图 10-29 所示。

① 塔上部　热水与温度较低的空气接触，水传热给空气。因水温高于气温，液相的水汽平衡分压必高于气相的水汽分压（$p_s > p_{水汽}$），水汽化转向气相。此时，液体既给气体以显热，又给汽化的水以潜热，因而水温自上而下较快地下降。该区域内热、质同向传递，都是由液相传向气相。

② 塔下部　水与进入的较干燥的空气相遇，发生较剧烈的汽化过程，虽然水温低于气相温度，气相给液相以潜热，但对液相来说，由气相传给液相的显热不足以补偿水分汽化所带走的潜热，因而水温在塔下部还是自上而下地逐渐下降。显然，该区域内热、质传递是反向的。

（2）减湿过程　气体冷却洗涤塔是工业上常见的快速冷却高温气体和减湿过程的例子。热空气从塔底进入，冷

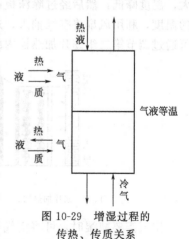

图 10-29　增湿过程的
传热、传质关系

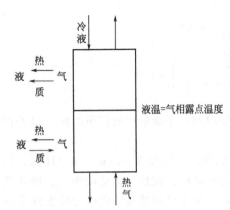

图 10-30 减湿过程的传热、传质关系

水从塔顶流下，二者在塔内进行热量、质量的传递。从塔顶得到被冷却的气体，塔底得到热水。沿塔由低到高方向，气相和液相的温度不断下降，液相的水汽分压也随之不断下降，而气相中的水汽分压则可能先升高后降低，在塔的某处存在气液两相平衡分压相等的截面，即液温等于气相露点温度，如图10-30 所示。

① 塔下部　气温高于液温，气体传热给液体。同时，气相中的水汽分压 $p_{水汽}$ 低于液相的水汽平衡分压（水的饱和蒸气压 p_s），此时 $p_{水汽} < p_s$，水由液相向气相蒸发。在该区域内，热、质传递的方向相反，液相自气相获得的显热又以潜热的形式随汽化的水分返回气相。因此，塔下部过程的特点是：热、质反向传递，液相温度变化和缓；气相温度变化急剧，水汽分压自下而上急剧上升，但气体的热焓变化较小。

② 塔上部　气温仍高于液温，传热方向仍然是从气相到液相，但气相中的水汽分压与水的平衡分压的相对大小发生了变化。由于水温较低，相应的水的饱和蒸气压 p_s 也低，气相水汽分压 $p_{水汽}$ 转而高于液相平衡分压 p^*，水汽将由气相转向液相，即发生水汽的冷凝。在该区域内，液相既获得来自气相的显热，又获得水汽冷凝所释出的潜热。因此，塔上部过程的特点是：热、质同向进行，水温急剧变化。

由以上过程分析可知，在热、质同时进行的过程中，传热或传质的方向可能发生逆转，因而塔内实际过程的传递方向应由各处两相的温度和分压的实际情况确定。

10.5.2　空气调湿器与水冷却塔

（1）空气调湿器　工业上用来调节空气湿含量的设备。按照空气被增湿或减湿，可分为增湿器或减湿器。

增湿器由加热器和水接触设备组成。加热器一般为翅片式换热器或蛇管式换热器，水接触设备最常用的方法是将水或蒸汽从喷嘴喷洒到空气中。如图10-31 所示，空气从左边进入，经过第一组翅片加热器，上升到一定温度，再通过水喷嘴，喷入水分从而使其湿含量增大，温度降低，然后经过除沫板以除去挟带的水沫，再通过第二组翅片加热器，以达到要求的温度，利用风扇将空气抽入，通过这一系统经由排出口送到使用地点，最后温度的控制，可通过调节第二组翅片加热器内的蒸汽流量或调节歧路风门来实现。

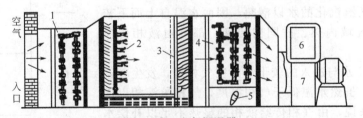

图 10-31　空气调湿器
1,4—翅片加热器；2—水喷嘴；3—除沫板；5—歧路风门；6—排出口；7—风扇

空气需要减湿时，可将空气与低于空气露点的水接触，减湿器的结构与图10-31 相似，不同之处是不需要加热器。喷嘴尺寸可较大，气速也可低些，但水量较大。

（2）水冷却塔　又称凉水塔，为混合式换热器的一种。冷却水从冷凝器或其他设备排出时成为热水，需要进行冷却以供循环使用。热水由塔顶或中部引入，空气以自然通风或强制通风的方式从下部送入。为了增加接触表面，塔的构造可以是喷雾式、填料式或两者结合。填料的形状很多，主要有格栅板、波纹板、点波板和蜂窝等形状，选用填料的原则是使气-液接触面积大和气体阻力小。热水经冷却后，水温可降至进塔空气温度之下。冷却水在冷却塔底部的理论最低温度是入塔空气状态的湿球温度，冷却塔实际排除冷却水的温度比空气湿球温度高3~5℃。水进出塔的温差称为"冷却范围"。

自然通风式和机械通风式逆流冷却塔的结构简图分别如图10-32和图10-33所示。

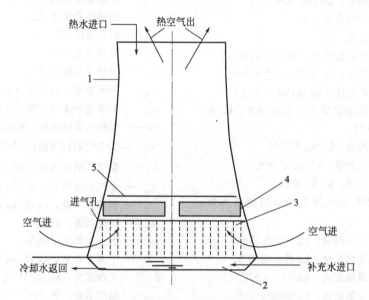

图 10-32　自然通风式逆流冷却塔结构简图
1—风筒；2—集水池；3—空气分布；4—填料；5—配水装置

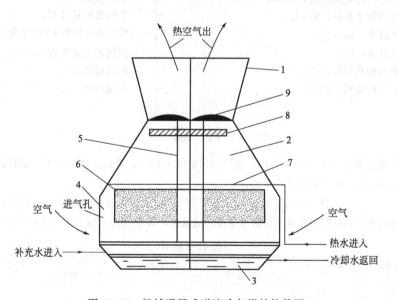

图 10-33　机械通风式逆流冷却塔结构简图
1—扩散器；2—风筒；3—集水池；4—传动装置沟道；5—传动装置竖井；
6—填料；7—配水装置；8—除水器；9—抽风机

<<<<< 本章主要符号 >>>>>

A——干燥表面积，m^2。

c_a——绝干空气的比热容，kJ/(kg 干空气·℃)。

c_H——湿空气的比热容，kJ/(kg 干空气·℃)。

c_m——湿物料比热容，kJ/(kg 绝干物料·℃)。

c_s——绝干物料比热容，kJ/(kg 绝干物料·℃)。

c_v——水汽的比热容，kJ/(kg 水汽·℃)。

c_w——水的比热容，kJ/(kg 水·℃)。

d_p——颗粒的平均直径，m。

D——干燥管直径，m。

G_c——绝干物料质量流量，kg 绝干物料/s。

H——空气的湿度，kg 水汽/kg 绝干空气。

H_{as}——绝热饱和湿度，kg 水/kg 干空气。

$H_{s,w}$——空气在湿球温度下的饱和湿度，kg 水/kg 干空气。

I——湿空气的焓，kJ/kg 干空气。

I_a——绝干空气的焓，kJ/kg 干空气。

I_v——水蒸气的焓，kJ/kg 水汽。

k_H——以湿度差 ΔH 为推动力的传质系数，kg/(m^2·s)。

l——单位空气消耗量，kg 干空气/kg 水。

L——绝干空气的流量，kg 绝干空气/s。

$\overline{L}$——空气的质量流速，kg/(m^2·h)。

M_a——空气的摩尔质量，kg/kmol。

M_w——水的摩尔质量，kg/kmol。

n_a——绝干空气的物质的量，kmol。

n_w——水汽的物质的量，kmol。

N——传质速率，kg/s。

p_w——水汽分压，Pa。

p_s——水的饱和蒸气压，Pa。

p——湿空气的总压，Pa。

Q——传热速率，kW。

Q_D——干燥器中补充热量速率，kW。

Q_L——干燥器的热损失，kW。

Q_P——预热器的传热速率，kW。

r_0——0℃时水的汽化潜热，kJ/kg 水。

r_w——湿球温度下水的汽化潜热，kJ/kg 水。

t——干球温度，℃。

t_{as}——绝热饱和温度，℃。

t_d——露点温度，℃。

t_w——湿球温度，℃。

Δt_m——对数平均温度，℃。

u——干燥速率，kg/(m^2·s)。

u_g——干燥管中湿空气的速度，m/s。

u_t——颗粒的沉降速度，m/s。

v_a——干空气的比体积，m^3/kg 干空气。

v_H——湿空气的比体积，m^3/kg 干空气。

v_w——水汽的比体积，m^3/kg 水汽。

w——湿基含水量，kg 水/kg 湿物料。

w_g——流化气速，m/s。

W——水分蒸发量，kg/s。

X——干基含水量，kg 水/kg 绝干物料。

X^*——平衡水分，kg 水/kg 绝干物料。

α——给热系数，W/(m^2·℃)。

φ——相对湿度。

η——干燥效率。

η'——干燥器的热效率。

λ_g——空气的热导率（导热系数），W/(m·℃)。

ν_g——空气的运动黏度，m^2/s。

θ——物料温度，℃。

τ——干燥时间，s。

<<<<< 习 题 >>>>>

10-1 已知空气总压为 p 为 1.013×10^5 Pa，空气干球温度为60℃，湿球温度为30℃，试计算空气的湿含量 H，相对湿度 φ，焓 I 和露点温度 t_d。

[H＝0.0137kg 水/kg 绝干空气；φ＝11%；I＝96.44kJ/kg 干空气；t_d＝18.4℃]

10-2 利用湿空气的 "I-H" 图完成本题附表空格项的数值，湿空气的总压 p＝1.013×10^5 Pa。　　　　[略]

习题 10-2 附表

序号	干球温度 /℃	湿球温度 /℃	湿度 /(kg 水/kg 绝干气)	相对湿度 /%	焓 /(kJ/kg 绝干气)	露点 /℃	水汽分压 /kPa
1	60	30					
2	40					20	
3	20			80			
4	30						4

10-3 将某湿空气（$t_0 = 20℃$，$H_0 = 0.02$kg 水/kg 绝干气）经预热后送入常压干燥器。试求：①将该空气预热到 100℃时所需热量；②将该空气预热到 120℃时相应的相对湿度值。

[①83.8kJ/(kg 绝干气・℃)；②3.12%]

10-4 湿度为 0.018 kg 水/kg 干空气的湿空气在预热器中加热到 128℃后进入常压等焓干燥器中，离开干燥器时空气的温度为 49℃，求离开干燥器时空气露点温度。 [40℃]

10-5 在一定总压下空气通过升温或在一定温度下空气通过减压来降低相对湿度，现有温度为 40℃，相对湿度为 70%的空气。试计算：①采用升高温度的方法，将空气的相对湿度降至 20%，此时空气的温度为多少？②若提高温度后，再采用减小总压的方法，将空气的相对湿度降至 10%，此时的操作总压为多少？ [①$t = 65.6℃$；②$p' = 102.96$kPa]

10-6 某干燥器冬季的大气状态为 $t_0 = 5℃$，$\varphi = 30\%$，夏季空气状态为 $t_0 = 30℃$，$\varphi_0 = 65\%$。如果空气离开干燥器时的状态均为 $t_2 = 40℃$，$\varphi_2 = 80\%$。试分别计算该干燥器在冬、夏两季的单位空气消耗量。

[L(冬)=27.1kg 干气/kg 水，L(夏)=47.4kg 干气/kg 水]

10-7 在常压连续干燥器中，将某物料从含水量 10%干燥至 0.5%（均为湿基），绝干物料比热容为 1.8kJ/(kg・℃)，干燥器的生产能力为 3600kg 绝干物料/h，物料进、出干燥器的温度分别为 20℃和 70℃。热空气进入干燥器的温度为 130℃，湿度为 0.005kg 水/kg 绝干空气，离开时温度为 80℃。热损失忽略不计，干燥器加热量 $Q_D = 0$。试确定干空气的消耗量及空气离开干燥器时的湿度。

[$L = 25572$kg 干气/h；$H_2 = 0.01992$kg 水/kg干气]

10-8 在常压连续干燥器中，将某物料从含水量 5%干燥至 0.2%（均为湿基），绝干物料比热容为 1.9kJ/(kg・℃)，干燥器的生产能力为 7200kg 湿物料/h。空气进入预热器的干、湿球温度分别为 25℃和 20℃。离开预热器的温度为 100℃，离开干燥器的温度为 60℃，湿物料进入干燥器时温度为 25℃，离开干燥器时为 35℃，干燥器的热损失为 580 kJ/kg 汽化水分。干燥器加热量 $Q_D = 0$。试求产品量、空气消耗量和干燥器热效率。 [$H_2 = 0.0248$kJ/kg 干气；$L = 29348$kg/h；$\eta' = 53.3\%$]

10-9 采用废气循环干燥流程干燥某物料，温度 t_0 为 20℃、相对湿度 φ_0 为 70%的新鲜空气与从干燥器出来的温度 t_2 为 50℃、相对湿度 φ_2 为 80%的部分废气混合后进入预热器，循环的废气量为离开干燥器废空气量的 80%。混合气升高温度后再进入并流操作的常压干燥器中，离开干燥器的废气除部分循环使用外，其余放空。湿物料经干燥后湿基含水量从 47%降到 5%，湿物料流量为 1.5×10^3 kg/h，设干燥过程为绝热过程，预热器的热损失可忽略不计。试求：①新鲜空气流量；②整个干燥系统所需热量；③进入预热器湿空气的温度。 [①11777.1kg 空气/h；②$2.07 \times 10^6$kJ/h；③44.5℃]

10-10 某干燥系统，干燥器的操作压强为 101.3kPa，出口气体温度为 60℃，相对湿度为 72%，将部分出口气体送回干燥器入口与预热后的新鲜空气相混合，使进入干燥器的气体温度不超过 90℃、相对湿度为 10%。已知新鲜空气的质量流量为 0.49kg 干空气/s，温度为 20℃，湿度为 0.0054kg 水/kg 干空气，试求：①空气的循环量为多少？②新鲜空气经预热后的温度为多少度？③预热器需提供的热量。 [①$W' = 0.455$kg/s；②$t = 127℃$；③$Q = 53.49$kJ/h]

10-11 干球温度 t_0 为 20℃、湿球温度为 15℃的空气预热至 80℃后进入干燥器，空气离开干燥器时相对湿度 φ_2 为 50%，湿物料经干燥后湿基含水量从 50%降到 5%，湿物料流量为 2500kg/h。试求：①若等焓干燥过程，则所需空气流量和热量为多少？②若热损失为 120kW，忽略物料中水分带入的热量及其升温所需热量，则所需空气量和热量又为多少？干燥器内不补充热量。

[①$L = 7.54 \times 10^4$kg 干气/h，$Q = 4.65 \times 10^6$kJ/h；②$L = 8.34 \times 10^4$kg 干气/h，$Q = 5.14 \times 10^6$kJ/h]

10-12 某湿物料在常压理想干燥器中进行干燥，湿物料的流率为 1kg/s，初始湿含量（湿基，下同）为 3.5%，干燥产品的湿含量为 0.5%。空气状况为：初始温度为 25℃、湿度为 0.005kg 水/kg 干空气，经预热后进干燥器的温度为 160℃，如果离开干燥器的温度选定为 60℃或 40℃，试分别计算需要的空气消耗量及预热器的传热量。又若空气在干燥器的后续设备中温度下降了 10℃，试分析以上两种情况下物料是否返潮？

[① 60℃，$L = 0.773$kg 干空气/s，$Q = 106.4$kJ/s；40℃ $L = 0.64$kg 干空气/s，$Q = 87.68$kJ/s；

② 不返潮；返潮]

10-13 常压下已知 25℃时氧化锌物料在空气中的固相水分的平衡关系，其中当 $\varphi = 100\%$ 时，$X^* = 0.02$kg

水/kg 干物料，当 $\varphi=40\%$ 时，$X^*=0.007$kg 水/kg 干物料。设氧化锌含水量 0.35kg 水/kg 干物料，若与温度为 25℃、相对湿度 φ 为 40% 的恒定空气条件长时间充分接触，问该物料的平衡含水量，结合水分和非结合水分分别为多少？

$[X^*=0.007$kg 水/kg 干料；结合水分 $X=0.02$kg 水/kg 干料；非结合水 $X=0.33$kg 水/kg 干料]

10-14 由实验测得某物料干燥速率与其所含水分成直线关系。即 $-\dfrac{\mathrm{d}X}{\mathrm{d}\tau}=K_x X$。

在某干燥条件下，湿物料从 60kg 减到 50kg 所需干燥时间 60min。已知绝干物料重 45kg，平衡含水量为零。试问将此物料在相同干燥条件下，从初始含水量干燥至初始含水量的 20% 需要多长时间？

[100.8min]

10-15 某物料经过 6h 的干燥，干基含水量自 0.35 降至 0.10，若在相同干燥条件下，需要物料含水量从 0.35 降至 0.05，试求干燥时间。物料的临界含水量为 0.15，平衡含水量为 0.04，假设在降速阶段中干燥速率与物料自由含水量 $(X-X^*)$ 成正比。

[10.42h]

10-16 在恒定干燥条件下的箱式干燥器内，将湿染料由湿基含水量 45% 干燥到 3%，湿物料的处理量为 8000kg 湿染料，实验测得：临界湿含量为 30%，平衡湿含量为 1%，总干燥时间为 28h。试计算在恒速段和降速段平均每小时所蒸发的水分量。

[259.3kg 水/h；81.8kg 水/h]

10-17 在恒定干燥条件下进行干燥实验，已测得干球温度为 50℃，湿球温度为 43.7℃，气体的质量流量为 2.5kg/($m^2 \cdot s$)，气体平行流过物料表面，水分只从物料上表面汽化，物料由湿含量 X_1 变到 X_2，干燥处于恒速阶段，所需干燥时间为 1h，试问：①如其他条件不变，且干燥仍处于恒速干燥阶段，只是干球温度变为 80℃，湿球温度变为 48.3℃，所需干燥时间为多少？②如其他条件不变，且干燥仍处于恒速干燥阶段，只是物料厚度增加一倍，所需干燥时间为多少？　　[①0.2h；②2h]

10-18 试设计一气流干燥器，用以干燥某颗粒状物料。基本数据：干燥器的生产能力。200kg 湿物料/h；空气状况。进预热器 $t_0=15$℃，$H_0=0.007$kg 水/kg 干空气，离开预热器 $t_1=95$℃，离开干燥器 $t_2=60$℃；物料状况。物料干基含水量从 0.2 降至 0.002，物料进、出干燥器温度分别为 20℃ 和 50℃，物料密度为 1500kg/m^3，绝干物料比热容为 1.3kJ/(kg·℃)，颗粒平均直径为 2×10^{-4}m，临界含水量为 0.05kg 水/kg 纯干物料。干燥器的热损失取蒸发水分热量的 15%。

$[D=0.326$m；$Z=13.15$m]

<<<<< 复习思考题 >>>>>

本章所指的湿空气为绝干空气与水蒸气的混合物，如无说明，湿空气的总压均指 1atm（绝压）。湿物料的湿分均为水分。

10-1 湿物料去湿方法有 ＿＿＿＿＿＿ 法、＿＿＿＿＿＿＿＿ 法与 ＿＿＿＿＿＿＿＿ 法。

10-2 干燥的特点是 ＿＿＿＿＿＿＿＿＿＿＿＿ 。

10-3 根据热能输入方式的不同，干燥操作的类型有 ＿＿＿＿＿＿＿ 式、＿＿＿＿＿＿＿ 式、＿＿＿＿＿＿＿ 式和 ＿＿＿＿＿＿＿ 式。

10-4 对流干燥的特点是 ＿＿＿＿＿＿＿＿＿＿＿ 。

10-5 湿空气，$H=0.018$kg/kg 干气，则水汽分压 $p_w=$ ＿＿＿＿＿＿ Pa。

10-6 已知水在 22.72℃ 的蒸气压为 2850Pa，则第 5 题所述湿空气的露点 t_d 为 ＿＿＿＿＿＿ ℃。

10-7 $H=0.018$kg/kg、$t=40$℃ 的湿空气，已知水在 40℃ 的蒸气压为 7377Pa，则该湿空气的相对湿度 $\varphi=$ ＿＿＿＿＿＿＿＿ 。

10-8 $H=0.018$、$t=120$℃ 的湿空气，总压为 1atm（绝压），其 $\varphi=$ ＿＿＿＿＿＿＿＿＿＿＿ 。

10-9 $H=0.018$、$t=40$℃ 的湿空气的焓 $I=$ ＿＿＿＿＿＿＿ kJ/kg 干空气。

10-10 第 10-9 题所述湿空气的比体积 $v_H=$ ＿＿＿＿＿＿＿ m^3/kg 干空气。

10-11 某湿空气的湿球温度 t_w 是 ＿＿＿＿＿＿＿＿＿＿＿ 。

10-12 某湿空气的绝热饱和温度 t_{as} 是 ＿＿＿＿＿＿＿＿＿＿＿ 。

10-13 某湿空气，$t=60$℃，$t_w=30$℃，则其 $H=$ ＿＿＿＿＿＿ kg/kg。

10-14 在测量湿空气湿球温度时，空气流速应大于_____ m/s，目的是_____。

10-15 湿空气 p、H 一定，t 升高，则 φ _____。

10-16 湿空气 p、H 一定，t 升高，则 I _____。

10-17 湿空气 $\varphi=0.85$，则 t _____ t_w _____ t_d；当 $\varphi=1$，则 t _____ t_w _____ t_d。

10-18 某连续干燥器令新鲜空气（$H_A=0.015$，$t_A=20℃$）与出干燥器的部分废气（$H_B=0.040$，$t_B=60℃$）混合后进预热器，混合比为 2kg 干空气（B）/kg 干空气（A），则混合气的温度 $t_m=$_____℃。

10-19 某常压定态干燥过程的流程及参量如图所示，则循环干燥空气量 $L=$_____ kg/h。

10-20 某常压连续干燥流程及参量如图所示，绝干物料比热容 $c_s=1.76$kJ/（kg·℃），热损 $Q_L=500$kJ/kg（汽化水），则空气流量 $L=$_____ kg（干空气）/s。

复习思考题 10-19 附图

复习思考题 10-20 附图

10-21 干燥器的热效率指_____。

10-22 干燥效率指_____。

10-23 干燥器中实现理想干燥过程须满足的条件是_____。

10-24 理想干燥器由于 $\Delta=0$，因而湿空气在干燥器内经历了等_____过程。

10-25 恒定干燥条件是指湿空气_____、_____、_____及_____不变。

10-26 恒速干燥阶段，湿物料表面的水分情况是_____，其表面水分温度是湿空气的_____，此阶段的干燥速率属_____条件控制，干燥速率与物料种类_____关。

10-27 降速干燥阶段，湿物料表面的水分情况是_____，其表面湿度_____，此阶段干燥速率受_____控制，干燥速率与_____有关。

10-28 在常压、25℃下，以湿空气干燥某湿物料，当 $\varphi=100\%$ 时，$x^*=0.02$kg（水）/kg（绝干物料）（以下 x 均为此单位），$\varphi=40\%$ 时，$x^*=0.007$。现知，该物料 $x=0.23$，与 $\varphi=40\%$ 湿空气接触，则其自由含水量为_____，结合水量为_____，非结合水量为_____。

10-29 物料的平衡水分一定是_____。

（A）非结合水；（B）自由水分；（C）结合水分；（D）临界水分。

10-30 当湿空气的温度升高、或流速增大、或湿度减小、或湿物料堆积层增厚，物料的临界含水量 x_0 _____。

10-31 在恒定干燥条件下干燥某湿物料，已知干燥开始时 $x_1=0.40$，临界含水量 $x_0=0.175$，恒速干燥时间 $\tau_1=2.5$h，已知 $x^*=0$，降速干燥阶段干燥速率 u 正比于 x，欲干燥至 $x_2=0.040$，则降速干燥时间 $\tau_2=$_____ h。

10-32 气流干燥器只适用于对_____状湿物料的干燥，去除的水分主要是湿物料的_____水分，因湿物料在干燥器中停留时间短，出干燥器时物料温度不高，故适用于对_____性物料的干燥。

第11章
吸　附

 学习指导

通过本章学习，了解吸附分离的原理、操作特性及工业应用。掌握吸附的基本概念及其工业应用。

11.1　概述

11.1.1　吸附现象及其工业应用

吸附操作在化工、轻工、炼油、冶金和环保等领域都有着广泛的应用。如气体中水分的脱除，溶剂的回收，水溶液或有机溶液的脱色、脱臭，有机烷烃的分离，芳烃的精制等。

固体物质表面对气体或液体分子的吸着现象称为吸附，其中被吸附的物质称为吸附质，固体物质称为吸附剂。

根据吸附质和吸附剂之间吸附力的不同，可将吸附操作分为物理吸附与化学吸附两大类。

物理吸附或称范德华吸附，它是吸附剂分子与吸附质分子间吸引力作用的结果，因其分子间结合力较弱，故容易脱附。如固体和气体之间的分子引力大于气体内部分子之间的引力，气体就会凝结在固体表面上，吸附过程达到平衡时，吸附在吸附剂上的吸附质的蒸气压应等于其在气相中的分压。提高温度或降低吸附质在气相中的分压，吸附质将以原来的形态从吸附剂上回到气相或液相，这种现象称为"脱附"，所以物理吸附过程是可逆的。吸附分离过程正是利用物理吸附的这种可逆性来实现混合物的分离。

化学吸附是由吸附质与吸附剂分子间化学键的作用所引起，其间结合力比物理吸附大得多，放出的热量也大得多，与化学反应热数量级相当，过程往往不可逆。化学吸附在催化反应中起重要作用，但在分离过程中应用较少，本章主要讨论物理吸附。

可依据如下一些原则判断吸附现象的类别。

① 化学吸附热与化学反应热相近，比物理吸附热大得多。如二氧化碳和氢在各种吸附剂上的化学吸附热为83740J/mol和62800J/mol，而这两种气体的物理吸附热约为25120J/mol和8374J/mol。

② 化学吸附有较高的选择性。如氯可以被钨或镍化学吸附。物理吸附则没有很高的选择性，它主要取决于气体或液体的物理性质及吸附剂的特性。

③ 化学吸附时，温度对吸附速率的影响较显著，温度升高则吸附速率加快，因其是一个活化过程，故又称活化吸附。而物理吸附即使在低温下，吸附速率也可能较大，因它不属于活化吸附。

④ 化学吸附总是单分子层或单原子层，而物理吸附则不同，低压时，一般是单分子层，但随着吸附质分压增大，吸附层可能转变成多分子层。

吸附分离是利用混合物中各组分与吸附剂间结合力强弱的差别，即各组分在固相（吸附剂）与流体间分配不同的性质使混合物中难吸附与易吸附组分分离。适宜的吸附剂对各组分的吸附可以有很高的选择性，故特别适用于用精馏等方法难以分离的混合物的分离，以及气体与液体中微量杂质的去除。此外，吸附操作条件比较容易实现。目前工业生产中吸附过程主要有如下几种。

a. 变温吸附　在一定压力下吸附的自由能变化 ΔG 有如下关系

$$\Delta G = \Delta H - T\Delta S \tag{11-1}$$

式中，ΔH 为焓变；ΔS 为熵变。当吸附达到平衡时，系统的自由能，熵值都降低，故式 (11-1) 中焓变 ΔH 为负值，表明吸附过程是放热过程，可见若降低操作温度，可增加吸附量，反之亦然。因此，吸附操作通常是在低温下进行，然后提高操作温度使被吸附组分脱附。通常用水蒸气直接加热吸附剂使其升温解吸，解吸物与水蒸气冷凝后分离。吸附剂则经间接加热升温干燥和冷却等阶段组成变温吸附过程，吸附剂循环使用。

b. 变压吸附　也称为无热源吸附。恒温下，升高系统的压力，床层吸附容量增多，反之系统压力下降，其吸附容量相应减少，此时吸附剂解吸、再生，得到气体产物，这个过程称为变压吸附。根据系统操作压力变化不同，变压吸附循环可以是常压吸附、真空解吸，加压吸附、常压解吸，加压吸附、真空解吸等几种方法。对一定的吸附剂而言，压力变化愈大，吸附质脱除得越多。

c. 溶剂置换吸附　在恒温恒压下，已吸附饱和的吸附剂可用溶剂将床层中已吸附的吸附质冲洗出来，同时使吸附剂解吸再生。常用的溶剂有水、有机溶剂等各种极性或非极性物质。

11.1.2　常用吸附剂

通常固体都具有一定的吸附能力，但只有具有很高选择性和很大吸附容量的固体才能作为工业吸附剂。吸附剂的性能对吸附分离操作的技术经济指标起着决定性的作用，一种优良的吸附剂应满足如下要求。具有较大的平衡吸附量，一般比表面积大的吸附剂，其吸附能力强；具有良好的吸附选择性；容易解吸，即希望平衡吸附量与温度或压力具有较敏感的关系；要求吸附剂有一定的机械强度和耐磨性，性能稳定，较低的床层压降，价格便宜等。

目前工业上常用的吸附剂主要有活性炭，活性氧化铝，硅胶，分子筛等。

(1) 活性炭　活性炭的结构特点是具有非极性表面，是一种疏水性和亲有机物的吸附剂，故又称为非极性吸附剂。活性炭的特点是吸附容量大，抗酸耐碱、化学稳定性好，解吸容易，在高温下进行解吸再生时其晶体结构不发生变化，热稳定性高，经多次吸附和解吸操作，仍能保持原有的吸附性能。活性炭常用于溶剂回收，溶液脱色、除臭、净制等过程，是当前应用最普遍的吸附剂。

通常所有含碳的物料，如木材，果壳，褐煤等都可以加工成黑炭，经活化制成活性炭。活化方法主要有两种，即药品活化和气体活化。药品活化是在原料中加入药品，如 $ZnCl_2$，H_3PO_4 等，在非活性气体中加热，进行干馏和活化。气体活化是通入水蒸气、CO_2、空气等在 $700\sim1100℃$ 下反应，使之活化。炭中含水会降低其活性。一般活性炭的活化表面约

$600 \sim 1700 \mathrm{m}^2 / \mathrm{g}$。

(2) 硅胶　硅胶是一种坚硬无定形链状和网状结构的硅酸聚合物颗粒，是一种亲水性极性吸附剂。因其是多孔结构，比表面积可达 $350 \mathrm{m}^2 / \mathrm{g}$ 左右。工业上用的硅胶有球型、无定型、加工成型及粉末状 4 种。主要用于气体的干燥脱水，催化剂载体及烃类分离等过程。

(3) 活性氧化铝　活性氧化铝为无定形的多孔结构物质，一般由氧化铝的水合物（以三水合物为主）加热，脱水和活化制得，其活化温度随氧化铝水合物种类不同而不同，一般为 $250 \sim 500 \mathrm{℃}$。孔径 $2 \sim 5 \mathrm{nm}$。典型的比表面积为 $200 \sim 500 \mathrm{m}^2 / \mathrm{g}$。活性氧化铝具有良好的机械强度，可在移动床中使用。对水具有很强的吸附能力，故主要用于液体和气体的干燥。

(4) 分子筛　沸石吸附剂是具有特定而且均匀一致孔径的多孔吸附剂，它只能允许比其微孔孔径小的分子吸附上去，比其大的分子则不能进入，有分子筛的作用，故称为分子筛。

分子筛（合成沸石）一般可用 $\mathrm{M}_{2/n} \mathrm{O} \cdot \mathrm{Al}_2 \mathrm{O}_3 \cdot y \mathrm{SiO}_2 \cdot w \mathrm{H}_2 \mathrm{O}$ 式表示的含水硅酸盐。其中 M 表示金属离子，多数为钠、钾、钙，也可以是有机胺或复合离子。n 表示复合离子的价数，y 和 w 分别表示 SiO_4 和 $\mathrm{H}_2 \mathrm{O}$ 的分子数，y 又称为硅铝比，硅铝比为 2 左右的称为 A 型分子筛，3 左右的称为 X 型分子筛，3 以上称为 Y 型分子筛。

根据原料配比、组成和制造方法不同，可以制成不同孔径（一般为 $0.3 \sim 0.8 \mathrm{nm}$）和形状（圆形、椭圆形）的分子筛。分子筛是极性吸附剂，对极性分子，尤其对水具有很大的亲和力。由于分子筛突出的吸附性能，使得它在吸附分离中有着广泛的应用，主要用于各种气体和液体的干燥，芳烃或烷烃的分离及用作催化剂及催化剂载体等。表 11-1 所示为分子筛的特性与应用。

表 11-1　分子筛的特性与应用

分子筛类型	孔径/nm	特　性　与　应　用
3A	0.3	只吸附水,不吸附乙烯、乙炔、氨、二氧化碳和更大的分子。适用于石油气等干燥
4A	0.4	吸附水、甲醇、乙醇、硫化氢、二氧化碳、二氧化硫、乙烯、丙烯,不吸附丙烷和更大的分子
5A	0.5	吸附正构烃类和直径小于 0.5nm 的分子,不吸附异构烃、环烷烃、芳烃类,用于这些烃类中分离正构烃类
13X	$0.9 \sim 1.0$	吸附小于 1nm 的各种分子,不吸附含氟三丁胺,用于水和二氧化碳,水和硫化氢的共吸附分离,也用作催化剂和催化剂载体
Y	$0.9 \sim 1.0$	吸附小于 1nm 的各种分子,不吸附含氟三丁胺,用于水和二氧化碳,水和硫化氢的共吸附分离,也用作催化剂和催化剂载体

11.2　吸附平衡

在一定温度和压力下，当流体（气体或液体）与固体吸附剂经长时间充分接触后，吸附质在流体相和固体相中的浓度达到平衡状态，称为吸附平衡。若流体中吸附质浓度高于平衡浓度，则吸附质将被吸附，若流体中吸附质浓度低于平衡浓度，则吸附质将被解吸，最终达到吸附平衡，过程停止。可见吸附平衡关系决定了吸附过程的方向和极限，是吸附过程的基本依据。单位质量吸附剂的平衡吸附量 q 受到许多因素的影响，如吸附剂的物理结构（尤其是表面结构）和化学组成，吸附质在流体相中的浓度，操作温度等。

11.2.1　吸附等温线

吸附平衡关系可以用不同的方法表示，通常用等温下单位质量吸附剂的吸附容量 q 与流体相中吸附质的分压 p（或浓度 c）间的关系 $q=f(p)$ 表示，称为吸附等温线。由于吸附剂和吸附质分子间作用力的不同，形成了不同形状的吸附等温线。以 q 对相对压力 $\frac{p}{p°}$ 作图（$p°$ 为该温度下吸附质的饱和蒸气压），所得曲线即为等温线。Brunauer 等将典型的吸附等温线归纳成 5 类，如图 11-1 所示。其中 Ⅰ、Ⅱ、Ⅳ 型对吸附量坐标方向凸出的吸附等温线，称为优惠等温线，它有利于吸附的完全分离，因为当吸附质的分压很低时，吸附剂的吸附量仍保持在较高水平，从而保证痕量吸附质的脱除。Ⅲ、Ⅴ 型曲线在开始一段曲线向吸附量坐标方向下凹，属非优惠吸附等温线。

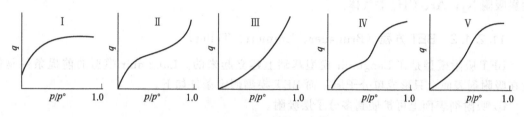

图 11-1　5 类吸附等温线图

$\frac{p}{p°}$——相对压力；q——吸附量

吸附作用是固体表面力作用的结果，但这种表面力的性质至今未被充分了解。为了说明吸附作用，许多学者提出了多种假设或理论，但只能解释有限的吸附现象，可靠的吸附等温线只能依靠实验测定。至今，尚未得到一个通用的半经验方程，下面介绍几种常用的经验方程。

11.2.1.1　Langmuir 方程

朗格缪尔吸附模型假定条件如下。

① 吸附是单分子层的，即一个吸附位置只吸附一个分子。

② 被吸附分子之间没有相互作用力。

③ 吸附剂表面是均匀的。

上述假定条件下的吸附称为理想吸附。

吸附速率与吸附质气体分压 p 和吸附剂表面上吸附位置数成正比。若用 θ 表示吸附剂表面上已被吸附的位置的分率，则吸附速率为 $kp(1-\theta)$。已被吸附的分子会从固体表面逸出，称为脱附。显然脱附速率与已被吸附的位置数 θ 也成正比，即脱附速率为 $k'\theta$。吸附平衡时，吸附速率与脱附速率相等，即达到了动态吸附平衡，可表示为

$$kp(1-\theta)=k'\theta$$

令　$k_1=\dfrac{k}{k'}$，则上式变为

$$\theta=\frac{k_1 p}{1+k_1 p} \tag{11-2}$$

若以 q 表示气体分压为 p 下的吸附量，q_m 表示所有吸附位置被占满时的饱和吸附量，则 $\theta=q/q_m$，式（11-2）经整理可得

$$q=\frac{k_1 q_m p}{1+k_1 p} \tag{11-3}$$

式中，q_m 为吸附剂的最大吸附量，kg 吸附质/kg 吸附剂；q 为实际吸附量，kg 吸附质/kg

吸附剂；p 为吸附质在气体混合物中的分压，Pa；k_1 为朗格缪尔常数。

式(11-3) 称为朗格缪尔吸附等温线方程。

式(11-3) 还可写成

$$\frac{p}{q} = \frac{p}{q_m} + \frac{1}{k_1 q_m} \tag{11-4}$$

如以 $\frac{p}{q}$ 为纵坐标，p 为横坐标作图，可得一直线，从该直线斜率 $\frac{1}{q_m}$ 可以求出形成单分子层的吸附量，进而可计算吸附剂的比表面积。朗格缪尔方程仅适用于 I 型等温线，如用活性炭吸附 N_2，Ar、CH_4 等气体。

11.2.1.2　BET 方程（Brunauer、Emmett、Teller）

BET 吸附模型是在 Langmuir 模型基础上建立起来的。Langmuir 模型的前提条件是假设在吸附剂表面上只形成单分子层。而 BET 模型假定条件如下。

① 吸附剂表面上可扩展到多分子层吸附。

② 被吸附组分之间无相互作用力，而吸附层之间的分子力为范德华力。

③ 吸附剂表面均匀。

④ 第 1 层的吸附热为物理吸附热，第 2 层以上为液化热。

⑤ 总吸附量为各层吸附量的总和。

⑥ 每 1 层都符合 Langmuir 公式。

在此基础上推导出 BET 二参数方程为

$$q = \frac{\dfrac{q_m k_b p}{p^\circ}}{\left(1 - \dfrac{p}{p^\circ}\right)\left[1 + (k_b - 1)\dfrac{p}{p^\circ}\right]} \tag{11-5}$$

式中，q 为达到吸附平衡时的平衡吸附量，kg 吸附质/kg 吸附剂；q_m 为第 1 层单分子层的饱和吸附量，kg 吸附质/kg 吸附剂；p 为吸附质的平衡分压，Pa；p° 为吸附温度下吸附质气体的饱和蒸气压，Pa；k_b 为与吸附热有关的常数。

式(11-5)的适用范围为 $\dfrac{p}{p^\circ} = 0.05 \sim 0.35$，若吸附质的平衡分压远小于其饱和蒸气压，即 $p \ll p^\circ$，则

$$\frac{q}{q_m} = \frac{k_b \dfrac{p}{p^\circ}}{1 + k_b \dfrac{p}{p^\circ}} \tag{11-6}$$

令 $k_1 = \dfrac{k_b}{p^\circ}$，则式 (11-6) 即为 Langmuir 方程，所以 BET 方程是广泛的 Langmuir 方程。BTE 方程可适用于 I、II、III 型等温线。

11.2.1.3　Freundlich 方程

Freundlich 方程的表达式为

$$q = k_f p^{\frac{1}{n}} \tag{11-7}$$

式中，k_f 为与吸附剂的种类、特性、温度等有关的常数；n 为与温度有关的常数，且 $n > 1$。

k_f 和 n 都由实验测定。

将式 (11-7) 两边取对数得

$$\lg q = \frac{1}{n}\lg p + \lg k_f \tag{11-8}$$

在对数坐标系中，以 q 为纵坐标，p 为横坐标作图可得一直线，该直线截距为 k_f，斜率为 $\frac{1}{n}$。若 $\frac{1}{n}$ 在 0.1~0.5 之间，表示吸附容易进行，超过 2 时，则表示吸附很难进行。式 (11-7) 在中压部分与实验数据符合得很好，但在低压和高压部分则有较大偏差。对液相吸附，式(11-7)常能给出较满意的结果。

11.2.2 单一气体（或蒸汽）的吸附平衡

在某些方面气体在固体吸附剂上的吸附平衡与气体在液相中的溶解度相类似，图 11-2 表示活性炭上 3 种物质在不同温度下的吸附等温线，由图 11-2 可知，对于同一种物质，如丙酮，在同一平衡分压下，平衡吸附量随着温度降低而增加，因为吸附是一个放热过程，所以工业生产中常用升温的方法使吸附剂脱附再生。

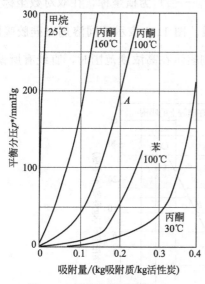

图 11-2 若干气体在活性炭上的吸附平衡曲线

同样，在一定温度下，随着气体压力的升高，活性炭上 3 种物质的平衡吸附量增加。如丙酮在 100℃下气相压力为 190mmHg 时的平衡吸附量为 0.2kg 丙酮/kg 活性炭（图中 A 点所示）。提高丙酮气体分压可使更多的丙酮被吸附，反之，则将已吸附在活性炭上的丙酮解吸。这也是工业生产中用改变压力的方法使吸附剂脱附再生所依据的基本原理。

从图 11-2 还可看出，不同的气体（或蒸汽）在相同条件下吸附程度差异较大，如在 100℃ 和相同气体平衡分压下，苯的平衡吸附量比丙酮平衡吸附量大得多。一般规律是分子量较大而临界温度较低的气体（或蒸汽）较容易被吸附，其次，化学性质的差异，如分子的不饱和程度也影响吸附的难易。对于所谓"永久性气体"，通常其吸附量很小，如图中甲烷吸附等温线所示。

同种气体在不同吸附剂上的平衡吸附量不同，即使是同类吸附剂，若所用原料组成，配比及制备方法不同，其平衡吸附量也会有较大差别。吸附剂在使用过程中经反复吸附解吸，其微孔和表面结构会发生变化，随之其吸附性能也将发生变化，有时会出现吸附得到的吸附等温线与脱附得到的解吸等温线在一定区间内不能重合的现象，如图 11-3 所示，这一现象称为吸附的滞留现象。如果出现滞留现象，则在相同的平衡吸附量下，吸附平衡压力一定高于脱附的平衡压力。

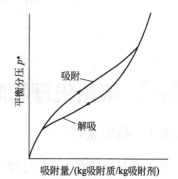

图 11-3 吸附的滞留现象

11.2.3 液相吸附平衡

液相吸附的机理比气相吸附复杂，对于同种吸附剂，溶剂的种类对溶质的吸附亦有影响。因为吸附质在溶剂中的溶解度不同，吸附质在不同溶剂中的分子大小不同以及溶剂本身的吸附均对吸附质的吸附有影响。一般说溶质的被吸附量随温度升高而降低，溶质的溶解度越大，被吸附量亦越大。

液相吸附时，溶质和溶剂都可能被吸附。因为总吸附量难以测量，所以只能以溶质的相对吸附量或表观吸附量来表示。用已知质量的吸附剂来处理已知体积的溶液，以 V 表示单位质量吸附剂处理的溶液体积（m^3 溶液/kg 吸附剂），由于溶质优先被吸附，溶液中溶质浓度由初始值 c_0 降到平衡浓度 c^*（kg 被吸附溶质/m^3 溶液），若忽略溶液体积变化，则溶质的表观吸附量为 $V(c_0-c^*)$（kg 吸附质/kg 吸附剂）。对于稀溶液，溶剂被吸附的分数很小，用这种方法表示吸附量是可行的。

对于稀溶液，在较小温度范围内，吸附等温线可用 Freundlich 经验方程式表示

$$c^* = k\left[V(c_0-c^*)\right]^{\frac{1}{n}} \tag{11-9}$$

式中 k 和 n 为体系的特性常数。以 c^* 为纵坐标，$V(c_0-c^*)$ 为横坐标，在双对数坐标上作图，则式(11-9)表示斜率为 $\frac{1}{n}$，截距为 k 的一条直线。图 11-4 表示不同溶剂对硅胶吸附苯甲酸的吸附等温线的影响［图中 A、B 两线］，C 线则表示在高浓度范围时，直线有所偏差。可见应用 Freundlich 式有适宜的浓度范围。

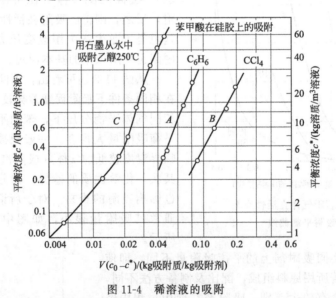

图 11-4　稀溶液的吸附

11.3　吸附机理和吸附速率

11.3.1　吸附机理

吸附质被吸附剂吸附的过程可分为三步，如图 11-5 所示。

（1）外扩散　吸附质从流体主体通过扩散（分子扩散与对流扩散）传递到吸附剂颗粒的

外表面。因为流体与固体接触时，在紧贴固体表面处有一层滞流膜，所以这一步的速率主要取决于吸附质以分子扩散通过这一滞流膜的传递速率。

（2）内扩散　吸附质从吸附剂颗粒的外表面通过颗粒上的微孔扩散进入颗粒内部，到达颗粒的内部表面。

（3）吸附　吸附质被吸附剂吸附在内表面上。

对于物理吸附，第3步通常是瞬间完成的，所以吸附过程的速率通常由前两步决定。若外扩散速率比内扩散速率小得多，则吸附速率由外扩散控制，反之则为内扩散控制。

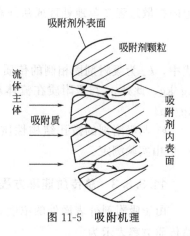

图 11-5　吸附机理

11.3.2　吸附速率

当含有吸附质的流体与吸附剂接触时，吸附质将被吸附剂吸附，吸附质在单位时间内被吸附的量称为吸附速率。吸附速率是吸附过程设计与生产操作的重要参量。

吸附速率与体系性质（吸附剂、吸附质及其混合物的物理化学性质）、操作条件（温度、压力、两相接触状况）以及两相组成等因素有关。对于一定体系，在一定的操作条件下，两相接触、吸附质被吸附剂吸附的过程如下：开始时吸附质在流体相中浓度较高，在吸附剂上的含量较低，远离平衡状态，传质推动力大，故吸附速率高。随着过程的进行，流体相中吸附质浓度降低，吸附剂上吸附质含量增高，传质推动力降低，吸附速率逐渐下降。经过很长时间，吸附质在两相间接近平衡，吸附速率趋近于零。

上述吸附过程为非定态过程，其吸附速率可以表示为吸附剂上吸附质的含量、流体相中吸附质的浓度、接触状况和时间等的函数。

11.3.3　吸附的传质速率方程

根据上述机理，对于某一瞬间，按拟稳态处理，吸附速率可分别用外扩散、内扩散或总传质速率方程表示。

11.3.3.1　外扩散传质速率方程

吸附质从流体主体扩散到固体吸附剂外表面的传质速率方程为

$$\frac{\partial q}{\partial \theta} = k_F a_p (c - c_i) \tag{11-10}$$

式中，q 为吸附剂上吸附质的含量，kg 吸附质/kg 吸附剂；θ 为时间，s；$\frac{\partial q}{\partial \theta}$ 为每千克吸附剂的吸附速率，kg/(s·kg)；a_p 为吸附剂的比外表面，m^2/kg；c 为流体相中吸附质的平均质量浓度，kg/m^3；c_i 为吸附剂外表面上流体相中吸附质的质量浓度，kg/m^3；k_F 为流体相侧的传质系数，m/s。

k_F 与流体物性，颗粒几何形状，两相接触的流动状况以及温度、压力等操作条件有关。有些关联式可供使用，具体可参阅有关专著。

11.3.3.2　内扩散传质速率方程

内扩散过程比外扩散过程要复杂得多。按照内扩散机理进行内扩散计算非常困难，通常

把内扩散过程简单地处理成从外表面向颗粒内的传质过程，内扩散传质速率方程为

$$\frac{\partial q}{\partial \theta} = k_s a_p (q_i - q) \qquad (11-11)$$

式中，k_s 为吸附剂固相侧的传质系数，$kg/(s \cdot m^2)$；q_i 为吸附剂外表面上的吸附质含量，kg/kg，此处 q_i 与吸附质在流体相中的浓度 c_i 呈平衡；q 为吸附剂上吸附质的平均含量，kg/kg。

k_s 与吸附剂的微孔结构性质、吸附质的物性以及吸附过程持续时间等多种因素有关。k_s 值由实验测定。

11.3.3.3　总传质速率方程

由于吸附剂外表面处的浓度 c_i 与 q_i 无法测定，因此通常按拟稳态处理，将吸附速率用总传质方程表示为

$$\frac{\partial q}{\partial \theta} = K_F a_p (c - c^*) = K_s a_p (q^* - q) \qquad (11-12)$$

式中，c^* 为与吸附质含量为 q 的吸附剂呈平衡的流体中吸附质的质量浓度，kg/m^3；q^* 为与吸附质浓度为 c 的流体呈平衡的吸附剂上吸附质的含量，kg/kg；K_F 为以 $\Delta c (= c - c^*)$ 为推动力的总传质系数，m/s；K_s 为以 $\Delta q (= q^* - q)$ 为推动力的总传质系数，$kg/(s \cdot m^2)$。

对于稳态传质过程，存在

$$\frac{\partial q}{\partial \theta} = K_F a_p (c - c^*) = K_s a_p (q^* - q)$$
$$= k_F a_p (c - c_i) = k_s a_p (q_i - q) \qquad (11-13)$$

如果在操作的浓度范围内吸附平衡为直线，即

$$q_i = m c_i \qquad (11-14)$$

则根据式（11-13）和式（11-14）整理可得

$$\frac{1}{K_F} = \frac{1}{k_F} + \frac{1}{m k_s} \qquad (11-15a)$$

$$\frac{1}{K_s} = \frac{m}{k_F} + \frac{1}{k_s} \qquad (11-15b)$$

式(11-15a)和式(11-15b)表示吸附过程的总传质阻力为外扩散阻力与内扩散阻力之和。

若内扩散很快，过程为外扩散控制，q_i 接近 q，则 $K_F = k_F$。若外扩散很快，过程为内扩散控制，c 接近 c_i，则 $K_s = k_s$。

11.4　吸附设备与吸附过程计算

11.4.1　固定床吸附器与固定床吸附过程计算

11.4.1.1　固定床吸附器

工业上应用最多的吸附设备是固定床吸附器，主要有立式和卧式两种，都是圆柱形容器。图 11-6 所示为卧式圆柱形吸附器，两端为球形顶盖，靠近底部焊有横栅条 8，其上面放置可拆式铸铁栅条格板 9，栅条上再放金属网（也可用多孔板替代栅条），若吸附剂颗粒细，可在金属网上先堆放粒度较大的砾石再放吸附剂。图 11-7 所示为立式吸附器，基本结构与

卧式相同。

欲处理的流体通过固定床吸附器时，吸附质被吸附剂吸附，流体是由出口流出。操作时吸附和脱附交替进行，为保证生产过程连续性，通常流程中都装有两台以上的吸附器，以便切换使用。图 11-8 为典型的有两个吸附器轮流切换操作流程的示意。当 A 器在吸附时原料气由下方通入（通 B 器的阀门关闭），吸附后的原料气从顶部出口排出。与此同时，吸附器 B 处于脱附再生阶段，再生用气体由加热器加热至要求的温度，从顶部进入 B 器（通 A 器的阀门关闭），再生气进入吸附器的流向与原料气相反，再生气携带从吸附剂上脱附的组分从吸附器底部放出，经冷却器冷凝分离，再生气循环使用。如果所带组分不易冷凝，要采用其他方法使之分离。

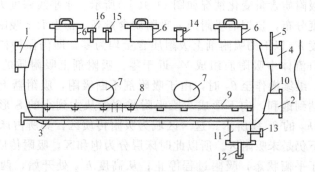

图 11-6　卧式圆柱形吸附器
1—送蒸汽空气混合物入吸附器的管路；2—除去被吸蒸汽后的空气排出管；3—送直接蒸汽入吸附器的
鼓泡器；4—解吸时的蒸汽排出管；5—温度计插套；6—加料孔；7—活性炭和砾石出料孔；
8—栅条；9—栅条格板；10—挡板；11—圆筒形凝液排除器；12—凝液排出管；
13—进水管；14—排气管；15—压力计连接管；16—安装阀连接管

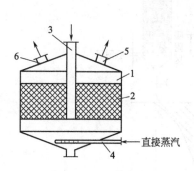

图 11-7　立式吸附器
1—吸附器；2—活性炭层；3—中央管，通入
混合气体；4—鼓泡器，解吸时通直接蒸汽；
5—惰性气体出口；6—解吸时蒸汽出口

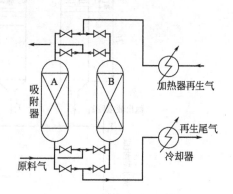

图 11-8　固定床吸附操作流程示意

固定床吸附器设备的最大优点是结构简单、造价低，吸附剂磨损少，但因是间歇操作，操作过程中两个吸附器需不断地周期性切换，操作麻烦。又因备用设备虽然装有吸附剂，但处于非生产状态，故单位吸附剂生产能力低。此外，固定床吸附剂床层尚存在传热性能较差，床层传热不均匀等缺点。

11.4.1.2 固定床吸附器的操作特性

当流体通过固定床吸附剂颗粒层时，床层中吸附剂的吸附量随着操作过程的进行而逐渐增加，同时床层内各处浓度分布也随时间而变化，因此，固定床吸附器属非定态的传质过程。固定床吸附器内床层浓度及流出物浓度在整个吸附操作过程中的变化，可结合图 11-9 来说明。

吸附质浓度为 Y_0 的流体由吸附器上部加入，自上而下流经高度为 H 的新鲜吸附剂床层。开始时，最上层新鲜吸附剂与含吸附质浓度较高的流体接触，吸附质迅速地被吸附，浓度降低很快，只要吸附剂床层足够，流体中吸附质浓度可以降为零。经过一段时间 θ_1 后，吸附器内吸附剂上吸附质含量变化情况如图 11-9（Ⅰ）所示。水平线密度大小表示固定床内吸附剂上吸附质的浓度分布，顶端的吸附剂上吸附质含量高，由上而下吸附剂上吸附质含量逐渐降低，到一定高度 h_1 以下的吸附剂上吸附质含量均为零，即仍保持初始状态，称该区为未吸附区。此时出口流体中吸附质组成 Y_1 近于零。吸附剂上吸附质的组成分布如图 11-9（b）中的 θ_1 线所示。继续操作至 θ_2 时，由于吸附剂不断吸附，吸附器上端有一段吸附剂上吸附质的含量已经达到饱和，向下形成一段吸附质含量从大到小的 S 形分布的区域，如图 11-9（b）中从 h'_2 到 h_2 的 θ_2 线所示。这一区域为吸附传质区，其所占床层高度称为吸附传质区高度，此区以下仍是未吸附区。所以此时床层分为饱和区，吸附传质区和未吸附区。在饱和区内，两相处于平衡状态，吸附过程停止；从高度 h'_2 处开始，两相又处于不平衡状态，吸附质继续被吸附剂吸附，随之吸附质在流体中的浓度逐渐降低，至 h_2 处接近于零，此后，过程不再进行，如图 11-9（c）中的 θ_2 线所示。综上可见，吸附传质只在吸附传质区内

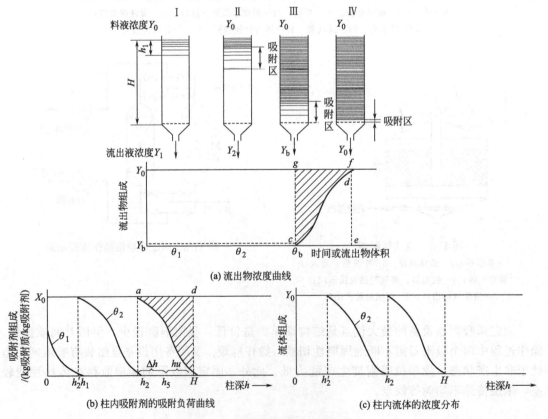

图 11-9　固定床吸附质含量变化

进行。再继续操作，吸附器上端的饱和区将不断扩大，吸附传质区犹如"波"一样向下移动，故称为吸附波，其移动的速度远低于流体流经床层的速度。到 θ_b 时，吸附传质区的前端已移至吸附器的出口，如图 11-9（Ⅲ）所示，此时从吸附器流出的流体中吸附质浓度突然升高到一定的最高允许值 Y_b，说明吸附过程达到所谓的"穿透点"。若再继续通入流体，吸附传质区将逐渐缩小，而出口流体中吸附质的浓度将迅速上升，直至吸附传质区几乎全部消失，吸附剂全部饱和，如图 11-9（Ⅳ）所示，这时出口流体中吸附质浓度接近起始浓度 Y_0。图 11-9（a）中流出物浓度曲线上从 c 到 d 段称为"穿透曲线"。实际上吸附操作只能进行到穿透点为止，从过程开始到穿透点所需时间称为穿透时间。

图 11-9（b）中矩形 ah_2Hda 的面积表示床高为吸附传质区高内的吸附剂的总吸附量，其中阴影面积表示到穿透点时吸附器尚有的吸附容量。图 11-9（a）中矩形 $\theta_b efg\theta_b$ 的面积表示吸附传质区高的床层内吸附剂的总吸附容量，其中阴影面积表示到穿透点时吸附器尚具有的吸附容量。因此，吸附负荷曲线与穿透曲线成镜面相似，即从穿透曲线的形状可以推知吸附负荷曲线。对吸附速度高而吸附传质区短的吸附过程，其吸附负荷曲线与穿透曲线均陡些。

综上可见，不仅吸附负荷曲线、穿透曲线、吸附传质区高度和穿透时间互相密切相关，而且都与吸附平衡性质、吸附速率、流体流速、流体浓度以及床高等因素有关。一般穿透点随床高的减小，吸附剂颗粒增大，流体流速增大以及流体中吸附质浓度增大而提前出现。所以在一定条件下，吸附剂的床层高度不宜太小，因为床高太小，穿透时间短，吸附操作循环周期短，使吸附剂的吸附容量不能得到充分的利用。

固定床吸附器的操作特性是设计固定床吸附器的基本依据，通常在设计固定床吸附器时，需要用到通过实验确定的穿透点与穿透曲线，因此实验条件应尽可能与实际操作情况相同。

11.4.1.3 固定床吸附器的设计计算

固定床吸附器设计计算的主要内容是根据给定体系，分离要求和操作条件，计算穿透时间为某一定值（吸附器循环操作周期）时所需床层高度，或一定床高所需的穿透时间。

对优惠型等温线系统，在吸附过程中吸附传质区的浓度分布（吸附负荷曲线）很快达到一定的形状与高度，随着吸附过程不断进行，吸附传质区不断向前平移，但吸附负荷曲线的形状几乎不再发生变化，因此应用不同床高的固定床吸附器将得到相同形状的穿透曲线。当操作到达穿透点时，在从床入口到吸附传质区的起始点 h_2 处的一段床层中吸附剂全部饱和。在吸附传质区（从 h_2 到 H）中吸附剂上的吸附质含量从几乎饱和到几乎不含吸附质，其中吸附质的总吸附量可等于床层高为 Δh 的床层的饱和吸附量。所以整个床层高 H 中相当于床高为 $h_2+\Delta h=h_s$ 的床层饱和，而有 $H-h_s$ 的床高还没有吸附，这段高度称为未用床层高 h_u。对于一定的吸附负荷曲线，h_u 为一定值。根据小型实验结果进行放大设计的原则是未用床高 h_u 不因总床高不同而不同，所以，只要求出未用床高 h_u，即可进行固定床吸附器的设计，即 $H=h_u+h_s$。可用两种方法。确定未用床高 h_u。

（1）根据完整的穿透曲线求 h_u 如图 11-10 所示，当达到穿透点时，相当于吸附传质区前沿到达床的出口。θ_T 时相当于吸附传质区移出床层，即床层中的吸附剂已全部饱和。图中阴影面积 E 对应于到达穿透点时床层中吸附质的总吸附量；阴影面积 F 对应于穿透点时床层尚能吸附的吸附量，因此到达穿透点时的未用

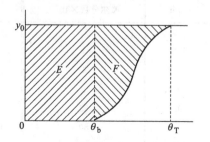

图 11-10 根据穿透曲线求 h_u

床高为

$$h_u = \frac{F}{E+F} H \tag{11-16}$$

（2）根据穿透点与吸附剂的饱和吸附量求 h_u 因为到达穿透点时被吸附的吸附质总量为

$$W = G(Y_0 - Y_0^*)\theta_b \tag{11-17}$$

式中，G 为流体流量，kg 惰性流体/s；θ_b 为穿透时间，s；Y_0 为流体中吸附质初始组成，kg 吸附质/kg 惰性流体；Y_0^* 为与初始吸附剂呈平衡的流体相中的平衡组成，kg 吸附质/kg 惰性流体。

吸附 $W(kg)$ 的吸附质相当于有 h_s 高的吸附剂层已饱和，故

$$h_s = \frac{W}{A\rho_s(X_0^* - X_0)} \tag{11-18}$$

式中，A 为床层截面积，m^2；ρ_s 为吸附剂床层视密度，kg/m^3；X_0^* 为与流体相初始组成 Y_0 呈平衡的吸附剂上吸附质含量，kg 吸附质/kg 吸附剂；X_0 为吸附剂上初始吸附质含量，kg 吸附质/kg 吸附剂。

所以床中的未用床高为

$$h_u = H - h_s = H - \frac{G(Y_0 - Y^*)\theta_b}{A\rho_s(X_0^* - X_0)} \tag{11-19}$$

需要说明的是，式(11-19)中的平衡吸附量是指动态平衡吸附量。所谓动态平衡吸附量是指在一定压力、温度条件下，流体通过固定床吸附剂，经过较长时间接触达到稳定的吸附量。它不仅与体系性质、温度和压力有关，还与流动状态和吸附剂颗粒等影响吸附过程的动态因素有关。其值通常小于静态平衡吸附量。所谓静态平衡吸附量是指一定温度和压力条件下，流体两相经过长时间充分接触，吸附质在两相中达到平衡时的吸附量。

【例 11-1】 试设计一个用 4A 分子筛除去氮气中水汽的固定床吸附器。氮气中原始水含量为 1440×10^{-6}（摩尔分数，下同），要求吸附后水含量低于 1×10^{-6}。操作温度为 28.3℃，压强为 $593kN/m^2$。规定此吸附器的穿透时间为 15h，求所需床高。

为取得设计所需数据，先用直径为 50mm 的小吸附柱，用选定的 4A 分子筛进行实验。此分子筛的原始含水量 X_0 为 0.01kg/kg 吸附剂，吸附剂床层视密度为 $712.8kg/m^3$，床层高 0.268m，操作中的质量流速为 $4052kg/(m^2 \cdot h)$，实验结果如表 11-2 所示。

表 11-2 ［例 11-1］附表

操作时间 /h	出口氮气中水汽含量 摩尔分数×10^{-6}	操作时间 /h	出口氮气中水汽含量 摩尔分数×10^{-6}	操作时间 /h	出口氮气中水汽含量 摩尔分数×10^{-6}
0	<1	10.2	238	11.75	1235
$9 = \theta_b$	1	10.4	365	12.0	1330
9.2	4	10.6	498	12.5	1410
9.4	9	10.8	650	$12.8 = \theta_T$	1440
9.6	33	11.0	808	13.0	1440
9.8	80	11.25	980	15.0	1440
10.0	142	11.5	1115		

解 由实验结果知 $Y_0^* \approx 0$

将水的摩尔分数换算成质量比 Y

$$Y = \frac{\text{水的摩尔分数}}{1 - \text{水的摩尔分数}} \times \frac{M_{H_2O}}{M_{N_2}} \approx \text{水的摩尔分数} \times \frac{18}{28}$$

将表中水的摩尔分数换算成 Y，作穿透曲线，如图 11-11 所示（此处近似作图，即直接用摩尔分数为纵坐标，一个单位表示 100×10^{-6}，以时间为横坐标，一个单位表示 $1h$）。用图解积分法得 $E = 129.6$，$F = 29.31$，所以未用床高

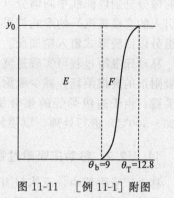

图 11-11 ［例 11-1］附图

$$h_u = \frac{29.31}{129.6 + 29.31} \times 0.268 = 0.0495m$$

$$h_s = h - h_u = 0.268 - 0.0495 = 0.2185m$$

要求穿透时间为 15h 的 h_s'

$$h_s' = \frac{0.2185}{9} \times 15 = 0.3642m$$

所需床高 $H = 0.3642 + 0.0495 = 0.414m$

11.4.2 移动床吸附器与移动床吸附过程计算

11.4.2.1 移动床吸附器

流体或固体可以连续而均匀地在移动床吸附器中移动，稳定地输入和输出，同时使流体与固体两相接触良好，不致发生局部不均匀的现象。

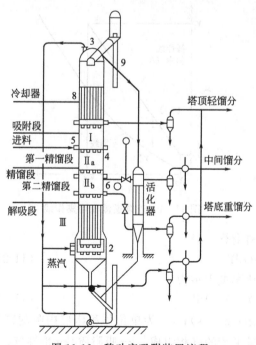

图 11-12 移动床吸附装置流程

移动床吸附器又称"超吸附器"，特别适用于轻烃类气体混合物的提纯，图 11-12 所示的就是从甲烷氢混合气体中提取乙烯的移动床吸附器。从吸附器底部出来的吸附剂由气力输送的升降管 9 送往吸附器顶部的料斗 3 中加入器内。吸附剂以一定的速度向下移动，在向下移动过程中，依次经历冷却，吸附、精馏和脱附各过程。由吸附器底部排出的吸附剂已经过再生，并供循环使用。待处理的原料气经分配板 4 分配后导入吸附器中，与吸附剂进行逆流接触，在吸附段 5 中活性炭将乙烯和其他重组分吸附，未被吸附的甲烷和氢成为轻馏分从塔顶放出。已吸附乙烯等组分的活性炭继续向下移动，经分配器进入精馏段 Ⅱb，在此段内较难吸附的组分（乙烯等）被较易吸附的组分（重烃）从活性炭中置换出来。各烃类组分经反复吸附和脱附，重组分沿吸附器高从上至下浓度不断增大，与精馏塔中的精馏段类似。经过精

制的馏分分别以侧线中间馏分（主要是乙烯，含少量丙烷）和塔底重馏分（主要是丙烷和脱附引入的直接蒸汽）的形式被采出。最后吸附了重烃组分的活性炭进入解吸段，解吸出来的重组分以回流形式流入精馏段。

移动床吸附过程可实现逆流连续操作，吸附剂用量少，但吸附剂磨损严重。可见能否降低吸附剂的磨损消耗，减少吸附装置的运转费用，是移动床吸附器能否大规模用于工业生产的关键。由于高级烯烃的聚合使活性炭的性能恶化，则需将其送往活化器中用高温蒸汽（400～500℃）进行处理，以使其活性恢复后再继续使用。

11.4.2.2 移动床吸附过程计算

移动床吸附器中，流体与固体均以恒定的速度连续通过吸附器，在吸附器内任一截面上的组成均不随时间而变化，因此可认为移动床中吸附过程是稳定吸附过程。对单组分吸附过程而言，其计算过程与二元气体混合物吸收过程类似，应用的基本关系式也是物料衡算（操作线方程）、相平衡关系和传质速率方程。为简化讨论，现以单组分等温吸附过程为例，讨论其计算原理。

连续逆流吸附装置如图 11-13 所示，对装置上部作吸附质的物料衡算，可得出连续、逆流操作吸附过程的操作线方程

$$Y = \frac{L}{G}(X - X_2) + Y_2 \tag{11-20}$$

式中，G 为不包括吸附质的气相质量流速，$kg/(m^2 \cdot s)$；L 为不包括吸附质的吸附剂质量流速，$kg/(m^2 \cdot s)$；Y 为吸附质与溶剂的质量比；X 为吸附质与吸附剂的质量比。

显然，吸附操作线方程为一直线方程，如图 11-14 所示。

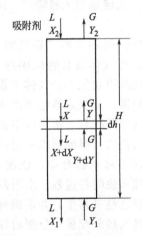

图 11-13　连续逆流吸附

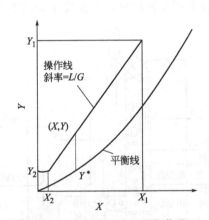

图 11-14　连续逆流吸附操作线

见图 11-13，取吸附装置的微元段 dh 作物料衡算，得

$$L \, dX = G \, dY \tag{11-21}$$

根据总传质速率方程式（11-12），dh 段内传质速率可表示为

$$G \, dY = K_y a_v (Y - Y^*) \, dh \tag{11-22}$$

式中，K_y 为以 ΔY 为推动力的总传质系数，$kg/(m^2 \cdot s)$；a_v 为单位体积床层内吸附剂的外表面，m^2/m^3 床层；Y^* 为与吸附剂组成 X 呈平衡的气相组成，kg 吸附质/kg 惰性气。

若 K_y 可取常数，则式（11-22）积分可得吸附剂层的高度为

$$H = \frac{G}{K_y a_v} \int_{Y_2}^{Y_1} \frac{dY}{Y - Y^*} \tag{11-23}$$

式中，K_y 由下式确定

$$\frac{1}{K_y} = \frac{1}{k_y} + \frac{m}{k_x} \tag{11-24}$$

其中 k_y 与 k_x 为气相侧与固相侧的传质分系数，m 为平衡线的斜率。因为在吸附剂通过吸附器的过程中，吸附质逐步渗入吸附剂内部，应用以平均浓度差推动力为基础的固相侧传质分系数 k_x 不是常数，所以式(11-23) 和式(11-24) 在使用时只有当气相阻力控制时才可靠。然而，对实际吸附过程来说，常常是固体颗粒内的扩散阻力占主导地位，有关这方面的内容可参阅 Perry 手册。

【例 11-2】 常压、298K 下用硅胶去除空气中的水蒸气。空气的原始湿度为 0.005kg H_2O/kg 干空气，要求干燥到湿度为 0.0001kg H_2O/kg 干空气。硅胶的原始含水量为零。采用连续逆流操作，硅胶的质量流速为 0.68kg/($m^2 \cdot$ s)，空气的质量流速为 1.36kg/ ($m^2 \cdot$ s)，求所需硅胶的层高。

已知在 298K 下所处理的空气湿度范围内吸附等温线基本上为直线，$Y^* = 0.0185X$。两相的体积传质分系数分别为 $k_y a_p = 31.6G'^{0.55}$kg H_2O/($m^3 \cdot$ s)，$k_x a_p = 0.965$kg H_2O/($m^3 \cdot$ s)。式中 G' 为气体与固体的相对质量流速 kg/($m^2 \cdot$ s)，硅胶的表观床层密度为 672kg/m^3，颗粒平均直径为 0.00173m，比外表面积为 2.167m^2/kg。

解 根据式 (11-20)

$$G(Y_1 - Y_2) = L(X_1 - X_2)$$

所以

$$X_1 = \frac{G}{L}(Y_1 - Y_2) + X_2 = \frac{1.36}{0.68} \times (0.005 - 0.0001) + 0$$

$$= 0.0098 \text{kg } H_2O/\text{kg 干硅胶}$$

因为操作线和平衡线在 Y-X 图中均为直线，所以式(11-23) 中的

$$\int_{Y_2}^{Y_1} \frac{dY}{Y - Y^*} = \frac{Y_1 - Y_2}{\Delta Y_m}$$

其中

$$\Delta Y_m = \frac{\Delta Y_1 - \Delta Y_2}{\ln \dfrac{\Delta Y_1}{\Delta Y_2}}$$

$$\Delta Y_1 = Y_1 - Y_1^* = 0.005 - 0.0185 \times 0.0098 = 0.00482$$

$$\Delta Y_2 = Y_2 - Y_2^* = 0.0001$$

所以

$$\int_{Y_2}^{Y_1} \frac{dY}{Y - Y^*} = \frac{0.005 - 0.0001}{\dfrac{0.00482 - 0.0001}{\ln \dfrac{0.00482}{0.0001}}} = 4.03$$

根据式 (11-24) 得

$$\frac{1}{K_y a_p} = \frac{1}{k_y a_p} + \frac{m}{k_x a_p}$$

吸附剂向下移动速度 $= \dfrac{0.680}{672} = 1.013 \times 10^{-3}$ m/s

常压下 298K 空气的密度为 $1.181 kg/m^3$

空气向上的表观流速 $= \dfrac{1.36}{1.181} = 1.152 m/s$

空气与硅胶的相对速度 $= 1.152 + 1.013 \times 10^{-3} = 1.153 m/s$

所以
$$G' = 1.153 \times 1.181 = 1.352 kg/(m^2 \cdot s)$$

$$k_y a_p = 31.6 \times 1.352^{0.55} = 37.3$$

$$K_y a_p = \left(\frac{1}{37.3} + \frac{0.0185}{0.965}\right)^{-1} = 21.7$$

所需硅胶层高度为
$$H = \frac{1.36}{21.7} \times 4.03 = 0.253 m$$

<<<<< **本章主要符号** >>>>>

a_p——吸附剂的比外表面，m^2/kg。

a_v——单位体积床层内吸附剂的外表面，m^2/m^3 床层。

A——床层截面积，m^2。

c——流体相中吸附质的平均质量浓度，kg/m^3。

c^*——与吸附质含量为 q 的吸附剂呈平衡的流体中吸附质的质量浓度，kg/m^3。

c_i——吸附剂外表面上流体相中吸附质的质量浓度，kg/m^3。

G——流体流量，kg 惰性流体/s；不包括吸附质的气相质量流速，$kg/(m^2 \cdot s)$。

h_s——饱和吸附床层高，m。

h_u——未用床层高，m。

H——吸附床层高，m。

k_F——流体相侧的传质系数，m/s。

k_s——吸附剂固相侧的传质系数，$kg/(s \cdot m^2)$。

K_F——以 $\Delta c (= c - c^*)$ 为推动力的总传质系数，m/s。

K_s——以 $\Delta q (= q^* - q)$ 为推动力的总传质系数，$kg/(s \cdot m^2)$。

K_y——以 ΔY 表示推动力的总传质系数，$kg/(m^2 \cdot s)$。

L——不包括吸附质的吸附剂质量流速，$kg/(m^2 \cdot s)$。

q——吸附剂上吸附质的含量，kg 吸附质/kg 吸附剂。

q^*——与吸附质浓度为 c 的流体呈平衡的吸附剂上吸附质的含量，kg/kg。

q_i——吸附剂外表面上的吸附质含量，kg/kg，此处 q_i 与吸附质在流体相中的浓度 c_i 呈平衡。

X——吸附质与吸附剂的质量比。

X_0——吸附剂上初始吸附质含量，kg 吸附质/kg 吸附剂。

X_0^*——与流体相初始组成 Y_0 呈平衡的吸附剂上吸附质含量，kg 吸附质/kg 吸附剂。

Y——吸附质与溶剂的质量比。

Y^*——与吸附剂组成 X 呈平衡的气相组成，kg 吸附质/kg 惰性气。

Y_0——流体中吸附质初始组成，kg 吸附质/kg 惰性流体。

Y_0^*——与初始吸附剂呈平衡的流体相中的平衡组成，kg 吸附质/kg 惰性流体。

$\dfrac{\partial q}{\partial \theta}$——每千克吸附剂的吸附速率，$kg/(s \cdot kg)$。

θ——时间，s。

θ_b——穿透时间，s。

ρ_s——吸附剂床层视密度，kg/m^3。

第12章

膜分离技术

 学习指导

通过本章学习，了解膜分离的原理、操作特性及工业应用。掌握不同膜分离过程的原理和特点。通过不同分离方法的比较，能够根据混合体系的特点选择合适的分离方法。

12.1 概述

12.1.1 膜的概念

膜是一种具有一定物理或化学特性的屏障物，它可与一种或两种相邻的流体相之间构成不连续区间并影响流体中各组分的透过速度，这个不连续区间可以是固态的、液态的甚至是气态的，工业应用的膜99%以上的都是固态膜。简而言之，膜是一种具有选择性分离功能的新材料，它有两个特点：①膜必须有两个界面，分别与两侧的流体相接触；②膜必须有选择透过性，它可以使流体相中的一种或几种物质透过，而不允许其他物质透过。

膜的种类繁多，大致可以按以下几方面对膜进行分类：

① 从相态上可分为固体膜和液体膜。

② 从材料来源上，可分为天然膜和合成膜，合成膜又分为无机膜和有机膜。

③ 根据膜的结构，可分为多孔膜和致密膜。

④ 按膜断面的物理形态，固体膜又可分为对称膜、不对称膜和复合膜。对称膜又称均质膜。不对称膜具有极薄的表面活性层（或致密层）和其下部的多孔支撑层。复合膜通常是用两种不同的膜材料分别制成表面活性层和多孔支撑层。

⑤ 从应用过程上，可分为微滤、超滤、纳滤、反渗透、电渗析、扩散渗析、气体分离、液膜分离、渗透汽化、膜生物反应器、膜反应器、膜蒸馏、膜萃取、正渗透、控制释放等过程。

⑥ 根据固体膜的几何形状，可分为平板膜、管式膜、中空纤维膜、多通道膜以及具有垂直于膜表面的圆柱形孔的核径蚀刻膜，简称核孔膜等。

⑦ 根据荷电性，可分为中性膜、荷电膜，其中荷电膜又可以分为正电膜、负电膜。

⑧ 根据应用对象，可分为水处理膜、气体分离膜、特种分离膜、电池用膜、生物医用膜等。

12.1.2 膜分离技术发展简史

1748 年 Abble Nelkt 发现水能自然地扩散到装有酒精溶液的猪膀胱内，首次揭示了膜分离现象。人们发现动植物体的细胞膜是一种理想的半透膜，即对不同质点的通过具有选择性，生物体正是通过它进行新陈代谢的生命过程。直到 1950 年，W. Juda 首次发表了合成高分子离子交换膜，膜现象的研究才由生物膜转入到工业应用领域，合成了各种类型的高分子离子交换膜，电渗析过程得到迅速发展。固态膜经历了 20 世纪 50 年代的阴阳离子交换膜，60 年代初的一二价阳离子交换膜，60 年代末的中空纤维膜以及 70 年代的无机陶瓷膜等 4 个发展阶段，形成了一个相对独立的学科。具有分离选择性的人造液膜是 Martin 在 60 年代初研究反渗透脱盐时发现的，他把百分之几的聚乙烯甲醚加入盐水进料中，结果在醋酸纤维膜和盐溶液之间的表面上形成了一张液膜。由于这张液膜的存在而使盐的渗透量稍有降低，但选择透过性却明显增大。此液膜是覆盖在固膜之上的，因此称为支撑液膜。60 年代中，美籍华人黎念之博士在用 Du Nuoy 环法测定表面张力观察到皂草苷表面活性剂的水溶液和油作实验时能形成很强的能够挂住的界面膜，从而发现了不带固膜支撑的新型液膜。这种新型液膜可以制成乳状液，膜很薄且面积大，因此处理能力比固膜和支撑性液膜大得多，这一重大技术发现奠定了液膜技术发展的基础。1960 年 Leob 和 Sourirajan 共同制成了具有高脱盐率、高透水量的非对称醋酸纤维素反渗透膜，使反渗透过程走向了工业应用，其后这种用相转化方法制备超薄皮层的制膜工艺，引起了学术、技术和工业界的广泛重视，出现了研究各种分离膜，发展不同膜过程的高潮。

随着制膜技术的发展，膜分离技术不断进入工业应用领域。反渗透、纳滤、超滤、微滤、电渗析、渗透汽化、气体膜分离、无机膜分离、液膜分离等都取得很多新的进展，其应用范围也不断地扩大，遍及海水与苦咸水淡化、环保、化工、石油、生物医药、轻工食品等领域。膜分离技术作为分离混合物的重要方法，在生产实践中越来越显示其重要作用。

我国膜科学技术的发展是从 1958 年研究离子交换膜开始的，1965 年着手反渗透的探索，1967 年开始的全国海水淡化会战，大大促进了我国膜科技的发展。20 世纪 80 年代以来对各种新型膜分离过程和制膜技术展开了全面研究与开发，目前已有数十种反渗透、超滤、微滤和电渗析膜、陶瓷膜、分子筛膜、气体分离膜与膜组件的定型产品，在各个工业、科研、环保领域广为应用。

12.1.3 各种膜分离过程简介

(1) 反渗透 反渗透是利用反渗透膜选择性地只能透过溶剂（通常是水）的性质，对溶液施加压力，克服溶剂的渗透压，使溶剂通过反渗透膜而从溶液中分离出来的过程。反渗透可用于从水溶液中将水分离出来，海水和苦咸水的淡化是其最主要的应用，现在也已向废水处理、医药用水以及电厂用水处理等领域快速扩展。反渗透膜均用高分子材料制成，已从均质膜发展至非对称复合膜，膜的制备技术相对比较成熟，其应用亦十分广泛。

(2) 超滤 应用孔径为 20~500Å（1Å=10^{-10} m）的超滤膜来过滤含有大分子或胶体粒子的溶液，使大分子或胶体粒子从溶液中分离的过程称为超滤。与反渗透类似，超滤的推动力也是压差，在溶液侧加压，使溶剂以及小于膜孔径的溶质透过膜，而阻止大于膜孔径的溶质通过，从而实现溶液的净化、分离和浓缩。

超滤膜一般由高分子材料和无机材料制备，膜的结构均为非对称的。超滤用于从水溶液中分离高分子化合物和微细粒子，采用具有适当孔径的超滤膜，可以进行不同分子量和形状的大分子物质的分离。

（3）微滤 微滤与超滤的基本原理相同，它是利用孔径大于 $0.05\sim10\mu m$ 的多孔膜来过滤含有微粒或菌体的溶液，将其从溶液中除去，微滤应用领域极其广阔，主要用于除菌、澄清等过程。

（4）渗析 渗析是最早发现、研究和应用的一种膜分离过程，它是利用多孔膜两侧溶液的浓度差使溶质从浓度高的一侧通过膜孔扩散到浓度低的一侧从而得到分离的过程。可用于制作人工肾，以除去血液中蛋白代谢产物、尿素和其他有毒物质；也可以用作扩散渗析过程，回收酸碱溶液。

（5）电渗析 电渗析也是较早研究和应用的一种膜分离技术，它是基于离子交换膜能选择性地使阴离子或阳离子通过的性质，在直流电场的作用下使阴阳离子分别透过相应的膜以达到从溶液中分离电解质的目的，目前主要用于从水溶液中除去电解质（如盐水的淡化等）、电解质与非电解质的分离和膜电解等。

（6）气体分离膜 气体分离膜是利用气体组分在膜内溶解和扩散性能的不同，即渗透速率的不同来实现分离的技术，目前高分子气体分离膜已用于氢的分离，空气中氧与氮的分离等，具有很大的发展前景。无机膜如钯膜也已用于超纯氢制备等领域，碳化硅、不锈钢等无机膜已在高温气体分离领域获得广泛的应用。

（7）渗透汽化 渗透汽化也称渗透蒸发，它是利用膜对液体混合物中组分的溶解和扩散性能的不同来实现其分离的新型膜分离过程，20 世纪 80 年代以来对渗透汽化过程进行了比较广泛的研究，用渗透汽化法分离工业酒精制取无水酒精已经实现工业化，并在其他共沸体系的分离中也展示了良好的发展前景。无机膜中分子筛膜用作渗透汽化的过程已有工业应用，渗透汽化与气体分离膜已成为化工分离过程中的重要技术。

（8）其他膜分离过程 其他膜分离过程尚有膜蒸馏、膜萃取、膜分相、支撑液膜、闸膜、生物膜分离等，均是新近发展起来的新过程，少量已在工业上应用，但大都处于研究开发阶段，本章不作详细介绍。

12.1.4 膜分离设备

（1）板框式膜组件 板框式膜组件使用平板式膜，故又称为平板式膜组件。这类膜器件的结构与常用的板框压滤机类似，由导流板、膜、支承板交替重叠组成。图 12-1 是一种板框式膜器的部分示意。其中支承板相当于过滤板，它的两侧表面有窄缝。其内胞有供透过液通过的通道，支承板的表面与膜相贴，对膜起支撑作用。导流板相当于滤框，但与板框压滤机不同，由导流板导流流过膜面，透过液通过膜，经支撑板面上的窄缝流入支撑板的内腔，然后从支撑板外侧的出口流出。料液沿导流板上的流道与孔道一层层往上流，从膜器上部的出口流出，即为过程的浓缩液。导流板面上设有不同形状的流道，以使料液在膜面上流动时保持一定的流速与湍动，没有死角，减少浓差极化和防止微粒、胶体等的沉积。

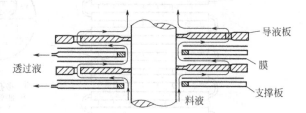

图 12-1 导流板、膜、支承板交替重叠

图 12-2 是另一种型式的板框式膜器件，它将导流板与支撑板的作用合在一块板上。图中板上的弧形条突出于板面，这些条起导流板的作用，在每块板的两侧各放一张膜，然后一块块叠在一起。膜紧贴板面，在两张膜间形成由弧形条构成的弧形流道，料液从进料通道送

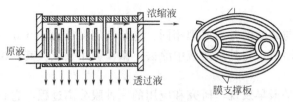

图 12-2 导流板与支撑板的作用合在一块板上

入板间两膜间的通道，透过液透过膜，经过板面上的孔道，进入板的内腔，然后从板侧面的出口流出。

　　板框式膜组件的优点是组装方便，膜的清洗更换比较容易，料液流通截面较大，不易堵塞，同一设备可视生产需要而组装不同数量的膜。但其缺点是需密封的边界线长，为保证膜两侧的密封，对板框及其起密封作用的部件的加工精度要求高。每块板上料液的流程短，通过板面一次的透过液相对量少，所以为了使料液达到一定的浓缩度，需经过板面多次，或者料液需多次循环。

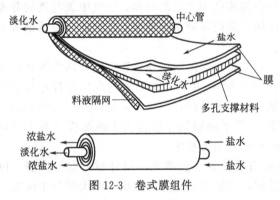

图 12-3 卷式膜组件

　　（2）卷式膜组件　卷式膜组件也是用平板膜制成的，其结构与螺旋板式换热器类似。如图 12-3，支撑材料插入 3 边密封的信封状膜袋，袋口与中心集水管相接，然后衬上起导流作用的料液隔网，两者一起在中心管外缠绕成筒，装入耐压的圆筒中即构成膜组件。使用时料液沿隔网流动，与膜接触，透过液透过膜，沿膜袋内的多孔支撑流向中心管，然后由中心管导出。

　　卷式膜组件应用比较广泛，与板框式相比，卷式膜组件的设备比较紧凑、单位体积内的膜面积大、制作工艺相对简单。其缺点是清洗不方便，膜有损坏时，不易更换，尤其是易堵塞，膜必须是可焊接的或可粘贴的。近年来，随着预处理技术的发展，卷式膜组件的应用越来越广泛。

　　（3）管式膜组件　管式膜组件由管式膜制成，它的结构原理与管式换热器类似，管内与管外分别走料液与透过液，如图 12-4 所示。管式膜的排列形式有列管、排管或盘管等。管

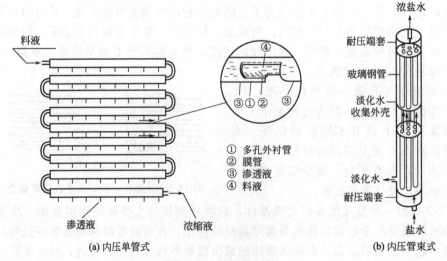

① 多孔外衬管
② 膜管
③ 渗透液
④ 料液

(a) 内压单管式　　　　　　(b) 内压管束式

图 12-4　管式膜组件

式膜分为外压和内压两种，外压即为膜在支撑管的外侧，因外压管需有耐高压的外壳，应用较少；膜在管内侧的则为内压管式膜。亦有内、外压结合的套管式管式膜组件。

管式膜组件的缺点是单位体积膜组件安装的膜面积少，一般仅为 $33\sim330\text{m}^2/\text{m}^3$，一般无需对物料进行特别处理，陶瓷膜主要采用的是管式膜组件。

(4) 中空纤维膜组件　中空纤维膜组件的结构与管式膜类似，即将管式膜由中空纤维膜代替。图 12-5 是中空纤维膜制成的膜组件示意，它由很多根纤维（几十万至数百万根）组成，众多中空纤维与中心进料管捆在一起，一端用环氧树脂密封固定，另一端用环氧树脂固定，料液进入中心管，并经中心管上下孔均匀地流入管内，透过液沿纤维管内从左端流出，浓缩液从中空纤维间隙流出后，沿纤维束与外壳间的环隙从右端流出。

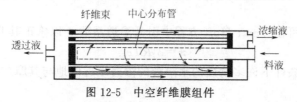

图 12-5　中空纤维膜组件

这类膜组件的特点是设备紧凑，单位组件体积内的有效膜面积大（高达 $16000\sim30000\text{m}^2/\text{m}^3$）。因中空纤维内径小，阻力大，易堵塞，所以料液走管间，渗透液走管内，透过液侧流动损失大，压降可达数个大气压，膜污染难除去，因此对料液预处理要求高。

12.2　反渗透

12.2.1　反渗透过程

12.2.1.1　反渗透过程原理

如图 12-6 所示。当纯水与盐水用一张能透过水的半透膜隔开时，纯水则透过膜向盐水侧渗透，过程的推动力是纯水和盐水的化学位之差，表现为水的渗透压 π，渗透压是溶液的一个性质，与膜无关。随着水的不断渗透，盐水侧水位升高，当提高到 h 时，盐水侧的压力 p_2 与纯水侧压力 p_1 之差等于渗透压时，渗透过程达到动态平衡，宏观渗透为零。如果在盐水侧加压，使盐水侧与纯水侧压差 p_2-p_1 大于渗透压，则盐水中的水将通过半透膜流向纯水侧，这一过程就是所谓反渗透。

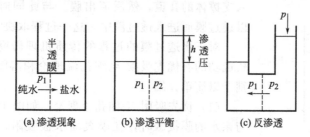

图 12-6　反渗透原理

显然，反渗透过程的推动力为

$$\Delta p = (p_2 - p_1) - \pi \tag{12-1}$$

式中，π 为组成为 x（摩尔分数）的溶液中水的渗透压。

渗透压 π 与水的活度 a_w 之间的关系如下

$$\pi V_w = -RT\ln a_w \tag{12-2}$$
$$a_w = \gamma_w x_w \tag{12-3}$$

式中，V_w 为水的偏摩尔体积；R 为气体常数；T 为温度，K；a_w 为水的活度；γ_w 为水的活度系数；x_w 为溶液中水的摩尔分数。

对理想溶液，$\gamma_w = 1$，当溶液中盐浓度极低时，则

$$\ln x_w = \ln(1 - \sum x_{si}) \approx -\sum x_{si} \approx -\sum c_i V_w \tag{12-4}$$

这时渗透压可用下式计算

$$\pi = RT\sum c_{si} \tag{12-5}$$

式中，x_{si}、c_{si} 分别表示溶液中溶质 i 的摩尔分数与摩尔浓度，上式即为著名的 Van't Hoff 方程。

对于实际溶液，可在 Van't Hoff 方程中引入渗透系数 ϕ 以修正其非理想性

$$\pi = \phi_i RT c_{si} \tag{12-6}$$

实际上，在等温条件下许多物质的水溶液的渗透压近似地与其摩尔浓度成正比

$$\pi = B x_{si} \tag{12-7}$$

溶液浓度越高，其渗透压越大，表 12-1 是几种物质的溶液的 B 值。

表 12-1　各种溶质-水体系的 B 值（273K）

体系	尿素	砂糖	NH_4Cl	KNO_3	KCl	$NaNO_3$	NaCl	$CaCl_2$	$MgCl_2$
$B\times10^3\times101.33$/(kPa/摩尔分数)	1.33	1.40	2.45	2.34	2.48	2.44	2.52	3.63	3.63

在实际过程中，透过液不可能是纯水，其中多少含有一些溶质，此时过程的推动力为

$$\Delta p = (p_2 - p_1) - (\pi_1 - \pi_2) \tag{12-8}$$

式中，π_1 与 π_2 分别为原液侧与透出液侧溶液的渗透压。

由以上分析可知，为了实现反渗透过程，在膜两侧的压差必须大于两侧溶液的渗透压差。

12.2.1.2　反渗透过程的传质方程

反渗透过程大致可分为 3 步进行，如图 12-7 所示。水从料液主体传递到膜的表面；水从表面进入膜的分离层，并渗透过分离层；从膜的分离层进入支撑体的孔道，然后流出膜。与此同时，少量的溶质也可以透过膜而进入透过液中，这一过程取决于膜的质量。

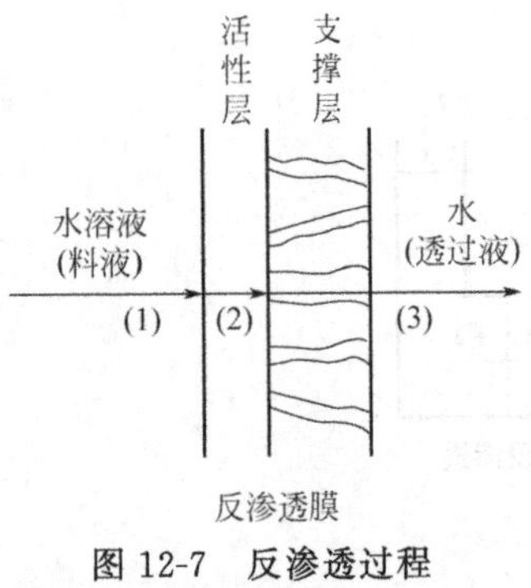

图 12-7　反渗透过程

对于水透过膜的过程的传质机理研究甚多，其中应用比较成功的有优先吸附-毛细孔流理论和溶解扩散模型，下面分别予以简单介绍。

（1）优先吸附-毛细孔流理论　如图 12-8 所示，当水溶液与亲水的膜接触时，在膜表面水被吸附，溶质被排斥，因而在膜表面形成一层纯水层，厚度为 t。这层水在外加压力作用下进入膜表面的毛细孔，并通过毛细孔而流出。当膜表面有效孔径等于或小于纯水层厚度的两倍时，透过的是纯水，否则溶质也将通过膜。因此膜上毛细孔径为 $2t$ 时将能给出最大的纯水通量，这一孔径称为临界孔径。

水流经毛细孔可认为属黏滞流动，其通量为

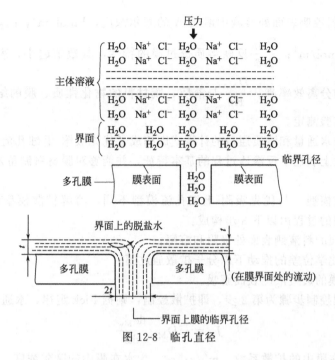

图 12-8 临孔直径

$$J_w = A \{ (p_1 - p_2) - [\pi (x_i) - \pi (x_2)] \} \tag{12-9}$$
$$= A (\Delta p - \Delta \pi)$$

$$A = \frac{PWP}{M_w S \times 3600 \times p} \tag{12-10}$$

式中，J_w 为水的渗透通量，$kg/(m^2 \cdot h)$；A 为定义为纯水的透过常数，$kg/(m^2 \cdot s \cdot Pa)$；$PWP$ 为操作压差为 Δp、有效膜面积为 S 时每小时的纯水透过量，kg/h；$\pi(x_i)$ 为膜的料液侧表面处（溶质组成为 x_i）溶液的渗透压，Pa；$\pi(x_2)$ 为透过液的渗透压，Pa。

纯水透过常数 A 反映纯水透过膜的特性，它与膜材料和膜的结构形态以及操作条件有关，其值的大小与溶质无关，并可以用纯水透过实验进行测定

反渗透过程也有少量溶质透过膜，这一过程可以用分子扩散理论来表述

$$J_A = \frac{D_{MA}}{\delta} (c_{Mi} x_{MAi} - c_{M2} x_{MA2}) \tag{12-11}$$

式中，J_A 为溶质 A 的渗透通量，$kmol/m^2 \cdot s$；D_{MA} 为溶质 A 在膜中的有效扩散系数，m^2/s；δ 为膜厚，m；c_{Mi} 为膜的料液侧表面处膜中的总摩尔浓度，$kmol/m^3$；c_{M2} 为膜的透过液侧表面处膜中的总摩尔浓度，$kmol/m^3$；x_{MAi} 为膜的料液表面处溶质 A 的摩尔分数；x_{MA2} 为膜的透过液表面处溶质 A 的摩尔分数。

x_{MAi} 与 x_{MA2} 分别与膜两侧表面处的溶液呈平衡，假设溶质在溶液与膜间的平衡关系呈线性，即

$$cx_A = Kc_M x_{MA} \tag{12-12}$$

式中，c 为溶液的摩尔密度或总摩尔浓度，$kmol/m^3$；x_A 为溶液中溶质 A 的摩尔分数；K 为相平衡常数。

上式重排，即有

$$J_A = \frac{D_{MA}}{K\delta}(c_i x_{Ai} - c_2 x_{A2}) \tag{12-13}$$

$$= \frac{D_{MA}}{K\delta}(c_{Ai} - c_{A2})$$

式中，c_{Ai} 为膜的料液侧表面处溶液中溶质 A 的摩尔浓度，$kmol/m^3$；c_{A2} 为透过液中溶质 A 的摩尔浓度，$kmol/m^3$；$\dfrac{D_{MA}}{K\delta}$ 反映溶质透过膜的特性，其数值越小，表示溶质的透过速率小，膜对溶质的分离效率高。$\dfrac{D_{MA}}{K\delta}$ 与溶质、膜材料的物化性质、膜的结构形态以及操作条件有关，可由实验测定。

以上讨论的纯水通量和溶质通量的计算式即构成了优先吸附-毛细孔流模型的主要内容，该模型在一定程度上表达了反渗透过程的基本特征，并能够对膜材料制备及过程设计提出指导性建议。

(2) 溶解扩散模型　与优先吸附-毛细孔流模型不同，溶解扩散模型认为膜是致密的，溶剂和溶质透过膜的过程由以下 3 步构成：

① 渗透物在膜的料液侧表面处吸附和溶解；

② 渗透物在化学位差的推动下以分子扩散通过膜；

③ 渗透物在膜的透过液侧表面解吸。

假设渗透过程控制步骤为第 2 步，即扩散控制，则据 Fick 定律，水通过膜的通量为

$$J_w = -D_{Mw}\frac{dc_{Mw}}{dx} \tag{12-14}$$

式中，D_{Mw} 为水在膜中的扩散系数，m^2/s；c_{Mw} 为水在膜中的摩尔浓度，$kmol/m^3$。

设水在膜中的溶解服从亨利定律，则

$$d\mu_w = -RT\,dlnc_{Mw} = -RT\frac{dc_{Mw}}{c_{Mw}} \tag{12-15}$$

则

$$J_w = \frac{D_{Mw}c_{Mw}}{RT}\frac{d\mu_w}{dx} = \frac{D_{Mw}c_{Mw}}{RT}\frac{\Delta\mu_w}{\Delta x}$$

$$= \frac{D_{Mw}c_{Mw}\Delta\mu_w}{RT\delta} \tag{12-16}$$

在等温条件下

$$\Delta\mu_w = RT\Delta lna_w + V_w\Delta p = -V_w\Delta\pi + V_w\Delta p \tag{12-17}$$

因此

$$J_w = \frac{D_{Mw}c_{Mw}V_w}{RT\delta}(\Delta p - \Delta\pi)$$

$$= \frac{Q_w}{\delta}(\Delta p - \Delta\pi) = A(\Delta p - \Delta\pi) \tag{12-18}$$

式中，μ_w 为膜中水的化学位；Q_w 为水在膜中的渗透率。

式(12-18) 即是由溶解扩散模型得出的溶剂渗透通量关系式，与优先吸附-毛细孔流模型结果相同。

对于溶质，类似的关系式如下

$$J_A = \frac{D_{MA}K'}{\delta}(c_{Ai} - c_{A2}) = \frac{Q_s}{\delta}(c_{Ai} - c_{A2}) \tag{12-19}$$

式中，K' 为相平衡常数，与 K 不同，两者互为倒数；Q_s 为溶质在膜中的渗透率。

溶解扩散模型是描述均质膜中传递行为的较为常用的模型，其缺点是忽略了膜结构对传递性质的重要影响，也不能解释某些对水具有高吸附性的膜材料透水性很低等现象。

12.2.2　反渗透过程的操作

反渗透过程设计的目标在于提高分离效率，降低能耗。除膜本身质量以外，过程的浓差

极化、操作条件对其影响甚大。

(1) 浓差极化 在反渗透过程中，由于膜的选择透过性，溶剂从高压侧透过膜到低压侧表面上，造成由膜表面到主体溶液之间的浓度梯度，如图 12-9 所示，引起溶质从膜表面通过边界层向主体溶液扩散，这种现象即称为浓差极化。

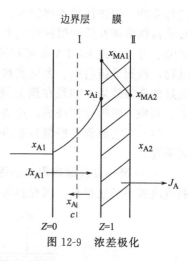

图 12-9 浓差极化

浓差极化现象的存在将会给反渗透带来不利影响。由于浓差极化，使膜表面处溶液浓度升高，导致溶液的渗透压升高，因此反渗透操作压力亦必须相应提高，同时，膜表面处溶液浓度升高，易使溶质在膜表面沉积下来，使膜的传质阻力大为增加，膜的渗透通量下降。提高压力也不能明显增加通量，因为压力的提高反而会增加沉积层的厚度。

为克服浓差极化的不利影响，在反渗透操作过程中必须予以考虑，尽量减少其影响。一般通过提高料液的流速可以使边界层大大减薄，导致传质系数增大。当然，流速增大，输送料液的能耗亦大，因此对于浓差极化不明显的料液，尽量减小膜的表面流速。在料液流道内增加湍流促进器，亦可增强料液的湍流程度，可在同样流速下，提高传质系数；另一些学者采用脉冲形式进料也可起到增加湍动程度的作用，虽然这类方法给装置设计带来很大的困难，但却能有效地降低浓差极化的影响。在操作方式上，提高温度可使分子运动加快，降低黏度，也可以使浓差极化得到部分的控制。

(2) 操作条件 在反渗透过程中，除浓差极化影响外，料液中含有的固体微粒、胶体、可溶性高分子物、微生物等对膜亦有堵塞、沉积等影响，因此为提高分离效率、降低能耗、常采用以下措施，以达到最佳效果。

① 料液的预处理 预处理的目的在于除去料液中的固体物质，降低浊度；抑制和控制微溶盐的沉淀；调节和控制进料的温度和 pH 值；杀死和抑制微生物的生长；去除各种有机物等。一般而言，固体微粒可用沉降过滤方法除去，而亚微粒子则需使用微孔过滤或超过滤除去，有些胶体物则宜采用加入无机电解质而使其凝聚后除去；微生物与有机物可以用氯或次氯酸钠氧化除去，也可用活性炭来吸附有机物。加六偏硫酸钠之类的沉淀抑制剂可防止钙镁离子在反渗透过程中形成沉淀，也可以用石灰苏打进行水的软化。调整 pH 值对于保护膜十分有效，对于含蛋白分子的溶液，pH 值的调节对膜通量影响甚大。因此，在反渗透过程中，一般均加砂滤、微滤、超滤对料液进行预过滤，并根据料液和膜的性质而加入一些特定的化学物质处理料液以增加反渗透过程的效率。

② 温度 温度升高有利于降低浓差极化的影响，提高膜的渗透通量，但温度升高导致能耗增大，并且对高分子膜的使用寿命有影响，因此反渗透过程一般在常温或略高于常温下操作。

③ 压力 反渗透过程的推动力是压差，因此操作压差愈高，渗透通量增大，但压差增大往往导致浓差极化的增加，使得膜面的渗透压增高，达到一定压力，增加压力并不能提高渗透通量，即膜面形成了一层凝胶层。另一方面，操作压差的增大将导致能耗增加，因此综合考虑，必须根据经济核算选择适宜的操作压差。一般来说，反渗透的操作压差在 2～10MPa 之间，对用于低压反渗透膜来说，操作压力一般小于 1MPa。

(3) 膜的清洗 反渗透技术经济性在很大程度上受膜污染和浓差极化的影响。反渗透膜在操作一段时间后必然会受到污染，导致膜通量的下降和盐的脱除率降低，这时就需要对其进行清洗。清洗的方法有两种：物理清洗和化学清洗。

物理清洗中最简便的方法是采用流动的清水冲洗膜的表面，也可以采用水和空气的混合流冲洗。物理清洗时冲刷不能过分，以免损坏膜面，因此物理清洗只能除去一些附着力不牢的污染物，清洗往往不够完全。化学清洗则是采用各种清洗剂来清洗，清洗效果好。清洗剂必须根据溶液性质和膜的性质来选择，常用的有草酸、柠檬酸、加酶洗涤剂和双氧水等。用草酸、柠檬酸或 EDTA 等配制的清洗液可以从膜上除去金属氧化物沉淀；加酶洗涤剂对有机物，特别是蛋白质、多糖类和油脂类污染物有较好的清洗效果；双氧水溶液对有机物也有良好的洗涤效果。如果在膜的微孔中有胶体堵塞，则可以利用分离效率极差的物质，如尿素、硼酸、醇等作清洗剂，这些物质易于渗入细孔而达到清洗的目的。

（4）工艺流程　根据料液的情况和对分离过程的要求，反渗透过程可以采用以下几种工艺流程。

① 一级一段连续流程　如图 12-10 所示，料液通过膜组件一次即排出，由于单个组件料液流程不可能很长，因此料液的浓缩率低，这种流程工业上较少采用。

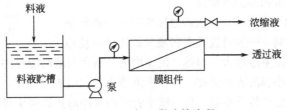

图 12-10　一级一段连续流程

② 一级一段循环式流程　如图 12-11 所示，采用部分浓缩液循环的操作流程，这种流程浓缩倍数较高，但料液浓度必然也高，将导致膜通量的下降或渗透压的增高。

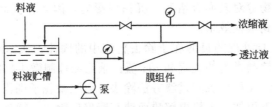

图 12-11　一级一段循环式流程

③ 一级多段连续式流程　如图 12-12 所示，实质是多个组件串联的操作方式，直至达到设定的浓度倍数。采用这种流程，各段膜组件大小要根据膜的渗透通量和分离要求进行设计。

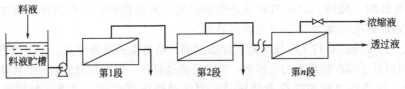

图 12-12　一级多段连续式流程

④ 一级多段循环式流程　如图 12-13 所示，这种流程主要适宜于以料液浓缩为目的的分离过程。

此外尚有多级式流程以及回流反渗透等流程，其目标均在于根据不同的要求而通过流程安排以尽量降低操作成本或设备投资，具体采用何种流程，要根据经济核算来确定。

12.2.3　反渗透的应用

反渗透过程的特征是从水溶液中分离出水，其应用也主要局限于水溶液的分离。目前反渗透的应用主要是海水和苦咸水淡化，纯水制备以及生活用水处理，并逐渐渗透到食品、医

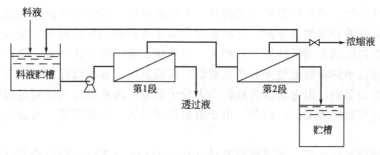

图 12-13　一级多段循环式流程

药、化工等部门的分离、精制、浓缩操作之中。

(1) 苦咸水与海水淡化　反渗透技术已成为海水和苦咸水淡化的首选技术。全球海水淡化日产水超过 $5×10^7 m^3/d$，其中采用膜技术进行海水淡化的已占 50% 以上，其淡化水的成本已小于 5 元/t，全球已有 1/50 的人依赖海水淡化生存。我国 2006 年 5 月在浙江玉环建成了 $35000 m^3/d$ 的反渗透海水淡化工程；2009 年在天津滨海新区建成 $10×10^4 m^3/d$ 工程。目前国内已建成的日产淡水 $100 m^3$ 以上的反渗透海水淡化装置超过 50 套，总产水量为近 $70×10^4 m^3/d$，拟建和在建的反渗透法海水淡化设施的总产水能力超过 $90×10^4 m^3/d$。用反渗透法生产淡水的成本与原水中的盐含量有关，盐含量越高，则淡化成本越高。苦咸水一般比海水的盐含量低得多，因此其淡化成本亦低得多，大约在 2 元/t。

(2) 纯水生产　纯水、超纯水是现代工业必不可少而又重要的基础材料之一。电子工业用超纯水生产过程中，一般均是采用反渗透除去大部分（>95%）盐后，再用离子交换法脱除残留的盐，这样既可减轻离子交换剂的操作负荷又可延长其使用寿命。市售饮用纯水主要由反渗透法生产，1997 年全国纯净水生产企业总生产能力达（500～600）万吨/年。

(3) 废水处理　用反渗透法处理废水很彻底，可以直接得到清水，但其成本相当高，因此只能对那些危害极大的废水，或含有回收价值的废水，如金属电镀废水处理就是反渗透技术应用的成功实例。金属电镀装置由一个电镀槽和若干个清洗槽组成，电镀好的部件在一串清洗槽中用清水逆流洗涤，得到的含金属离子的废水可用反渗透处理，所得纯水可重新用于清洗，浓缩液可加到电镀槽作原料使用。随着废水排放要求和水资源再生要求的提高，抗污染型反渗透膜的应用越来越广泛。

(4) 低分子量物质水溶液的浓缩　食品工业中液体食品（牛奶、果汁等）的部分脱水，与常用的冷冻干燥和蒸发脱水相比，反渗透法脱水比较经济，而且产品的香味和营养不致受到影响。

在医药工业中已成功地应用反渗透浓缩某些低分子量物质（如氨基酸、抗生素等）的水溶液，反渗透膜组件流道的设计优化、抗污染反渗透膜等都是有待于深入研究的课题。

12.3　超滤和微滤

12.3.1　过程原理

超过滤（简称超滤）和微孔过滤（简称微滤）也是以压力差为推动力的膜分离过程，一般用于液相分离，也可用于气相分离，比如空气中细菌与微粒的去除。

超滤所用的膜为非对称膜，能够截留分子量为 1000 以上的大分子与胶体微粒，所用操作压差在 0.1～0.5MPa。原料液在压差作用下，其中溶剂透过膜上的微孔流到膜的低压侧，为透过液；大分子物质或胶体微粒被膜截留，不能透过膜，为浓缩液，从而实现原料液中大分子物质与胶体物质和溶剂的分离。超滤膜对大分子物质的截留机理主要是筛分作用，决定截留效果的主要是膜的表面活性层上孔的大小与形状。除了筛分作用外，膜表面、微孔内的吸附和粒子在膜孔中的滞留也使大分子被截留。实践证明，有的情况下，膜表面的物化性质对超滤分离有重要影响，因为超滤处理的是大分子溶液，溶液的渗透压对过程有影响。从这一意义上说，它与反渗透类似，但是，由于溶质分子量大、渗透压低，可以不考虑渗透压的影响。

微滤所用的膜为微孔膜，能够截留直径 $0.05\sim10\mu m$ 的微粒或相对分子质量大于 100 万的高分子物质，操作压差一般为 $0.01\sim0.2MPa$。原料液在压差作用下，其中水（溶剂）透过膜上的微孔流到膜的低压侧，为透过液，大于膜孔的微粒被截留，从而实现原料液中的微粒与溶剂的分离。微滤过程对微粒的截留机理是筛分作用，决定膜分离效果的是膜的物理结构，孔的形状和大小。

超滤膜一般为非对称膜，采用相转化制备方法。超滤膜的活性分离层上有无数不规则的小孔，且孔径大小不一，很难确定其孔径，也很难用孔径去判断其分离能力，故超滤膜的分离能力一般用截留分子量来予以表述。定义能截留 90% 的物质的分子量为膜的截留分子量。工业产品一般均是用截留分子量方法表示其产品的分离能力，但用截留分子量表示膜性能不是完美的方法，因为除了分子大小以外，分子的结构形状，刚性以及测定时物质的浓度、操作条件等对截留性能也有影响，显然当分子量一定，刚性分子较之易变形的分子，球形和有侧链的分子较之线性分子有更大的截留率。目前用作超滤膜的材料主要有聚砜、聚砜酰胺、聚丙烯腈、聚偏氟乙烯、醋酸纤维素、氧化铝、氧化锆、氧化钛等。

微滤膜一般为均匀的多孔膜，孔径较大，可用多种方法测定，如气体泡压法、液体排除法等，直接用测得的孔径来表示其膜孔的大小。

超滤、微滤和反渗透均是以压差作为推动力的膜分离过程，它们组成了可以分离溶液中的离子、分子、固体微粒的这样一个 3 级分离过程，其分工及范围如图 12-14 所示。根据所要分离物质的不同，选用不同的方法，但也需说明，这 3 种分离方法之间的分界并不十分严格。表 12-2 列出超滤、微滤和反渗透过程的原理和操作性能，以资比较。

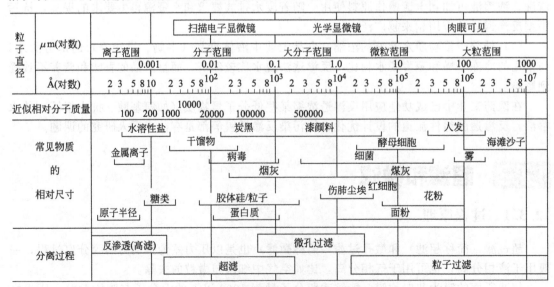

图 12-14　超滤、微滤、反渗透的应用范围

注：1Å＝0.1nm

表 12-2 超滤、微滤和反渗透的比较

性 能	反 渗 透	超 过 滤	微 滤
过程用膜	表层致密的不对称膜	不对称微孔膜	微孔膜
操作压差/MPa	2～10	0.1～0.5	0.01～0.2
分离物质	相对分子质量小于 500 的小分子物质	相对分子质量大于 500 的分子直至细小胶体微粒	微粒大于 0.1μm 的分子
分离机理	非简单筛分,膜物化性能起主要作用	筛分,但膜物化性能有影响	筛分
水通量/[m³/(m²·d)]	0.1～2.5	0.5～5	2～2000

12.3.2 过程与操作

与反渗透过程相似,微滤、超滤过程也必须克服浓差极化和膜孔堵塞带来的影响。一般而言,超滤和微滤的膜孔堵塞问题十分严重,对无机膜而言,往往需要高压反冲技术予以再生。因此在设计微滤、超滤过程时,除像设计反渗透过程一样,注意膜面流速的选择,料液的湍动、预处理以及膜的清洗等因素以外,尚需特别注意对膜的反冲洗以恢复膜的通量。

由于超滤过程膜通量远高于反渗透过程,因此其浓差极化更为明显,很容易在膜面形成一层凝胶层,此后膜通量将不再随压差增加而升高,这一渗透量称为临界渗透通量。对于一定浓度的某种溶液而言,压差达到一定值后渗透通量达到临界值,所以实际操作应选在接近临界渗透通量附近操作。超滤的工作压力范围一般为 0.1～0.3MPa,过高的压力不仅无益而且有害。

超滤过程操作一般均呈错流,即料液与膜面平行流动,料液流速影响着膜面边界层的厚度,提高膜面流速有利于降低浓差极化影响,提高过滤通量,这与反渗透过程机理是类似的。微滤过程以前大都采用折褶筒过滤,属终端过滤,对于固相含量高的料液无法处理,近年来发展起来的错流微滤技术的过滤过程类似于反渗透和超滤,设计时可以借鉴。

微滤、超滤过程的操作压力、温度以及料液预处理、膜清洗过程的原理与反渗透极为相似,但其操作过程亦有自己的特点。

超滤过程流程与反渗透类似,采用错流操作,常用的操作模式有 3 种。

(1) 单段间歇操作 如图 12-15 所示,在超滤过程中,为了减轻浓差极化的影响,膜组件必须保持较高的料液流速,但膜的渗透通量较小,所以料液必须在膜组件中循环多次才能使料液浓缩到要求的程度,这是工业过滤装置最基本的特征。图示两种回路的区别在于闭式回路中采用双泵输送方式,料液从膜组件出来后不进料液槽而直接流至循环泵入口,这样输送大量循环液所需能量仅仅是克服料液流动系统的能量损失,而开式回路中的循环泵除了需提供料液流动系统的能量损失外,还必须提供超滤所需的推动力即压差,所以闭式回路的能耗低。

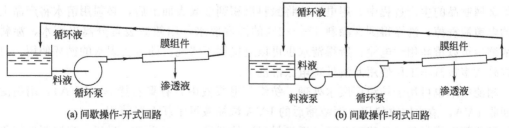

(a) 间歇操作-开式回路   (b) 间歇操作-闭式回路

图 12-15 单段间歇操作

间歇操作适用于实验室或小规模间歇生产产品的处理。

（2）单段连续操作 如图 12-16 所示，与间歇操作相比，其特点是超滤过程始终处于接近浓缩液的浓度下进行，因此渗透量与截留率均较低，为了克服此缺点，可采用多段连续操作。

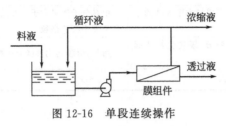

图 12-16 单段连续操作

（3）多段连续操作 如图 12-17 所示，各段循环液的浓度依次升高，最后一段引出浓缩液，因此前面几段中料液可以在较低的浓度下操作。这种连续多段操作适用于大规模工业生产。

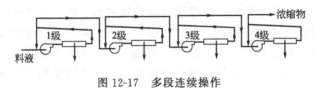

图 12-17 多段连续操作

12.3.3 应用

（1）超滤的应用 超滤技术广泛用于微粒的脱除，包括细菌、病毒、热源和其他异物的去除，在食品工业、电子工业、水处理工程、医药、化工等领域已经获得广泛的应用，并在快速发展着。

在水处理领域中，超滤技术可以除去水中的细菌、病毒、热源和其他胶体物质，因此用于制取电子工业超纯水、医药工业中的注射剂、各种工业用水的净化以及饮用水的净化的预处理。

在食品工业中，乳制品、果汁、酒、调味品等生产中逐步采用超滤技术，如牛奶或乳清中蛋白和低分子量的乳糖与水的分离，果汁澄清和去菌消毒，酒中有色蛋白、多糖及其他胶体杂质的去除等，酱油、醋中细菌的脱除，较传统方法显示出经济、可靠、保证质量等优点。在医药和生物化工生产中，常需要对热敏性物质进行分离提纯，超滤技术对此显示其突出的优点。用超滤来分离浓缩生物活性物（如酶、病毒、核酸、特殊蛋白等）是相当合适的，从动、植物中提取的药物（如生物碱、荷尔蒙等），其提取液中常有大分子或固体物质，很多情况下可以用超滤来分离，使产品质量得到提高。

在废水处理领域，超滤技术用于电镀过程淋洗水的处理是成功的例子之一。在汽车和家具等金属制品的生产过程中，用电泳法将涂料沉积到金属表面上后，必须用清水将产品上吸着的电镀液洗掉。洗涤得到含涂料 1%～2% 的淋洗废水，用超滤装置分离出清水，涂料得到浓缩后可以重新用于电涂，所得清水也可以直接用于清洗，即可实现水的循环使用。目前国内外大多数汽车工厂使用此法处理电涂淋洗水。

超滤技术也可用于纺织厂废水处理。纺织厂退浆液中含有聚乙烯醇（PVA），用超滤装置回收 PVA，清水回收使用，而浓缩后的 PVA 浓缩液可重新上浆使用。

随着新型膜材料（功能高分子、无机材料）的开发，膜的耐温、耐压、耐溶剂性能得以大幅度提高，超滤技术在石油化工、化学工业以及更多的领域应用将更为广泛。

（2）微滤的应用　在水的精制过程中，用微滤技术可以除去细菌和固体杂质，可用于医药、饮料用水的生产。在电子工业超纯水制备中，微滤可用于超滤和反渗透过程的预处理和产品的终端保安过滤。微滤技术亦可用于啤酒、黄酒等各种酒类的过滤，以除去其中的酵母、霉菌和其他微生物，使产品澄清，并延长存放期。

微滤技术在药物除菌、生物检测等领域也有广泛的应用。

12.4　电渗析

12.4.1　电渗析原理

渗析是指用膜把一容积隔成两部分，膜的一侧是溶液，另一侧是纯水，小分子溶质透过膜向溶液侧移动的过程；或者膜的两侧是浓度不同的溶液时，溶质从浓度高的一侧透过膜扩散到浓度低的一侧的过程。但如果仅仅是纯水透过膜向溶液侧移动，使溶液变淡或者仅仅是低浓度溶液中的溶剂透过膜进入高浓度的溶液，而溶质不透过膜，则此过程称为渗透。电渗析是指在直流电场的作用下，溶液中带电离子选择性地透过离子交换膜的过程，目前电渗析主要应用于溶液中电解质的分离。

以盐水中 NaCl 的脱除来阐述电渗析过程原理。如图 12-18 所示，在正、负两电极之间交替地平行放置阳离子交换膜（简称阳膜，以符号 C 表示）和阴离子交换膜（简称阴膜，以 A 表示）。阳膜常含有带负电荷的酸性活性基团，能选择性地使溶液中的阳离子透过，而溶液中的阴离子则因受阳膜上所带负电荷基团的同性相斥作用不能透过阳膜。阴膜通常含有带正电荷的碱性活性基团，能选择性地使阴离子透过，而溶液中的阳离子则因阴膜上所带正电荷基团的同性相斥作用不能透过阴膜。阴、阳离子交换膜之间用特别的隔板隔开，组成浓缩和脱盐两个系统。

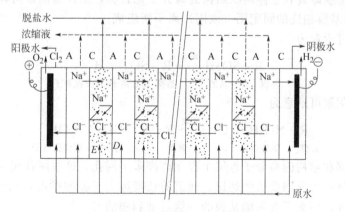

图 12-18　电渗析过程原理

当向电渗析器各室引入含有 NaCl 等电解质的盐水并通入直流电流时，阳极和阴极室即分别发生氧化和还原反应。阳极室产生氯气、氧气和次氯酸等。阳极电化反应为

$$Cl^- - e^- \longrightarrow [Cl] \longrightarrow \frac{1}{2}Cl_2 \uparrow \tag{12-20}$$

$$H_2O \Longrightarrow H^+ + OH^- \tag{12-21}$$

$$2OH^- - 2e^- \longrightarrow [O] + H_2O \tag{12-22}$$

$$[O] \longrightarrow \frac{1}{2} O_2 \qquad\qquad (12\text{-}23)$$

因此阳极水呈现酸性，并产生新生态氧和氯，通常在阳极加一张惰性多孔膜或阳极以保护电极。

阴极室产生氢气和氢氧化钠，其反应为

$$H_2O \Longleftrightarrow H^+ + OH^- \qquad\qquad (12\text{-}24)$$

$$2H^+ + 2e^- \longrightarrow H_2 \uparrow \qquad\qquad (12\text{-}25)$$

$$Na^+ + OH^- \Longleftrightarrow NaOH \qquad\qquad (12\text{-}26)$$

可见阴极水呈碱性。当溶液中存在其他杂质时，还会发生相应的副反应，如 Ca^{2+}、Mg^{2+} 之类的离子存在时就会生成 $Mg(OH)_2$ 和 $CaCO_3$ 等水垢。电极反应消耗的电能为定值，与电渗析器中串联多少对膜关系不大，所以两电极间往往采用很多膜对串联的结构，通常有 200~300 对膜，甚至多达 1000 对。在直流电流电场作用下，淡化室中带正电荷的阳离子（如 Na^+）向阴极方向移动透过阳膜进入右侧的浓缩室，带负电荷的阴离子（如 Cl^-）向阳极方向移动并透过阴膜进入左侧的浓缩室，因而淡化室中的电解质（NaCl）浓度逐渐减小，最终被除去。在浓缩室中，阳离子，包括从左侧淡水室中透过阳膜进来的阳离子，在电场作用下趋向阴极时，立即受到阴膜的阻挡留在此浓缩室中；阴离子，包括从右侧淡水室中透过阴膜进来的阴离子，趋向阳极时立即受到阳膜的阻挡也留在浓缩室中，这样，此浓缩室中的电解质（NaCl）浓度逐渐增加而被浓集。将各淡化室互相连通引出即得到淡化水，将诸浓缩室互相连通即可得到浓盐水。

12.4.2　离子交换膜及其性质

电渗析过程的关键在于离子交换膜，占设备总成本的 40%。

离子交换膜与球状或不定形状粒子交换树脂具有相同的化学结构，可以分为基膜和活性基团两大部分。基膜即具有立体网状结构的高分子化合物，活性基团是由具有交换作用的阳（或阴）离子和与基膜相连的固定阴（或阳）离子所组成。

磺酸型阳膜可示意为

$$\underset{\text{基膜　活性基团}}{R-SO_3H} \xrightarrow{\text{解离}} \underset{\text{基膜　固定离子　可交换离子}}{R-SO_3^- + H^+} \qquad (12\text{-}27)$$

又如季胺型阴膜可示意为

$$\underset{\text{基膜　活性基团}}{R-N(CH_3)_3OH} \xrightarrow{\text{解离}} \underset{\text{基膜　固定离子　可交换离子}}{R-N^+(CH_3)_3 + OH^-} \qquad (12\text{-}28)$$

基膜的立体网状结构的高分子骨架中存在许许多多网孔，这些网孔相互沟通形成细微孔径，微观看来就是一些迂回曲折的通道，通道的长度远大于膜的厚度，如图 12-19 所示，正因为细微孔的存在，使离子有可能从膜的一侧运动到膜的另一侧。

离子交换膜的种类很多，可以按照不同方法分类。

按膜中活性基团种类可分为阳离子交换膜、阴离子交换膜和特殊离子交换膜 3 大类。

按膜体结构（或按制造工艺）可分为异相膜、均相膜和半均相膜 3 大类。异相膜是直接用磨细的离子交换树脂加入黏合剂而制的薄膜，均相膜则不会含黏结剂，通常是在高分子基膜上直接接上活性基团，或用含活性基团的高分子树脂的溶液直接制得的膜。半均相膜是将离子交换树脂和黏合剂同溶于溶剂中再成膜，其外观、结构和性能均介于异相膜和均相膜之间。

　　离子交换膜具有选择透过性，这一过程可由双电层理论或 Gibbs-Donnan 膜平衡理论予以解释。

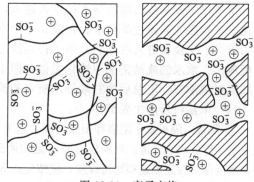

图 12-19　离子交换

　　如同其他膜过程一样，电渗析过程的浓差极化现象十分严重。电渗析器运行时，在直流电场作用下，水中阴、阳离子分别通过阴膜和阳膜作定向移动，并各自传递一定的电荷。反离子在膜内的迁移数大于其溶液中的迁移数，因此在膜两侧形成反离子的浓度边界层。这种浓差极化对电渗析过程产生极为不利的影响，主要表现在如下几个方面。

　　① 极化时淡化室附近的离子浓度比溶液的主体的浓度低得多，将引起很高的极化电位。

　　② 当发生极化时，淡化室阳膜侧的水离解产生的 H^+ 离子透过阳膜进入浓缩室，使膜面处呈碱性，当溶液中存在 Ca^{2+}，Mg^{2+}，HCO_3^- 等离子时，易在阳膜面上形成 $CaCO_3$，或 $Mg(OH)_2$ 沉淀。淡化室阴膜侧水解产生的 OH^- 离子透过阴膜进入浓缩室，则在浓缩室的阴膜侧易生成 $Mg(OH)_2$ 和 $CaCO_3$ 等沉淀。

　　③ 浓差极化使水离解，产生的 H^+ 与 OH^- 代替反离子传递部分电流，使电流效率降低。

　　④ 由于浓差极化将引起溶液电阻、膜电阻以及膜电位增加，使所需操作电压增加，电耗增大，在电压一定的条件下，则电流密度将下降，使水的脱盐率下降或产水量降低。

　　此外，浓差极化引起溶液 pH 值的变化，将使离子膜受到腐蚀而影响其使用寿命。

　　为避免极化的产生，可采用以下措施减轻浓差极化的影响：严格控制操作电流，使其低于极限电流密度，提高淡化室两侧离子的传递速率，并定期清洗沉淀或采用防垢剂和倒换电极等措施来消除沉淀，也可以对水进行预处理，除去 Ca^{2+}、Mg^{2+}，防止沉淀的产生，提高温度可以减小溶液黏度，减薄滞流层厚度，提高离子扩散系数，有利于减轻极化的影响，使电渗析有可能在较高的电流密度下操作。

12.4.3　电渗析设备与操作

　　(1) 电渗析器的基本构造　电渗析器多采用板框式。图 12-20 所示为板框式电渗析器组装时的排列方式，它的左右两端分别为阴、阳电极室，中间部分自左向右为很多个依次由阳膜、淡化室隔板（构成淡化室）、阴膜、浓缩室隔板（构成浓缩室）构成的组件，呈阴阳离子交换膜与相应的浓缩室和淡化室交替排列，用压紧部件将上述组件压紧，即构成电渗析

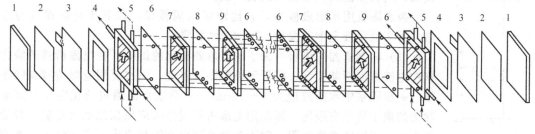

图 12-20　板框式电渗析器排列方式

1—压紧板；2—垫板；3—电极；4—垫圈；5—导水极水板；
6—阳膜；7—淡水隔板框；8—阴膜；9—浓水隔板框；

——浓水；------淡水

器。要淡化的原水从右端的导水极水板进入，沿贯穿整个电渗析器诸膜对的淡水通道流入各淡化室，然后并联流过淡化室。在淡化室中在直流电场作用下水中的阴阳离子分别通过两侧的阴阳离子交换膜进入浓缩室，使水得到淡化。自淡化室流出的淡水汇总后由左端的导水极水板流出。浓水的流动情况与淡化类似，但由左端的导水极水板进入，沿浓水通道流动而后并联流过浓缩室，汇总后由右端导水极水板流出。

（2）电渗析器的主要部件

① 隔板　隔板置于阴膜和阳膜之间，起着支撑和分隔阴膜和阳膜的作用，并构成浓缩室和淡化室，形成水流通道。对隔板的要求是使阴膜与阳膜间的距离均一，水流分布均匀，不走短路，水流保持较高流速和湍流程度，使浓度边界层薄。为此在隔板中常加各种形状的隔网。

隔板按水流型式分有回流式和直流式两种，如图 12-21。回流式隔板中水呈折流多次流动，水的流程长，流速大，湍流程度高，浓差极化影响小，水的停留时间长，流经隔板一次的脱盐率高，缺点是流动阻力大。直流式隔板中水的流程短，阻力小，但是流速小。

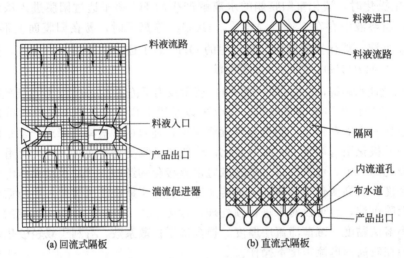

图 12-21　隔板

隔板应该用耐酸碱的非导体和非吸湿性材料制作。要求材料尺寸稳定，有一定弹性以便于密封，通常采用聚氯乙烯、聚丙烯、聚乙烯、天然橡胶制作。隔板的厚度一般为 0.5～2.5mm。

② 电极室　电极室置于电渗析器膜对的两侧，由电极与极水隔板组成，电极应该具有良好的化学与电化学稳定性，同时应具有良好的导电与电化学性。

常用的电极材料有不锈钢、石墨、铅和涂钉的钛电极。电极的形式有板状、网状和栅状（棒或丝做成）数种。

极水隔板用水形成极室，它比浓淡水隔板厚，以利于排除废气与废液。为了强化极室中的搅拌，可加鱼鳞状隔网。

（3）电渗析器的流程　为了减轻浓差极化的影响，在电渗析器的淡化室中电流密度不能很高，应低于极限电流密度，而水流则应保持较高的速度（一般隔室中水的流速为 5～15cm/s），所以水流通过淡化室 1 次能够除去的离子量是有限的，因此用电渗析器脱盐时应根据原水含盐量与脱盐要求采用不同的操作流程。对于含盐量很少和脱盐要求不高的情况，水流通过淡化室 1 次即可达到要求，否则盐水需通过淡化室多次才能达到要求，为此可采用以下的电渗析器结构和操作流程。

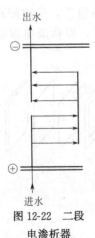

图 12-22　二段电渗析器

① **二段电渗析器** 如图 12-22 所示。含盐原水经淡化室淡化 1 次后，再串联流经另一组淡化室淡化，以提高脱盐率。

② **多台电渗析器串联连续操作** 图 12-23 是 3 台电渗析器串联使用，在第 1 台脱盐后又继续在第 2 台、第 3 台电渗析器中进一步脱盐，以期达到较高的脱盐率。

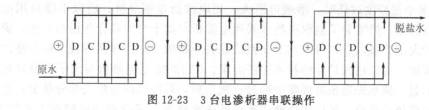

图 12-23 3 台电渗析器串联操作

C—浓缩室；D—脱盐室

③ **循环式脱盐** 图 12-24 所示为间歇循环式脱盐流程。原水一次加入循环槽，用泵送入电渗析器进行脱盐，从电渗析流出的水回循环槽，然后再用泵送入电渗析器。如此原水每经电渗析器一次脱盐率提高一步，直到脱盐率达到要求为止。

图 12-24 间歇循环式脱盐流程

C—浓缩室；D—脱盐室

循环式脱盐也可以连续操作，此时循环水的一部分作为淡化水连续导出，同时连续加入原水。

12.4.4 电渗析的应用

电渗析过程是利用离子能选择性地通过离子交换膜的性质使离子从各种水溶液中分离出来的过程，这一基本特征使它成为将能电离成离子的物质与水（和其他非电解质）分离的一种有效手段，另一方面也可以利用这一特征来实现某些化学反应。因此，它的应用范围十分广泛，遍及化工、医药、食品、电子、冶金等工业部门，包括原料与产品的分离精制和废水废液处理，以除去有害杂质与回收有用的物质等。

下面从几个方面来说明电渗析的应用。

（1）**水的纯化** 包括海水、苦咸水和普通自然水的纯化以制取饮用水、初级水（锅炉或医药用）和高纯水等。与其他纯水（或淡化水）的方法比较，电渗析法纯化水具有如下一些特点。

① 电渗析法脱盐的能耗（耗电量）与脱除的盐量成正比，原水的含盐量高，淡化的成本高。图 12-25 所示为电渗析、反渗透与多效蒸发的脱盐费用与原水盐浓度的关系，原水盐浓度低时，电渗析脱盐的费用最低。原水盐浓度高时，则电

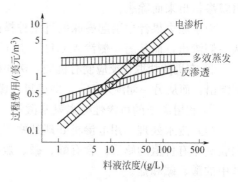

图 12-25 脱盐费用与原水盐浓度关系

渗析脱盐的费用较其他两种方法高，所以电渗析不大适合于盐含量高的海水淡化，而适用于含盐量低的苦咸水等的脱盐。但是，由于电渗析法设备简单，操作方便，在海岛与渔船上使用仍然有实用价值。西沙永兴岛使用的海水淡化装置就使用我国自己开发的电渗析器，年产淡水 6 万吨。1984 年美国 Ionics 公司在中东炼油厂建造了日产水量为 $24000 m^3$ 的装置。

② 当原水中盐浓度过低时，溶液电阻大，用电渗析也不经济，所以不能只用电渗析法制取纯度较高的水。通常为了制取高纯水采用电渗析与离子交换联合联用的方法，原水先用电渗析法脱除大部分盐以后，再用离子交换法除去余留的盐。这样两种技术联合使用，用其所长、避其所短、可以达到最佳的技术经济效果。图 12-26 是电渗析与离子交换联用制取高纯水的流程示意。原水先经预处理除去部分机械杂质，再经电渗析除去部分盐分，然后用离子交换法除去残留的盐分，最后用微滤或超滤除去菌体和离子交换树脂碎裂下来的微粒等，即得高纯水。

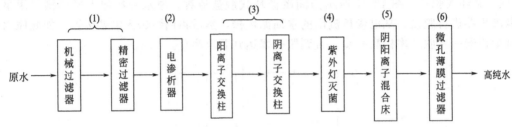

图 12-26　高纯水制取流程

(2) 海水、盐泉卤水浓缩制盐　用电渗析法浓缩海水制盐与常规盐田法制盐比较，具有占地少、投资省、劳动力省以及不受地理气候条件限制等优点。对于缺少盐田的国家是一种有意义的制盐方法。日本是世界上第 1 个采用电渗析法浓缩海水制盐的国家，20 世纪 60 年代末，电渗析浓缩卤水的浓度达到 170g/L，吨盐耗电为 350kW·h，到目前卤水浓度已达 200g/L，吨盐耗电降为 100kW·h 以下。我国西南地区盐泉卤水冬浓夏淡，采用电渗析法浓缩卤水，使 NaCl 含量稳定提高到 120g/L，与原来的单纯熬盐法比较可增加产量，降低成本。

(3) 医药、食品工业中的应用　电渗析在这些工业部门中的应用可归纳为几种类型。

① 脱除有机物（在电场中不离解为离子的物质）中的盐分　将含盐与有机物的溶液进入电渗析器的淡化室中，盐的阴阳离子通过膜进入两侧，留下有机物得到纯化。这种方法应用甚广，例如医药工业生产中葡萄糖、甘露醇、氨基酸、维生素 C 等溶液的脱盐；食品工业中牛乳、乳清的脱盐；酒类产品脱除酒石酸钾等。

② 有机物中酸的脱除或中和　有机物中的酸可以令其 H^+ 和酸根从脱盐室两侧的阳、阴膜渗析出来而除去。

为了除去果汁中引起酸味的过量柠檬酸，可将它通入两侧均为阴膜的脱酸室中，使酸根从一侧渗出，而从另一侧渗入 OH^- 与 H^+ 中和。

③ 有机酸盐取代反应制有机酸　例如柠檬酸盐可在两侧均为阳膜的转化室中使 Na^+ 从一侧渗出，而从另一侧渗入 H^+，即可得柠檬酸。氨基酸盐也可以用这种转化成游离氨基酸。

④ 利用离子的可渗性分离氨基酸等　例如从蛋白质水解液和发酵液中分离氨基酸。

(4) 废水处理　用电渗析处理某些工业废水，既可使废水得到净化和重新使用，又可以回收其中有价值的物质。含有酸、碱、盐的各种废水均可以用电渗析法处理、以除去和回收其中的酸、碱和盐。

① 从金属酸洗废水中回收酸与金属。

② 从电镀废水中回收铜、锌、镍、铬等金属。

③ 从合成纤维厂的废水中回收 $ZnSO_4$、Na_2SO_4 等。

④ 从造纸废水中回收碱、亚硫酸钠和木质素等。

⑤ 放射性废水处理。

（5）离子膜电解　应用离子膜电解盐类水溶液可以制得相应的酸和碱。目前最重要的应用是电解食盐水制造氢氧化钠，其基本原理如图 12-27 所示。在阳极之间装一张全氟阳离子交换膜，构成两室电解槽。向阳极室送入饱和 NaCl 溶液，阴极室送入纯水，在直流电场作用下 Na^+ 离子通过膜进入阴极室，电极反应的结果，在阳极室生成氯气，在阴极室生成氢气与氢氧化钠溶液。用这

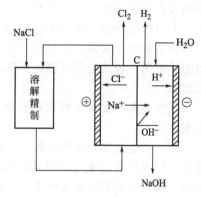

图 12-27　离子膜电解食盐水

种方法可以制得高纯度的氢氧化钠，又没有水银法的汞污染问题。所以从 1975 年第 1 台工业离子膜电解槽投入运行以来，发展很快，目前已基本取代了传统的隔膜法和水银法。

12.5　其他膜过程

12.5.1　气体分离膜

气体分离膜是指利用主体混合物中各组分在非多孔性膜中渗透速率的不同使各组分分离的过程。气体膜分离过程的推动力亦是膜的两侧的压力差，在压力差作用下，气体首先在膜的高压侧溶解，并从高压侧通过分子扩散而传递到膜的低压侧，然后从低压侧解吸而进入气相，由于各种物质溶解、扩散速率的差异而达到分离目的。

对气体分离膜的要求是渗透通量高、分离系数大，具有较高的机械强度，一般均是非对称膜和复合膜。

气体膜分离设备主要有中空式和卷式两类。图 12-28 所示为 Monsanto 公司的 Prism 气

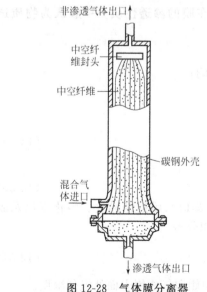

图 12-28　气体膜分离器

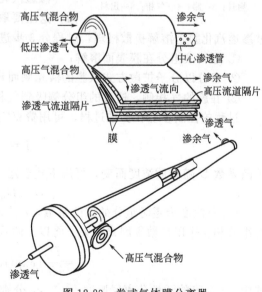

图 12-29　卷式气体膜分离器

体膜分离设备示意，采用聚砜中空纤维，表面涂上一层厚度为 $500\sim1000\text{Å}$ 的聚甲基硅氧烷。中空纤维外径 $450\sim540\mu\text{m}$，内径 $225\sim250\mu\text{m}$。原料气在中空纤维外流过，渗透气通过纤维管壁进入管内，汇合到一端而流出。图 12-29 是 Separex 公司推出的卷式气体膜分离器的示意图，卷式组件由膜和支撑体组成的膜叶外流，渗透气通过膜汇集到中心的渗透管而流出。

气体分离膜技术虽然起步较晚，但发展十分迅速，目前在工业上已取得了许多成功的应用。

（1）工业气体中氢的回收　工业上应用最广的气体膜分离过程是从合成氨厂排放气和石油化工厂中各种含氢气体中回收氢。使用气体膜分离组件可以从合成氨排放气中回收 96% 的氢，国内已有数百家氮肥企业、炼油厂使用了该技术，取得了很好的经济效益。

（2）氧氮分离器　用膜分离方法分离空气制取氧含量 30%～40% 的富氧空气受到普遍重视，现有富氧膜的氧/氮分离系数为 2～3。富氧空气用于工业炉中助燃可以大大提高燃料的利用率。小型制取富氧空气的膜分离器在医药上也有广泛应用前景。用于氧氮分离的膜材料有硅橡胶、PPO 等。气体膜分离在天然气提氮、CO_2 等酸性气体脱除、CO_2 分离与捕集等方面亦有广泛的应用前景。

12.5.2　渗透汽化

渗透汽化是利用膜对液体混合物中组分的溶解与扩散性能的不同来实现其分离的膜过程。渗透汽化过程可用如图 12-30 所示的实验室用渗透汽化器来说明。在膜的上部充满要分离的流体混合物，膜的下部空腔为气相，接真空系统。流体混合物与膜接触，各组分溶解到膜的表面上，并依靠膜两侧表面间的浓度差向膜的下侧扩散，被真空泵抽出，可冷凝成透过液。由于组分通过膜的渗透速率不同，易渗透组分在透过物中浓集，难渗透组分则在原液侧浓集。膜的下部空腔也可以不接真空而用惰性气体吹扫，将透过物带出。

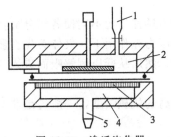

图 12-30　渗透汽化器
1—进料；2—待分离混合液体物料；3—膜；4—气相；5—出料

渗透汽化过程的主要操作指标也是渗透通量与分离系数，这主要取决于物质在膜的渗透性质。一般认为物质透过渗透汽化膜是溶解扩散机理，过程分 3 步进行：

① 原料液组分在膜表面溶解；

② 组分以分子扩散方式从膜的液相侧而传递到气相侧；

③ 在膜的气相侧，透过的组分解吸到气相中。

过程的控制步骤在扩散过程，可用费克定律表示为

$$J=-D\frac{\mathrm{d}c}{\mathrm{d}x} \tag{12-29}$$

扩散系数 D 随物质浓度而变，可用下式表述

$$D=D_0\exp(rc) \tag{12-30}$$

D_0 是浓度为零时组分的扩散系数，r 为塑化系数，其值与膜的结晶度、塑化度以及膜与组分相互作用参数等因素有关。将以上两式组合，并积分得

$$J=\frac{D_0}{rl}\left[\exp(rc_1)-\exp(rc_2)\right] \tag{12-31}$$

式中，l 为膜的活性分离层厚度；c_1、c_2 分别为膜的液相侧和气相侧表面处组分浓度。

渗透率 Q 表达式如下

$$Q=\frac{Jl}{\Delta p}=\frac{D_0}{r(p^\circ-p_2)}[\exp(rc_1)-\exp(rc_2)] \tag{12-32}$$

式中，p° 为操作温度下纯液体的饱和蒸气压；p_2 为膜气相侧的总压。

两组分同时透过膜时，如果组分的溶解度不随另一组分的存在而变化，组分的扩散系数与浓度无关，也不与另一组分的存在而改变，气相侧的压力趋近于零，则总渗透通量是两组分的渗透通量之和，分离系数 α 为两组分（i 与 j）的渗透率之比

$$\alpha=\frac{Q_i}{Q_j} \tag{12-33}$$

实际过程中，当两组分同时透过膜时将存在相互之间的作用以及组分与高分子膜之间的作用，导致其扩散系数的改变，用式（12-33）计算分离系数将产生很大的误差。

渗透汽化过程的突出优点是分离系数高，可达几十甚至上千，因而分离效率高，但其透过物有相变，需要提供汽化热，因此，此过程对于一些难于分离的近沸点混合物、恒沸物以及混合物中少量杂质的分离十分有效，可以产生良好的经济效益。

恒沸液分离是渗透汽化研究和应用的重要领域，对乙醇-水分离研究的最多。无水乙醇是重要的原料和溶剂，可由植物纤维发酵制得，属有前途的汽油代用品和再生能源。其生产过程中最大问题在于从发酵液中将百分之几的乙醇提浓至无水乙醇。目前可用渗透汽化过程将稀乙醇溶液中的乙醇透过膜而富集，这种膜称为透醇膜，如 PDMS（聚二甲基硅氧烷）膜。另一类是透水膜，可用其将高浓度的乙醇溶液中的少量水透过膜而除去，这样即可打破乙醇-水混合物的恒沸点。这一过程已经实现了工业化，PVA（聚乙烯醇）透水膜、NaA 型分子筛膜等已有数百套工业规模装置在运转。

对于近沸点组分，如苯和环己烷，共沸点分别是 80.1℃ 和 80.7℃，难以用一般的精馏方法分离，采用渗透汽化过程，其分离系数可达 200 左右，显示出很好的发展前景。此外，混合物中少量水的分离和废水中少量有毒有机物质的分离也是渗透汽化有可能应用的领域。

从 1982 年在巴西建立第 1 套工业实验装置开始，至今已建立了上百套工业装置，其中最大的一套乙醇脱水装置的膜面积已达 2400m²，每年生产 99.8%（质量分数）的无水乙醇 4 万吨。目前渗透汽化的应用范围正在扩展。根据应用的对象，渗透汽化过程的应用可以分为以下几个方面：

① 有机物脱水，如乙醇脱水；

② 水中有机物的脱出，如发酵物中提取有机物，酒类饮料脱乙醇，溶剂回收等；

③ 有机物的分离，如醇/醚混合物的分离，芳烃与脂肪烃的分离等；

④ 蒸汽渗透；

⑤ 在反应过程的应用。

12.5.3 液膜分离技术

液膜分离技术是 20 世纪 60 年代发展起来的，其特点是高效、快速和节能。液膜分离技术和溶剂萃取过程十分相似，也是由萃取和反萃取两步过程组成的，但在液膜分离过程中，萃取和反萃取是在同一步骤中完成，这种促进传输作用，使得过程中的传递速率大为提高，因而所需平衡级数明显减少，大大节省萃取溶剂的消耗量。液膜分离技术按其构型和操作方式的不同，可以分为乳状液膜和支持液膜。

乳状液膜可以看成为一种"水-油-水"型（W/O/W）或"油-水-油"型（O/W/O）的双重乳状液高分散体系。将两种互不相溶的液相通过高速搅拌或超声波处理制成乳状液，然

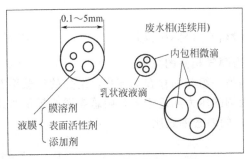

图 12-31 乳状液膜处理废水

后将其分散到第 3 种液相（连续相）中，就形成了乳状液膜体系。如图 12-31 所示，给出了一种乳状液膜处理废水的示意图。这种体系包括 3 个部分：膜相、内包相和连续相，通常内包相和连续相是互溶的，膜相则以膜溶剂为基本成分。为了维持乳状液一定的稳定性及选择性，往往在膜相中加入表面活性剂和添加剂。乳状液膜是一个高分散体系，提供了很大的传质比表面积，待分离物质由连续相（外侧）经膜相向内包相传递，在传质结束后，乳状液通常采用静电凝聚等方法破乳，膜相可以反复使用，内包相经进一步处理后回收浓缩的溶质。

支撑液膜是将膜相溶液牢固地吸附在多孔支撑体的微孔中，在膜的两侧则是与膜相互不相溶的料液相和反萃相，待分离的溶质自液相经多孔支撑体中的膜相向反萃相传递。这类操作方式比乳状液膜简单，其传质比表面积也可能由于采用中空纤维膜做支撑体而提高，过程易于工程放大。但是，膜相溶液是依据表面张力和毛细管作用吸附于支撑体微孔之中的，在使用过程中，液膜会发生流失而使支撑液膜的功能逐渐下降，因此支撑体膜材料的选择性往往对过程影响很大，一般认为聚乙烯和聚四氟乙烯制成的疏水微孔膜效果较好，聚丙烯膜次之，聚砜膜做支撑的液膜的稳定性较差。在工艺过程中，一般需要定期向支撑体微孔中补充液膜溶液，采用的方法通常是在反萃相一侧隔一定时间加入膜相溶液，以达到补充的目的。

液膜过程可分为制乳、分离、沉降、破乳 4 步，其中乳状液膜的制备、破乳是关键。

① 乳状液膜的制备　将含有膜溶剂、表面活性剂、流动载体以及其他膜增强添加剂的液膜溶液同内相试剂溶液进行混合，可以制得所需的水包油（O/W）或油包水（W/O）型乳状液，制乳过程中主要应注意表面活性剂加入方式，制乳的加料顺序、搅拌方式和乳化器材质的浸润性能等。

② 接触分离　这一阶段乳状液膜与料液进行混合接触，实现传质分离。在间歇式混合设备中，适当的搅拌速度是极其关键的工艺条件之一。在连续塔式接触器中，需选择适当的流量的塔内转盘的转速，以降低塔内的轴向混合，提高塔内乳液的滞留量，从而为传质提供有利条件。

③ 沉降澄清　这一步使富集了迁移物质的乳状液与残液之间沉降澄清分层，以减少两相的相互挟带。

④ 破乳　使用过的乳状液需重新使用，富集了溶质的内相亦需汇集，这就需要破乳。目前，一般认为采用高压静电凝聚法破乳较为适宜。交流和脉冲直流电源均可以采用，频率和波形对破乳速度有一定影响，提高频率可加快破乳速度，波形以方波为好。

由于液膜分离具有快速方便、选择性高等特点，应用前景广泛，尤其是在烃类混合物分离，废水处理，铀矿浸出液中提取铀以及金属离子萃取等领域，均有广阔的应用市场。

虽然液膜技术发展甚快，应用前景也十分乐观，但目前大都处于实验室和中间试验阶段，其原因在于乳状液的稳定性和破乳技术方面尚存在一些技术问题，需要进行更为深入的研究。

<<<<< **本章主要符号** >>>>>

a_w——水的活度。

A——纯水的透过常数，$kg/(m^2 \cdot s \cdot Pa)$。

c——溶液的总摩尔浓度，$kmol/m^3$。

c_1，c_2——膜的液相侧和气相侧表面处组分的浓度，

kmol/m³。

c_{Ai}——膜的料液侧表面处溶液中溶质 A 的摩尔浓度，kmol/m³。

c_{A2}——透过液中溶质 A 的摩尔浓度，kmol/m³。

c_{Mi}——膜的料液侧表面处膜中的总摩尔浓度，kmol/m³。

c_{M2}——膜的透过液侧表面处膜中的总摩尔浓度，kmol/m³。

c_{Mw}——水在膜中的摩尔浓度，kmol/m³。

D_0——浓度为零时组分的扩散系数，m²/s。

D_{MA}——溶质 A 在膜中的有效扩散系数，m²/s。

$\dfrac{D_{MA}}{K\delta}$——反映溶质透过膜的特性。其数值越小，表示溶质的透过速率小，膜对溶质的分离效率高。$\dfrac{D_{MA}}{K\delta}$ 与溶质、膜材料的物化性质、膜的结构形态以及操作条件有关，可由实验测定。

D_{Mw}——水在膜中的扩散系数，m²/s。

J_A——溶质 A 的渗透通量，kmol/(m²·s)。

J_w——水的渗透通量，kg/(m²·h)。

K——相平衡常数。

K'——相平衡常数，与 K 不同，两者互为倒数。

l——膜的活性分离层的厚度，m。

$p°$——操作温度下纯液体的饱和蒸气压，Pa。

p_2——膜气相侧的总压，Pa。

PWP——操作压差为 Δp、有效膜面积为 S 时的纯水透过量，kg/h。

Q_s——溶质在膜中的渗透率。

Q_w——水在膜中的渗透率。

r——塑化系数，其值与膜的结晶度、塑化度以及膜与组分相互作用参数等因素有关。

R——气体常数。

T——温度，K。

V_w——水的偏摩尔体积，m³/mol。

x_w——溶液中水的摩尔分数。

x_{MAi}——膜的料液表面处溶质 A 的摩尔分数。

x_{MA2}——膜的透过液表面处溶质 A 的摩尔分数。

x_A——溶液中溶质 A 的摩尔分数。

γ_w——水的活度系数。

δ——膜厚，m。

μ_w——膜中水的化学位，kJ/mol。

$\pi(x_i)$——膜的料液侧表面处溶液的渗透压，Pa。

$\pi(x_2)$——透过液的渗透压，Pa。

附 录

1. 单位换算
(1) 质量

千克(公斤)(kg)	吨(t)	磅(lb)
1	0.001	2.20462
1000	1	2204.62
0.4536	4.536×10^{-4}	1

(2) 长度

米(m)	英寸(in)	英尺(ft)	码(yd)
1	39.3701	3.2808	1.09361
0.025400	1	0.073333	0.02778
0.30480	12	1	0.33333
0.9144	36	3	1

注：1 公里＝0.6214 哩＝0.5400 国际海里；

1 微米（μm）＝10^{-6} 米，1 埃（Å）＝10^{-10} 米。

(3) 面积

平方厘米(cm^2)	平方米(m^2)	平方英寸(in^2)	平方英尺(ft^2)
1	1×10^{-4}	0.15500	0.0010764
1×10^4	1	1550.00	10.7639
6.4516	6.4516×10^{-4}	1	0.006944
929.030	0.09290	144	1

注：1 平方公里＝100 公顷＝10000 公亩＝10^6 平方米。

(4) 容积

升(L)	立方米(m^3)	立方英尺(ft^3)	加仑(英)(UK gal)	加仑(美)(US gal)
1	1×10^{-3}	0.03531	0.21998	0.26418
1×10^3	1	35.3147	219.975	264.171
28.3161	0.02832	1	6.2288	7.48048
4.5459	0.004546	0.16054	1	1.20095
3.7853	0.003785	0.13368	0.8327	1

（5）流量

升/秒	立方米/时	立方米/秒	加仑（美）/分	立方英尺/时	立方英尺/秒
1	3.6	0.001	15.850	127.13	0.03531
0.2778	1	2.778×10^{-4}	4.403	35.31	9.810×10^{-3}
1000	3600	1	1.5850×10^{-4}	1.2713×10^5	35.31
0.06309	0.2271	6.309×10^{-5}	1	8.021	0.002228
7.866×10^{-3}	0.02832	7.866×10^{-6}	0.12468	1	2.778×10^{-4}
28.32	101.94	0.02832	448.8	3600	1

（6）力（重量）

牛顿	公斤	磅	达因	磅达
1	0.102	0.2248	10^5	7.233
9.8067	1	2.205	980700	70.93
4.448	0.4536	1	444.8×10^3	32.17
10^{-5}	1.02×10^{-6}	2.248×10^{-6}	1	0.7233×10^{-4}
0.1383	0.01410	0.03110	13825	1

（7）密度

克/厘米^3	公斤/米^3	磅/英尺^3	磅/加仑
1	1000	62.43	8.345
0.001	1	0.6243	0.008345
0.01602	16.02	1	0.1337
0.1198	119.8	7.481	1

（8）压强

牛顿/米^2（帕斯卡）	巴（bar）	公斤（力）/厘米^2（工程大气压）	磅/英寸^2	标准大气压（物理大气压）	水银柱		水柱	
					毫米	英寸	米	英寸
1	10^{-5}	1.019×10^{-5}	14.5×10^{-5}	0.9869×10^{-5}	7.50×10^{-3}	29.53×10^{-5}	1.0197×10^{-4}	4.018×10^{-3}
10^5	1	1.0197	14.50	0.9869	750.0	29.53	10.197	401.8
9.807×10^4	0.9807	1	14.22	0.9678	735.5	28.96	10.01	394.0
6895	0.06895	0.07031	1	0.06804	51.71	2.036	0.7037	27.70
1.0133×10^5	1.0133	1.0332	14.7	1	760	29.92	10.34	407.2
1.333×10^5	1.333	1.360	19.34	1.316	1000	39.37	13.61	535.67
3.386×10^3	0.03386	0.03453	0.4912	0.03342	25.40	1	0.3456	13.61
9798	0.09798	0.09991	1.421	0.09670	73.49	2.893	1	39.37
248.9	0.002489	0.002538	0.03609	0.002456	1.867	0.07349	0.0254	1

注：有时"巴"亦指 1［达因/厘米^2］，即相当于上表中之 $1/10^6$（亦称"巴利"）。

1 公斤（力）/厘米^2 = 98100 牛顿/米^2。毫米水银柱亦称"托"（Torr）。

（9）动力黏度（通称黏度）

牛顿秒/米^2（帕斯卡·秒）	泊	厘泊	千克/（米·秒）	千克/（米·时）	磅/（英尺·秒）	公斤（力）·秒/米^2
10^{-1}	1	100	0.1	360	0.06720	0.0102
10^{-3}	0.01	1	0.001	3.6	6.720×10^{-4}	0.102×10^{-3}
1	10	1000	1	3600	0.6720	0.102
2.778×10^{-4}	2.778×10^{-3}	0.2778	2.778×10^{-4}	1	1.8667×10^{-4}	0.283×10^{-4}
1.4881	14.881	1488.1	1.4881	5357	1	0.1519
9.81	98.1	9810	9.81	0.353×10^5	6.59	1

（10）运动黏度

米²/秒	(斯托克)厘米²/秒	米²/时	英尺²/秒	英尺²/时
1	10^4	3.6×10^3	10.76	38750
10^{-4}	1	0.360	1.076×10^{-3}	3.875
2.778×10^{-4}	2.778	1	2.990×10^{-3}	10.76
9.29×10^{-2}	929.0	334.5	1	3600
0.2581×10^{-4}	0.2581	0.0929	2.778×10^{-4}	1

注：1厘泊＝0.01泊。

（11）能量（功）

焦耳	公斤(力)·米	千瓦·时	马力·时	千卡	英热单位	英尺·磅
1	0.102	2.778×10^{-7}	3.725×10^{-7}	2.39×10^{-4}	9.485×10^{-4}	0.7377
9.8067	1	2.724×10^{-6}	3.653×10^{-6}	2.342×10^{-3}	9.296×10^{-3}	7.233
3.6×10^6	3.671×10^5	1	1.3410	860.0	3413	2.655×10^6
2.685×10^6	273.8×10^3	0.7457	1	641.33	2544	1.981×10^6
4.1868×10^3	426.9	1.1622×10^{-3}	1.5576×10^{-3}	1	3.968	3087
1.055×10^3	107.58	2.930×10^{-4}	3.926×10^{-4}	0.2520	1	778.1
1.3558	0.1383	0.3766×10^{-6}	0.5051×10^{-6}	3.239×10^{-4}	1.285×10^{-5}	1

注：1尔格＝1达因·厘米＝10^{-7}焦耳。

（12）功率

瓦	千瓦	公斤(力)·米/秒	英尺·磅/秒	马力	千卡/秒	英热单位/秒
1	10^{-3}	0.10197	0.73556	1.341×10^{-3}	0.2389×10^{-3}	0.9486×10^{-3}
10^3	1	101.97	735.56	1.3410	0.2389	0.9486
9.8067	0.0098067	1	7.23314	0.01315	0.002342	0.009293
1.3558	0.0013558	0.13825	1	0.0018182	0.0003289	0.0012851
745.69	0.74569	76.0375	550	1	0.17803	0.70675
4186	4.1860	426.85	3087.44	5.6135	1	3.9683
1055	1.0550	107.58	778.168	1.4148	0.251996	1

（13）比热容

焦耳/克·℃	千卡/公斤·℃	1英热单位/磅·℉	摄氏热单位/磅·℃
1	0.2389	0.2389	0.2389
4.186	1	1	1

（14）热导率（导热系数）

瓦特/(米·开尔文)	焦耳/(厘米·秒·℃)	卡/(厘米·秒·℃)	千卡/(米·时·℃)	1英热单位/(英尺·时·℉)
1	10^{-2}	2.389×10^{-3}	0.86	0.5779
10^2	1	0.2389	86.00	57.79
418.6	4.186	1	360	241.9
1.163	0.01163	0.002778	1	0.6720
1.73	0.01730	0.004134	1.488	1

（15）传热系数

瓦特/(米²·开尔文)	千卡/(米²·时·℃)	卡/(厘米²·秒·℃)	英热单位/(英尺²·时·℉)
1	0.86	2.389×10^{-5}	0.176
1.163	1	2.778×10^{-5}	0.2048
4.186×10^{4}	3.6×10^{4}	1	7374
5.678	4.882	1.3562×10^{-4}	1

（16）扩散系数

米²/秒	厘米²/秒	米²/时	英尺²/时	英寸²/秒
1	10^{4}	3600	3.875×10^{4}	1550
10^{-4}	1	0.360	3.875	0.1550
2.778×10^{-4}	2.778	1	10.764	0.4306
0.2581×10^{-4}	0.2581	0.09290	1	0.040
6.452×10^{-4}	6.452	2.323	25.000	1

（17）表面张力

牛顿/米	达因/厘米	克/厘米	公斤(力)/米	磅/英尺
1	10^{3}	1.02	0.102	6.854×10^{-2}
10^{-3}	1	0.001020	1.020×10^{-4}	6.854×10^{-5}
0.9807	980.7	1	0.1	0.06720
9.807	9807	10	1	0.6720
14.592	14592	14.88	1.488	1

2. 水的物理性质

温度 $t/℃$	压强 $p \times 10^{-5}$ /Pa	密度 ρ /(kg/m³)	焓 i /(J/kg)	比热容 $c_p \times 10^{-3}$ /[J/(kg·K)]	热导率 $\lambda \times 10^{2}$ /[W/(m·K)]	导温系数 $a \times 10^{7}$ /(m²/s)	黏度 $\mu \times 10^{5}$ /(Pa·s)	运动黏度 $\nu \times 10^{6}$ /(m²/s)	体积膨胀系数 $\beta \times 10^{4}$ /(1/K)	表面张力 $\sigma \times 10^{3}$ /(N/m)	普朗特数 Pr
0	1.01	999.9	0	4.212	55.08	1.31	178.78	1.789	−0.63	75.61	13.67
10	1.01	999.7	42.04	4.191	57.41	1.37	130.53	1.306	+0.70	74.14	9.52
20	1.01	998.2	83.90	4.183	59.85	1.43	100.42	1.006	1.82	72.67	7.02
30	1.01	995.7	125.69	4.174	61.71	1.49	80.12	0.805	3.21	71.20	5.42
40	1.01	992.2	167.51	4.174	63.33	1.53	65.32	0.659	3.87	69.63	4.31
50	1.01	988.1	209.30	4.174	64.73	1.57	54.92	0.556	4.49	67.67	3.54
60	1.01	983.2	251.12	4.178	65.89	1.61	46.98	0.478	5.11	66.20	2.98
70	1.01	977.8	292.99	4.187	66.70	1.63	40.60	0.415	5.70	64.33	2.55
80	1.01	971.8	334.94	4.195	67.40	1.66	35.50	0.365	6.32	62.57	2.21
90	1.01	965.3	376.98	4.208	67.98	1.68	31.48	0.326	6.95	60.71	1.95
100	1.01	958.4	419.19	4.220	68.21	1.69	28.24	0.295	7.52	58.84	1.75
110	1.43	951.0	461.34	4.233	68.44	1.70	25.89	0.272	8.08	56.88	1.60
120	1.99	943.1	503.67	4.250	68.56	1.71	23.73	0.252	8.64	54.82	1.47
130	2.70	934.8	546.38	4.266	68.56	1.72	21.77	0.233	9.17	52.86	1.36
140	3.62	926.1	589.08	4.287	68.44	1.73	20.10	0.217	9.72	50.70	1.26
150	4.76	917.0	632.20	4.312	68.33	1.73	18.63	0.203	10.3	48.64	1.17
160	6.18	907.4	675.33	4.346	68.21	1.73	17.36	0.191	10.7	46.58	1.10
170	7.92	897.3	719.29	4.379	67.86	1.73	16.28	0.181	11.3	44.33	1.05
180	10.03	886.9	763.25	4.417	67.40	1.72	15.30	0.173	11.9	42.27	1.00

3. 水在不同温度下的黏度

温度/℃	黏度/mPa·s	温度/℃	黏度/mPa·s	温度/℃	黏度/mPa·s
0	1.7921	33	0.7523	67	0.4233
1	1.7313	34	0.7371	68	0.4174
2	1.6728	35	0.7225	69	0.4117
3	1.6191	36	0.7085	70	0.4061
4	1.5674	37	0.6947	71	0.4006
5	1.5188	38	0.6814	72	0.3952
6	1.4728	39	0.6685	73	0.3900
7	1.4284	40	0.6560	74	0.3849
8	1.3860	41	0.6439	75	0.3799
9	1.3462	42	0.6321	76	0.3750
10	1.3077	43	0.6207	77	0.3702
11	1.2713	44	0.6097	78	0.3655
12	1.2363	45	0.5988	79	0.3610
13	1.2028	46	0.5883	80	0.3565
14	1.1709	47	0.5782	81	0.3521
15	1.1404	48	0.5683	82	0.3478
16	1.1111	49	0.5588	83	0.3436
17	1.0828	50	0.5494	84	0.3395
18	1.0559	51	0.5404	85	0.3355
19	1.0299	52	0.5315	86	0.3315
20	1.0050	53	0.5229	87	0.3276
20.2	1.0000	54	0.5146	88	0.3239
21	0.9810	55	0.5064	89	0.3202
22	0.9579	56	0.4985	90	0.3165
23	0.9358	57	0.4907	91	0.3130
24	0.9142	58	0.4832	92	0.3095
25	0.8937	59	0.4759	93	0.3060
26	0.8737	60	0.4688	94	0.3027
27	0.8545	61	0.4618	95	0.2994
28	0.8360	62	0.4550	96	0.2962
29	0.8180	63	0.4483	97	0.2930
30	0.8007	64	0.4418	98	0.2899
31	0.7840	65	0.4355	99	0.2868
32	0.7679	66	0.4293	100	0.2838

4. 干空气的物理性质 ($p=101.3\text{kPa}$)

温度 t /℃	密度 ρ /(kg/m³)	比热容 $c_p \times 10^{-3}$ /[J/(kg·K)]	热导率 $\lambda \times 10^2$ /[W/(m·K)]	导温系数 $a \times 10^5$ /(m²/s)	黏度 $\mu \times 10^5$ /Pa·s	运动黏度 $\nu \times 10^6$ /(m²/s)	普朗特数 Pr
−50	1.584	1.013	2.034	1.27	1.46	9.23	0.728
−40	1.515	1.013	2.115	1.38	1.52	10.04	0.728
−30	1.453	1.013	2.196	1.49	1.57	10.80	0.723
−20	1.395	1.009	2.278	1.62	1.62	11.60	0.716
−10	1.342	1.009	2.359	1.74	1.67	12.43	0.712
0	1.293	1.005	2.440	1.88	1.72	13.28	0.707
10	1.247	1.005	2.510	2.01	1.77	14.16	0.705
20	1.205	1.005	2.591	2.14	1.81	15.06	0.703
30	1.165	1.005	2.673	2.29	1.86	16.00	0.701
40	1.128	1.005	2.754	2.43	1.91	16.96	0.699
50	1.093	1.005	2.824	2.57	1.96	17.95	0.698
60	1.060	1.005	2.893	2.72	2.01	18.97	0.696
70	1.029	1.009	2.963	2.86	2.06	20.02	0.694
80	1.000	1.009	3.044	3.02	2.11	21.09	0.692
90	0.972	1.009	3.126	3.19	2.15	22.10	0.690
100	0.946	1.009	3.207	3.36	2.19	23.13	0.688
120	0.898	1.009	3.335	3.68	2.29	25.45	0.686
140	0.854	1.013	3.489	4.03	2.37	27.80	0.684
160	0.815	1.017	3.637	4.39	2.45	30.09	0.682
180	0.779	1.022	3.777	4.75	2.53	32.49	0.681
200	0.746	1.026	3.928	5.14	2.60	34.85	0.680
250	0.674	1.038	4.288	6.10	2.74	40.61	0.677
300	0.615	1.047	4.602	7.16	2.97	48.33	0.674
350	0.566	1.059	4.904	8.19	3.14	55.46	0.676
400	0.524	1.068	5.206	9.31	3.31	63.09	0.678
500	0.456	1.093	5.740	11.53	3.62	79.38	0.687
600	0.404	1.114	6.217	13.83	3.91	96.89	0.699
700	0.362	1.135	6.700	16.34	4.18	115.4	0.706
800	0.329	1.156	7.170	18.88	4.43	134.8	0.713
900	0.301	1.172	7.623	21.62	4.67	155.1	0.717
1000	0.277	1.185	8.064	24.59	4.90	177.1	0.719
1100	0.257	1.197	8.494	27.63	5.12	199.3	0.722
1200	0.239	1.210	9.145	31.65	5.35	233.7	0.724

5. 饱和水蒸气（以温度为准）

温度/℃	压强/kPa（绝对大气压）	水蒸气的比体积/(m³/kg)	水蒸气的密度/(kg/m³)	焓/(kJ/kg) 液体	焓/(kJ/kg) 水蒸气	汽化热/(kJ/kg)
0	0.6082	206.5	0.00484	0	2491.3	2491.3
5	0.8730	147.1	0.00680	20.94	2500.9	2480.0
10	1.226	106.4	0.00940	41.87	2510.5	2468.6
15	1.707	77.9	0.01283	62.81	2520.6	2457.8
20	2.335	57.8	0.01719	83.74	2530.1	2446.3
25	3.168	43.40	0.02304	104.68	2538.6	2433.9
30	4.247	32.93	0.03036	125.60	2549.5	2423.7
35	5.621	25.25	0.03960	146.55	2559.1	2412.6
40	7.377	19.55	0.05114	167.47	2568.7	2401.1
45	9.584	15.28	0.06543	188.42	2577.9	2389.5
50	12.34	12.054	0.0830	209.34	2587.6	2378.1
55	15.74	9.589	0.1043	230.29	2596.8	2366.5
60	19.92	7.687	0.1301	251.21	2606.3	2355.1
65	25.01	6.209	0.1611	272.16	2615.6	2343.4
70	31.16	5.052	0.1979	293.08	2624.4	2331.2
75	38.55	4.139	0.2416	314.03	2629.7	2315.7
80	47.38	3.414	0.2929	334.94	2642.4	2307.3
85	57.88	2.832	0.3531	355.90	2651.2	2295.3
90	70.14	2.365	0.4229	376.81	2660.0	2283.1
95	84.56	1.985	0.5039	397.77	2668.8	2271.0
100	101.33	1.675	0.5970	418.68	2677.2	2258.4
105	120.85	1.421	0.7036	439.64	2685.1	2245.5
110	143.31	1.212	0.8254	460.97	2693.5	2232.4
115	169.11	1.038	0.9635	481.51	2702.5	2221.0
120	198.64	0.893	1.1199	503.67	2708.9	2205.2
125	232.19	0.7715	1.296	523.38	2716.5	2193.1
130	270.25	0.6693	1.494	546.38	2723.9	2177.6
135	313.11	0.5831	1.715	565.25	2731.2	2166.0
140	361.47	0.5096	1.962	589.08	2737.8	2148.7
145	415.72	0.4469	2.238	607.12	2744.6	2137.5
150	476.24	0.3933	2.543	632.21	2750.7	2118.5
160	618.28	0.3075	3.252	675.75	2762.9	2087.1
170	792.59	0.2431	4.113	719.29	2773.3	2054.0
180	1003.5	0.1944	5.145	763.25	2782.6	2019.3

6. 饱和水蒸气（以压强为准）

压强 /Pa	温度 /℃	水蒸气的比体积 /(m³/kg)	水蒸气的密度 /(kg/m³)	焓/(kJ/kg) 液体	焓/(kJ/kg) 水蒸气	汽化热/(kJ/kg)
1000	6.3	129.37	0.00773	26.48	2503.1	2476.8
1500	12.5	88.26	0.01133	52.26	2515.3	2463.0
2000	17.0	67.29	0.01486	71.21	2524.2	2452.9
2500	20.9	54.47	0.01836	87.45	2531.8	2444.3
3000	23.5	45.52	0.02179	98.38	2536.8	2438.4
3500	26.1	39.45	0.02523	109.30	2541.8	2432.5
4000	28.7	34.88	0.02867	120.23	2546.8	2426.6
4500	30.8	33.06	0.03205	129.00	2550.9	2421.9
5000	32.4	28.27	0.03537	135.69	2554.0	2418.3
6000	35.6	23.81	0.04200	149.06	2560.1	2411.0
7000	38.8	20.56	0.04864	162.44	2566.3	2403.8
8000	41.3	18.13	0.05514	172.73	2571.0	2398.2
9000	43.3	16.24	0.06156	181.16	2574.8	2393.6
1×10^4	45.3	14.71	0.06798	189.59	2578.5	2388.9
1.5×10^4	53.3	10.04	0.09956	224.03	2594.0	2370.0
2×10^4	60.1	7.65	0.13068	251.51	2606.4	2354.9
3×10^4	66.5	5.24	0.19093	288.77	2622.4	2333.7
4×10^4	75.0	4.00	0.24975	315.93	2634.1	2312.2
5×10^4	81.2	3.25	0.30799	339.80	2644.3	2304.5
6×10^4	85.6	2.74	0.36514	358.21	2652.1	2293.9
7×10^4	89.9	2.37	0.42229	376.61	2659.8	2283.2
8×10^4	93.2	2.09	0.47807	390.08	2665.3	2275.3
9×10^4	96.4	1.87	0.53384	403.49	2670.8	2267.4
1×10^5	99.6	1.70	0.58961	416.90	2676.3	2259.5
1.2×10^5	104.5	1.43	0.69868	437.51	2684.3	2246.8
1.4×10^5	109.2	1.24	0.80758	457.67	2692.1	2234.4
1.6×10^5	113.0	1.21	0.82981	473.88	2698.1	2224.2
1.8×10^5	116.6	0.988	1.0209	489.32	2703.7	2214.3
2×10^5	120.2	0.887	1.1273	493.71	2709.2	2204.6
2.5×10^5	127.2	0.719	1.3904	534.39	2719.7	2185.4
3×10^5	133.3	0.606	1.6501	560.38	2728.5	2168.1
3.5×10^5	138.8	0.524	1.9074	583.76	2736.1	2152.3
4×10^5	143.4	0.463	2.1618	603.61	2742.1	2138.5
4.5×10^5	147.7	0.414	2.4152	622.42	2747.8	2125.4
5×10^5	151.7	0.375	2.6673	639.59	2752.8	2113.2
6×10^5	158.7	0.316	3.1686	670.22	2761.4	2091.1
7×10^5	164.7	0.273	3.6657	696.27	2767.8	2071.5
8×10^5	170.4	0.240	4.1614	720.96	2773.7	2052.7
9×10^5	175.1	0.215	4.6525	741.82	2778.1	2036.2
1×10^6	179.9	0.194	5.1432	762.68	2782.5	2019.7

7. 某些无机物水溶液的表面张力 $\sigma\times10^3/(N/m)$

溶质	温度/℃	质量分数 5%	质量分数 10%	质量分数 20%	质量分数 50%	溶质	温度/℃	质量分数 5%	质量分数 10%	质量分数 20%	质量分数 50%
H_2SO_4	18		74.1	75.2	77.3	KNO_3	18	73.0	73.6	75.0	
HNO_3	20		72.7	71.1	65.4	K_2CO_3	10	75.8	77.0	79.2	106.4
NaOH	20	74.6	77.3	85.8		NH_4OH	18	66.5	63.5	59.3	
NaCl	18	74.0	75.5			NH_4Cl	18	73.3	74.5		
Na_2SO_4	18	73.8	75.2			NH_4NO_3	100	59.2	60.1	61.6	67.5
$NaNO_3$	30	72.1	72.8	74.4	79.8	$MgCl_2$	18	73.8			
KCl	18	73.6	74.8	77.3		$CaCl_2$	18	73.7			

8. 某些有机液体的相对密度（液体密度与4℃水的密度之比）

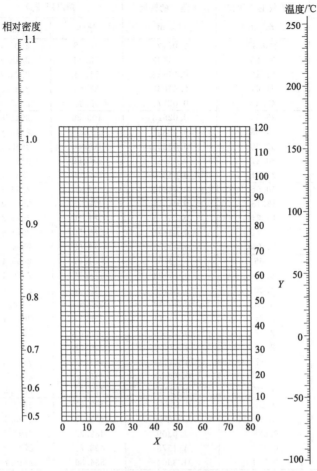

有机液体相对密度共线图的坐标

有机液体	X	Y	有机液体	X	Y	有机液体	X	Y	有机液体	X	Y
乙炔	20.8	10.1	十一烷	14.4	39.2	甲酸乙酯	37.6	68.4	氟苯	41.9	86.7
乙烷	10.3	4.4	十二烷	14.3	41.4	甲酸丙酯	33.8	66.7	癸烷	16.0	38.2
乙烯	17.0	3.5	十三烷	15.3	42.4	丙烷	14.2	12.2	氨	22.4	24.6
乙醇	24.2	48.6	十四烷	15.8	43.3	丙酮	26.1	47.8	氯乙烷	42.7	62.4
乙醚	22.6	35.8	三乙胺	17.9	37.0	丙醇	23.8	50.8	氯甲烷	52.3	62.9
乙丙醚	20.0	37.0	三氯化磷	28.0	22.1	丙酸	35.0	83.5	氯苯	41.7	105.0
乙硫醇	32.0	55.5	己烷	13.5	27.0	丙酸甲酯	36.5	68.3	氰丙烷	20.1	44.6
乙硫醚	25.7	55.3	壬烷	16.2	36.5	丙酸乙酯	32.1	63.9	氰甲烷	21.8	44.9
二乙胺	17.8	33.5	六氢吡啶	27.5	60.0	戊烷	12.6	22.6	环己烷	19.6	44.0
二氧化碳	78.6	45.4	甲乙醚	25.0	34.4	异戊烷	13.5	22.5	醋酸	40.6	93.5
异丁烷	13.7	16.5	甲醇	25.8	49.1	辛烷	12.7	32.5	醋酸甲酯	40.1	70.3
丁酸	31.3	78.7	甲硫醇	37.3	59.6	庚烷	12.6	29.8	醋酸乙酯	35.0	65.0
丁酸甲酯	31.5	65.5	甲硫醚	31.9	57.4	苯	32.7	63.0	醋酸丙酯	33.0	65.5
异丁酸	31.5	75.9	甲醚	27.2	30.1	苯酚	35.7	103.8	甲苯	27.0	61.0
丁酸(异)甲酯	33.0	64.1	甲酸甲酯	46.4	74.6	苯胺	33.5	92.5	异戊醇	20.5	52.0

9. 有机液体的表面张力共线图

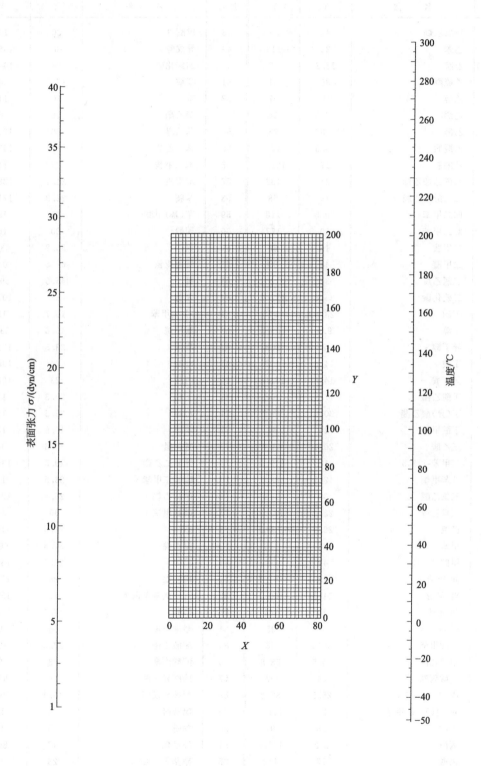

有机液体的表面张力共线图坐标值

序号	名称	X	Y	序号	名称	X	Y
1	环氧乙烷	42	83	48	戊酮-3	20	101
2	乙苯	22	118	49	异戊醇	6	106.8
3	乙胺	11.2	83	50	四氯化碳	26	104.5
4	乙硫醇	35	81	51	辛烷	17.7	90
5	乙醇	10	97	52	苯	30	110
6	乙醚	27.5	64	53	苯乙酮	18	168
7	乙醛	33	78	54	苯乙醚	20	134.2
8	乙醛肟	23.5	127	55	苯二乙胺	17	142.6
9	乙酰胺	17	192.5	56	苯二甲胺	20	149
10	乙酰乙酸乙酯	21	132	57	苯甲醚	24.4	138.9
11	二乙醇缩乙醛	19	88	58	苯胺	22.9	171.8
12	间二甲苯	20.5	118	59	苯(基)甲胺	25	156
13	对二甲苯	19	117	60	苯酚	20	168
14	二甲胺	16	66	61	氨	56.2	63.5
15	二甲醚	44	37	62	氧化亚氮	62.5	0.5
16	二氯乙烷	32	120	63	氯	45.5	59.2
17	二硫化碳	35.8	117.2	64	氯仿	32	101.3
18	丁酮	23.6	97	65	对-氯甲苯	18.7	134
19	丁醇	9.6	107.5	66	氯甲烷	45.8	53.2
20	异丁醇	5	103	67	氯苯	23.5	132.5
21	丁酸	14.5	115	68	吡啶	34	138.2
22	异丁酸	14.8	107.4	69	丙腈	23	108.6
23	丁酸乙酯	17.5	102	70	丁腈	20.3	113
24	丁(异)酸乙酯	20.9	93.7	71	乙腈	33.5	111
25	丁酸甲酯	25	88	72	苯腈	19.5	159
26	三乙胺	20.1	83.9	73	氰化氢	30.6	66
27	三甲苯-1,3,5	17	119.8	74	硫酸二乙酯	19.5	139.5
28	三苯甲烷	12.5	182.7	75	硫酸二甲酯	23.5	158
29	三氯乙醛	30	113	76	硝基乙烷	25.4	126.1
30	三聚乙醛	22.3	103.8	77	硝基甲烷	30	139
31	己烷	22.7	72.2	78	萘	22.5	165
32	甲苯	24	113	79	溴乙烷	31.6	90.2
33	甲胺	42	58	80	溴苯	23.5	145.5
34	间-甲酚	13	161.2	81	碘乙烷	28	113.2
35	对-甲酚	11.5	160.5	82	对甲氧基苯丙烯	13	158.1
36	邻-甲酚	20	161	83	醋酸	17.1	116.5
37	甲醇	17	93	84	醋酸甲酯	34	90
38	甲酸甲酯	38.5	88	85	醋酸乙酯	27.5	92.4
39	甲酸乙酯	30.5	88.8	86	醋酸丙酯	23	97
40	甲酸丙酯	24	97	87	醋酸异丁酯	16	97.2
41	丙胺	25.5	87.2	88	醋酸异戊酯	16.4	103.1
42	对-丙(异)基甲苯	12.8	121.2	89	醋酸酐	25	129
43	丙酮	28	91	90	噻吩	35	121
44	丙醇	8.2	105.2	91	环己烷	42	86.7
45	丙酸	17	112	92	硝基苯	23	173
46	丙酸乙酯	22.6	97	93	水(查出之数乘2)	12	162
47	丙酸甲酯	29	95				

10. 液体黏度共线图

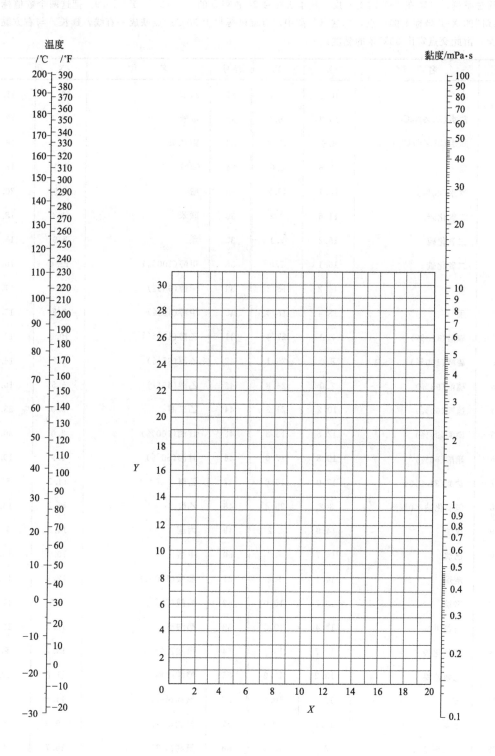

温度
/℃　/°F

黏度/mPa·s

液体黏度共线图坐标值

用法举例，求苯在50℃时的黏度，从本表序号26查得苯的 $X=12.5$，$Y=10.9$。把这两个数值标在前页共线图的 X-Y 坐标上的一点，把这点与图中左方温度标尺上50℃的点联成一直线，延长，与右方黏度标尺相交，由此交点定出50℃苯的黏度。

序号	名　称	X	Y	序号	名　称	X	Y
1	水	10.2	13.0	31	乙苯	13.2	11.5
2	盐水(25%NaCl)	10.2	16.6	32	氯苯	12.3	12.4
3	盐水(25%CaCl₂)	6.6	15.9	33	硝基苯	10.6	16.2
4	氨	12.6	2.0	34	苯胺	8.1	18.7
5	氨水(26%)	10.1	13.9	35	酚	6.9	20.8
6	二氧化碳	11.6	0.3	36	联苯	12.0	18.3
7	二氧化硫	15.2	7.1	37	萘	7.9	18.1
8	二硫化碳	16.1	7.5	38	甲醇(100%)	12.4	10.5
9	溴	14.2	18.2	39	甲醇(90%)	12.3	11.8
10	汞	18.4	16.4	40	甲醇(40%)	7.8	15.5
11	硫酸(110%)	7.2	27.4	41	乙醇(100%)	10.5	13.8
12	硫酸(100%)	8.0	25.1	42	乙醇(95%)	9.8	14.3
13	硫酸(98%)	7.0	24.8	43	乙醇(40%)	6.5	16.6
14	硫酸(60%)	10.2	21.3	44	乙二醇	6.0	23.6
15	硝酸(95%)	12.8	13.8	45	甘油(100%)	2.0	30.0
16	硝酸(60%)	10.8	17.0	46	甘油(50%)	6.9	19.6
17	盐酸(31.5%)	13.0	16.6	47	乙醚	14.5	5.3
18	氢氧化钠(50%)	3.2	25.8	48	乙醛	15.2	14.8
19	戊烷	14.9	5.2	49	丙酮	14.5	7.2
20	己烷	14.7	7.0	50	甲酸	10.7	15.8
21	庚烷	14.1	8.4	51	醋酸(100%)	12.1	14.2
22	辛烷	13.7	10.0	52	醋酸(70%)	9.5	17.0
23	三氯甲烷	14.4	10.2	53	醋酸酐	12.7	12.8
24	四氯化碳	12.7	13.1	54	醋酸乙酯	13.7	9.1
25	二氯乙烷	13.2	12.2	55	醋酸戊酯	11.8	12.5
26	苯	12.5	10.9	56	氟利昂-11	14.4	9.0
27	甲苯	13.7	10.4	57	氟利昂-12	16.8	5.6
28	邻二甲苯	13.5	12.1	58	氟利昂-21	15.7	7.5
29	间二甲苯	13.9	10.6	59	氟利昂-22	17.2	4.7
30	对二甲苯	13.9	10.9	60	煤油	10.2	16.9

11. 液体的比热容

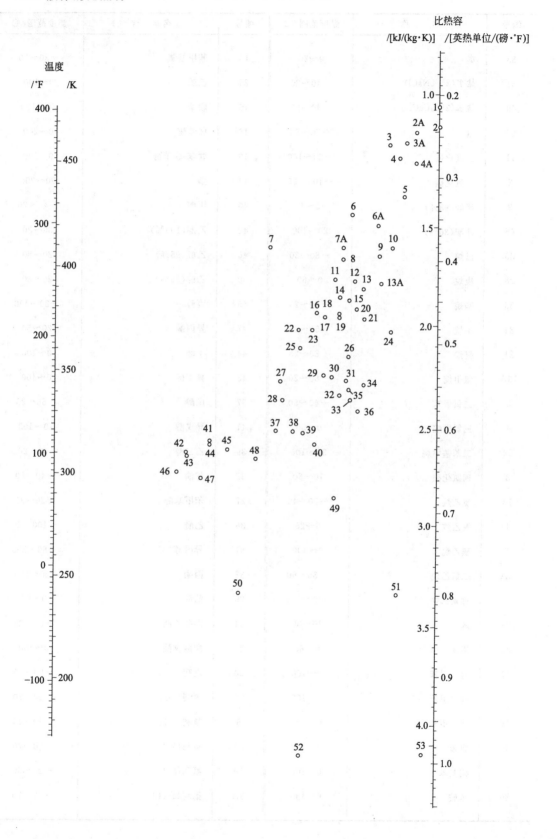

<h2 align="center">液体比热共线图中的编号</h2>

编号	名 称	温度范围/℃	编号	名 称	温度范围/℃
53	水	10～200	10	苯甲基氯	−30～30
51	盐水(25%NaCl)	−40～20	25	乙苯	0～100
49	盐水(25%CaCl₂)	−40～20	15	联苯	80～120
52	氨	−70～50	16	联苯醚	0～200
11	二氧化硫	−20～100	16	联苯-联苯醚	0～200
2	二氧化碳	−100～25	14	萘	90～200
9	硫酸(98%)	10～45	40	甲醇	−40～20
48	盐酸(30%)	20～100	42	乙醇(100%)	30～80
35	己烷	−80～20	46	乙醇(95%)	20～80
28	庚烷	0～60	50	乙醇(50%)	20～80
33	辛烷	−50～25	45	丙醇	−20～100
34	壬烷	−50～25	47	异丙醇	20～50
21	癸烷	−80～25	44	丁醇	0～100
13A	氯甲烷	−80～20	43	异丁醇	0～100
5	二氯甲苯	−40～50	37	戊醇	−50～25
4	三氯甲烷	0～50	41	异戊醇	10～100
22	二苯基甲烷	30～100	39	乙二醇	−40～200
3	四氯化碳	10～60	38	甘油	−40～20
13	氯乙烷	−30～40	27	苯甲基醇	−20～30
1	溴乙烷	5～25	36	乙醚	−100～25
7	碘乙烷	0～100	31	异丙醇	−80～200
6A	二氯乙烷	−30～60	32	丙酮	20～50
3	过氯乙烯	−30～40	29	醋酸	0～80
23	苯	10～80	24	醋酸乙酯	−50～25
23	甲苯	0～60	26	醋酸戊酯	0～100
17	对二甲苯	0～100	20	吡啶	−50～25
18	间二甲苯	0～100	2A	氟利昂-11	−20～70
19	邻二甲苯	0～100	6	氟利昂-12	−40～15
8	氯苯	0～100	4A	氟利昂-21	−20～70
12	硝基苯	0～100	7A	氟利昂-22	−20～60
30	苯胺	0～130	3A	氟利昂-113	−20～70

12. 蒸发潜热（汽化热）

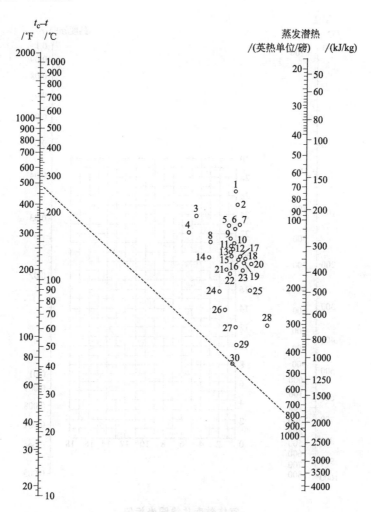

蒸发潜热共线图坐标值

号数	化合物	范围 $(t_c-t)/℃$	临界温度 $t_c/℃$	号数	化合物	范围 $(t_c-t)/℃$	临界温度 $t_c/℃$
18	醋酸	100～225	321	2	氟利昂-12(CCl_2F_2)	40～200	111
22	丙酮	120～210	235	5	氟利昂-21($CHCl_2F$)	70～250	178
29	氨	50～200	133	6	氟利昂-22($CHClF_2$)	50～170	96
13	苯	10～400	289	1	氟利昂-113($CCl_2F-CClF_2$)	90～250	214
16	丁烷	90～200	153	10	庚烷	20～300	267
21	二氧化碳	10～100	31	11	己烷	50～225	235
4	二硫化碳	140～275	273	15	异丁烷	80～200	134
2	四氯化碳	30～250	283	27	甲醇	40～250	240
7	三氯甲烷	140～275	263	20	氯甲烷	0～250	143
8	二氯甲烷	150～250	516	19	一氧化二氮	25～150	36
3	联苯	175～400	5	9	辛烷	30～300	296
25	乙烷	25～150	32	12	戊烷	20～200	197
26	乙醇	20～140	243	23	丙烷	40～200	96
28	乙醇	140～300	243	24	丙醇	20～200	264
17	氯乙烷	100～250	187	14	二氧化硫	90～160	157
13	乙醚	10～400	194	30	水	100～500	374
2	氟利昂-11(CCl_3F)	70～250	198				

13. 气体黏度共线图（常压下用）

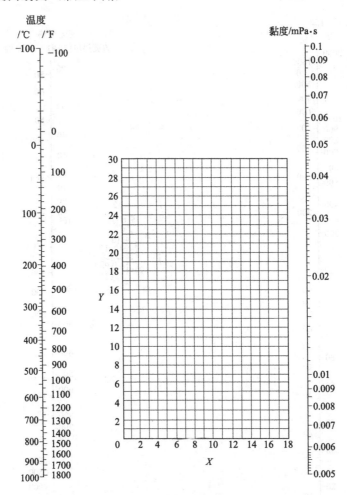

气体黏度共线图坐标值

序号	名称	X	Y	序号	名称	X	Y	序号	名称	X	Y
1	空气	11.0	20.0	15	氟	7.3	23.8	29	甲苯	8.6	12.4
2	氧	11.0	21.3	16	氯	9.0	18.4	30	甲醇	8.5	15.6
3	氮	10.6	20.0	17	氯化氢	8.8	18.7	31	乙醇	9.2	14.2
4	氢	11.2	12.4	18	甲烷	9.9	15.5	32	丙醇	8.4	13.4
5	$3H_2 + 1N_2$	11.2	17.2	19	乙烷	9.1	14.5	33	醋酸	7.7	14.3
6	水蒸气	8.0	16.0	20	乙烯	9.5	15.1	34	丙酮	8.9	13.0
7	二氧化碳	9.5	18.7	21	乙炔	9.8	14.9	35	乙醚	8.9	13.0
8	一氧化碳	11.0	20.0	22	丙烷	9.7	12.9	36	醋酸乙酯	8.5	13.2
9	氨	8.4	16.6	23	丙烯	9.0	13.8	37	氟利昂-11	10.6	15.1
10	硫化氢	8.6	18.0	24	丁烯	9.2	13.7	38	氟利昂-12	11.1	16.0
11	二氧化硫	9.6	17.0	25	戊烷	7.0	12.8	39	氟利昂-21	10.8	15.3
12	二硫化碳	8.0	16.0	26	己烷	8.6	11.8	40	氟利昂-22	10.1	17.0
13	一氧化二氮	8.8	19.0	27	三氯甲烷	8.9	15.7				
14	一氧化氮	10.9	20.5	28	苯	8.5	13.2				

14. 101.3kPa 压强下气体的比热容

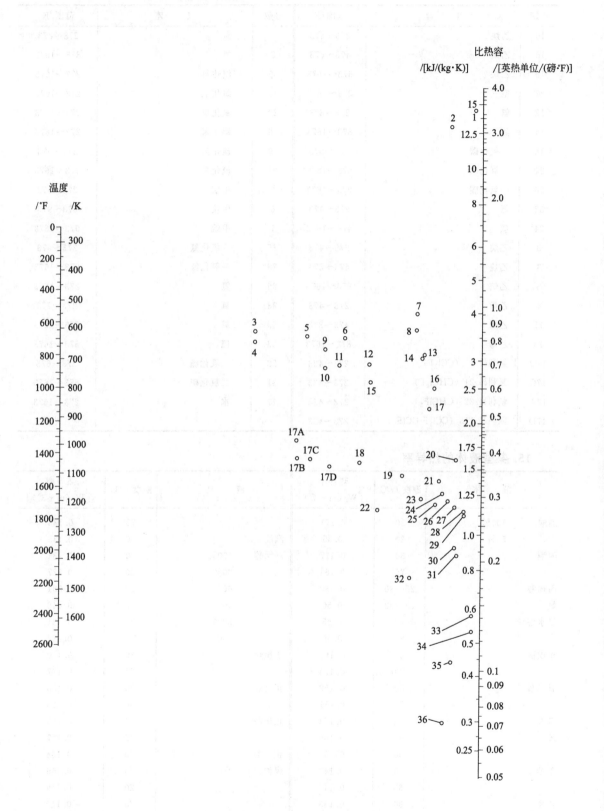

气体比热容共线图的坐标值

号数	气 体	范围/K	号数	气 体	范围/K
10	乙炔	273~473	1	氢	273~873
15	乙炔	473~673	2	氢	873~1673
16	乙炔	673~1673	35	溴化氢	273~1673
27	空气	273~1673	30	氯化氢	273~1673
12	氨	273~873	20	氟化氢	273~1673
14	氨	873~1673	36	碘化氢	273~1673
18	二氧化碳	273~673	19	硫化氢	273~973
24	二氧化碳	673~1673	21	硫化氢	973~1673
26	一氧化碳	273~1673	5	甲烷	273~573
32	氯	273~473	6	甲烷	573~973
34	氯	473~1673	7	甲烷	973~1673
3	乙烷	273~473	25	一氧化氮	273~973
9	乙烷	473~873	28	一氧化氮	973~1673
8	乙烷	873~1673	26	氮	273~1673
4	乙烯	273~473	23	氧	273~773
11	乙烯	473~873	29	氧	773~1673
13	乙烯	873~1673	33	硫	573~1673
17B	氟利昂-11 （CCl$_3$F）	273~423	22	二氧化硫	273~673
17C	氟利昂-21 （CHCl$_2$F）	273~423	31	二氧化硫	673~1673
17A	氟利昂-22 （CHClF$_2$）	273~423	17	水	273~1673
17D	氟利昂-113 （CCl$_2$F-CClF$_2$）	273~423			

15. 某些液体的热导率

液 体		温度 t/℃	热导率 /[W/(m·℃)]	液 体		温度 t/℃	热导率 /[W/(m·℃)]
醋酸	100%	20	0.171			75	0.135
	50%	20	0.35	汽油		30	0.135
丙酮		30	0.177	三元醇	100%	20	0.284
		75	0.164		80%	20	0.327
丙烯醇		25~30	0.180		60%	20	0.381
氨		25~30	0.50		40%	20	0.448
氨水溶液		20	0.45		20%	20	0.481
		60	0.50		100%	100	0.284
正戊醇		30	0.163	正庚烷		30	0.140
		100	0.154			60	0.137
异戊醇		30	0.152	正己烷		30	0.138
		75	0.151			60	0.135
苯胺		0~20	0.173	正庚醇		30	0.163
苯		30	0.159			75	0.157
		60	0.151	正己醇		30	0.164
乙苯		30	0.149	煤油		75	0.156
		60	0.142			20	0.149
乙醚		30	0.133			75	0.140

续表

液 体		温度 t/℃	热导率 /[W/(m·℃)]	液 体		温度 t/℃	热导率 /[W/(m·℃)]
盐酸	12.5%	32	0.52	硝基甲苯		30	0.216
	25%	32	0.48			60	0.208
	38%	32	0.44	正辛烷		60	0.14
水银		28	0.36			0	0.138~0.156
甲醇	100%	20	0.215	石油		20	0.180
	80%	20	0.267	蓖麻油		0	0.173
	60%	20	0.329			20	0.168
	40%	20	0.405	橄榄油		100	0.164
	20%	20	0.492	正戊烷		30	0.135
	100%	50	0.197			75	0.128
氯甲烷		−15	0.192	氯化钾	15%	32	0.58
		30	0.154		30%	32	0.56
正丁醇		30	0.168	氢氧化钾	21%	32	0.58
		75	0.164		42%	32	0.55
异丁醇		10	0.157	硫酸钾	10%	32	0.60
氯化钙盐水	30%	30	0.55	正丙醇		30	0.171
	15%	30	0.59			75	0.164
二硫化碳		30	0.161	异丙醇		30	0.157
		75	0.152			60	0.155
四氯化碳		0	0.185	氯化钠盐水	25%	30	0.57
		68	0.163		12.5%	30	0.59
氯苯		10	0.144	硫酸	90%	30	0.36
三氯甲烷		30	0.138		60%	30	0.43
乙酸乙酯		20	0.175		30%	30	0.52
乙醇	100%	20	0.182	二氧化硫		15	0.22
	80%	20	0.237			30	0.192
	60%	20	0.305	甲苯		30	0.149
	40%	20	0.388			75	0.145
	20%	20	0.486	松节油		15	0.128
	100%	50	0.151	二甲苯	邻位	20	0.155
硝基苯		30	0.164		对位	20	0.155
		100	0.152				

16. 某些固体物质的黑度

材 料 名 称	温度/℃	ε
表面被磨光的铝	225~575	0.039~0.057
表面不磨光的铝	26	0.055
表面被磨光的铁	425~1020	0.144~0.377
用金刚砂冷加工后的铁	20	0.242
氧化后的铁	100	0.736

材 料 名 称	温度/℃	ε
氧化后表面光滑的铁	125～525	0.78～0.82
未经加工处理的铸铁	925～1115	0.87～0.95
表面被磨光的铸铁件	770～1040	0.52～0.56
经过研磨后的钢板	940～1100	0.55～0.61
表面上有一层有光泽的氧化物的钢板	25	0.82
经过刮面加工的生铁	830～990	0.60～0.70
氧化铁	500～1200	0.85～0.95
无光泽的黄铜板	50～360	0.22
氧化铜	800～1100	0.66～0.84
铬	100～1000	0.08～0.26
有光泽的镀锌铁板	28	0.228
已经氧化的灰色镀锌铁板	24	0.276
石棉纸板	24	0.96
石棉纸	40～370	0.93～0.945
水	0～100	0.95～0.963
石膏	20	0.903
表面粗糙、基本完整的红砖	20	0.93
表面粗糙没有上过釉的硅砖	100	0.80
表面粗糙上过釉的硅砖	1100	0.85
上过釉的黏土耐火砖	1100	0.75
耐火砖	—	0.8～0.9
涂在铁板上的光泽的黑漆	25	0.875
无光泽的黑漆	40～95	0.96～0.98
白漆	40～95	0.80～0.95
平整的玻璃	22	0.937
烟尘,发光的煤尘	95～270	0.952
上过釉的瓷器	22	0.924

17. 某些固体材料的热导率
（1）常用金属材料的热导率

热导率/[W/(m·℃)] \ 温度/℃	0	100	200	300	400
铝	227.95	227.95	227.95	227.95	227.95
铜	383.79	379.14	372.16	367.51	362.86
铁	73.27	67.45	61.64	54.66	48.85
铅	35.12	33.38	31.40	29.77	—
镁	172.12	167.47	162.82	158.17	—
镍	93.04	82.57	73.27	63.97	59.31
银	414.03	409.38	373.32	361.69	359.37
锌	112.81	109.90	105.83	101.18	93.04
碳钢	52.34	48.85	44.19	41.87	34.89
不锈钢	16.28	17.45	17.45	18.49	—

（2）常用非金属材料

材　料	温度/℃	热导率/[W/(m·℃)]	材　料	温度/℃	热导率/[W/(m·℃)]
软木	30	0.04303	泡沫塑料	—	0.04652
玻璃棉	—	0.03489~0.06978	木材(横向)	—	0.1396~0.1745
保温灰	—	0.06978	(纵向)	—	0.3838
锯屑	20	0.04652~0.05815	耐火砖	230	0.8723
棉花	100	0.06978		1200	1.6398
厚纸	20	0.1369~0.3489	混凝土	—	1.2793
玻璃	30	1.0932	绒毛毡	—	0.0465
	—20	0.7560	85%氧化镁粉	0~100	0.06978
搪瓷	—	0.8723~1.163	聚氯乙烯	—	0.1163~0.1745
云母	50	0.4303	酚醛加玻璃纤维	—	0.2593
泥土	20	0.6978~0.9304	酚醛加石棉纤维	—	0.2942
冰	0	2.326	聚酯加玻璃纤维	—	0.2594
软橡胶	—	0.1291~0.1593	聚碳酸酯	—	0.1907
硬橡胶	0	0.1500	聚苯乙烯泡沫	25	0.04187
聚四氟乙烯	—	0.2419		—150	0.001745
泡沫玻璃	—15	0.004885	聚乙烯	—	0.3291
	—80	0.003489	石墨	—	139.56

18. 常用固体材料的密度和比热容

名称	密度/(kg/m³)	比热容/[kJ/(kg·℃)]	名称	密度/(kg/m³)	比热容/[kJ/(kg·℃)]
钢	7850	0.4605	干砂	1500~1700	0.7955
不锈钢	7900	0.5024	黏土	1600~1800	0.7536(—20~20℃)
铸铁	7220	0.5024	黏土砖	1600~1900	0.9211
铜	8800	0.4062	耐火砖	1840	0.8792~1.0048
青铜	8000	0.3810	混凝土	2000~2400	0.8374
黄铜	8600	0.3768	松木	500~600	2.7214(0~100℃)
铝	2670	0.9211	软木	100~300	0.9630
镍	9000	0.4605	石棉板	770	0.8164
铅	11400	0.1298	玻璃	2500	0.6699
酚醛	1250~1300	1.2560~1.6747	耐酸砖和板	2100~2400	0.7536~0.7955
脲醛	1400~1500	1.2560~1.6747	耐酸搪瓷	2300~2700	0.8374~1.2560
聚苯乙烯	1050~1070	1.3398	有机玻璃	1180~1190	
低压聚氯乙烯	940	2.5539	多孔绝热砖	600~1400	
高压聚氯乙烯	920	2.2190			

19. 某些气体溶于水的亨利系数

气体	温度/℃															
	0	5	10	15	20	25	30	35	40	45	50	60	70	80	90	100
	$E\times10^{-6}$/kPa															
H_2	5.87	6.16	6.44	6.70	6.92	7.16	7.39	7.52	7.61	7.70	7.75	7.75	7.71	7.65	7.61	7.55
N_2	5.35	6.05	6.77	7.48	8.15	8.76	9.36	9.98	10.5	11.0	11.4	12.2	12.7	12.8	12.8	12.8
空气	4.38	4.94	5.56	6.15	6.73	7.30	7.81	8.34	8.82	9.23	9.59	10.2	10.6	10.8	10.9	10.8
CO	3.57	4.01	4.48	4.95	5.43	5.88	6.28	6.68	7.05	7.39	7.71	8.32	8.57	8.57	8.57	8.57
O_2	2.58	2.95	3.31	3.69	4.06	4.44	4.81	5.14	5.42	5.70	5.96	6.37	6.72	6.96	7.08	7.10
CH_4	2.27	2.62	3.01	3.41	3.81	4.18	4.55	4.92	5.27	5.58	5.85	6.34	6.75	6.91	7.01	7.10
NO	1.71	1.96	2.21	2.45	2.67	2.91	3.14	3.35	3.57	3.77	3.95	4.24	4.44	4.54	4.58	4.60
C_2H_6	1.28	1.57	1.92	2.90	2.66	3.06	3.47	3.88	4.29	4.69	5.07	5.72	6.31	6.70	6.96	7.01
	$E\times10^{-5}$/kPa															
C_2H_4	5.59	6.62	7.78	9.07	10.3	11.6	12.9	—	—	—	—	—	—	—	—	—
N_2O	—	1.19	1.43	1.68	2.01	2.28	2.62	3.06	—	—	—	—	—	—	—	—
CO_2	0.738	0.888	1.05	1.24	1.44	1.66	1.88	2.12	2.36	2.60	2.87	3.46	—	—	—	—
C_2H_2	0.73	0.85	0.97	1.09	1.23	1.35	1.48	—	—	—	—	—	—	—	—	—
Cl_2	0.272	0.334	0.399	0.461	0.537	0.604	0.669	0.74	0.80	0.86	0.90	0.97	0.99	0.97	0.96	—
H_2S	0.272	0.319	0.372	0.418	0.489	0.552	0.617	0.686	0.755	0.825	0.889	1.04	1.21	1.37	1.46	1.50
	$E\times10^{-4}$/kPa															
SO_2	0.167	0.203	0.245	0.294	0.355	0.413	0.485	0.567	0.661	0.763	0.871	1.11	1.39	1.70	2.01	—

20. 某些二元物系的汽液平衡组成

(1) 乙醇-水 (101.325kPa)

乙醇摩尔分数/%		温度/℃	乙醇摩尔分数/%		温度/℃
液相中	气相中		液相中	气相中	
0.0	0.0	100	32.73	58.26	81.5
1.90	17.00	95.5	39.65	61.22	80.7
7.21	38.91	89.0	50.79	65.64	79.8
9.66	43.75	86.7	51.98	65.99	79.7
12.38	47.04	85.3	57.32	68.41	79.3
16.61	50.89	84.1	67.63	73.85	78.74
23.37	54.45	82.7	74.72	78.15	78.41
26.08	55.80	82.3	89.43	89.43	78.15

(2) 苯-甲苯 (101.325kPa)

苯摩尔分数/%		温度/℃	苯摩尔分数/%		温度/℃
液相中	气相中		液相中	气相中	
0.0	0.0	110.6	59.2	78.9	89.4
8.8	21.2	106.1	70.0	85.3	86.8
20.0	37.0	102.2	80.3	91.4	84.4
30.0	50.0	98.6	90.3	95.7	82.3
39.7	61.8	95.2	95.0	97.9	81.2
48.9	71.0	92.1	100.0	100.0	80.2

(3) 氯仿-苯 (101.325kPa)

氯仿质量分数/%		温度/℃	氯仿质量分数/%		温度/℃
液相中	气相中		液相中	气相中	
10	13.6	79.9	60	75.0	74.6
20	27.2	79.0	70	83.0	72.8
30	40.6	78.1	80	90.0	70.5
40	53.0	77.2	90	96.1	67.0
50	65.0	76.0			

(4) 水-醋酸

水摩尔分数/%		温度/℃	压强/kPa	水摩尔分数/%		温度/℃	压强/kPa
液相中	气相中			液相中	气相中		
0.0	0.0	118.2	101.3	83.3	88.6	101.3	101.3
27.0	39.4	108.2		88.6	91.9	100.9	
45.5	56.5	105.3		93.0	95.0	100.5	
58.8	70.7	103.8		96.8	97.7	100.2	
69.0	79.0	102.8		100.0	100.0	100.0	
76.9	84.5	101.9					

(5) 甲醇-水

甲醇摩尔分数/%		温度/℃	压强/kPa	甲醇摩尔分数/%		温度/℃	压强/kPa
液相中	气相中			液相中	气相中		
5.31	28.34	92.9	101.3	29.09	68.01	77.8	101.325
7.67	40.01	90.3		33.33	69.18	76.7	
9.26	43.53	88.9		35.13	73.47	76.2	
12.57	48.31	86.6		46.20	77.56	73.8	
13.15	54.55	85.0		52.92	79.71	72.7	
16.74	55.85	83.2		59.37	81.83	71.3	
18.18	57.75	82.3		68.49	84.92	70.0	
20.83	62.73	81.6		77.01	89.62	68.0	
23.19	64.85	80.2		87.41	91.94	66.9	
28.18	67.75	78.0					

21. 管子规格

(1) 低压流体输送用焊接钢管　用于输送水、空气、采暖蒸汽、燃气等低压流体。摘自 GB/T 3091—2008。其尺寸、外形和重量在 GB/T 21835 中详细列表。长度通常为 3000～ 12000mm。外径共分为三个尺寸：系列 1 为通用系列，属推荐使用的系列；系列 2 为非通用系列，不推荐使用；系列 3 为少数特殊、专用系列。以下摘自系列 1，单位皆为 mm。

名义口径 DN（公称直径）	外径	钢管壁厚		名义口径 DN（公称直径）	外径	钢管壁厚	
		普通管	加厚管			普通管	加厚管
6	10.2	—	—	40	48.3	3.5	4.5
8	13.5	2.5	2.8	50	60.3	3.8	4.5
10	17.2	2.5	2.8	65	76.1	4.0	4.5
15	21.3	2.8	3.5	80	88.9	4.0	5.0
20	26.9	2.8	3.5	100	114.3	4.0	5.0
25	33.7	3.2	4.0	125	139.7	4.0	5.5
32	42.4	3.25	4.0	150	168.3	4.5	6.0

（2）输送流体用无缝钢管　摘自 GB/T 8163—2008。其尺寸、外形和重量在 GB/T 17395 中详细列表。长度通常为 3000～12500mm。外径也如上述分为三个系列，以下摘自系列 1，单位皆为 mm。

外径	壁厚		外径	壁厚		外径	壁厚	
	从	到		从	到		从	到
10	0.25	3.5	60	1.0	16	325	7.5	100
13.5	0.25	4.0	76	1.0	20	356	9.0	100
17	0.25	5.0	89	1.4	24	406	9.0	100
21	0.40	6.0	114	1.5	30	457	9.0	100
27	0.40	7.0	140	3.0	36	508	9.0	110
34	0.40	8.0	168	3.5	45	610	9.0	120
42	1.0	10	219	6.0	55	711	12	120
48	1.0	12	273	6.5	85	1016	25	120

（3）连续铸铁管（连续法铸成）　摘自 GB/T 3422—2008。有效长度 3000～6000mm；壁厚分为 LA（最薄）、A、B 三级。表中列出的为 A 级，单位皆为 mm。

公称直径	外径	壁厚	公称直径	外径	壁厚	公称直径	外径	壁厚
75	93.0	9.0	350	374.0	12.8	800	833.0	21.1
100	118.0	9.0	400	425.6	13.8	900	939.0	22.9
150	169.0	9.2	450	476.8	14.7	1000	1041.0	24.8
200	220.6	10.1	500	528.0	15.6	1100	1144.0	26.6
250	271.6	11.0	600	630.8	17.4	1200	1246.0	28.4
300	322.8	11.9	700	733.0	19.3			

22. IS 型离心泵性能表

泵型号	流量 /(m³/h)	扬程 /m	转速 /(r/min)	气蚀余量/m	泵效率 /%	功率/kW 轴功率	功率/kW 配带功率	泵外形尺寸 （长×宽×高)/mm	泵口径/mm 汲入	泵口径/mm 排出
IS50-32-125	7.5		2900				2.2	465×190×252	50	32
	12.5	20	2900	2.0	60	1.13	2.2			
	15		2900				2.2			
	3.75		1450				0.55			
	6.3	5	1450	2.0	54	0.16	0.55			
	7.5		1450				0.55			
IS50-32-160	7.5		2900				3	465×240×292	50	32
	12.5	32	2900	2.0	54	2.02	3			
	15		2900				3			
	3.75		1450				0.55			
	6.3	8	1450	2.0	48	0.28	0.55			
	7.5		1450				0.55			
IS50-32-200	7.5	52.5	2900	2.0	38	2.62	5.5	465×240×340	50	32
	12.5	50	2900	2.0	48	3.54	5.5			
	15	48	2900	2.5	51	3.84	5.5			
	3.75	13.1	1450	2.0	33	0.41	0.75			
	6.3	12.5	1450	2.0	42	0.51	0.75			
	7.5	12	1450	2.5	44	0.56	0.75			
IS50-32-250	7.5	82	2900	2.0	28.5	5.67	11	600×320×405	50	32
	12.5	80	2900	2.0	38	7.16	11			
	15	78.5	2900	2.5	41	7.83	11			
	3.75	20.5	1450	2.0	23	0.91	15			
	6.3	2.0	1450	2.0	32	1.07	15			
	7.5	19.5	1450	2.5	35	1.14	15			
IS65-50-125	15		2900				3	465×210×252	65	50
	25	20	2900	2.0	69	1.97	3			
	30		2900				3			
	7.5		1450				0.55			
	12.5	5	1450	2.0	64	0.27	0.55			
	15		1450				0.55			
IS65-50-160	15	35	2900	2.0	54	2.65	5.5	465×240×292	65	50
	25	32	2900	2.0	65	3.35	5.5			
	30	30	2900	2.5	66	3.71	5.5			
	7.5	8.8	1450	2.0	50	0.36	0.75			
	12.5	8.0	1450	2.0	60	0.45	0.75			
	15	7.2	1450	2.5	60	0.49	0.75			
IS65-40-200	15	53	2900	2.0	49	4.42	7.5	485×265×340	65	40
	25	50	2900	2.0	60	5.67	7.5			
	30	47	2900	2.5	61	6.29	7.5			
	7.5	13.2	1450	2.0	43	0.63	1.1			
	12.5	12.5	1450	2.0	55	0.77	1.1			
	15	11.8	1450	2.5	57	0.85	1.1			

续表

泵型号	流量/(m³/h)	扬程/m	转速/(r/min)	气蚀余量/m	泵效率/%	功率/kW 轴功率	功率/kW 配带功率	泵外形尺寸(长×宽×高)/mm	泵口径/mm 汲入	泵口径/mm 排出
IS65-40-250	15		2900				15	600×320×405	65	40
	25	80	2900	2.0	53	10.3	15			
	30		2900				15			
	7.5		1450				2.2			
	12.5	20	1450	2.0	48	1.42	2.2			
	15		1450							
IS65-40-315	15	127	2900	2.5	28	18.5	30	625×345×450	65	40
	25	125	2900	2.5	40	21.3	30			
	30	123	2900	3.0	44	22.8	30			
	7.5	32.0	1450	2.5	25	2.63	4			
	12.5	32.0	1450	2.5	37	2.94	4			
	15	31.7	1450	3.0	41	3.16	4			
IS80-65-125	30	22.5	2900	3.0	64	2.87	5.5	485×240×292	80	65
	50	20	2900	3.0	75	3.63	5.5			
	60	18	2900	3.5	74	3.93	5.5			
	15	5.6	1450	2.5	55	0.42	0.75			
	25	5	1450	2.5	71	0.48	0.75			
	30	4.5	1450	3.0	72	0.51	0.75			
IS80-65-160	30	36	2900	2.5	61	4.82	7.5	485×265×340	80	65
	50	32	2900	2.5	73	5.97	7.5			
	60	29	2900	3.0	72	6.59	7.5			
	15	9	1450	2.5	55	0.67	1.5			
	25	8	1450	2.5	69	0.75	1.5			
	30	7.2	1450	3.0	68	0.86	1.5			
IS80-50-200	30	53	2900	2.5	55	7.87	15	485×265×360	80	50
	50	50	2900	2.5	69	9.87	15			
	60	47	2900	3.0	71	10.8	15			
	15	13.2	1450	2.5	51	1.06	2.2			
	25	12.5	1450	2.5	65	1.31	2.2			
	30	11.8	1450	3.0	67	1.44	2.2			
IS80-50-160	30	84	2900	2.5	52	13.2	22	1370×540×565	80	50
	50	80	2900	2.5	63	17.3				
	60	75	2900	3	64	19.2				
IS80-50-250	30	84	2900	2.5	52	13.2	22	625×320×405	80	50
	50	80	2900	2.5	63	17.3	22			
	60	75	2900	3.0	64	19.2	22			
	15	21	1450	2.5	49	1.75	3			
	25	20	1450	2.5	60	2.27	3			
	30	18.8	1450	3.0	61	2.52	3			

续表

泵型号	流量/(m³/h)	扬程/m	转速/(r/min)	气蚀余量/m	泵效率/%	功率/kW		泵外形尺寸(长×宽×高)/mm	泵口径/mm	
						轴功率	配带功率		汲入	排出
IS80-50-315	30	128	2900	2.5	41	25.5	37	625×345×505	80	50
	50	125	2900	2.5	54	31.5	37			
	60	123	2900	3.0	57	35.3	37			
	15	32.5	1450	2.5	49	3.4	5.5			
	25	32	1450	2.5	52	4.19	5.5			
	30	31.5	1450	3.0	56	4.6	5.5			
IS100-80-125	60	24	2900	4.0	67	5.86	11	485×280×340	100	80
	100	20	2900	4.5	78	7.00	11			
	120	16.5	2900	5.0	74	7.28	11			
	30	6	1450	2.5	64	0.77	1.5			
	50	5	1450	2.5	75	0.91	1.5			
	60	4	1450	3.0	71	0.92	1.5			
IS100-80-160	60	36	2900	3.5	70	8.42	15	600×280×360	100	80
	100	32	2900	4.0	78	11.2	15			
	120	28	2900	5.0	75	12.2	15			
	30	9.2	1450	2.0	67	1.12	2.2			
	50	8.0	1450	2.5	75	1.45	2.2			
	60	6.8	1450	3.5	71	1.57	2.2			
IS100-65-200	60	54	2900	3.0	65	13.6	22	600×320×405	100	65
	100	50	2900	3.6	76	17.9	22			
	120	47	2900	4.8	77	19.9	22			
	30	13.5	1450	2.0	60	1.84	4			
	50	12.5	1450	2.0	73	2.33	4			
	60	11.8	1450	2.5	74	2.61	4			
IS100-65-250	60	87	2900	3.5	61	23.4	37	625×360×450	100	65
	100	80	2900	3.8	72	30.3	37			
	120	74.5	2900	4.8	73	33.3	37			
	30	21.3	1450	2.0	55	3.16	5.5			
	50	20	1450	2.0	68	4.00	5.5			
	60	19	1450	2.5	70	4.44	5.5			
IS100-65-315	60	133	2900	3.0	55	39.6	75	655×400×505	100	65
	100	125	2900	3.6	66	51.6	75			
	120	118	2900	4.2	67	57.5	75			
	30	34	1450	2.0	51	5.44	11			
	50	32	1450	2.0	63	6.92	11			
	60	30	1450	2.5	64	7.67	11			

续表

泵型号	流量/(m³/h)	扬程/m	转速/(r/min)	气蚀余量/m	泵效率/%	功率/kW 轴功率	功率/kW 配带功率	泵外形尺寸（长×宽×高)/mm	泵口径/mm 汲入	泵口径/mm 排出
IS125-100-200	120	57.5		4.5	67	28.0		625×360×480	125	100
	200	50	2900	4.5	81	33.6	45			
	240	44.5		5.0	80	36.4				
	60	14.5		2.5	62	3.83				
	100	12.5	1450	2.5	76	4.48	7.5			
	120	11.0		3.0	75	4.79				
IS125-100-250	120	87		3.8	66	43.0		670×400×505	125	100
	200	80	2900	4.2	78	55.9	75			
	240	72		5.0	75	62.8				
	60	21.5		2.5	63	5.59				
	100	20	1450	2.5	76	7.17	11			
	120	18.5		3.0	77	7.84				
IS125-100-315	120	132.5		4.0	60	72.1		670×400×565	125	100
	200	125	2900	4.5	75	90.8	11			
	240	120		5.0	77	101.9				
	60	33.5		2.5	56	9.4				
	100	32	1450	2.5	73	11.9	15			
	120	30.5		3.0	74	13.5				
IS125-100-400	60	52		2.5	53	16.1		670×500×635	125	100
	100	50	1450	2.5	65	21.0	30			
	120	48.5		3.0	67	23.6				
IS150-125-250	120	22.5		3.0	71	10.4		670×400×605	150	125
	200	20	1450	3.0	81	13.5	18.5			
	240	17.5		3.5	78	14.7				
IS150-125-315	120	34		2.5	70	15.9		670×500×630	150	125
	200	32	1450	2.5	78	22.1	30			
	240	29		3.0	80	23.7				
IS150-125-400	120	53		2.0	62	27.9		670×500×715	150	125
	200	50	1450	2.6	75	36.3	45			
	240	46		3.5	74	40.6				
IS200-150-250	240							690×500×655	200	150
	400	20	1450	—	82	26.6	37			
	460									
IS200-150-315	240	37		3.0	70	34.6		830×550×715	200	150
	400	32	1450	3.5	82	42.5	55			
	460	28.5		4.0	80	44.6				
IS200-150-400	240	55		3.0	74	48.6		830×550×765	200	150
	400	50	1450	3.8	81	67.2	90			
	460	45		4.5	76	74.2				

23. 管壳式热交换器系列标准

摘自 JB/T 4714—1992、JB/T 4715—1992。

固定管板式

项目								
外壳直径 D/mm	159			273				
公称压强 p_g/(kgf/cm²)	25			25				
公称面积 A/m²	1	2	3	3	4		5	7
管子排列方法①	△	△	△	△	△		△	△
管长 l/m	1.5	2	3	1.5	1.5	2	2	3
管子外径 d_o/mm	25	25	25	25	25	25	25	25
管子总数 N/根	13	13	13	32	38	32	38	32
管程数	1	1	1	2	1	2	1	2
壳程数	1	1	1	1	1	1	1	1
管程通道面积/m²	0.00408	0.00408	0.00408	0.00503	0.01196	0.00503	0.01196	0.00503
壳程通道截面积/m² 折流板间距150 a型②	—	—	—	0.0156	0.01435	0.017	0.0144	0.01705
壳程通道截面积/m² 折流板间距150 b型②	—	—	—	0.0165	0.0161	0.0181	0.0176	0.0181
壳程通道截面积/m² 折流板间距300 a型								
壳程通道截面积/m² 折流板间距300 b型								
壳程通道截面积/m² 折流板间距600 a型	0.01024	0.01295	0.01223	0.0273	0.0232	0.0312	0.0266	0.0197
壳程通道截面积/m² 折流板间距600 b型	0.01325	0.015	0.0143	0.029	0.0282	0.0332	0.0323	0.00316
折流板切去弓形缺口高度/mm a型	50.5	50.5	50.5	85.5	80.5	85.0	80.5	85.5
折流板切去弓形缺口高度/mm b型	46.5	46.5	46.5	71.5	71.5	71.5	71.5	71.5

项目										
外壳直径 D/mm	400				600		800			
公称压强 p_g/(kgf/cm²)	16、25				10、16、25		6、10、16、25			
公称面积 A/m²	10	20	40		60	120	100	200		230
管子排列方法①	△	△	△		△	△	△	△		△
管长 l/m	1.5	3	6		3	6	3	6		6
管子外径 d_o/mm	25	25	25		25	25	25	25		25
管子总数 N/根	102	86	86	86	269	254	456	444	444	501
管程数	2	4	4	4	1	2	4	6	6	1
壳程数	1	1	1	1	1	1	1	1	1	1
管程通道面积/m²	0.01605	0.00692	0.00692	0.00692	0.0845	0.0399	0.0358	0.02325	0.02325	0.1574
壳程通道截面积/m² 折流板间距150 a型②	0.0214	0.0231	0.0208	0.0196	—	—	—	—	—	—
壳程通道截面积/m² 折流板间距150 b型②	0.0286	0.0296	0.0276	0.0137	—	—	—	—	—	—
壳程通道截面积/m² 折流板间距300 a型	—	—	—	—	0.0377	0.0378	0.0662	0.0806	0.0724	0.0594
壳程通道截面积/m² 折流板间距300 b型	—	—	—	—	0.053	0.0534	0.097	0.0977	0.0898	0.0836
壳程通道截面积/m² 折流板间距600 a型	0.0308	0.0332	0.0363	0.036	0.0504	0.0553	0.0718	0.0875	0.094	0.0774
壳程通道截面积/m² 折流板间距600 b型	0.013	0.0427	0.0466	0.05	0.0707	0.0782	0.105	0.0344	0.14	0.1092
折流板切去弓形缺口高度/mm a型	93.5	104.5	104.5	104.5	132.5	138.5	166	188	188	177
折流板切去弓形缺口高度/mm b型	86.5	86.5	86.5	86.5	122.5	122.5	158	152	152	158

① △表示管子为正三角排列。

② a型折流板缺口上下排列，b型折流板缺口左右排列。

24. 标准筛目

泰勒标准筛			日本 JIS 标准筛		德国标准筛		
目数/in	孔目大小/mm	网线径/mm	孔目大小/mm	网线径/mm	目数/cm	孔目大小/mm	网线径/mm
$2\frac{1}{2}$	7.925	2.235	7.93	2.0			
3	6.680	1.778	6.73	1.8			
$3\frac{1}{2}$	5.613	1.651	5.66	1.6	—	—	—
4	4.699	1.651	4.76	1.29			
5	3.962	1.118	4.00	1.08			
6	3.327	0.914	3.36	0.87			
7	2.794	0.853	2.83	0.80			
8	2.362	0.813	2.38	0.80	—	—	—
9	1.981	0.738	2.00	0.76			
10	1.651	0.689	1.68	0.74			
12	1.397	0.711	1.41	0.71	4	1.50	1.00
14	1.168	0.635	1.19	0.62	5	1.20	0.80
16	0.991	0.597	1.00	0.59	6	1.02	0.85
20	0.833	0.437	0.84	0.43	—	—	—
24	0.701	0.358	0.71	0.35	8	0.75	0.50
28	0.589	0.318	0.59	0.32	10	0.60	0.40
32	0.495	0.300	0.50	0.29	11	0.54	0.37
35	0.417	0.310	0.42	0.29	12	0.49	0.34
42	0.351	0.254	0.35	0.29	14	0.43	0.28
48	0.295	0.234	0.297	0.232	16	0.385	0.24
60	0.246	0.178	0.250	0.212	20	0.300	0.20
65	0.208	0.183	0.210	0.181	24	0.250	0.17
80	0.175	0.142	0.177	0.141	30	0.200	0.13
100	0.147	0.107	0.149	0.105	—	—	—
115	0.124	0.097	0.125	0.037	40	0.150	0.10
150	0.104	0.066	0.105	0.070	50	0.120	0.080
170	0.088	0.061	0.088	0.061	60	0.102	0.065
200	0.074	0.053	0.074	0.053	70	0.088	0.055
250	0.061	0.041	0.062	0.048	80	0.075	0.050
270	0.053	0.041	0.053	0.048	100	0.060	0.040
325	0.043	0.036	0.044	0.034			
400	0.038	0.025			—	—	—

专业词汇中英文对照

绪论

化工/chemical industy，chemical engineering，chemical technology

化工原理/principles of chemical engineering

单元操作/unit operation

物料衡算/mass balance

能量衡算/energy balance

单位换算/ unit conversion

物理量/physical quantity

转换因子/conversion factor

第1章　流体流动

流动性/flowability

流体力学/fluid mechanics

剪应力/shear stress

连续介质假定/continuum assumption

流体静力学/fluid statics

流体动力学/fluid dynamics

绝对压强/absolute pressure

表压强/gage pressure

真空度/vacuum pressure

比容，比体积/specific volume

可压缩流体/compressible fluid

不可压缩流体/incompressible fluid

静止流体/static fluid

流体静力学方程/hydrostatic equilibrium

U 形管压差计/U tube manometer

体积流量/volumetric flow rate

质量流量/mass flow rate

平均流速/average velocity

质量流速/mass velocity

连续性方程/equation of continuity

定态流动/steady state flow

非定态流动/unsteady state flow

流线/streamline

黏度，动力黏度/absolute viscosity

运动黏度/kinematic viscosity

宾汉塑性流体/Bingham plastics

胀塑性流体/dilatant fluid

层流/laminar flow

湍流/turbulent flow

雷诺数/Reynolds number

牛顿型流体/Newtonian fluid

非牛顿型流体/non-Newtonian fluid

拟塑性流体，假塑性流体/pseudoplastic fluid

理想流体/ideal fluid

速度梯度/velocity gradient

牛顿黏性定律/Newton's law of viscosity

伯努力方程/Bernoulli equation

动能/kinetic energy，dynamic energy

势能，位能/potential energy

压能，静压能/pressure energy，static energy

机械能守恒/mechanical energy balance

基准面/reference plane

动压头/dynamic head，velocity head

边界层/boundary layer

边界层分离/boundary layer separation

过渡层，缓冲层/buffer layer

涡流黏度/eddy viscosity

摩擦系数/friction coefficient

当量直径/equivalent diameter

局部阻力，形体阻力/form friction，form drag

水力半径/hydraulic radius

粗糙度/roughness parameter

相对粗糙度/relative roughness

沿程阻力，直管阻力/skin friction

层流内层/laminar sublayer

量纲分析/ dimensional analysis

管件/pipe fitting

阀门/valve

简单管路/single pipe

并联管路/parallel pipe

分支管路/branching system

孔板流量计/orifice meter

毕托管，测速管/Pitot tube

点流速/point velocity

转子流量计/rotameter

文丘里流量计/Venturi meter

法兰/flange

孔流系数，流量系数/orifice coefficient, flow coefficient

第 2 章 流体输送机械

流体输送/fluid transportation

离心泵/ centrifugal pump

蔽式叶轮/enclosed impeller

敞式叶轮/open impeller

半蔽式叶轮/semi-open impeller

蜗壳/volute

叶轮/impeller

轴封装置/shaft gland

扬程，压头/developed head，total head

理论扬程/theoretical head

功率/power

特性曲线/characteristic curves

有效功率/ effective power

轴功率/shaft power

效率/efficiency

最佳效率点/best efficiency point

泵的启动/pump priming

气缚/ air binding，air bound

并联操作/parallel operation

串联操作/series operation

工作点/duty point，operating point

管路特性曲线/system head curve

最大安装高度，最大汲液高度/maximum suction lift

饱和蒸气压/saturated vapor pressure

气蚀/cavitation

气蚀余量/net positive suction head（NPSH）

双汲泵/double-suction pump

多级泵/multistage pump

风压/wind pressure

通风机/fan

鼓风机/blower

压缩机/compressor

往复泵/reciprocating pump

隔膜泵/diaphragm pump

齿轮泵/gear pump

真空泵/vacuum pump

喷射泵/jet pump

正位移泵/ positive displacement pump

旋转泵/rotary pump

第 3 章 颗粒流体力学基础与机械分离

非均相混合物/non-homogeneous system

机械分离/mechanical separation

非球形颗粒/nonspherical partical

当量直径/equivalent diameter

比表面积/specific surface area，surface-volume ratio

球形系数，球形度/sphericity

颗粒群/granular group

筛分分析/sieve analysis

空隙率/porosity

滤饼/filter cake

滤饼比阻/specific cake resistance

滤饼过滤/cake filtration

滤饼阻力/cake resistance

滤浆/slurry

滤液/filtrate

助滤剂/filter aid

板框压滤机/plate-and-frame press filter

回转真空过滤机/rotary-drum vacuum filter

不可压缩滤饼/incompressible cake

过滤/filtration

过滤常数/filtration constant

过滤方程/filtration equation

过滤机滤布/filter cloth

过滤介质/filter medium

过滤介质阻力/ filter medium resistance

过滤面积/filter area

恒速过滤/constant-rate filtration

恒压过滤/constant-pressure filtration

深床过滤/deep bed filtration

连续压滤机/continuos pressure filter

压滤机/pressure filter or presses filter

叶滤机/shell- and- leaf filter

沉降/sedimentation

沉降时间/settling time

沉降室/settling chamber

沉降速度，终端速度/settling velocity，terminal velocity

表面阻力/wall drag

形体阻力/form drag

旋风分离器/cyclone separator

曳力/drag force

曳力系数/drag coefficient

重力沉降/gravitational settling，gravity settling

离心沉降/centrifugal setting

临界粒径/critical particle diameter

自由沉降/free settling

干扰沉降/hindered settling

曳力系数/drag coefficient

爬流/creeping flow

流化床/fluidized bed

流态化/fluidization

最小流化速度，起始流化速度/minimum fluidizaion velocity

第4章 传热与换热器

传热/heat transfer

换热器/heat transfer equipment

加热剂/heat agent

冷却剂/coolant

热传导/heat conduction

对流传热/convective heat transfer

热辐射/thermal radiation

辐射传热/radiation heat transfer

间壁式换热/dividing wall type heat exchanger

套管换热器/double-pipe heat exchanger

列管换热器/shell-and-tube exchanger

多程/multipass

传热速率，热流量/rate of heat transfer

热通量，热流密度/heat flux

定态传热/steady-state heat transfer

热导率，导热系数/thermal conductivity

温度场/temperature field

等温面/isotherma surface

傅里叶定律/Fourier's law

温差/temperature difference

温度梯度/temperature gradient

一维导热/one-dimensional conduction

平壁热传导/heat transfer through plane wall

圆筒壁热传导/heat transfer through cylindrical wall

热阻/thermal resistance

相变/phase change

自然对流/natural (free) convection

强制对流/forced convection

牛顿冷却定律/Newton's law of cooling

热边界层/thermal boundary layer

格拉斯霍夫数/Grashof number

努赛尔数/Nusselt number

普朗特数/Prandtl number

滴状冷凝/dropwise condensation

膜状冷凝/film-type condensation

沸腾/boiling

大容积沸腾/pool boiling

不凝性气体/noncondensed gas

冷凝/condensation

冷凝液/condensate

冷凝液负荷/condensate loading

汽化潜热/latent heat of vaporization

泡状沸腾/nucleate boiling

膜状沸腾/film boiling

黑体/black body

灰体/gray body

污垢热阻/fouling resistance

并流/parallel flow

逆流/countercurrent flow

错流/crossflow

总传热系数/overall heat-transfer coefficient

对数平均温度差/logarithmic mean tempeature difference (LMTD)

夹套式换热器/jacketed heat exchanger

沉浸式蛇管换热器/submerged coil heat exchanger

喷淋式冷却器/water drop cooler

单管程单壳程换热器/single-pass 1-1 exchanger

挡板/baffle

挡板间距/baffle pitch

浮头式换热器/floating-head exchanger

U形管式换热器/U bend heat exchanger

固定管板式换热器/fixed tuble-sheet exchanger

管板/tube sheet

管间距/tube pitch

翅片管换热器/fin tube exchanger

膨胀节/expansion joint

板式换热器/plate heat exchanger

热管/heat tube

第5章 蒸发

蒸发/evaporation

生蒸汽，新鲜蒸汽/steam

二次蒸汽/second vapor

完成液，浓缩液/thick liquor

刮板式搅拌薄膜蒸发器/agitated-film evaporator

逆流加料/backward feed

溶液沸点升高/boiling-point elevation

循环型蒸发器/circulation evaporator

升膜式蒸发器/climbing-film evaporator

降膜式蒸发器/falling-film evaporator

强制循环蒸发器/forced-circulation evaporator

顺流加料/forward feed

液柱静压强/liquid head

错流加料/mixed feed

多效蒸发/multiple-effect evaporation

平流加料/parallel-feed

单效蒸发/single-effect evaporation

温度差损失/temperature drop

真空蒸发/vacuum evaporation

中央循环管式蒸发器/vertical type evaporator

蒸发强度/intensity of evaporation

第6章 气体吸收

气体吸收/gas absorption

解吸/desorption

物理吸收/physical absorption

化学吸收/chemical absorption

再生/ regeneration

溶剂/solvent

溶质/solute

惰性气体/inert gas

溶质的摩尔分数/mole fraction of solute

亨利定律/Henry's law

相平衡常数/constant of phase equilibrium

分子扩散/molecular diffusion

扩散速率/rate of diffusion

扩散系数/diffusivity

气液界面/gas-liquid interface

浓度梯度/concentration gradient

等摩尔相向扩散/equimolar counter diffusion

主体流动/bulk motion，bulk flow

单向扩散/one-way diffusion

单向传质/one-way mass transfer

漂流因子/drift factor

对流传质/mass transfer by conversion

双膜理论/two-film theory

渗透理论/penetration theory

表面更新模型/surface renewal model

涡流扩散/eddy diffusion

气相控制，气膜控制/gas-phase control，gas-film control

液相控制，液膜控制/liquid-phase control，liquid-film control

总传质阻力/overall mass transfer resistance

气相吸收总系数/overall gas-phase absorption coefficient

液相阻力/liquid film resistance

气相阻力/gas film resistance

操作线/operating line

平衡线/equilibrium line

填料塔/packed column

传质单元高度/height of a transfer unit（HTU）

传质单元数/number of transfer units（NTU）

逆流/countercurrent

并流/cocurrent flow

填料层高度/height of the packed section

吸收因数/absorption factor

解吸因数/stripping factor

最小液气比/minimum liquid-gas ratio

对数平均推动力/logarithmic mean driving-force

过热水蒸气/superheated steam

第7章 液体蒸馏

摩尔比/mole ratio

摩尔分数/mole fraction

闪蒸/flash distillation

难挥发组分/less volatile component

易挥发组分/more volatile component

简单蒸馏/simple distillation

闪蒸，平衡蒸馏/flash distillation

连续蒸馏/continuous distillation

真空蒸馏/vacuum distillation

相对挥发度/relative volatility

间歇蒸馏/batch distillation

釜/still

分压/partial pressure

理想溶液/ideal solution

安托因方程/Antoine equation

平衡关系/equilibrium relationship

平衡常数/ equilibrium constant，equilibrium value

平衡浓度/ equilibrium concentration

相平衡常数/coefficient of phase equilibrium

平衡曲线/ equilibrium curve

拉乌尔定律/Raoult's law

两相区/two-phase region

露点线/dew-point line

泡点线/bubble-point line

恒沸物/azeotrope

恒沸点/azeotropic point

精馏/rectification

物料衡算/mass balance

部分冷凝/partial condensation

部分汽化/partial vaporization

侧线出料/sidestreams

恒摩尔流假定/constant molal overflow assumption

回流/reflux

全回流/total reflux

回流比/reflux ratio

加料板/feed plate

加料板位置/feed plate location

加料热状态/thermal condition of the feed

精馏段/rectifying section

精馏段操作线/rectifying line

冷凝液/condensate

全凝器/total condenser

塔底产品/bottom product

塔顶产品/overhead product

提馏段/stripping section

提馏段操作线/stripping line

再沸器/reboiler

直接蒸汽加热/direct steam injection

逐板计算法/plate-to-plate calculation

总板效率/overall efficiency

最佳回流比，适宜回流比/optimum reflux ratio

最小回流比/minimum reflux ratio

夹紧点/pinch point

回流/reflux

精馏段/rectifying section

理论板/theretical plate，perfect plate

操作线/operating line

过冷液体/subcooled liquid

分凝器/partial condenser

萃取精馏/extractive distillation

恒沸精馏/azeotropic distillation

反应精馏/reactive distillation

分子精馏/molecular distillation

挟带剂/entrainer

萃取剂/extractant

第 8 章　塔设备

板间距/plate spacing

板式塔/plate tower（column）

比表面积/specific surface area

不正常操作/detrimental operation

操作弹性/turndown ratio

持液量/ liquid holdup

等板高度/height equivalent to a theoretical plate（HETP）

点效率/local efficiency

堆积密度/bulk density

多孔环管式/annular tubes with multi-holes

泛点/flooding point

泛点率/ flooding percentage

返混/back mixing

浮阀塔板/valve-tray

负荷性能图/capacity performance chart，capacity graph

干吹/coning

工作区/active area

动能因子/kinetic energy factor F (F factor)

沟流/channeling

壁流/wall-flow effect

鼓泡接触/bubbly

泡沫/froth

喷射/spray

规整填料/structured (ordered) packings

过量雾沫挟带/excessive froth entrainment

降液管/downcomer

降液管中清液层高度/equivalent level of clear liquid in the downcomer

进口堰/underflow weir

空塔气速/superficial gas velocity based on empty tower

空隙率/porosity (void fraction)

莲蓬头式/shower nozzle type

漏液/weeping

散堆填料/dumped packings

默弗里板效率/Murphree plate efficiency

浓溶液/strong liquor

泡罩塔板/bubble-cap tray

喷淋密度/spray density

气泡挟带/vapor bubble entrainment

气体进口/gas inlet

润湿速率/wetting rate

润湿性能/wettability

升气管/riser

筛板塔/sieve plate

塔径/tower (column) diameter

填料/packing

填料层/packing depth (packed section)

填料塔/packed tower (column)

填料因子/packing factor

填料支撑装置/packing supports

稀溶液/weak liquor

压降/pressure drop

堰高/weir height

堰上液层高度/height of liquid over the weir

液泛/flooding

液泛速度/flooding velocity

液面落差/hydraulic gradient

液体分布器/liquid distributor

液体再分布器/liquid redistributor

溢流堰/weir

溢流管/overflow pipes

载点/loading point

栅板/grid plate

整砌填料/stacked packings

总板效率/overall efficiency

鞍形填料/saddle packing

第 9 章　液液萃取

液液萃取/ liquid-liquid extraction

部分互溶/partial miscibility

超临界萃取/supercritical fluid extraction

萃取相/extract

萃余相/raffinate

挡板塔/baffle tower

多级萃取/multiple-stage extraction

分配系数/distribution coefficient

分散相/dispersed phase

杠杆定律/lever rule

混合澄清槽/mixer-settler

离心萃取机/centrifugal extractor

褶点，临界点/plait point

乳化/emulsify

三角形相图/triangular phase diagram

筛板萃取塔/sieve-plate extraction tower

脉冲萃取塔/pulse extraction tower

填料萃取塔/packed extraction tower

络合萃取/complex extraction

第 10 章　固体干燥

真空干燥/vacuum drying

干燥/drying

去湿/dehumidification

湿度/humidity

相对湿度/relative humidity

湿空气/ humid air, moist air

湿空气的比热容/the heat capacity (specific heat) of humid air

比热容/specific heat capacity

焓/enthalpy

比体积/humid volume

干球温度/dry bulb temperature

湿球温度/wet bulb temperature

露点/dew point

露点温度/dew-point temperature

绝热饱和温度/abiabatic saturation temperature

湿度图，焓湿图/ humidity chart，enthalpy-humidity chart

不饱和空气/undersaturated air

湿基含水量/moisture content on the wet basis

干基含水量/moisture content on the dry basis

干燥效率/drying efficiency

热效率/thermal efficiency

预热器/preheater

非结合水分/unbound moisture

干燥曲线/drying curve

恒定干燥条件/constant-drying conditions

干燥速率曲线/rate-of-drying curve

恒速阶段/constant-rate period

降速阶段/failing-rate period

平衡湿含量/ equilibrium moisture content

临界含水量/critical moisture content

结合水/bound moisture

平衡水分/equilibrium moisture

自由水分/free moisture

干燥器/desiccator，exsiccator，dryer，drier

厢式干燥器/compartment dryer

转筒式干燥器/rotary cylinder dryer

气流干燥器/pneumatic dryer

流化床干燥器/fluidized bed dryer

喷雾干燥器/spray dryer

第 11 章　吸附

吸附/adsortion

物理吸附 /physical adsorption

化学吸附/chemical adsorption

活性炭/activated carbon

硅胶/silica gel

活性氧化铝/ activated alumina

分子筛/ molecular sieve

外扩散/external diffusion

内扩散/internal diffusion

穿透曲线/breakthrough curve

吸附物，吸附质/adsorbate

吸附等温线/adsorption isotherm

固定床吸附器/fixed-bed adsorber

移动床吸附器/ moving-bed adsorber

第 12 章　膜分离技术

渗析/ dialysis

电渗析/ electrodialysis

膜分离/membrane separation

透过速率/permeation flux

截留率/rejection

截留分子量/molecular weight cut-off

分离因数/separation factor

对称膜/symmetric membrane

非对称膜/asymmetric membrane

复合膜/composite membrane

反渗透/reverse osmosis

超滤/ultrafiltration

微滤/microfiltration

渗透汽化/pervaporation

膜污染/membrane fouling

气体膜分离/gas membrane separation

浓差极化/concentration polarization

液膜分离/liquid membrane separation

中空纤维/hollow cored fibre

参考文献

[1] 杨祖荣. 化工原理. 第3版. 北京：化学工业出版社，2014.

[2] 谭天恩，窦梅. 化工原理（上、下）. 第4版. 北京：化学工业出版社，2013.

[3] 齐鸣斋，熊丹柳，叶启亮. 化工原理（上、下）. 北京：清华大学出版社，2014.

[4] 丁忠伟，刘丽英，刘伟. 化工原理（上、下）. 北京：高等教育出版社，2014.

[5] 夏清，贾绍义. 化工原理（上、下）. 第2版. 天津：天津大学出版社，2012.

[6] 蒋维钧，戴猷元，顾惠君. 化工原理（上）. 第3版. 北京：清华大学出版社，2009.

[7] 蒋维钧，雷良恒，刘茂林. 化工原理（下）. 北京：清华大学出版社，2010.

[8] 钟秦. 化工原理. 第3版. 北京：国防工业出版社，2013.

[9] 马晓迅，夏素兰，曾庆荣. 化工原理. 北京：化学工业出版社，2010.

[10] McCabe W L, Smith JC, Harriott P. Unit Operations of Chemical Engineering. 7th Edition. New York：McGraw-Hill，2004.

[11] Robert H Perry, Don W Green. Perry's Chemical Engineers'Handbook. 8th Edition. New York：McGraw-Hill，2007.

[12] James B Riggs, David M Himmelblau. Basic Principles and Calculations in Chemical Engineering. 8th Edition. Upper Saddle River, NJ：Prentice Hall，2012

[13] 时钧，汪家鼎，余国琮，陈敏恒. 化学工程手册. 第2版. 北京：化学工业出版社，1996.

[14] 普劳斯尼茨著，陆小华，刘洪来译. 流体相平衡的分子热力学. 北京：化学工业出版社，2006.

[15] 戴干策，陈敏恒. 化工流体力学. 北京：化学工业出版社，2005.

[16] 蒋维钧，余立新. 新型传质分离技术. 第2版. 北京：化学工业出版社，2011.

[17] 柴诚敬. 化工流体流动与传热. 第2版. 北京：化学工业出版社，2010.

[18] 杨世铭，陶文铨. 传热学. 第4版. 北京：高等教育出版社，2006.

[19] 贾绍义. 化工传质与分离过程. 第2版. 北京：化学工业出版社，2010.

[20] 邓修，吴俊生. 化工分离工程. 第2版. 北京：科学出版社，2013.

[21] 刘家祺. 化工分离过程. 第2版. 北京：化学工业出版社，2014.

[22] 刘家祺. 传质分离过程. 第2版. 北京：高等教育出版社，2014.

[23] 刘红，张彰. 化工分离工程. 北京：中国石化出版社，2014.

[24] 宋华. 化工分离工程. 哈尔滨：哈尔滨工业大学出版社，2011.

[25] 李鑫钢. 蒸馏过程节能与强化技术. 北京：化学工业出版社，2011.

[26] 李鑫钢. 现代蒸馏技术. 北京：化学工业出版社，2009.

[27] 兰州石油机械研究所. 现代塔器技术. 北京：中国石化出版社，2005.

[28] 李洲，秦炜. 液-液萃取. 北京：化学工业出版社，2012.

[29] 戴猷元，秦炜，张瑾. 有机物络合萃取化学. 北京：化学工业出版社，2015.

[30] 杨村. 分子蒸馏技术. 北京：化学工业出版社，2003.

[31] 顾正桂. 化工分离单元集成技术及应用. 北京：化学工业出版社，2010.

[32] 陈钟秀，顾飞燕，胡望明. 化工热力学. 第3版. 北京：化学工业出版社，2012.

[33] 匡国柱. 化工原理学习指导. 大连：大连理工大学出版社，2009.

[34] 丁忠伟. 化工原理学习指导. 北京：化学工业出版社，2014.

[35] 包宗宏，武文良. 化工计算与软件应用. 北京：化学工业出版，2013.